数学是科学之王

马同学

2022.8.13 成都

# 马同学图解

# 线性代数

马同学（@马同学图解数学） 著

電子工業出版社
Publishing House of Electronics Industry
北京•BEIJING

## 内容简介

本书通过图解的形式，在逻辑上穿针引线，讲解了大学公共课程“线性代数”的相关知识点，包含经典《线性代数》教材中的绝大多数知识点。这些知识点是相关专业的在校学生必须掌握的，也是相关从业人员深造所应必备的。

本书引入了矩阵函数，从函数角度讲解了向量空间、线性方程组求解、矩阵的秩、行列式、相似变换、特征值、特征向量、二次型等知识，逻辑上一以贯之，再辅以很多生活案例，大大降低了学习门槛。



**图书在版编目（CIP）数据**

马同学图解线性代数/马同学著. 一北京：电子工业出版社，2022.8

ISBN 978-7-121-43986-5

Ⅰ.①马... Ⅱ.①马... Ⅲ.①线性代数-图解 Ⅳ.①O151.2-64

中国版本图书馆CIP数据核字（2022）第 127494 号

责任编辑：张月萍
印　　刷：天津图文方嘉印刷有限公司
装　　订：天津图文方嘉印刷有限公司
出版发行：电子工业出版社
　　　　　北京市海淀区万寿路 173 信箱　　邮编：100036
开　　本：787×1092　1/16　　印张：20.25　　字数：518 千字
版　　次：2022 年 8 月第 1 版
印　　次：2022 年 8 月第 1 次印刷
印　　数：10000 册　　定价：128.00 元

凡所购买电子工业出版社图书有缺损问题，请向购买书店调换。若书店售缺，请与本社发行部联系，联系及邮购电话：(010) 88254888，88258888。

质量投诉请发邮件至 zlts@phei.com.cn，盗版侵权举报请发邮件至 dbqq@phei.com.cn。

本书咨询联系方式：(010) 51260888-819，faq@phei.com.cn。

# 前言

从“马同学”品牌创立至今，我们就希望出版一本严肃但又通俗易懂的数学书。六年的砥砺，本书是我们交出的第一份答卷。

2016 年，我们成立了成都十年灯教育科技有限公司，公司名字取意为“桃李春风一杯酒，寒窗苦读十年灯”，希望可以帮助到更多的学生。

出版一本严肃但又通俗易懂的数学书一直是我们的梦想。市面上没有这种类型的书吗？其实市面上有很多经典的教材，它们确实写得很好，但往往由于数学的严格性，这些教材在行文上过于严谨，可读性有所下降；另外，这些经典教材或多或少需要借助老师的讲解，对于自学者并不友好，但在如今的社会环境下，自学数学的需求越来越多。

那么一本严肃但又通俗易懂的数学书要怎么才能炼成呢？各种经典图书似大山耸立，我们也如朝圣者一般卑微向前，在不断反思和学习中，逐渐找到了属于自己的道路：向经典图书学习，千锤百炼。

为了践行“千锤百炼”的方法论，互联网就是最好的修炼场，所以我们决定用迭代的思维，将内容放到互联网上接受大家的公论。因为数学的英文是 Math，前两个字母正是中文“马”的拼音，所以我们建立了“马同学”品牌，同时建立了同名的“马同学”网站、“马同学图解数学”微信公众号以及知乎上的“马同学”账号及 B 站上的“马同学图解数学”账号，在这些渠道上开始尝试通俗易懂地讲解一些数学概念，在收获非常多的好评后，我们开始了“马同学图解线性代数”在线多媒体内容的创作。

“马同学图解线性代数”在线多媒体内容是我们内部的提法，通俗来讲就是电子书，当然它不光是图文，还有很多视频、互动内容、习题等，所以称为电子书还是不太准确。

“马同学图解线性代数”在线多媒体内容一开始就是收费内容，因为国内并没有消费在线数学内容的习惯，所以我们必须提供真正优质的内容，才能生存下来。并且它和市面上的视频在线教学又不一样，本质上类似图书，是为自学服务的，所以我们必须让它对自学者友好。在这双重压力之下，在各位读者的鞭策下，历时整整三年，进行了四次彻底的重写，“马同学图解线性代数”的在线版本销售了上万份，并且获得了非常多的好评，成绩不突出，但也来之不易。

上述结果让我们有了一些自信，又经过一次大的调整后，最终在“马同学图解线性代数”在线多媒体内容的基础上，完成了本书《马同学图解线性代数》的写作。

## 本书特色

首先，《马同学图解线性代数》就是图多，能用图来讲解的绝对不用文字。图多就意味着本书的讲解一定是数形结合的，华罗庚曾说过：“数缺形时少直观，形少数时难入微；数形结合百般好，隔离分家万事休”，可见图解会大大降低读者的理解门槛。

其次，《马同学图解线性代数》非常注重在逻辑上串联各个知识点。以矩阵为例，一开始，矩阵是作为线性方程组的标记法登上数学舞台的，这是本书第 2 章的内容；随着研究的深入，数学家开始意识到矩阵其实就是一种线性函数，这是本书第 3、4、5 章的内容；又由于矩阵是函数，所以必然会有换元这种常规操作，因此有了相似矩阵、对角化等内容，这就构成了本书的第 7、8、9 章。至于第 6 章介绍的行列式，这是在数学史上出现的解线性方程组的另外一条路，最终和矩阵合龙，殊途同归。

还有，《马同学图解线性代数》中的例子尽量接近生活，比如，通过红、绿、蓝三原色进行了线性相关、向量空间的讲解，通过电视信号的转播引入了线性方程组，通过图片的明暗调节讲解了相似矩阵，通过城镇人口的迁移阐述了特征值和特征向量等。

最后，在线上的评论区、答疑群，读者提出了大量的困惑和意见，我们都尽量去改进和迭代，一切都为了把内容讲清楚。

## 读者对象

这不是一本数学科普书，而是一本硬核的数学书，所以它是为脚踏实地、希望精进自己的同学准备的。

根据我们的调查，“马同学图解线性代数”在线多媒体内容的读者组成是很广泛的，他们是在校大学生、考研学生、人工智能方向的学习者、图形图像工程师、量化交易师、希望提升能力的学习者等，所以我们认为《马同学图解线性代数》这本书的服务人群大体与之相似。

这里需要说明一下，《马同学图解线性代数》和我们在线内容的区别。有一些读者更喜欢油墨印刷的书香味，喜欢书本把握在手的充实感，那么《马同学图解线性代数》就是为这类读者准备的，它并不是简单的在线内容的复制，本身也为书籍这种载体进行了精心的重新排版。而在线版本有自己的特色，会有更多的动图、互动、视频等，内容上是一致的，但体验不太一样，并非故意为之，是不同媒体的特色导致的。

## 勘误和支持

由于作者的水平有限，书中难免会出现一些不准确的地方，恳请广大读者批评指正。

我们在微信公众号“马同学图解数学”中特意添加了一个新的菜单入口，专门用于解决书中的问题。

读者在阅读过程中如产生疑问或者发现问题，欢迎到微信公众号的后台留言，我们保证一一回复。


## 致谢

感谢微信公众号“马同学图解数学”的读者们，你们的鼓励、购买、建议和意见是对我们最大的支持。

感谢成都道然科技有限责任公司的姚新军（@长颈鹿27）老师，他给出了很多非常专业的意见和建议，让我觉得他是非常可靠的合作伙伴。

感谢“百词斩”对我们的支持，没有你们不计回报的投资我们很难走到今天。

## 特别致谢

本书是“马同学”团队集体创作的成果，所以在这里先感谢团队内的每一位成员，我们一起见证了数学内容创作的艰难，每个人都做出了各自卓越的贡献，集腋成裘、聚沙成塔，今天我们交出了团队的第一份答卷。

再来感谢每一位成员的家人，团队的种种困难各位家人一定会有切身感受，但无数双手为我们保驾护航，最终我们一起战胜了这些困难，谢谢！

谨以此书献给我们的家人，我们的读者，以及热爱数学的朋友们！

马同学团队

# 目录

# 第 1 章　向量空间及其性质

2016 年，“马同学图解线性代数”在线上发布，并不断迭代至今，目前包含视频讲解、动画展示、互动操作、知识点引用与搜索等各种丰富的内容。

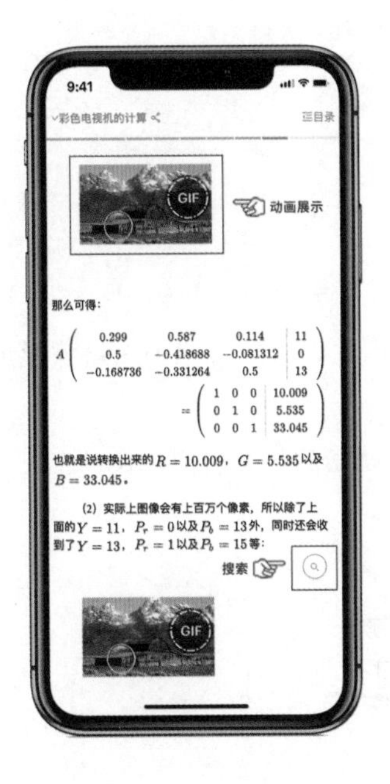


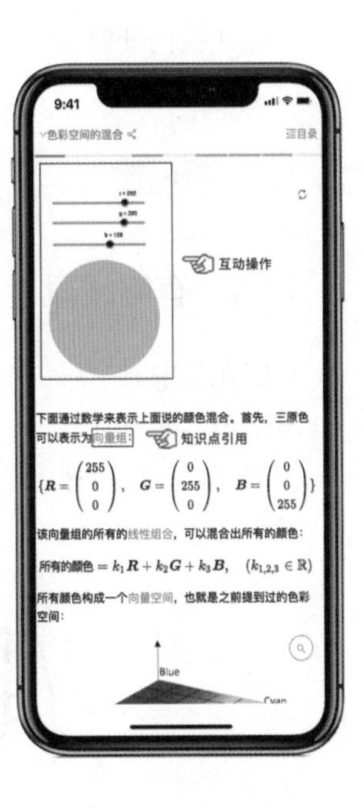


本书和线上版本在内容上基本保持一致，但形式上做了一些改变，以便更符合图书的阅读习惯。同时，书中出现的一些扩展阅读，同学们可以在微信公众号“马同学图解数学”上回复关键字后获取。

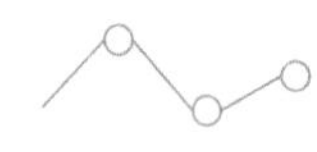


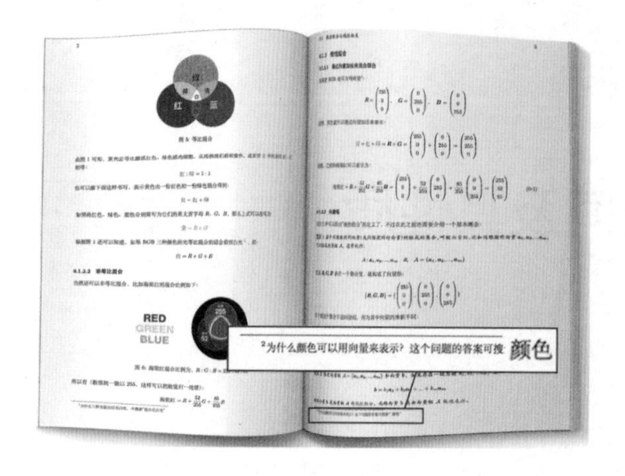

下面让我们开始第一课的内容。

## 1.1　向量

### 1.1.1　有向线段

我们在高中时学过，有大小有方向的量称为向量，比如力、速度、加速度等，可用有向线段来表示向量。

比如篮球的瞬时速度 $v(t)$ 就是向量，可以用图 1.1 中的有向线段① 来表示，其长度代

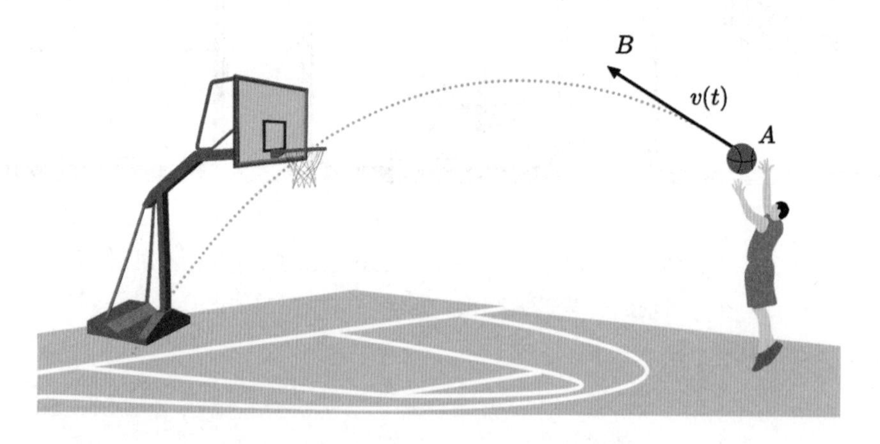


图 1.1: 速度用向量表示

① 有向线段就是带箭头的线段。

表瞬时速度的大小，箭头指出瞬时速度的方向。如果向量 $v(t)$ 的起点与终点分别标上了字母 $A$ 和 $B$，那么该向量也可以记作 $\overrightarrow{AB}$，符号上的箭头表示向量的方向是由 $A$ 指向 $B$。

如果不想突出起点和终点，那么向量还可以用加粗的字母来表示。[1]比如在图 1.2 中，两辆小车的速度向量就是用 $\boldsymbol{u}$ 和 $\boldsymbol{v}$ 来表示的。

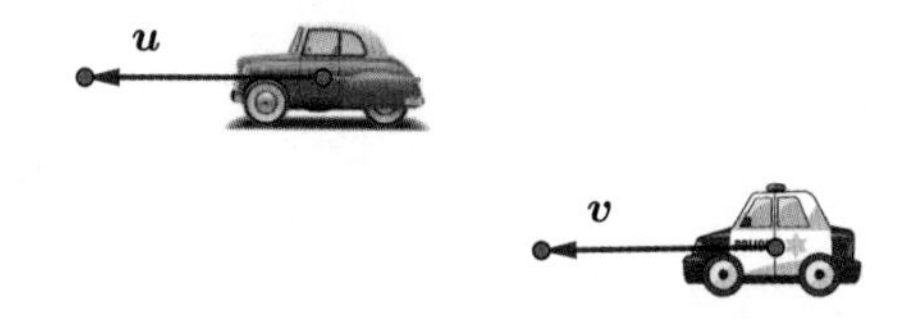


图 1.2: 用单个字母表示向量

当长度相同、方向一致时，这两个向量就是相等的，否则不等，见图 1.3。

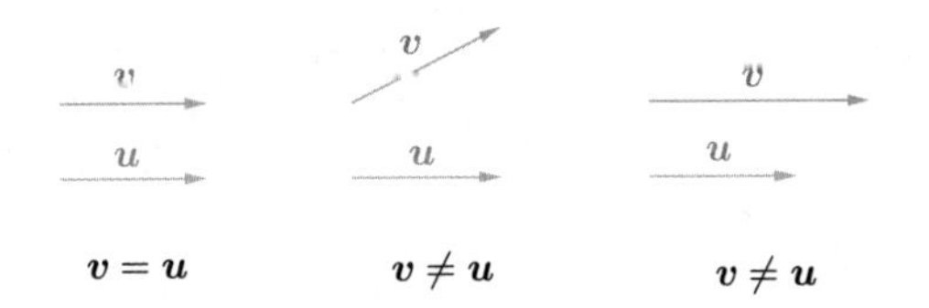


图 1.3: 两个向量的相等与不等

## 1.1.2 向量的定义

相对于高中课程，线性代数中的向量的定义会更严格。

**定义 1.** $n$ 个有序的数 $a_1, a_2, \cdots, a_n$ 所组成的数组称为 $n$ 维向量。这 $n$ 个数称为该向量的 $n$ 个分量，第 $i$ 个数 $a_i$ 称为第 $i$ 个分量。$n$ 维向量可写成一列，也可写成一行，分别称为列向量和行向量：

- $n$ 维列向量：$\begin{pmatrix} a_1 \\ a_2 \\ \vdots \\ a_n \end{pmatrix}$
- $n$ 维行向量：$(a_1, a_2, \cdots, a_n)$ 或 $\begin{pmatrix} a_1 & a_2 & \cdots & a_n \end{pmatrix}$

$n$ 也称为该向量的维数。

在后续内容中，我们会尽量使用列向量来表示向量，这样更符合线性代数的习惯。

下面来看看是怎么表示向量的，也就是向量的几何意义是什么。对于二维向量 $\boldsymbol{u} =$

① 向量在印刷的图书中一般用加粗的斜体字母表示，手写的时候用箭头加不加粗的斜体字母表示。本书用加粗的斜体字母表示向量。

$\begin{pmatrix} u_1 \\ u_2 \end{pmatrix}$，其实就是直角坐标系中的一个点，见图 1.4；也可以认为它是从原点指向 $\begin{pmatrix} u_1 \\ u_2 \end{pmatrix}$ 的有向线段，见图 1.5。这两种几何意义是完全等效的，在本书中会混用这两种表示方式。

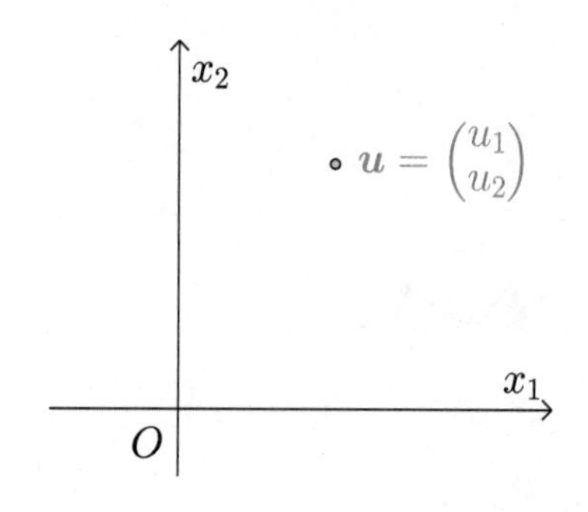


图 1.4: 直角坐标系中的一个点

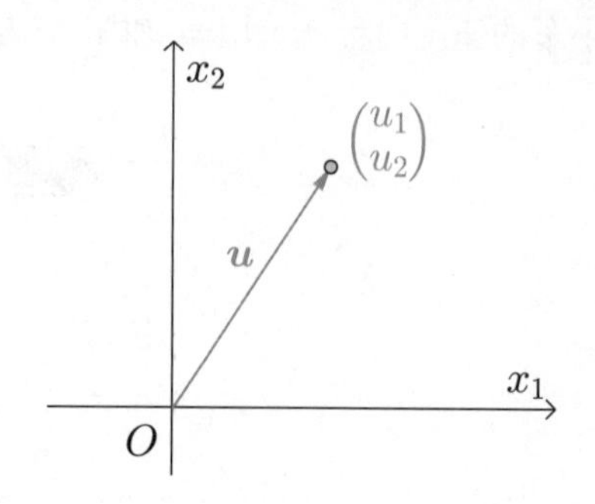


图 1.5: 直角坐标系中的有向线段

三维向量也是一样的，比如图 1.1 中提到的篮球。它作为三维空间中一个点，本身就是向量，也可以认为原点指向它的有向线段是向量，见图 1.6。

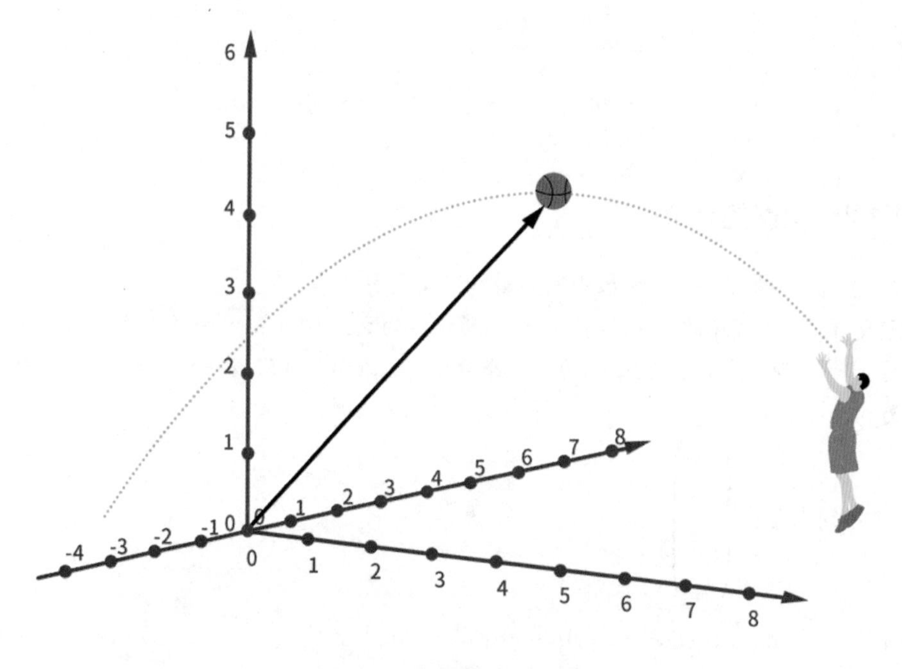


图 1.6: 三维空间中的向量

对于更高维的向量，比如想描述图 1.7 中所示的游戏人物信息，就可以用九维列向量或行向量来表示，但它没有什么几何意义。

$$\begin{pmatrix}97391\\1000\\2166\\1432\\316\\723\\0\\0\\0\end{pmatrix} \quad \text{或} \quad (97391,1000,2166,1432,316,723,0,0,0)$$

图 1.7: 游戏人物信息

如果两个向量的维数相同，且各个分量相等，那么这两个向量相等。比如：

$$\begin{pmatrix}1\\2\end{pmatrix}=\begin{pmatrix}1\\2\end{pmatrix},\quad \begin{pmatrix}1\\2\end{pmatrix}\neq\begin{pmatrix}2\\4\end{pmatrix}$$

如果不区分列向量和行向量[①]，那么如 $\begin{pmatrix}1\\2\end{pmatrix}=(1,2)$ 这样的两个向量也是相等的。

### 1.1.3 零向量

如果 $n$ 维向量的所有分量都是 0，那么就称之为零向量。比如：

$$\text{二维零向量}:\mathbf{0}=\begin{pmatrix}0\\0\end{pmatrix},\quad \text{三维零向量}:\mathbf{0}=\begin{pmatrix}0\\0\\0\end{pmatrix}$$

上面两个向量的几何意义就是平面、空间中的原点，或者认为是起点和终点相同的有向线段，见图 1.8 和图 1.9。

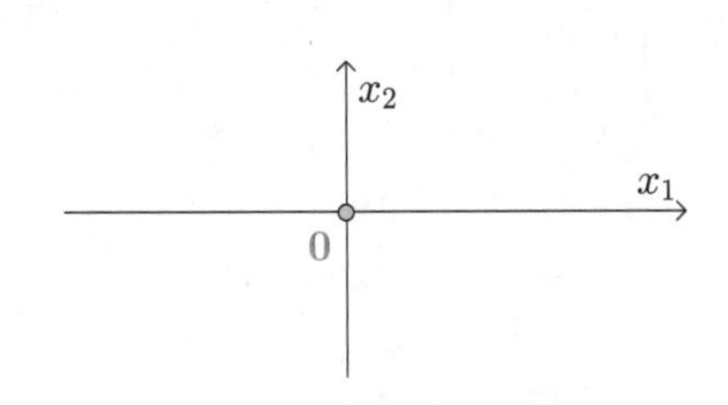


图 1.8: 平面中的原点

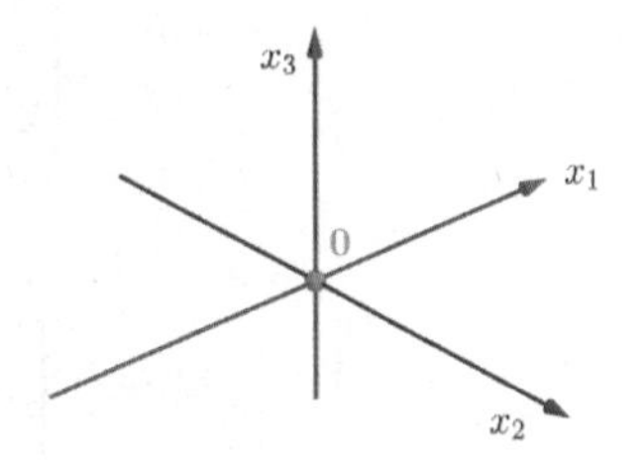


图 1.9: 空间中的原点

① 学习矩阵之后，会需要区分这两者。

### 1.1.4　长度和方向

当然, 向量的长度和方向也是我们关心的, 不过它们的计算要在后面“数量积 ( 点积 )”一节才会介绍，这里只是简单介绍一下。

- $\boldsymbol{u}$ 的长度：可记作 $\|\boldsymbol{u}\|$①，如图 1.10 所示。
- $\boldsymbol{u}$ 的方向：可通过与向量 $\boldsymbol{v}$ 的夹角 $\theta$ 来表示，如图 1.11 所示。

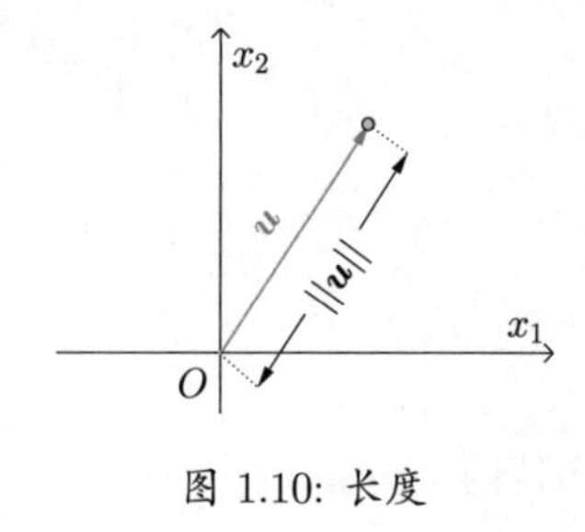


图 1.10: 长度

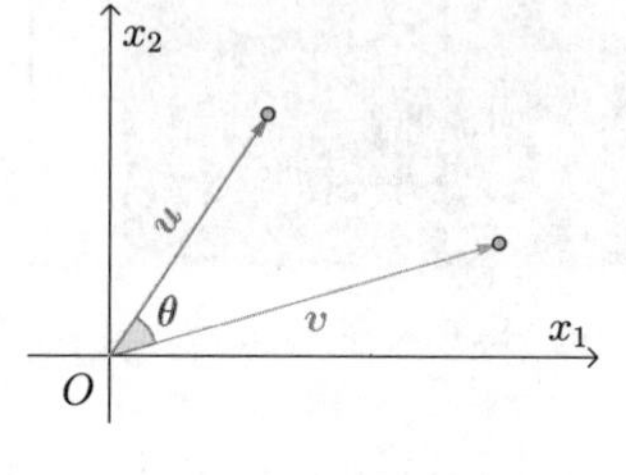


图 1.11: 方向

## 1.2　向量的加法和数乘

为了更好地发挥向量的作用，需要定义一些向量的运算，比如本节要讨论的加法和数乘。

### 1.2.1　向量的加法

**定义 2.** 对于 $n$ 维向量 $\boldsymbol{a}=\begin{pmatrix}a_1\\a_2\\\vdots\\a_n\end{pmatrix}$ 和 $\boldsymbol{b}=\begin{pmatrix}b_1\\b_2\\\vdots\\b_n\end{pmatrix}$，两者的加法，也就是向量加法定义为：

$$\boldsymbol{a}+\boldsymbol{b}=\begin{pmatrix}a_1\\a_2\\\vdots\\a_n\end{pmatrix}+\begin{pmatrix}b_1\\b_2\\\vdots\\b_n\end{pmatrix}=\begin{pmatrix}a_1+b_1\\a_2+b_2\\\vdots\\a_n+b_n\end{pmatrix}$$

比如，已知 $\boldsymbol{a}=\begin{pmatrix}1\\2\\3\end{pmatrix}$ 和 $\boldsymbol{b}=\begin{pmatrix}4\\5\\6\end{pmatrix}$，那么：

① 在有的教材中也记作 $|\boldsymbol{u}|$，本书采用双竖杠，更符合数学惯例，也与实数的绝对值以及后面介绍的行列式相区别。

$$\boldsymbol{a}+\boldsymbol{b}=\begin{pmatrix}1\\2\\3\end{pmatrix}+\begin{pmatrix}4\\5\\6\end{pmatrix}=\begin{pmatrix}1+4\\2+5\\3+6\end{pmatrix}=\begin{pmatrix}5\\7\\9\end{pmatrix}$$

二维或者三维向量加法的几何意义就是在中学学习过的平行四边形法则或三角形法则，这在物理中进行力的合成时经常会用到。

比如图 1.12 所示的是两条驳船在牵引某大船停靠，它们施加在大船上的力分别为向量 $\boldsymbol{T}_1$ 和 $\boldsymbol{T}_2$，那么其合力向量 $\boldsymbol{F}$ 就是这两个向量相加的结果，即 $\boldsymbol{F}=\boldsymbol{T}_1+\boldsymbol{T}_2$，可通过平行四边形法则，或者三角形法则绘出该合力 $\boldsymbol{F}$。

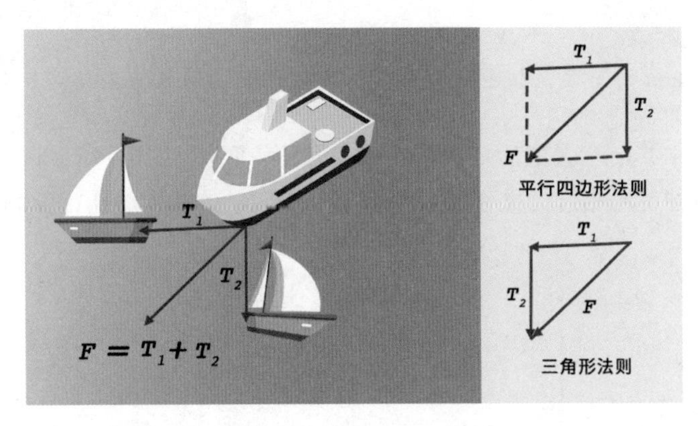


图 1.12: 港口中两条驳船在牵引某大船停靠

三角形法则在计算多个向量相加的时候非常方便，所以着重介绍一下。假设有 $\boldsymbol{u}=\begin{pmatrix}4\\-2\end{pmatrix}$ 和 $\boldsymbol{v}=\begin{pmatrix}2\\4\end{pmatrix}$①，见图 1.13。

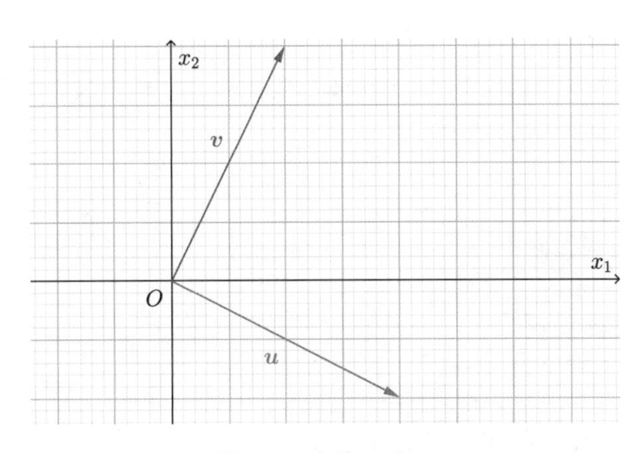


图 1.13: 向量 $\boldsymbol{u}$ 和 $\boldsymbol{v}$

① 在图 1.13 中将格子也画了出来，通过数格子可以知道向量的分量。

将 $\boldsymbol{v}$ 平移使得 $\boldsymbol{u}, \boldsymbol{v}$ 首尾相接，见图 1.14；然后就可得到 $\boldsymbol{u}+\boldsymbol{v}$，通过数格子可知 $\boldsymbol{u}+\boldsymbol{v}=\begin{pmatrix}6\\2\end{pmatrix}$，见图 1.15，该结果符合向量加法的定义。

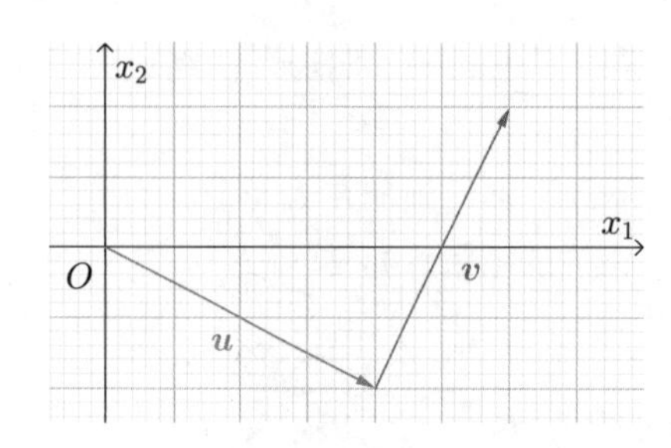

图 1.14: $\boldsymbol{u}$ 和 $\boldsymbol{v}$ 首尾相连

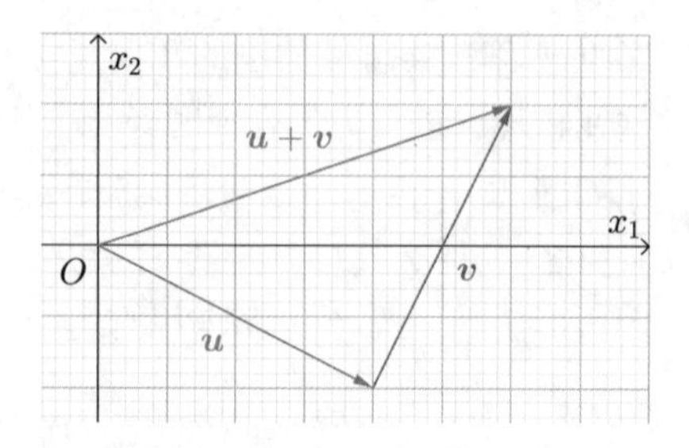

图 1.15: $\boldsymbol{u}, \boldsymbol{v}$ 和 $\boldsymbol{u}+\boldsymbol{v}$ 形成三角形

因为 $\boldsymbol{u}, \boldsymbol{v}, \boldsymbol{u}+\boldsymbol{v}$ 三者最后形成了一个三角形，见图 1.15，所以该方法被称为三角形法则。并且这种首尾相连的操作还可以完成多个向量的相加，比如像图 1.16 这样得到 $\boldsymbol{u}+\boldsymbol{v}+\boldsymbol{w}$。

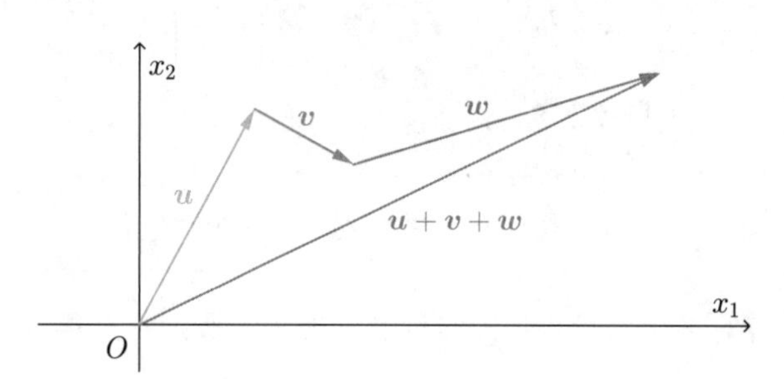

图 1.16: 通过首尾相连，完成多个向量的相加

三维向量的加法也可以使用三角形法则，来看一个例子。

**例 1.** 已知三维空间中的一个平行六面体，见图 1.17，请尝试用向量 $\boldsymbol{u}, \boldsymbol{v}, \boldsymbol{w}$ 来表示 $P$ 点、$Q$ 点、$M$ 点和 $N$ 点。

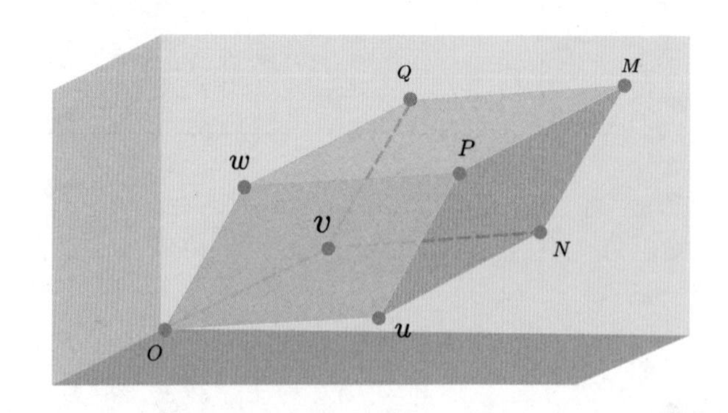

图 1.17: 三维空间中的一个平行六面体

**解：** 根据三角形法则，易知 $P = \boldsymbol{u}+\boldsymbol{w}$，$Q = \boldsymbol{v}+\boldsymbol{w}$，$M = \boldsymbol{u}+\boldsymbol{v}+\boldsymbol{w}$ 以及 $N = \boldsymbol{u}+\boldsymbol{v}$，见图 1.18。

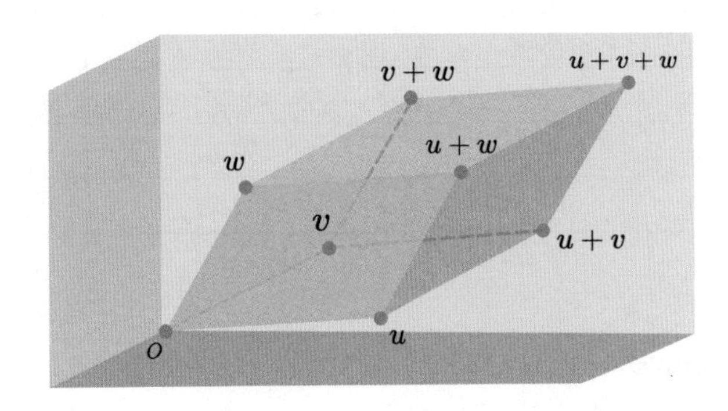


图 1.18: 通过向量表示平行六面体的各个顶点

超过三维的向量就必须按照定义来完成向量的加法了，比如下面这个例子。

**例 2.** 设某人要买 $A$ 和 $B$ 两种罐头，这两种罐头的各种属性值如表 1.1 所示。

表 1.1: 两种罐头的属性值

| | $A$ | $B$ |
|---|---|---|
| 重量 | 200g | 300g |
| 体积 | $15\text{cm}^3$ | $40\text{cm}^3$ |
| 原价 | 100 元 | 150 元 |
| 现价 | 80 元 | 100 元 |

**解：** 可以将表格中的两列分别看作向量：

$$\boldsymbol{a} = \begin{pmatrix} 200 \\ 15 \\ 100 \\ 80 \end{pmatrix}, \quad \boldsymbol{b} = \begin{pmatrix} 300 \\ 40 \\ 150 \\ 100 \end{pmatrix}$$

则根据向量加法的规则有：

$$\boldsymbol{a}+\boldsymbol{b} = \begin{pmatrix} 200 \\ 15 \\ 100 \\ 80 \end{pmatrix} + \begin{pmatrix} 300 \\ 40 \\ 150 \\ 100 \end{pmatrix} = \begin{pmatrix} 200+300 \\ 15+40 \\ 100+150 \\ 80+100 \end{pmatrix} = \begin{pmatrix} 500 \\ 55 \\ 250 \\ 180 \end{pmatrix}$$

其意义相当于增加了一个“合计”列，如表 1.2 所示。

表 1.2: 增加“合计”列

| | A | B | 合计 |
|---|---|---|---|
| 重量 | 200g | 300g | 500g |
| 体积 | $15\text{cm}^3$ | $40\text{cm}^3$ | $55\text{cm}^3$ |
| 原价 | 100 元 | 150 元 | 250 元 |
| 现价 | 80 元 | 100 元 | 180 元 |

### 1.2.2　向量的数乘

**定义 3.** 对于向量 $\boldsymbol{a}=\begin{pmatrix}a_1\\a_2\\\vdots\\a_n\end{pmatrix}$，其数乘定义为：

$$k\boldsymbol{a}=k\begin{pmatrix}a_1\\a_2\\\vdots\\a_n\end{pmatrix}=\begin{pmatrix}ka_1\\ka_2\\\vdots\\ka_n\end{pmatrix},\quad k\in\mathbb{R}$$

数乘 $k\boldsymbol{u}$ 就是将 $\boldsymbol{u}$ 的分量都扩大 $k$ 倍，所以其几何意义就是对 $\boldsymbol{u}$ 进行伸缩，$k$ 的符号决定了伸缩的方向，见图 1.19 和图 1.20。

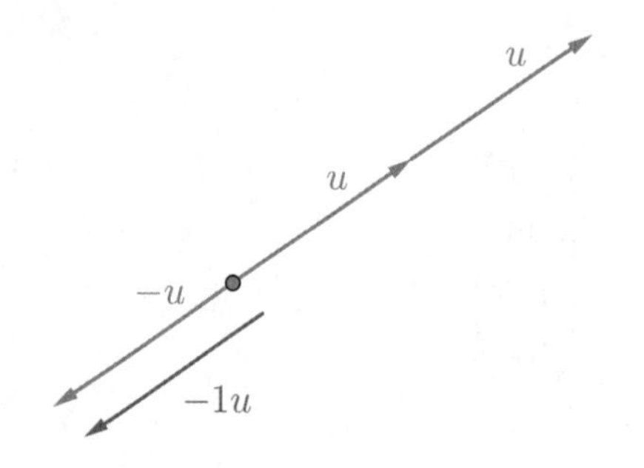


图 1.19: $k<0$ 时，反方向伸缩

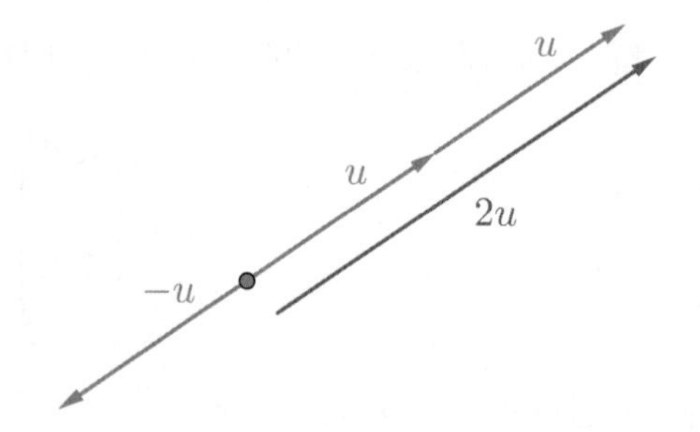


图 1.20: $k>0$ 时，同方向伸缩

可以看到，伸缩后的向量 $k\boldsymbol{u}$ 与原向量 $\boldsymbol{u}$ 平行，因此可以借助数乘来定义平行。

**定义 4.** 若 $\boldsymbol{u},\boldsymbol{v}$ 满足 $\boldsymbol{u}=k\boldsymbol{v},k\in\mathbb{R}$，则称 $\boldsymbol{u}$ 平行于 $\boldsymbol{v}$，记作 $\boldsymbol{u}\,//\,\boldsymbol{v}$。

因为零向量 $\boldsymbol{0}$ 和任意向量 $\boldsymbol{u}$ 始终有 $\boldsymbol{0}=0\boldsymbol{u}$，所以零向量与任意向量平行，也可以说零向量的方向任意。

下面来看一下减法的几何意义。

综合向量的加法与数乘的知识，可以逐步推出二维向量 $\boldsymbol{u}-\boldsymbol{v}$ 的几何意义，见图 1.21。

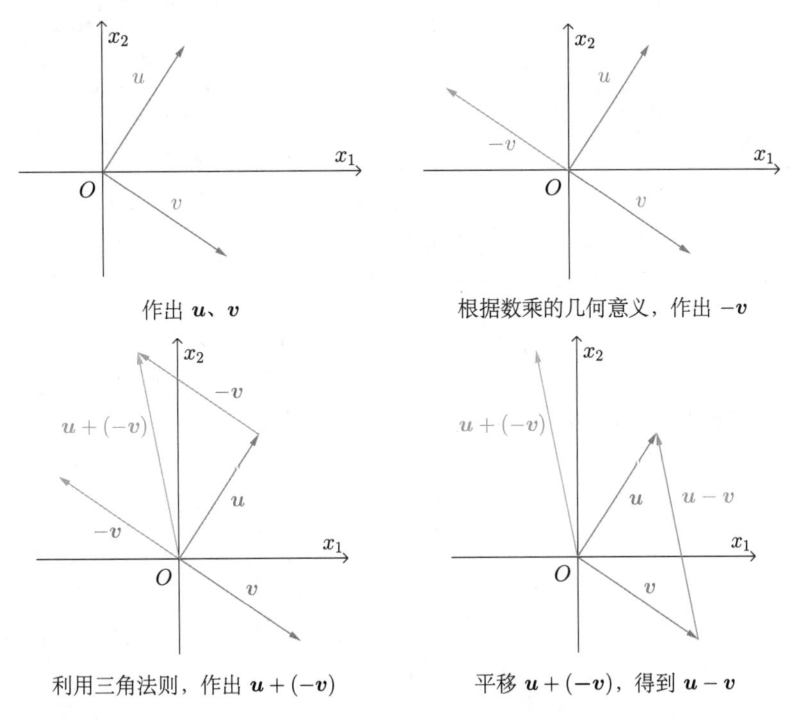


图 1.21: $\boldsymbol{u}-\boldsymbol{v}$ 几何意义的推导

因此，$\boldsymbol{u}-\boldsymbol{v}$ 的几何意义就是连接 $\boldsymbol{u}$ 和 $\boldsymbol{v}$ 的终点，且指向被减向量 $\boldsymbol{u}$，见图 1.22。

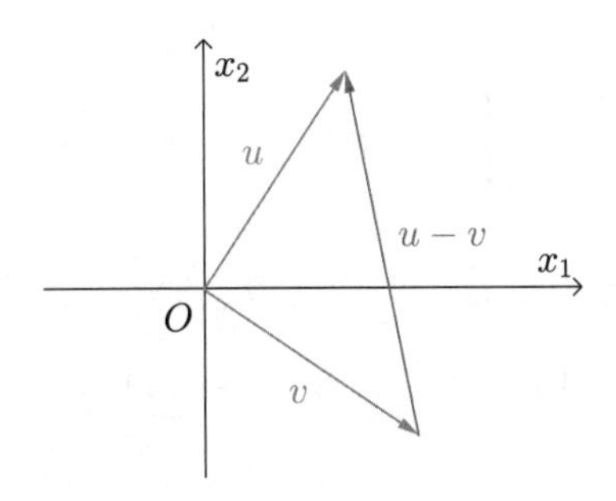


图 1.22: 连接 $\boldsymbol{u}$ 和 $\boldsymbol{v}$，指向 $\boldsymbol{u}$

### 1.2.3　基本运算法则

向量加法与向量数乘合称为向量的基本运算，运算结果仍然是向量，并且维度也没有发生改变。这些基本运算的法则可以总结如下，见表 1.3。

表 1.3: 向量加法和数乘的基本运算法则

| | | |
|---|---|---|
| 加法 | 交换律<br>结合律 | $\boldsymbol{v}+\boldsymbol{u}=\boldsymbol{u}+\boldsymbol{v}$<br>$\boldsymbol{u}+\boldsymbol{v}+\boldsymbol{w}=\boldsymbol{u}+(\boldsymbol{v}+\boldsymbol{w})$ |
| 数乘 | 交换律<br>结合律<br>分配律 | $k\cdot\boldsymbol{u}=\boldsymbol{u}\cdot k$<br>$k\cdot m\cdot\boldsymbol{u}=k\cdot(m\cdot\boldsymbol{u})$<br>$k(\boldsymbol{u}+\boldsymbol{v})=k\boldsymbol{u}+k\boldsymbol{v}$ |

综合运用本节的内容，可以完成下面这道证明题。

**例 3.** $A, B, O$ 为三角形的三个顶点，$M$ 为 $AB$ 中点，证明：

$$\overrightarrow{OM}=\frac{1}{2}\left(\overrightarrow{OA}+\overrightarrow{OB}\right)$$

**证明：** 根据题意，可绘出图 1.23。

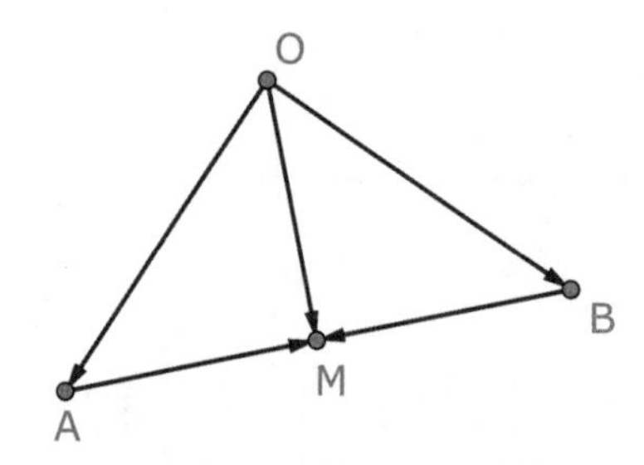


图 1.23: $A, B, O$ 为三角形的三个顶点，$M$ 为 $AB$ 中点

根据向量加法的几何意义有：

$$\left.\begin{aligned}\overrightarrow{OM}=\overrightarrow{OA}+\overrightarrow{AM}\\ \overrightarrow{OM}=\overrightarrow{OB}+\overrightarrow{BM}\end{aligned}\right\}\Longrightarrow 2\overrightarrow{OM}=\overrightarrow{OA}+\overrightarrow{AM}+\overrightarrow{OB}+\overrightarrow{BM}$$

因为 $M$ 为 $AB$ 中点，所以 $\overrightarrow{AM}$ 和 $\overrightarrow{BM}$ 长度相等、方向相反，因此有 $\overrightarrow{AM}=-\overrightarrow{BM}$，所以：

$$2\overrightarrow{OM}=\overrightarrow{OA}+\overrightarrow{AM}+\overrightarrow{OB}+\overrightarrow{BM}\Longrightarrow\overrightarrow{OM}=\frac{1}{2}\left(\overrightarrow{OA}+\overrightarrow{OB}\right)$$ □

## 1.3　线性组合与线性相关

本节将会介绍线性代数中的核心概念之一，线性组合与线性相关。为了便于理解，我们会用颜色的混合来引入这些概念，为此需要先科普一下人眼是怎么感知颜色的。

图 1.24 所示的是人眼的构造，观察该图的右侧会发现人眼大致有三种感光细胞：红色、绿色、蓝色的感光细胞。某些特定的光线可以单独“激活”这三种感光细胞，我们就会分别看到图 1.25 中所示的红色、绿色、蓝色，而这些光线也就是红光、绿光、蓝光。

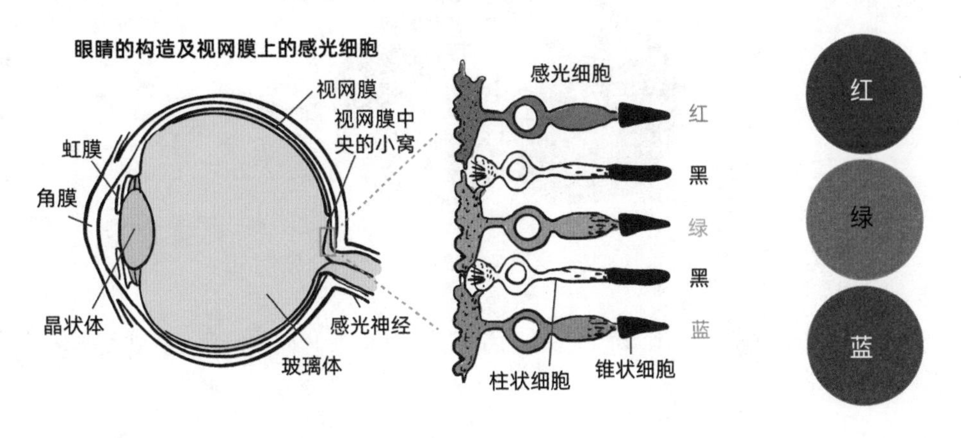


图 1.24: 眼球感光

图 1.25: 红绿蓝

如果某些光线可以“混合”激活这三种感光细胞，就像通过图 1.26 中的调色板混合颜色一样，我们就会看到图 1.27 中的五颜六色，这些光线也就是彩色的光。

图 1.26: 通过调色板混合颜色

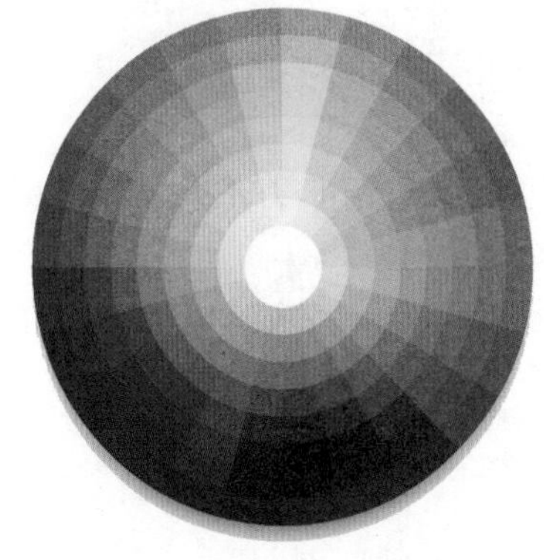

图 1.27: 五颜六色

运用调色板来混合颜色就是本节要讲的线性组合，其中的细节请看下面的内容。

### 1.3.1 混合颜色

最简单就是将红、绿、蓝进行等比混合，这种混合的结果见图 1.28。

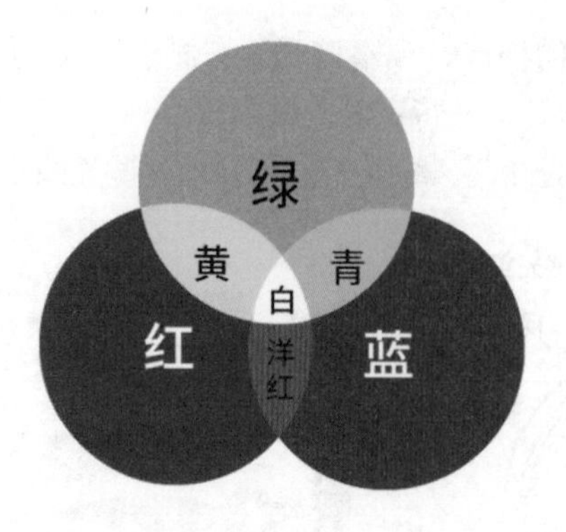


图 1.28: 等比混合

由图 1.28 可知，黄光会等比激活红、绿感光细胞，从而使我们看到黄色。或者说，黄中包含的红、绿相等：

$$红 : 绿 = 1 : 1$$

也可以像下面这样书写，表示黄色由一份红色和一份绿色混合得到：

$$黄 = 红 + 绿$$

如果将红色、绿色、蓝色分别简写为它们的英文首字母 R, G, B，那么上式可以改写为：

$$黄 = \mathrm{R} + \mathrm{G}$$

根据图 1.28 还可以知道，如果 R, G, B（有时也简写为 RGB）三种颜色的光等比混合的话会看到白光，即：

$$白 = \mathrm{R} + \mathrm{G} + \mathrm{B}$$

当然还可以非等比混合，比如海棠红的混合比例见图 1.29。

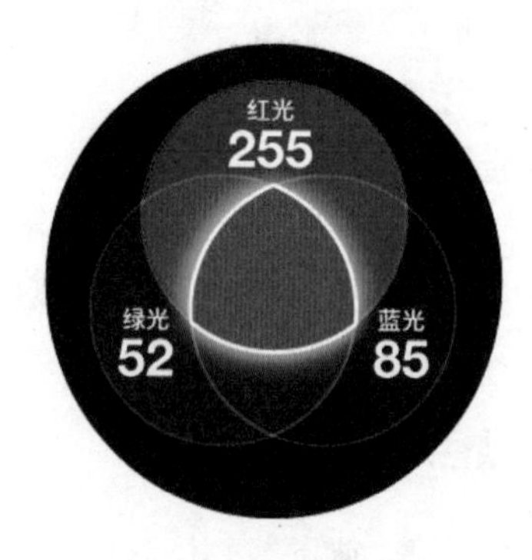


图 1.29: 海棠红的混合比例为 $\mathrm{R} : \mathrm{G} : \mathrm{B} = 255 : 52 : 85$

所以有（数值统一除以 255，这样可以把数值归一处理）：

$$\text{海棠红} = \mathrm{R} + \frac{52}{255}\mathrm{G} + \frac{85}{255}\mathrm{B}$$

## 1.3.2　线性组合

如果把 R, G, B 三种颜色表示为向量：

$$\boldsymbol{R} = \begin{pmatrix} 255 \\ 0 \\ 0 \end{pmatrix}, \quad \boldsymbol{G} = \begin{pmatrix} 0 \\ 255 \\ 0 \end{pmatrix}, \quad \boldsymbol{B} = \begin{pmatrix} 0 \\ 0 \\ 255 \end{pmatrix}$$

那么黄色就可以通过向量加法来表示：

$$\text{黄} = \text{红} + \text{绿} = \boldsymbol{R} + \boldsymbol{G} = \begin{pmatrix} 255 \\ 0 \\ 0 \end{pmatrix} + \begin{pmatrix} 0 \\ 255 \\ 0 \end{pmatrix} = \begin{pmatrix} 255 \\ 255 \\ 0 \end{pmatrix}$$

同理，海棠红可以表示为：

$$\text{海棠红} = \boldsymbol{R} + \frac{52}{255}\boldsymbol{G} + \frac{85}{255}\boldsymbol{B} = \begin{pmatrix} 255 \\ 0 \\ 0 \end{pmatrix} + \frac{52}{255}\begin{pmatrix} 0 \\ 255 \\ 0 \end{pmatrix} + \frac{85}{255}\begin{pmatrix} 0 \\ 0 \\ 255 \end{pmatrix} = \begin{pmatrix} 255 \\ 52 \\ 85 \end{pmatrix} \tag{1-1}$$

**扩展阅读 1**

把 R, G, B 三种颜色表示为向量并非是这里为了讲解而发明的说法。随便打开某个绘图软件的调色功能，都可以看到类似图 1.30 所示的界面。

图 1.30: PS 软件的调色界面

如图 1.30 所示，将 R, G, B（也就是界面中的“红色”“绿色”“蓝色”）设置

为 $\begin{pmatrix}255\\0\\0\end{pmatrix}$ 得到的就是红色。在后面的学习中，大家还会看到更多的证据来证明颜色就是向量。

现在可以给出“线性组合”的定义了，不过在此之前还需要介绍一个基本概念。

**定义 5.** 若干同维数的向量 $\boldsymbol{a_1},\boldsymbol{a_2},\cdots,\boldsymbol{a_m}$ 所组成的集合 $\mathcal{A}$，被称为向量组，记作：

$$\mathcal{A}:\boldsymbol{a_1},\boldsymbol{a_2},\cdots,\boldsymbol{a_m}\quad 或\quad \mathcal{A}=\{\boldsymbol{a_1},\boldsymbol{a_2},\cdots,\boldsymbol{a_m}\}$$

比如，将 $\boldsymbol{R}$, $\boldsymbol{G}$, $\boldsymbol{B}$ 放在一个集合里，就构成了向量组：

$$\{\boldsymbol{R},\boldsymbol{G},\boldsymbol{B}\}=\left\{\begin{pmatrix}255\\0\\0\end{pmatrix},\begin{pmatrix}0\\255\\0\end{pmatrix},\begin{pmatrix}0\\0\\255\end{pmatrix}\right\}$$

而下面这个集合不是向量组，因为其中向量的维数不同：

$$\left\{\begin{pmatrix}255\\0\\0\end{pmatrix},\begin{pmatrix}0\\255\end{pmatrix},\begin{pmatrix}255\end{pmatrix}\right\}$$

**定义 6.** 给定向量组 $\mathcal{A}=\{\boldsymbol{a_1},\boldsymbol{a_2},\cdots,\boldsymbol{a_m}\}$ 和向量 $\boldsymbol{b}$，如果存在一组实数 $k_1,k_2,\cdots,k_m$，使：

$$\boldsymbol{b}=k_1\boldsymbol{a_1}+k_2\boldsymbol{a_2}+\cdots+k_m\boldsymbol{a_m}$$

则称向量 $\boldsymbol{b}$ 是向量组 $\mathcal{A}$ 的线性组合，或称向量 $\boldsymbol{b}$ 能由向量组 $\mathcal{A}$ 线性表示。

可通过颜色混合来理解线性组合。之前解释过，海棠红可由向量组 $\{\boldsymbol{R},\boldsymbol{G},\boldsymbol{B}\}$ 混合出来，并由此得到了式 (1-1)。令 $k_1=1$，$k_2=\dfrac{52}{255}$，$k_3=\dfrac{85}{255}$，那么式 (1-1) 可改写如下：

$$海棠红=\boldsymbol{R}+\frac{52}{255}\boldsymbol{G}+\frac{85}{255}\boldsymbol{B}=k_1\cdot\boldsymbol{R}+k_2\cdot\boldsymbol{G}+k_3\cdot\boldsymbol{B}\tag{1-2}$$

根据定义 6，可知海棠红是向量组 $\{\boldsymbol{R},\boldsymbol{G},\boldsymbol{B}\}$ 的线性组合，或说海棠红可由向量组 $\{\boldsymbol{R},\boldsymbol{G},\boldsymbol{B}\}$ 线性表示。

而红色 $\boldsymbol{R}$ 不可能由向量组 $\{\boldsymbol{G},\boldsymbol{B}\}$ 线性表示，因为不论 $k_1$, $k_2$ 和 $k_3$ 为多少，下式都没法取等号：

$$\begin{pmatrix}255\\0\\0\end{pmatrix}\neq k_1\begin{pmatrix}0\\255\\0\end{pmatrix}+k_2\begin{pmatrix}0\\0\\255\end{pmatrix},\quad (k_1,k_2\in\mathbb{R})$$

同样的道理，绿色 $\boldsymbol{G}$ 也不可能由向量组 $\{\boldsymbol{R},\boldsymbol{B}\}$ 线性表示，蓝色 $\boldsymbol{B}$ 也不可能由向量组 $\{\boldsymbol{R},\boldsymbol{G}\}$ 线性表示。所以，R, G, B 中任意一种颜色都不可能被另外两种颜色混合出来，或者说这三种颜色是最基本的颜色，缺一不可，称它们为三原色，见图 1.31。

图 1.31: 三原色

### 1.3.3　线性相关和线性无关

**定义 7.** 给定向量组 $\mathcal{A}=\{\boldsymbol{a_1},\boldsymbol{a_2},\cdots,\boldsymbol{a_m}\}$，如果存在不全为零的实数 $k_1,k_2,\cdots,k_m$，使：

$$k_1\boldsymbol{a_1}+k_2\boldsymbol{a_2}+\cdots+k_m\boldsymbol{a_m}=\boldsymbol{0}$$

则称向量组 $\mathcal{A}$ 是线性相关的，否则称它线性无关。

上述定义看上去比较复杂，其实结合上线性表示就很容易理解了：

- 如果向量组 $\mathcal{A}$ 线性无关，顾名思义，说明其中的向量没有关系，或者说这些向量相互不能线性表示。比如三原色 RGB 彼此不能线性表示，说明它们没有关系，因此向量组 $\mathcal{A}=\{\boldsymbol{R},\boldsymbol{G},\boldsymbol{B}\}$ 是线性无关的。
- 如果向量组 $\mathcal{A}$ 线性相关，顾名思义，说明其中的向量有关系，或者说这些向量可以相互线性表示。比如海棠红可以由三原色线性表示，说明它们是有关系的，因此向量组 $\mathcal{A}=\{\boldsymbol{R},\boldsymbol{G},\boldsymbol{B},\text{海棠红}\}$ 是线性相关的。

下面就其中的细节再进行一下解释。

**例 4.** 已知三原色 RGB 为如下向量，请证明向量组 $\mathcal{A}=\{\boldsymbol{R},\boldsymbol{G},\boldsymbol{B}\}$ 线性无关。

$$\boldsymbol{R}=\begin{pmatrix}255\\0\\0\end{pmatrix},\quad \boldsymbol{G}=\begin{pmatrix}0\\255\\0\end{pmatrix},\quad \boldsymbol{B}=\begin{pmatrix}0\\0\\255\end{pmatrix}$$

**证明：** 假设存在 $k_1$, $k_2$ 和 $k_3$，使得：

$$k_1\boldsymbol{R}+k_2\boldsymbol{G}+k_3\boldsymbol{B}=k_1\begin{pmatrix}255\\0\\0\end{pmatrix}+k_2\begin{pmatrix}0\\255\\0\end{pmatrix}+k_3\begin{pmatrix}0\\0\\255\end{pmatrix}=\begin{pmatrix}0\\0\\0\end{pmatrix}\implies\begin{pmatrix}255k_1\\255k_2\\255k_3\end{pmatrix}=\begin{pmatrix}0\\0\\0\end{pmatrix}$$

很显然上式只有在 $k_1=k_2=k_3=0$ 时成立，所以向量组 $\mathcal{A}=\{\boldsymbol{R},\boldsymbol{G},\boldsymbol{B}\}$ 线性无关。 □

**例 5.** 已知海棠红可由向量组 $\{\boldsymbol{R},\boldsymbol{G},\boldsymbol{B}\}$ 如下线性表示，请证明向量组 $\mathcal{A}=\{\boldsymbol{R},\boldsymbol{G},\boldsymbol{B},$ 海棠红$\}$ 线性相关。

$$\text{海棠红}=\boldsymbol{R}+\frac{52}{255}\boldsymbol{G}+\frac{85}{255}\boldsymbol{B}$$

**证明：** 根据题目条件可推出

$$\text{海棠红}-\boldsymbol{R}-\frac{52}{255}\boldsymbol{G}-\frac{85}{255}\boldsymbol{B}=\boldsymbol{0}$$

其中系数不全为 0，所以向量组 $\mathcal{A}=\{\boldsymbol{R},\boldsymbol{G},\boldsymbol{B},\text{海棠红}\}$ 线性相关。 □

### 1.3.4　线性相关和线性无关的例题

**例 6.** 判断向量组 $\left\{\boldsymbol{v_1}=\begin{pmatrix}2\\-3\end{pmatrix},\boldsymbol{v_2}=\begin{pmatrix}-4\\6\end{pmatrix}\right\}$ 是否线性相关。

**解：** 容易发现，向量组中的两个向量可以互相线性表示，因此该向量组线性相关：

$$\boldsymbol{v_2}=-2\boldsymbol{v_1}\Longrightarrow\boldsymbol{v_2}+2\boldsymbol{v_1}=\boldsymbol{0}$$

将这两个存在倍数关系的向量画出来，会发现两者在一条直线上，见图 1.32，这就是线性相关的几何意义。

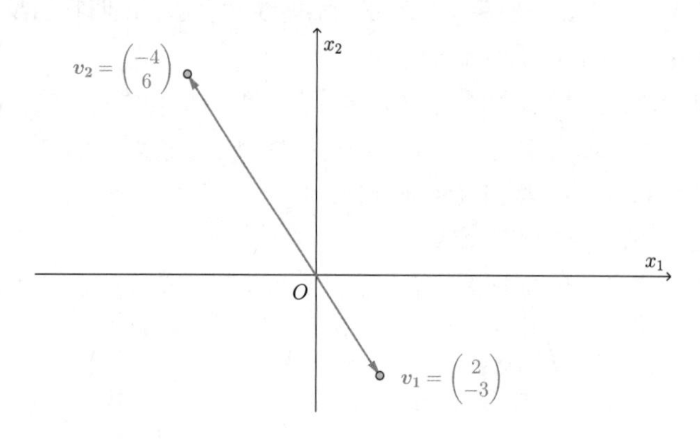


图 1.32: $\boldsymbol{v_1}$ 和 $\boldsymbol{v_2}$ 在一条直线上，所以 $\{\boldsymbol{v_1},\boldsymbol{v_2}\}$ 线性相关

**例 7.** 判断向量组 $\left\{\boldsymbol{v_1}=\begin{pmatrix}2\\1\end{pmatrix},\boldsymbol{v_2}=\begin{pmatrix}4\\-1\end{pmatrix},\boldsymbol{v_3}=\begin{pmatrix}0\\3\end{pmatrix}\right\}$ 是否线性相关。

**解：** 容易发现，$\boldsymbol{v_3}$ 可由 $\boldsymbol{v_1},\boldsymbol{v_2}$ 线性表示，因此该向量组线性相关：

$$\boldsymbol{v_3}=2\boldsymbol{v_1}-\boldsymbol{v_2}\Longrightarrow2\boldsymbol{v_1}-\boldsymbol{v_2}-\boldsymbol{v_3}=\boldsymbol{0}$$

将这三个向量画出来，会发现这三者并不在一条直线上，见图 1.33。

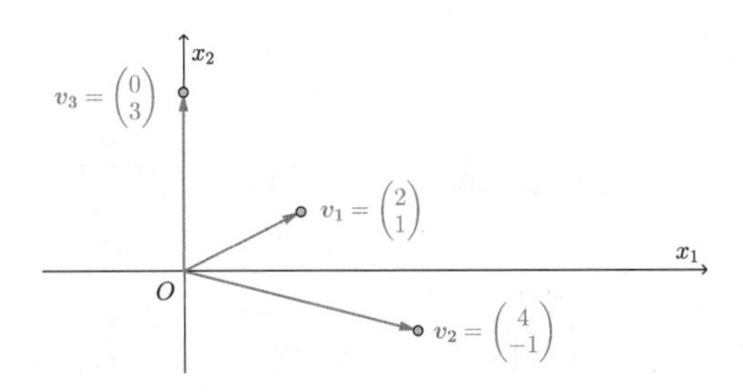


图 1.33: 三个向量不在一条直线上

但适当伸缩之后，三者是符合三角形法则的，这也是线性相关的几何意义，见图 1.34。

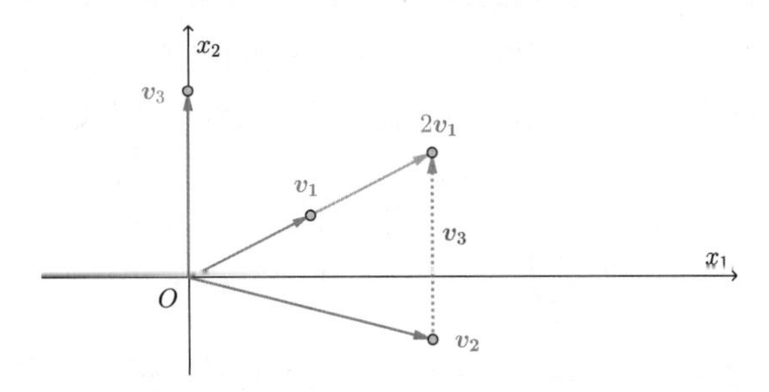


图 1.34: 三者符合三角形法则

**例 8.** 判断向量组 $\left\{\boldsymbol{v_1} = \begin{pmatrix}2\\-3\\5\end{pmatrix}, \boldsymbol{v_2} = \begin{pmatrix}-3\\4\\2\end{pmatrix}, \boldsymbol{v_3} = \begin{pmatrix}0\\0\\0\end{pmatrix}\right\}$ 是否线性相关。

**解：**（1）从代数上看，因为 $\boldsymbol{v_3}$ 为零向量，所以有：

$$0\boldsymbol{v_1} + 0\boldsymbol{v_2} + k\boldsymbol{v_3} = \boldsymbol{0}, \quad k \neq 0$$

因此该向量组是线性相关的。更一般地，只要向量组中有零向量，则该向量组一定线性相关。

（2）也可以通过几何来理解，$\boldsymbol{v_3}$ 为零向量，即原点，那么一定和 $\boldsymbol{v_1}$ 或 $\boldsymbol{v_2}$ 在一条直线上，见图 1.35。

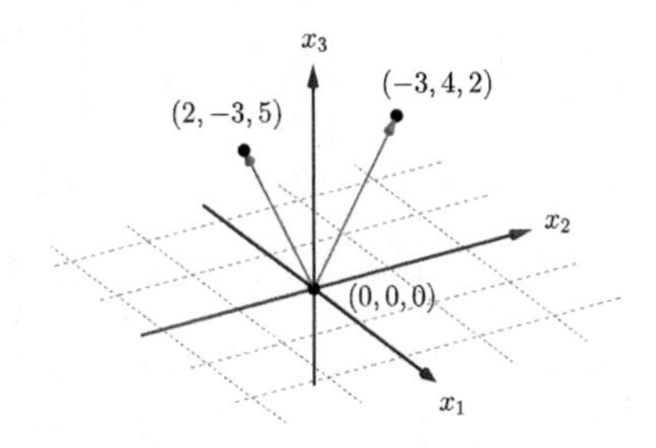


图 1.35: 零向量必定和 $\boldsymbol{v_1}$ 或 $\boldsymbol{v_2}$ 在一条直线上

那么根据例 6 的分析，三者必然线性相关。

### 1.3.5　升维与降维

在本节的最后，介绍一个常用的结论，也可以帮助大家进一步理解线性相关和线性无关。

**定理 1.** $\mathcal{A}$ 为 $n$ 维向量组，那么

- 如果 $\mathcal{A}$ 线性无关，则给向量组中的每个向量增加第 $n+1$ 个分量后，该向量组依旧线性无关，或者简单叙述为：线性无关的向量组，升维后仍线性无关。
- 如果 $\mathcal{A}$ 线性相关，则去掉向量组中的每个向量的第 $n$ 个分量后，该向量组依旧线性相关，或者简单叙述为：线性相关的向量组，降维后仍线性相关。

**证明：** 为了便于理解，这里不进行严格证明，仅以两个例子来说明该性质。

（1）线性无关的向量组，升维后仍然线性无关。假设下列向量组线性无关：

$$\boldsymbol{a}=\begin{pmatrix}a_1\\a_2\\a_3\end{pmatrix},\quad \boldsymbol{b}=\begin{pmatrix}b_1\\b_2\\b_3\end{pmatrix},\quad \boldsymbol{c}=\begin{pmatrix}c_1\\c_2\\c_3\end{pmatrix}$$

那么根据线性无关的定义，当且仅当 $k_1=k_2=k_3=0$ 时，有：

$$k_1\begin{pmatrix}a_1\\a_2\\a_3\end{pmatrix}+k_2\begin{pmatrix}b_1\\b_2\\b_3\end{pmatrix}+k_3\begin{pmatrix}c_1\\c_2\\c_3\end{pmatrix}=\begin{pmatrix}0\\0\\0\end{pmatrix}$$

将向量升维后，同样有当且仅当 $k_1=k_2=k_3=0$（否则前三个分量不会为 0）：

$$k_1\begin{pmatrix}a_1\\a_2\\a_3\\a_4\end{pmatrix}+k_2\begin{pmatrix}b_1\\b_2\\b_3\\b_4\end{pmatrix}+k_3\begin{pmatrix}c_1\\c_2\\c_3\\c_4\end{pmatrix}=\begin{pmatrix}0\\0\\0\\0\end{pmatrix}$$

（2）线性相关的向量组，降维后仍然线性相关。假设下列向量组线性相关：

$$\boldsymbol{a}=\begin{pmatrix}a_1\\a_2\\a_3\\a_4\end{pmatrix},\quad \boldsymbol{b}=\begin{pmatrix}b_1\\b_2\\b_3\\b_4\end{pmatrix},\quad \boldsymbol{c}=\begin{pmatrix}c_1\\c_2\\c_3\\c_4\end{pmatrix}$$

那么根据线性相关的定义，存在不全为 0 的 $k_1, k_2$ 和 $k_3$，使得：

$$k_1\begin{pmatrix}a_1\\a_2\\a_3\\a_4\end{pmatrix}+k_2\begin{pmatrix}b_1\\b_2\\b_3\\b_4\end{pmatrix}+k_3\begin{pmatrix}c_1\\c_2\\c_3\\c_4\end{pmatrix}=\begin{pmatrix}0\\0\\0\\0\end{pmatrix}$$

将向量降维后同样有：

$$k_1\begin{pmatrix}a_1\\a_2\\a_3\end{pmatrix}+k_2\begin{pmatrix}b_1\\b_2\\b_3\end{pmatrix}+k_3\begin{pmatrix}c_1\\c_2\\c_3\end{pmatrix}=\begin{pmatrix}0\\0\\0\end{pmatrix}\qquad\square$$

还可以从几何上来理解该性质。在二维平面中不在一条直线上的向量（线性无关），见图 1.36，升维之后依然不在一条直线上（依然线性无关），见图 1.37。

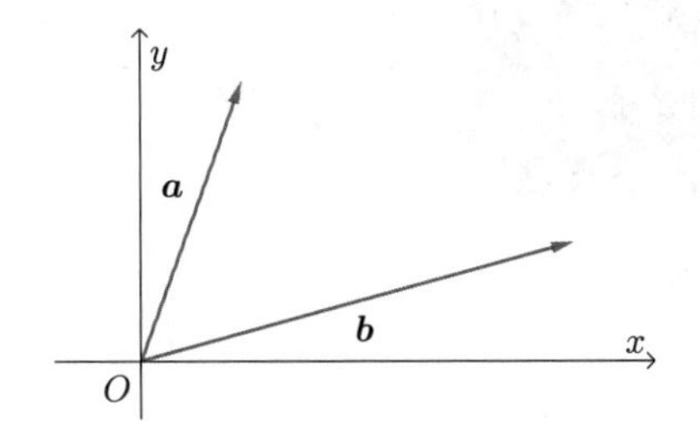


图 1.36: 二维平面中 $\{\boldsymbol{a},\boldsymbol{b}\}$ 线性无关

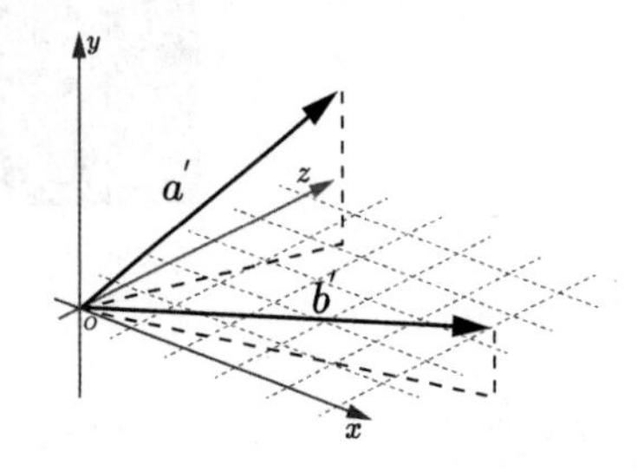


图 1.37: 升维后的 $\{\boldsymbol{a}',\boldsymbol{b}'\}$ 依然线性无关

反过来就不一定了，在三维空间中不在一条直线上的向量（线性无关），见图 1.38，它们的投影，也就是降维后却有可能在一条直线上（线性相关），见图 1.39。

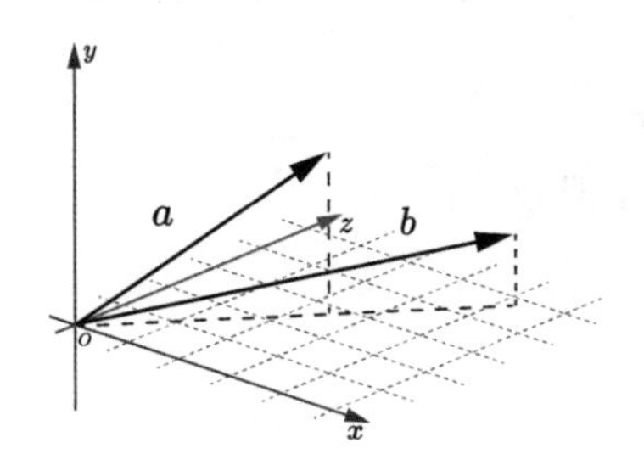


图 1.38: 三维空间中的 $\{\boldsymbol{a},\boldsymbol{b}\}$ 线性无关

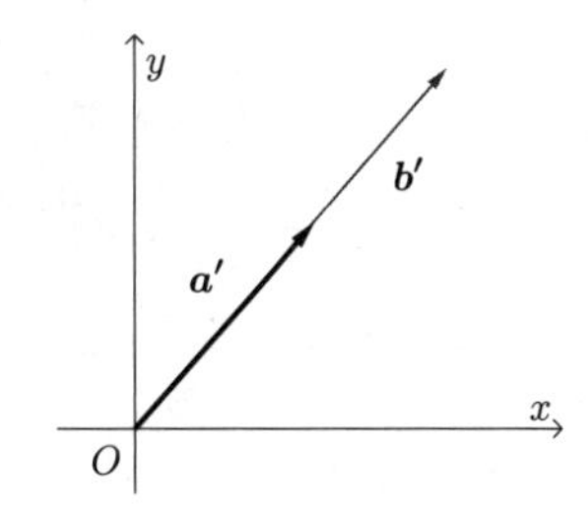


图 1.39: 它们的投影 $\{\boldsymbol{a}',\boldsymbol{b}'\}$ 却线性相关

## 1.4 向量空间

本节将介绍什么是向量空间。借助该概念，就可以表示之后内容会研究的直线、平面、立方体等线性的几何对象了，见图 1.40。

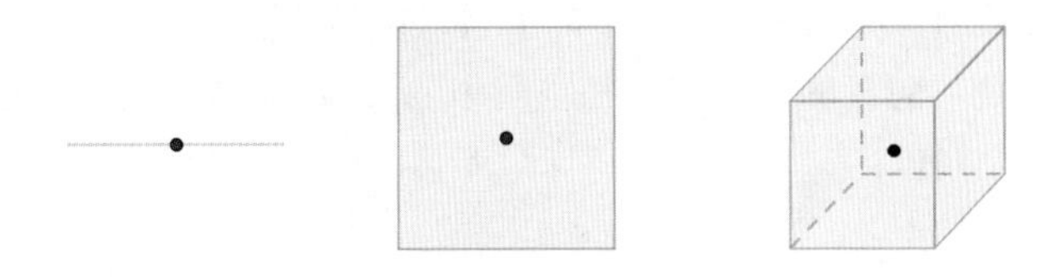

图 1.40: 直线、平面、立方体等线性几何对象

### 1.4.1　宇宙空间和向量空间

为了帮助大家理解，我们用承载万物的宇宙空间来进行类比，见图 1.41。

图 1.41: 宇宙空间

宇宙空间中包含了各种物质以及各种运动：

- 包含各种物质，比如星体、生物、能量等。
- 物质进行的各种运动（比如恒星燃烧、生物行走等），结果依然在空间内，比如恒星燃烧化为能量，依然在宇宙中。

向量空间和宇宙空间同为“空间”，两者是非常类似的，但向量空间必须满足下面两点：

- 包含向量。
- 向量的“运动”依然在空间中。

下面来看看，我们需要怎么做才能保证上述两点成立。

#### 1.4.1.1　包含向量

向量空间可以用向量组来表示，因为向量组就可以包含向量，比如：

$$\mathcal{V}=\{\boldsymbol{v_1},\boldsymbol{v_2},\cdots,\boldsymbol{v_n}\}$$

其中 $\boldsymbol{v_1},\boldsymbol{v_2},\cdots,\boldsymbol{v_n}$ 都是同维数的向量。

#### 1.4.1.2　向量的“运动”依然在空间中

关于“运动”，有两点需要解释：

- 首先解释什么是向量的“运动”，在这里指的就是向量的基本运算。[①] 基本运算是不会改变向量维数的，所以上面选择了向量组来包含向量。
- 然后解释什么是“向量的运动依然在空间中”，翻译成数学语言就是，某向量组 $\mathcal{V}$，从中随便选两个向量：

$$\boldsymbol{v_1}\in\mathcal{V},\quad \boldsymbol{v_2}\in\mathcal{V}$$

① 之前解释过，向量的加法和数乘称为向量的基本运算。

对这两者任意进行数乘和加法的“运动”，结果依然在 $\mathcal{V}$ 中，即：

$$\boldsymbol{v_1}+\boldsymbol{v_2}\in\mathcal{V},\quad k\boldsymbol{v_1}\in\mathcal{V}$$

如果满足上面的条件，那么向量组 $\mathcal{V}$ 就是向量空间。

### 1.4.2 向量空间的严格定义

**定义 8.** 设 $\mathcal{V}$ 为一向量组，如果 $\mathcal{V}$ 非空，且 $\mathcal{V}$ 对于向量的加法及数乘两种运算封闭，那么就称 $\mathcal{V}$ 为向量空间。

所谓封闭，是指在 $\mathcal{V}$ 中向量进行数乘和加减，其结果依然在 $\mathcal{V}$ 中，即：

- 若 $\boldsymbol{a}\in\mathcal{V},\boldsymbol{b}\in\mathcal{V}$，则 $\boldsymbol{a}+\boldsymbol{b}\in\mathcal{V}$。
- 若 $\boldsymbol{a}\in\mathcal{V},k\in\mathbb{R}$，则 $k\boldsymbol{a}\in\mathcal{V}$。

之前学过，颜色可通过三维向量来表示，所有颜色组成的集合就构成了一个向量空间，即色彩空间①，见图 1.42。

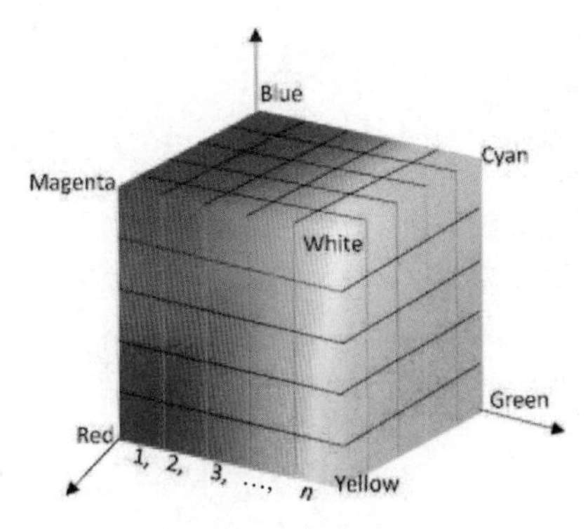


图 1.42: 色彩空间

**例 9.** 向量组 $\mathcal{V}=\{(x,y)|x^2+y^2\leqslant 1\}$ 是一个向量空间吗?

**解：** 从向量组 $\mathcal{V}$ 的定义可以看出，它表示的区域是一个圆（见图 1.43），从中选出 $\boldsymbol{v}_1$ 和 $\boldsymbol{v}_2$ 两个向量（见图 1.44）。相加得到的向量已经超出这个区域了（见图 1.45）。

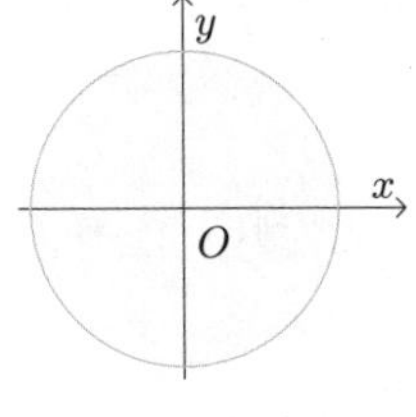


图 1.43: 向量组 $\mathcal{V}$

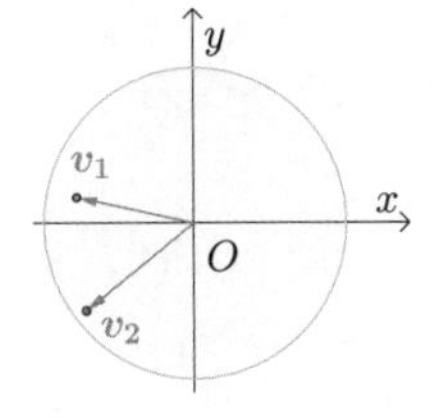


图 1.44: $\boldsymbol{v}_1,\boldsymbol{v}_2\in\mathcal{V}$

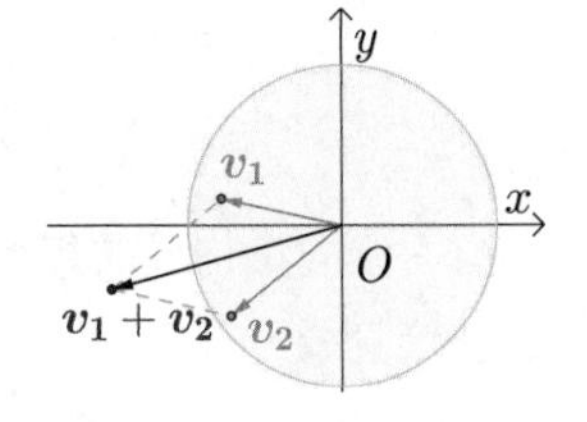


图 1.45: $\boldsymbol{v}_1+\boldsymbol{v}_2\notin\mathcal{V}$

因此向量组 $\mathcal{V}$ 并不是一个向量空间。

① 关于色彩空间是向量空间的论证，已经大大超出了本书范围，感兴趣的同学可以自行了解。

**例 10.** $xOy$ 平面可表示为向量组：$\mathcal{V}=\{(x,y)|x\in\mathbb{R},y\in\mathbb{R}\}$，那么 $\mathcal{V}$ 是向量空间吗？

**解：** 在 $xOy$ 平面中，也就是在向量组 $\mathcal{V}$ 中任取两点 $\boldsymbol{u}=(x_1,y_1)$, $\boldsymbol{v}=(x_2,y_2)$，其数乘、加法的结果必然还在 $xOy$ 平面中，也就是还在向量组 $\mathcal{V}$ 中，见图 1.46。

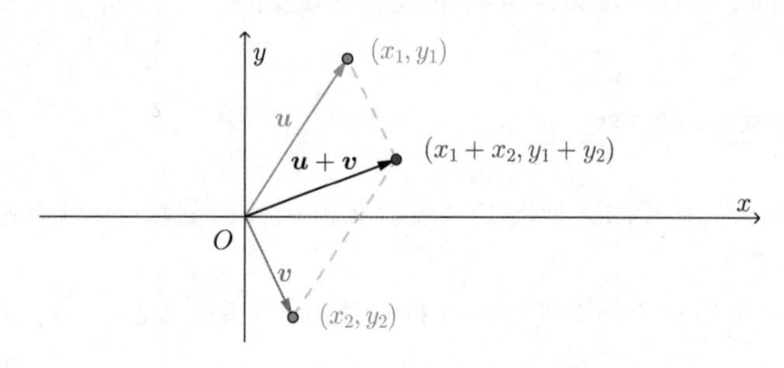


图 1.46: $\boldsymbol{u},\boldsymbol{v}$ 的线性组合依然在 $\mathcal{V}$ 中

所以向量组 $\mathcal{V}$ 是向量空间。实际上，向量组 $\mathcal{V}$ 包含了所有的二维向量，必然对二维向量封闭。

### 1.4.3　特殊向量空间

学习了基本概念后，下面介绍一些在后面会经常用到的向量空间。

**定义 9.** 所有 $n$ 维向量构成的集合是一个向量空间 $\mathbb{R}^n$：

$$\mathbb{R}^n=\{(x_1,x_2,\cdots,x_n)|n\in\mathbb{N},x_n\in\mathbb{R}\},\quad n\geqslant 1$$

通过向量空间 $\mathbb{R}^n$ 可以表示本节一开始就提到的直线、平面和立方体，见图 1.47。

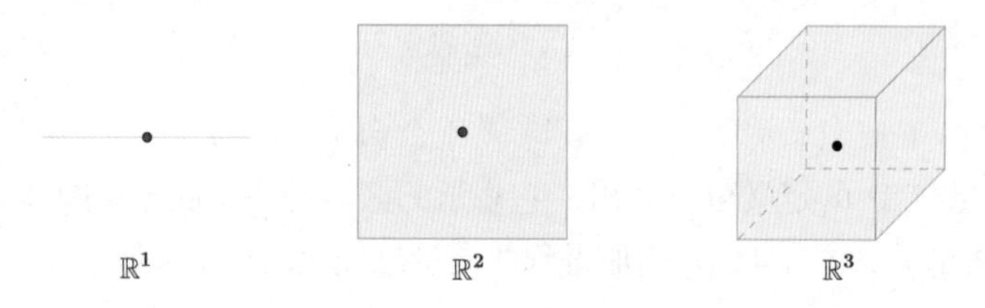


图 1.47: 通过向量空间 $\mathbb{R}^n$ 来表示直线、平面和立方体

解释一下。

- 所有一维向量构成的集合是向量空间 $\mathbb{R}^1$，该向量空间代表了全体实数，或者说代表了一维直线：

$$\mathbb{R}^1=\{(x)|x\in\mathbb{R}\}$$

- 所有二维向量构成的集合是向量空间 $\mathbb{R}^2$，该向量空间代表了整个二维平面：

$$\mathbb{R}^2 = \{(x_1, x_2)|x_{1,2} \in \mathbb{R}\}$$

- 所有三维向量构成的集合是向量空间 $\mathbb{R}^3$，该向量空间代表了整个三维空间：

$$\mathbb{R}^3 = \{(x_1, x_2, x_3)|x_{1,2,3} \in \mathbb{R}\}$$

需要注意的是，$\mathbb{R}^1$、$\mathbb{R}^2$、$\mathbb{R}^3$ 是直线、平面和立方体，但反过来并不成立。比如图 1.48 中三维立方体中的蓝色平面，虽然也是平面，但不是 $\mathbb{R}^2$，因为它的组成元素是三维向量，不是二维向量。

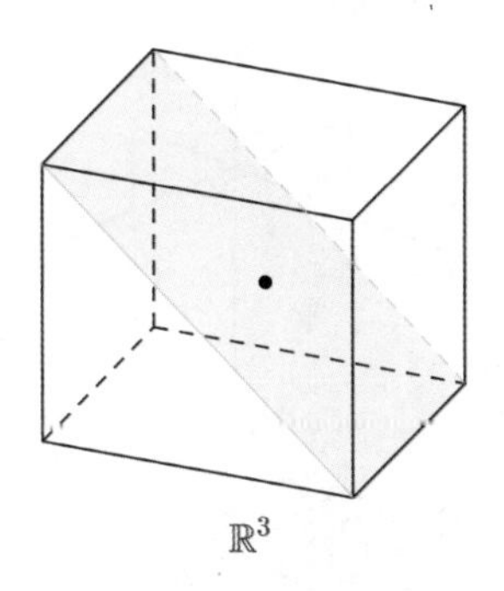


图 1.48: 三维中的平面不是 $\mathbb{R}^2$

### 1.4.4 子空间

向量空间并不一定是 $\mathbb{R}^n$，也可以是它们的子集。比如 $\mathbb{R}^3$ 中的原点、直线、面都可以是向量空间，见图 1.49。特别地，图 1.49 中的每个向量空间都画了黑点，这些都是原点，表示向量空间必须包含原点。①

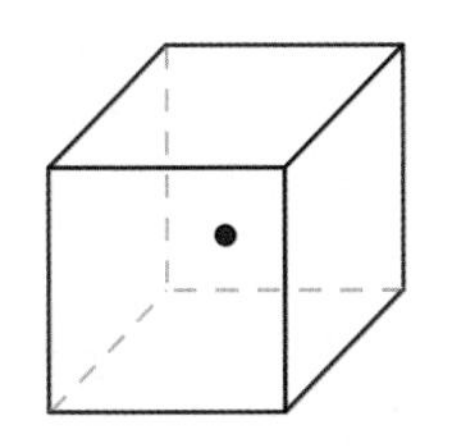
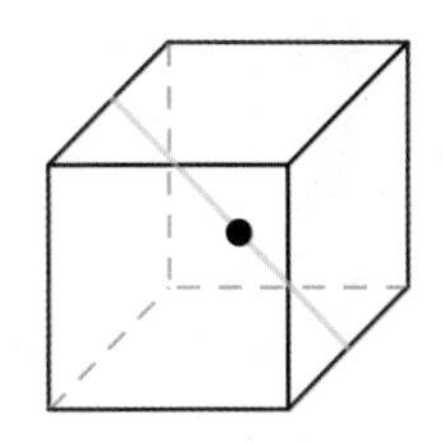
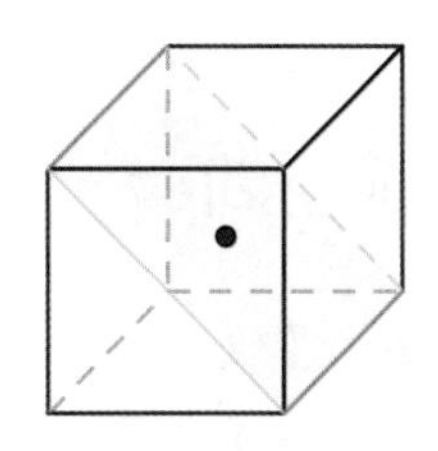

图 1.49: 向量空间必须包含原点

这些向量空间是 $\mathbb{R}^3$ 的子集，也称为 $\mathbb{R}^3$ 的子空间，记作（假如用 $\mathcal{V}$ 来表示这些向量空间）：

$$\mathcal{V} \subseteq \mathbb{R}^3$$

**例 11.** 向量组 $\mathcal{V} = \{(x_1, x_2, 0) \mid x_{1,2} \in \mathbb{R}\}$ 是向量空间吗？如果是，那么它是 $\mathbb{R}^2$ 吗？

① 假设 $\mathcal{V}$ 为由 $n$ 维向量构成的向量空间。任取其中两个向量 $\boldsymbol{u_1}, \boldsymbol{u_2}$，有 $0\boldsymbol{u_1} + 0\boldsymbol{u_2} = \boldsymbol{0}$。

**解：** 取向量组 $\mathcal{V}$ 中的任意两个向量 $\boldsymbol{a}=(a_1,a_2,0),\boldsymbol{b}=(b_1,b_2,0)$，可以推出：

$$\boldsymbol{a}+\boldsymbol{b}=(a_1+b_1,a_2+b_2,0)\in\mathcal{V},\quad k\boldsymbol{a}=(ka_1,ka_2,0)\in\mathcal{V}$$

所以 $\mathcal{V}$ 是向量空间。并且：

- $\mathcal{V}$ 中元素由三维向量构成，因此不是 $\mathbb{R}^2$。
- $\mathcal{V}$ 并不包含**所有**的三维向量，因此也不是 $\mathbb{R}^3$，而是 $\mathbb{R}^3$ 的子空间。

从几何上看，向量组 $\mathcal{V}$ 代表三维中的一个平面，即 $x_3=0$ 的平面，或者称为 $x_1Ox_2$ 平面，也就是图 1.50 中所示的绿色平面。

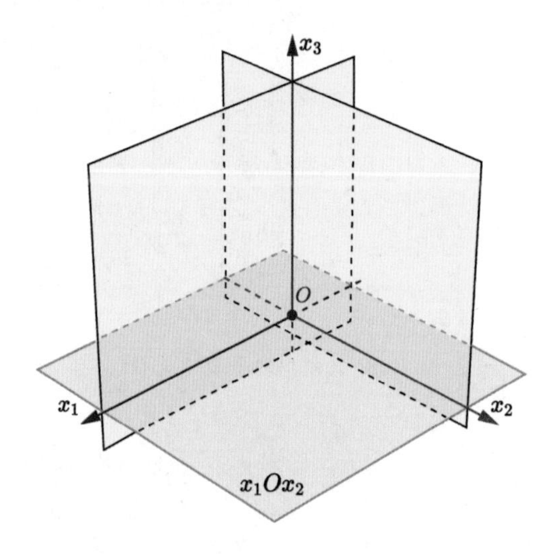


图 1.50: $x_1Ox_2$ 平面是 $\mathbb{R}^3$ 的子空间

所以向量组 $\mathcal{V}$ 是 $\mathbb{R}^3$ 的一个子空间。

## 1.5　张成空间

**定义 10.** 某向量组 $\mathcal{A}=\{\boldsymbol{v_1},\boldsymbol{v_2},\cdots,\boldsymbol{v_p}\}$，其所有线性组合构成的集合为向量空间，也称为向量组 $\mathcal{A}$ 的张成空间，记为 $span(\boldsymbol{v_1},\boldsymbol{v_2},\cdots,\boldsymbol{v_p})$，即：

$$span(\boldsymbol{v_1},\boldsymbol{v_2},\cdots,\boldsymbol{v_p})=\{k_1\boldsymbol{v_1}+k_2\boldsymbol{v_2}+\cdots+k_p\boldsymbol{v_p},k_{1,2,\dots,p}\in\mathbb{R}\}$$

也称 $span(\boldsymbol{v_1},\boldsymbol{v_2},\cdots,\boldsymbol{v_p})$ 为向量组 $\mathcal{A}$ 所张成。

**证明：** 假设向量组 $\mathcal{A}=\{\boldsymbol{v_1},\boldsymbol{v_2},\cdots,\boldsymbol{v_p}\}$ 的张成空间为 $\mathcal{V}$，根据张成空间的定义有：

$$\mathcal{V}=span(\boldsymbol{v_1},\boldsymbol{v_2},\cdots,\boldsymbol{v_p})=\{k_1\boldsymbol{v_1}+k_2\boldsymbol{v_2}+\cdots+k_p\boldsymbol{v_p},k_{1,2,\dots,p}\in\mathbb{R}\}$$

所以 $\mathcal{V}$ 内的任意两个元素进行加法、数乘必然还在 $\mathcal{V}$ 内，所以 $\mathcal{V}$ 是向量空间。 □

下面通过颜色混合来解释一下什么是张成空间。根据常识，R, G, B 这三种颜色也被称为三原色，因为通过它们就可混合出所有的颜色。而这所有的颜色，根据上一节的解释，构成了色彩空间，见图 1.51。

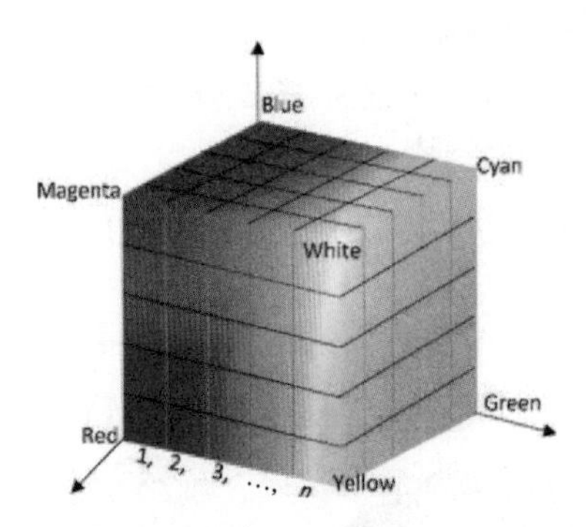


图 1.51: 色彩空间

如果用向量来表示 R, G, B：

$$\boldsymbol{R}=\begin{pmatrix}255\\0\\0\end{pmatrix},\quad \boldsymbol{G}=\begin{pmatrix}0\\255\\0\end{pmatrix},\quad \boldsymbol{B}=\begin{pmatrix}0\\0\\255\end{pmatrix}$$

那么色彩空间就是向量组 $\{\boldsymbol{R},\boldsymbol{G},\boldsymbol{B}\}$ 的张成空间，也可以说，色彩空间由向量组 $\{\boldsymbol{R},\boldsymbol{G},\boldsymbol{B}\}$ 所张成：

$$色彩空间 = span(\boldsymbol{R},\boldsymbol{G},\boldsymbol{B})$$

再比如向量组 $\left\{\boldsymbol{u}=\begin{pmatrix}1\\0\\0\end{pmatrix},\boldsymbol{v}=\begin{pmatrix}0\\1\\0\end{pmatrix},\boldsymbol{w}=\begin{pmatrix}0\\0\\1\end{pmatrix}\right\}$，其张成空间为 $\mathbb{R}^3=span(\boldsymbol{u},\boldsymbol{v},\boldsymbol{w})$，即整个三维空间都由其张成，见图 1.52。

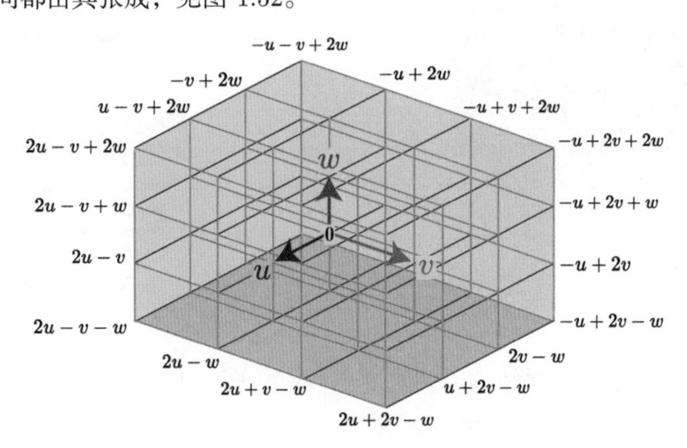


图 1.52: $\mathbb{R}^3=span(\boldsymbol{u},\boldsymbol{v},\boldsymbol{w})$

### 1.5.1　等价向量组

**定义 11.** 设有两个向量组 $\mathcal{A}=\{\boldsymbol{a}_1,\boldsymbol{a}_2,\cdots,\boldsymbol{a}_m\}$ 及 $\mathcal{B}=\{\boldsymbol{b}_1,\boldsymbol{b}_2,\cdots,\boldsymbol{b}_n\}$，若向量组 $\mathcal{B}$ 中的每个向量都能由向量组 $\mathcal{A}$ 线性表示，则称向量组 $\mathcal{B}$ 能由向量组 $\mathcal{A}$ 线性表示。

若向量组 $\mathcal{A}$ 与向量组 $\mathcal{B}$ 能相互线性表示，则称这两个向量组等价，也可以说，$\mathcal{A}$ 和 $\mathcal{B}$ 是等价向量组。

还是用颜色混合来解释上述定义。除了 RGB ，现实中还常通过印刷三原色 CMY 来调制所有颜色，见图 1.53。

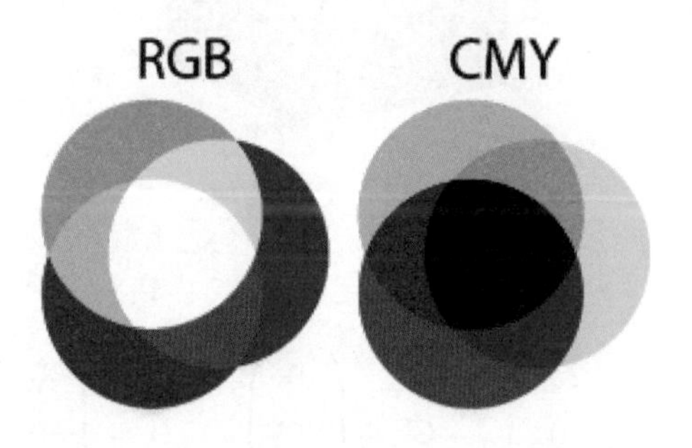


图 1.53: 三原色 RGB 和印刷三原色 CMY

**扩展阅读 2**

RGB 与 CMY【Cyan（青色）、Magenta（洋红色）、Yellow（黄色）】的使用场景是不一样的，见图 1.54 和图 1.55。

图 1.54: 电脑显示用 RGB

图 1.55: 印刷用 CMY

这两种三原色可以互相调出，也就是说，CMY 可以由 RGB 调出，反之亦然。我们说这两组颜色是等价的，见图 1.56。

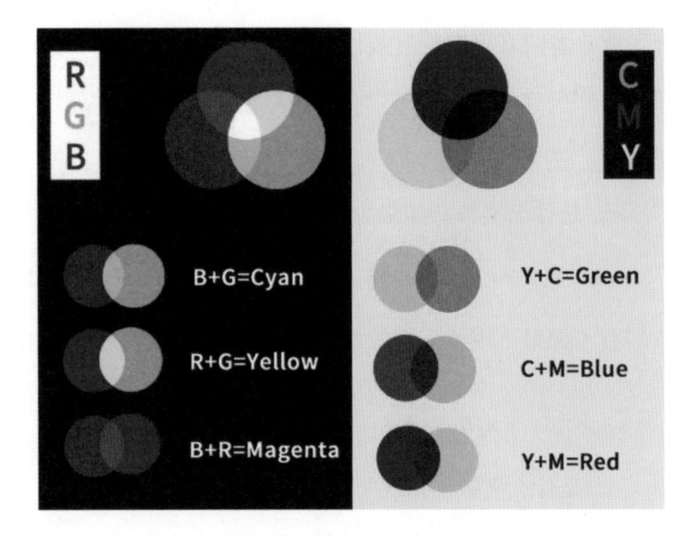


图 1.56: 两种三原色等价

如果把 RGB 看作向量组 $\mathcal{V}$，CMY 看作向量组 $\mathcal{W}$：

$$\mathcal{V}=\{\boldsymbol{R},\boldsymbol{G},\boldsymbol{B}\},\quad \mathcal{W}=\{\boldsymbol{C},\boldsymbol{M},\boldsymbol{Y}\}$$

那它们就可以相互线性表示，因此 $\mathcal{V}$ 和 $\mathcal{W}$ 是等价向量组。

**例 12.** $\mathcal{A}=\left\{\begin{pmatrix}1\\0\end{pmatrix},\begin{pmatrix}0\\1\end{pmatrix}\right\}$ 与 $\mathcal{B}=\left\{\begin{pmatrix}1\\1\end{pmatrix},\begin{pmatrix}1\\2\end{pmatrix},\begin{pmatrix}2\\1\end{pmatrix}\right\}$ 是等价向量组吗？

**解：** $\mathcal{A}$ 可由 $\mathcal{B}$ 线性表示：

$$\begin{pmatrix}1\\0\end{pmatrix}=-1\times\begin{pmatrix}1\\1\end{pmatrix}+\begin{pmatrix}2\\1\end{pmatrix},\quad \begin{pmatrix}0\\1\end{pmatrix}=-1\times\begin{pmatrix}1\\1\end{pmatrix}+\begin{pmatrix}1\\2\end{pmatrix}$$

$\mathcal{B}$ 也可以由 $\mathcal{A}$ 线性表示：

$$\begin{pmatrix}1\\1\end{pmatrix}=\begin{pmatrix}1\\0\end{pmatrix}+\begin{pmatrix}0\\1\end{pmatrix},\quad \begin{pmatrix}1\\2\end{pmatrix}=\begin{pmatrix}1\\0\end{pmatrix}+2\times\begin{pmatrix}0\\1\end{pmatrix},\quad \begin{pmatrix}2\\1\end{pmatrix}=2\times\begin{pmatrix}1\\0\end{pmatrix}+\begin{pmatrix}0\\1\end{pmatrix}$$

因此，$\mathcal{A}$ 与 $\mathcal{B}$ 是等价向量组。

**定理 2.** 假设有两个向量组 $\mathcal{A}=\{\boldsymbol{a_1},\boldsymbol{a_2},\cdots,\boldsymbol{a_n}\}$ 和 $\mathcal{B}=\{\boldsymbol{b_1},\boldsymbol{b_2},\cdots,\boldsymbol{b_m}\}$，则：

$$\mathcal{A}\text{ 和 }\mathcal{B}\text{ 等价}\iff span(\mathcal{A})=span(\mathcal{B})$$

**证明：**（1）先证“$\mathcal{A}$ 和 $\mathcal{B}$ 等价 $\implies span(\mathcal{A})=span(\mathcal{B})$”。首先：

$$span(\mathcal{A})=k_1\boldsymbol{a_1}+k_2\boldsymbol{a_2}+\cdots+k_n\boldsymbol{a_n},k_{1,2,\cdots,n}\in\mathbb{R}$$

$$span(\mathcal{B})=r_1\boldsymbol{b_1}+r_2\boldsymbol{b_2}+\cdots+r_m\boldsymbol{b_m},r_{1,2,\cdots,m}\in\mathbb{R}$$

因为 $\mathcal{A}$ 和 $\mathcal{B}$ 等价，意味着两者可以相互线性表示，即 $\mathcal{A}$ 中的每一个元素可以由 $\mathcal{B}$ 线性表示，所以 $\boldsymbol{a_1},\boldsymbol{a_2},\cdots,\boldsymbol{a_n}$ 每一个都可以由 $\boldsymbol{b_1},\boldsymbol{b_2},\cdots,\boldsymbol{b_m}$ 线性表示出来，所以可得：

$$span(A)=s_1\boldsymbol{b_1}+s_2\boldsymbol{b_2}+\cdots+s_m\boldsymbol{b_m}$$

但不知道 $s_1,s_2,\cdots,s_m$ 是什么实数，如果为任意实数则：

$$span(\mathcal{A})=s_1\boldsymbol{b_1}+s_2\boldsymbol{b_2}+\cdots+s_m\boldsymbol{b_m}=span(\mathcal{B})$$

如果不为任意实数则有（如果不理解下面的结论，可以想想，比如 $s_1=0$，其余为任意实数时的情况）：

$$span(\mathcal{A})=s_1\boldsymbol{b_1}+s_2\boldsymbol{b_2}+\cdots+s_m\boldsymbol{b_m}\subset span(\mathcal{B})$$

即不知道 $s_1,s_2,\cdots,s_m$ 是什么实数的情况下有：

$$span(\mathcal{A})\subseteq span(\mathcal{B})$$

同理可得：

$$span(\mathcal{B})\subseteq span(A)$$

进而推出：

$$span(\mathcal{A})=span(\mathcal{B})$$

（2）再证“$span(\mathcal{A})=span(\mathcal{B})\implies\mathcal{A}$ 和 $\mathcal{B}$ 等价”。$span(\mathcal{A})$ 是所有的 $\mathcal{A}$ 的线性组合，$span(\mathcal{B})$ 是所有的 $\mathcal{B}$ 的线性组合，两者相等，说明：

$$\mathcal{B}\subseteq span(\mathcal{A}),\quad \mathcal{A}\subseteq span(\mathcal{B})$$

所以两者可以相互线性表示，即 $\mathcal{A}$ 和 $\mathcal{B}$ 等价。 □

用颜色混合来解释上面的定理就是，既然 $RGB$ 和 $CMY$ 是等价向量组，那么 RGB 可以调出所有的颜色，所以 CMY 也可以调出来所有的颜色，见图 1.57。

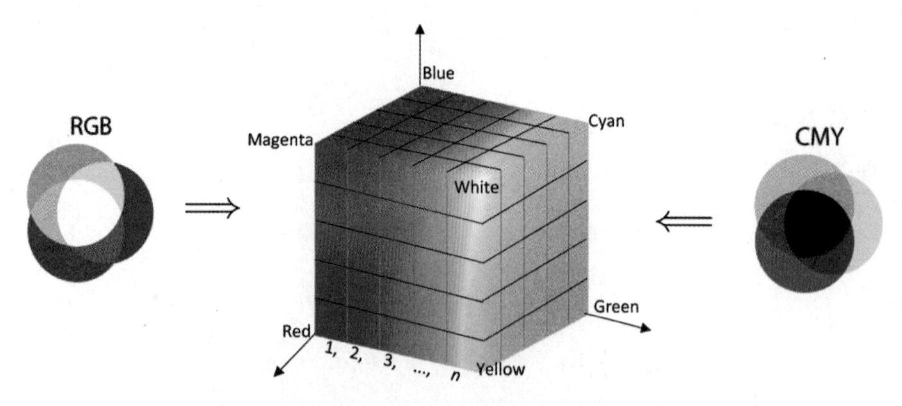


图 1.57: RGB 和 CMY 都可以调出所有的颜色

### 1.5.2 几何意义

前面都是通过颜色混合来解释的，下面再通过几何知识来解释一下张成空间、等价向量组。

#### 1.5.2.1 张成空间

根据几何知识，交于原点的两条直线可以唯一确定一个平面，让我们称该平面为 $\mathcal{V}$ 吧。在两条直线上各找一个向量 $\boldsymbol{u}$ 和 $\boldsymbol{v}$，那么 $\boldsymbol{u}$ 和 $\boldsymbol{v}$ 可以张成平面 $\mathcal{V}$，平面 $\mathcal{V}$ 就是 $\boldsymbol{u}$ 和 $\boldsymbol{v}$ 的张成空间，见图 1.58。

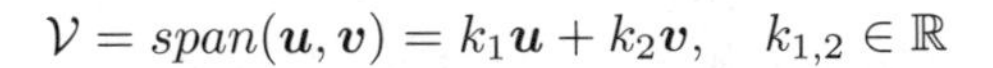

$$\mathcal{V} = span(\boldsymbol{u}, \boldsymbol{v}) = k_1\boldsymbol{u} + k_2\boldsymbol{v}, \quad k_{1,2} \in \mathbb{R}$$

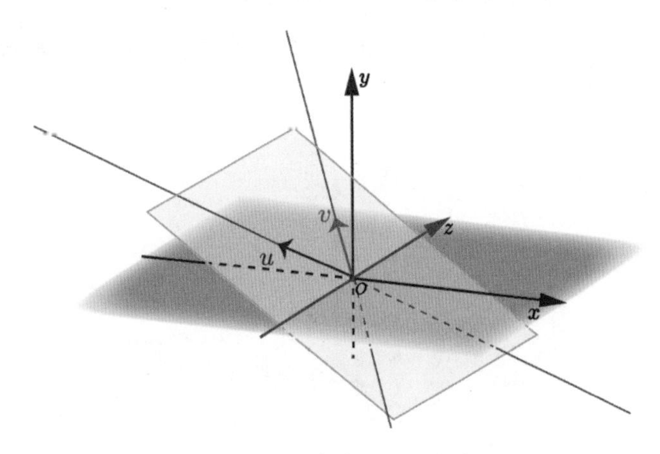


图 1.58: 张成空间的几何意义

#### 1.5.2.2 等价向量组

再在平面 $\mathcal{V}$ 上找另外两条过原点的直线，并在这两条直线上各找一个向量 $\boldsymbol{w}$ 和 $\boldsymbol{h}$，见图 1.59。

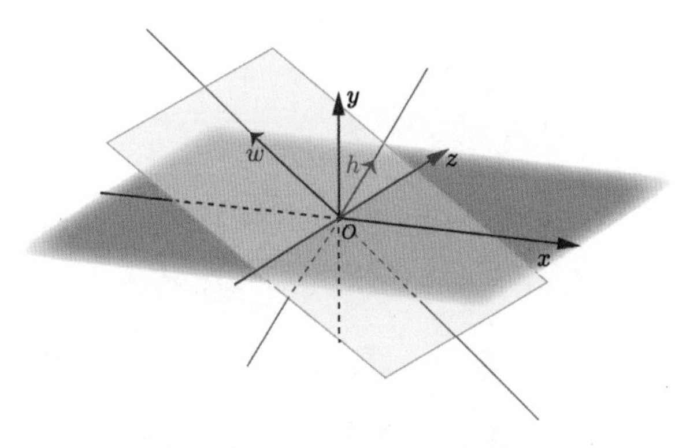


图 1.59: 等价向量组的几何意义

这两条直线决定了平面 $\mathcal{V}$，所以新找到的两个向量 $\boldsymbol{w}$ 和 $\boldsymbol{h}$ 也张成平面 $\mathcal{V}$，平面 $\mathcal{V}$ 也是 $\boldsymbol{w}$ 和 $\boldsymbol{h}$ 的张成空间：

$$\mathcal{V} = span(\boldsymbol{w}, \boldsymbol{h}) = r_1\boldsymbol{w} + r_2\boldsymbol{h}, \quad r_{1,2} \in \mathbb{R}$$

很显然，这两个向量组张成的都是平面 $\mathcal{V}$：

$$\mathcal{V} = span(\boldsymbol{u}, \boldsymbol{v}) = span(\boldsymbol{w}, \boldsymbol{h})$$

因为两个向量组中的向量都在平面 $\mathcal{V}$ 上，所以这两个向量组必然可以相互线性表示，即 $\{\boldsymbol{u}, \boldsymbol{v}\}$ 与 $\{\boldsymbol{w}, \boldsymbol{h}\}$ 是等价向量组。

**例 13.** 已知 $n$ 维向量组 $\mathcal{A} = \{\boldsymbol{a_1}, \boldsymbol{a_2}, \cdots, \boldsymbol{a_m}\}$ 线性无关，$n$ 维向量组 $\mathcal{B} = \{\boldsymbol{b_1}, \boldsymbol{b_2}, \cdots, \boldsymbol{b_m}\}$ 也线性无关。那么向量组 $\mathcal{A}$ 可由向量组 $\mathcal{B}$ 线性表示吗？

**解：** 不能。比如有三维向量组 $\mathcal{A} = \{\boldsymbol{a_1}, \boldsymbol{a_2}\}$ 和 $\mathcal{B} = \{\boldsymbol{b_1}, \boldsymbol{b_2}\}$，其张成的向量空间分别如图 1.60 和图 1.61 所示。

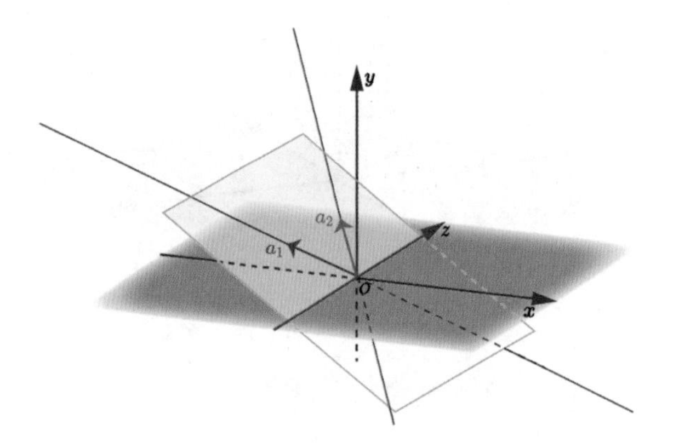


图 1.60: 向量组 $\mathcal{A}$ 的张成空间

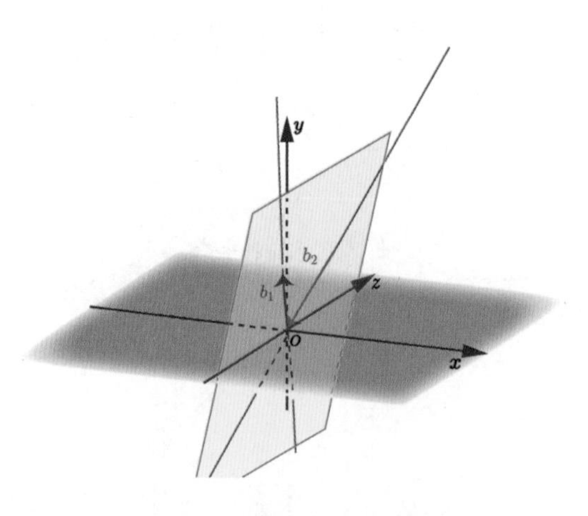


图 1.61: 向量组 $\mathcal{B}$ 的张成空间

这两个平面并不重叠，也就是两个张成空间并不相等：

$$span(\mathcal{A}) \neq span(\mathcal{B})$$

所以，$\mathcal{A}$ 不能由 $\mathcal{B}$ 线性表示，同样 $\mathcal{B}$ 也不能由 $\mathcal{A}$ 线性表示。

### 1.5.3 最大无关组

**定义 12.** 设有向量组 $\mathcal{A}$，如果在 $\mathcal{A}$ 中能选出 $r$ 个向量 $\boldsymbol{a_1}, \boldsymbol{a_2}, \cdots, \boldsymbol{a_r}$，满足：

- 向量组 $\mathcal{A}_0 = \{\boldsymbol{a_1}, \boldsymbol{a_2}, \cdots, \boldsymbol{a_r}\}$ 线性无关。
- 向量组 $\mathcal{A}$ 中任意 $r+1$ 个向量（如果 $\mathcal{A}$ 中有 $r+1$ 个向量的话）都线性相关，那么称向量组 $\mathcal{A}_0$ 是向量组 $\mathcal{A}$ 的一个最大线性无关组，简称最大无关组。

上述定义也可通过颜色混合来理解，比如向量组 $\mathcal{A} = \{\boldsymbol{R}, \boldsymbol{G}, \boldsymbol{B}, 黄\}$，其中黄色是多余的，因为它可由另外两个颜色合成：

$$\bullet + \bullet = \bullet$$

去掉黄色之后得到一个只包含三原色、线性无关的向量组：

$$\mathcal{A}_0 = \{\boldsymbol{R}, \boldsymbol{G}, \boldsymbol{B}\}$$

向量组 $\mathcal{A}_0$ 完全可以调出向量组 $\mathcal{A}$ 中的所有颜色，并且 $\mathcal{A}_0$ 不能再缩小了，那么向量组 $\mathcal{A}_0$ 就是 $\mathcal{A}$ 的最大无关向量组。

还可以通过几何知识来理解，图 1.62 中的蓝色平面可以由线性相关的向量组 $\mathcal{A} = \{\boldsymbol{u}, \boldsymbol{v}, \boldsymbol{w}\}$ 张成。

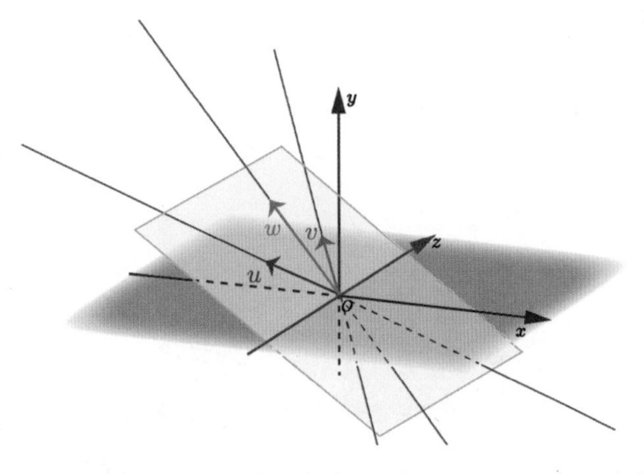


图 1.62: 蓝色平面可由线性相关的向量组 $\mathcal{A} = \{\boldsymbol{u}, \boldsymbol{v}, \boldsymbol{w}\}$ 张成

其实只需要两根相交直线就可以唯一确定该平面，因此 $\boldsymbol{w}$ 是多余的。去掉后得到线性无关的向量组 $\mathcal{A}_0 = \{\boldsymbol{u}, \boldsymbol{v}\}$，一样可以张成该平面，见图 1.63。

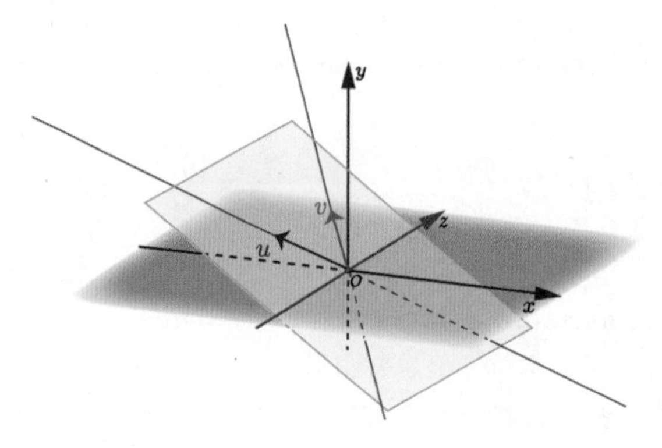


图 1.63: 蓝色平面可由 $\mathcal{A}$ 的最大无关组 $\mathcal{A}_0 = \{\boldsymbol{u}, \boldsymbol{v}\}$ 张成

并且 $\mathcal{A}_0$ 不能再缩小了，所以 $\mathcal{A}_0$ 是 $\mathcal{A}$ 的最大无关组。

### 1.5.4　向量组的秩

**定义 13.** 假设向量组 $\mathcal{A}$ 的最大无关组为：

$$\mathcal{A}_0 = \{a_1, a_2, \cdots, a_r\}$$

$\mathcal{A}_0$ 的向量个数 $r$ 称为向量组 $\mathcal{A}$ 的秩，记作 $rank(\mathcal{A})$，有时也记作 $r(\mathcal{A})$。

比如之前提过的向量组 $\mathcal{A} = \{\boldsymbol{R}, \boldsymbol{G}, \boldsymbol{B}, 黄\}$，下面的 $\mathcal{A}_0, \mathcal{A}_1$ 都是它的最大无关组[①]：

$$\mathcal{A}_0 = \{\boldsymbol{R}, \boldsymbol{G}, \boldsymbol{B}\}, \quad \mathcal{A}_1 = \{\boldsymbol{R}, \boldsymbol{B}, 黄\}$$

从这个例子中可以看出，最大无关组并不唯一，但最大无关组包含向量的数目是相同的，此不变的数目就是秩。

不变的秩反映了向量组的复杂程度。就刚才的向量组 $\mathcal{A} = \{\boldsymbol{R}, \boldsymbol{G}, \boldsymbol{B}, 黄\}$ 而言，不论使用 $\mathcal{A}_0$ 来调出，还是靠 $\mathcal{A}_1$ 来调出，总之只需要带 3 管颜料出门，也就是复杂度只有 3，见图 1.64。

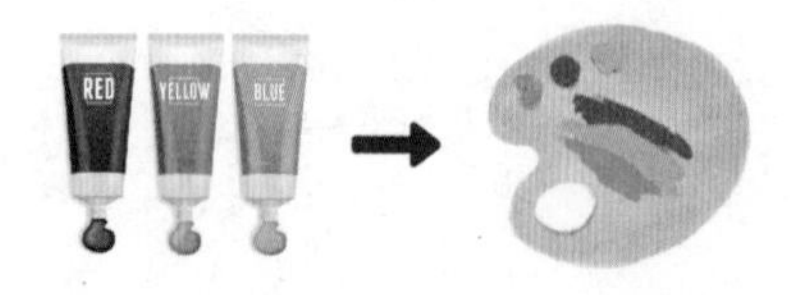


图 1.64: 3 管颜料可以调出所有颜色

① （1）R, G, B 是三原色，因此 $\mathcal{A}_0$ 线性无关。（2）黄 $= \boldsymbol{R} + \boldsymbol{G}$，其中包含的 $\boldsymbol{G}$ 无法用 $\boldsymbol{R}$ 和 $\boldsymbol{B}$ 合成，所以向量组 $\mathcal{A}_1$ 线性无关。

## 1.6 向量空间的基

继续往下讲解之前，先总结一下之前所学。一开始学习了向量，然后把同维数的向量放在集合中构成了向量组，最后通过向量组得到了张成空间，也就是我们的关注核心，向量空间，将它们总结于表 1.4 中。

表 1.4: 向量 -> 向量组 -> 向量空间

| 向量 | 向量组 | 向量空间 |
|---|---|---|
| $(1,0)$ | $\{(1,0),(0,1)\}$ | $k_1(1,0)+k_2(0,1)$ |
| | | |

就如研究宇宙空间，需要把每一颗恒星的位置标注出来一样，见图 1.65。

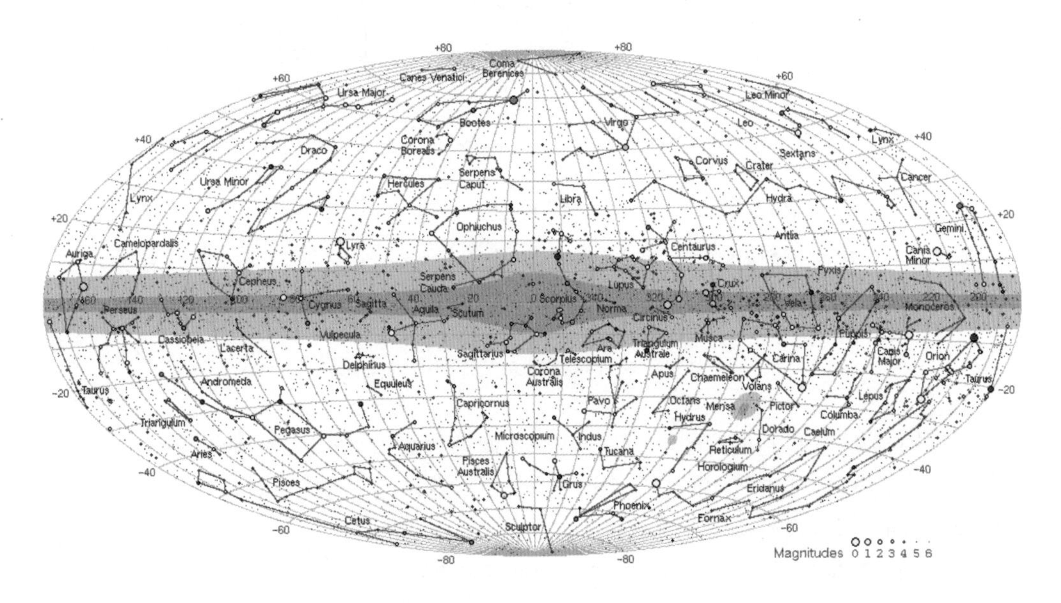


图 1.65: 在银道坐标系中，标注肉眼可见的恒星

同样地，研究向量空间就需要定位其中的每个点，见图 1.66，这就是本节需要学习的内容。

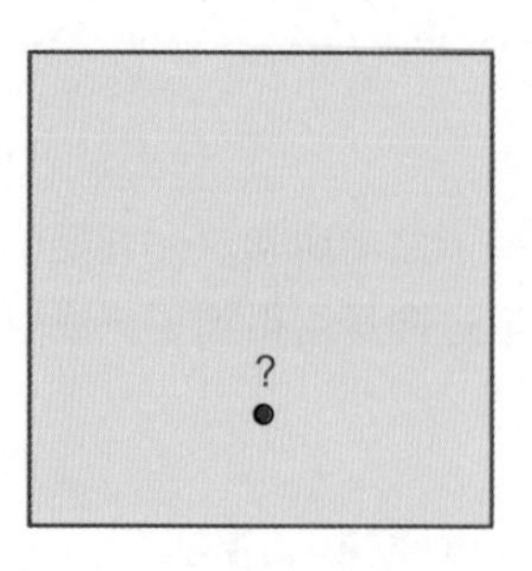


图 1.66: 图中的红点在什么位置呢

### 1.6.1　基的定义

大家可能对在宇宙空间中定位恒星比较陌生，下面举一个对地球上的点进行定位的例子。因为地球是球体，所以需要通过投影的方式将它绘制到地图上。图 1.67 所示的是三种不同的投影方式得到的地图。

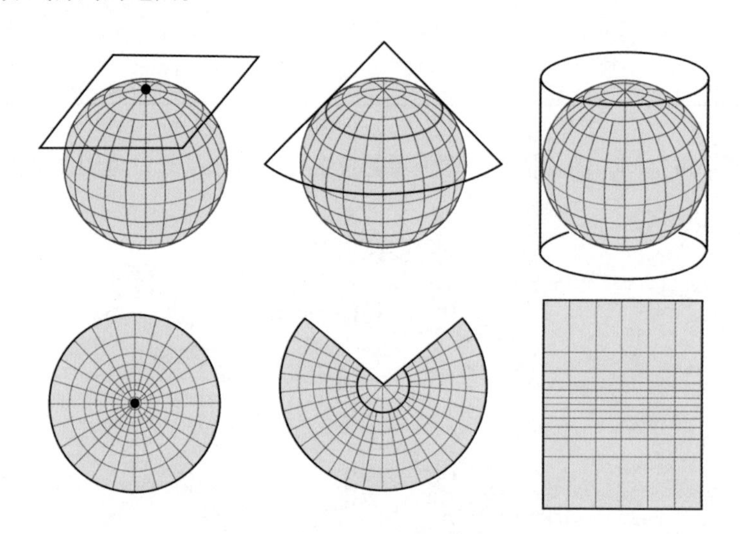

图 1.67: 三种不同的投影方式得到的不同的地图

不同的投影方式得到的地图是不一样的，从而得到的北京的坐标也是不一样的。因此，在谈论北京的坐标时需指明用的是什么投影方式，或者说绘制地图的基准是什么。同样地，在对向量空间进行定位时，也需要先指明基是什么。

**定义 14.** 已知 $\mathcal{V}$ 为向量空间，如果其中的某向量组

$$\mathcal{A}=\{\boldsymbol{a_1},\boldsymbol{a_2},\cdots,\boldsymbol{a_n}\}$$

是 $\mathcal{V}$ 的最大无关组，那么向量组 $\mathcal{A}$ 被称为向量空间 $\mathcal{V}$ 的一个基。

以前面提到过的两个向量空间“色彩空间”和“二维平面”为例，来看看它们的基是什么。

- 色彩空间的最大无关组为 RGB，也就是色彩空间的基为 RGB，见图 1.68。

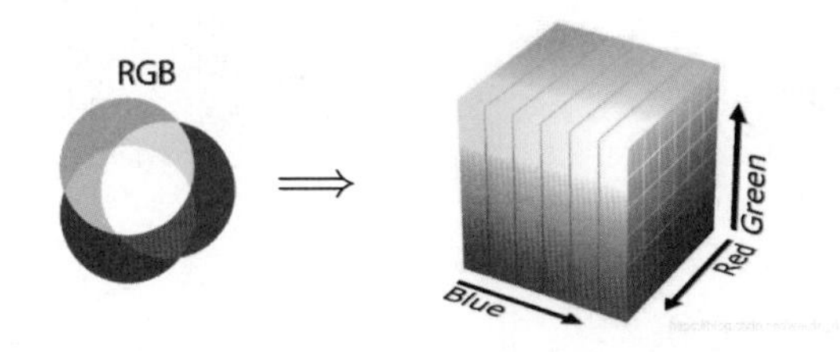


图 1.68: RGB 是色彩空间的一个基

- 图 1.69 中的蓝色平面的最大无关组为 $\mathcal{A}=\{\boldsymbol{u},\boldsymbol{v}\}$，因此该平面的基为向量组 $\mathcal{A}$。

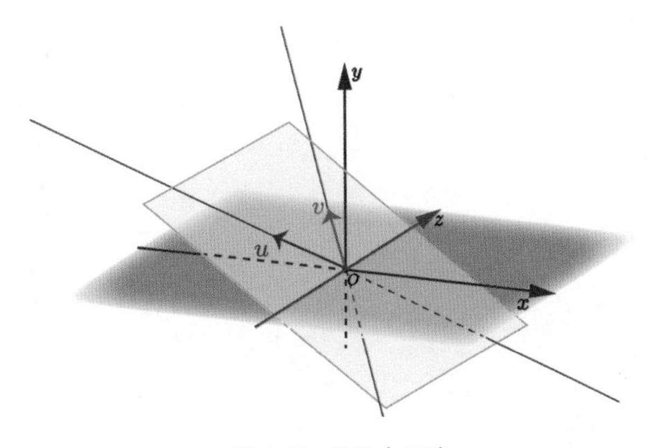


图 1.69: 平面中的基

从上面两个例子很容易知道，对于向量空间而言，基并不唯一。

- 色彩空间的最大无关组可以是 RGB 或 CMY，它们都是色彩空间的基，见图 1.70。

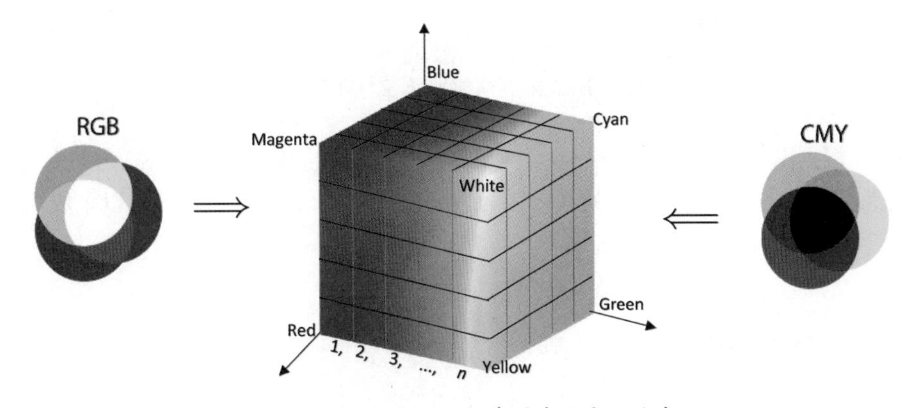


图 1.70: RGB 和 CMY 都是色彩空间的基

- 蓝色平面的最大无关组可以是 $\{\boldsymbol{u},\boldsymbol{v}\}$ 或 $\{\boldsymbol{w},\boldsymbol{h}\}$，它们都是该平面的基，见图 1.71。

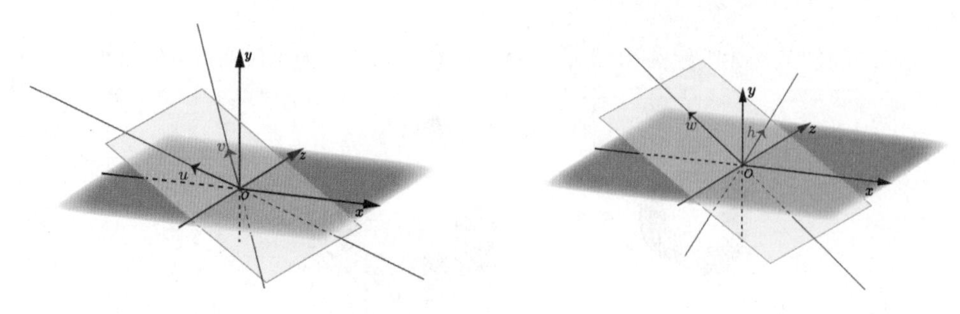


图 1.71: 平面的基可以有多个

**例 14.** 在图 1.72 中，哪些组是 $\mathbb{R}^2$ 的基？

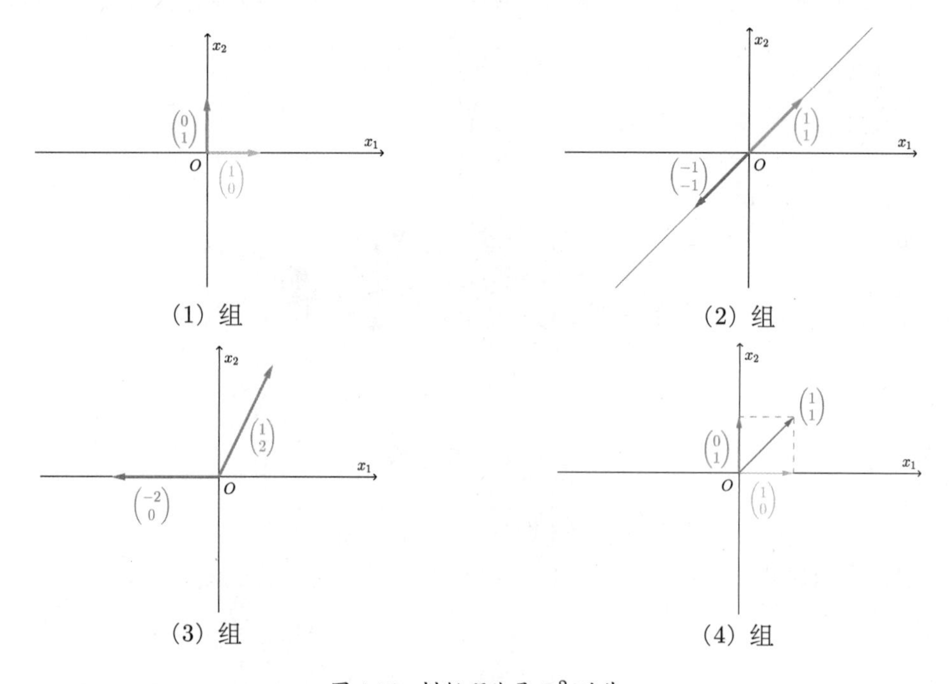


图 1.72: 判断哪些是 $\mathbb{R}^2$ 的基

**解：** 根据图像容易观察出，(1) 组和 (3) 组是 $\mathbb{R}^2$ 的基，因为它们都能张成 $\mathbb{R}^2$，且是最大无关组；(2) 组不是 $\mathbb{R}^2$ 的基，因为它无法张成 $\mathbb{R}^2$；(4) 组虽然可以张成 $\mathbb{R}^2$，但它是线性相关的，因此也不是基。

### 1.6.2 基与坐标

有了基就可以对向量空间中的向量进行定位了，或者说可以给出该向量的坐标。

**定义 15.** 假设 $\mathcal{A}=\{\boldsymbol{a_1},\boldsymbol{a_2},\cdots,\boldsymbol{a_n}\}$ 是向量空间 $\mathcal{V}$ 的一个基，则 $\mathcal{V}$ 中每个向量 $\boldsymbol{x}$ 可唯一地表示为：

$$\boldsymbol{x}=k_1\boldsymbol{a_1}+k_2\boldsymbol{a_2}+\cdots+k_n\boldsymbol{a_n}$$

上式的系数可以组成向量：

$$[\boldsymbol{x}]_{\mathcal{A}}=(k_1,k_2,\cdots,k_n)$$

我们将其称为 $\boldsymbol{x}$ 在基 $\mathcal{A}$ 下的坐标向量，或者简称为 $\boldsymbol{x}$ 在基 $\mathcal{A}$ 下的坐标。

下面对唯一性进行证明。

**证明：**（1）首先，$\mathcal{A}=\{\boldsymbol{a_1},\boldsymbol{a_2},\cdots,\boldsymbol{a_n}\}$ 是向量空间 $\mathcal{V}$ 的一个基，所以 $\mathcal{V}$ 中的任意向量 $\boldsymbol{x}$ 可表示为：

$$\boldsymbol{x}=k_1\boldsymbol{a_1}+k_2\boldsymbol{a_2}+\cdots+k_n\boldsymbol{a_n}$$

（2）假设存在另外的表示方式：

$$\boldsymbol{x}=s_1\boldsymbol{a_1}+s_2\boldsymbol{a_2}+\cdots+s_n\boldsymbol{a_n}$$

那么两种表示方式相减，有：

$$\boldsymbol{0}=\boldsymbol{x}-\boldsymbol{x}=(k_1-s_1)\boldsymbol{a_1}+\cdots+(k_n-s_n)\boldsymbol{a_n}$$

因为 $\mathcal{A}$ 是线性无关的，上式要成立，系数只能全部为 0，所以有：

$$k_1=s_1,\quad k_2=s_2,\quad \cdots,\quad k_n=s_n$$

因此不存在另外的表示方式。 □

下面举两个坐标的例子。

- 色彩空间的坐标。比如图 1.73 所示的是一张色卡，上面标注出了“粉暖”这个颜色的 R, G, B 的色值，也标注出了该颜色的 C, M, Y 的色值（也就是 CMYK 值）。如果将“粉暖”看作色彩空间中的向量，那么这些色值就是其在 RGB 基和 CMY 基下的坐标：

$$[\text{粉暖}]_{\text{RGB}}=\begin{pmatrix}212\\125\\124\end{pmatrix},\quad [\text{粉暖}]_{\text{CMY}}=\begin{pmatrix}0\\63\\38\end{pmatrix}$$

- 二维平面的坐标。如图 1.74 所示，有 $\mathbb{R}^2$ 中的 $\boldsymbol{x}$ 向量，假设基为：

$$\mathcal{E}:\boldsymbol{e_1}=\begin{pmatrix}1\\0\end{pmatrix},\quad \boldsymbol{e_2}=\begin{pmatrix}0\\1\end{pmatrix}$$

已知 $\boldsymbol{x}=\boldsymbol{e_1}+\boldsymbol{e_2}$，那么根据坐标的定义可得 $\boldsymbol{x}$ 在基 $\mathcal{E}$ 下的坐标为 $[\boldsymbol{x}]_{\mathcal{E}}=\begin{pmatrix}1\\1\end{pmatrix}$，见

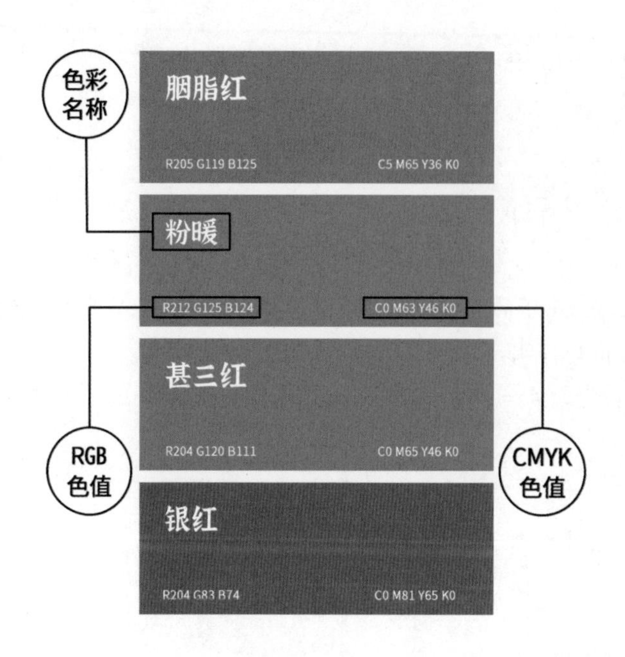


图 1.73: 色卡

图 1.75，其中的网格可以帮助数出 $\boldsymbol{x}$ 在该基下的坐标。

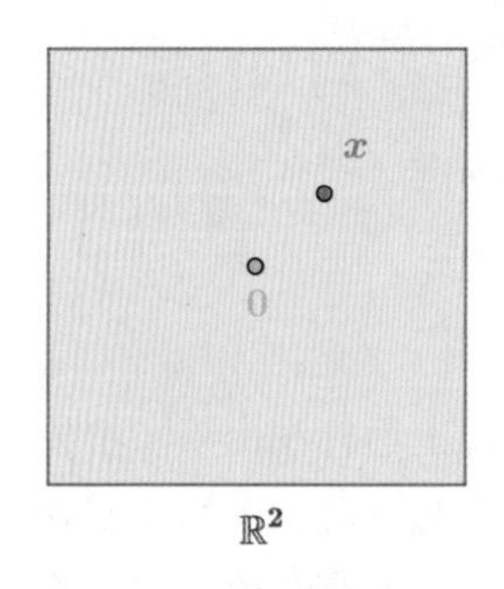


图 1.74: $\boldsymbol{x}$ 向量

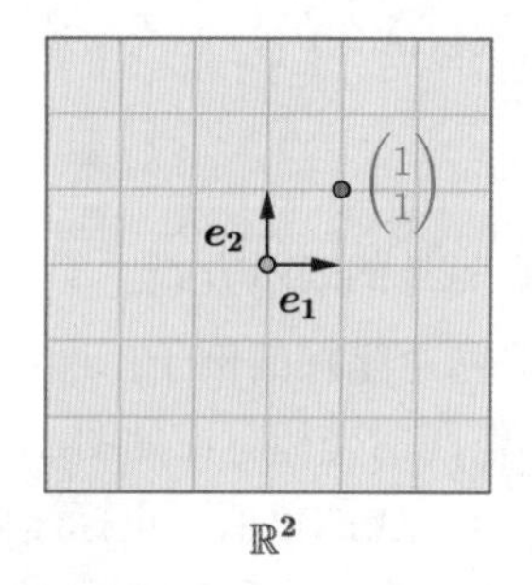


图 1.75: $\boldsymbol{x}$ 向量在基 $\mathcal{E}$ 下的坐标向量 $[\boldsymbol{x}]_{\mathcal{E}}$

### 1.6.3　坐标系

选择不同的基，实际上就是在向量空间中建立了不同的坐标系。比如下面这个基：

$$\mathcal{E}: \boldsymbol{e_1} = \begin{pmatrix}1\\0\end{pmatrix}, \quad \boldsymbol{e_2} = \begin{pmatrix}0\\1\end{pmatrix}$$

其实就是建立了直角坐标系，假设某向量 $\boldsymbol{x}$ 在其中的坐标为 $[\boldsymbol{x}]_{\mathcal{E}} = \begin{pmatrix}1\\1\end{pmatrix}$，那么表示为图 1.76 或图 1.77 都可以。

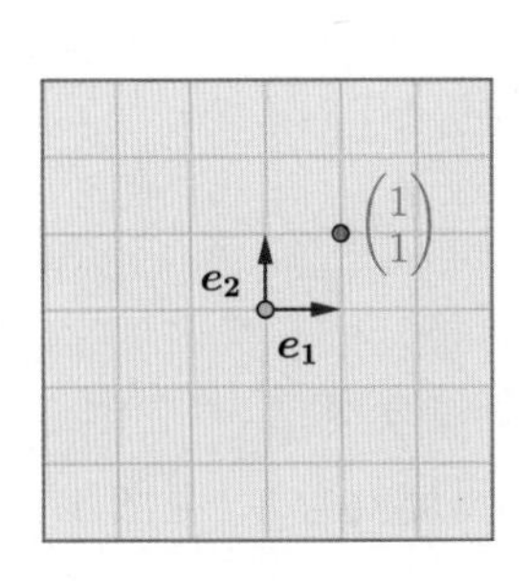


图 1.76: 基：$\{\boldsymbol{e_1}, \boldsymbol{e_2}\}$

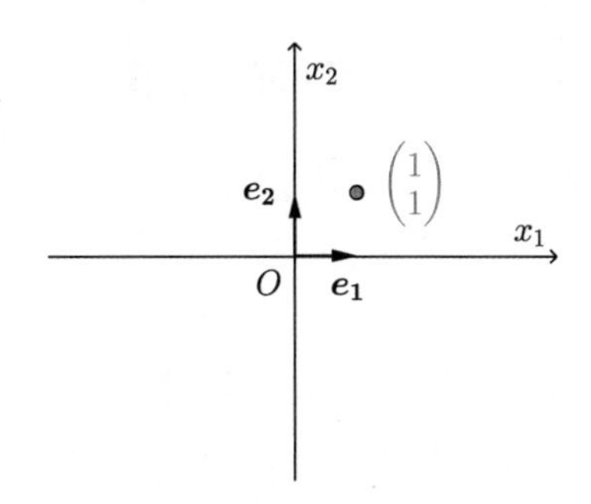


图 1.77: 直角坐标系

此基称为自然基，所有的 $\mathbb{R}^n$ 都有自然基：

$$\mathcal{E}: \boldsymbol{e_1} = \begin{pmatrix}1\\0\\\vdots\\0\end{pmatrix}, \quad \boldsymbol{e_2} = \begin{pmatrix}0\\1\\\vdots\\0\end{pmatrix}, \quad \cdots, \quad \boldsymbol{e_n} = \begin{pmatrix}0\\0\\\vdots\\1\end{pmatrix}$$

下面的两种写法，一种是之前学习的，一种是本节学习的，其实都是指向量 $\boldsymbol{x}$ 在自然基下的坐标。在不需要强调基的时候，本书都会选用前一种写法：

$$\boldsymbol{x} = \begin{pmatrix}1\\1\end{pmatrix}, \quad [\boldsymbol{x}]_{\mathcal{E}} = \begin{pmatrix}1\\1\end{pmatrix}$$

当然还有非自然基，比如：

$$\mathcal{M}: \boldsymbol{m_1} = \begin{pmatrix}1\\1\end{pmatrix}, \quad \boldsymbol{m_2} = \begin{pmatrix}-1\\1\end{pmatrix}$$

上面提到的向量 $\boldsymbol{x}$ 在其中的坐标为 $[\boldsymbol{x}]_{\mathcal{M}} = \begin{pmatrix}1\\0\end{pmatrix}$，见图 1.78。

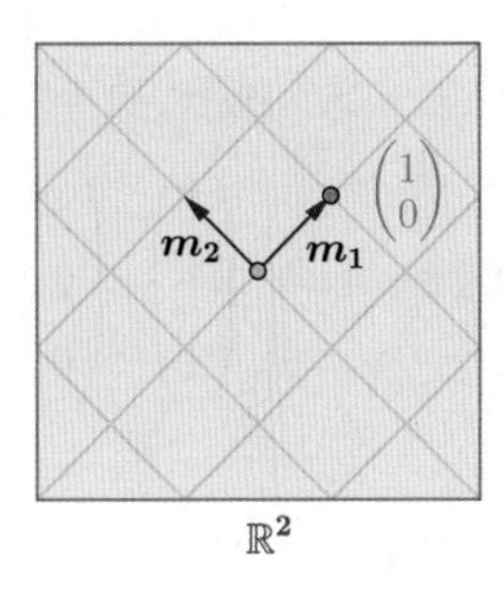


图 1.78: 向量 $\boldsymbol{x}$ 在基 $\mathcal{M}$ 中的坐标为 $[\boldsymbol{x}]_{\mathcal{M}} = \begin{pmatrix}1\\0\end{pmatrix}$

### 1.6.4　向量空间的维度

**定义 16.** 假设向量空间 $\mathcal{V}$ 的基为：

$$\mathcal{A}=\{a_1,a_2,\cdots,a_r\}$$

则 $\mathcal{A}$ 的秩 $r$ 称为该向量空间的维度，或者称 $\mathcal{V}$ 为 $r$ 维向量空间。

比如，色彩空间的基为 RGB 或 CMY，那么色彩空间的维度就为 3，见图 1.79。

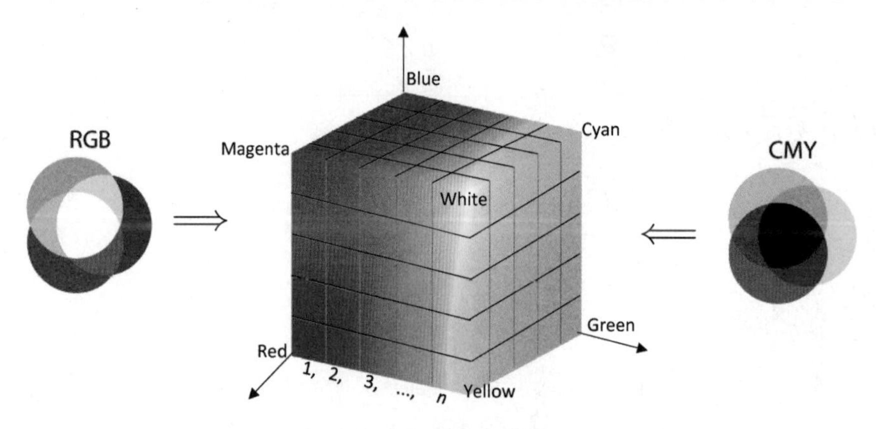


图 1.79: 色彩空间的维度为 3

再比如，向量空间 $\mathbb{R}^2$ 的基为 $\boldsymbol{e_1},\boldsymbol{e_2}$，那么向量空间 $\mathbb{R}^2$ 的维度为 2，或者称之为二维平面，见图 1.80。

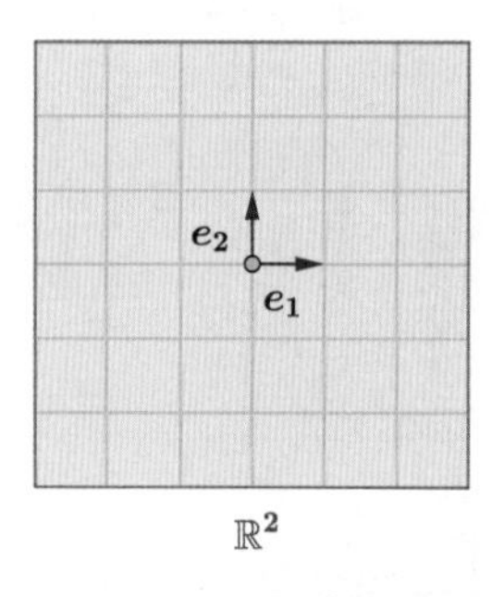


$\mathbb{R}^2$

图 1.80: 向量空间 $\mathbb{R}^2$ 的维度为 2

**例 15.** 假设向量空间 $\mathcal{V}$ 由向量组 $\mathcal{A}=\left\{\begin{pmatrix}1\\1\\1\end{pmatrix},\begin{pmatrix}1\\2\\0\end{pmatrix},\begin{pmatrix}2\\3\\1\end{pmatrix}\right\}$ 张成，请计算 $\mathcal{V}$ 的维度。

**解：** 容易看出：

$$\begin{pmatrix}2\\3\\1\end{pmatrix}=\begin{pmatrix}1\\1\\1\end{pmatrix}+\begin{pmatrix}1\\2\\0\end{pmatrix}$$

所以向量组 $\mathcal{A}$ 的最大无关组，或者说基为：

$$\mathcal{A}_0 = \left\{ \begin{pmatrix} 1 \\ 1 \\ 1 \end{pmatrix}, \begin{pmatrix} 1 \\ 2 \\ 0 \end{pmatrix} \right\}$$

所以向量空间 $\mathcal{V}$ 的维度为 2，$\mathcal{V}$ 是三维空间中的一个平面，见图 1.81。

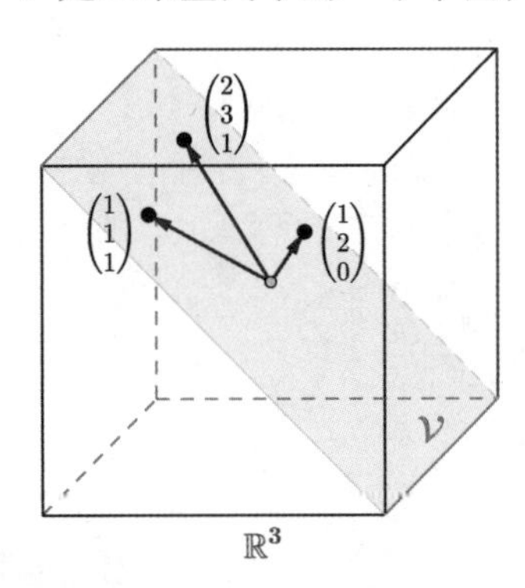


图 1.81: 向量空间 $\mathcal{V}$ 的维度为 2

## 1.7 数量积（点积）

前几节完整介绍了向量空间，不过想用向量空间来描述世界的话，那还不够，还需要点积操作，关于这部分知识，让我们从欧氏几何谈起。

### 1.7.1 欧氏几何

大名鼎鼎的欧几里得和他大名鼎鼎的著作《几何原本》见图 1.82 和图 1.83。

图 1.82: 欧几里得

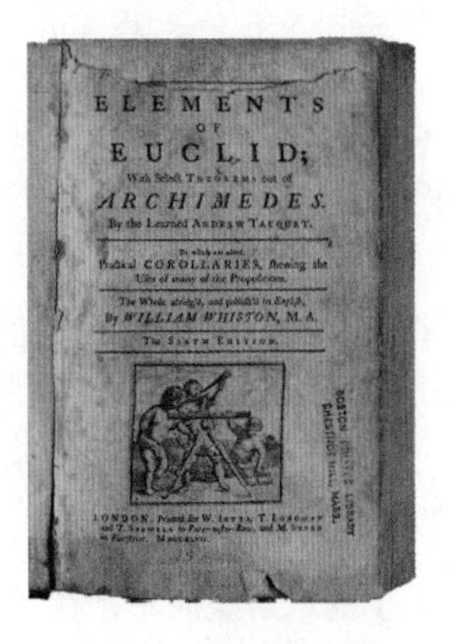


图 1.83:《几何原本》

在《几何原本》中通过几何（即欧氏几何，从小学到高中，我们学习的就是欧氏几何）来描述、研究这个世界，见图 1.84。

图 1.84: 用欧氏几何描述世界

而和欧氏几何相比，向量空间缺少了两个很重要的概念——长度和角度，见图 1.85 和图 1.86。

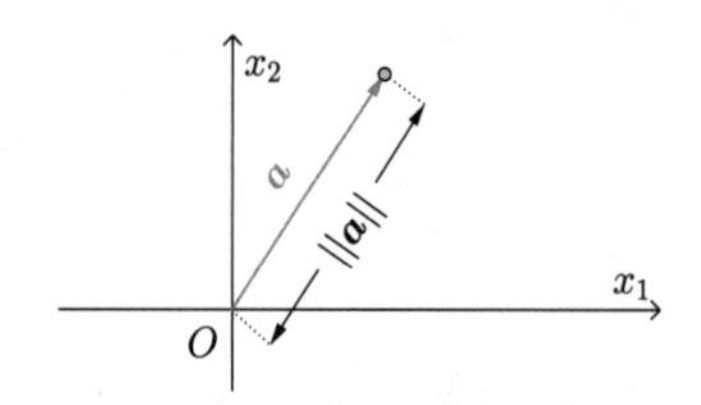


图 1.85: $\boldsymbol{a}$ 的长度：$||\boldsymbol{a}||$

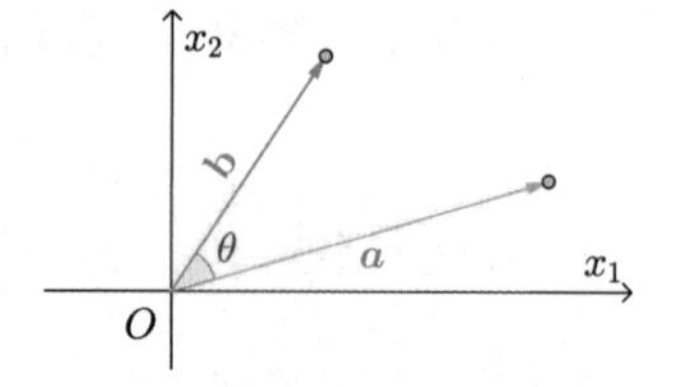


图 1.86: $\boldsymbol{a}$ 与 $\boldsymbol{b}$ 的夹角：$\theta$

所以要使用欧氏几何描述世界，需要给向量空间添加长度和角度，这样就得到了：

$$\text{欧几里得空间} = \text{向量空间} + \text{长度和角度}$$

下面就来介绍如何给向量空间添加长度和角度。

### 1.7.2　长度和角度

向量长度的求解很简单，在 $\mathbb{R}^2$ 中，在自然基（直角坐标系）下，可通过毕达哥拉斯定理求出，见图 1.87。

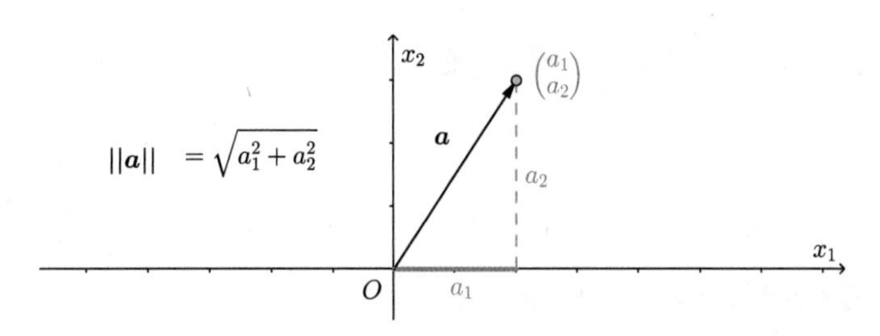


图 1.87: 向量 $\boldsymbol{a}$ 的长度计算

向量之间的角度的求解要复杂一些，先从定义说起。在 $\mathbb{R}^2$ 中，以图 1.88 为例，可知 $\boldsymbol{a}, \boldsymbol{b}$ 之间夹的角有 $\theta$ 和 $\theta_1$。数学上定义其中的较小者 $\theta$ 为 $\boldsymbol{a}, \boldsymbol{b}$ 之间的夹角（如图 1.89 所示），这样就一定有 $0 \leqslant \theta \leqslant \pi$。

图 1.88: $\boldsymbol{a}, \boldsymbol{b}$ 之间夹的角有 $\theta$ 和 $\theta_1$

图 1.89: 定义较小的 $\theta$ 为 $\boldsymbol{a}, \boldsymbol{b}$ 的夹角

所以求 $\theta$ 可转为求 $\cos\theta$，这是因为 $\cos\theta$ 在 $0 \leqslant \theta \leqslant \pi$ 区间单调变化（见图 1.90），所以知道了 $\cos\theta$，就可以通过 $\cos^{-1}$ 求出 $\theta$ 为多少度。

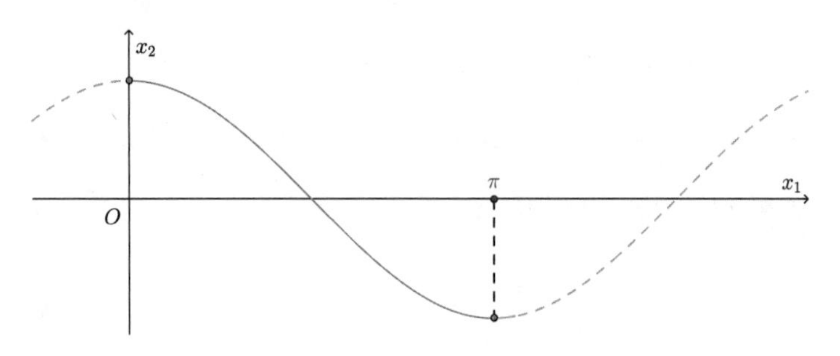


图 1.90: $\cos\theta$ 在 $0 \leqslant \theta \leqslant \pi$ 区间单调变化

下面的问题就是如何求 $\cos\theta$ 了。如果 $\boldsymbol{a}, \boldsymbol{b}$ 在直角坐标系（自然基）中的坐标如图 1.91 所示。

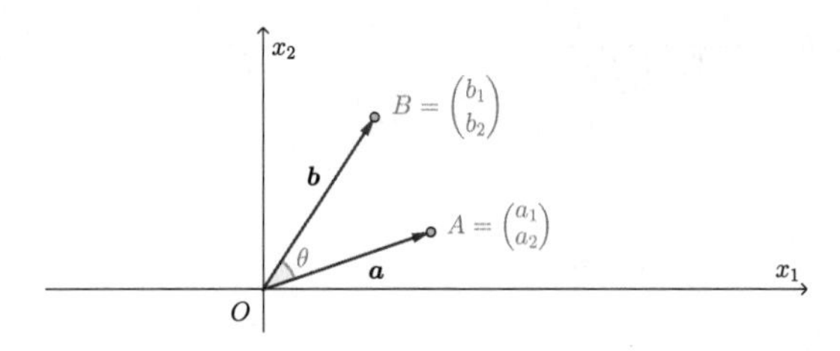


图 1.91: $\boldsymbol{a}, \boldsymbol{b}$ 在直角坐标系中的坐标

那么两者之间角度的余弦可以根据如下公式算出：

$$\cos\theta = \frac{a_1b_1 + a_2b_2}{\|\boldsymbol{a}\|\|\boldsymbol{b}\|}, \quad \boldsymbol{a}, \boldsymbol{b} \neq \boldsymbol{0}$$

**证明：**（1）之前介绍过，零向量的方向任意，所以其和某一向量的夹角也任意，因此如果 $\boldsymbol{a}$ 或 $\boldsymbol{b}$ 为零向量，那么它们的夹角没有定义。

（2）根据欧氏几何中的余弦定理，可得：

$$AB^2 = OA^2 + OB^2 - 2OA \cdot OB\cos\theta$$

上式可通过向量改写为：

$$\|\boldsymbol{a} - \boldsymbol{b}\|^2 = \|\boldsymbol{a}\|^2 + \|\boldsymbol{b}\|^2 - 2\|\boldsymbol{a}\|\|\boldsymbol{b}\|\cos\theta \tag{1-3}$$

计算式 (1-3) 等号的左侧：

$$\begin{aligned}
\|\boldsymbol{a} - \boldsymbol{b}\|^2 &= \|(a_1, a_2) - (b_1, b_2)\|^2 = \|(a_1 - b_1, a_2 - b_2)\|^2 \\
&= \left(\sqrt{(a_1 - b_1)^2 + (a_2 - b_2)^2}\right)^2 = (a_1 - b_1)^2 + (a_2 - b_2)^2 \\
&= \underbrace{(a_1^2 + a_2^2)}_{\|\boldsymbol{a}\|^2} + \underbrace{(b_1^2 + b_2^2)}_{\|\boldsymbol{b}\|^2} - 2a_1b_1 - 2a_2b_2 \\
&= \|\boldsymbol{a}\|^2 + \|\boldsymbol{b}\|^2 - 2a_1b_1 - 2a_2b_2
\end{aligned}$$

将上面的计算结果代回式 (1-3) 等号的左侧可得：

$$\|\boldsymbol{a}\|^2 + \|\boldsymbol{b}\|^2 - 2a_1b_1 - 2a_2b_2 = \|\boldsymbol{a}\|^2 + \|\boldsymbol{b}\|^2 - 2\|\boldsymbol{a}\|\|\boldsymbol{b}\|\cos\theta$$

在 $\boldsymbol{a}$ 和 $\boldsymbol{b}$ 都不是零向量的条件下，整理之后可得：

$$\cos\theta = \frac{a_1b_1 + a_2b_2}{\|\boldsymbol{a}\|\|\boldsymbol{b}\|}$$

□

**例 16.** 已知 $\boldsymbol{a} = \begin{pmatrix} \sqrt{3} \\ 1 \end{pmatrix}$，$\boldsymbol{b} = \begin{pmatrix} 1 \\ \sqrt{3} \end{pmatrix}$，求 $\boldsymbol{a}, \boldsymbol{b}$ 的夹角。

**解：** 因为

$$\cos\theta = \frac{a_1b_1 + a_2b_2}{\|\boldsymbol{a}\|\|\boldsymbol{b}\|} = \frac{\sqrt{3} \cdot 1 + 1 \cdot \sqrt{3}}{\sqrt{\sqrt{3}^2 + 1^2}\sqrt{1^2 + \sqrt{3}^2}} = \frac{\sqrt{3}}{2}$$

所以

$$\theta = \cos^{-1}\frac{\sqrt{3}}{2} = \frac{\pi}{6}$$

画图验证一下这两个向量之间的角度，见图 1.92。

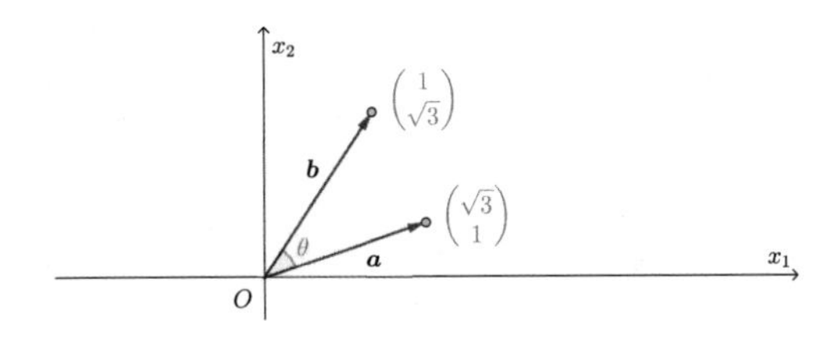


图 1.92: 两个向量之间的夹角

### 1.7.3 新的运算

下面定义一个新的运算：

$$\boldsymbol{a}\cdot\boldsymbol{b}=\begin{pmatrix}a_1\\a_2\end{pmatrix}\cdot\begin{pmatrix}b_1\\b_2\end{pmatrix}=a_1b_1+a_2b_2$$

这样向量空间 $\mathbb{R}^2$ 中的长度和角度的计算都可通过该运算来完成：

- 长度，$\|\boldsymbol{a}\|=\sqrt{a_1^2+a_2^2}=\sqrt{a_1a_1+a_2a_2}=\sqrt{\boldsymbol{a}\cdot\boldsymbol{a}}$
- 角度，$\cos\theta=\dfrac{a_1b_1+a_2b_2}{\|\boldsymbol{a}\|\|\boldsymbol{b}\|}=\dfrac{\boldsymbol{a}\cdot\boldsymbol{b}}{\|\boldsymbol{a}\|\|\boldsymbol{b}\|}$

如果将该运算扩展到 $n$ 维，则有如下知识点。

**定义 17.** 向量 $\boldsymbol{x}=\begin{pmatrix}x_1\\\vdots\\x_n\end{pmatrix}$ 和 $\boldsymbol{y}=\begin{pmatrix}y_1\\\vdots\\y_n\end{pmatrix}$ 的点积，或称为内积，定义为：

$$\boldsymbol{x}\cdot\boldsymbol{y}=x_1y_1+\cdots+x_ny_n=\sum_{i=1}^{n}x_iy_i$$

点积还可以称为数量积或者标量积，这是因为点积运算的结果是数量（标量）。

随之，长度 $\|\boldsymbol{a}\|=\sqrt{\boldsymbol{a}\cdot\boldsymbol{a}}$、角度 $\cos\theta=\dfrac{\boldsymbol{a}\cdot\boldsymbol{b}}{\|\boldsymbol{a}\|\|\boldsymbol{b}\|}$ 也扩展到了 $n$ 维。也就是说，点积给 $n$ 维向量空间添加了长度和角度，这样就得到了本节开头所说的：

$$\text{欧几里得空间}=\text{向量空间}+\text{长度和角度}=\text{向量空间}+\text{点积}$$

这里需要强调的一点是，在自然基下才能通过点积计算长度、角度。比如图 1.93 所示的是在自然基下，两个互相垂直的向量根据点积可以算出正确结果：

$$\cos\theta=\frac{\boldsymbol{a}\cdot\boldsymbol{b}}{||\boldsymbol{a}||||\boldsymbol{b}||}=0\implies\theta=\frac{\pi}{2}$$

而图 1.94 所示的在非自然基下，如果依然用点积计算两者的夹角 $\theta$，下面的结果就是错误的：

$$\cos\theta=\frac{\boldsymbol{a}\cdot\boldsymbol{b}}{||\boldsymbol{a}||||\boldsymbol{b}||}=0\implies\theta=\frac{\pi}{2}$$

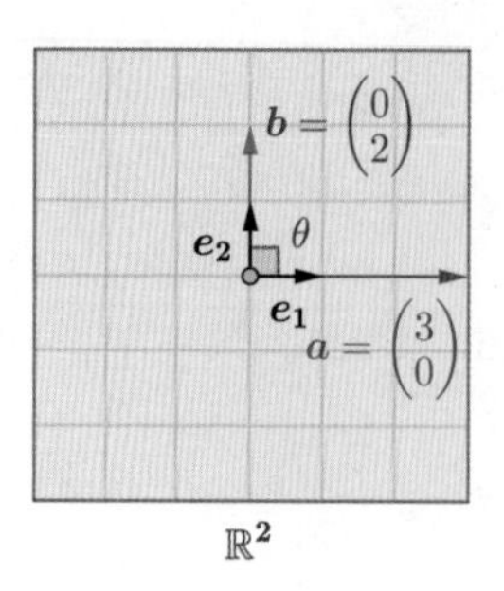


图 1.93: 自然基

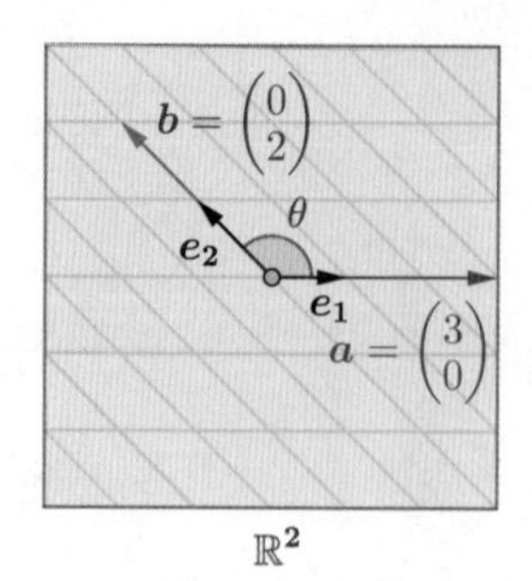


图 1.94: 非自然基

### 1.7.4 点积的性质

点积有以下性质，见表 1.5。

表 1.5: 点积的性质

| | |
|---|---|
| 交换律 | $\boldsymbol{a}\cdot\boldsymbol{b}=\boldsymbol{b}\cdot\boldsymbol{a}$ |
| 数乘结合律 | $(k\boldsymbol{a})\cdot\boldsymbol{b}=k(\boldsymbol{b}\cdot\boldsymbol{a})$ |
| 分配律 | $(\boldsymbol{a}+\boldsymbol{b})\cdot\boldsymbol{c}=\boldsymbol{a}\cdot\boldsymbol{c}+\boldsymbol{b}\cdot\boldsymbol{c}$ |

下面，我们用二维向量 $\boldsymbol{a}=(a_1,a_2)$, $\boldsymbol{b}=(b_1,b_2)$ 为例，对上述性质进行说明。

- 交换律: 根据点积有

$$\boldsymbol{a}\cdot\boldsymbol{b}=a_1b_1+a_2b_2,\quad \boldsymbol{b}\cdot\boldsymbol{a}=b_1a_1+b_2a_2$$

显然：

$$\boldsymbol{a}\cdot\boldsymbol{b}=\boldsymbol{b}\cdot\boldsymbol{a}$$

- 数乘结合律: 根据点积可推出

$$\cos\theta=\frac{\boldsymbol{a}\cdot\boldsymbol{b}}{||\boldsymbol{a}||||\boldsymbol{b}||}\implies \boldsymbol{a}\cdot\boldsymbol{b}=||\boldsymbol{a}||||\boldsymbol{b}||\cos\theta$$

其中 $||\boldsymbol{b}||\cos\theta$ 可以看作 $\boldsymbol{b}$ 在 $\boldsymbol{a}$ 上的投影，见图 1.95。

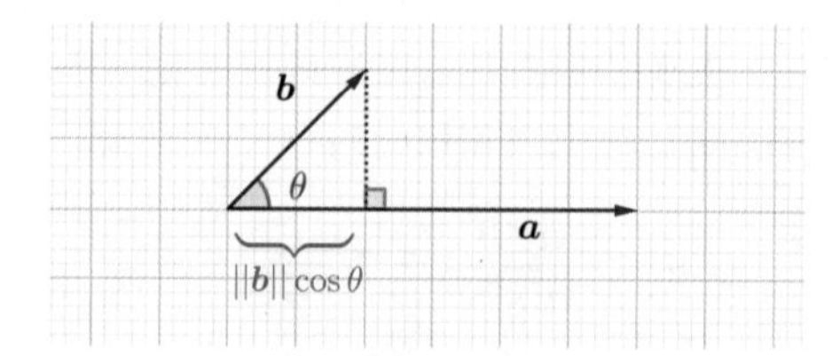


图 1.95: $\boldsymbol{b}$ 在 $\boldsymbol{a}$ 上的投影

所以，可以把 $\boldsymbol{a}\cdot\boldsymbol{b}$ 看作矩形 $A$ 的面积，见图 1.96。

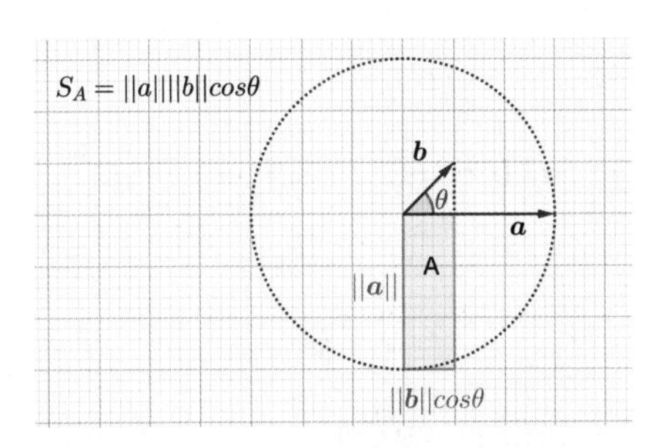


图 1.96: $\boldsymbol{b}$ 可看作矩形 $A$ 的面积

自然，其中一条边放大 $k$ 倍，则面积增大 $k$ 倍，见图 1.97。

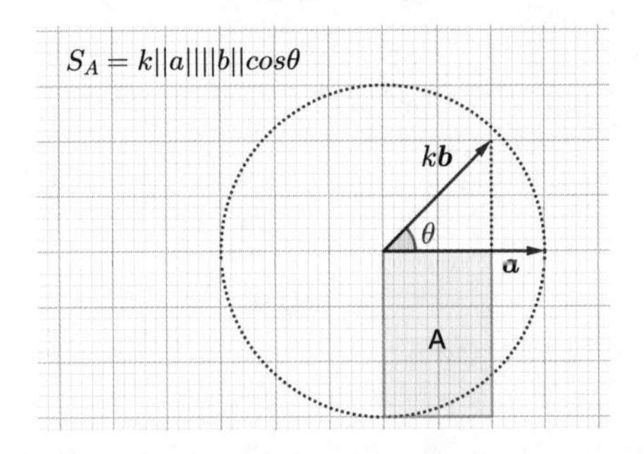


图 1.97: 一条边放大 $k$ 倍，则面积增大 $k$ 倍

这样就得到了数乘结合律：

$$(k\boldsymbol{b}) \cdot \boldsymbol{a} = k(\boldsymbol{b} \cdot \boldsymbol{a})$$

- 分配率: 结合上面给出的几何意义，很容易得到图 1.98 和图 1.99 所示的结论。

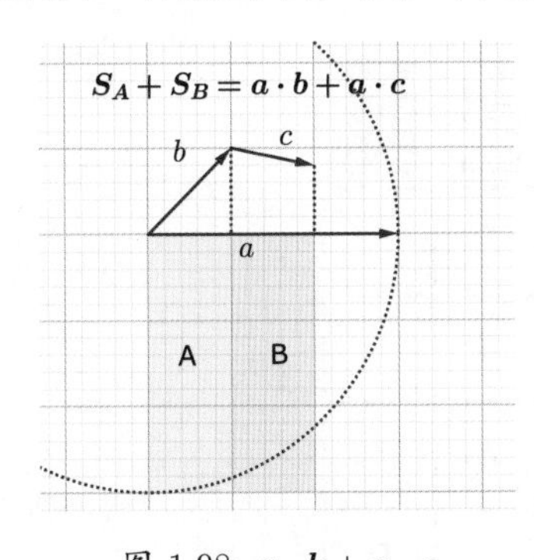


图 1.98: $\boldsymbol{a} \cdot \boldsymbol{b} + \boldsymbol{a} \cdot \boldsymbol{c}$

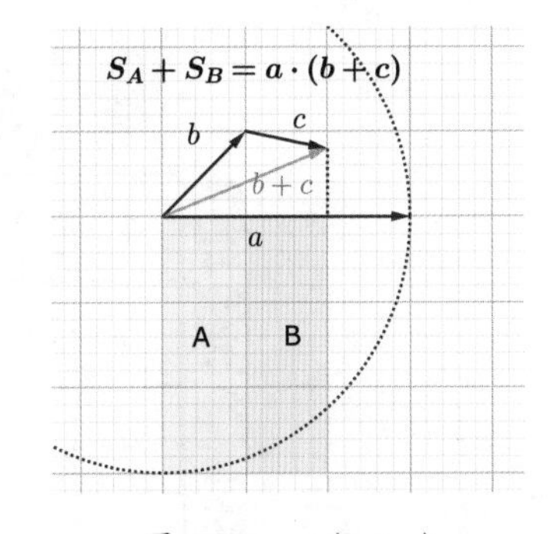


图 1.99: $\boldsymbol{a} \cdot (\boldsymbol{b} + \boldsymbol{c})$

点积数乘的结合律却并不满足向量的结合律。

**例 17.** $(\boldsymbol{a} \cdot \boldsymbol{b})\boldsymbol{c} = \boldsymbol{a}(\boldsymbol{b} \cdot \boldsymbol{c})$ 这个等式成立吗？

**解：** 不成立。比如：

$$\boldsymbol{a} = \begin{pmatrix} 1 \\ 0 \end{pmatrix}, \quad \boldsymbol{b} = \begin{pmatrix} 0 \\ 1 \end{pmatrix}, \quad \boldsymbol{c} = \begin{pmatrix} 0 \\ 1 \end{pmatrix}$$

很显然，下面两者并不相等：

$$(\boldsymbol{a}\cdot\boldsymbol{b})\boldsymbol{c}=0\boldsymbol{c},\quad \boldsymbol{a}(\boldsymbol{b}\cdot\boldsymbol{c})=1\boldsymbol{a}$$

### 1.7.5　余弦相似性

在高维中，长度和角度没办法用几何表示，也就不存在几何意义了。不过此时点积依然十分有用，因为它可以表示余弦值。

$$\cos\theta=\frac{\boldsymbol{a}\cdot\boldsymbol{b}}{\|\boldsymbol{a}\|\|\boldsymbol{b}\|}$$

余弦值可以用来度量向量之间的方向的相似性，见图 1.100 和图 1.101。

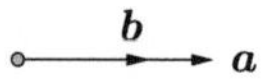

图 1.100: $\cos\theta=1$，方向十分相似

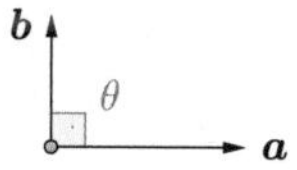

图 1.101: $\cos\theta=0$，方向完全不相似

从图 1.100 和图 1.101 中可以看到，当两向量平行时，两向量十分相似；当两向量垂直时，完全不相似。垂直是二维、三维中的概念，推广到高维叫作正交。

**定义 18.** 若两向量的内积为 0，则称它们是正交的。

余弦相似性在数据挖掘中有着丰富的应用，下面我们来看一个例子。

**例 18.** 图 1.102 是某书评网站上用户对一些图书的评分，请据此判断用户之间的关系。

| | | | | | | |
|---|---|---|---|---|---|---|
| | 4 | 3 | | | 5 | |
| | 5 | | 4 | | 4 | |
| | 4 | | 5 | 3 | 4 | |
| | | 3 | | | | 5 |
| | | 4 | | | | 4 |
| | | | 2 | 4 | | 5 |

图 1.102: 用户对图书的评分

**解：** 如果将没有打分的位置都用 0 代替，那么第一、二个用户可用向量分别表示为：

$$\boldsymbol{v} = (4,3,0,0,5,0), \quad \boldsymbol{u} = (5,0,4,0,4,0)$$

则它们的相似性就可通过角度（的余弦）来描述：

$$\cos\theta = \frac{\boldsymbol{v}\cdot\boldsymbol{u}}{||\boldsymbol{u}||||\boldsymbol{v}||} = \frac{40}{\sqrt{50}\times\sqrt{57}} \approx 0.75$$

以此类推，就可绘出图 1.103 中描述用户相似性的表格，其中 1 表示最相关，0 表示最不相关。

| | | | | | | |
|---|---|---|---|---|---|---|
| | 1.00 | 0.75 | 0.63 | 0.22 | 0.30 | 0.00 |
| | 0.75 | 1.00 | 0.91 | 0.00 | 0.00 | 0.16 |
| | 0.63 | 0.91 | 1.00 | 0.00 | 0.00 | 0.40 |
| | 0.22 | 0.00 | 0.00 | 1.00 | 0.97 | 0.64 |
| | 0.30 | 0.00 | 0.00 | 0.97 | 1.00 | 0.53 |
| | 0.00 | 0.16 | 0.40 | 0.64 | 0.53 | 1.00 |

图 1.103: 用户相似性

结果是出来了，但有一个问题。假设第一个用户对所有的图书评分都为 1，第二个用户对所有的图书评分都为 5，此时将它们用向量来表示就是：

$$\boldsymbol{v} = (1,1,1,1,1), \quad \boldsymbol{u} = (5,5,5,5,5)$$

按照我们的直觉，这两个人喜好很不相同，但：

$$\cos\theta = \frac{\boldsymbol{v}\cdot\boldsymbol{u}}{\|\boldsymbol{u}\|\|\boldsymbol{v}\|} = 1 \implies \theta = 0$$

算出来居然表明两者的喜好是相同的。因此，我们需要改进一下：

- 5 分，表示很喜欢，实际值为 2。
- 4 分，表示喜欢，实际值为 1。
- 3 分，表示中性态度，实际值为 0。
- 2 分，表示讨厌，实际值为 $-1$。

- 1 分，表示很讨厌，实际值为 $-2$。
- 不打分，默认实际值为 0。

这样，第一、二个用户的向量应该修改为：

$$\boldsymbol{v} = (2, 2, 2, 2, 2) \quad \boldsymbol{u} = (-2, -2, -2, -2, -2)$$

结果：

$$\cos\theta = \frac{\boldsymbol{v} \cdot \boldsymbol{u}}{||\boldsymbol{u}||||\boldsymbol{v}||} = -1 \implies \theta = \pi$$

上述结果说明这两个向量是相反的，说明两人的喜好是相反的，但相反不意味着不相关。可以这么来看，比如我们知道第一个用户和第二个用户的夹角为 $\pi$，那么第一个用户喜欢的就不要推荐给第二个用户，第一个用户讨厌的可以推荐给第二个用户，所以实际两人是相关的，而且还非常相关。有句话怎么说来着：

「爱的相反词，不是恨，是冷漠。」

# 第 2 章　矩阵和矩阵乘法

第 1 章我们学习了向量及向量空间，但要发挥这两者的威力，还需通过线性方程组引入矩阵和矩阵乘法：

$$\begin{cases} x + 2y = 3 \\ 3x + 4y = 5 \end{cases} \iff \begin{pmatrix} 1 & 2 \\ 3 & 4 \end{pmatrix} \begin{pmatrix} x \\ y \end{pmatrix} = \begin{pmatrix} 3 \\ 5 \end{pmatrix}$$

这就是本章要阐述的内容，下面让我们开始学习吧。

## 2.1　矩阵和线性方程组

### 2.1.1　电视转播与线性方程组

线性方程组十分常见，比如在电视转播时，电视台需要将彩色图像转为 $\mathrm{YP_rP_b}$ 信号，然后电视机收到 $\mathrm{YP_rP_b}$ 信号后，再转回彩色图像显示出来，见图 2.1。这两次转换都会用到线性方程组，下面是细节介绍。

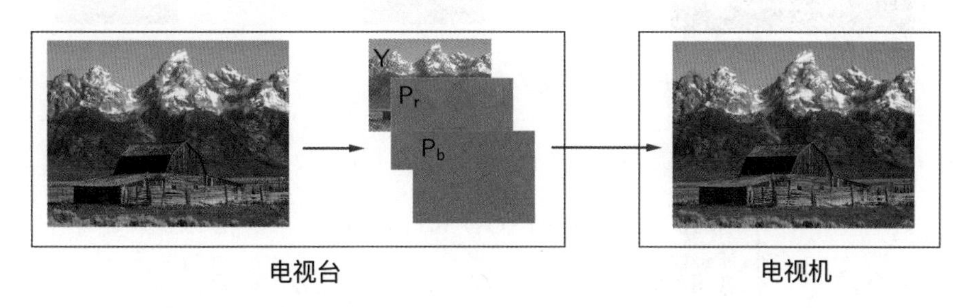


图 2.1: 电视信号转换

彩色电视机的成像原理是，通过三把电子枪，将 R, G, B 三种颜色分别打在屏幕上，见图 2.2。

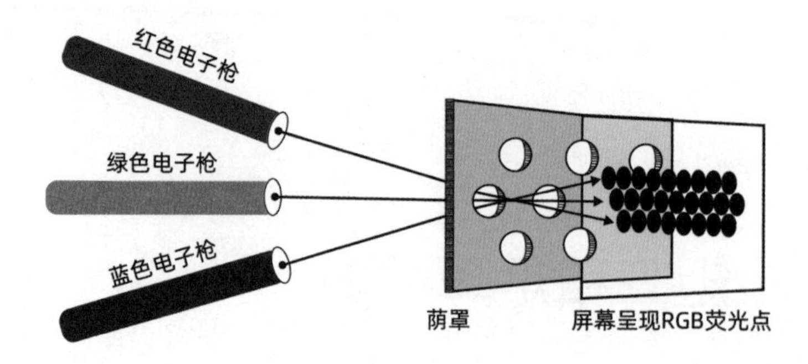


图 2.2: 将三种颜色打在屏幕上

所以要如图 2.3 所示，将彩色图片以 RGB 为基拆为三张，彩色电视机收到该信号就可显示了。

图 2.3: 将彩色图片以 RGB 为基拆为三张图片

但实际上，电视台还需要如图 2.4 所示，将 RGB 基转为色彩空间中的另一个基 $\mathrm{YP_rP_b}$ 后，再进行传输。这样做是因为其中的 Y 信号就是黑白图像，黑白电视机通过接收 Y 信号就可以正常显示了。

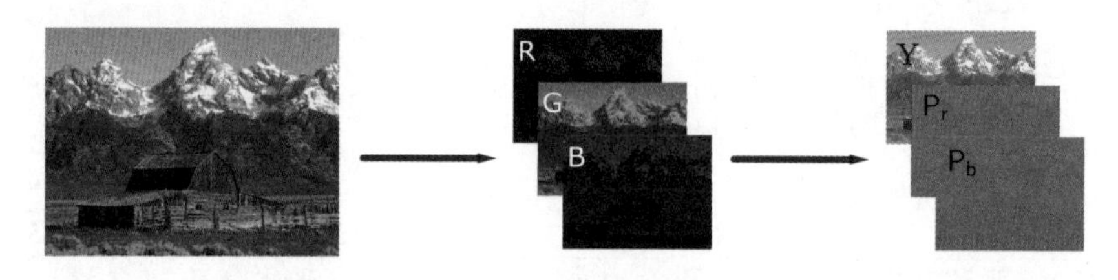


图 2.4: 将 RGB 基转换为色彩空间中的另一个基 $\mathrm{YP_rP_b}$

图 2.4 的具体转换过程是这样的，电视台将已知的 RGB，通过下列方程组转为 $\mathrm{YP_rP_b}$：

$$\begin{cases} 0.299 \cdot R + 0.587 \cdot G + 0.114 \cdot B & = Y \\ 0.5 \cdot R - 0.418688 \cdot G - 0.081312 \cdot B & = P_r \\ -0.168736 \cdot R - 0.331264 \cdot G + 0.5 \cdot B & = P_b \end{cases}$$

而彩色电视机背后有 $\mathrm{YP_rP_b}$ 接口，见图 2.5，传入 $\mathrm{YP_rP_b}$ 信号再转为 RGB 信号就可以看到彩色图片了。

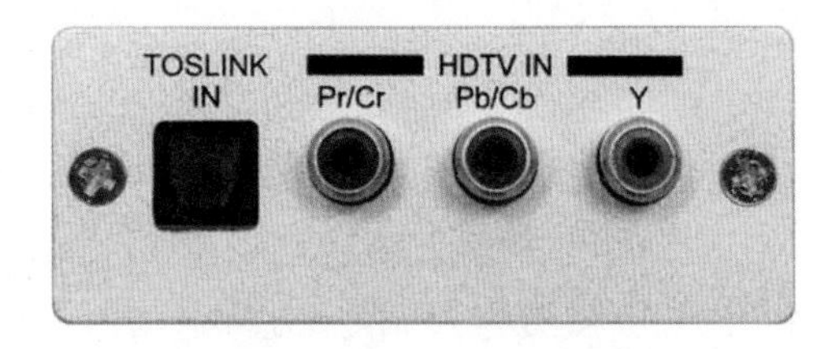


图 2.5: 彩色电视机背后的 $\mathrm{YP_rP_b}$ 接口，或称为 $\mathrm{YC_rC_b}$ 接口

该转换过程具体来说是这样的，彩色电视机收到 $\mathrm{YP_rP_b}$ 后，通过同样的方程组反求出 RGB：

$$\begin{cases} 0.299 \cdot R + 0.587 \cdot G + 0.114 \cdot B = Y \\ 0.5 \cdot R - 0.418688 \cdot G - 0.081312 \cdot B = P_r \\ -0.168736 \cdot R - 0.331264 \cdot G + 0.5 \cdot B = P_b \end{cases}$$

### 2.1.2 线性方程组

电视转播中用到的方程组在高中课程中被称为多元一次方程组，也就是线性方程组（System of linear equations），本节最后就要对其进行求解。不过为了学习的方便，让我们先从简单的线性方程组开始：

$$\begin{cases} x + 2y = 3 \\ 3x + 4y = 5 \end{cases} \tag{2-1}$$

从几何上看，式 (2-1) 中两个方程的图像都是直线，所谓求解线性方程组就是找到这两条直线的交点，即找到交点的 $x, y$ 坐标，见图 2.6。

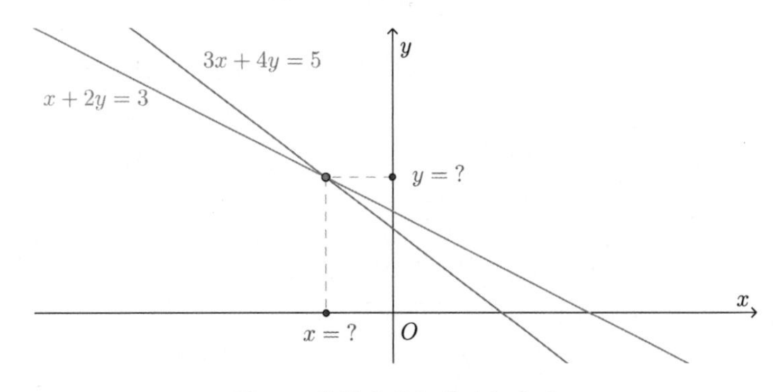


图 2.6: 线性方程组的几何意义

从代数上看，求解式 (2-1)，就是要将其化为下面这个样子：

$$\begin{cases} x + 2y = 3 \\ 3x + 4y = 5 \end{cases} \Longrightarrow \begin{cases} x = ? \\ y = ? \end{cases}$$

### 2.1.3　矩阵的出现

英国数学家阿瑟·凯莱（1821—1895），见图 2.7。

图 2.7: 英国数学家阿瑟·凯莱

阿瑟·凯莱在 1858 年发表的名为《矩阵理论纪要》的论文中提出，对于线性方程组，未知数的名字 $x, y$ 根本不重要，可把未知数的系数提出来，用一种称为矩阵（Matrix）的紧凑阵列来表示，该阵列称为系数矩阵（Coefficient matrix）。如果把等号右边的数字一起提出来，那么称之为增广矩阵（Augmented matrix）：

$$\begin{cases} 1x+2y=3 \\ 3x+4y=5 \end{cases} \quad \underbrace{\begin{pmatrix} 1 & 2 \\ 3 & 4 \end{pmatrix}}_{\text{系数矩阵}} \quad \underbrace{\begin{pmatrix} 1 & 2 & 3 \\ 3 & 4 & 5 \end{pmatrix}}_{\text{增广矩阵}}$$

关于增广矩阵，在有的书中会把右边的数字用竖线隔开，本书会根据展示的需要混用这两种符号：

$$\begin{pmatrix} 1 & 2 & 3 \\ 3 & 4 & 5 \end{pmatrix}, \quad \left(\begin{array}{cc|c} 1 & 2 & 3 \\ 3 & 4 & 5 \end{array}\right)$$

**例 1.** 请写出方程组 $\begin{cases} x=1 \\ y=2 \\ z=3 \end{cases}$ 的增广矩阵。

**解：** 在保证顺序且每个未知数都出现的原则下，原方程组可改写为：

$$\begin{cases} x+0y+0z=1 \\ 0x+y+0z=2 \\ 0x+0y+z=3 \end{cases}$$

因此，该方程组的增广矩阵为：

$$\left(\begin{array}{ccc|c} 1 & 0 & 0 & 1 \\ 0 & 1 & 0 & 2 \\ 0 & 0 & 1 & 3 \end{array}\right)$$

所以矩阵是作为线性方程组的一种标记法被凯莱引入数学舞台的，其严格定义如下。

**定义 1.** 由 $m \times n$ 个数 $a_{ij}(i = 1, 2, \cdots, m; j = 1, 2 \cdots, n)$ 排成的 $m$ 行 $n$ 列的数表称为 $m$ 行 $n$ 列矩阵（Matrix），简称 $m \times n$ 矩阵。为表示这些数字是一个整体，总是加一个括号，下面就表示了矩阵 $\boldsymbol{A}$：

$$\boldsymbol{A} = \underbrace{\left.\begin{pmatrix} a_{11} & a_{12} & \cdots & a_{1n} \\ a_{21} & a_{22} & \cdots & a_{2n} \\ \vdots & \vdots & \ddots & \vdots \\ a_{m1} & a_{m2} & \cdots & a_{mn} \end{pmatrix}\right\} m \text{ 行}}_{n \text{ 列}}$$

可以用 $a_{ij}$ 或 $a_{i,j}$ 来表示该矩阵 $\boldsymbol{A}$ 的第 $i$ 行第 $j$ 列的数字，上面的矩阵还可以简记为：

$$\boldsymbol{A} = (a_{ij}) = (a_{i,j})$$

为了表示矩阵的行数和列数，$m \times n$ 矩阵 $\boldsymbol{A}$ 也记作 $\boldsymbol{A}_{m \times n}$。

矩阵 $\boldsymbol{A}_{m \times n}$ 的第 $i$ 行可以看作行向量，用 $\boldsymbol{a}_{i*}$ 表示。同样的道理，矩阵的第 $j$ 列可以看作列向量，用 $\boldsymbol{a}_{*j}$ 表示：

$$\boldsymbol{a}_{i*} = \begin{pmatrix} a_{i1} & a_{i2} & \cdots & a_{in} \end{pmatrix}, \quad \boldsymbol{a}_{*j} = \begin{pmatrix} a_{1j} \\ a_{2j} \\ \vdots \\ a_{mj} \end{pmatrix}$$

这两个向量用图来表示就是：

$$A = \begin{pmatrix} a_{11} & a_{12} & \cdots & a_{1n} \\ a_{21} & a_{22} & \cdots & a_{2n} \\ \vdots & \vdots & a_{ij} & \vdots \\ a_{m1} & a_{m2} & \cdots & a_{mn} \end{pmatrix} \boldsymbol{a}_{i*}$$

$$\boldsymbol{a}_{*j}$$

根据矩阵的大小和元素的特点，还可以定义出方阵和零矩阵。

- 行数列数相等，且都等于 $n$ 的矩阵称为 $n$ 阶矩阵或 $n$ 阶方阵（Square matrix），可简记为 $\boldsymbol{A}_n$。比如下面所示的是二阶方阵和三阶方阵：

$$A_2 = \begin{pmatrix} 1 & 0 \\ 0 & 1 \end{pmatrix}, \quad A_3 = \begin{pmatrix} 1 & 2 & 3 \\ 4 & 5 & 6 \\ 7 & 8 & 9 \end{pmatrix}$$

- 元素都是零的矩阵称为零矩阵（Zero matrix），记做 $\boldsymbol{O}$。比如下面是两个零矩阵：

$$\boldsymbol{O} = \begin{pmatrix} 0 & 0 & 0 \\ 0 & 0 & 0 \end{pmatrix}, \quad \boldsymbol{O} = \begin{pmatrix} 0 & 0 \\ 0 & 0 \\ 0 & 0 \end{pmatrix}$$

### 2.1.4　矩阵标记法与解线性方程组

下面让我们通过矩阵标记法来解一个线性方程组。再次明确一下解线性方程组的目标是：

$$\begin{cases} x + 2y = 3 \\ 3x + 4y = 5 \end{cases} \implies \begin{cases} x + 0y = ? \\ 0x + \phantom{0}y = ? \end{cases}$$

这个目标可以用矩阵标记法表示为：

$$\begin{pmatrix} 1 & 2 & 3 \\ 3 & 4 & 5 \end{pmatrix} \implies \begin{pmatrix} 1 & 0 & ? \\ 0 & 1 & ? \end{pmatrix}$$

为了方便后面说明，标注一下方程组：

$$\begin{cases} x + 2y = 3 & [\text{方程 } 1] \\ 3x + 4y = 5 & [\text{方程 } 2] \end{cases}$$

下面开始计算，起点是：

$$\underbrace{\begin{cases} x + 2y = 3 \\ 3x + 4y = 5 \end{cases}}_{\text{线性方程组}} \qquad \underbrace{\begin{pmatrix} 1 & 2 & 3 \\ 3 & 4 & 5 \end{pmatrix}}_{\text{对应的矩阵标记法}}$$

先（解法并不唯一）：

$$\begin{array}{rr} -3[\text{方程 } 1]: & -3(x + 2y = 3) \\ + \quad [\text{方程 } 2]: & + \quad 3x + 4y = 5 \\ \hline [\text{新方程 } 2]: & 0x - 2y = -4 \end{array}$$

用 [新方程 2] 替换原来的 [方程 2]，得到变换后的线性方程组：

$$\begin{cases} x + 2y = \phantom{-}3 \\ 0x - 2y = -4 \end{cases} \qquad \begin{pmatrix} 1 & 2 & 3 \\ 0 & -2 & -4 \end{pmatrix}$$

然后将替换后的 [方程 2] 除以 $-2$:

$$\begin{array}{r} [\text{方程 }2]: \\ \div \quad (-2): \\ \hline [\text{新方程 }2]: \end{array} \qquad \begin{array}{r} 0x-2y=-4 \\ \div \quad (-2) \\ \hline 0x+\ \ y=2 \end{array}$$

得到:

$$\begin{cases} x+2y=3 \\ 0x+\ \ y=2 \end{cases} \qquad \begin{pmatrix} 1 & 2 & 3 \\ 0 & 1 & 2 \end{pmatrix}$$

最后:

$$\begin{array}{r} [\text{方程 }1]: \\ +-2[\text{方程 }2]: \\ \hline [\text{新方程 }1]: \end{array} \qquad \begin{array}{r} x+2y=3 \\ +-2(0x+y=2) \\ \hline x+0y=-1 \end{array}$$

至此，就解出了线性方程组:

$$\begin{cases} x+0y=-1 \\ 0x+\ \ y=\ \ 2 \end{cases} \qquad \begin{pmatrix} 1 & 0 & -1 \\ 0 & 1 & 2 \end{pmatrix}$$

也就是交点为 $(-1,2)$，见图 2.8。

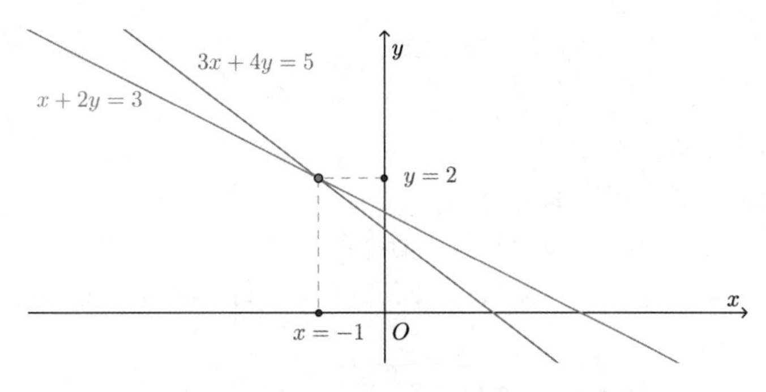


图 2.8: 交点为 $(-1,2)$

## 2.1.5 矩阵乘法[①]

凯莱接着思考，是否能再发明一种方法来简化上面的解题过程。比如其中的一步:

$$\begin{cases} x+2y=3 \\ 3x+4y=5 \end{cases} \quad \begin{pmatrix} 1 & 2 & 3 \\ 3 & 4 & 5 \end{pmatrix} \Longrightarrow \begin{array}{r} -3[\text{方程 }1] \\ +\quad [\text{方程 }2] \\ \hline [\text{新方程 }2] \end{array} \Longrightarrow \begin{cases} x+2y=\ \ 3 \\ 0x-2y=-4 \end{cases} \quad \begin{pmatrix} 1 & 2 & 3 \\ 0 & -2 & -4 \end{pmatrix}$$

① 本节所讲内容比较繁复，如果觉得在理解上有困难，可以在“马同学图解数学”微信公众号中搜索“矩阵乘法”观看视频讲解。

可以把左侧的增广矩阵的第一行、第二行表示为：

$$\begin{pmatrix} 1 & 2 & 3 \\ 3 & 4 & 5 \end{pmatrix} \quad \begin{matrix} \boldsymbol{r_1} \\ \boldsymbol{r_2} \end{matrix}$$

其中，$\boldsymbol{r_1}, \boldsymbol{r_2}$ 都是行向量：

$$\boldsymbol{r_1} = \begin{pmatrix} 1 & 2 & 3 \end{pmatrix}, \quad \boldsymbol{r_2} = \begin{pmatrix} 3 & 4 & 5 \end{pmatrix}$$

那么刚才的计算可以通过矩阵表示为：

$$\begin{pmatrix} 1 & 2 & 3 \\ 3 & 4 & 5 \end{pmatrix} \xrightarrow{\boldsymbol{r_2}'=-3\boldsymbol{r_1}+\boldsymbol{r_2}} \begin{pmatrix} 1 & 2 & 3 \\ 0 & -2 & -4 \end{pmatrix}$$

其中 $\boldsymbol{r_2}' = -3\boldsymbol{r_1} + \boldsymbol{r_2}$ 就表示将两个行向量进行向量的数乘、加减，然后将得到的结果放回增广矩阵的第二行，相当于：

$$\begin{array}{rr} & -3[\text{方程 }1] \\ + & [\text{方程 }2] \\ \hline & [\text{新方程 }2] \end{array}$$

凯莱还想进一步符号化，他分析下面这个过程：

$$\begin{pmatrix} 1 & 2 & 3 \\ 3 & 4 & 5 \end{pmatrix} \xrightarrow{\boldsymbol{r_2}'=-3\boldsymbol{r_1}+\boldsymbol{r_2}} \begin{pmatrix} 1 & 2 & 3 \\ 0 & -2 & -4 \end{pmatrix}$$

实际上包含了两个步骤：

- 增广矩阵的第一行不变，即：$\boldsymbol{r_1}' = \boldsymbol{r_1}$。
- 增广矩阵的第二行改变，即：$\boldsymbol{r_2}' = -3\boldsymbol{r_1} + \boldsymbol{r_2}$。

首先，增广矩阵的第一行不变，凯莱说，下面这种乘法得到的结果就是 $\boldsymbol{r_1}$：

$$\boxed{\begin{array}{c|c} 1 & 0 \end{array}} \times \boxed{\begin{array}{ccc} 1 & 2 & 3 \\ \hline 3 & 4 & 5 \end{array}} = 1 \times \boxed{1 \quad 2 \quad 3} + 0 \times \boxed{3 \quad 4 \quad 5} = \boxed{1 \quad 2 \quad 3}$$

其次，增广矩阵的第二行改变，凯莱又说，下面这种乘法得到的结果就是 $-3\boldsymbol{r_1} + \boldsymbol{r_2}$：

$$\boxed{\begin{array}{c|c} -3 & 1 \end{array}} \times \boxed{\begin{array}{ccc} 1 & 2 & 3 \\ \hline 3 & 4 & 5 \end{array}} = -3 \times \boxed{1 \quad 2 \quad 3} + 1 \times \boxed{3 \quad 4 \quad 5} = \boxed{0 \; -2 \; -4}$$

上面算出来的是单行的，凯莱规定，如下能把第一行运算的结果放在第一行，即 $\boldsymbol{r_1}' = \boldsymbol{r_1}$；把第二行运算的结果放在第二行，即 $\boldsymbol{r_2}' = -3\boldsymbol{r_1} + \boldsymbol{r_2}$：

$$\begin{pmatrix} 1 & 0 \\ -3 & 1 \end{pmatrix} \begin{pmatrix} 1 & 2 & 3 \\ 3 & 4 & 5 \end{pmatrix} = \begin{pmatrix} 1 & 2 & 3 \\ 0 & -2 & -4 \end{pmatrix} \qquad \begin{pmatrix} 1 & 0 \\ -3 & 1 \end{pmatrix} \begin{pmatrix} 1 & 2 & 3 \\ 3 & 4 & 5 \end{pmatrix} = \begin{pmatrix} 1 & 2 & 3 \\ 0 & -2 & -4 \end{pmatrix}$$

即：

$$\begin{pmatrix}1 & 0\\-3 & 1\end{pmatrix}\begin{pmatrix}1 & 2 & 3\\3 & 4 & 5\end{pmatrix}=\begin{pmatrix}1 & 2 & 3\\0 & -2 & -4\end{pmatrix}$$

这就是矩阵乘法（Matrix multiplication）的最初定义。

**例 2.** 设：

$$\boldsymbol{B}=\begin{pmatrix}1 & 1 & 1\\2 & 2 & 2\end{pmatrix},\quad \boldsymbol{C}=\begin{pmatrix}2 & 2 & 2\\1 & 1 & 1\end{pmatrix}$$

显然通过交换 $\boldsymbol{B}$ 的 $\boldsymbol{r_1},\boldsymbol{r_2}$ 可以得到 $\boldsymbol{C}$：

$$\begin{pmatrix}1 & 1 & 1\\2 & 2 & 2\end{pmatrix}\xrightarrow{\boldsymbol{r_1}\leftrightarrow\boldsymbol{r_2}}\begin{pmatrix}2 & 2 & 2\\1 & 1 & 1\end{pmatrix}$$

那么要是通过矩阵乘法来完成 $\boldsymbol{r_1}\leftrightarrow\boldsymbol{r_2}$，即：

$$\boldsymbol{AB}=\boldsymbol{C}$$

那么 $\boldsymbol{A}$ 应该等于多少？

**解：** $\boldsymbol{r_1}\leftrightarrow\boldsymbol{r_2}$ 包含两个步骤：

- 第一行变为第二行，即：$\boldsymbol{r_1}'=\boldsymbol{r_2}$。
- 第二行变为第一行，即：$\boldsymbol{r_2}'=\boldsymbol{r_1}$。

第一行变为第二行，即第一行等于

$$\begin{pmatrix}0 & 1\end{pmatrix}\times\begin{pmatrix}1 & 1 & 1\\2 & 2 & 2\end{pmatrix}=0\times\begin{pmatrix}1 & 1 & 1\end{pmatrix}+1\times\begin{pmatrix}2 & 2 & 2\end{pmatrix}=\begin{pmatrix}2 & 2 & 2\end{pmatrix}$$

第二行变为第一行，即第二行等于：

$$\begin{pmatrix}1 & 0\end{pmatrix}\times\begin{pmatrix}1 & 1 & 1\\2 & 2 & 2\end{pmatrix}=1\times\begin{pmatrix}1 & 1 & 1\end{pmatrix}+0\times\begin{pmatrix}2 & 2 & 2\end{pmatrix}=\begin{pmatrix}1 & 1 & 1\end{pmatrix}$$

上面算出来的是单行的，需要如下操作才能把第一行运算的结果放在第一行，第二行运算的结果放在第二行：

$$\underbrace{\begin{pmatrix}0 & 1\\1 & 0\end{pmatrix}}_{\boldsymbol{A}}\underbrace{\begin{pmatrix}1 & 1 & 1\\2 & 2 & 2\end{pmatrix}}_{\boldsymbol{B}}=\underbrace{\begin{pmatrix}2 & 2 & 2\\1 & 1 & 1\end{pmatrix}}_{\boldsymbol{C}}$$

因此结果为 $\boldsymbol{A}=\begin{pmatrix}0 & 1\\1 & 0\end{pmatrix}$。 □

### 2.1.6　矩阵的结合

之前的线性方程组 $\begin{cases} x+2y=3 \\ 3x+4y=5 \end{cases}$ 的解题过程就可以完全用矩阵以及矩阵乘法来表示了：

$$\begin{pmatrix} 1 & 2 & 3 \\ 3 & 4 & 5 \end{pmatrix} \xrightarrow[r_2{}'=-3r_1+r_2]{r_1{}'=1r_1+0r_2} \begin{pmatrix} 1 & 0 \\ -3 & 1 \end{pmatrix} \begin{pmatrix} 1 & 2 & 3 \\ 3 & 4 & 5 \end{pmatrix} = \begin{pmatrix} 1 & 2 & 3 \\ 0 & -2 & -4 \end{pmatrix}$$

$$\xrightarrow[r_2{}'=0r_1-\frac{1}{2}r_2]{r_1{}'=1r_1+0r_2} \begin{pmatrix} 1 & 0 \\ 0 & -\dfrac{1}{2} \end{pmatrix} \begin{pmatrix} 1 & 2 & 3 \\ 0 & -2 & -4 \end{pmatrix} = \begin{pmatrix} 1 & 2 & 3 \\ 0 & 1 & 2 \end{pmatrix}$$

$$\xrightarrow[r_2{}'=0r_1+1r_2]{r_1{}'=r_1-2r_2} \begin{pmatrix} 1 & -2 \\ 0 & 1 \end{pmatrix} \begin{pmatrix} 1 & 2 & 3 \\ 0 & 1 & 2 \end{pmatrix} = \begin{pmatrix} 1 & 0 & -1 \\ 0 & 1 & 2 \end{pmatrix}$$

上面的过程可以串在一起：

$$\underbrace{\begin{pmatrix} 1 & -2 \\ 0 & 1 \end{pmatrix} \begin{pmatrix} 1 & 0 \\ 0 & -\dfrac{1}{2} \end{pmatrix} \begin{pmatrix} 1 & 0 \\ -3 & 1 \end{pmatrix}}_{\text{注意顺序}} \begin{pmatrix} 1 & 2 & 3 \\ 3 & 4 & 5 \end{pmatrix} = \begin{pmatrix} 1 & 0 & -1 \\ 0 & 1 & 2 \end{pmatrix}$$

根据矩阵乘法的规则，还能把前面这一串结合起来：

$$\begin{pmatrix} 1 & -2 \\ 0 & 1 \end{pmatrix} \begin{pmatrix} 1 & 0 \\ 0 & -\dfrac{1}{2} \end{pmatrix} \begin{pmatrix} 1 & 0 \\ -3 & 1 \end{pmatrix} = \begin{pmatrix} -2 & 1 \\ 1.5 & -\dfrac{1}{2} \end{pmatrix}$$

最终只需要一个矩阵就可以解出线性方程组，在这里就体现了矩阵、矩阵乘法的简洁：

$$\begin{pmatrix} -2 & 1 \\ 1.5 & -\dfrac{1}{2} \end{pmatrix} \begin{pmatrix} 1 & 2 & 3 \\ 3 & 4 & 5 \end{pmatrix} = \begin{pmatrix} 1 & 0 & -1 \\ 0 & 1 & 2 \end{pmatrix}$$

**例 3.** 验算上述结果是否正确。

**解：** 左边的矩阵 $\begin{pmatrix} -2 & 1 \\ 1.5 & -0.5 \end{pmatrix}$ 乘以 $\begin{pmatrix} 1 & 2 & 3 \\ 3 & 4 & 5 \end{pmatrix}$ 的结果由两行组成：

- 第一行是

$$\begin{bmatrix} -2 & 1 \end{bmatrix} \times \begin{bmatrix} 1 & 2 & 3 \\ 3 & 4 & 5 \end{bmatrix} = -2\times \begin{bmatrix} 1 & 2 & 3 \end{bmatrix} + 1\times \begin{bmatrix} 3 & 4 & 5 \end{bmatrix} = \begin{bmatrix} 1 & 0 & -1 \end{bmatrix}$$

- 第二行是

$$\boxed{1.5 \mid -\frac{1}{2}} \times \boxed{\begin{matrix} 1 & 2 & 3 \\ 3 & 4 & 5 \end{matrix}} = 1.5 \times \boxed{1 \quad 2 \quad 3} - \frac{1}{2} \times \boxed{3 \quad 4 \quad 5} = \boxed{0 \quad 1 \quad 2}$$

结合起来后，可以看到计算结果是正确的：

$$\begin{pmatrix} -2 & 1 \\ 1.5 & -\frac{1}{2} \end{pmatrix} \begin{pmatrix} 1 & 2 & 3 \\ 3 & 4 & 5 \end{pmatrix} = \begin{pmatrix} 1 & 0 & -1 \\ 0 & 1 & 2 \end{pmatrix}$$

### 2.1.7 彩色电视机的计算

让我们回到本节最初的问题，就是彩色电视机会收到从电视台传过来的 $\mathrm{YP_rP_b}$ 信号，见图 2.9。

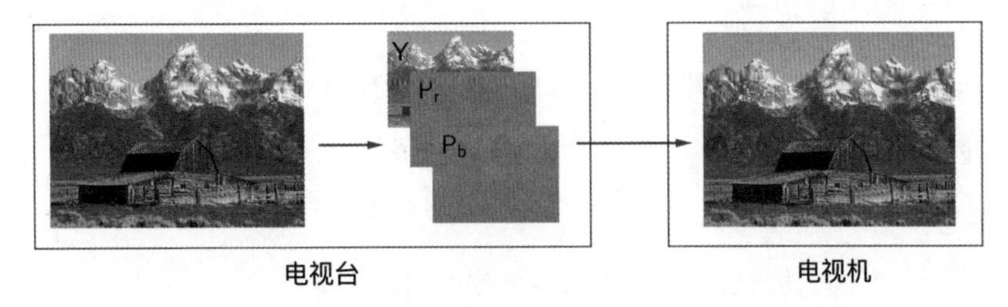


图 2.9: 彩色电视机会收到从电视台传过来的 $\mathrm{YP_rP_b}$ 信号

彩色电视机需要将 $\mathrm{YP_rP_b}$ 信号转回 RGB 信号才能显示出来，见图 2.10。

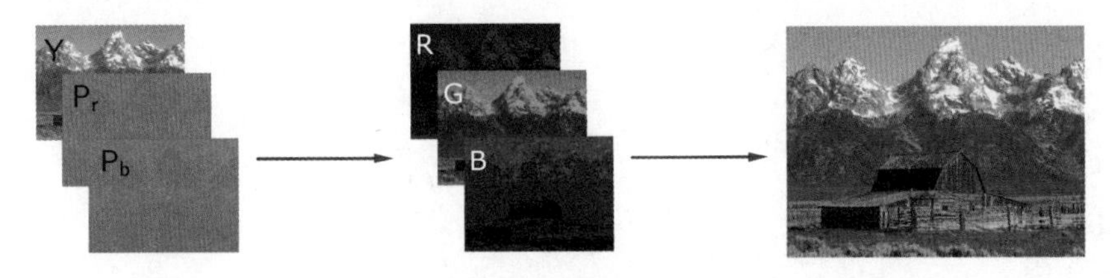


图 2.10: 彩色电视机将 $\mathrm{YP_rP_b}$ 信号转回 RGB 信号，然后显示出来

也就是已知 $\mathrm{YP_rP_b}$，然后通过解下面的线性方程组来得到 RGB：

$$\begin{cases} 0.299 \cdot R + 0.587 \cdot G + 0.114 \cdot B & = Y \\ 0.5 \cdot R - 0.418688 \cdot G - 0.081312 \cdot B & = P_r \\ -0.168736 \cdot R - 0.331264 \cdot G + 0.5 \cdot B = P_b \end{cases}$$

用本节学习的方法来解的话，就是从上面方程组中得到增广矩阵：

$$\left(\begin{array}{ccc|c} 0.299 & 0.587 & 0.114 & Y \\ 0.5 & -0.418688 & -0.081312 & P_r \\ -0.168736 & -0.331264 & 0.5 & P_b \end{array}\right)$$

然后乘以如下矩阵：

$$\boldsymbol{A} = \begin{pmatrix} 0.9709 & 1.402 & -0.05161 \\ 0.9709 & -0.7141 & -0.3957 \\ 0.9709 & 3.944 \times 10^{-7} & 1.720 \end{pmatrix}$$

就可得到想要的 RGB：

$$\boldsymbol{A} \left( \begin{array}{ccc|c} 0.299 & 0.587 & 0.114 & Y \\ 0.5 & -0.418688 & -0.081312 & P_r \\ -0.168736 & -0.331264 & 0.5 & P_b \end{array} \right) = \left( \begin{array}{ccc|c} 1 & 0 & 0 & R \\ 0 & 1 & 0 & G \\ 0 & 0 & 1 & B \end{array} \right)$$

## 2.2 高斯消元法

线性方程组实际上是有多种解法的，比如之前提到过的：

$$\begin{cases} x + 2y = 3 & [\text{方程 } 1] \\ 3x + 4y = 5 & [\text{方程 } 2] \end{cases}$$

除了上一节介绍过的解法，我们还可以根据 [方程 1] 推出：

$$\begin{cases} x + 2y = 3 & \implies x = 3 - 2y \\ 3x + 4y = 5 \end{cases}$$

然后将之代入 [方程 2]，得到：

$$\left. \begin{aligned} x = 3 - 2y \\ 3x + 4y = 5 \end{aligned} \right\} \implies 3(3 - 2y) + 4y = 5 \implies y = 2$$

最终求出：

$$\begin{cases} x = -1 \\ y = 2 \end{cases}$$

除此之外还有很多种求法，具体选择因人而异。不过太多选择并不便于教学，也不便于编程实现，所以接下来我们要介绍一种规范解法，高斯消元法（Gaussian Elimination）。

### 2.2.1 高斯消元法的思想

高斯消元法虽冠以数学王子高斯之名（见图 2.11），但各国的古代数学中均已涉及该方法，比如中国的《九章算术》，见图 2.12。

图 2.11: 高斯

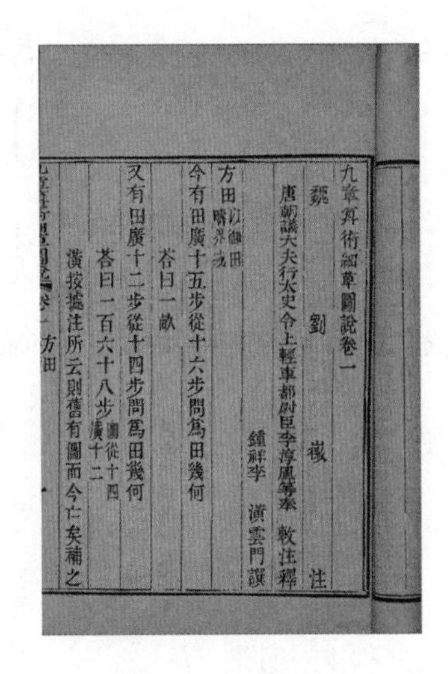

九章算術細草圖說卷一

魏 劉 徽 注

唐朝議大夫行太史令上輕車都尉臣李淳風等奉 敕注釋

鎮洋李 潢雲門譔

方田 以御田疇界域

今有田廣十五步從十六步問爲田幾何

荅曰一畝

又有田廣十二步從十四步問爲田幾何

荅曰一百六十八步 圖從十四 廣十二

潢按據注所云則舊有圖而今亡矣補之

图 2.12: 九章算术

下面以一个线性方程组为例，来介绍一下高斯消元法的通用步骤：

$$\begin{cases} a_{11}x + a_{12}y + a_{13}z = e_1 \\ b_{11}x + b_{12}y + b_{13}z = f_1 \\ c_{11}x + c_{12}y + c_{13}z = g_1 \end{cases}$$

第一步，多次消元：

$$\begin{cases} a_{11}x + a_{12}y + a_{13}z = e_1 \\ b_{11}x + b_{12}y + b_{13}z = f_1 \\ c_{11}x + c_{12}y + c_{13}z = g_1 \end{cases}$$

$$\begin{cases} a_{11}x + a_{12}y + a_{13}z = e_1 \\ 0 + b_{22}y + b_{23}z = f_2 \\ 0 + c_{22}y + c_{23}z = g_2 \end{cases}$$

第二步，多次回代：

$$\begin{cases} a_{11}x + a_{12}y + a_{13}z = e_1 \\ 0 + b_{22}y + b_{23}z = f_2 \\ 0 + \quad 0 + c_{33}z = g_3 \end{cases}$$

$$\begin{cases} a_{11}x + a_{12}y + \quad 0 = e_2 \\ 0 + b_{22}y + \quad 0 = f_3 \\ 0 + \quad 0 + c_{33}z = g_3 \end{cases}$$

最后，方程两侧除以未知数的系数，得到结果：

$$\begin{cases} x+0+0=\dfrac{e_3}{a_{11}} \\ 0+y+0=\dfrac{f_3}{b_{22}} \\ 0+0+z=\dfrac{g_3}{c_{33}} \end{cases}$$

**例 4.** 运用高斯消元法来求解下面的线性方程组：

$$\begin{cases} 4y+z=2 & [\text{方程 1}] \\ x+2y+z=2 & [\text{方程 2}] \\ 3x+10y+2z=12 & [\text{方程 3}] \end{cases}$$

**解：**（1）第一步，多次消元。本题的 [方程 1] 缺少 $x$ 项，无法用来消元，所以将 [方程 1] 与 [方程 2] 对调：

$$[\text{方程 1}] \leftrightarrow [\text{方程 2}] \implies \begin{cases} x+2y+z=2 \\ 4y+z=2 \\ 3x+10y+2z=12 \end{cases}$$

然后通过 [方程 1] 对 [方程 3] 进行消元，也就是让 [方程 3] 中的 $3x$ 消失掉：

$$\begin{array}{r} -3[\text{方程 1}] \\ +\quad [\text{方程 3}] \\ \hline [\text{新方程 3}] \end{array} \implies \begin{cases} x+2y+z=2 \\ 4y+z=2 \\ 4y-z=6 \end{cases}$$

再通过 [方程 2] 对 [方程 3] 进行消元，也就是让 [方程 3] 中的 $4y$ 消失掉：

$$\begin{array}{r} -[\text{方程 2}] \\ +\quad [\text{方程 3}] \\ \hline [\text{新方程 3}] \end{array} \implies \begin{cases} x+2y+z=2 \\ 4y+z=2 \\ -2z=4 \end{cases}$$

（2）第二步，多次回代。首先是 [方程 3] 的回代，目的是让 [方程 2] 和 [方程 1] 中的 $z$ 消失掉：

$$\begin{array}{r} \dfrac{1}{2}[\text{方程 3}] \\ +\quad [\text{方程 2}] \\ \hline [\text{新方程 2}] \end{array}, \quad \begin{array}{r} \dfrac{1}{2}[\text{方程 3}] \\ +\quad [\text{方程 1}] \\ \hline [\text{新方程 1}] \end{array} \implies \begin{cases} x+2y=4 \\ 4y=4 \\ -2z=4 \end{cases}$$

再是 [方程 2] 的回代，目的是让 [方程 1] 中的 $2y$ 消失掉：

$$\begin{array}{r} -\dfrac{1}{2}[\text{方程 2}] \\ +\quad [\text{方程 1}] \\ \hline [\text{新方程 1}] \end{array} \implies \begin{cases} x=2 \\ 4y=4 \\ -2z=4 \end{cases}$$

（3）最后，将每个方程的两侧都除以未知数的系数，得到结果：

$$\begin{cases} x & = 2 \\ \quad y & = 1 \\ \quad\quad z & = -2 \end{cases}$$

例 4 中的每一步结果的系数矩阵都对应了某特殊矩阵，其中涉及了行阶梯矩阵、对角阵以及单位阵，具体的概念会在之后给出：

| | 线性方程组 | 系数矩阵 | 说明 |
| --- | --- | --- | --- |
| | $\begin{cases} 4y+z=2 \\ x+2y+z=2 \\ 3x+10y+2z=12 \end{cases}$ | $\begin{pmatrix} 0 & 4 & 1 \\ 1 & 2 & 1 \\ 3 & 10 & 2 \end{pmatrix}$ | |
| | | $\Downarrow$ | |
| 多次消元后 | $\begin{cases} x+2y+z=2 \\ 4y+z=2 \\ -2z=4 \end{cases}$ | $\begin{pmatrix} 1 & 2 & 1 \\ 0 & 4 & 1 \\ 0 & 0 & -2 \end{pmatrix}$ | 矩阵呈阶梯状<br>称为行阶梯形矩阵 |
| | | $\Downarrow$ | |
| 多次回代后 | $\begin{cases} x = 2 \\ 4y = 4 \\ -2z=4 \end{cases}$ | $\begin{pmatrix} 1 & 0 & 0 \\ 0 & 4 & 0 \\ 0 & 0 & -2 \end{pmatrix}$ | 对角线以外的元素全为0<br>称为对角阵 |
| | | $\Downarrow$ | |
| 除以系数后 | $\begin{cases} x = 2 \\ y = 1 \\ z=-2 \end{cases}$ | $\begin{pmatrix} 1 & 0 & 0 \\ 0 & 1 & 0 \\ 0 & 0 & 1 \end{pmatrix}$ | 对角元素为1的对角阵<br>称为单位阵 |

**例 5.** 运用高斯消元法来求解下面的线性方程组：

$$\begin{cases} x+2y+z=2 & [\text{方程 } 1] \\ 3x+8y+z=12 & [\text{方程 } 2] \\ 3x+8y+z=12 & [\text{方程 } 3] \end{cases}$$

**解：** 和例 4 有一些不同，最后两个方程是重复的，这样可让我们看到高斯消元法的一些特殊情况。

（1）第一步，多次消元。首先通过 [方程 1] 对 [方程 2]、[方程 3] 进行消元：

$$\begin{array}{r} -3[\text{方程 } 1] \\ +\quad [\text{方程 } 2] \\ \hline [\text{新方程 } 2] \end{array}, \quad \begin{array}{r} -3[\text{方程 } 1] \\ +\quad [\text{方程 } 3] \\ \hline [\text{新方程 } 3] \end{array} \implies \begin{cases} x+2y+z=2 \\ 2y-2z=6 \\ 2y-2z=6 \end{cases}$$

再通过 [方程 2] 对 [方程 3] 进行消元：

$$\begin{array}{r} -1[\text{方程 }2] \\ +\quad [\text{方程 }3] \\ \hline [\text{新方程 }3] \end{array} \Longrightarrow \begin{cases} x+2y+\ \ z=2 \\ \qquad 2y-2z=6 \\ \qquad\qquad 0=0 \end{cases}$$

（2）第二步，多次回代。这里只需要将 [方程 2] 回代：

$$\begin{array}{r} -1[\text{方程 }2] \\ +\quad [\text{方程 }1] \\ \hline [\text{新方程 }1] \end{array} \Longrightarrow \begin{cases} x+\ \ 0+3z=-4 \\ \qquad 2y-2z=\ \ 6 \\ \qquad\qquad 0=\ \ 0 \end{cases}$$

（3）最后，将每个方程的两侧都除以未知数的系数，得到结果：

$$\begin{cases} x+0+3z=-4 \\ \qquad y-\ z=\ \ 3 \\ \qquad\quad 0=\ \ 0 \end{cases}$$

所有满足上述方程组的 $x, y, z$ 都是解，这里的解并不唯一。关于这点在后面会讨论，此处就不展开了。

例 5 中的每一步结果的系数矩阵也对应了某特殊矩阵，这里没有出现对角阵、单位阵，新增了行最简形矩阵，具体的定义也会在之后给出：

| | 线性方程组 | 系数矩阵 | 说明 |
|---|---|---|---|
| | $\begin{cases} x+2y+z=\ \ 2 \\ 3x+8y+z=12 \\ 3x+8y+z=12 \end{cases}$ | $\begin{pmatrix}1&2&1\\3&8&1\\3&8&1\end{pmatrix}$ | |
| | | $\Downarrow$ | |
| 多次消元后 | $\begin{cases} x+2y+\ \ z=2 \\ \quad 2y-2z=6 \\ \qquad\quad 0=0 \end{cases}$ | $\begin{pmatrix}1&2&1\\0&2&-2\\0&0&0\end{pmatrix}$ | 矩阵呈阶梯状<br>称为行阶梯形矩阵 |
| | | $\Downarrow$ | |
| 多次回代后 | $\begin{cases} x+\ \ 0+3z=-4 \\ \quad 2y-2z=\ \ 6 \\ \qquad\quad 0=\ \ 0 \end{cases}$ | $\begin{pmatrix}1&0&3\\0&2&-2\\0&0&0\end{pmatrix}$ | |
| | | $\Downarrow$ | |
| 除以系数后 | $\begin{cases} x+0+3z=-4 \\ \quad y-\ z=\ \ 3 \\ \qquad 0=\ \ 0 \end{cases}$ | $\begin{pmatrix}1&0&3\\0&1&-1\\0&0&0\end{pmatrix}$ | 该矩阵为行最简形矩阵<br>定义见后 |

### 2.2.2 特殊矩阵

例 4 和例 5 中出现了很多特殊矩阵，这里给出各自的严格定义。

#### 2.2.2.1 行阶梯形矩阵

**定义 2.** 非零矩阵若满足：

- 非零行在零行（如果存在的话）的上面。
- 非零行最左边的首非零元素在上一行（如果存在的话）的首非零元素的右面。

满足上述要求的矩阵看上去像是阶梯状：

$$\begin{pmatrix} a & * & * & * & * \\ 0 & 0 & b & * & * \\ 0 & 0 & 0 & c & * \end{pmatrix} \quad \begin{pmatrix} a & * & * & * & * \\ 0 & 0 & b & * & * \\ 0 & 0 & 0 & 0 & 0 \end{pmatrix}$$

所以称为行阶梯形矩阵（Row echelon form），非零行最左边的首非零元素称为主元（Pivot element）。

例 4、例 5 中多次消元的结果分别为：

$$\begin{cases} x + 2y + \ \ z = \ \ \ 2 \\ \qquad 2y - 2z = \ \ \ 6 \\ \qquad\qquad 5z = -10 \end{cases}, \quad \begin{cases} x + 2y + \ \ z = 2 \\ \qquad 2y - 2z = 6 \\ \qquad\qquad\ \ 0 = 0 \end{cases}$$

对应的系数矩阵都是阶梯矩阵，红色的数字就是主元：

$$\begin{pmatrix} 1 & 2 & 1 \\ 0 & 2 & -2 \\ 0 & 0 & 5 \end{pmatrix}, \quad \begin{pmatrix} 1 & 2 & 1 \\ 0 & 2 & -2 \\ 0 & 0 & 0 \end{pmatrix}$$

#### 2.2.2.2 对角阵

**定义 3.** 若 $n$ 阶方阵对角线以外的元素都是 0：

$$\boldsymbol{\Lambda}_n = \begin{pmatrix} \lambda_1 & 0 & \cdots & 0 \\ 0 & \lambda_2 & \cdots & 0 \\ \vdots & \vdots & & \vdots \\ 0 & 0 & \cdots & \lambda_n \end{pmatrix}$$

这种方阵就称为 $n$ 阶对角矩阵（Diagonal matrix），或简称为对角阵，也记作：

$$\boldsymbol{\Lambda}_n = \mathrm{diag}(\lambda_1, \lambda_2, \cdots, \lambda_n)$$

例 4 中多次回代的结果 $\begin{cases} x & = & 2 \\ & 2y & = & 2 \\ & & 5z = -10 \end{cases}$，其对应的系数矩阵就是 3 阶对角阵：

$$\boldsymbol{\Lambda}_3 = \mathrm{diag}(1,2,5) = \begin{pmatrix} 1 & 0 & 0 \\ 0 & 2 & 0 \\ 0 & 0 & 5 \end{pmatrix}$$

**定理 1.** 同阶的对角阵相乘，其结果非常简单：

$$\begin{pmatrix} a_1 & & & \\ & a_2 & & \\ & & \ddots & \\ & & & a_n \end{pmatrix}\begin{pmatrix} b_1 & & & \\ & b_2 & & \\ & & \ddots & \\ & & & b_n \end{pmatrix} = \begin{pmatrix} a_1b_1 & & & \\ & a_2b_2 & & \\ & & \ddots & \\ & & & a_nb_n \end{pmatrix}$$

**例 6.** 已知 $\boldsymbol{A} = \begin{pmatrix} 1 & 0 & 0 \\ 0 & 2 & 0 \\ 0 & 0 & 3 \end{pmatrix}, \boldsymbol{B} = \begin{pmatrix} 3 & 0 & 0 \\ 0 & 2 & 0 \\ 0 & 0 & 1 \end{pmatrix}$，求 $\boldsymbol{AB}$。

**解：**（1）可根据前面学习的矩阵乘法来计算，结果的第一行为：

$$\begin{pmatrix} 1 & 0 & 0 \end{pmatrix}\begin{pmatrix} 3 & 0 & 0 \\ 0 & 2 & 0 \\ 0 & 0 & 1 \end{pmatrix} = 1\begin{pmatrix} 3 & 0 & 0 \end{pmatrix} + 0\begin{pmatrix} 0 & 2 & 0 \end{pmatrix} + 0\begin{pmatrix} 0 & 0 & 1 \end{pmatrix} = \begin{pmatrix} 3 & 0 & 0 \end{pmatrix}$$

结果的第二行为：

$$\begin{pmatrix} 0 & 2 & 0 \end{pmatrix}\begin{pmatrix} 3 & 0 & 0 \\ 0 & 2 & 0 \\ 0 & 0 & 1 \end{pmatrix} = 0\begin{pmatrix} 3 & 0 & 0 \end{pmatrix} + 2\begin{pmatrix} 0 & 2 & 0 \end{pmatrix} + 0\begin{pmatrix} 0 & 0 & 1 \end{pmatrix} = \begin{pmatrix} 0 & 4 & 0 \end{pmatrix}$$

结果的第三行为：

$$\begin{pmatrix} 0 & 0 & 3 \end{pmatrix}\begin{pmatrix} 3 & 0 & 0 \\ 0 & 2 & 0 \\ 0 & 0 & 1 \end{pmatrix} = 0\begin{pmatrix} 3 & 0 & 0 \end{pmatrix} + 0\begin{pmatrix} 0 & 2 & 0 \end{pmatrix} + 3\begin{pmatrix} 0 & 0 & 1 \end{pmatrix} = \begin{pmatrix} 0 & 0 & 3 \end{pmatrix}$$

所以：

$$\boldsymbol{AB} = \begin{pmatrix} 3 & 0 & 0 \\ 0 & 4 & 0 \\ 0 & 0 & 3 \end{pmatrix}$$

（2）或者，根据对角阵乘法的运算规律可知：

$$\boldsymbol{AB}=\begin{pmatrix}1\times 3 & 0 & 0\\ 0 & 2\times 2 & 0\\ 0 & 0 & 3\times 1\end{pmatrix}=\begin{pmatrix}3 & 0 & 0\\ 0 & 4 & 0\\ 0 & 0 & 3\end{pmatrix}$$

#### 2.2.2.3 单位阵

**定义 4.** 如果 $n$ 阶对角阵的对角线上的元素全为 1：

$$\boldsymbol{I}_n=\begin{pmatrix}1 & 0 & \cdots & 0\\ 0 & 1 & \cdots & 0\\ \vdots & \vdots & \ddots & \vdots\\ 0 & 0 & \cdots & 1\end{pmatrix}$$

这种对角阵就称为 $n$ 阶单位矩阵（Identity matrix），或简称为单位阵。在一些教材中也用 $\boldsymbol{E}$ 来表示。

例 4 中除以系数后的结果 $\begin{cases}x & = 2\\ \quad y & = 1\\ \quad\quad z & = -2\end{cases}$，其对应的系数矩阵就是单位阵 $\begin{pmatrix}1 & 0 & 0\\ 0 & 1 & 0\\ 0 & 0 & 1\end{pmatrix}$。

在矩阵乘法中，单位阵 $\boldsymbol{I}$ 乘上任意矩阵 $\boldsymbol{A}$ 的结果还是 $\boldsymbol{A}$，比如：

$$\underbrace{\begin{pmatrix}1 & 0\\ 0 & 1\end{pmatrix}}_{\boldsymbol{I}}\underbrace{\begin{pmatrix}1 & 2 & 3\\ 3 & 4 & 5\end{pmatrix}}_{\boldsymbol{A}}=\underbrace{\begin{pmatrix}1 & 2 & 3\\ 3 & 4 & 5\end{pmatrix}}_{\boldsymbol{A}}$$

#### 2.2.2.4 行最简形矩阵

**定义 5.** 若 $\boldsymbol{A}$ 是行阶梯形矩阵，并且还满足：

- 主元为 1。
- 除主元外，其所在列的其他元素均为 0。

则称 $\boldsymbol{A}$ 为行最简形矩阵（Reduced row echelon form），行最简形矩阵类似于：

$$\begin{pmatrix}1 & * & 0 & 0 & *\\ 0 & 0 & 1 & 0 & *\\ 0 & 0 & 0 & 1 & *\end{pmatrix}\quad\begin{pmatrix}1 & * & 0 & * & *\\ 0 & 0 & 1 & * & *\\ 0 & 0 & 0 & 0 & 0\end{pmatrix}$$

例 5 中除以系数后的结果 $\begin{cases}x+0+3z=-4\\ \quad\quad y-\ z=\ \ 3\\ \quad\quad\quad\quad 0=\ \ 0\end{cases}$，其对应的系数矩阵就是行最简形矩阵

$$\begin{pmatrix} 1 & 0 & 3 \\ 0 & 1 & -1 \\ 0 & 0 & 0 \end{pmatrix}。$$

### 2.2.3　初等行变换与初等行矩阵

高斯消元法实际上只需要三种操作即可完成，因为这三种操作都是作用在矩阵的行上的，所以又称为初等行变换（Elementary row operations）。在单位阵上应用初等行变换一次得到的矩阵称为初等行矩阵（Elementary row matrix），也就是表 2.1 中最右列中的矩阵。

表 2.1: 初等行变换与初等行矩阵

| 初等行变换 | 操作 | 初等行矩阵 |
|---|---|---|
| 倍加变换<br>row-addition transformations | $\boldsymbol{r_1}' = \boldsymbol{r_1} + k\boldsymbol{r_2}$ | $\begin{pmatrix} 1 & k & 0 \\ 0 & 1 & 0 \\ 0 & 0 & 1 \end{pmatrix}$ |
| 倍乘变换<br>row-multiplying transformations | $\boldsymbol{r_1}' = k\boldsymbol{r_1} (k \neq 0)$ | $\begin{pmatrix} k & 0 & 0 \\ 0 & 1 & 0 \\ 0 & 0 & 1 \end{pmatrix}$ |
| 对换变换<br>row-switching transformations | $\boldsymbol{r_1} \leftrightarrow \boldsymbol{r_2}$ | $\begin{pmatrix} 0 & 1 & 0 \\ 1 & 0 & 0 \\ 0 & 0 & 1 \end{pmatrix}$ |

初等行矩阵乘上矩阵 $\boldsymbol{A}$，就相当于在矩阵 $\boldsymbol{A}$ 上实施了对应的初等行变换。比如将单位矩阵的二、三行进行对换就得到了该初等行操作对应的初等行矩阵。再将该初等行矩阵乘上矩阵 $\boldsymbol{A}$，就相当于将矩阵 $\boldsymbol{A}$ 的二、三行进行了对换：

$$\underbrace{\begin{pmatrix} 1 & 0 & 0 \\ 0 & 0 & 1 \\ 0 & 1 & 0 \end{pmatrix}}_{\text{二、三行对调过的单位阵}} \underbrace{\begin{pmatrix} 1 & 1 & 1 \\ 2 & 2 & 2 \\ 3 & 3 & 3 \end{pmatrix}}_{\boldsymbol{A}} = \underbrace{\begin{pmatrix} 1 & 1 & 1 \\ 3 & 3 & 3 \\ 2 & 2 & 2 \end{pmatrix}}_{\text{二、三行对调过的}\boldsymbol{A}}$$

**例 7.** 运用高斯消元法来求解下面的线性方程组：

$$\begin{cases} \quad\; 4y + z = 2 & [\text{方程 } 1] \\ x + 2y + z = 2 & [\text{方程 } 2] \\ 3x + 10y + 2z = 12 & [\text{方程 } 3] \end{cases}$$

**解：** 这其实就是之前的例 4，这里通过初等行矩阵重新来做一次。

（1）写出增广矩阵：

$$\begin{cases} 4y+z=2 \\ x+2y+z=2 \\ 3x+10y+2z=12 \end{cases} \Longrightarrow \left(\begin{array}{ccc|c} 0 & 4 & 1 & 2 \\ 1 & 2 & 1 & 2 \\ 3 & 10 & 2 & 12 \end{array}\right)$$

（2）多次消元。本题的 [方程 1] 缺少 $x$ 项，无法用来消元，所以要将 [方程 1] 与 [方程 2] 对调，这是对换操作，可通过如下初等行矩阵完成：

$$[\text{方程 }1] \leftrightarrow [\text{方程 }2] \Longrightarrow \begin{pmatrix} 0 & 1 & 0 \\ 1 & 0 & 0 \\ 0 & 0 & 1 \end{pmatrix}$$

乘上该初等行矩阵后即可让增广矩阵的二、三行进行对调，得到新的增广矩阵：

$$\begin{pmatrix} 0 & 1 & 0 \\ 1 & 0 & 0 \\ 0 & 0 & 1 \end{pmatrix} \left(\begin{array}{ccc|c} 0 & 4 & 1 & 2 \\ 1 & 2 & 1 & 2 \\ 3 & 10 & 2 & 12 \end{array}\right) = \left(\begin{array}{ccc|c} 1 & 2 & 1 & 2 \\ 0 & 4 & 1 & 2 \\ 3 & 10 & 2 & 12 \end{array}\right)$$

再通过 [方程 1] 对 [方程 3] 进行消元，这是倍加操作，可通过如下初等行矩阵完成：

$$\begin{array}{r} -3[\text{方程 }1] \\ +\quad [\text{方程 }3] \\ \hline [\text{新方程 }3] \end{array} \Longrightarrow \begin{pmatrix} 1 & 0 & 0 \\ 0 & 1 & 0 \\ -3 & 0 & 1 \end{pmatrix}$$

乘上该初等行矩阵即可让增广矩阵的第三行第一列变为 0，达到让 [方程 3] 消元的目的：

$$\begin{pmatrix} 1 & 0 & 0 \\ 0 & 1 & 0 \\ -3 & 0 & 1 \end{pmatrix} \left(\begin{array}{ccc|c} 1 & 2 & 1 & 2 \\ 0 & 4 & 1 & 2 \\ 3 & 10 & 2 & 12 \end{array}\right) = \left(\begin{array}{ccc|c} 1 & 2 & 1 & 2 \\ 0 & 4 & 1 & 2 \\ 0 & 4 & -1 & 6 \end{array}\right)$$

最后通过 [方程 2] 对 [方程 3] 进行消元，这也是倍加操作，可通过如下初等行矩阵完成：

$$\begin{array}{r} -[\text{方程 }2] \\ +\quad [\text{方程 }3] \\ \hline [\text{新方程 }3] \end{array} \Longrightarrow \begin{pmatrix} 1 & 0 & 0 \\ 0 & 1 & 0 \\ 0 & -1 & 1 \end{pmatrix}$$

乘上该初等行矩阵即可让增广矩阵的第三行第二列变为 0，达到让 [方程 3] 消元的目的：

$$\begin{pmatrix} 1 & 0 & 0 \\ 0 & 1 & 0 \\ 0 & -1 & 1 \end{pmatrix} \left(\begin{array}{ccc|c} 1 & 2 & 1 & 2 \\ 0 & 4 & 1 & 2 \\ 0 & 4 & -1 & 6 \end{array}\right) = \left(\begin{array}{ccc|c} 1 & 2 & 1 & 2 \\ 0 & 4 & 1 & 2 \\ 0 & 0 & -2 & 4 \end{array}\right)$$

（3）第二步，多次回代。首先是 [方程 3] 的回代，这包含两个倍加操作，可通过如下两个初等行矩阵完成：

$$\begin{array}{r} \frac{1}{2}[\text{方程 }3] \\ +\quad [\text{方程 }2] \\ \hline [\text{新方程 }2] \end{array} \Longrightarrow \begin{pmatrix} 1 & 0 & 0 \\ 0 & 1 & \frac{1}{2} \\ 0 & 0 & 1 \end{pmatrix}$$

$$\begin{array}{r} \frac{1}{2}[\text{方程 }3] \\ +\quad [\text{方程 }1] \\ \hline [\text{新方程 }1] \end{array} \Longrightarrow \begin{pmatrix} 1 & 0 & \frac{1}{2} \\ 0 & 1 & 0 \\ 0 & 0 & 1 \end{pmatrix}$$

然后依次乘上这两个初等行矩阵即可让增广矩阵的第二行第三列、第一行第三列变为 0，达到让 [方程 2]、[方程 1] 消元的目的：

$$\begin{pmatrix} 1 & 0 & \frac{1}{2} \\ 0 & 1 & 0 \\ 0 & 0 & 1 \end{pmatrix}\begin{pmatrix} 1 & 0 & 0 \\ 0 & 1 & \frac{1}{2} \\ 0 & 0 & 1 \end{pmatrix}\left(\begin{array}{ccc|c} 1 & 2 & 1 & 2 \\ 0 & 4 & 1 & 2 \\ 0 & 0 & -2 & 4 \end{array}\right) = \left(\begin{array}{ccc|c} 1 & 2 & 0 & 4 \\ 0 & 4 & 0 & 4 \\ 0 & 0 & -2 & 4 \end{array}\right)$$

再是 [方程 2] 的回代，所需的初等行矩阵为：

$$\begin{array}{r} -\frac{1}{2}[\text{方程 }2] \\ +\quad [\text{方程 }1] \\ \hline [\text{新方程 }1] \end{array} \Longrightarrow \begin{pmatrix} 1 & -\frac{1}{2} & 0 \\ 0 & 1 & 0 \\ 0 & 0 & 1 \end{pmatrix}$$

乘上该初等行矩阵即可让增广矩阵的第一行第二列变为 0，达到让 [方程 1] 消元的目的：

$$\begin{pmatrix} 1 & -\frac{1}{2} & 0 \\ 0 & 1 & 0 \\ 0 & 0 & 1 \end{pmatrix}\left(\begin{array}{ccc|c} 1 & 2 & 0 & 4 \\ 0 & 4 & 0 & 4 \\ 0 & 0 & -2 & 4 \end{array}\right) = \left(\begin{array}{ccc|c} 1 & 0 & 0 & 2 \\ 0 & 4 & 0 & 4 \\ 0 & 0 & -2 & 4 \end{array}\right)$$

（4）最后，方程两侧除以未知数的系数，这是两次倍乘操作，可通过如下两个初等行矩阵来完成：

$$[\text{新方程 }2] = \frac{1}{4}[\text{方程 }2] \Longrightarrow \begin{pmatrix} 1 & 0 & 0 \\ 0 & \frac{1}{4} & 0 \\ 0 & 0 & 1 \end{pmatrix}$$

$$[\text{新方程 }3] = -\frac{1}{2}[\text{方程 }3] \Longrightarrow \begin{pmatrix} 1 & 0 & 0 \\ 0 & 1 & 0 \\ 0 & 0 & -\frac{1}{2} \end{pmatrix}$$

依次乘上这两个初等行矩阵即可让增广矩阵的第二行第二列以及第三行第三列变为 1：

$$\begin{pmatrix}1&0&0\\0&1&0\\0&0&-\frac{1}{2}\end{pmatrix}\begin{pmatrix}1&0&0\\0&\frac{1}{4}&0\\0&0&1\end{pmatrix}\left(\begin{array}{ccc|c}1&0&0&2\\0&4&0&4\\0&0&-2&4\end{array}\right)=\left(\begin{array}{ccc|c}1&0&0&2\\0&1&0&1\\0&0&1&-2\end{array}\right)$$

也就是说，最后的解为：

$$\left(\begin{array}{ccc|c}1&0&0&2\\0&1&0&1\\0&0&1&-2\end{array}\right)\Longrightarrow\begin{cases}x&=2\\y&=1\\z&=-2\end{cases}$$

## 2.3 矩阵的加法与乘法

之前介绍了矩阵乘法，本节会继续介绍矩阵的加法和数乘，并对矩阵乘法进行更深一步的解读。

### 2.3.1 矩阵加法

**定义 6.** 两个矩阵的行数相等、列数也相等时，就称它们是同型矩阵。

如果 $\boldsymbol{A}=(a_{ij})$ 与 $\boldsymbol{B}=(b_{ij})$ 是同型矩阵，且对应元素都相等，则矩阵 $\boldsymbol{A}$ 与矩阵 $\boldsymbol{B}$ 相等，记作：

$$\boldsymbol{A}=\boldsymbol{B}$$

简单来说，长得一样的矩阵就是同型矩阵；如果同型矩阵的对应元素都相等，则两个矩阵相等，见图 2.13。

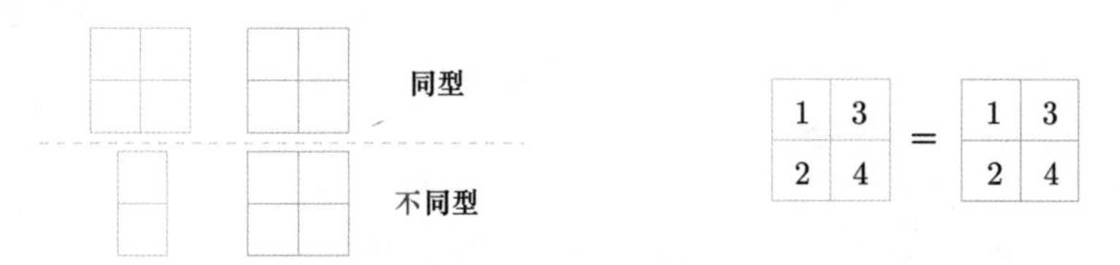


图 2.13: 同型和不同型矩阵以及相等矩阵

**定义 7.** 设有两个 $m\times n$ 矩阵 $\boldsymbol{A}=(a_{ij})$ 和 $\boldsymbol{B}=(b_{ij})$，那么矩阵 $\boldsymbol{A}$ 与 $\boldsymbol{B}$ 的和记作 $\boldsymbol{A}+\boldsymbol{B}$，规定为：

$$\boldsymbol{A}+\boldsymbol{B}=\begin{pmatrix}a_{11}+b_{11}&a_{12}+b_{12}&\cdots&a_{1n}+b_{1n}\\a_{21}+b_{21}&a_{22}+b_{22}&\cdots&a_{2n}+b_{2n}\\\vdots&\vdots&\ddots&\vdots\\a_{m1}+b_{m1}&a_{m2}+b_{m2}&\cdots&a_{mn}+b_{mn}\end{pmatrix}$$

根据定义 7，也就是说，同型的矩阵相加才是合法的，见图 2.14。

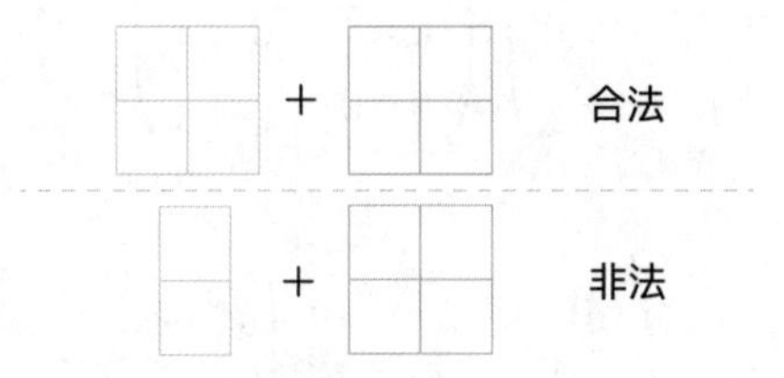

图 2.14: 同型的矩阵相加是合法的

其规则和向量加法一样，对应的位置相加即可，见图 2.15。

$$\begin{array}{|c|c|}\hline 1 & 2 \\ \hline 3 & 4 \\ \hline \end{array} + \begin{array}{|c|c|}\hline 5 & 6 \\ \hline 7 & 8 \\ \hline \end{array} = \begin{array}{|c|c|}\hline 1+5 & 8 \\ \hline 10 & 12 \\ \hline \end{array}$$

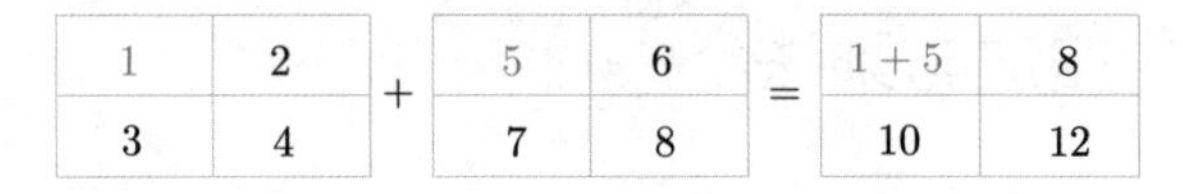

图 2.15: 同型矩阵相加的规则

并且根据定义 7，容易推出矩阵加法满足以下规律，见表 2.2。

表 2.2: 矩阵加法满足交换律和结合律

| | |
|---|---|
| 交换律 | $\boldsymbol{A}+\boldsymbol{B}=\boldsymbol{B}+\boldsymbol{A}$ |
| 结合律 | $(\boldsymbol{A}+\boldsymbol{B})+\boldsymbol{C}=\boldsymbol{A}+(\boldsymbol{B}+\boldsymbol{C})$ |

### 2.3.2 矩阵数乘

**定义 8.** 数 $k$ 与矩阵 $\boldsymbol{A}$ 的乘积记作 $k\boldsymbol{A}$ 或 $\boldsymbol{A}k$，规定为：

$$k\boldsymbol{A}=\boldsymbol{A}k=\begin{pmatrix} ka_{11} & ka_{12} & \cdots & ka_{1n} \\ ka_{21} & ka_{22} & \cdots & ka_{2n} \\ \vdots & \vdots & \ddots & \vdots \\ ka_{m1} & ka_{m2} & \cdots & ka_{mn} \end{pmatrix}.$$

$-\boldsymbol{A}$ 称为矩阵 $\boldsymbol{A}$ 的负矩阵，根据数乘规则有 $-\boldsymbol{A}=(-a_{ij})$，那么有 $\boldsymbol{A}+(-\boldsymbol{A})=\boldsymbol{O}$。

根据定义 8，矩阵数乘和向量数乘的规则是一样的，矩阵的各个元素乘上该数即可，见图 2.16。

$$3\times\begin{array}{|c|c|}\hline 1 & 2 \\ \hline 3 & 4 \\ \hline 5 & 6 \\ \hline \end{array} = \begin{array}{|c|c|}\hline 3\times 1 & 6 \\ \hline 9 & 12 \\ \hline 15 & 18 \\ \hline \end{array}$$

图 2.16: 矩阵的数乘

数乘和加法一起可定义出矩阵的减法：

$$\boldsymbol{A}-\boldsymbol{B}=\boldsymbol{A}+(-\boldsymbol{B})$$

也容易推出矩阵数乘满足以下规律（设 $\boldsymbol{A},\boldsymbol{B}$ 为同型矩阵，$\lambda,\mu$ 为数），见表 2.3。

表 2.3: 矩阵数乘满足结合律和分配率

| | |
|---|---|
| 结合律 | $(\lambda\mu)\boldsymbol{A}=\lambda(\mu\boldsymbol{A})$ |
| 分配律 | $(\lambda+\mu)\boldsymbol{A}=\lambda\boldsymbol{A}+\mu\boldsymbol{A}$<br>$\lambda(\boldsymbol{A}+\boldsymbol{B})=\lambda\boldsymbol{A}+\lambda\boldsymbol{B}$ |

### 2.3.3 矩阵乘法的合法性

根据之前介绍的矩阵乘法规则，矩阵 $\boldsymbol{A},\boldsymbol{B}$ 相乘需要满足如下条件：

- $m\times n$ 的矩阵只能和 $n\times p$ 的矩阵相乘。
- 相乘后的矩阵大小为 $m\times p$。

这些条件也称为矩阵乘法的合法性，可以帮助我们快速判断矩阵乘法是否可以进行下去。

**例 8.** $\boldsymbol{A}$ 为 $m\times n$ 的矩阵，已知 $\boldsymbol{AB},\boldsymbol{BA}$ 均有意义，则 $\boldsymbol{B}$ 的大小为多少？

**解：** 设 $\boldsymbol{B}$ 的大小为 $a\times b$，已知 $\boldsymbol{A}$ 为 $m\times n$ 的矩阵，那么

- $\boldsymbol{AB}$ 有意义，可得 $a=n$。
- $\boldsymbol{BA}$ 有意义，可得 $b=m$。

所以 $\boldsymbol{B}$ 为 $n\times m$ 的矩阵。

### 2.3.4 矩阵乘法的行观点

之前将线性方程组记作矩阵，为了操作矩阵的行才引入的矩阵乘法，所以称为矩阵乘法的行观点。

**定义 9.** 假设：

$$\boldsymbol{x}=\begin{pmatrix}x_1 & x_2 & \cdots & x_m\end{pmatrix},\quad \boldsymbol{A}=\begin{pmatrix}a_{11} & a_{12} & \cdots & a_{1n}\\ a_{21} & a_{22} & \cdots & a_{2n}\\ \vdots & \vdots & \ddots & \vdots\\ a_{m1} & a_{m2} & \cdots & a_{mn}\end{pmatrix}$$

此时若计算 $\boldsymbol{xA}$，很适合用行观点来看待矩阵乘法，把结果看作 $A$ 矩阵的行向量的线性组合：

$$\boldsymbol{x}\boldsymbol{A}=\begin{pmatrix}x_1 & x_2 & \cdots & x_m\end{pmatrix}\begin{pmatrix}a_{11} & a_{12} & \cdots & a_{1n}\\ a_{21} & a_{22} & \cdots & a_{2n}\\ \vdots & \vdots & \ddots & \vdots\\ a_{m1} & a_{m2} & \cdots & a_{mn}\end{pmatrix}$$

$$=x_1\begin{pmatrix}a_{11} & a_{12} & \cdots & a_{1n}\end{pmatrix}+x_2\begin{pmatrix}a_{21} & a_{22} & \cdots & a_{2n}\end{pmatrix}+\cdots+x_m\begin{pmatrix}a_{m1} & a_{m2} & \cdots & a_{mn}\end{pmatrix}$$

此时 $\boldsymbol{A}$ 在行向量 $\boldsymbol{x}$ 的右边，所以可说 $\boldsymbol{A}$ 右乘 $\boldsymbol{x}$。

**例 9.** 请用行观点计算下列矩阵乘法：

$$\begin{pmatrix}2 & 1 & 4 & 0\end{pmatrix}\begin{pmatrix}1 & 3 & 1\\ 0 & -1 & 2\\ 1 & -3 & 1\\ 4 & 0 & -2\end{pmatrix}=?$$

**解：** 套用矩阵乘法的行观点可得

$$\begin{pmatrix}2 & 1 & 4 & 0\end{pmatrix}\begin{pmatrix}1 & 3 & 1\\ 0 & -1 & 2\\ 1 & -3 & 1\\ 4 & 0 & -2\end{pmatrix}=2\begin{pmatrix}1 & 3 & 1\end{pmatrix}+1\times\begin{pmatrix}0 & -1 & 2\end{pmatrix}+4\times\begin{pmatrix}1 & -3 & 1\end{pmatrix}+0\times\begin{pmatrix}4 & 0 & -1\end{pmatrix}$$

$$=\begin{pmatrix}6 & -7 & 8\end{pmatrix}$$

### 2.3.5 矩阵乘法的列观点

还可以通过列观点来完成矩阵乘法（只是观点不同，得到的结果和行观点一样）。

**定义 10.** 假设：

$$\boldsymbol{A}=\begin{pmatrix}a_{11} & a_{12} & \cdots & a_{1n}\\ a_{21} & a_{22} & \cdots & a_{2n}\\ \vdots & \vdots & \ddots & \vdots\\ a_{m1} & a_{m2} & \cdots & a_{mn}\end{pmatrix},\quad \boldsymbol{x}=\begin{pmatrix}x_1\\ x_2\\ \vdots\\ x_n\end{pmatrix}$$

此时若计算 $\boldsymbol{A}\boldsymbol{x}$，很适合用列观点来看待矩阵乘法，把结果看作 $\boldsymbol{A}$ 矩阵的列向量的线性组合：

$$\boldsymbol{A}\boldsymbol{x}=\begin{pmatrix}a_{11} & a_{12} & \cdots & a_{1n}\\ a_{21} & a_{22} & \cdots & a_{2n}\\ \vdots & \vdots & \ddots & \vdots\\ a_{m1} & a_{m2} & \cdots & a_{mn}\end{pmatrix}\begin{pmatrix}x_1\\ x_2\\ \vdots\\ x_n\end{pmatrix}=x_1\begin{pmatrix}a_{11}\\ a_{21}\\ \vdots\\ a_{m1}\end{pmatrix}+x_2\begin{pmatrix}a_{12}\\ a_{22}\\ \vdots\\ a_{m2}\end{pmatrix}+\cdots+x_n\begin{pmatrix}a_{1n}\\ a_{2n}\\ \vdots\\ a_{mn}\end{pmatrix}$$

此时 $A$ 在列向量 $\boldsymbol{x}$ 的左边，所以可说 $A$ 左乘 $\boldsymbol{x}$。

**例 10.** 请用列观点计算下列矩阵乘法：

$$\begin{pmatrix}4&3&1\\1&-2&3\\5&7&0\end{pmatrix}\begin{pmatrix}7\\2\\1\end{pmatrix}=?$$

**解：** 套用矩阵乘法的列观点可得

$$\begin{pmatrix}4&3&1\\1&-2&3\\5&7&0\end{pmatrix}\begin{pmatrix}7\\2\\1\end{pmatrix}=7\times\begin{pmatrix}4\\1\\5\end{pmatrix}+2\times\begin{pmatrix}3\\-2\\7\end{pmatrix}+1\times\begin{pmatrix}1\\3\\0\end{pmatrix}=\begin{pmatrix}35\\6\\49\end{pmatrix}$$

### 2.3.6 矩阵乘法的点积观点

前面的行观点、列观点，一般用于矩阵与向量相乘。如果矩阵与矩阵相乘，常用下面的点积观点，并且很多数学书中也是用点积观点作为矩阵乘法的严格定义的。

**定义 11.** 设 $\boldsymbol{A}=(a_{ij})$，是一个 $m\times s$ 的矩阵，$\boldsymbol{B}=(b_{ij})$，是一个 $s\times n$ 的矩阵，那么规定 $\boldsymbol{A}$ 与 $\boldsymbol{B}$ 的乘积是一个 $m\times n$ 的矩阵，$\boldsymbol{C}=\boldsymbol{AB}=(c_{ij})$，其中：

$$c_{ij}=\boldsymbol{a}_{i*}\cdot\boldsymbol{b}_{*j}=a_{i1}b_{1j}+a_{i2}b_{2j}+\cdots+a_{is}b_{sj}=\sum_{k=1}^{s}a_{ik}b_{kj}\quad(i=1,\cdots,m;j=1,\cdots,n)$$

点积观点说的是，左侧矩阵的行向量点积右侧矩阵的列向量，就可得矩阵的每个元素，很适合口算：

$$\begin{pmatrix}1&2&3\\4&5&6\end{pmatrix}\times\begin{pmatrix}7&8\\9&10\\11&12\end{pmatrix}=\begin{pmatrix}58&\\&\end{pmatrix}\quad 1\times7+2\times9+3\times11=58$$

$$\begin{pmatrix}1&2&3\\4&5&6\end{pmatrix}\times\begin{pmatrix}7&8\\9&10\\11&12\end{pmatrix}=\begin{pmatrix}58&64\\&\end{pmatrix}\quad 1\times8+2\times10+3\times12=64$$

$$\begin{pmatrix}1&2&3\\4&5&6\end{pmatrix}\times\begin{pmatrix}7&8\\9&10\\11&12\end{pmatrix}=\begin{pmatrix}58&64\\139&\end{pmatrix}\quad 4\times7+5\times9+6\times11=139$$

$$\begin{pmatrix}1&2&3\\4&5&6\end{pmatrix}\times\begin{pmatrix}7&8\\9&10\\11&12\end{pmatrix}=\begin{pmatrix}58&64\\139&154\end{pmatrix}\quad 4\times8+5\times10+6\times12=154$$

**例 11.** 已知：

$$A=\begin{pmatrix}1&1&1\\1&1&-1\\1&-1&1\end{pmatrix},\quad B=\begin{pmatrix}1&2&3\\-1&-2&4\\0&5&1\end{pmatrix},\quad BA=\begin{pmatrix}*&*&*\\*&*&*\\*&a&*\end{pmatrix}$$

请问 $a$ 为多少？

**解：** $a$ 是 $BA$ 第三行第二列的元素，根据点积观点，它是 $B$ 的第三行向量点积 $A$ 的第二列向量的结果：

$$a=\begin{pmatrix}0&5&1\end{pmatrix}\cdot\begin{pmatrix}1\\1\\-1\end{pmatrix}=0\times1+5\times1+1\times-1=4$$

### 2.3.7　矩阵乘法的性质

通过矩阵乘法的定义，可推出以下运算规律（矩阵乘法可以进行的话），见表 2.4。

表 2.4: 矩阵乘法的性质

| 交换律 | 不一定不满足 |
|---|---|
| 数乘交换律 | $\lambda(AB)=(\lambda A)B=A(\lambda B)(\lambda\in\mathbb{R})$ |
| 结合律 | $(AB)C=A(BC)$ |
| 分配律 | $A(B+C)=AB+AC$ |

关于交换律不一定不满足这一点，我们来看看下面这道例题。

**例 12.**（1）已知 $A=\begin{pmatrix}1&0&0\\0&2&0\\0&0&3\end{pmatrix}$，$B=\begin{pmatrix}4&0&0\\0&6&0\\0&0&9\end{pmatrix}$，判断 $AB$ 与 $BA$ 是否相等。

（2）已知 $A=\begin{pmatrix}1&2\\1&3\end{pmatrix}$，$B=\begin{pmatrix}1&0\\1&2\end{pmatrix}$，判断 $AB$ 与 $BA$ 是否相等。

**解：**（1）根据对角矩阵的乘法运算规律可知：

$$AB=BA=\begin{pmatrix}1\times4&0&0\\0&2\times6&0\\0&0&3\times9\end{pmatrix}=\begin{pmatrix}4&0&0\\0&12&0\\0&0&27\end{pmatrix}$$

（2）根据矩阵乘法可得：

$$AB=\begin{pmatrix}1&2\\1&3\end{pmatrix}\begin{pmatrix}1&0\\1&2\end{pmatrix}=\begin{pmatrix}3&4\\4&6\end{pmatrix},\quad BA=\begin{pmatrix}1&0\\1&2\end{pmatrix}\begin{pmatrix}1&2\\1&3\end{pmatrix}=\begin{pmatrix}1&2\\3&8\end{pmatrix}$$

因此 $\boldsymbol{AB} \neq \boldsymbol{BA}$。

最后来看一个矩阵乘法的综合练习。

**例 13.** 计算：

$$\begin{pmatrix}1&0&0\\0&-2&0\\0&0&4\end{pmatrix}\begin{pmatrix}1&2&4\\0&-2&2\\0&0&1\end{pmatrix}\begin{pmatrix}2&0&0\\0&1&0\\0&0&-1\end{pmatrix}-2\begin{pmatrix}1&0&0\\0&-2&0\\0&0&4\end{pmatrix}\begin{pmatrix}1&1&2\\0&1&1\\0&0&1\end{pmatrix}\begin{pmatrix}2&0&0\\0&1&0\\0&0&-1\end{pmatrix}$$

**解：** 设

$$\boldsymbol{A}=\begin{pmatrix}1&0&0\\0&-2&0\\0&0&4\end{pmatrix},\quad \boldsymbol{B}=\begin{pmatrix}2&0&0\\0&1&0\\0&0&-1\end{pmatrix}$$

则

$$原式=\boldsymbol{A}\begin{pmatrix}1&2&4\\0&-2&2\\0&0&1\end{pmatrix}\boldsymbol{B}-2\boldsymbol{A}\begin{pmatrix}1&1&2\\0&1&1\\0&0&1\end{pmatrix}\boldsymbol{B}$$

根据矩阵乘法的分配律有：

$$\begin{aligned}原式&=\boldsymbol{A}\left(\begin{pmatrix}1&2&4\\0&-2&2\\0&0&1\end{pmatrix}-2\begin{pmatrix}1&1&2\\0&1&1\\0&0&1\end{pmatrix}\right)\boldsymbol{B}\\&=\boldsymbol{A}\left(\begin{pmatrix}1&2&4\\0&-2&2\\0&0&1\end{pmatrix}-\begin{pmatrix}2&2&4\\0&2&2\\0&0&2\end{pmatrix}\right)\boldsymbol{B}=\boldsymbol{A}\begin{pmatrix}-1&0&0\\0&-4&0\\0&0&-1\end{pmatrix}\boldsymbol{B}\\&=\begin{pmatrix}1&0&0\\0&-2&0\\0&0&4\end{pmatrix}\begin{pmatrix}-1&0&0\\0&-4&0\\0&0&-1\end{pmatrix}\begin{pmatrix}2&0&0\\0&1&0\\0&0&-1\end{pmatrix}=\begin{pmatrix}-2&0&0\\0&8&0\\0&0&4\end{pmatrix}\end{aligned}$$

## 2.4 矩阵的幂运算与转置

除了乘法、加法和数乘之外，矩阵还有一些其他的运算，本节就把后面会用到的运算一并介绍了。

### 2.4.1 幂运算

类似于 $x^n$ 称为 $x$ 的幂运算，矩阵也有幂运算，即矩阵的幂。

**定义 12.** 设 $\boldsymbol{A}$ 是方阵，定义：

$$\boldsymbol{A}^1=\boldsymbol{A},\quad \boldsymbol{A}^2=\boldsymbol{A}^1\boldsymbol{A}^1,\quad \cdots,\quad \boldsymbol{A}^{k+1}=\boldsymbol{A}^k\boldsymbol{A}^1,\quad k\in\mathbb{Z}^+$$

比如，已知 $\boldsymbol{A}=\begin{pmatrix}0&1&0\\0&0&1\\0&0&0\end{pmatrix}$，那么根据矩阵乘法的点积观点，容易算出：

$$\boldsymbol{A}^2=\boldsymbol{A}\boldsymbol{A}=\begin{pmatrix}0&0&1\\0&0&0\\0&0&0\end{pmatrix},\quad \boldsymbol{A}^3=\boldsymbol{A}^2\boldsymbol{A}=\begin{pmatrix}0&0&0\\0&0&0\\0&0&0\end{pmatrix}$$

**例 14.** 已知 $\boldsymbol{A}=\begin{pmatrix}3&1\\1&-3\end{pmatrix}$，求 $\boldsymbol{A}^{51}$。

**解：** 根据矩阵乘法的点积观点，试算一下：

$$\boldsymbol{A}^2=\boldsymbol{A}\boldsymbol{A}=\begin{pmatrix}10&0\\0&10\end{pmatrix}=10\begin{pmatrix}1&0\\0&1\end{pmatrix}$$

$$\boldsymbol{A}^3=\boldsymbol{A}^2\boldsymbol{A}=10\begin{pmatrix}3&1\\1&-3\end{pmatrix},\quad \boldsymbol{A}^4=\boldsymbol{A}^3\boldsymbol{A}=10^2\begin{pmatrix}1&0\\0&1\end{pmatrix}$$

运算结果中出现了单位阵，所以容易得出：

$$\boldsymbol{A}^{2n}=10^n\begin{pmatrix}1&0\\0&1\end{pmatrix},\quad \boldsymbol{A}^{2n+1}=10^n\begin{pmatrix}3&1\\1&-3\end{pmatrix},\quad n\in\mathbb{Z}^+$$

因此：

$$\boldsymbol{A}^{51}=10^{25}\begin{pmatrix}3&1\\1&-3\end{pmatrix}$$

对角阵的幂运算非常容易计算。

**例 15.** 设 $\boldsymbol{\Lambda}=\begin{pmatrix}\lambda_1&&&\\&\lambda_2&&\\&&\ddots&\\&&&\lambda_m\end{pmatrix}$，求 $\boldsymbol{\Lambda}^n$。

**解：** 根据对角阵乘法的运算规律可知：

$$\boldsymbol{\Lambda}^n = \begin{pmatrix} \lambda_1^n & & & \\ & \lambda_2^n & & \\ & & \ddots & \\ & & & \lambda_m^n \end{pmatrix}$$

### 2.4.2 矩阵的转置

**定义 13.** 把矩阵 $\boldsymbol{A}$ 的行换成同序数的列，该操作称为矩阵的转置运算。转置运算后可以得到一个新矩阵，该矩阵称为 $\boldsymbol{A}$ 的转置矩阵，记作 $\boldsymbol{A}^{\mathrm{T}}$。或者用符号表示如下：

$$\boldsymbol{A} = (a_{ij}), \quad \boldsymbol{A}^{\mathrm{T}} = (a_{ji})$$

举个例子：

$$\boldsymbol{A} = \begin{pmatrix} 1 & 2 & 3 \\ 4 & 5 & 6 \end{pmatrix}, \quad \boldsymbol{A}^{\mathrm{T}} = \begin{pmatrix} 1 & 4 \\ 2 & 5 \\ 3 & 6 \end{pmatrix}$$

本书前面说过，其实行向量和列向量是没有区别的，只是书写习惯的问题：

$$\boldsymbol{x} = \begin{pmatrix} a_1 \\ a_2 \\ \vdots \\ a_n \end{pmatrix} = (a_1, a_2, \cdots, a_n)$$

但学习了矩阵乘法的合法性后，可知在矩阵乘法中，行、列向量是有区别的。因此从本节开始，之后用 $\boldsymbol{x}$ 来表示列向量，用它的转置 $\boldsymbol{x}^{\mathrm{T}}$ 来表示行向量：

$$\boldsymbol{x} = \begin{pmatrix} a_1 \\ a_2 \\ \vdots \\ a_n \end{pmatrix}, \quad \boldsymbol{x}^{\mathrm{T}} = (a_1, a_2, \cdots, a_n)$$

根据定义，可以推出矩阵的转置运算有以下性质。

**定理 2.**（1）$(\boldsymbol{A}^{\mathrm{T}})^{\mathrm{T}} = \boldsymbol{A}$ （2）$(\boldsymbol{A}\boldsymbol{B})^{\mathrm{T}} = \boldsymbol{B}^{\mathrm{T}}\boldsymbol{A}^{\mathrm{T}}$ （3）$(\boldsymbol{A}^{\mathrm{T}})^n = (\boldsymbol{A}^n)^{\mathrm{T}}$ (4)$(\boldsymbol{A}+\boldsymbol{B})^{\mathrm{T}} = \boldsymbol{A}^{\mathrm{T}} + \boldsymbol{B}^{\mathrm{T}}$

以及经常会用到的一个结论，即对于两个同维向量 $\boldsymbol{x}$ 和 $\boldsymbol{y}$，有：

$$\boldsymbol{x}^{\mathrm{T}}\boldsymbol{y} = \boldsymbol{x} \cdot \boldsymbol{y}$$

特别说明一下，$\boldsymbol{x}^{\mathrm{T}}\boldsymbol{y}$ 是 $1\times 1$ 的矩阵，所以通常也将其看作实数。

下面尝试证明 $(\boldsymbol{AB})^{\mathrm{T}}=\boldsymbol{B}^{\mathrm{T}}\boldsymbol{A}^{\mathrm{T}}$，该证明过程可以帮助我们进一步理解矩阵乘法。

**证明：** 设 $\boldsymbol{A}=(a_{ij})_{m\times s}$，$\boldsymbol{B}=(b_{ij})_{s\times n}$，下面分别计算 $(\boldsymbol{AB})^{\mathrm{T}}$ 和 $\boldsymbol{B}^{\mathrm{T}}\boldsymbol{A}^{\mathrm{T}}$，看两者是否相等。

（1）计算 $(\boldsymbol{AB})^{\mathrm{T}}$。根据矩阵乘法点积观点，可得：

$$\boldsymbol{AB}=\boldsymbol{C}=\left(\sum_{k=1}^{s}a_{ik}b_{kj}\right)=(c_{ij})_{m\times n}$$

它的转置就是在 $(j,i)$ 位置放原来 $(i,j)$ 位置的元素，即：

$$(\boldsymbol{AB})^{\mathrm{T}}=\boldsymbol{C}^{\mathrm{T}}=(c_{ij})^{\mathrm{T}}=(c_{ji})_{n\times m}=\left(\sum_{k=1}^{s}a_{jk}b_{ki}\right)$$

（2）计算 $\boldsymbol{B}^{\mathrm{T}}\boldsymbol{A}^{\mathrm{T}}$。根据最初的假设，可知 $\boldsymbol{B}^{\mathrm{T}}$ 的第 $i$ 行以及 $\boldsymbol{A}^{\mathrm{T}}$ 的第 $j$ 列分别为：

$$\begin{pmatrix}b_{1i} & b_{2i} & \cdots & b_{si}\end{pmatrix},\quad \begin{pmatrix}a_{j1}\\ a_{j2}\\ \vdots\\ a_{js}\end{pmatrix}$$

根据矩阵乘法点积观点，有：

$$\boldsymbol{B}^{\mathrm{T}}\boldsymbol{A}^{\mathrm{T}}=\boldsymbol{D}=(d_{ij})=\left(\sum_{k=1}^{s}b_{ki}a_{jk}\right)=\left(\sum_{k=1}^{s}a_{jk}b_{ki}\right)$$

（3）综合（1）、（2），可得 $(\boldsymbol{AB})^{\mathrm{T}}=\boldsymbol{B}^{\mathrm{T}}\boldsymbol{A}^{\mathrm{T}}$。

（4）因为 $(\boldsymbol{AB})^{\mathrm{T}}=\boldsymbol{B}^{\mathrm{T}}\boldsymbol{A}^{\mathrm{T}}$ 很常用，所以这里再提供一个图解的说明，见图 2.17。根据矩阵乘法的点积观点可知，$\boldsymbol{AB}$ 中的每个元素都是 $\boldsymbol{A}$ 行向量点积 $\boldsymbol{B}$ 列向量的结果。

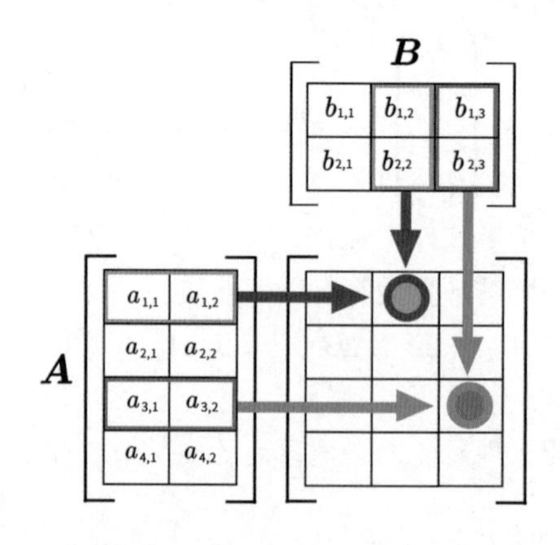


图 2.17: $\boldsymbol{AB}$ 中的每个元素都是 $\boldsymbol{A}$ 行向量点积 $\boldsymbol{B}$ 列向量的结果

那么 $(\boldsymbol{AB})^{\mathrm{T}}$ 就是对图 2.17 整个的转置，见图 2.18。所以：

$$(\boldsymbol{AB})^{\mathrm{T}}=\boldsymbol{B}^{\mathrm{T}}\boldsymbol{A}^{\mathrm{T}}$$

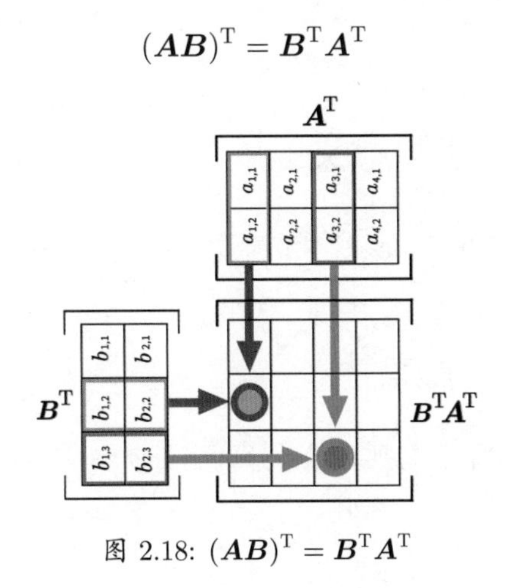


图 2.18: $(\boldsymbol{AB})^{\mathrm{T}}=\boldsymbol{B}^{\mathrm{T}}\boldsymbol{A}^{\mathrm{T}}$

可得 $(\boldsymbol{AB})^{\mathrm{T}}=\boldsymbol{B}^{\mathrm{T}}\boldsymbol{A}^{\mathrm{T}}$。 □

**例 16.** 已知 $\boldsymbol{a}=\begin{pmatrix}1\\1\\-1\end{pmatrix}$，求 $(\boldsymbol{a}\boldsymbol{a}^{\mathrm{T}})^5$。

**解：** 根据矩阵幂运算以及矩阵乘法的运算性质，有：

$$(\boldsymbol{a}\boldsymbol{a}^{\mathrm{T}})^5=\boldsymbol{a}\boldsymbol{a}^{\mathrm{T}}\boldsymbol{a}\boldsymbol{a}^{\mathrm{T}}\boldsymbol{a}\boldsymbol{a}^{\mathrm{T}}\boldsymbol{a}\boldsymbol{a}^{\mathrm{T}}\boldsymbol{a}\boldsymbol{a}^{\mathrm{T}}=\boldsymbol{a}(\boldsymbol{a}^{\mathrm{T}}\boldsymbol{a})^4\boldsymbol{a}^{\mathrm{T}}$$

其中：

$$\boldsymbol{a}^{\mathrm{T}}\boldsymbol{a}=(1,1,-1)\begin{pmatrix}1\\1\\-1\end{pmatrix}=1\times1+1\times1+(-1)\times(-1)=3$$

$$\boldsymbol{a}\boldsymbol{a}^{\mathrm{T}}=\begin{pmatrix}1\\1\\-1\end{pmatrix}(1,1,-1)=\begin{pmatrix}1&1&-1\\1&1&-1\\-1&-1&1\end{pmatrix}$$

所以：

$$\boldsymbol{a}(\boldsymbol{a}^{\mathrm{T}}\boldsymbol{a})^4\boldsymbol{a}^{\mathrm{T}}=3^4\begin{pmatrix}1&1&-1\\1&1&-1\\-1&-1&1\end{pmatrix}=\begin{pmatrix}81&81&-81\\81&81&-81\\-81&-81&81\end{pmatrix}$$

### 2.4.3 对称阵与反对称阵

通过矩阵的转置运算，还可以定义两个特殊的矩阵。

**定义 14.** 若 $\boldsymbol{A}^{\mathrm{T}}=\boldsymbol{A}$，则称矩阵 $\boldsymbol{A}$ 为对称矩阵。若 $\boldsymbol{A}^{\mathrm{T}}=-\boldsymbol{A}$，则称矩阵 $\boldsymbol{A}$ 为反对称矩阵。

## 2.5 矩阵乘法的几何意义

矩阵乘法是后面学习的重点，所以本节再专门解释一下它的几何意义。

### 2.5.1 矩阵的左乘和右乘

让我们从介绍矩阵的左乘和右乘开始，这两者其实是一回事。

#### 2.5.1.1 矩阵的左乘

像下面这样的左乘 $\boldsymbol{A}\boldsymbol{a}=\boldsymbol{b}$：

$$\underbrace{\begin{pmatrix}1 & -1\\ 1 & 1\end{pmatrix}}_{\boldsymbol{A}}\underbrace{\begin{pmatrix}1\\ 1\end{pmatrix}}_{\boldsymbol{a}}=\underbrace{\begin{pmatrix}0\\ 2\end{pmatrix}}_{\boldsymbol{b}}$$

其中 $\boldsymbol{a}$ 和 $\boldsymbol{b}$ 都是 $\mathbb{R}^2$ 中的向量，默认在自然基 $\boldsymbol{e_1}=\begin{pmatrix}1\\ 0\end{pmatrix}$ 和 $\boldsymbol{e_2}=\begin{pmatrix}0\\ 1\end{pmatrix}$ 下，见图 2.19。

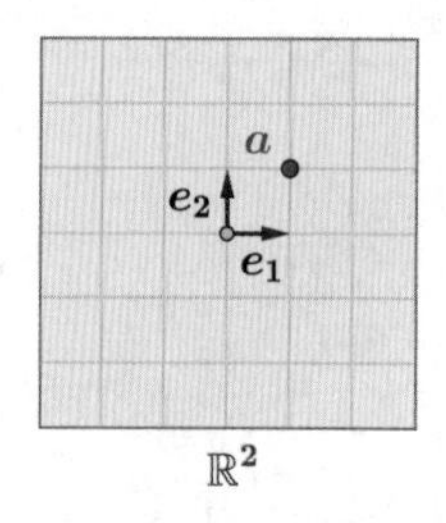

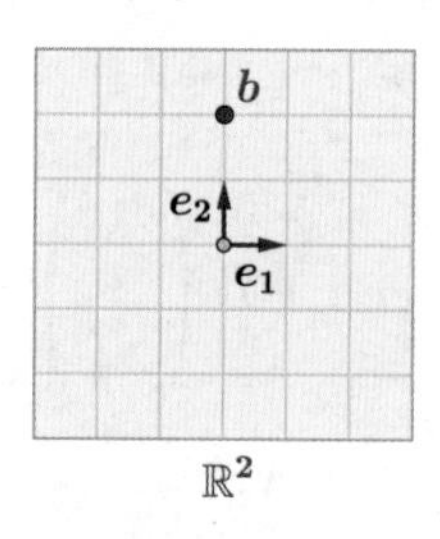


图 2.19: 自然基下的向量 $\boldsymbol{a}$ 和 $\boldsymbol{b}$

那么矩阵左乘 $\boldsymbol{A}\boldsymbol{a}=\boldsymbol{b}$ 的几何意义就是，在矩阵 $\boldsymbol{A}$ 的帮助下，将 $\boldsymbol{a}$ 变换为了 $\boldsymbol{b}$，见图 2.20。

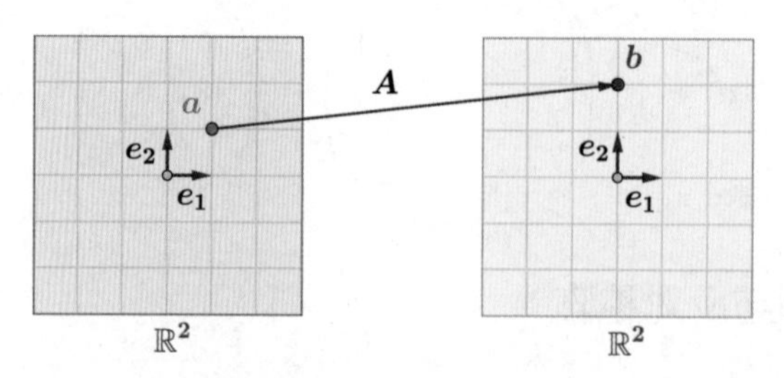


图 2.20: 在矩阵 $\boldsymbol{A}$ 的帮助下，将 $\boldsymbol{a}$ 变换为了 $\boldsymbol{b}$

下面具体解释一下矩阵 $\boldsymbol{A}$ 在 $\boldsymbol{a}$ 变为 $\boldsymbol{b}$ 的过程中所起的作用。将 $\boldsymbol{A}=\begin{pmatrix}1 & -1\\ 1 & 1\end{pmatrix}$ 的列向量记作：

$$\boldsymbol{c_1}=\begin{pmatrix}1\\ 1\end{pmatrix},\quad \boldsymbol{c_2}=\begin{pmatrix}-1\\ 1\end{pmatrix}$$

那么根据矩阵乘法的列观点，之前提到的矩阵左乘 $\boldsymbol{Aa}=\boldsymbol{b}$ 的计算过程如下：

$$\boldsymbol{Aa}=\begin{pmatrix}1 & -1\\ 1 & 1\end{pmatrix}\begin{pmatrix}1\\ 1\end{pmatrix}=1\begin{pmatrix}1\\ 1\end{pmatrix}+1\begin{pmatrix}-1\\ 1\end{pmatrix}=1\boldsymbol{c_1}+1\boldsymbol{c_2}=\boldsymbol{b}$$

上面的结果可以解读为，向量 $\boldsymbol{a}$ 的坐标是在自然基下的，如果保持系数不变，只要将自然基替换为矩阵的列向量，就可以得到向量 $\boldsymbol{b}$：

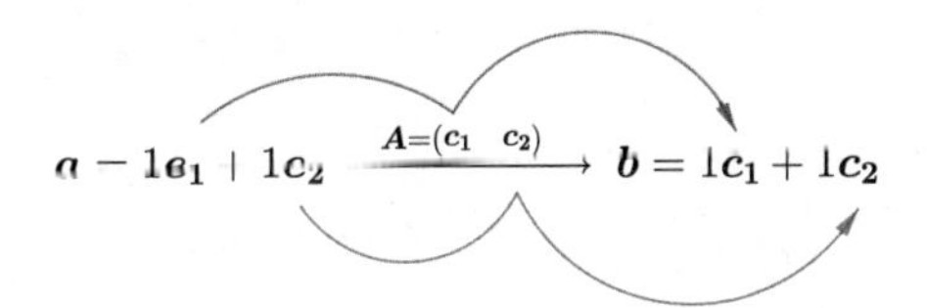


或者说，向量 $\boldsymbol{b}$ 是矩阵 $\boldsymbol{A}$ 的列向量组 $\{\boldsymbol{c_1},\boldsymbol{c_2}\}$ 的线性组合，见图 2.21。

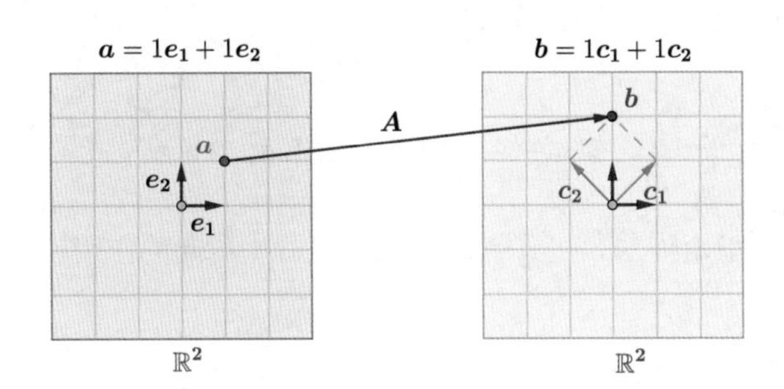


图 2.21: 向量 $\boldsymbol{b}$ 是矩阵 $\boldsymbol{A}$ 的列向量组 $\{\boldsymbol{c_1},\boldsymbol{c_2}\}$ 的线性组合

#### 2.5.1.2 矩阵的右乘

如果对矩阵的左乘进行转置运算，根据转置运算的规则 $(\boldsymbol{AB})^{\mathrm{T}}=\boldsymbol{B}^{\mathrm{T}}\boldsymbol{A}^{\mathrm{T}}$，就可以得到矩阵的右乘：

$$\boldsymbol{Aa}=\boldsymbol{b}\implies(\boldsymbol{Aa})^{\mathrm{T}}=\boldsymbol{b}^{\mathrm{T}}\implies\boldsymbol{a}^{\mathrm{T}}\boldsymbol{A}^{\mathrm{T}}=\boldsymbol{b}^{\mathrm{T}}$$

比如之前提到的左乘，实施转置运算后得到：

$$\underbrace{\begin{pmatrix}1 & -1\\ 1 & 1\end{pmatrix}}_{\boldsymbol{A}}\underbrace{\begin{pmatrix}1\\ 1\end{pmatrix}}_{\boldsymbol{a}}=\underbrace{\begin{pmatrix}0\\ 2\end{pmatrix}}_{\boldsymbol{b}}\xrightarrow{\text{转置运算}}\underbrace{\begin{pmatrix}1 & 1\end{pmatrix}}_{\boldsymbol{a}^{\mathrm{T}}}\underbrace{\begin{pmatrix}1 & 1\\ -1 & 1\end{pmatrix}}_{\boldsymbol{A}^{\mathrm{T}}}=\underbrace{\begin{pmatrix}0 & 2\end{pmatrix}}_{\boldsymbol{b}^{\mathrm{T}}}$$

其中 $\boldsymbol{a}^{\mathrm{T}}$ 和 $\boldsymbol{b}^{\mathrm{T}}$ 都是 $\mathbb{R}^2$ 中的向量，默认在自然基 $\boldsymbol{e_1}^{\mathrm{T}}=\begin{pmatrix}1 & 0\end{pmatrix}, \boldsymbol{e_2}^{\mathrm{T}}=\begin{pmatrix}0 & 1\end{pmatrix}$ 下，所以可如图 2.22 所示。

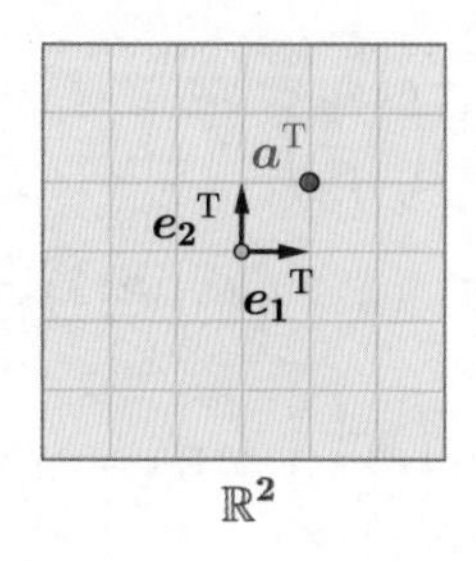

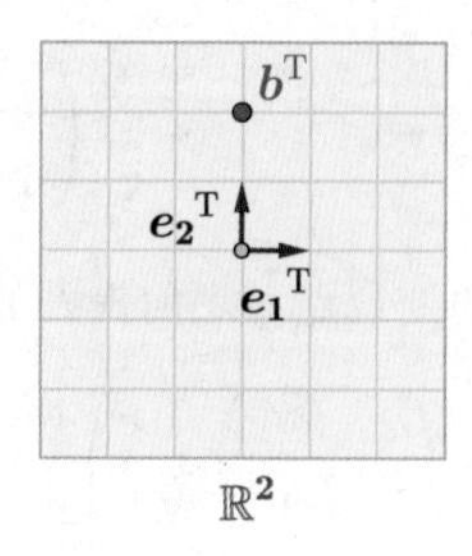


图 2.22: 自然基下的 $\boldsymbol{a}^{\mathrm{T}}$ 和 $\boldsymbol{b}^{\mathrm{T}}$

那么矩阵的右乘 $\boldsymbol{a}^{\mathrm{T}}\boldsymbol{A}^{\mathrm{T}}=\boldsymbol{b}^{\mathrm{T}}$ 的几何意义就是，在矩阵 $\boldsymbol{A}^{\mathrm{T}}$ 的帮助下，将 $\boldsymbol{a}^{\mathrm{T}}$ 变换为了 $\boldsymbol{b}^{\mathrm{T}}$，见图 2.23 所示。

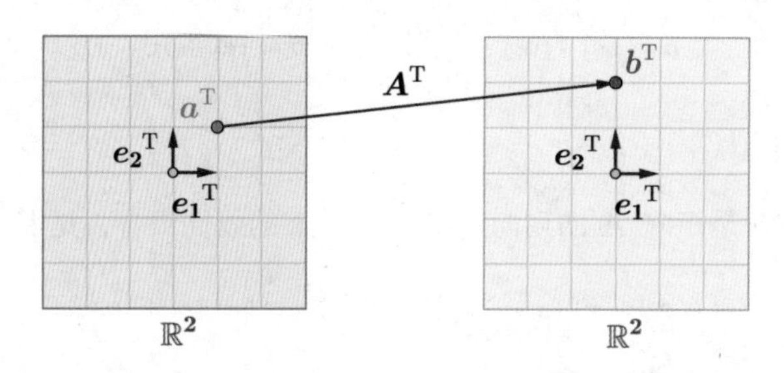


图 2.23: 在矩阵 $\boldsymbol{A}^{\mathrm{T}}$ 的帮助下，将 $\boldsymbol{a}^{\mathrm{T}}$ 变换为了 $\boldsymbol{b}^{\mathrm{T}}$

下面具体解释一下矩阵 $\boldsymbol{A}^{\mathrm{T}}$ 在 $\boldsymbol{a}^{\mathrm{T}}$ 变为 $\boldsymbol{b}^{\mathrm{T}}$ 的过程中所起的作用。将 $\boldsymbol{A}^{\mathrm{T}}=\begin{pmatrix}1 & 1\\ -1 & 1\end{pmatrix}$ 的行向量记作：

$$\boldsymbol{r_1}^{\mathrm{T}}=\begin{pmatrix}1 & 1\end{pmatrix},\quad \boldsymbol{r_2}^{\mathrm{T}}=\begin{pmatrix}-1 & 1\end{pmatrix}$$

那么根据矩阵乘法的行观点，之前提到的矩阵右乘 $\boldsymbol{a}^{\mathrm{T}}\boldsymbol{A}^{\mathrm{T}}=\boldsymbol{b}^{\mathrm{T}}$ 的计算过程如下：

$$\boldsymbol{a}^{\mathrm{T}}\boldsymbol{A}=\begin{pmatrix}1 & 1\end{pmatrix}\begin{pmatrix}1 & 1\\ -1 & -1\end{pmatrix}=1\begin{pmatrix}1 & 1\end{pmatrix}+1\begin{pmatrix}-1 & 1\end{pmatrix}=1\boldsymbol{r_1}^{\mathrm{T}}+1\boldsymbol{r_2}^{\mathrm{T}}=\boldsymbol{b}^{\mathrm{T}}$$

上面的结果可以解读为，向量 $\boldsymbol{a}^{\mathrm{T}}$ 的坐标是在自然基下的，如果保持系数不变，只要将自然基替换为矩阵的行向量，就可以得到向量 $\boldsymbol{b}^{\mathrm{T}}$：

$$\boldsymbol{a}^{\mathrm{T}}=1\boldsymbol{e_1}^{\mathrm{T}}+1\boldsymbol{e_2}^{\mathrm{T}}\xrightarrow{\boldsymbol{A}^{\mathrm{T}}=\begin{pmatrix}\boldsymbol{r_1}^{\mathrm{T}}\\ \boldsymbol{r_2}^{\mathrm{T}}\end{pmatrix}}\boldsymbol{b}^{\mathrm{T}}=1\boldsymbol{r_1}^{\mathrm{T}}+1\boldsymbol{r_2}^{\mathrm{T}}$$

或者说，向量 $\boldsymbol{b}^{\mathrm{T}}$ 是矩阵 $\boldsymbol{A}^{\mathrm{T}}$ 的行向量组 $\{\boldsymbol{r_1}^{\mathrm{T}},\boldsymbol{r_2}^{\mathrm{T}}\}$ 的线性组合，见图 2.24。

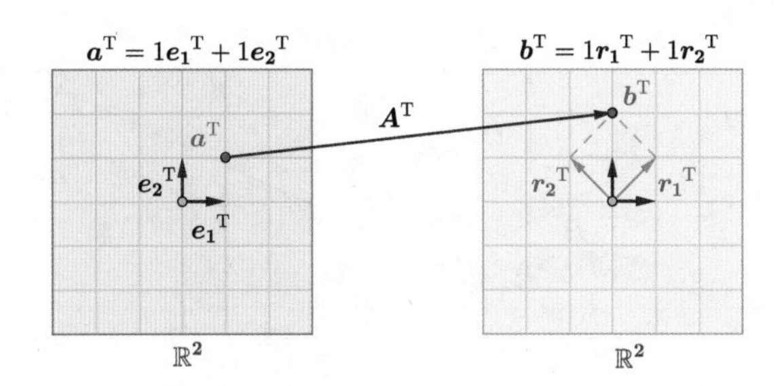


图 2.24: 向量 $\boldsymbol{b}^{\mathrm{T}}$ 是矩阵 $\boldsymbol{A}^{\mathrm{T}}$ 的行向量组 $\{\boldsymbol{r_1}^{\mathrm{T}}, \boldsymbol{r_2}^{\mathrm{T}}\}$ 的线性组合

#### 2.5.1.3 左乘和右乘的对比

综合前面的分析，可以看到左乘、右乘的几何意义是完全一样的，只是代数形式不同，见图 2.25。

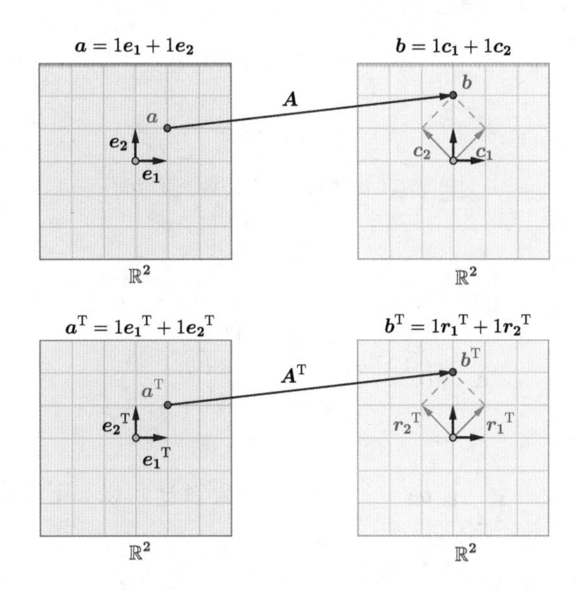


图 2.25: 左乘、右乘的几何意义是完全一样的，只是代数形式不同

### 2.5.2 矩阵的乘法

矩阵乘法 $\boldsymbol{AB}$ 可以借助矩阵的左乘来进行解读，并且还可以有多种解读。这里介绍两种，后面会视情况来运用这些解读。

#### 2.5.2.1 多次左乘

如果有 $\boldsymbol{ABa} = \boldsymbol{b}$，其中 $\boldsymbol{a}, \boldsymbol{b}$ 都是向量，那么可认为 $\boldsymbol{a}$ 通过 $\boldsymbol{B}$ 变换为了 $\boldsymbol{c}$，再通过 $\boldsymbol{A}$ 变换为了 $\boldsymbol{b}$，也就是进行了多次左乘，见图 2.26。

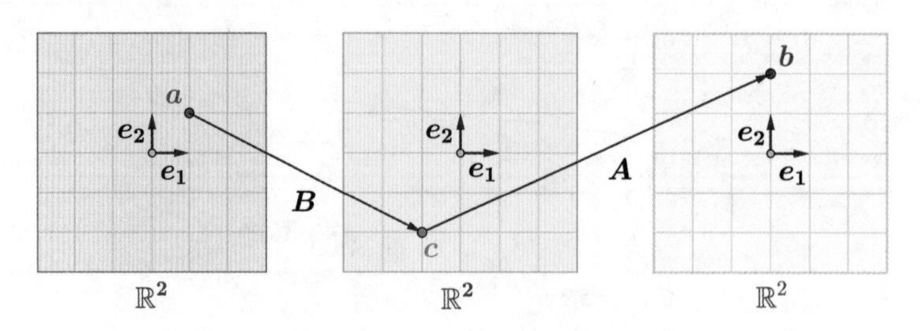


图 2.26: $\boldsymbol{a}$ 通过 $\boldsymbol{B}$ 变换为了 $\boldsymbol{c}$，再通过 $\boldsymbol{A}$ 变换为了 $\boldsymbol{b}$

或者，可认为 $\boldsymbol{a}$ 通过 $\boldsymbol{AB}$ 变换为了 $\boldsymbol{b}$，见图 2.27。

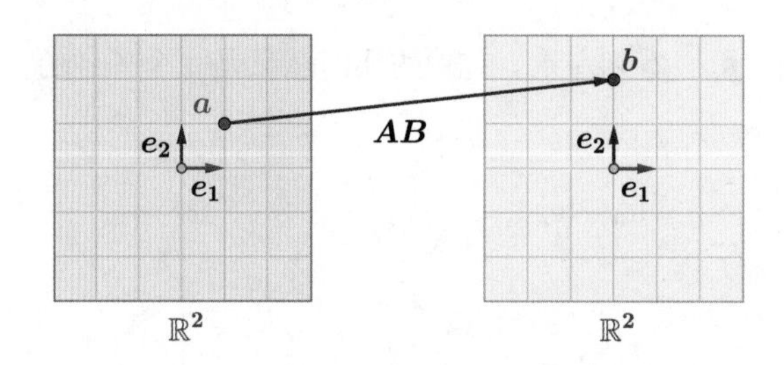


图 2.27: $\boldsymbol{a}$ 通过 $\boldsymbol{AB}$ 变换为了 $\boldsymbol{b}$

#### 2.5.2.2　批量左乘

假设：

$$\boldsymbol{A}=\begin{pmatrix}1 & -1\\1 & 1\end{pmatrix},\quad \boldsymbol{B}=\begin{pmatrix}1 & -1\\1 & -1\end{pmatrix}$$

显然 $\boldsymbol{B}$ 的列向量为 $\boldsymbol{b_1}=\begin{pmatrix}1\\1\end{pmatrix},\boldsymbol{b_2}=\begin{pmatrix}-1\\-1\end{pmatrix}$，那么 $\boldsymbol{AB}$ 可以如下计算：

$$\boldsymbol{AB}=\boldsymbol{A}\begin{pmatrix}\boldsymbol{b}_1 & \boldsymbol{b}_2\end{pmatrix}=\begin{pmatrix}\boldsymbol{Ab}_1 & \boldsymbol{Ab}_2\end{pmatrix}=\begin{pmatrix}0 & 0\\2 & -2\end{pmatrix}$$

这里就是将 $\boldsymbol{B}$ 看作向量组 $\{\boldsymbol{b_1},\boldsymbol{b_2}\}$，$\boldsymbol{AB}$ 就是对这些向量批量进行左乘，见图 2.28。

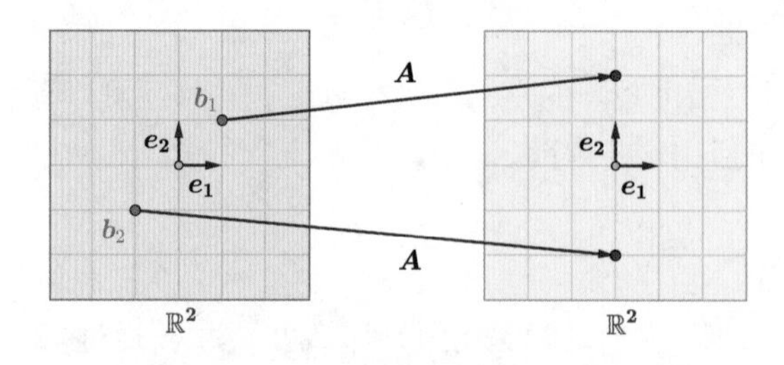


图 2.28: 通过 $\boldsymbol{A}$ 对向量 $\boldsymbol{b_1},\boldsymbol{b_2}$ 批量进行左乘

### 2.5.3 总结

综合本节关于矩阵乘法的几何解释，可以看到：

- 左乘、右乘的几何意义完全一样，只是代数形式不同。
- 矩阵乘法 $\boldsymbol{AB}$ 可以通过左乘来讨论。

本书后面会将左乘 $\boldsymbol{Aa}=\boldsymbol{b}$ 作为讨论的重点，其余的可以举一反三。

# 第 3 章　矩阵函数及其几何意义

## 3.1　矩阵函数与线性函数

在第 2 章中，我们学习了在历史上，矩阵是作为线性方程组的标记法被引入的：

$$\begin{cases} x+2y=3 \\ 3x+4y=5 \end{cases} \Longrightarrow \begin{pmatrix} 1 & 2 & 3 \\ 3 & 4 & 5 \end{pmatrix}$$

然后介绍了矩阵乘法的来历及各种观点，尤其重点介绍了矩阵的左乘 $\boldsymbol{Aa}$，见图 3.1。

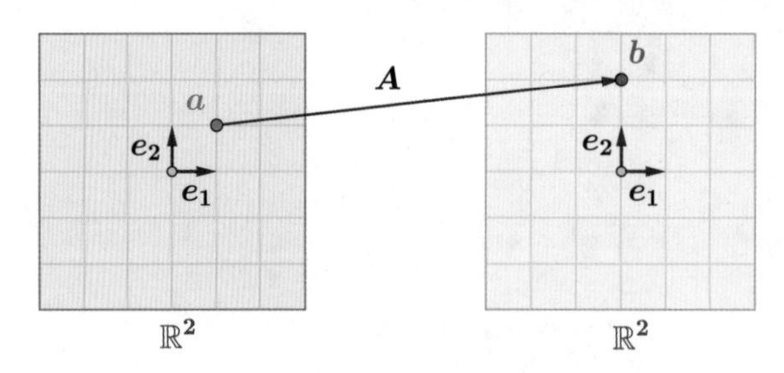


图 3.1: 矩阵的左乘

如果将矩阵左乘 $\boldsymbol{Aa}=\boldsymbol{b}$ 中的常向量 $\boldsymbol{a}, \boldsymbol{b}$ 变为未知向量 $\boldsymbol{x}, \boldsymbol{y}$，我们就得到了矩阵函数 $\boldsymbol{Ax}=\boldsymbol{y}$：

$$\boldsymbol{Aa}=\boldsymbol{b} \longrightarrow \boldsymbol{Ax}=\boldsymbol{y}$$

这就是本章所要学习的内容，下面让我们开始进一步的讨论。

### 3.1.1　函数

因为要学习函数，所以这里简单复习一下它的定义。

**定义 1.** 假设有两个非空集合 $X, Y$，函数指的是 $X, Y$ 之间的一种对应关系，这种对应关系要满足两个条件：

- $X$ 中的所有元素都有 $Y$ 中的元素与之对应。
- $X$ 中的元素只能有唯一的 $Y$ 中的元素与之对应。

比如图 3.2 所示的就是一个函数，代表了集合 $X$ 中的元素和 $Y$ 中的元素的一种对应关系。

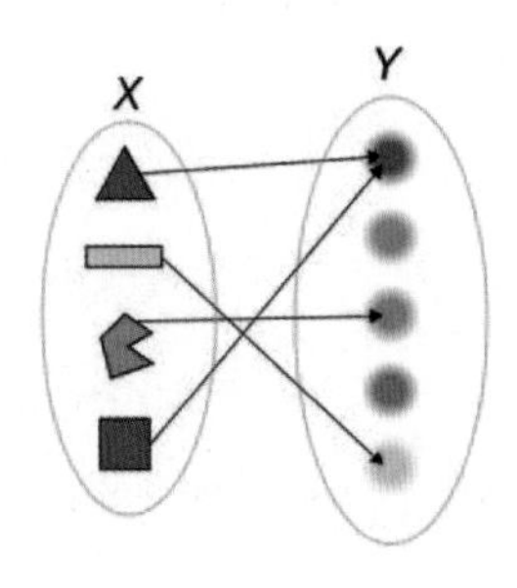


图 3.2: 函数指的是 $X, Y$ 之间的一种对应关系

**例 1.** 根据函数的定义，下面能表示函数的是：

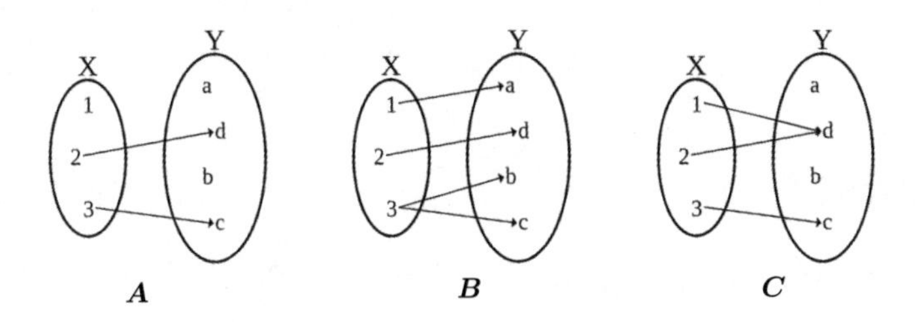


**解：** 答案为 $C$，这是因为：

- 在 $A$ 中，$X$ 中的 1 没有对应 $Y$ 中的任何元素，因此不是函数。
- 在 $B$ 中，$X$ 中的 3 对应着 $Y$ 中的 b 和 c 两个元素，因此不是函数。
- 在 $C$ 中，对应关系满足函数的两个条件，因此是函数。

可以表示函数的图像有很多，下面介绍三种常用的。

- 映射图：当集合内元素比较少时，可用映射图来表示两个集合间的对应关系，见图 3.3。

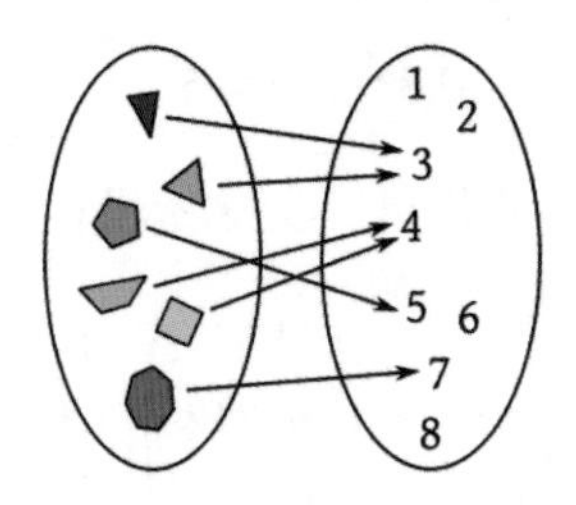


图 3.3: 映射图

- 函数曲线：当集合内元素无限时，比如正弦函数 $\sin(x)$，就适合用函数曲线来表示，其本质上还是代表了 $x$ 轴上的数与 $y$ 轴上的数的一种对应关系，见图 3.4。

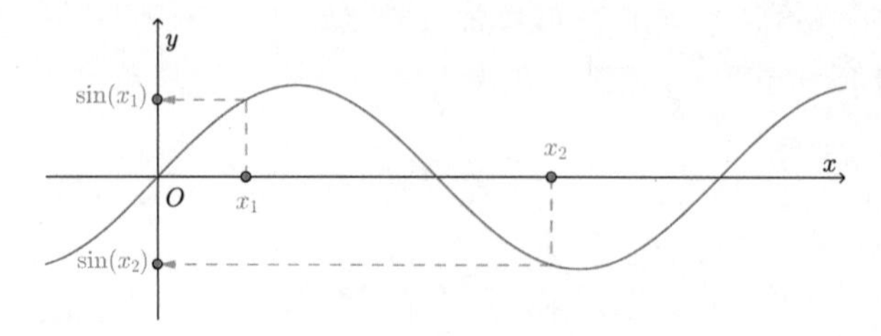


图 3.4: 函数曲线

- 输入输出图：当不清楚集合内有什么元素时，比如抽象函数 $f(x) = y$，就可考虑用输入输出图，其输入为 $x$，输出为 $y$，见图 3.5。

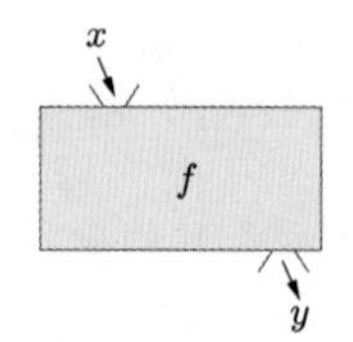


图 3.5: 输入输出图

### 3.1.2　矩阵函数

之前说过，在电视转播中，需要将 RGB 转换为 $\mathrm{YP_rP_b}$。这个过程可以通过求下列线性方程组得到：

$$\begin{cases} 0.299 \cdot R + 0.587 \cdot G + 0.114 \cdot B = Y \\ 0.5 \cdot R - 0.418688 \cdot G - 0.081312 \cdot B = P_r \\ -0.168736 \cdot R - 0.331264 \cdot G + 0.5 \cdot B = P_b \end{cases}$$

比如给出 $R = 10, G = 5$ 以及 $B = 33$，那么可得：

$$\begin{cases} 0.299 \times 10 + 0.587 \times 5 + 0.114 \times 33 = 9.687 \\ 0.5 \times 10 - 0.418688 \times 5 - 0.081312 \times 33 = 0.223264 \\ -0.168736 \times 10 - 0.331264 \times 5 + 0.5 \times 33 = 13.1563 \end{cases}$$

根据矩阵乘法的定义，上述方程组可以改写为矩阵左乘 $\boldsymbol{Aa} = \boldsymbol{b}$：

$$\underbrace{\begin{pmatrix} 0.299 & 0.587 & 0.114 \\ 0.5 & -0.418688 & -0.081312 \\ -0.168736 & -0.331264 & 0.5 \end{pmatrix}}_{\boldsymbol{A}} \underbrace{\begin{pmatrix} 10 \\ 5 \\ 33 \end{pmatrix}}_{\boldsymbol{a}} = \underbrace{\begin{pmatrix} 9.687 \\ 0.223264 \\ 13.1563 \end{pmatrix}}_{\boldsymbol{b}}$$

显然，任意的 RGB 都可如上转为 $YP_rP_b$。为了表明这一点，我们用未知向量 $\boldsymbol{x}, \boldsymbol{y}$ 来替换常向量 $\boldsymbol{a}, \boldsymbol{b}$:

$$\underbrace{\begin{pmatrix} 0.299 & 0.587 & 0.114 \\ 0.5 & -0.418688 & -0.081312 \\ -0.168736 & -0.331264 & 0.5 \end{pmatrix}}_{\boldsymbol{A}} \underbrace{\begin{pmatrix} R \\ G \\ B \end{pmatrix}}_{\boldsymbol{x}} = \underbrace{\begin{pmatrix} Y \\ P_r \\ P_b \end{pmatrix}}_{\boldsymbol{y}}$$

这样就得到了函数 $\boldsymbol{Ax} = \boldsymbol{y}$①，也称为矩阵函数，其输入为 $\boldsymbol{x}$，输出为 $\boldsymbol{y}$，见图 3.6。

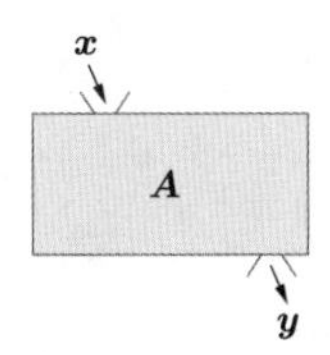


图 3.6: 矩阵函数 $\boldsymbol{Ax} = \boldsymbol{y}$

为了突出 $\boldsymbol{Ax} = \boldsymbol{y}$ 是函数，也可将其写成函数的形式，下面这两种形式是等价的:

$$\underbrace{\boldsymbol{Ax} = \boldsymbol{y}}_{\text{矩阵乘法的形式}} \iff \underbrace{\boldsymbol{A}(\boldsymbol{x}) = \boldsymbol{y}}_{\text{矩阵函数的形式}}$$

那么现在可以说，RGB 到 $YP_rP_b$ 的转换是通过矩阵函数完成的，见图 3.7。

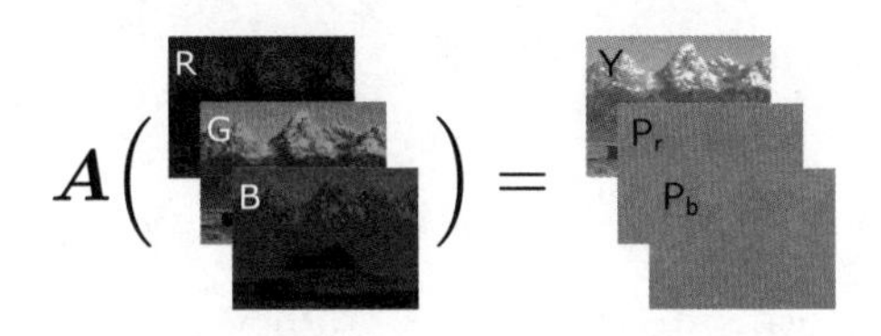


图 3.7: RGB 到 $YP_rP_b$ 的转换是通过矩阵函数完成的

### 3.1.3 矩阵是线性函数

矩阵函数其实还是线性函数，这里先解释什么是线性函数。

**定义 2.** 满足

$$\text{齐次性}: \mathcal{L}(a\boldsymbol{x}) = a\mathcal{L}(\boldsymbol{x}), \quad \text{可加性}: \mathcal{L}(x+y) = \mathcal{L}(x) + \mathcal{L}(y)$$

的函数就称为线性函数（一般用 $\mathcal{L}$ 来表示线性函数，它是英文线性 Linear 的首字母）。

**例 2.** 判断下列函数是否为线性函数：

（1）$f(x) = ax$，　（2）$g(x) = ax + b \ (b \neq 0)$

① 根据矩阵乘法的定义容易知道，对于 $\boldsymbol{Ax} = \boldsymbol{y}$，$\boldsymbol{x}$ 对应唯一的 $\boldsymbol{y}$，所以 $\boldsymbol{Ax} = \boldsymbol{y}$ 是函数。

**解：**（1）容易验证 $f(x) = ax$ 符合线性函数的定义，因此是线性函数。

- 齐次性：$f(bx) = bf(x) = abx$
- 可加性：$f(x_1 + x_2) = f(x_1) + f(x_2) = ax_1 + ax_2$

（2）而 $g(x) = ax + b$ 不符合线性函数的定义，因此不是线性函数。

- 齐次性：$g(cx) = acx + b \neq cg(x) = acx + bc$
- 可加性：$g(x_1 + x_2) = ax_1 + ax_2 + b \neq g(x_1) + g(x_2) = ax_1 + ax_2 + 2b$

（3）$f(x)$ 和 $g(x)$ 虽然都是直线函数，不过前者过原点，后者不过。只有过原点的函数才是线性函数[①]，见图 3.8。

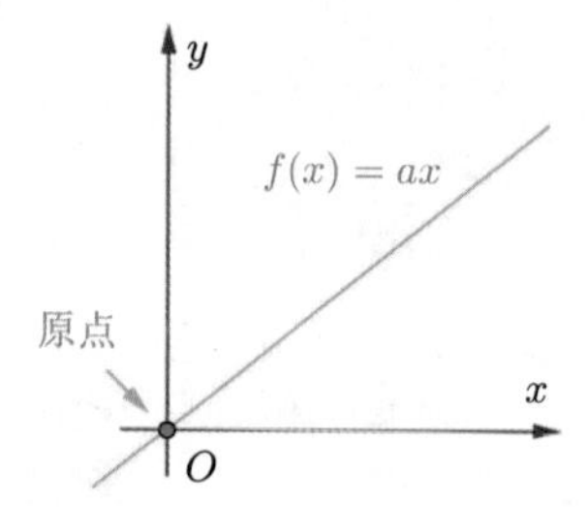


图 3.8: 过原点的直线 $f(x) = ax$ 是线性函数

**定理 1.** 矩阵函数 $\boldsymbol{Ax} = \boldsymbol{y}$ 是线性函数。

**证明：** 设

$$\boldsymbol{A} = \begin{pmatrix} a_{11} & a_{12} & \cdots & a_{1n} \\ a_{21} & a_{22} & \cdots & a_{2n} \\ \vdots & \vdots & \ddots & \vdots \\ a_{m1} & a_{m2} & \cdots & a_{mn} \end{pmatrix}, \quad \boldsymbol{x} = \begin{pmatrix} x_1 \\ x_2 \\ \vdots \\ x_n \end{pmatrix}, \quad \boldsymbol{y} = \begin{pmatrix} y_1 \\ y_2 \\ \vdots \\ y_n \end{pmatrix}$$

（1）齐次性。根据矩阵乘法定义以及向量数乘有：

$$\boldsymbol{A}(\boldsymbol{x}) = \begin{pmatrix} a_{11}x_1 + a_{12}x_2 + \cdots + a_{1n}x_n \\ a_{21}x_1 + a_{22}x_2 + \cdots + a_{2n}x_n \\ \vdots \\ a_{m1}x_1 + a_{m2}x_2 + \cdots + a_{mn}x_n \end{pmatrix}, \quad m\boldsymbol{x} = \begin{pmatrix} mx_1 \\ mx_2 \\ \vdots \\ mx_n \end{pmatrix}$$

所以：

$$\boldsymbol{A}(m\boldsymbol{x}) = \begin{pmatrix} ma_{11}x_1 + ma_{12}x_2 + \cdots + ma_{1n}x_n \\ ma_{21}x_1 + ma_{22}x_2 + \cdots + ma_{2n}x_n \\ \vdots \\ ma_{m1}x_1 + ma_{m2}x_2 + \cdots + ma_{mn}x_n \end{pmatrix} = m\boldsymbol{A}(\boldsymbol{x})$$

① 很多同学可能觉得 $g(x) = ax + b$ 也应该是线性函数，不过根据定义它确实不是，其平移经过原点后才是线性函数，也就是说，它可以很方便地被转为线性函数。

（2）可加性。首先有：

$$
\boldsymbol{A}(\boldsymbol{x}+\boldsymbol{y})=\begin{pmatrix} a_{11}(x_1+y_1)+a_{12}(x_2+y_2)+\cdots+a_{1n}(x_n+y_n) \\ a_{21}(x_1+y_1)+a_{22}(x_2+y_2)+\cdots+a_{2n}(x_n+y_n) \\ \vdots \\ a_{m1}(x_1+y_1)+a_{m2}(x_2+y_2)+\cdots+a_{mn}(x_n+y_n) \end{pmatrix}
$$

还有：

$$
\boldsymbol{A}(\boldsymbol{x})=\begin{pmatrix} a_{11}x_1+a_{12}x_2+\cdots+a_{1n}x_n \\ a_{21}x_1+a_{22}x_2+\cdots+a_{2n}x_n \\ \vdots \\ a_{m1}x_1+a_{m2}x_2+\cdots+a_{mn}x_n \end{pmatrix} \qquad \boldsymbol{A}(\boldsymbol{y})=\begin{pmatrix} a_{11}y_1+a_{12}y_2+\cdots+a_{1n}y_n \\ a_{21}y_1+a_{22}y_2+\cdots+a_{2n}y_n \\ \vdots \\ a_{m1}y_1+a_{m2}y_2+\cdots+a_{mn}y_n \end{pmatrix}
$$

因此得到结论：

$$
\boldsymbol{A}\boldsymbol{x}+\boldsymbol{A}\boldsymbol{y}=\begin{pmatrix} a_{11}(x_1+y_1)+a_{12}(x_2+y_2)+\cdots+a_{1n}(x_n+y_n) \\ a_{21}(x_1+y_1)+a_{22}(x_2+y_2)+\cdots+a_{2n}(x_n+y_n) \\ \vdots \\ a_{m1}(x_1+y_1)+a_{m2}(x_2+y_2)+\cdots+a_{mn}(x_n+y_n) \end{pmatrix}=\boldsymbol{A}(\boldsymbol{x}+\boldsymbol{y}) \quad \square
$$

之前提到的线性函数 $y=ax$（即例 2 中的 $f(x)=ax$），如果将 $a, x$ 以及 $y$ 看作 $\mathbb{R}^1$ 中的向量：

$$
a \Longrightarrow (a), \quad x \Longrightarrow (x), \quad y \Longrightarrow (y)
$$

就可以将该线性函数改写为矩阵函数：

$$
\underbrace{(a)}_{\boldsymbol{A}}\ \underbrace{(x)}_{\boldsymbol{x}} = \underbrace{(y)}_{\boldsymbol{y}} \Longrightarrow \boldsymbol{A}\boldsymbol{x}=\boldsymbol{y}
$$

$y=ax$ 的图像一般会如图 3.9 一样，绘制函数曲线来表示；而变为矩阵函数后，会将函数曲线进行变形①，通过映射图来表示 $\mathbb{R}^1$ 中的两个向量的对应关系，见图 3.10。

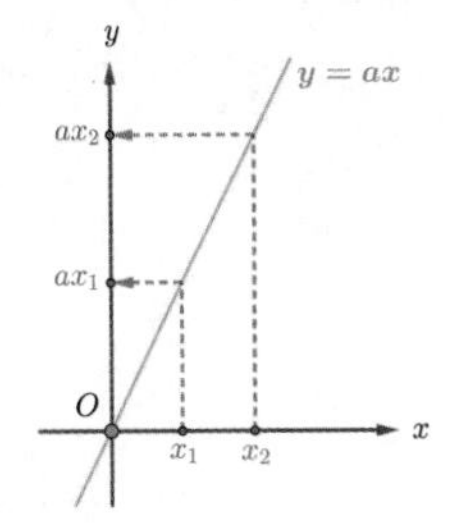


图 3.9: 线性函数 $y=ax$ 的函数曲线

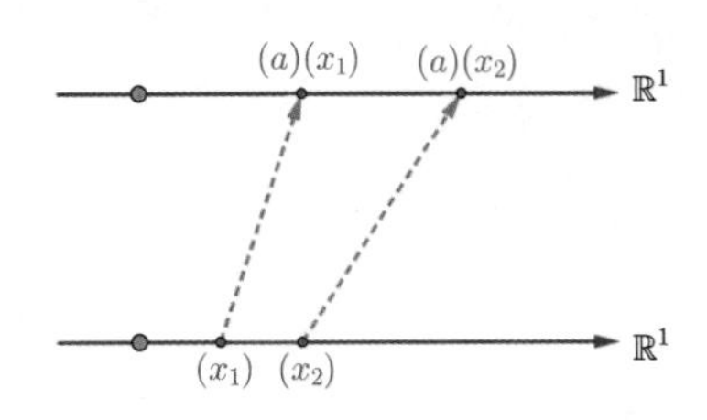


图 3.10: 矩阵函数 $(a)(x)=(y)$ 的映射图

① 如果无法想象转换过程，可以在“马同学图解数学”微信公众号中搜索“从线性函数到矩阵函数”观看转换动画。

这里需要说明一下，还有很多线性函数是不能转为矩阵函数的，比如微积分中的微分函数 $\mathrm{d}f(x)$、积分函数 $\int f(x)\mathrm{d}x$，不过这些都超出了本书的范围，不再继续讨论。

## 3.2　旋转矩阵函数

上一节介绍了什么是矩阵函数，为了加深理解，本节会详细解析一个例子，也就是如下矩阵：

$$\boldsymbol{A}=\begin{pmatrix}\cos\theta & -\sin\theta\\ \sin\theta & \cos\theta\end{pmatrix}$$

该矩阵左乘 $\boldsymbol{Aa}=\boldsymbol{b}$ 的结果是，使得 $\boldsymbol{b}$ 相对 $\boldsymbol{a}$ 逆时针旋转了 $\theta$，所以该矩阵称为旋转矩阵，见图 3.11。

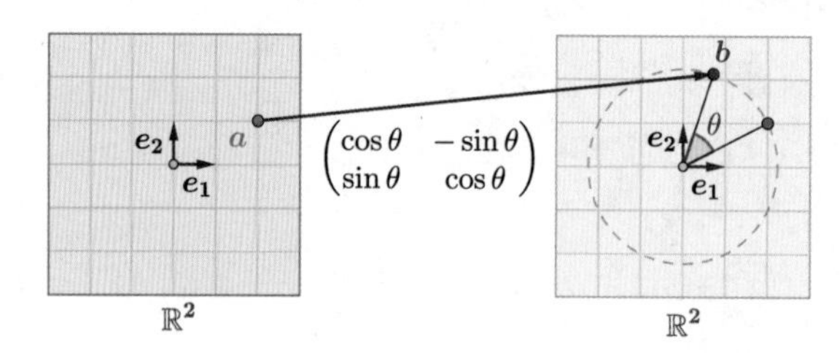


图 3.11: 在旋转矩阵 $\boldsymbol{A}$ 的作用下，$\boldsymbol{b}$ 相对 $\boldsymbol{a}$ 逆时针旋转了 $\theta$

下面来具体解释一下，为什么该矩阵可以完成旋转，以及怎么从矩阵乘法变为矩阵函数？

### 3.2.1　旋转矩阵的左乘

旋转矩阵 $\boldsymbol{A}=\begin{pmatrix}\cos\theta & -\sin\theta\\ \sin\theta & \cos\theta\end{pmatrix}$ 的列向量为 $\boldsymbol{c_1}=\begin{pmatrix}\cos\theta\\ \sin\theta\end{pmatrix}$ 和 $\boldsymbol{c_2}=\begin{pmatrix}-\sin\theta\\ \cos\theta\end{pmatrix}$，通过三角函数容易证明，$\boldsymbol{c_1}$ 相对于 $\boldsymbol{e_1}$ 逆时针旋转了 $\theta$，$\boldsymbol{c_2}$ 相对于 $\boldsymbol{e_2}$ 逆时针旋转了 $\theta$，见图 3.12。

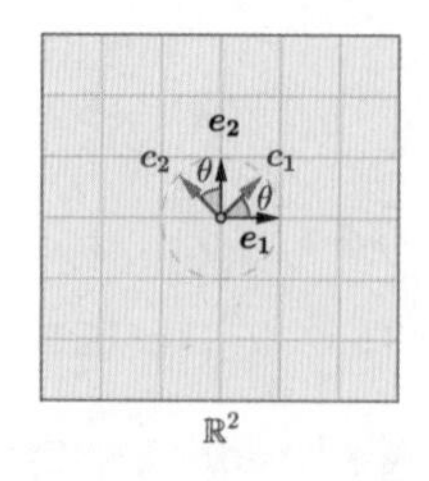


图 3.12: $\boldsymbol{c_1}$ 相对于 $\boldsymbol{e_1}$ 逆时针旋转了 $\theta$，$\boldsymbol{c_2}$ 相对于 $\boldsymbol{e_2}$ 逆时针旋转了 $\theta$

之前解释过，在矩阵左乘 $\boldsymbol{A}\boldsymbol{a}=\boldsymbol{b}$ 时，$\boldsymbol{a}$ 是自然基 $\{\boldsymbol{e}_1,\boldsymbol{e}_2\}$ 的线性组合，$\boldsymbol{b}$ 是 $\boldsymbol{A}$ 的列向量组 $\{\boldsymbol{c}_1,\boldsymbol{c}_2\}$ 的线性组合。假设 $\boldsymbol{a}=\begin{pmatrix}2\\1\end{pmatrix}$，那么：

$$\boldsymbol{a}=2\boldsymbol{e_1}+1\boldsymbol{e_2}\xrightarrow{A=(\boldsymbol{c}_1\quad \boldsymbol{c}_2)}\boldsymbol{b}=2\boldsymbol{c_1}+1\boldsymbol{c_2}$$

既然列向量 $\boldsymbol{c_1}$, $\boldsymbol{c_2}$ 相对于自然基 $\boldsymbol{e_1}$, $\boldsymbol{e_2}$ 旋转了 $\theta$，那么它们的线性组合 $\boldsymbol{b}$ 自然也就跟着旋转了 $\theta$，这就是为什么旋转矩阵可以完成旋转，见图 3.13。

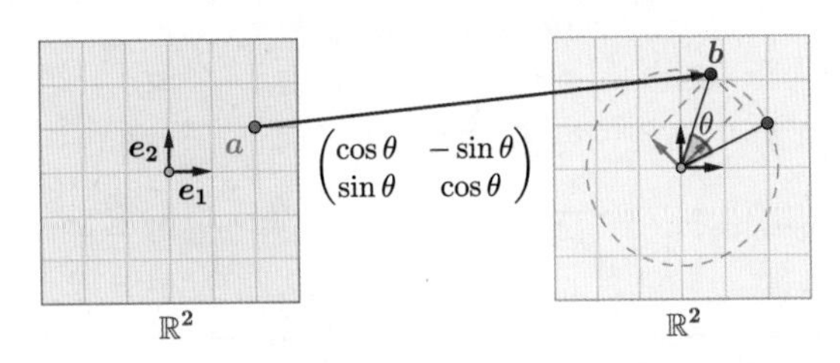


图 3.13: $\{\boldsymbol{c}_1,\boldsymbol{c}_2\}$ 的线性组合 $\boldsymbol{b}$ 自然也就跟着旋转了 $\theta$

### 3.2.2 旋转椭圆

旋转矩阵函数就是将矩阵左乘 $\boldsymbol{A}\boldsymbol{a}=\boldsymbol{b}$ 中的常向量 $\boldsymbol{a}$, $\boldsymbol{b}$ 变为未知向量 $\boldsymbol{x}$, $\boldsymbol{y}$，来看一个例子。

下面是某椭圆的参数方程：

$$\begin{cases}x=2\cos\alpha\\ y=\sin\alpha\end{cases},\quad 0\leqslant\alpha\leqslant 2\pi$$

该参数方程指明了，在椭圆上夹角为 $\alpha$ 的某点，其 $x$ 坐标为 $2\cos\alpha$，$y$ 坐标为 $\sin\alpha$，参见图 3.14。

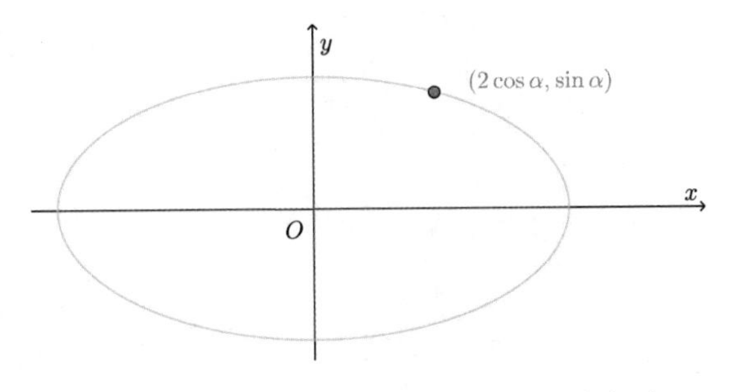


图 3.14: 椭圆上某点的 $x$ 坐标为 $2\cos\alpha$，$y$ 坐标为 $\sin\alpha$

如果将 $\alpha$ 从 0 变化到 $2\pi$，那么就可以代表椭圆上所有的点，因此可用未知向量 $\boldsymbol{x}=\begin{pmatrix}2\cos\alpha\\ \sin\alpha\end{pmatrix},0\leqslant\alpha\leqslant 2\pi$ 来表示整个椭圆，见图 3.15。

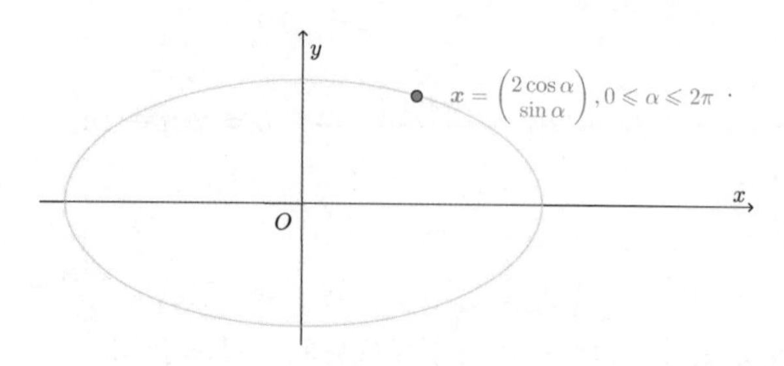


图 3.15: 用向量表示整个椭圆

如果将旋转矩阵 $\boldsymbol{A}$ 作用在该变向量 $\boldsymbol{x}$ 上，即：

$$\underbrace{\begin{pmatrix}\cos\theta & -\sin\theta\\ \sin\theta & \cos\theta\end{pmatrix}}_{\text{旋转矩阵}\boldsymbol{A}}\underbrace{\begin{pmatrix}2\cos\alpha\\ \sin\alpha\end{pmatrix}}_{\boldsymbol{x}}=\underbrace{\begin{pmatrix}2\cos\alpha\cos\theta-\sin\alpha\sin\theta\\ 2\cos\alpha\sin\theta+\sin\alpha\cos\theta\end{pmatrix}}_{\boldsymbol{y}}$$

就可以将该椭圆旋转 $\theta$，也就是说，这里通过旋转矩阵函数 $\boldsymbol{Ax}=\boldsymbol{y}$ 完成了椭圆的旋转，见图 3.16。

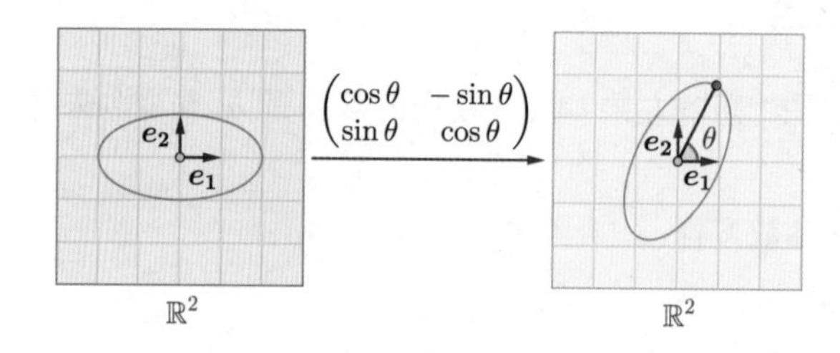


图 3.16: 通过旋转矩阵函数 $\boldsymbol{Ax}=\boldsymbol{y}$ 完成了椭圆的旋转

这样旋转 $\theta$ 后的椭圆的参数方程为：

$$\begin{pmatrix}a\cos\alpha\cos\theta-b\sin\alpha\sin\theta\\ a\cos\alpha\sin\theta+b\sin\alpha\cos\theta\end{pmatrix}\iff\begin{cases}y_1=a\cos\alpha\cos\theta-b\sin\alpha\sin\theta\\ y_2=a\cos\alpha\sin\theta+b\sin\alpha\cos\theta\end{cases}$$

## 3.3　常用的矩阵函数

上一节介绍和解释了什么是旋转矩阵函数，本节继续介绍一些常用的矩阵函数，以便大家进一步加深对矩阵函数的理解。

### 3.3.1 单位阵

$2\times 2$ 的单位阵 $\boldsymbol{A}=\begin{pmatrix}1 & 0\\ 0 & 1\end{pmatrix}$ 的列向量就是自然基：

$$\boldsymbol{c_1}=\begin{pmatrix}1\\0\end{pmatrix}=\boldsymbol{e_1},\quad \boldsymbol{c_2}=\begin{pmatrix}0\\1\end{pmatrix}=\boldsymbol{e_2}$$

所以，此时的列向量矩阵函数 $\boldsymbol{Ax}=\boldsymbol{y}$ 的输入向量 $\boldsymbol{x}$ 和输出向量 $\boldsymbol{y}$ 是一样的。也就是说，输入的向量如果为 $\begin{pmatrix}x_1\\x_2\end{pmatrix}$，那么输出也为 $\begin{pmatrix}x_1\\x_2\end{pmatrix}$：

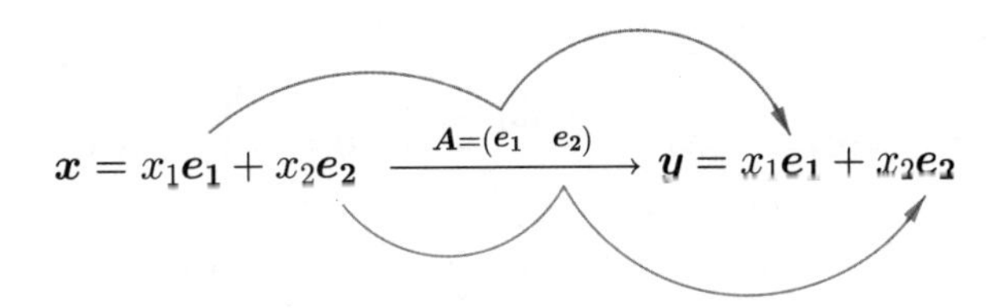


在单位阵矩阵函数 $\boldsymbol{Ax}=\boldsymbol{y}$ 的作用下，无论输入什么向量，其输出向量的坐标都保持不变（在图 3.17 中，相同颜色以及相同下标的点，表示对应的输入和输出）。

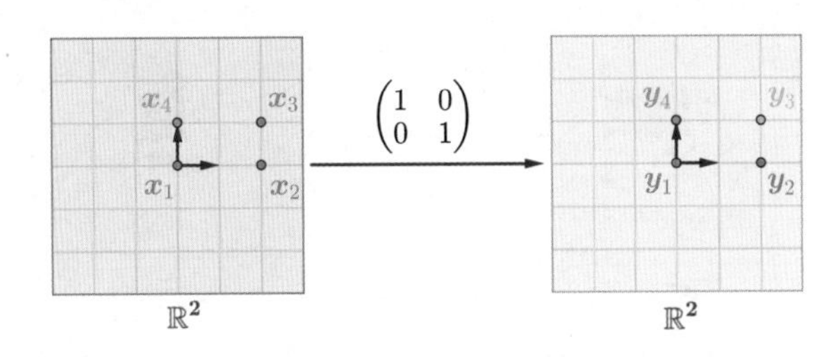


图 3.17: 单位矩阵的输入和输出保持不变

不局限于单点，将图 3.17 中的输入向量连成矩形作为输入，得到的输出也是完全一样的矩形，见图 3.18。

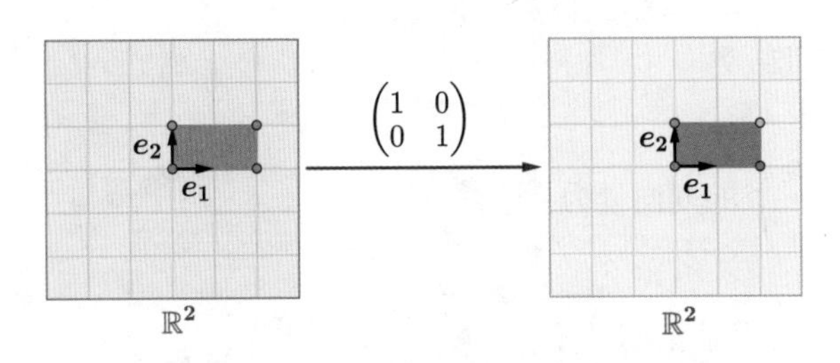


图 3.18: 单位矩阵的输入和输出是完全一样的矩形

### 3.3.2　镜像矩阵

矩阵 $\boldsymbol{A}=\begin{pmatrix}0&1\\1&0\end{pmatrix}$ 的列向量也是自然基，不过与单位阵的顺序不一样：

$$\boldsymbol{c_1}=\begin{pmatrix}0\\1\end{pmatrix}=\boldsymbol{e_2},\quad \boldsymbol{c_2}=\begin{pmatrix}1\\0\end{pmatrix}=\boldsymbol{e_1}$$

所以，此时的列向量矩阵函数 $\boldsymbol{Ax}=\boldsymbol{y}$ 的输入向量 $\boldsymbol{x}$ 和输出向量 $\boldsymbol{y}$ 的坐标顺序是相反的。也就是说，输入的向量如果为 $\begin{pmatrix}x_1\\x_2\end{pmatrix}$，那么输出则为 $\begin{pmatrix}x_2\\x_1\end{pmatrix}$：

$$\boldsymbol{x}=x_1\boldsymbol{e_1}+x_2\boldsymbol{e_2}\xrightarrow{\boldsymbol{A}=(\boldsymbol{e_2}\quad \boldsymbol{e_1})}\boldsymbol{y}=x_1\boldsymbol{e_2}+x_2\boldsymbol{e_1}$$

在该矩阵函数 $\boldsymbol{Ax}=\boldsymbol{y}$ 的作用下，输入向量 $\boldsymbol{x}$ 与输出向量 $\boldsymbol{y}$ 相对于 $y=x$ 对称，这种对称也称为镜像对称。这些向量围成的矩形是镜面对称的，见图 3.19。

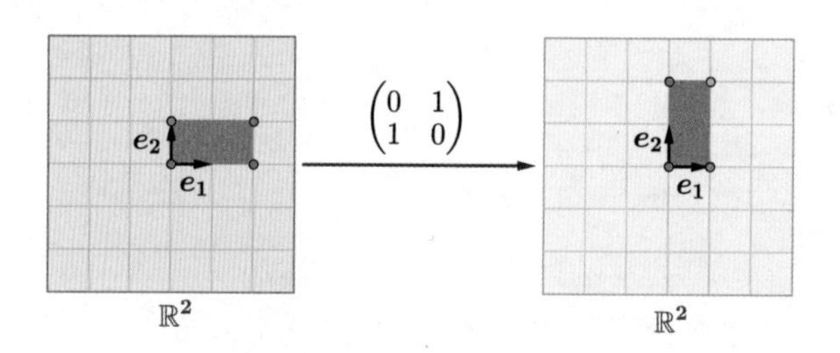


图 3.19: 镜像矩阵的输入和输出是镜像对称的矩形

所以也称矩阵 $\boldsymbol{A}=\begin{pmatrix}0&1\\1&0\end{pmatrix}$ 为镜像矩阵。

### 3.3.3　伸缩矩阵

矩阵 $\boldsymbol{A}=\begin{pmatrix}1&0\\0&k\end{pmatrix}$ 的列向量为：

$$\boldsymbol{c_1}=\begin{pmatrix}1\\0\end{pmatrix}=\boldsymbol{e_1},\quad \boldsymbol{c_2}=\begin{pmatrix}0\\k\end{pmatrix}=k\boldsymbol{e_2}$$

所以，在列向量矩阵函数 $\boldsymbol{Ax}=\boldsymbol{y}$ 的作用下，输出向量 $\boldsymbol{y}$ 在 $\boldsymbol{e_2}$ 方向上被拉伸了 $k$ 倍。也就是说，输入的向量如果为 $\begin{pmatrix} x_1 \\ x_2 \end{pmatrix}$，那么输出则为 $\begin{pmatrix} x_1 \\ kx_2 \end{pmatrix}$：

$$\boldsymbol{x}=x_1\boldsymbol{e_1}+x_2\boldsymbol{e_2}\xrightarrow{\boldsymbol{A}=(\boldsymbol{e_1}\quad k\boldsymbol{e_2})}\boldsymbol{y}=x_1\boldsymbol{e_1}+kx_2\boldsymbol{e_2}$$

在该矩阵函数 $\boldsymbol{Ax}=\boldsymbol{y}$ 的作用下，相对于输入矩形，输出矩形在纵向被拉伸了，见图 3.20。

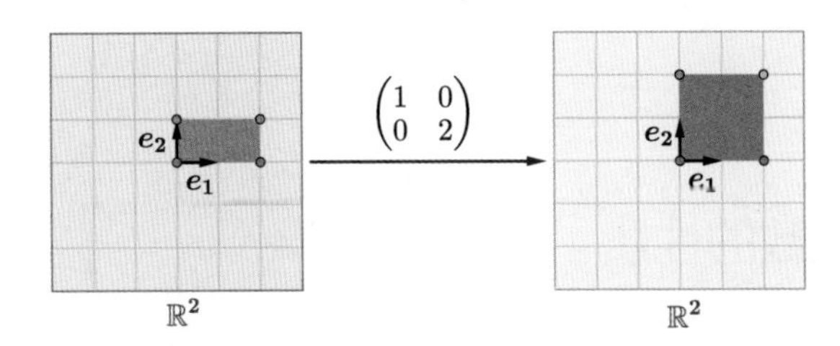


图 3.20: 相对于输入矩形，输出矩形在纵向被拉伸了

所以也称矩阵 $\boldsymbol{A}=\begin{pmatrix} 1 & 0 \\ 0 & k \end{pmatrix}$ 为伸缩矩阵。

### 3.3.4 剪切矩阵

矩阵 $\boldsymbol{A}=\begin{pmatrix} 1 & k \\ 0 & 1 \end{pmatrix}$ 的列向量为：

$$\boldsymbol{c_1}=\begin{pmatrix} 1 \\ 0 \end{pmatrix}=\boldsymbol{e_1},\quad \boldsymbol{c_2}=\begin{pmatrix} k \\ 1 \end{pmatrix}=\boldsymbol{e_2}+\begin{pmatrix} k \\ 0 \end{pmatrix}=k\boldsymbol{e_1}+\boldsymbol{e_2}$$

所以，在列向量矩阵函数 $\boldsymbol{Ax}=\boldsymbol{y}$ 的作用下，输出向量 $\boldsymbol{y}$ 在 $\boldsymbol{e_1}$ 方向上进行了平移。也就是说，输入的向量如果为 $\begin{pmatrix} x_1 \\ x_2 \end{pmatrix}$，那么输出则为 $\begin{pmatrix} x_1+kx_2 \\ x_2 \end{pmatrix}$：

$$\boldsymbol{x}=x_1\boldsymbol{e_1}+x_2\boldsymbol{e_2}\xrightarrow{\boldsymbol{A}=(\boldsymbol{e_1}\quad k\boldsymbol{e_1}+\boldsymbol{e_2})}\boldsymbol{y}=x_1\boldsymbol{e_1}+x_2(k\boldsymbol{e_1}+\boldsymbol{e_2})=(x_1+kx_2)\boldsymbol{e_1}+x_2\boldsymbol{e_2}$$

在该矩阵函数 $\boldsymbol{Ax}=\boldsymbol{y}$ 的作用下，如果输入为矩形，那么输出的是平行四边形，见图 3.21。

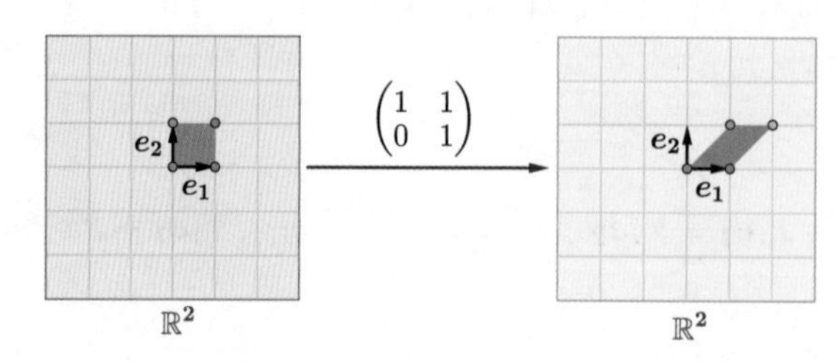


图 3.21: 剪切矩阵的输入为矩形，输出为平行四边形

上面的变化有点像物理中受到剪切力产生的形变，所以也称矩阵 $\boldsymbol{A}=\begin{pmatrix}1&k\\0&1\end{pmatrix}$ 为剪切矩阵。

## 3.4　矩阵函数的性质

表 3.1 是之前介绍过的矩阵乘法的运算律，本节会结合矩阵函数来重新解释一下其中的交换律和结合律。

表 3.1: 矩阵乘法的运算律

| 交换律 | 不一定不满足 |
|---|---|
| 数乘交换律 | $\lambda(\boldsymbol{AB})=(\lambda\boldsymbol{A})\boldsymbol{B}=\boldsymbol{A}(\lambda\boldsymbol{B})(\lambda\in\mathbb{R})$ |
| 结合律 | $(\boldsymbol{AB})\boldsymbol{C}=\boldsymbol{A}(\boldsymbol{BC})$ |
| 分配律 | $\boldsymbol{A}(\boldsymbol{B}+\boldsymbol{C})=\boldsymbol{AB}+\boldsymbol{AC}$ |

### 3.4.1　矩阵函数的交换律

矩阵函数 $\boldsymbol{A},\boldsymbol{B}$，它们的相乘更应该被看作函数的复合，而不是乘法[①]：

$$\boldsymbol{AB}=\boldsymbol{A}\circ\boldsymbol{B}$$

而函数的复合顺序很重要，不能随意调换。比如 $f(x)=\sin(x),g(x)=x^2$，那么：

$$f\Big(g(x)\Big)=\sin(x^2)\neq g\Big(f(x)\Big)=\sin^2(x)$$

从图像上也容易看出 $f\circ g\neq g\circ f$，见图 3.21。

① $\boldsymbol{A}\circ\boldsymbol{B}$ 是表示函数复合的符号，比如有两个函数 $y=f(x)$ 和 $y=g(x)$，两者的复合可写作 $f\Big(g(x)\Big)=(f\circ g)(x)$。

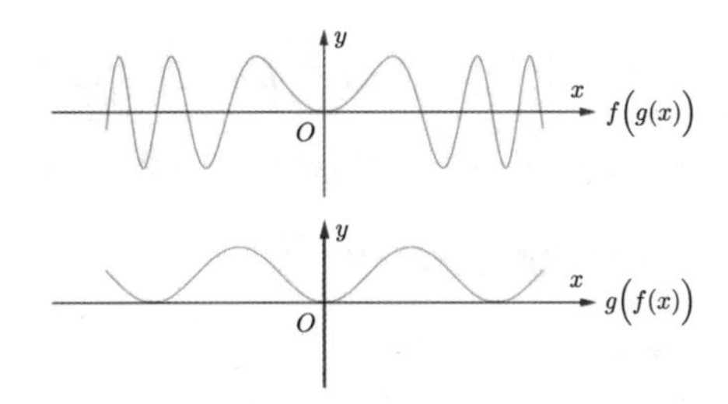


图 3.22: 函数的复合顺序不能随意调换

所以矩阵函数的复合顺序也不能随意调换①，比如 $\boldsymbol{A}$ 为剪切矩阵，$\boldsymbol{B}$ 为旋转矩阵：

$$\boldsymbol{A}=\begin{pmatrix}1 & k\\0 & 1\end{pmatrix},\quad \boldsymbol{B}=\begin{pmatrix}\cos\theta & -\sin\theta\\\sin\theta & \cos\theta\end{pmatrix}$$

先对 $\boldsymbol{ABx}=\boldsymbol{y}$ 进行研究，为了方便观察，这里选择图 3.22 中最左侧的紫色小正方形作为输入向量 $\boldsymbol{x}$，对该小正方形先旋转再剪切② 后得到输出向量 $\boldsymbol{y}$，即图 3.22 中最右侧的蓝色长方形。

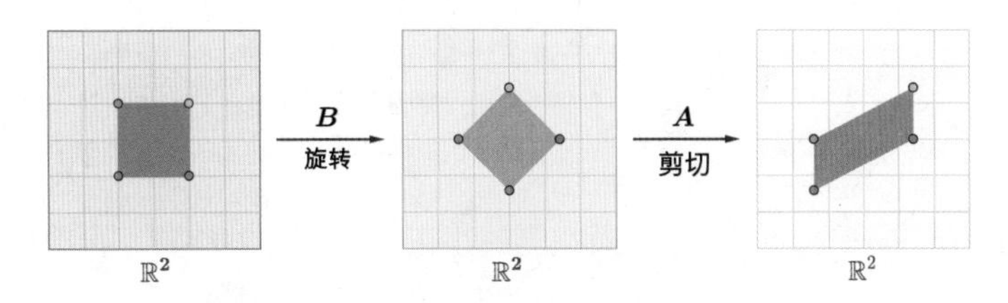


图 3.23: 先旋转再剪切

再来研究 $\boldsymbol{BAx}=\boldsymbol{y}$，该函数对最左侧的小正方形先剪切再旋转，最后得到图 3.23 最右侧的平行四边形。

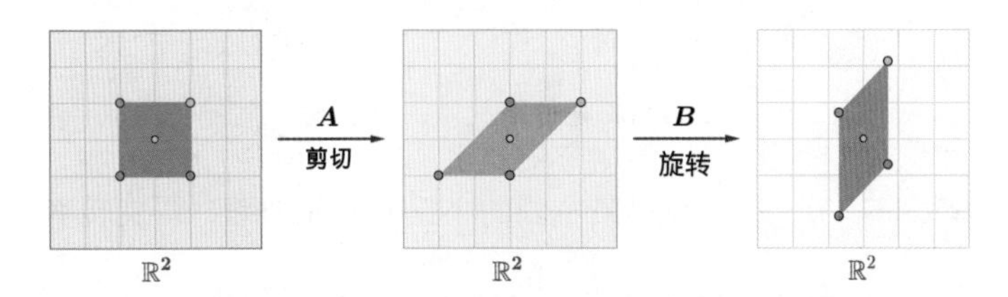


图 3.24: 先剪切再旋转

可以看到最终输出的四边形是不一样的，这也说明了 $\boldsymbol{AB}\neq\boldsymbol{BA}$。

## 3.4.2 矩阵函数的结合律

函数的复合总是满足结合律的，比如 $f(x)=\sin x$, $g(x)=x^2$, $h(x)=x+1$，那么：

① 通过矩阵乘法很容易验证 $\boldsymbol{AB}\neq\boldsymbol{BA}$，不过这里是要通过矩阵函数来重新解释。

② $\boldsymbol{ABx}=\boldsymbol{A}\Big(\boldsymbol{B}(\boldsymbol{x})\Big)=\boldsymbol{y}$，所以先旋转再剪切。

$$g \circ h = (x+1)^2 \implies f \circ (g \circ h) = \sin\left((x+1)^2\right)$$
$$(f \circ g) = \sin x^2 \implies (f \circ g) \circ h = \sin\left((x+1)^2\right)$$

所以 $f \circ (g \circ h) = (f \circ g) \circ h$，从图像上看也是一样的，见图 3.24。

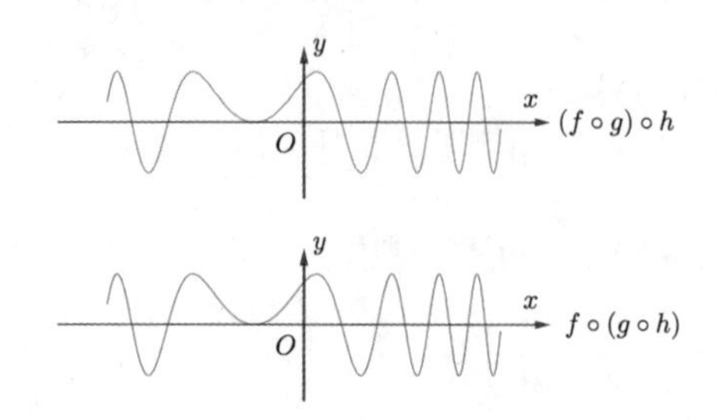


图 3.25: $f \circ (g \circ h) = (f \circ g) \circ h$ 函数复合满足结合律

作为函数的一种，矩阵函数肯定也是满足结合律的。还是来看一个例子，比如 $\boldsymbol{A}$ 为剪切矩阵，$\boldsymbol{B}$ 为旋转矩阵，$\boldsymbol{C}$ 为伸缩矩阵：

$$\boldsymbol{A} = \begin{pmatrix} 1 & k \\ 0 & 1 \end{pmatrix}, \quad \boldsymbol{B} = \begin{pmatrix} \cos\theta & -\sin\theta \\ \sin\theta & \cos\theta \end{pmatrix}, \quad \boldsymbol{C} = \begin{pmatrix} 1 & 0 \\ 0 & 2 \end{pmatrix}$$

先观察 $\boldsymbol{A}(\boldsymbol{BC})\boldsymbol{x} = \boldsymbol{y}$，该函数对最左侧的小正方形先伸缩旋转，再剪切，见图 3.25。

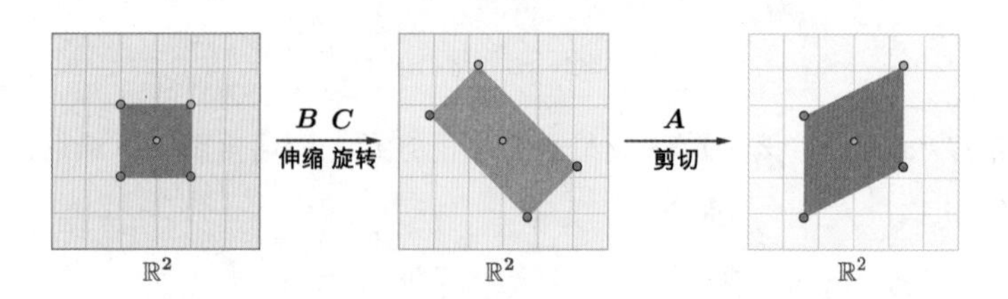


图 3.26: 先伸缩旋转，再剪切

再观察 $(\boldsymbol{AB})\boldsymbol{C}\boldsymbol{x} = \boldsymbol{y}$，该函数对最左侧的小正方形先伸缩，再旋转剪切，见图 3.26。

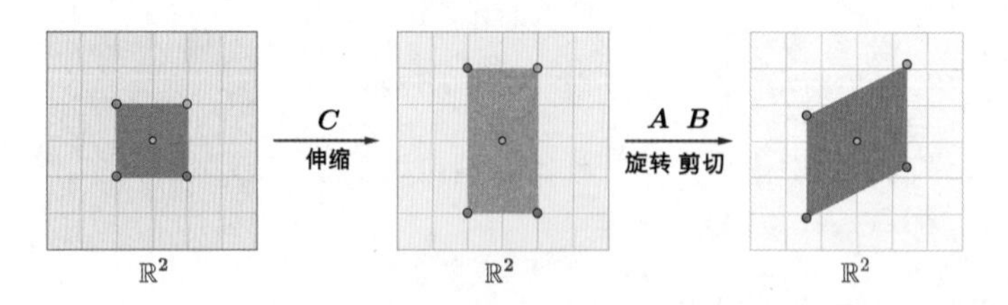


图 3.27: 先伸缩，再旋转剪切

其实都是依次伸缩、旋转、剪切，自然最后得到一样的平行四边形，所以 $\boldsymbol{A}(\boldsymbol{BC}) = (\boldsymbol{AB})\boldsymbol{C}$。

# 第 4 章　矩阵的秩的定义及意义

通过观察可以发现，对于矩阵函数 $\boldsymbol{Ax}=\boldsymbol{y}$，如果输入为 2 维的向量空间，那么其输出只能为 2 维、1 维或 0 维的向量空间，见图 4.1。

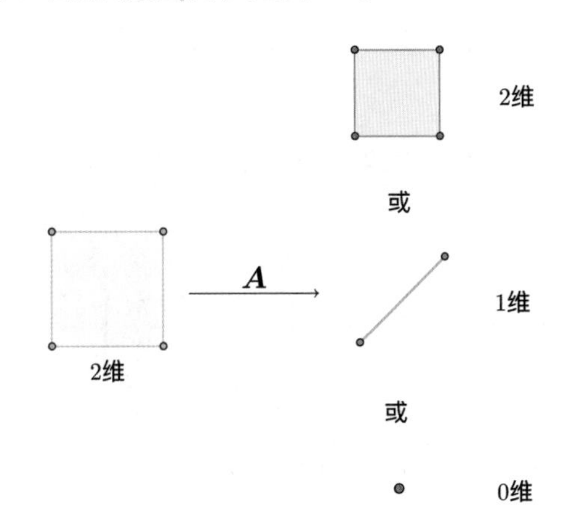


图 4.1: 输入为 2 维的向量空间，其输出只能为 2 维、1 维或 0 维的向量空间

到底是什么因素在发挥作用呢？这就是本章要介绍的矩阵的秩。

## 4.1　矩阵的秩

让我们从矩阵的列空间、行空间开始说起。

### 4.1.1　列空间

**定义 1.** 矩阵 $\boldsymbol{A}$ 的列向量为：

$$\boldsymbol{A}=\begin{pmatrix} a_{11} & a_{12} & \cdots & a_{1n} \\ a_{21} & a_{22} & \cdots & a_{2n} \\ \vdots & \vdots & \ddots & \vdots \\ a_{m1} & a_{m2} & \cdots & a_{mn} \end{pmatrix}=(\boldsymbol{c_1},\boldsymbol{c_2},\cdots,\boldsymbol{c_n})$$

包含所有列向量的向量组称为列向量组，即，

$$列向量组：\{\boldsymbol{c_1},\boldsymbol{c_2},\cdots,\boldsymbol{c_n}\}$$

列向量组的张成空间称为列空间，记作 $colsp(\boldsymbol{A})$①，即，

$$colsp(A)=span(\{\boldsymbol{c_1},\boldsymbol{c_2},\cdots,\boldsymbol{c_n}\})=x_1\boldsymbol{c_1}+x_2\boldsymbol{c_2}+\cdots+x_n\boldsymbol{c_n},\quad x_{1,2,\cdots,n}\in\mathbb{R}$$

列向量组的秩，也就是列空间的维度，称为列秩，即，

$$列秩=rank(colsp(A))$$

如果列向量组线性无关，就称为列满秩。

比如矩阵 $\boldsymbol{A}=\begin{pmatrix}-1 & 2\\ 0 & 2\\ 1 & -2\end{pmatrix}$，它的列向量为：

$$\boldsymbol{c_1}=\begin{pmatrix}-1\\0\\1\end{pmatrix},\quad \boldsymbol{c_2}=\begin{pmatrix}2\\2\\-2\end{pmatrix}$$

列向量组 $\{\boldsymbol{c_1},\boldsymbol{c_2}\}$ 的张成空间为 $\mathbb{R}^3$ 中的平面，该平面也就是列空间 $colsp(\boldsymbol{A})$，见图 4.2。

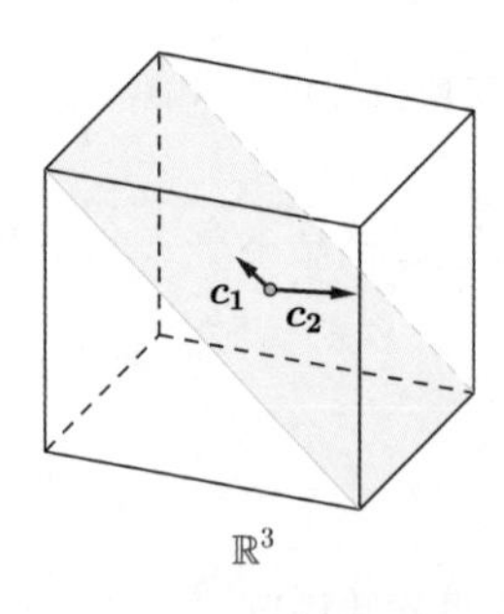


图 4.2: $\boldsymbol{A}$ 的列空间 $colsp(\boldsymbol{A})$

$colsp(\boldsymbol{A})$ 是 2 维平面，因此列秩 $rank(colsp(\boldsymbol{A}))=2$。又因列向量组 $\{\boldsymbol{c_1},\boldsymbol{c_2}\}$ 线性无关，所以 $\boldsymbol{A}$ 列满秩。

① $colsp$ 是 column space 的缩写。

### 4.1.2 行空间

**定义 2.** 矩阵 $\boldsymbol{A}$ 的行向量为：

$$\boldsymbol{A}=\begin{pmatrix} a_{11} & a_{12} & \cdots & a_{1n} \\ a_{21} & a_{22} & \cdots & a_{2n} \\ \vdots & \vdots & \ddots & \vdots \\ a_{m1} & a_{m2} & \cdots & a_{mn} \end{pmatrix}=\begin{pmatrix} \boldsymbol{r_1}^{\mathrm{T}} \\ \boldsymbol{r_2}^{\mathrm{T}} \\ \vdots \\ \boldsymbol{r_m}^{\mathrm{T}} \end{pmatrix}$$

包含所有行向量的向量组称为行向量组，即，

$$\text{行向量组：}\{\boldsymbol{r_1}^{\mathrm{T}},\boldsymbol{r_2}^{\mathrm{T}},\cdots,\boldsymbol{r_m}^{\mathrm{T}}\}$$

行向量组的张成空间称为行空间，记作 $rowsp(\boldsymbol{A})$①，即，

$$rowsp(\boldsymbol{A})=span(\{\boldsymbol{r_1}^{\mathrm{T}},\boldsymbol{r_2}^{\mathrm{T}},\cdots,\boldsymbol{r_m}^{\mathrm{T}}\})=x_1\boldsymbol{r_1}^{\mathrm{T}}+x_2\boldsymbol{r_2}^{\mathrm{T}}+\cdots+x_m\boldsymbol{r_m}^{\mathrm{T}},\quad x_{1,2,\cdots,m}\in\mathbb{R}$$

行向量组的秩，也就是行空间的维度，称为行秩，即，

$$\text{行秩}=rank(rowsp(\boldsymbol{A}))$$

如果行向量组线性无关，就称为行满秩。

比如还是矩阵 $\boldsymbol{A}=\begin{pmatrix} -1 & 2 \\ 0 & 2 \\ 1 & -2 \end{pmatrix}$，它的行向量为：

$$\boldsymbol{r_1}^{\mathrm{T}}=\begin{pmatrix} -1 & 2 \end{pmatrix},\quad \boldsymbol{r_2}^{\mathrm{T}}=\begin{pmatrix} 0 & 2 \end{pmatrix},\quad \boldsymbol{r_3}^{\mathrm{T}}=\begin{pmatrix} 1 & -2 \end{pmatrix}$$

行向量组 $\{\boldsymbol{r_1}^{\mathrm{T}},\boldsymbol{r_2}^{\mathrm{T}},\boldsymbol{r_3}^{\mathrm{T}}\}$ 的张成空间为 $\mathbb{R}^2$，$\mathbb{R}^2$ 也就是行空间 $rowsp(\boldsymbol{A})$，见图 4.3。

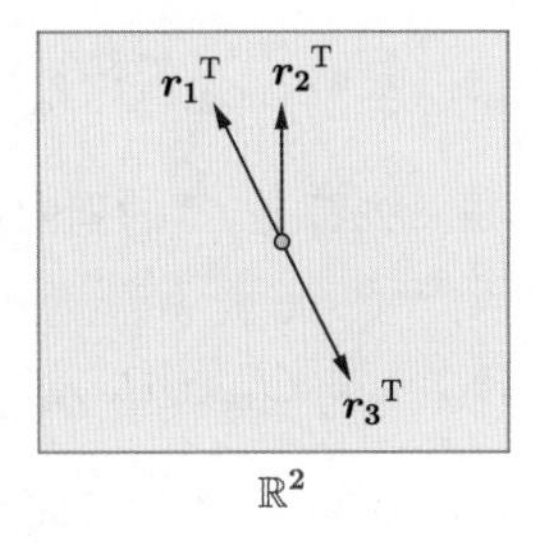


图 4.3: $\boldsymbol{A}$ 的行空间 $rowsp(\boldsymbol{A})$

$rowsp(\boldsymbol{A})$ 是 2 维平面，因此行秩 $rank(rowsp(\boldsymbol{A}))=2$。又因行向量组 $\{\boldsymbol{r_1}^{\mathrm{T}},\boldsymbol{r_2}^{\mathrm{T}},\boldsymbol{r_3}^{\mathrm{T}}\}$ 线性相关，所以 $\boldsymbol{A}$ 行不满秩。

① $rowsp$ 是 row space 的缩写。

### 4.1.3　行秩、列秩、矩阵的秩

矩阵 $\boldsymbol{A}=\begin{pmatrix}-1 & 2\\ 0 & 2\\ 1 & -2\end{pmatrix}$ 的行、列空间都是平面，因此行秩、列秩相等，见图 4.4 和图 4.5。

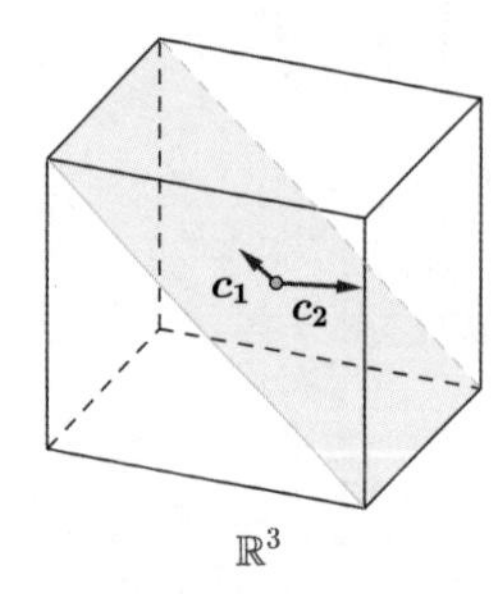


图 4.4: 列空间 $colsp(\boldsymbol{A})$

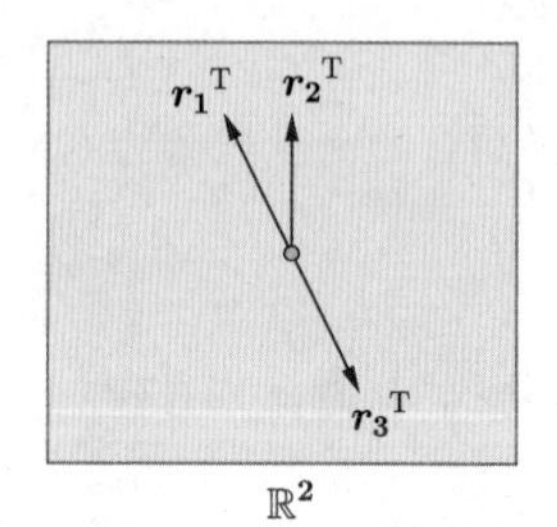


图 4.5: 行空间 $rowsp(\boldsymbol{A})$

这并不是巧合，可以进行证明。

**定理 1.** 对于任意矩阵 $\boldsymbol{A}$，始终有列秩等于行秩，所以统称为矩阵的秩，即：

$$\text{矩阵的秩}=\text{列秩}=\text{行秩}$$

记作 $rank(\boldsymbol{A})$，有时也简写为 $r(\boldsymbol{A})$。

**证明：**（1）假设 $\boldsymbol{A}$ 为 $m\times n$ 的矩阵，其列秩为 $r$，所以可设 $\boldsymbol{A}$ 的列向量组的基如下（其中每个向量都是 $m$ 维的列向量）：

$$\{\boldsymbol{c_1},\boldsymbol{c_2},\cdots,\boldsymbol{c_r}\}$$

用此基来构建一个矩阵：

$$\boldsymbol{C}_{m\times r}=(\boldsymbol{c_1},\boldsymbol{c_2},\cdots,\boldsymbol{c_r})$$

根据矩阵乘法的列观点可知，$\boldsymbol{A}$ 的每一列都是 $\boldsymbol{C}$ 的列向量的线性组合，即存在一个 $r\times n$ 的矩阵 $\boldsymbol{R}$，使得

$$\boldsymbol{A}_{m\times n}=\boldsymbol{C}_{m\times r}\boldsymbol{R}_{r\times n}$$

由于 $\boldsymbol{A}=\boldsymbol{C}\boldsymbol{R}$，那么 $\boldsymbol{A}$ 的每一个行向量都是 $\boldsymbol{R}$ 的行向量的线性组合。这意味着 $\boldsymbol{A}$ 的行空间包含于 $\boldsymbol{R}$ 的行空间之中，因此：

$$\boldsymbol{A}\text{的行秩}\leqslant\boldsymbol{R}\text{的行秩}\tag{4-1}$$

而 $\boldsymbol{R}$ 仅有 $r$ 行，所以：

$$\boldsymbol{R}\text{的行秩}\leqslant r=\boldsymbol{A}\text{的列秩}\tag{4-2}$$

综合式 (4-1)和式 (4-2) 可得：

$$\boldsymbol{A}\text{的行秩} \leqslant \boldsymbol{A}\text{的列秩}$$

（2）只要把 $\boldsymbol{A}$ 转置为 $\boldsymbol{A}^{\mathrm{T}}$，用同样的方法可证明：

$$\boldsymbol{A}\text{的列秩} = \boldsymbol{A}^{\mathrm{T}}\text{的行秩} \leqslant \boldsymbol{A}^{\mathrm{T}}\text{的列秩} = \boldsymbol{A}\text{的行秩}$$

（3）综合可得：

$$\left.\begin{array}{l}\boldsymbol{A}\text{的行秩} \leqslant \boldsymbol{A}\text{的列秩}\\ \boldsymbol{A}\text{的列秩} \leqslant \boldsymbol{A}\text{的行秩}\end{array}\right\} \Longrightarrow \boldsymbol{A}\text{的列秩} = \boldsymbol{A}\text{的行秩}$$ □

所以根据上述定义，矩阵的秩就是列空间、行空间的维度。

## 4.2 矩阵函数的四要素

通过矩阵的秩，就可知道矩阵函数 $\boldsymbol{Ax}=\boldsymbol{y}$ 的很多信息，本节先来看看函数有什么信息值得关注。

简单来说，函数的四要素值得关注。之前说过，函数是集合 $X$ 中的元素和 $Y$ 中的元素的一种对应关系，见图 4.6。

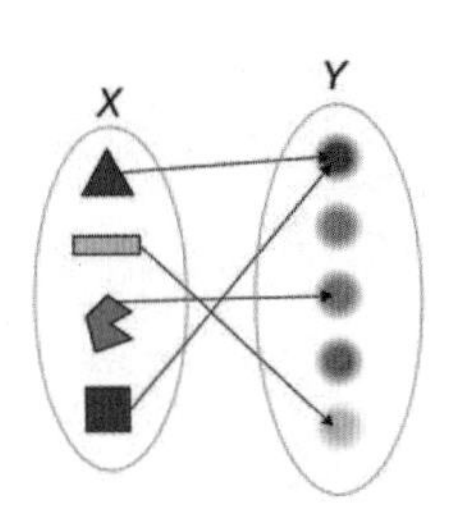


图 4.6: 函数是集合中元素的一种对应关系

在这种对应关系中，有四个重要概念，或者称为函数的四要素：

- 定义域：集合 $X$。
- 映射法则 $f$：指明 $X$ 中的元素怎么和 $Y$ 中的元素关联。
- 值域：由映射法则 $f$ 和定义域 $X$ 决定，表示 $X$ 映射到 $Y$ 中的值。
- 到达域：集合 $Y$。

四要素包含了函数 $f$ 的所有细节，所以函数 $f$ 又可以写作：

$$f: X \to Y$$

值域因为可由 $f(x), x \in X$ 来决定，所以上式没有表示值域。为了方便之后的讲解，本书引入韦恩图（一种专门用来表示集合之间关系的图）来表示四要素，见图 4.7。

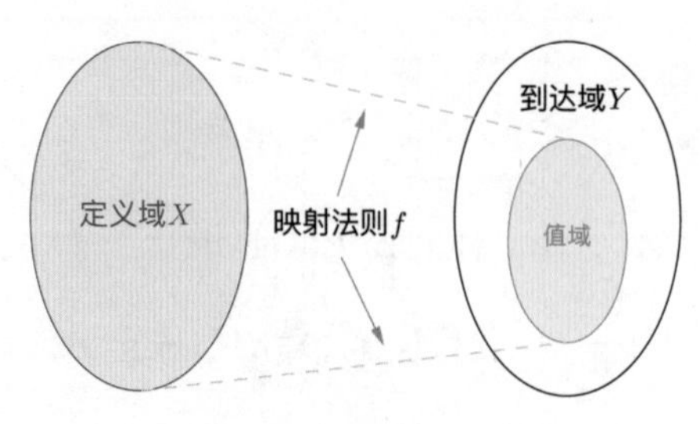


图 4.7: 函数的四要素

比如函数 $f(x)=x^2, x\in\mathbb{R}$，它的四要素和对应的韦恩图分别见表 4.1 和图 4.8。

表 4.1: 函数 $f(x)=x^2$ 的四要素

| 定义域 | 映射法则 | 值域 | 到达域 |
|---|---|---|---|
| $\mathbb{R}$ | $x^2$ | $\mathbb{R}^+\cup\{0\}$ | $\mathbb{R}$ |

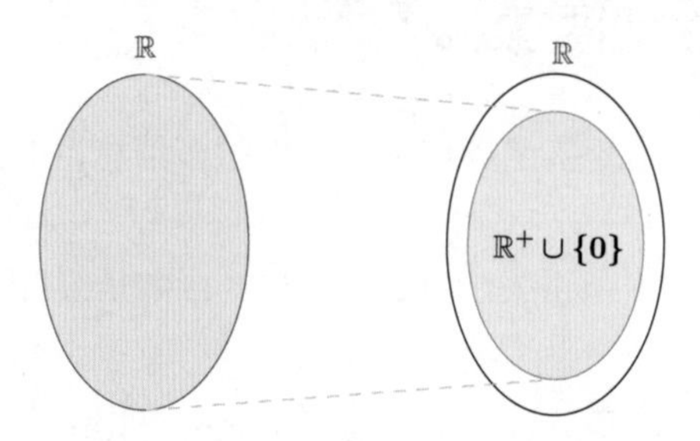


图 4.8: 函数 $f(x)=x^2$ 的韦恩图

下面对函数的四要素进行更深入的讨论，让我们从定义域开始。

### 4.2.1　定义域

比如函数 $f(x)=x^2$，它在整个实数范围内都有定义，也就是说，它的定义域是实数域 $\mathbb{R}$，见图 4.9。

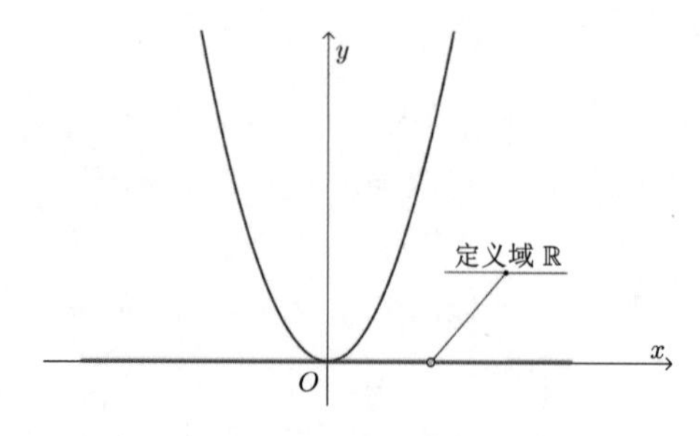


图 4.9: 定义域是实数域 $\mathbb{R}$

此时的定义域也称为自然定义域。

**定义 3.** 使函数有意义的一切元素组成的集合称为自然定义域。

如果函数不指明定义域，那么就默认为自然定义域。比如下面这些函数的定义域都指的是自然定义域:

$$y = \sin x, \quad y = \frac{1}{x}, \quad \boldsymbol{Ax} = \boldsymbol{y}$$

当然，只选一部分作为定义域也可以，比如 $f(x) = x^2, (-2 \leqslant x \leqslant 2)$，见图 4.10。

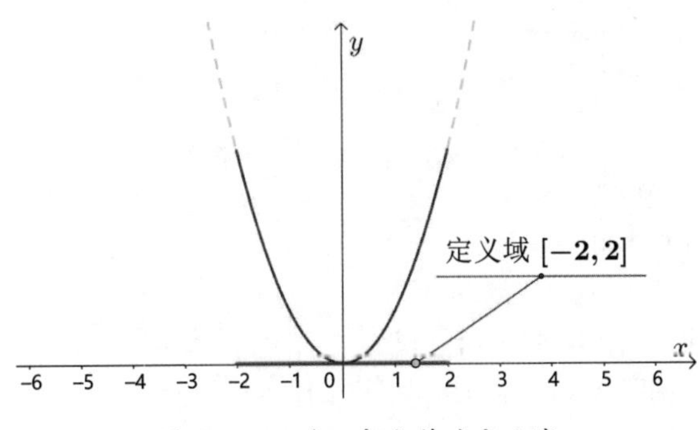


图 4.10: 只选一部分作为定义域

因为定义域不同，$f(x) = x^2$ 和 $f(x) = x^2, (-2 \leqslant x \leqslant 2)$ 是两个不同的函数。

### 4.2.2 映射法则

图 4.11 所示的是 $f(x) = \dfrac{1}{x}$ 的函数曲线图，该曲线实际上就代表了函数的映射法则 $f$，定义域上的点通过 $f$ 映射到了值域。

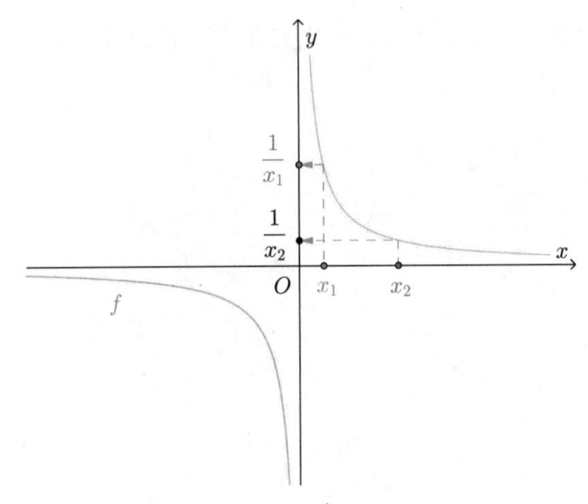


图 4.11: $f(x) = \dfrac{1}{x}$ 的映射法则

映射法则分几种情况，下面详细进行介绍。

- 映射法则是单的，简称单射，当且仅当每一个 $y$ 至多有一个 $x$ 与之对应，见图 4.12。非单射如图 4.13 所示。

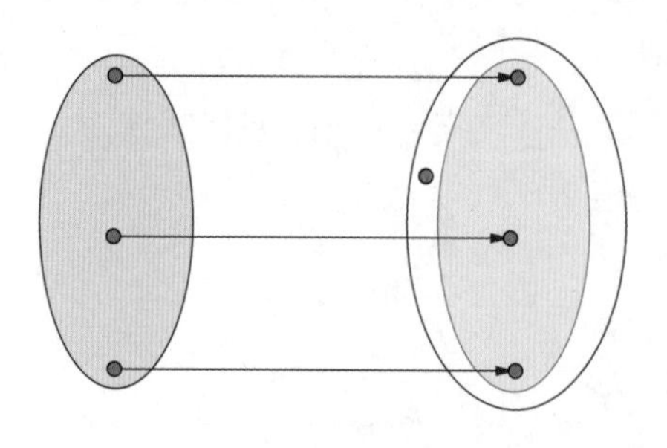

图 4.12: 单射

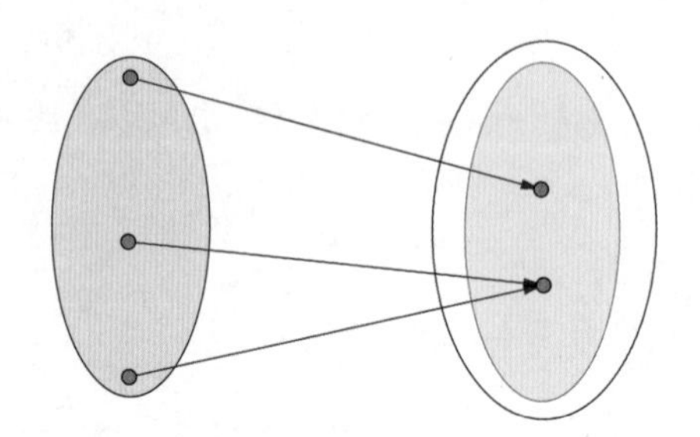

图 4.13: 非单射

- 映射法则是满的，简称满射，当且仅当每一个 $y$ 至少有一个 $x$ 与之对应。此时值域与到达域相等，见图 4.14。非满射如图 4.15 所示。

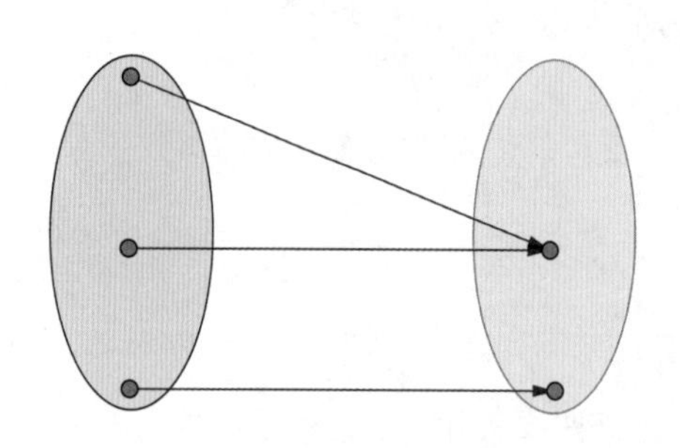

图 4.14: 满射

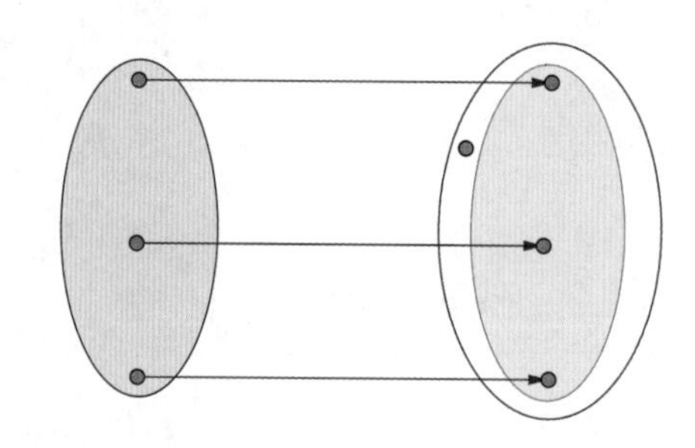

图 4.15: 非满射

- 若映射既不是单射，又不是满射，则称为非单射非满射，见图 4.16；若映射既是单射，又是满射，则称为双射，或称为一一映射，见图 4.17。

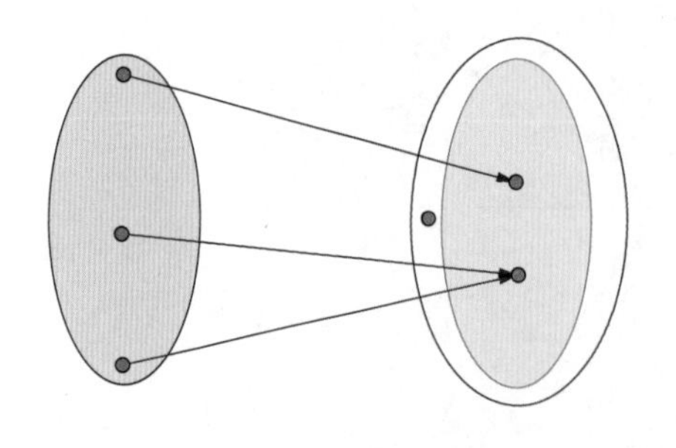

图 4.16: 非单射非满射

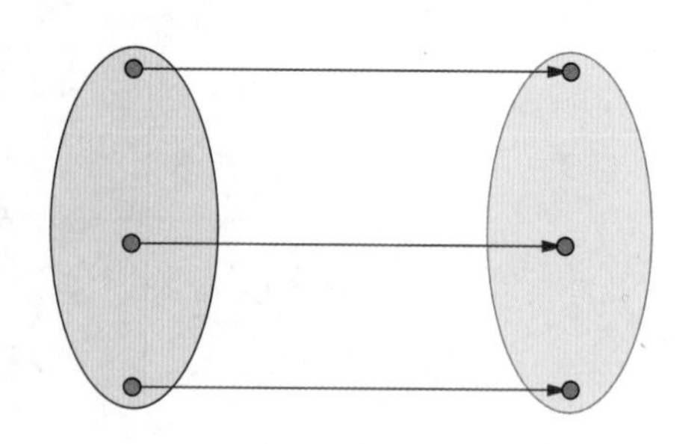

图 4.17: 双射

上面几种情况总结于表 4.2。

表 4.2: 几种映射法则

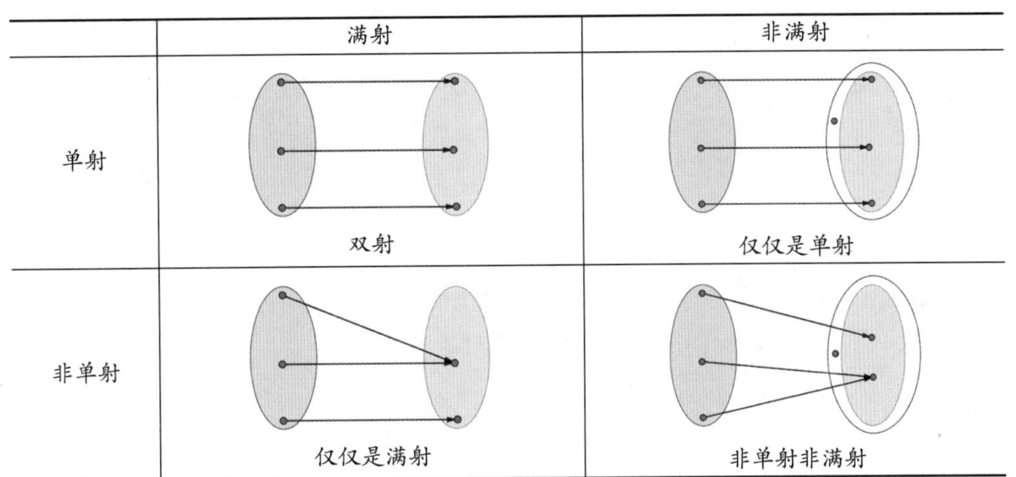

| | 满射 | 非满射 |
|---|---|---|
| 单射 | 双射 | 仅仅是单射 |
| 非单射 | 仅仅是满射 | 非单射非满射 |

### 4.2.3 值域

值域由定义域和映射法则共同决定，比如，对于 $f(x)=x^2$：

- 当定义域为 $\mathbb{R}$ 的时候，其值域为 $[0,+\infty)$。
- 当定义域为 $[-2,2]$ 的时候，其值域为 $[0,4]$，其函数图像见图 4.18。

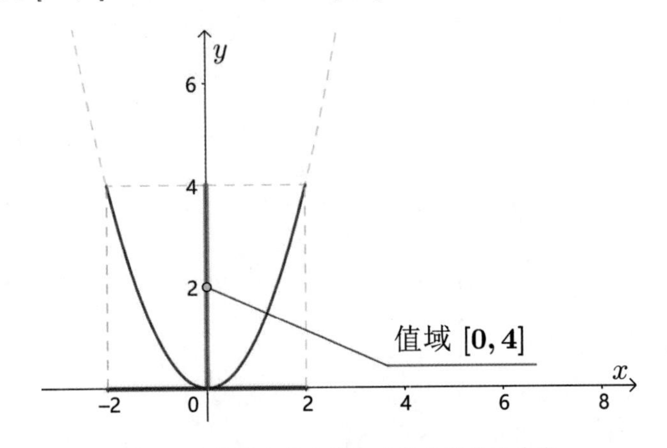


图 4.18: 值域由定义域和映射法则共同决定

### 4.2.4 到达域

似乎有了定义域、映射法则、值域就够了，为什么还需要到达域呢？回忆一下之前学过的内容，值域是到达域的子集。在满射的情况下两者相等，否则值域是到达域的真子集，见图 4.19 和图 4.20。

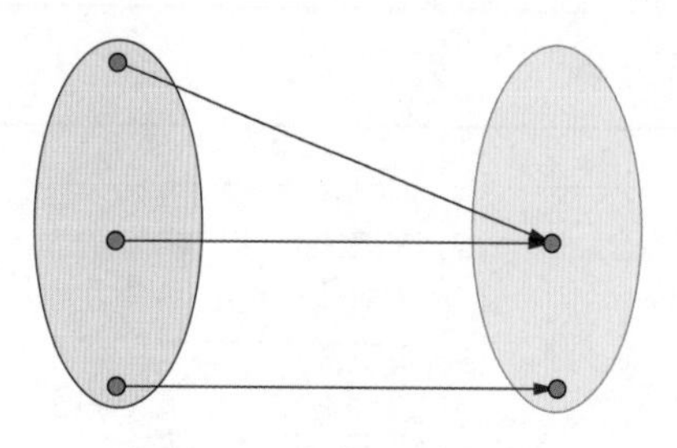

图 4.19: 值域 = 到达域

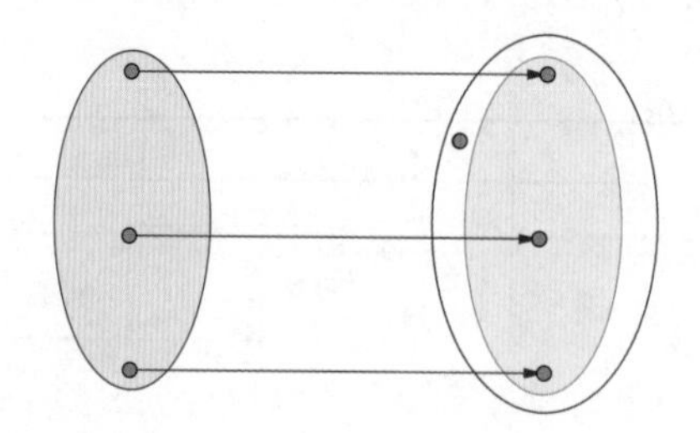

图 4.20: 值域 $\subsetneq$ 到达域

所以在值域不好给出的时候，到达域可以划出值域大致的范围，比如下面这两种情况。

- 值域不好求。下面这个函数的值域就很不好求：

$$f(x) = \frac{x^3}{1+e^x}$$

但容易知道值域一定在 $\mathbb{R}$ 内。此时可说该函数的到达域为 $\mathbb{R}$，这样就给出了值域的大致范围。

- 值域没法求。对于下面两个抽象函数：

$$f:\mathbb{R}\to\mathbb{R},\quad g:\mathbb{R}\to\mathbb{R}$$

很显然，函数 $f+g$ 的值域是没有办法求出的，但可以知道到达域为 $\mathbb{R}$，那么该函数可以表示为：

$$f+g:\mathbb{R}\to\mathbb{R}$$

### 4.2.5　矩阵函数

下面我们来讨论矩阵函数 $\boldsymbol{Ax}=\boldsymbol{y}$。根据矩阵乘法合法性，可得矩阵函数：

$$\underbrace{A}_{m\times n}\underbrace{\boldsymbol{x}}_{n\times 1}=\underbrace{\boldsymbol{y}}_{m\times 1}\iff\begin{pmatrix}a_{11}&a_{12}&\cdots&a_{1n}\\a_{21}&a_{22}&\cdots&a_{2n}\\\vdots&\vdots&\ddots&\vdots\\a_{m1}&a_{m2}&\cdots&a_{mn}\end{pmatrix}\begin{pmatrix}x_1\\x_2\\\vdots\\x_n\end{pmatrix}=\begin{pmatrix}y_1\\y_2\\\vdots\\y_m\end{pmatrix}$$

所以，该矩阵函数 $\boldsymbol{Ax}=\boldsymbol{y}$ 的四要素分别为：

- 自然定义域为 $\mathbb{R}^n$，因为 $n$ 维向量 $\boldsymbol{x}=\begin{pmatrix}x_1\\x_2\\\vdots\\x_n\end{pmatrix}$ 为 $\mathbb{R}^n$ 中的任意向量。
- 映射法则为矩阵 $\boldsymbol{A}$ 及矩阵乘法的规则。

- 值域为 $\boldsymbol{Ax}$，下一节会进一步解释值域和矩阵的秩的关系。
- 到达域为 $\mathbb{R}^m$，因为 $\boldsymbol{y}=\begin{pmatrix}y_1\\y_2\\\vdots\\y_m\end{pmatrix}$ 是 $m$ 维向量，所以值域必然在 $\mathbb{R}^m$ 中。

将四要素整理于表 4.3 中。

表 4.3: 矩阵函数的四要素

| 自然定义域 | 映射法则 | 值域 | 到达域 |
|---|---|---|---|
| $\mathbb{R}^n$ | $\boldsymbol{A}$ | $\boldsymbol{Ax}$ | $\mathbb{R}^m$ |

因此，该矩阵函数所代表的线性函数可写作 $\mathcal{L}:\mathbb{R}^n\to\mathbb{R}^m$，其韦恩图见图 4.21。

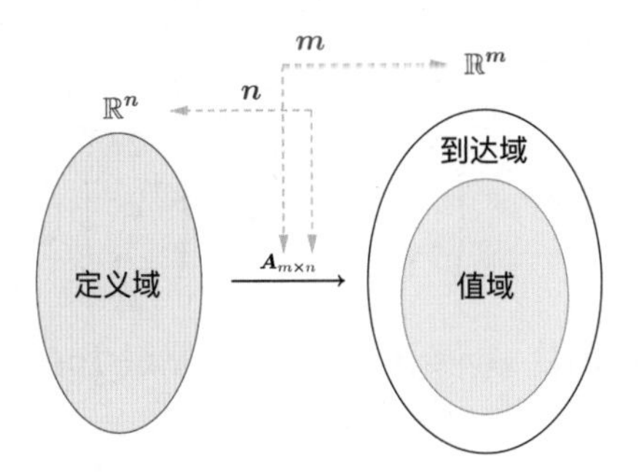


图 4.21: 矩阵函数的韦恩图

## 4.3 矩阵函数的值域

本节会进一步解释矩阵函数 $\boldsymbol{Ax}=\boldsymbol{y}$ 的值域的细节，以及值域和矩阵的秩的关系。

### 4.3.1 值域与列空间

**定理 2.** 在自然定义域下，矩阵函数 $\boldsymbol{Ax}=\boldsymbol{y}$ 的值域就是 $\boldsymbol{A}$ 的列空间。

**证明：** 假设 $\boldsymbol{A}$ 为 $m\times n$ 的矩阵，则矩阵函数 $\boldsymbol{Ax}=\boldsymbol{y}$ 的自然定义域为 $\mathbb{R}^n$，自然定义域中的任意向量 $\boldsymbol{x}$ 可以由 $\mathbb{R}^n$ 的自然基 $\{\boldsymbol{e}_1,\boldsymbol{e}_2,\cdots,\boldsymbol{e}_n\}$ 来表示：

$$\boldsymbol{x}=x_1\boldsymbol{e}_1+x_2\boldsymbol{e}_2+\cdots+x_n\boldsymbol{e}_n,\quad x_{1,2,\cdots,n}\in\mathbb{R}$$

假设 $\boldsymbol{A}$ 的列向量为 $\boldsymbol{c}_1,\boldsymbol{c_2},\cdots,\boldsymbol{c_n}$：

$$\boldsymbol{A}=\begin{pmatrix}\boldsymbol{c}_1 & \boldsymbol{c}_2 & \cdots & \boldsymbol{c}_n\end{pmatrix}$$

那么根据矩阵乘法的列观点可知，矩阵函数 $\boldsymbol{Ax}=\boldsymbol{y}$ 中的 $\boldsymbol{y}$ 为：

$$\boldsymbol{y}=x_1\boldsymbol{c}_1+x_2\boldsymbol{c}_2+\cdots+x_n\boldsymbol{c}_n,\quad x_{1,2,\cdots,n}\in\mathbb{R}$$

这也就说明，值域 $\boldsymbol{y}$ 是列向量组 $\{\boldsymbol{c_1},\boldsymbol{c_2},\cdots,\boldsymbol{c_n}\}$ 的张成空间，即值域为列空间。 □

矩阵函数 $\boldsymbol{Ax}=\boldsymbol{y}$ 的四要素（$\boldsymbol{A}$ 为 $m\times n$ 的矩阵）总结于表 4.4 中。

表 4.4: 矩阵函数的四要素

| 自然定义域 | 映射法则 | 值域 | 到达域 |
|---|---|---|---|
| $\mathbb{R}^n$ | $\boldsymbol{A}$ | $colsp(\boldsymbol{A})$ | $\mathbb{R}^m$ |

比如矩阵 $\boldsymbol{A}=\begin{pmatrix}-1&2\\0&2\\1&-2\end{pmatrix}$，它的列向量为：

$$\boldsymbol{c_1}=\begin{pmatrix}-1\\0\\1\end{pmatrix},\quad \boldsymbol{c_2}=\begin{pmatrix}2\\2\\-2\end{pmatrix}$$

之前解释过，对于矩阵函数 $\boldsymbol{Ax}=\boldsymbol{y}$，$\boldsymbol{y}$ 是列向量组 $\{\boldsymbol{c_1},\boldsymbol{c_2}\}$ 的线性组合：

$$\boldsymbol{x}=x_1\boldsymbol{e_1}+x_2\boldsymbol{e_2}\xrightarrow{A=(\boldsymbol{c}_1\quad \boldsymbol{c}_2)}\boldsymbol{y}=x_1\boldsymbol{c_1}+x_2\boldsymbol{c_2}$$

所以，在自然定义域下（此时 $x_1,x_2\in\mathbb{R}$），该矩阵函数的值域是列空间 $colsp(\boldsymbol{A})=x_1\boldsymbol{c_1}+x_2\boldsymbol{c_2}$，见图 4.22。

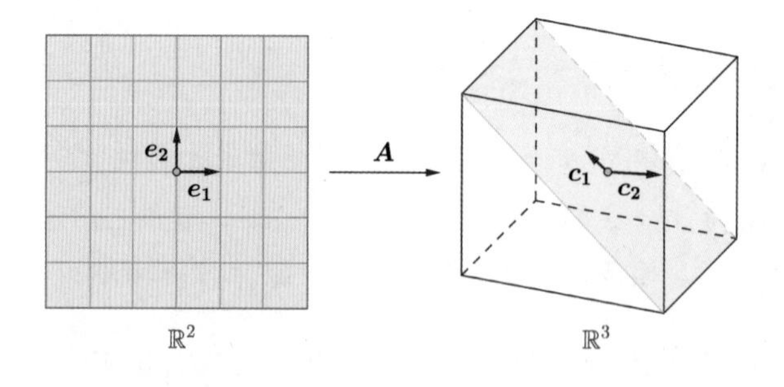


图 4.22: 在自然定义域下，矩阵函数的值域是列空间 $colsp(\boldsymbol{A})$

它所对应的韦恩图见图 4.23。

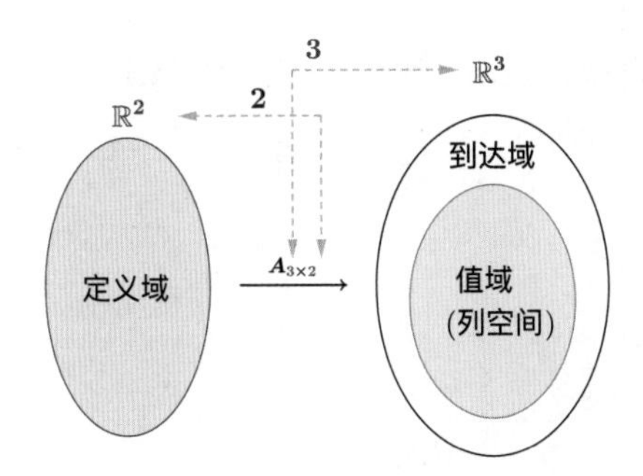


图 4.23: 矩阵函数的韦恩图

### 4.3.2 值域与矩阵的秩

通过定理 2 可知，矩阵的秩就是在自然定义域下，矩阵函数 $\boldsymbol{A}\boldsymbol{x}=\boldsymbol{y}$ 的值域的维度。

比如对于矩阵 $\boldsymbol{A}$，如果 $rank(\boldsymbol{A})=2$，那么不论自然定义域是什么，其值域的维度都是 2，见图 4.24。

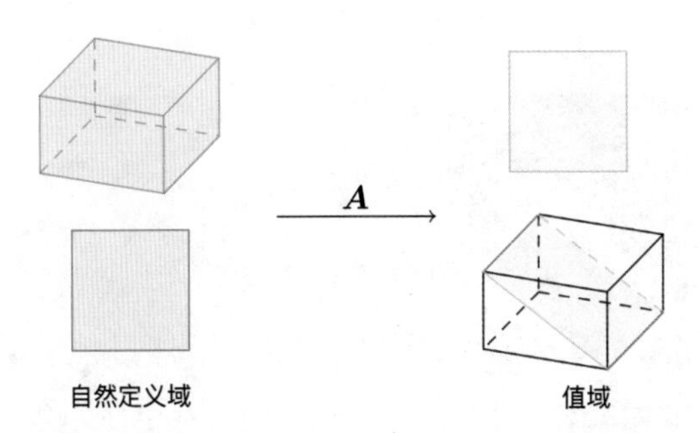


图 4.24: $rank(\boldsymbol{A})=2$ 时，矩阵函数的值域的维度始终为 2

再比如 $rank(\boldsymbol{A})=1$，不论自然定义域是什么，其值域的维度都是 1，见图 4.25。

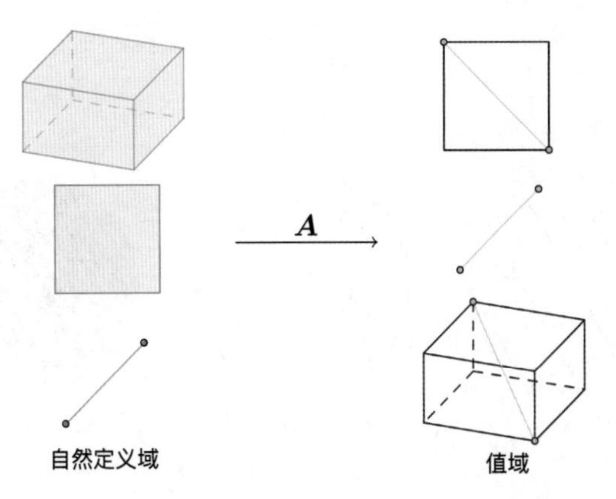


图 4.25: $rank(\boldsymbol{A})=1$ 时，矩阵函数的值域的维度始终为 1

或者说，对于相同的自然定义域，如果 $rank(\boldsymbol{A})$ 越小，那么值域的维度就越小，总结见表 4.5 和图 4.26。

表 4.5: 秩与值域的维度

| 自然定义域 | 秩 | 值域的维度 |
|---|---|---|
| $\mathbb{R}^2$ | $rank(\boldsymbol{A})=2$ | 2 维 |
| | $rank(\boldsymbol{A})=1$ | 1 维 |
| | $rank(\boldsymbol{A})=0$ | 0 维 |

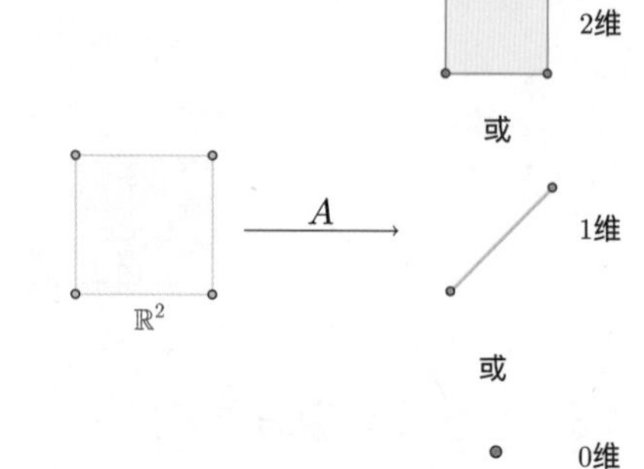


图 4.26: 秩与值域的维度

所以这里打一个不太严谨、却有一定解释力的比喻，可以将矩阵 $\boldsymbol{A}$ 看作一个筛子，见图 4.27。

图 4.27: 将矩阵看作一个筛子

可以将矩阵的秩 $rank(\boldsymbol{A})$ 看作筛眼的大小，$rank(\boldsymbol{A})$ 越小，对应的筛眼越小，自然漏过去的面粉也越少，见图 4.28。

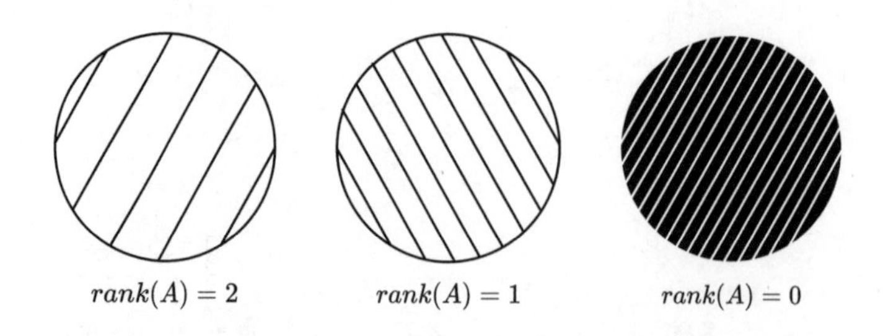


图 4.28: 可以将矩阵的秩 $rank(\boldsymbol{A})$ 看作筛眼的大小，$rank(\boldsymbol{A})$ 越小，对应的筛眼越小

### 4.3.3 矩阵的秩的性质

下面来介绍一些后面会用到的秩的性质，有一些可以借助筛子的比喻来理解。

**定理 3.** 如果某矩阵既列满秩又行满秩，那么就称该矩阵为满秩矩阵，或简称为满秩。满秩矩阵必为方阵。

**证明：** 假设 $\boldsymbol{A}$ 为 $m\times n$ 的满秩矩阵，那么既列满秩又行满秩，所以：

$$\left.\begin{aligned}\text{列满秩} &\implies \text{列秩}=n\\ \text{行满秩} &\implies \text{行秩}=m\\ &\text{列秩}=\text{行秩}\end{aligned}\right\}\implies m=n\implies \boldsymbol{A}\text{ 是方阵}$$

□

**定理 4.** $rank(\boldsymbol{A})=rank(\boldsymbol{A}^{\mathrm{T}})$。

**证明：** $\boldsymbol{A}$ 转置后，行、列空间互换，不会改变矩阵的秩，所以 $rank(\boldsymbol{A})=rank(\boldsymbol{A}^{\mathrm{T}})$。

□

**定理 5.** 所有初等行矩阵都是满秩矩阵。

这个结论告诉我们，表 4.6 中列出的这些矩阵都是满秩矩阵。

表 4.6: 满秩矩阵

| 初等行变换 | 操作 | 初等行矩阵 |
|---|---|---|
| 倍加变换<br>row-addition transformations | $\boldsymbol{r_1}'=\boldsymbol{r_1}+k\boldsymbol{r_2}$ | $\begin{pmatrix}1&k&0\\0&1&0\\0&0&1\end{pmatrix}$ |
| 倍乘变换<br>row-multiplying transformations | $\boldsymbol{r_1}'=k\boldsymbol{r_1}(k\neq 0)$ | $\begin{pmatrix}k&0&0\\0&1&0\\0&0&1\end{pmatrix}$ |
| 对换变换<br>row-switching transformations | $\boldsymbol{r_1}\leftrightarrow\boldsymbol{r_2}$ | $\begin{pmatrix}0&1&0\\1&0&0\\0&0&1\end{pmatrix}$ |

下面来证明倍加变换矩阵 $\begin{pmatrix}1&k&0\\0&1&0\\0&0&1\end{pmatrix}$ 是满秩矩阵，其他初等矩阵的证明是类似的。

**证明：** 根据初等行矩阵的定义，它们都是在单位阵上应用初等行变换得到的。

（1）首先假设有 $n$ 阶单位阵 $\boldsymbol{I}_n$，它的行向量组其实就是自然基：

$$\{\boldsymbol{e_1}^{\mathrm{T}},\boldsymbol{e_2}^{\mathrm{T}},\cdots,\boldsymbol{e_n}^{\mathrm{T}}\}$$

（2）倍加变换。不妨假设是第二行的 $s$ 倍加到第一行上，因此得到的向量组为：

$$\{\boldsymbol{e_1}^{\mathrm{T}}+s\boldsymbol{e_2}^{\mathrm{T}},\boldsymbol{e_2}^{\mathrm{T}},\cdots,\boldsymbol{e_n}^{\mathrm{T}}\}$$

假设该向量组线性相关，那么一定有不全为零的实数 $k_1,k_2,\cdots,k_n$，使得：

$$k_1(\boldsymbol{e_1}^{\mathrm{T}} + s\boldsymbol{e_2}^{\mathrm{T}}) + k_2\boldsymbol{e_2}^{\mathrm{T}} + \cdots + k_n\boldsymbol{e_n}^{\mathrm{T}} = 0$$

不妨假设 $k_1 \neq 0$，移项整理后可得：

$$\boldsymbol{e_1}^{\mathrm{T}} = -\frac{(k_2 + k_1 s)\boldsymbol{e_2}^{\mathrm{T}} + \cdots + k_n\boldsymbol{e_n}^{\mathrm{T}}}{k_1}$$

即 $\boldsymbol{e_1}^{\mathrm{T}}$ 可由剩下的行向量线性表示，这与行向量组 $\{\boldsymbol{e_1}^{\mathrm{T}}, \boldsymbol{e_2}^{\mathrm{T}}, \cdots, \boldsymbol{e_n}^{\mathrm{T}}\}$ 线性无关矛盾，所以行向量组 $\{\boldsymbol{e_1}^{\mathrm{T}} + s\boldsymbol{e_2}^{\mathrm{T}}, \boldsymbol{e_2}^{\mathrm{T}}, \cdots, \boldsymbol{e_n}^{\mathrm{T}}\}$ 线性无关，因此倍加变换后得到的行初等矩阵依然是满秩矩阵。 □

**定理 6.** $rank(\boldsymbol{AB}) \leqslant \min\Big(rank(\boldsymbol{A}), rank(\boldsymbol{B})\Big)$。

**证明：** 令 $\boldsymbol{AB} = \boldsymbol{C}$，由矩阵乘法的列观点可知，$\boldsymbol{C}$ 的列向量是 $\boldsymbol{A}$ 的列向量组的线性组合。这意味着 $\boldsymbol{C}$ 的列空间被包含在 $\boldsymbol{A}$ 的列空间中，因此：

$$rank(\boldsymbol{C}) \leqslant rank(\boldsymbol{A})$$

同样地，$\boldsymbol{C}$ 的行向量是 $\boldsymbol{B}$ 的行向量组的线性组合。这意味着 $\boldsymbol{C}$ 的行空间被包含在 $\boldsymbol{B}$ 的行空间中，因此：

$$rank(\boldsymbol{C}) \leqslant rank(\boldsymbol{B})$$

综上可得，$rank(\boldsymbol{AB}) \leqslant \min\Big(rank(\boldsymbol{A}), rank(\boldsymbol{B})\Big)$。 □

该定理可通过筛子的比喻来理解，可以将 $\boldsymbol{A}, \boldsymbol{B}$ 看作两个筛眼大小不一的筛子，见图 4.29。

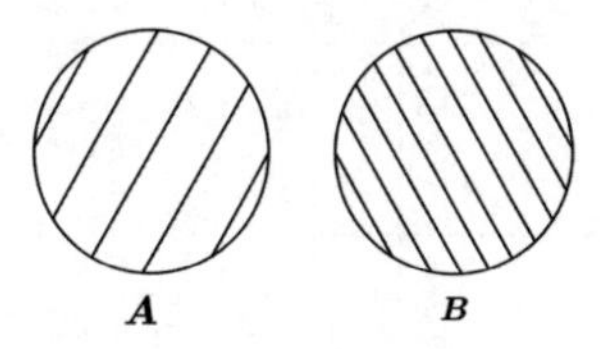


图 4.29: 可以将 $\boldsymbol{A}, \boldsymbol{B}$ 看作两个筛眼大小不一的筛子

当这两个筛子叠在一起的时候，叠加部分的筛眼变小了，比单独某一个筛子的筛眼要小，见图 4.30。

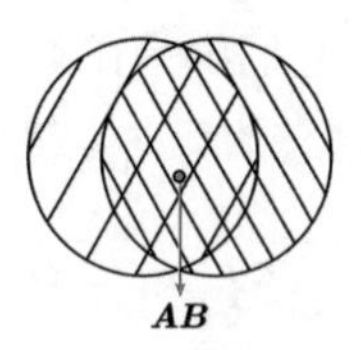


图 4.30: 叠加部分的筛眼比单独某一个筛子的筛眼要小

所以此时有：

$$rank(\boldsymbol{AB}) < \min\Big(rank(\boldsymbol{A}), rank(\boldsymbol{B})\Big)$$

当然还有可能 $\boldsymbol{A}, \boldsymbol{B}$ 如图 4.13 所示。

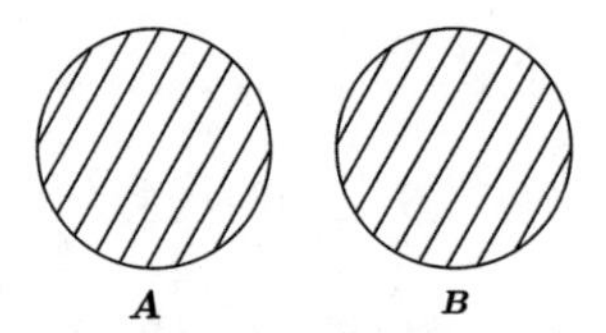


图 4.31: $\boldsymbol{A}, \boldsymbol{B}$ 可被看作筛眼完全一样的两个筛子

这时叠在一起时，叠加部分的筛眼等于其中某一个筛子的筛眼，见图 4.32。

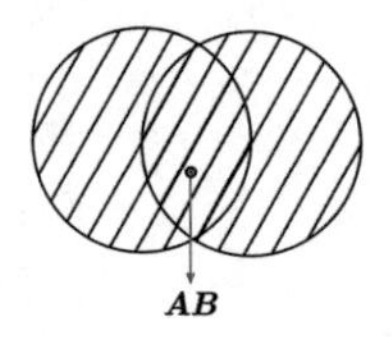


图 4.32: 叠加部分的筛眼等于其中某一个筛子的筛眼

所以此时有：

$$rank(\boldsymbol{AB}) = \min\Big(rank(\boldsymbol{A}), rank(\boldsymbol{B})\Big)$$

综合起来就是，$rank(\boldsymbol{AB}) \leqslant \min\Big(rank(\boldsymbol{A}), rank(\boldsymbol{B})\Big)$。

**定理 7.** 假设 $\boldsymbol{P}, \boldsymbol{Q}$ 为满秩矩阵，那么有[①]：

$$rank(\boldsymbol{A}) = rank(\boldsymbol{PA}) = rank(\boldsymbol{AQ}) = rank(\boldsymbol{PAQ})$$

该定理也可通过筛子的比喻来理解，满秩矩阵 $\boldsymbol{P}$ 可以看作完全开放、没有筛网的筛子，见图 4.33。

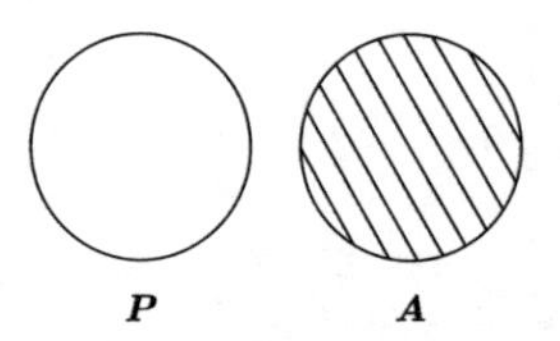


图 4.33: 满秩矩阵 $\boldsymbol{P}$ 可以看作完全开放、没有筛网的筛子

这样两者复合，筛眼大小就完全取决于 $\boldsymbol{A}$，所以可得 $rank(\boldsymbol{PA})=rank(\boldsymbol{A})$，见图 4.34。

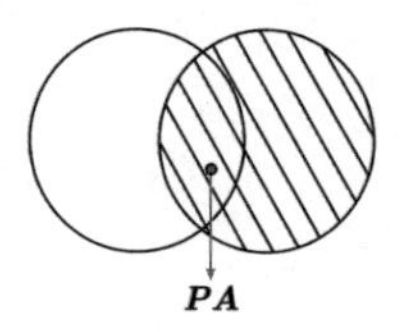


图 4.34: 筛眼大小完全取决于 $\boldsymbol{A}$

① 该定理的证明会在后面的“逆矩阵”一节给出。

**定理 8.** 假设 $\boldsymbol{A}, \boldsymbol{B}$ 为同型矩阵，那么有：

$$rank(\boldsymbol{A}+\boldsymbol{B}) \leqslant rank(\boldsymbol{A}) + rank(\boldsymbol{B})$$

**证明：** 假设 $\boldsymbol{A}$ 的列向量组为 $a$，$\boldsymbol{B}$ 的列向量组为 $b$：

$$a:\{\boldsymbol{a_1}, \boldsymbol{a_2}, \cdots, \boldsymbol{a_k}\}, \quad b:\{\boldsymbol{b_1}, \boldsymbol{b_2}, \cdots, \boldsymbol{b_k}\}$$

各自的列空间为：

$$colsp(\boldsymbol{A}) = m_1\boldsymbol{a_1} + m_2\boldsymbol{a_2} + \cdots + m_k\boldsymbol{a_k}, \quad m_{1,2,\cdots,k} \in \mathbb{R}$$

$$colsp(\boldsymbol{B}) = n_1\boldsymbol{b_1} + n_2\boldsymbol{b_2} + \cdots + n_k\boldsymbol{b_k}, \quad n_{1,2,\cdots,k} \in \mathbb{R}$$

可以推出：

$$colsp(\boldsymbol{A}) + colsp(\boldsymbol{B}) = m_1\boldsymbol{a_1} + m_2\boldsymbol{a_2} + \cdots + m_k\boldsymbol{a_k} + n_1\boldsymbol{b_1} + n_2\boldsymbol{b_2} + \cdots + n_k\boldsymbol{b_k}$$

而 $\boldsymbol{A}+\boldsymbol{B}$ 的列空间为：

$$colsp(\boldsymbol{A}+\boldsymbol{B}) = p_1(\boldsymbol{a_1}+\boldsymbol{b_1}) + p_2(\boldsymbol{a_2}+\boldsymbol{b_2}) + \cdots + p_k(\boldsymbol{a_k}+\boldsymbol{b_k}), \quad p_{1,2,\cdots,k} \in \mathbb{R}$$

通过上面两式可以看到，后式受到的约束更大，要求 $\boldsymbol{a_i}$ 和 $\boldsymbol{b_i}$ 的系数必须一样，所以有：

$$colsp(\boldsymbol{A}+\boldsymbol{B}) \subseteq colsp(\boldsymbol{A}) + colsp(\boldsymbol{B})$$

因此：

$$rank(\boldsymbol{A}+\boldsymbol{B}) \leqslant rank(\boldsymbol{A}) + rank(\boldsymbol{B})$$

□

## 4.4　矩阵函数的单射

通过矩阵的秩可以知道矩阵函数 $\boldsymbol{Ax}=\boldsymbol{y}$ 是单射或非单射（见图 4.35 和图 4.36），这就是本节的学习内容。

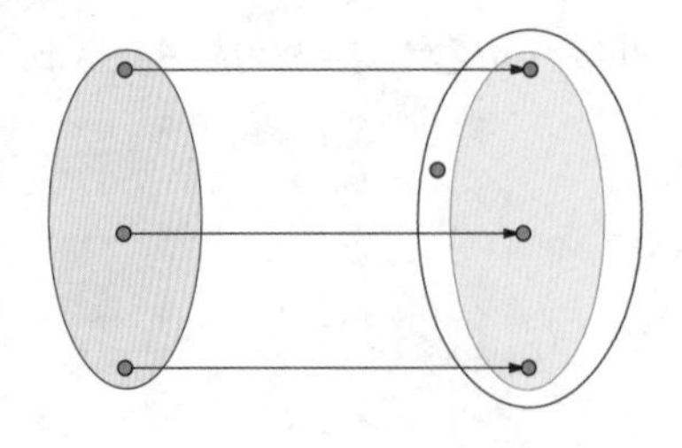

图 4.35: 单射

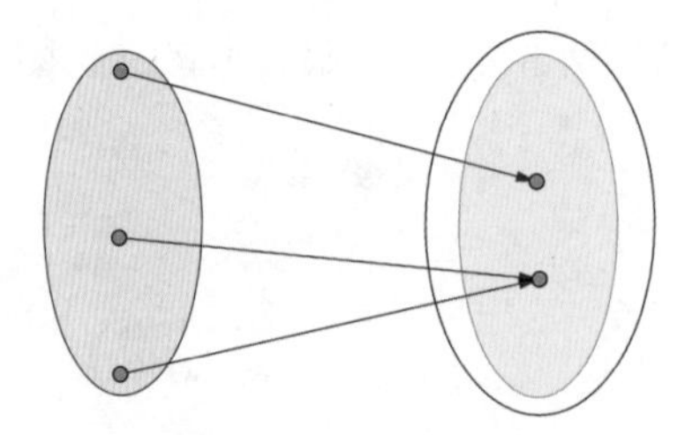

图 4.36: 非单射

**定理 9.** 对于矩阵函数而言，当定义域为向量空间时，其值域也为向量空间，且：

$$\text{定义域的维度} \geqslant \text{值域的维度}$$

**证明：**（1）先证明，“当定义域为向量空间时，其值域也为向量空间”。假设定义域 $X$ 为向量空间，由基 $\{\boldsymbol{a}_1, \boldsymbol{a}_2, \cdots, \boldsymbol{a}_n\}$ 张成，那么定义域中的任意向量 $\boldsymbol{x}$ 可以表示为：

$$\boldsymbol{x} = x_1\boldsymbol{a}_1 + x_2\boldsymbol{a}_2 + \cdots + x_n\boldsymbol{a}_n, \quad x_{1,2,\cdots,n} \in \mathbb{R}$$

因为矩阵函数 $\boldsymbol{A}\boldsymbol{x} = \boldsymbol{y}$ 是线性函数，所以有：

$$\boldsymbol{y} = \boldsymbol{A}(x_1\boldsymbol{a}_1 + x_2\boldsymbol{a}_2 + \cdots + x_n\boldsymbol{a}_n) = x_1\boldsymbol{A}(\boldsymbol{a}_1) + x_2\boldsymbol{A}(\boldsymbol{a}_2) + \cdots + x_n\boldsymbol{A}(\boldsymbol{a}_n), \quad x_{1,2,\cdots,n} \in \mathbb{R}$$

所以，值域为向量组 $\{\boldsymbol{A}\boldsymbol{a}_1, \boldsymbol{A}\boldsymbol{a}_2, \cdots, \boldsymbol{A}\boldsymbol{a}_n\}$ 的张成空间，也为向量空间。

（2）再证明，“定义域的维度 $\geqslant$ 值域的维度”。已知定义域是基 $\{\boldsymbol{a}_1, \boldsymbol{a}_2, \cdots, \boldsymbol{a}_n\}$ 的张成空间，所以定义域的维度为 $n$。（1）又证明了值域是向量组 $\{\boldsymbol{A}\boldsymbol{a}_1, \boldsymbol{A}\boldsymbol{a}_2, \cdots, \boldsymbol{A}\boldsymbol{a}_n\}$ 的张成空间。所以：

$$\text{值域的维度} = \begin{cases} \text{等于定义域的维度，当 } \{\boldsymbol{A}\boldsymbol{a}_1, \boldsymbol{A}\boldsymbol{a}_2, \cdots, \boldsymbol{A}\boldsymbol{a}_n\} \text{ 线性无关} \\ \text{小于定义域的维度，当 } \{\boldsymbol{A}\boldsymbol{a}_1, \boldsymbol{A}\boldsymbol{a}_2, \cdots, \boldsymbol{A}\boldsymbol{a}_n\} \text{ 线性相关} \end{cases}$$

所以有“定义域的维度 $\geqslant$ 值域的维度”。 □

上面的定理是说，对于某矩阵函数 $\boldsymbol{A}\boldsymbol{x} = \boldsymbol{y}$，如果定义域为 $\mathbb{R}^2$，那么值域只能为 2 维、1 维或者 0 维的向量空间，见图 4.37。

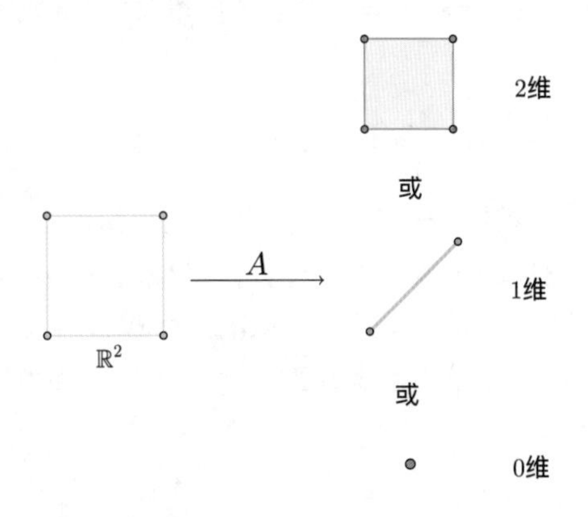


图 4.37: 如果定义域为 $\mathbb{R}^2$，那么值域只能为 2 维、1 维或者 0 维的向量空间

或通过韦恩图来表示，见图 4.38 ~ 图 4.41（图 4.41 所示的值域显然更小一些，用于表示“定义域的维度 $>$ 值域的维度”）。

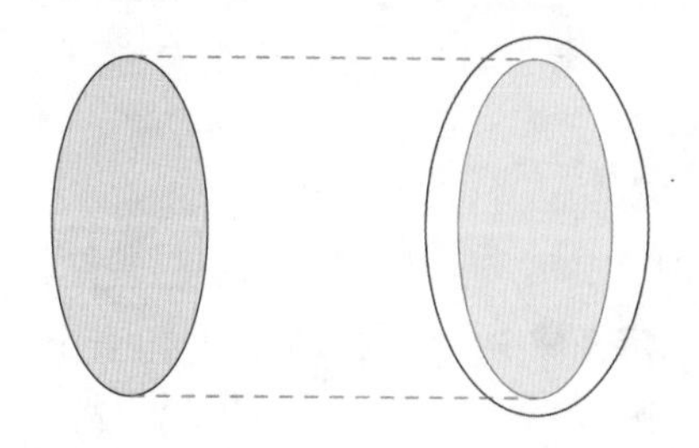

图 4.38: 定义域的维度 = 值域的维度

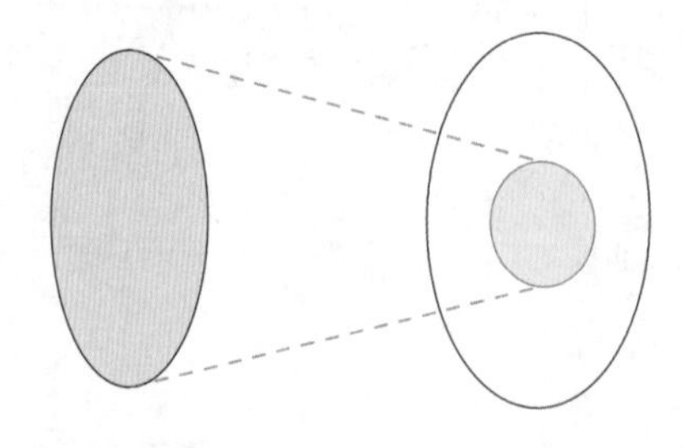

图 4.39: 定义域的维度 > 值域的维度

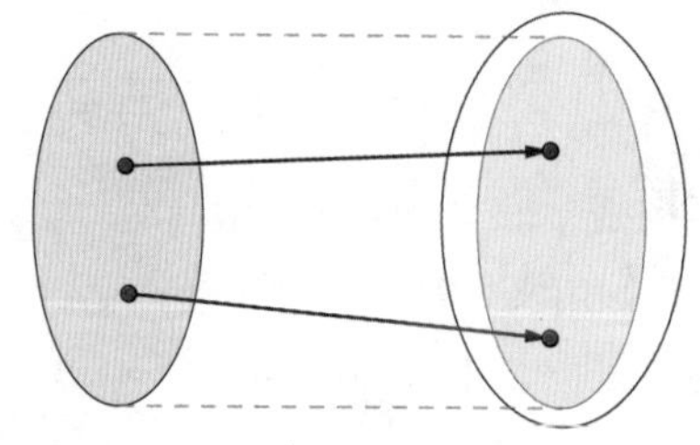

图 4.40: 定义域的维度 = 值域的维度，单射

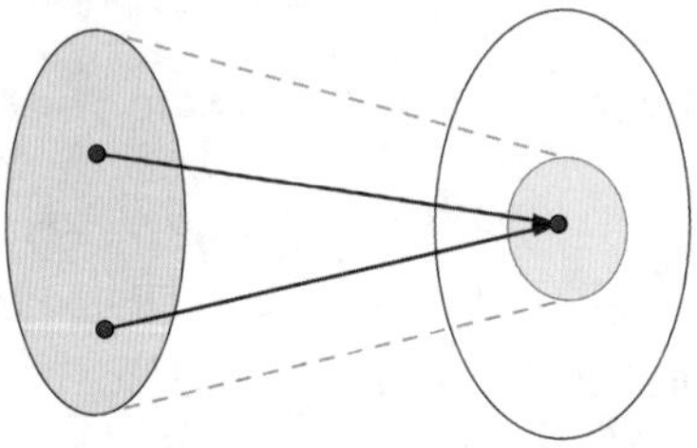

图 4.41: 定义域的维度 > 值域的维度，非单射

当“定义域的维度 = 值域的维度”时，可以直观地想象，此时值域中的向量和定义域中的向量一样多，所以矩阵函数是单射，否则为非单射。

上述这些是可以证明的。

**定理 10.** 当定义域为向量空间时，有：

$$\text{矩阵函数是单射} \iff \text{定义域的维度} = \text{值域的维度}$$

以及：

$$\text{矩阵函数非单射} \iff \text{定义域的维度} > \text{值域的维度}$$

**证明：**（1）先证明，“单射 $\implies$ 定义域的维度与值域的维度相同”。用反证法，假设单射时，定义域的维度与值域的维度不同。已知定义域由基 $\{\boldsymbol{a}_1, \boldsymbol{a}_2, \cdots, \boldsymbol{a}_n\}$ 张成，所以定义域的维度为 $n$，而值域由 $\{A\boldsymbol{a}_1, A\boldsymbol{a}_2, \cdots, A\boldsymbol{a}_n\}$ 张成，因为定义域的维度与值域的维度不同，所以该向量组必定线性相关（否则维度也为 $n$），不妨假设 $A\boldsymbol{a}_1$ 可以被其他向量线性表示：

$$\boldsymbol{A}\boldsymbol{a}_1 = k_2\boldsymbol{A}\boldsymbol{a}_2 + k_3\boldsymbol{A}\boldsymbol{a}_3 + \cdots + k_n\boldsymbol{A}\boldsymbol{a}_n, \quad k_{2,3,\cdots,n} \in \mathbb{R}$$

移项之后可得 $\boldsymbol{A}(\boldsymbol{a}_1 - k_2\boldsymbol{a}_2 - \cdots - k_n\boldsymbol{a}_n) = \boldsymbol{0}$，因为 $\boldsymbol{A}(0) = \boldsymbol{0}$，且 $\boldsymbol{A}$ 为单射，所以有且只有：

$$\boldsymbol{a}_1 - k_2\boldsymbol{a}_2 - \cdots - k_n\boldsymbol{a}_n = \boldsymbol{0}$$

上式说明向量组 $\{\boldsymbol{a}_1, \boldsymbol{a}_2, \cdots, \boldsymbol{a}_n\}$ 线性相关，与该向量组是基的条件相矛盾，所以，“假设单射时，定义域的维度与值域的维度不同”是错误的。

（2）再证明，“定义域的维度与值域的维度相同 $\Longrightarrow$ 单射”。首先假设在定义域中的两个向量：

$$\boldsymbol{u}=u_1\boldsymbol{a}_1+u_2\boldsymbol{a}_2+\cdots+u_n\boldsymbol{a}_n,\quad \boldsymbol{v}=v_1\boldsymbol{a}_1+v_2\boldsymbol{a}_2+\cdots+v_n\boldsymbol{a}_n$$

那么，有：

$$\begin{aligned}\boldsymbol{A}\boldsymbol{u}-\boldsymbol{A}\boldsymbol{v}&=\boldsymbol{A}(u_1\boldsymbol{a}_1+u_2\boldsymbol{a}_2+\cdots+u_n\boldsymbol{a}_n)-\boldsymbol{A}(v_1\boldsymbol{a}_1+v_2\boldsymbol{a}_2+\cdots+v_n\boldsymbol{a}_n)\\&=(u_1-v_1)\boldsymbol{A}(\boldsymbol{a}_1)+(u_2-v_2)\boldsymbol{A}(\boldsymbol{a}_2)+\cdots+(u_n-v_n)\boldsymbol{A}(\boldsymbol{a}_n)\end{aligned}$$

如果 $\boldsymbol{A}\boldsymbol{u}=\boldsymbol{A}\boldsymbol{v}$，因为定义域的维度与值域的维度相同，因此向量组 $\{\boldsymbol{A}\boldsymbol{a}_1,\boldsymbol{A}\boldsymbol{a}_2,\cdots,\boldsymbol{A}\boldsymbol{a}_n\}$ 线性无关，那么：

$$\begin{aligned}\boldsymbol{A}\boldsymbol{u}-\boldsymbol{A}\boldsymbol{v}=0&\Longrightarrow(u_1-v_1)\boldsymbol{A}(\boldsymbol{a}_1)+(u_2-v_2)\boldsymbol{A}(\boldsymbol{a}_2)+\cdots+(u_n-v_n)\boldsymbol{A}(\boldsymbol{a}_n)=0\\&\xRightarrow{\text{线性无关}}u_1-v_1=0,u_2-v_2=0,\cdots,u_n-v_n=0\Longrightarrow\boldsymbol{u}=\boldsymbol{v}\end{aligned}$$

这说明，如果两个向量的函数值相同，那么这两个向量是同一个向量，所以 $\boldsymbol{A}$ 是单射。

（3）因为矩阵函数的“定义域的维度 $\geqslant$ 值域的维度”，所以除了“定义域的维度 $=$ 值域的维度”，剩下的情况就是“定义域的维度 $>$ 值域的维度”。因为已经证明了单射的充分必要条件：

$$\text{矩阵函数是单射}\iff\text{定义域的维度}=\text{值域的维度}$$

所以“定义域的维度 $>$ 值域的维度”自然就是非单射。 □

根据上述定理可知，相对于定义域的维度，单射时值域的维度保持不变，非单射时值域会降维，如表 4.7 所示。

表 4.7: 定义域的维度与值域的维度的关系

| | 定义域的维度 | 值域的维度 |
|---|---|---|
| 单射 | 2 维空间<br>3 维空间 | 2 维空间<br>3 维空间 |
| 非单射 | 2 维空间<br>3 维空间 | 1 维或 0 维空间<br>2 维、1 维或 0 维空间 |

相对于定理 10，借助矩阵的秩可以更简单地判断矩阵函数 $\boldsymbol{A}\boldsymbol{x}=\boldsymbol{y}$ 是否为单射。

**定理 11.** 在自然定义域下，$\boldsymbol{A}$ 是列满秩 $\iff$ $\boldsymbol{A}\boldsymbol{x}=\boldsymbol{y}$ 是单射。

**证明：** 假设 $\boldsymbol{A}$ 为 $m\times n$ 的矩阵，那么在自然定义域下，矩阵函数 $\boldsymbol{A}\boldsymbol{x}=\boldsymbol{y}$ 的四要素如表 4.8 所示。

表 4.8: 矩阵函数 $\boldsymbol{A}\boldsymbol{x}=\boldsymbol{y}$ 的四要素

| 自然定义域 | 映射法则 | 值域 | 到达域 |
|---|---|---|---|
| $\mathbb{R}^n$ | $\boldsymbol{A}$ | $colsp(\boldsymbol{A})$ | $\mathbb{R}^m$ |

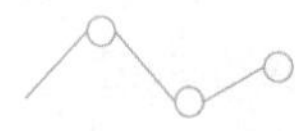


用韦恩图来表示如图 4.42 所示。

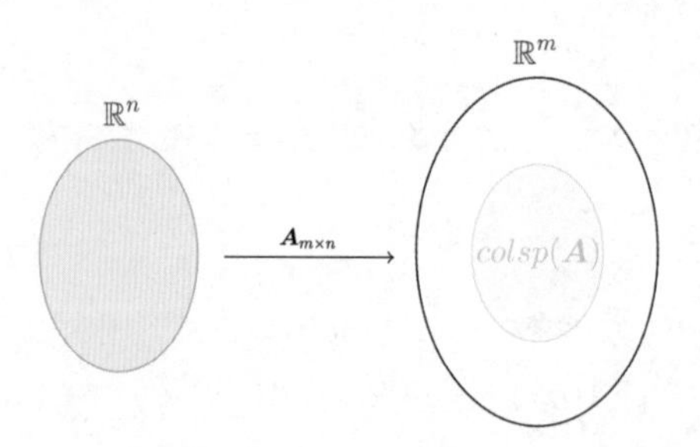


图 4.42: 矩阵函数的四要素

根据定理 10，当值域 $colsp(\boldsymbol{A})$ 扩大到和定义域 $\mathbb{R}^n$ 的维度相同时，见图 4.43，即 $rank(colsp(\boldsymbol{A})) = rank(\mathbb{R}^n) = n$ 时，矩阵函数 $\boldsymbol{Ax} = \boldsymbol{y}$ 为单射，否则为非单射。

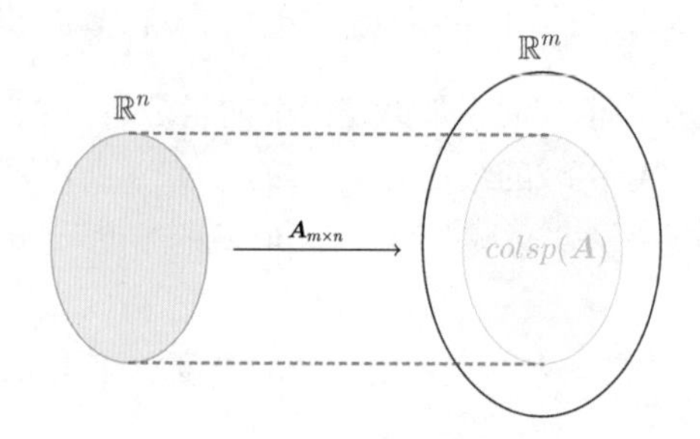


图 4.43: 值域扩大到和定义域的维度相同

综上，单射时有 $rank\,(colsp(\boldsymbol{A})) = n$，又因 $\boldsymbol{A}$ 为 $m \times n$ 的矩阵，因此：

$$rank\,(colsp(\boldsymbol{A})) = n \iff \boldsymbol{A} \text{ 是列满秩} \iff \boldsymbol{Ax} = \boldsymbol{y} \text{ 是单射} \qquad \square$$

比如 $\boldsymbol{A} = \begin{pmatrix} -1 & 2 \\ 0 & 2 \\ 1 & -2 \end{pmatrix}$ 是列满秩的，此时 $\boldsymbol{Ax} = \boldsymbol{y}$ 的自然定义域为 $\mathbb{R}^2$，值域为 $\mathbb{R}^3$ 中的平面，两者的维度一样，因此 $\boldsymbol{Ax} = \boldsymbol{y}$ 是单射，见图 4.44。

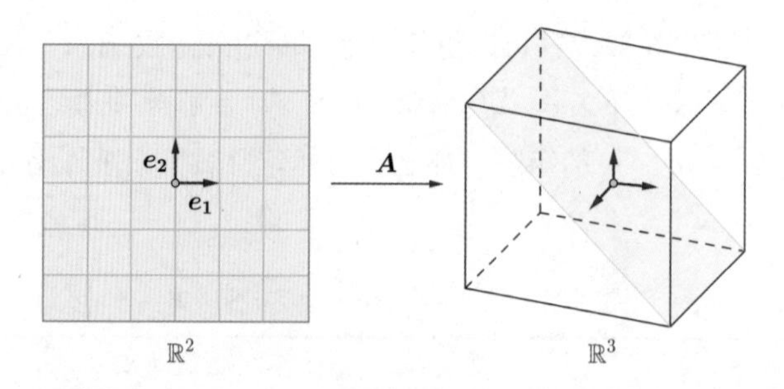


图 4.44: 定义域为 $\mathbb{R}^2$，值域为 $\mathbb{R}^3$ 中的平面，两者维度一样

而对于非列满秩的 $\boldsymbol{A}=\begin{pmatrix}1 & 1\\1 & 1\end{pmatrix}$，此时 $\boldsymbol{A}\boldsymbol{x}=\boldsymbol{y}$ 的自然定义域为 $\mathbb{R}^2$，值域为 $\mathbb{R}^2$ 中的直线，两者的维度不同，因此 $\boldsymbol{A}\boldsymbol{x}=\boldsymbol{y}$ 是非单射，见图 4.45。

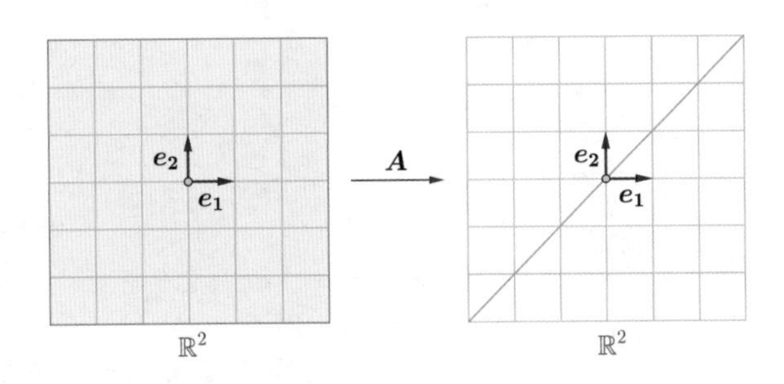


图 4.45: 定义域为 $\mathbb{R}^2$，值域为 $\mathbb{R}^2$ 中的直线，值域的维度比定义域的维度低

**定理 12.** 在自然定义域下，当矩阵函数是非单射时，值域中的每个向量都有无数定义域中的向量与之对应。

**证明：** 因为矩阵函数是非单射，所以可假设值域中的向量 $\boldsymbol{a}$ 与定义域中两个不相等的 $\boldsymbol{c_1}$, $\boldsymbol{c_2}$ 相对应，即有 $\boldsymbol{A}\boldsymbol{c_1}=\boldsymbol{A}\boldsymbol{c_2}=\boldsymbol{a},\boldsymbol{c_1}\neq\boldsymbol{c_2}$。因为矩阵函数是线性函数，所以可推出：

$$\boldsymbol{A}\boldsymbol{c_1}-\boldsymbol{A}\boldsymbol{c_2}=\boldsymbol{A}(\boldsymbol{c_1}-\boldsymbol{c_2})=\boldsymbol{0},\quad \boldsymbol{c_1}-\boldsymbol{c_2}\neq\boldsymbol{0}$$

再假设有 $\boldsymbol{A}\boldsymbol{c_3}=\boldsymbol{b}$，那么可以推出：

$$\boldsymbol{A}\Big(\boldsymbol{c_3}-k(\boldsymbol{c_1}-\boldsymbol{c_2})\Big)=\boldsymbol{A}\boldsymbol{c_3}-k\boldsymbol{A}(\boldsymbol{c_1}-\boldsymbol{c_2})=\boldsymbol{A}\boldsymbol{c_3}-\boldsymbol{0}=\boldsymbol{b},\quad k\in\mathbb{R}$$

也就是说，自然定义域中的 $\boldsymbol{c_3}-k(\boldsymbol{c_1}-\boldsymbol{c_2})$ 也和 $\boldsymbol{b}$ 相对应，所以得证。 □

根据定理 12，矩阵函数是非单射时，其韦恩图见图 4.46。

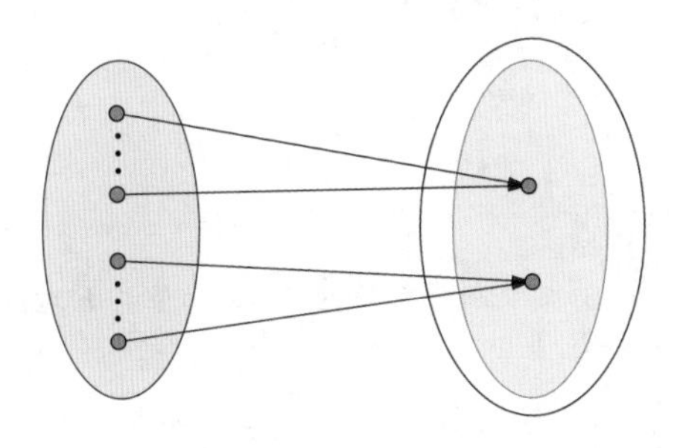

图 4.46: 值域中的每个向量都有无数自然定义域中的向量与之对应

这和一般函数不同，比如 $y=x^2$ 是非单射，$y=1$ 时有 $x=\pm1$ 与之对应，而 $y=0$ 时只有 $x=0$ 与之对应，见图 4.47，其韦恩图如图 4.48 所示。

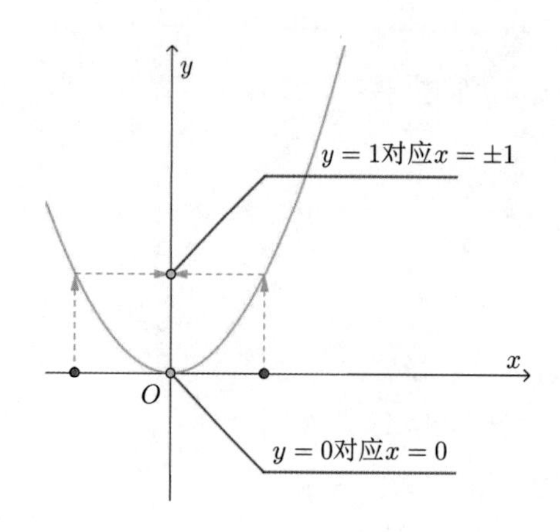


图 4.47: 函数 $y=x^2$

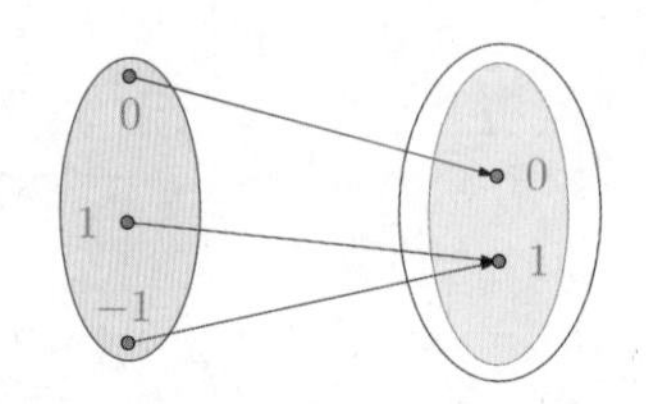


图 4.48: $y=x^2$ 的韦恩图，示意图

**例 1.** $x_1=x_2=1$ 是下列线性方程组的解。请问，这是唯一解吗？

$$\begin{cases}2x_1+4x_2=6\\3x_1+6x_2=9\end{cases}$$

**解：**（1）先说思路。将该线性方程组改写为矩阵函数的形式：

$$\begin{cases}2x_1+4x_2=6\\3x_1+6x_2=9\end{cases}\implies\underbrace{\begin{pmatrix}2&4\\3&6\end{pmatrix}}_{\boldsymbol{A}}\underbrace{\begin{pmatrix}x_1\\x_2\end{pmatrix}}_{\boldsymbol{x}}=\underbrace{\begin{pmatrix}6\\9\end{pmatrix}}_{\boldsymbol{b}}$$

因此题目的条件可解读为，已知值域中 $\boldsymbol{b}=\begin{pmatrix}6\\9\end{pmatrix}$ 和定义域中的 $\boldsymbol{x}=\begin{pmatrix}1\\1\end{pmatrix}$ 相对应。问题可解读为，是否有定义域中的其他向量与 $\boldsymbol{b}$ 相对应（见图 4.49）？

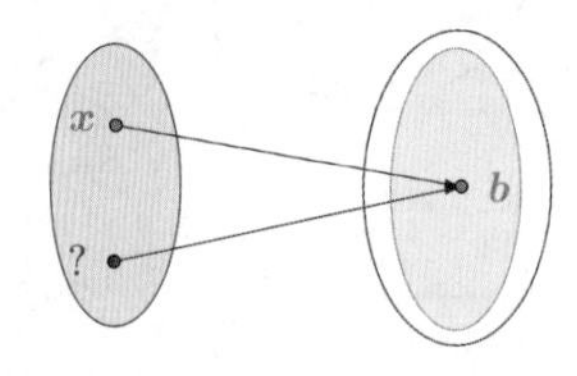


图 4.49: 定义域中是否还有其他向量与 $\boldsymbol{b}$ 对应

所以根据定理 12，只需判断矩阵函数 $\boldsymbol{Ax}=\boldsymbol{y}$ 是不是单射即可。

（2）证明矩阵函数 $\boldsymbol{Ax}=\boldsymbol{y}$ 是非单射。因为矩阵 $\boldsymbol{A}$ 的列向量为 $\boldsymbol{c_1}=\begin{pmatrix}2\\3\end{pmatrix},\boldsymbol{c_2}=\begin{pmatrix}4\\6\end{pmatrix}$。因为 $2\boldsymbol{c_1}=\boldsymbol{c_2}$，所以列向量组 $\{\boldsymbol{c_1},\boldsymbol{c_2}\}$ 线性相关，所以矩阵 $\boldsymbol{A}$ 不是列满秩。根据

定理 11，可知：

$$\boldsymbol{A}\text{ 不是列满秩} \implies \text{矩阵函数 } \boldsymbol{Ax}=\boldsymbol{y}\text{ 是非单射}$$

所以该线性方程组的解并不唯一，有无数多个解。比如还有 $x_1=0, x_2=\frac{3}{2}$。

## 4.5 矩阵函数的满射

借助矩阵的秩，可以很简单地判断列向量矩阵函数 $\boldsymbol{Ax}=\boldsymbol{y}$ 是否为满射。

**定理 13.** 在自然定义域下，$\boldsymbol{A}$ 是行满秩 $\iff$ $\boldsymbol{Ax}=\boldsymbol{y}$ 是满射。

**证明：** 之前学习过，如果 $\boldsymbol{A}$ 为 $m\times n$ 的矩阵，那么在自然定义域下，矩阵函数 $\boldsymbol{Ax}=\boldsymbol{y}$ 的四要素如表 4.9 所示。

表 4.9: 矩阵函数 $\boldsymbol{Ax}=\boldsymbol{y}$ 的四要素

| 自然定义域 | 映射法则 | 值域 | 到达域 |
|---|---|---|---|
| $\mathbb{R}^n$ | $\boldsymbol{A}$ | $colsp(\boldsymbol{A})$ | $\mathbb{R}^m$ |

当值域和到达域相等时，$\boldsymbol{Ax}=\boldsymbol{y}$ 为满射，见图 4.50。

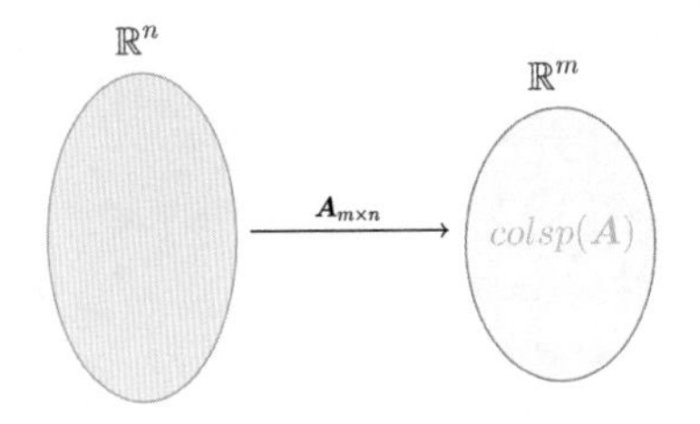


图 4.50: 值域和到达域相等时为满射

此时有 $rank(colsp(\boldsymbol{A}))=rank(\mathbb{R}^m)=m$ 时，又因为行秩 $=$ 列秩，所以：

$$\left.\begin{aligned} rank(colsp(\boldsymbol{A}))=m \\ \text{列秩}=\text{行秩} \end{aligned}\right\} \implies rank(rowsp(\boldsymbol{A}))=m$$

又 $\boldsymbol{A}$ 为 $m\times n$ 的矩阵，因此：

$$rank(rowsp(\boldsymbol{A}))=m \iff \boldsymbol{A}\text{ 是行满秩} \iff \boldsymbol{Ax}=\boldsymbol{y}\text{ 是满射} \qquad \square$$

比如说 $\boldsymbol{A}=\begin{pmatrix}-1 & 0 & 1\\ 2 & 2 & -2\end{pmatrix}$ 是行满秩的，此时 $\boldsymbol{Ax}=\boldsymbol{y}$ 的自然定义域为 $\mathbb{R}^3$，到达域为 $\mathbb{R}^2$，值域也为 $\mathbb{R}^2$，到达域 $=$ 值域，符合满射的定义，因此 $\boldsymbol{Ax}=\boldsymbol{y}$ 是满射，见图 4.51。

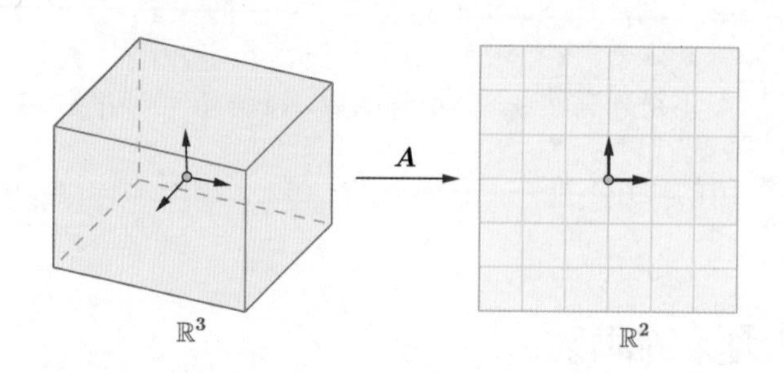


图 4.51: 到达域为 $\mathbb{R}^2$，值域也为 $\mathbb{R}^2$，到达域 = 值域

而 $\boldsymbol{A}=\begin{pmatrix}-1&2\\0&2\\1&-2\end{pmatrix}$ 不是行满秩的，此时 $\boldsymbol{Ax}=\boldsymbol{y}$ 的自然定义域为 $\mathbb{R}^2$，到达域为 $\mathbb{R}^3$，值域为 $\mathbb{R}^3$ 中的平面，到达域 $\neq$ 值域，因此 $\boldsymbol{Ax}=\boldsymbol{y}$ 是非满射，见图 4.52。

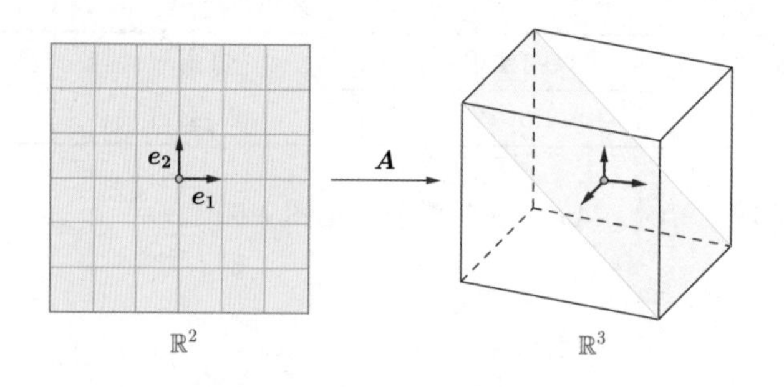


图 4.52: 到达域为 $\mathbb{R}^3$，值域为 $\mathbb{R}^3$ 中的平面，到达域 $\neq$ 值域

**例 2.** 下列线性方程组是否有解？

$$\begin{cases}2x_1+3x_2=5\\3x_1+6x_2=9\end{cases}$$

**解：**（1）先说思路。将该线性方程组改写为矩阵函数的形式：

$$\begin{cases}2x_1+3x_2=5\\3x_1+6x_2=9\end{cases}\implies\underbrace{\begin{pmatrix}2&3\\3&6\end{pmatrix}}_{A}\underbrace{\begin{pmatrix}x_1\\x_2\end{pmatrix}}_{\boldsymbol{x}}=\underbrace{\begin{pmatrix}5\\9\end{pmatrix}}_{\boldsymbol{b}}$$

那么题目问的其实就是，$\boldsymbol{b}=\begin{pmatrix}5\\9\end{pmatrix}$ 是否在值域中（见图 4.53）？

如果矩阵函数 $\boldsymbol{Ax}=\boldsymbol{y}$ 是满射，那么 $\boldsymbol{b}$ 必然在值域中。

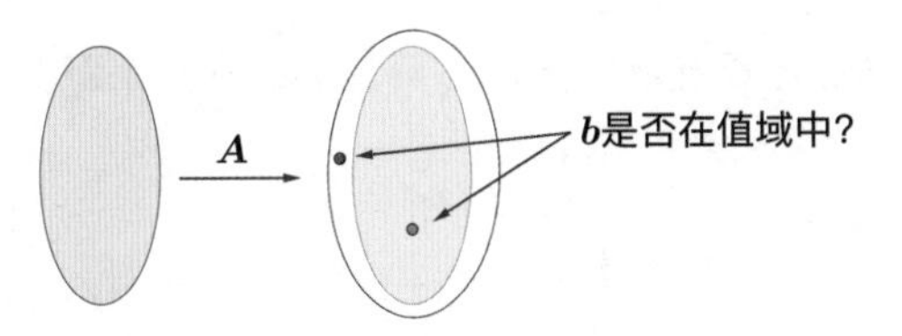


图 4.53: $\boldsymbol{b}$ 是否在值域中

（2）证明矩阵函数 $\boldsymbol{Ax}=\boldsymbol{y}$ 是满射。因为 $\boldsymbol{A}$ 的行向量为 $\boldsymbol{r_1}^{\mathrm{T}}=\begin{pmatrix}2 & 3\end{pmatrix}$, $\boldsymbol{r_2}^{\mathrm{T}}=\begin{pmatrix}3 & 6\end{pmatrix}$，其中 $\boldsymbol{r_1}^{\mathrm{T}},\boldsymbol{r_2}^{\mathrm{T}}$ 没有倍数关系，所以行向量组 $\{\boldsymbol{r_1}^{\mathrm{T}},\boldsymbol{r_2}^{\mathrm{T}}\}$ 线性无关，所以矩阵 $A$ 是行满秩。根据定理 13 可知：

$$\boldsymbol{A}\text{ 是行满秩} \implies \boldsymbol{Ax}=\boldsymbol{y}\text{ 是满射}$$

所以 $\boldsymbol{b}$ 一定在 $\boldsymbol{Ax}=\boldsymbol{y}$ 的值域中，也就是说，一定有解。比如 $x_1=1,x_2=1$ 就是该线性方程组的解。

## 4.6 矩阵函数的双射

如果一个映射，既是单射又是满射，那么称为双射。

**定理 14.** *在自然定义域下，$\boldsymbol{A}$ 满秩 $\iff \boldsymbol{Ax}=\boldsymbol{y}$ 是双射。*

**证明：** 结合定理 11 及定理 13，有：

$$\left.\begin{array}{l}\boldsymbol{A}\text{ 是列满秩} \iff \boldsymbol{Ax}=\boldsymbol{y}\text{ 是单射}\\ \boldsymbol{A}\text{ 是行满秩} \iff \boldsymbol{Ax}=\boldsymbol{y}\text{ 是满射}\end{array}\right\} \implies \boldsymbol{A}\text{ 满秩} \iff \boldsymbol{Ax}=\boldsymbol{y}\text{ 是双射} \qquad \square$$

比如说 $\boldsymbol{A}=\begin{pmatrix}1 & 2\\ 3 & 4\end{pmatrix}$ 是满秩矩阵，矩阵函数 $\boldsymbol{Ax}=\boldsymbol{y}$ 的自然定义域为 $\mathbb{R}^2$，到达域为 $\mathbb{R}^2$，值域也为 $\mathbb{R}^2$，此时：

$$\text{定义域的维度}=\text{值域的维度}=\text{到达域的维度}$$

既是单射又是满射，因此 $\boldsymbol{Ax}=\boldsymbol{y}$ 是双射，见图 4.54。

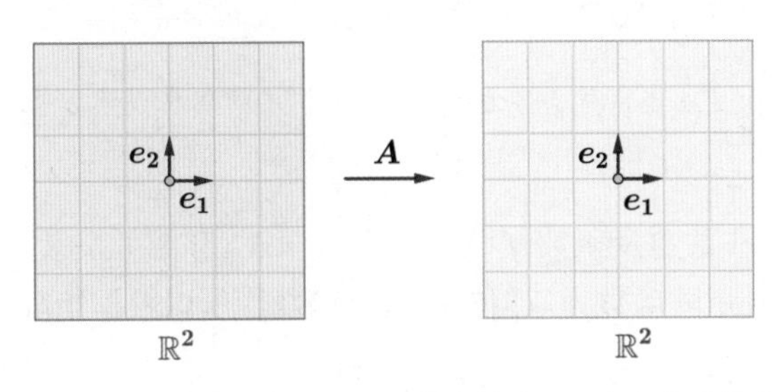


图 4.54: 定义域的维度 = 值域的维度 = 到达域的维度

**例 3.** 下列线性方程组是否有解？如果有解，那么有几个解？

$$\begin{cases} x_1 + 3x_2 = 5 \\ x_1 + 6x_2 = 9 \end{cases}$$

**解：** 还是将该线性方程组改写为矩阵函数的形式：

$$\begin{cases} x_1 + 3x_2 = 5 \\ x_1 + 6x_2 = 9 \end{cases} \implies \underbrace{\begin{pmatrix} 1 & 3 \\ 1 & 6 \end{pmatrix}}_{\boldsymbol{A}} \underbrace{\begin{pmatrix} x_1 \\ x_2 \end{pmatrix}}_{\boldsymbol{x}} = \underbrace{\begin{pmatrix} 5 \\ 9 \end{pmatrix}}_{\boldsymbol{b}}$$

可知 $\boldsymbol{A}$ 的列向量为 $\boldsymbol{c_1} = (1,1)^{\mathrm{T}}, \boldsymbol{c_2} = (3,6)^{\mathrm{T}}$，因为 $\boldsymbol{c_1}, \boldsymbol{c_2}$ 没有倍数关系，所以列向量组 $\{\boldsymbol{c_1}, \boldsymbol{c_2}\}$ 线性无关，所以 $\boldsymbol{A}$ 是列满秩。因为 $\boldsymbol{A}$ 是 $2 \times 2$ 的矩阵，根据列秩 = 行秩，所以 $\boldsymbol{A}$ 也是行满秩，所以 $\boldsymbol{A}$ 是满秩矩阵，所以 $\boldsymbol{A}$ 是双射。也就是说，$\boldsymbol{A}$ 既是单射又是满射，所以 $\boldsymbol{Ax} = \boldsymbol{b}$ 一定有解，且有唯一解。

## 4.7　逆矩阵

通过矩阵的秩容易知道矩阵函数 $\boldsymbol{Ax} = \boldsymbol{y}$ 是否有反函数，这就是本节的学习内容。

### 4.7.1　逆矩阵的存在性

某函数如果只是单射，或只是满射，将对应关系颠倒之后，都不再是函数，或者说该函数不存在反函数，见图 4.55 和图 4.56。

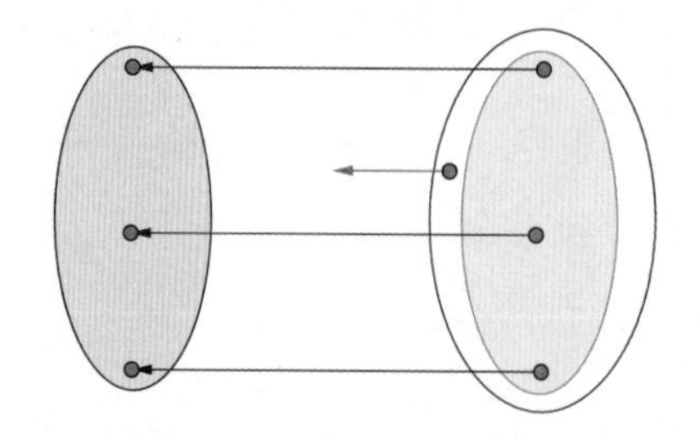

图 4.55: 单射反过来，定义域中有元素没有对应

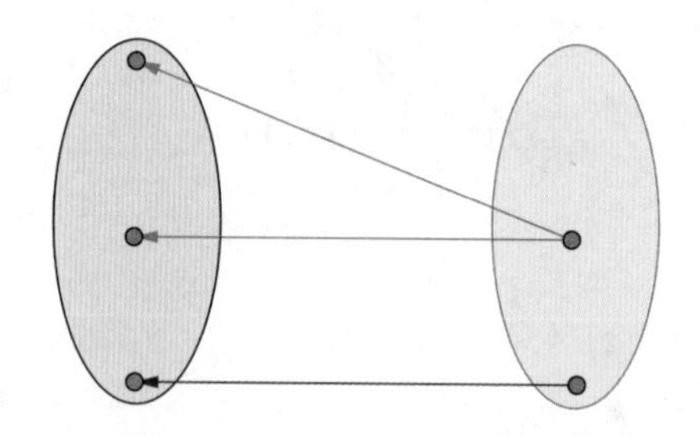

图 4.56: 满射反过来，定义域中有元素对应了多个元素

只有双射函数 $f(x)$ 才有反函数 $f^{-1}(x)$，见图 4.57 和图 4.58。

同样的道理，只有矩阵函数为双射时才有反函数，所以根据矩阵函数双射的条件有如下定理。

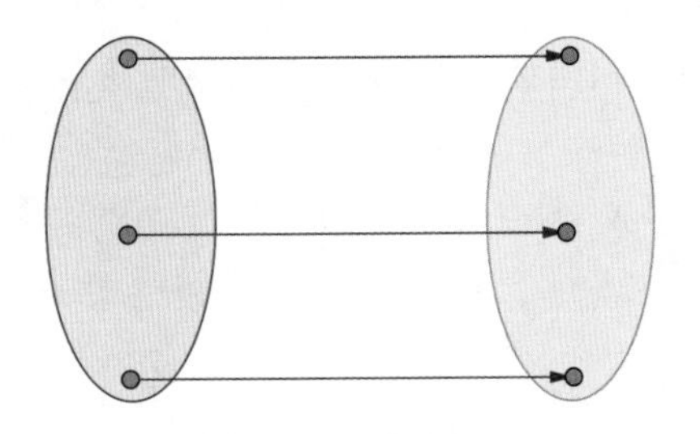

图 4.57: 双射函数 $f(x)$

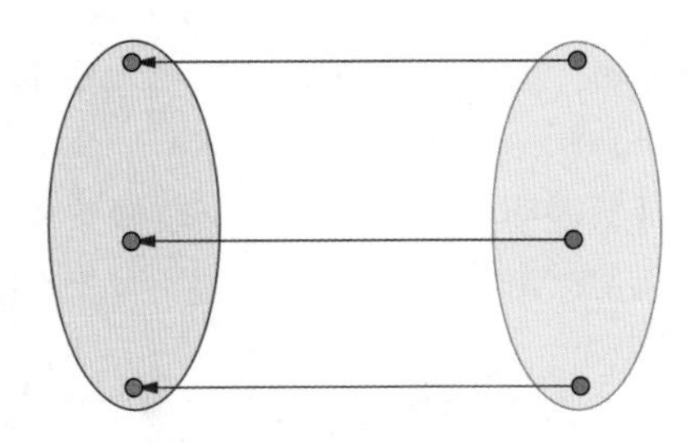

图 4.58: 反函数 $f^{-1}(x)$

**定理 15.** 当 $\boldsymbol{A}$ 为满秩矩阵时，对应的矩阵函数为双射，此时 $\boldsymbol{A}$ 存在反函数，称为 $\boldsymbol{A}$ 可逆。其反函数记作 $\boldsymbol{A}^{-1}$，称为 $\boldsymbol{A}$ 的逆矩阵。

比如某满秩矩阵 $\boldsymbol{A}$，在它的作用下矩形变为平行四边形，在它的反函数（逆矩阵）$\boldsymbol{A}^{-1}$ 的作用下，图形又变回原来的样子，这就是逆矩阵的几何意义，见图 4.59。

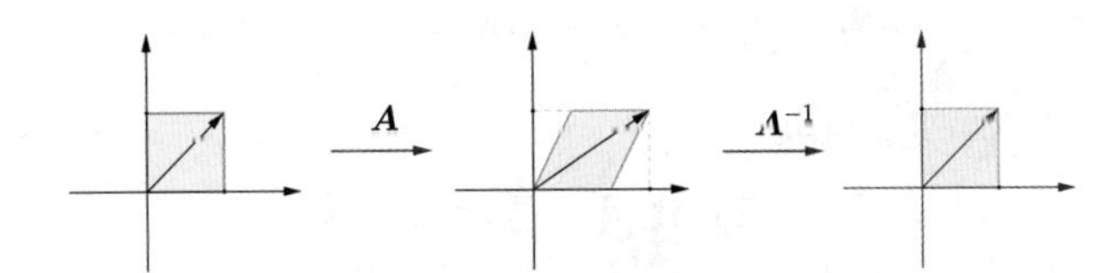


图 4.59: 在 $\boldsymbol{A}$ 作用下变为平行四边形，在 $\boldsymbol{A}^{-1}$ 作用下变回矩形

如果 $\boldsymbol{B}$ 不是满秩矩阵，在它的作用下矩形变成了线段，信息丢失了没有办法变回原来的矩形了（就好像易拉罐被踩扁了，没法复原了），所以它没有逆矩阵，见图 4.60。

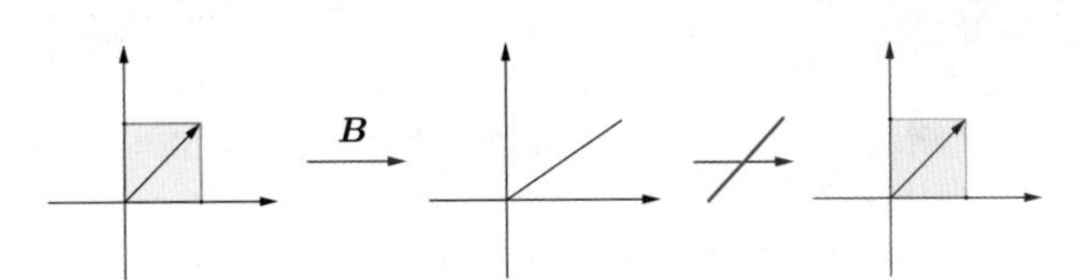


图 4.60: 在 $\boldsymbol{B}$ 作用下变为线段，此时无法复原

### 4.7.2 逆矩阵的定义

上面解释了，对图形运用 $\boldsymbol{A}$ 后，再运用 $\boldsymbol{A}^{-1}$，图形不会发生变化。这和单位阵的效果相同，即有：

$$\boldsymbol{I}=\boldsymbol{A}\boldsymbol{A}^{-1}=\boldsymbol{A}^{-1}\boldsymbol{A}$$

这实际上是逆矩阵的定义。

**定义 4.** 若存在两个 $n$ 阶方阵 $\boldsymbol{A},\boldsymbol{C}$，两者的乘积为 $n$ 阶单位阵 $\boldsymbol{I}$：

$$\boldsymbol{AC}=\boldsymbol{I}\quad 且\quad \boldsymbol{CA}=\boldsymbol{I}$$

那么 $\boldsymbol{C}$ 就是 $\boldsymbol{A}$ 的逆矩阵，即有 $\boldsymbol{A}^{-1}=\boldsymbol{C}$，且 $\boldsymbol{A}^{-1}$ 是唯一的。

**证明：** 这是逆矩阵的定义，本身不需要证明。这里证明一下 $\boldsymbol{A}$ 是可逆的及 $\boldsymbol{A}^{-1}$ 是唯一的。

（1）证明 $\boldsymbol{A}$ 是可逆的。根据条件 $\boldsymbol{AC} = \boldsymbol{I}, \boldsymbol{CA} = \boldsymbol{I}$，结合性质 $rank(\boldsymbol{AB}) \leqslant \min\Big(rank(\boldsymbol{A}), rank(\boldsymbol{B})\Big)$，有：

$$r(\boldsymbol{AC}) = r(\boldsymbol{I}) \leqslant min\{r(\boldsymbol{A}), r(\boldsymbol{C})\} \implies r(\boldsymbol{A}) \geqslant n \quad r(\boldsymbol{C}) \geqslant n$$

又因 $\boldsymbol{A}, \boldsymbol{C}$ 均为 $n$ 阶方阵，所以：

$$r(\boldsymbol{A}) \leqslant n \quad r(\boldsymbol{C}) \leqslant n$$

综上可得，$r(\boldsymbol{A}) = r(\boldsymbol{C}) = n$，即 $\boldsymbol{A}, \boldsymbol{C}$ 均是满秩矩阵。根据定理 15，两者都是可逆的。

（2）证明 $\boldsymbol{A}^{-1}$ 是唯一的。假设有 $\boldsymbol{B}, \boldsymbol{C}$，使得：

$$\boldsymbol{AB} = \boldsymbol{BA} = \boldsymbol{I}, \quad \boldsymbol{AC} = \boldsymbol{CA} = \boldsymbol{I}$$

那么有：

$$\boldsymbol{B} = \boldsymbol{BI} = \boldsymbol{B}(\boldsymbol{AC}) = (\boldsymbol{BA})\boldsymbol{C} = \boldsymbol{IC} = \boldsymbol{C}$$

所以 $\boldsymbol{A}^{-1} = \boldsymbol{B} = \boldsymbol{C}$，所以 $\boldsymbol{A}^{-1}$ 是唯一的。 □

之前有一个性质没有给出证明，现在可以补上了。

**定理 16.** 假设 $\boldsymbol{P}, \boldsymbol{Q}$ 为满秩矩阵，那么有

$$rank(\boldsymbol{A}) = rank(\boldsymbol{PA}) = rank(\boldsymbol{AQ}) = rank(\boldsymbol{PAQ})$$

**证明：** 先来证明 $rank(\boldsymbol{A}) = rank(\boldsymbol{PAQ})$，根据条件以及 $rank(\boldsymbol{AB}) \leqslant \min\Big(rank(\boldsymbol{A}), rank(\boldsymbol{B})\Big)$，有

$$\begin{aligned} rank(\boldsymbol{A}) &= rank\Big((\boldsymbol{AQ})\boldsymbol{Q}^{-1}\Big) \leqslant rank(\boldsymbol{AQ}) = rank\Big(\boldsymbol{P}^{-1}(\boldsymbol{PAQ})\Big) \leqslant rank(\boldsymbol{PAQ}) \\ &= rank\Big((\boldsymbol{PA})\boldsymbol{Q}\Big) \leqslant rank(\boldsymbol{PA}) \leqslant rank(\boldsymbol{A}) \end{aligned}$$

从上式可得：

$$rank(\boldsymbol{A}) \leqslant rank(\boldsymbol{PAQ}) \leqslant rank(\boldsymbol{A}) \implies rank(\boldsymbol{A}) = rank(\boldsymbol{PAQ})$$

其余的结论都可以此类推。 □

这里值得注意的是，若只有 $\boldsymbol{AB} = \boldsymbol{I}$，并不能得出 $\boldsymbol{A}, \boldsymbol{B}$ 互为逆矩阵。比如：

$$\underbrace{\begin{pmatrix} 1 & 0 & 0 \\ 0 & 1 & 0 \end{pmatrix}}_{\boldsymbol{A}} \underbrace{\begin{pmatrix} 1 & 0 \\ 0 & 1 \\ 0 & 0 \end{pmatrix}}_{\boldsymbol{B}} = \underbrace{\begin{pmatrix} 1 & 0 \\ 0 & 1 \end{pmatrix}}_{\boldsymbol{I}}$$

### 4.7.3 初等行矩阵求逆矩阵

**定理 17.** 如果可通过一系列初等行矩阵 $\boldsymbol{E}_i$，将矩阵 $\boldsymbol{A}$ 变换成单位阵 $\boldsymbol{I}$，则 $\boldsymbol{A}$ 的逆矩阵就是这些初等行矩阵的乘积：

$$\underbrace{\boldsymbol{E}_1\boldsymbol{E}_2\cdots\boldsymbol{E}_n}_{\boldsymbol{A}^{-1}}\boldsymbol{A}=\boldsymbol{I}$$

**证明：** 初等行矩阵 $\boldsymbol{E}_i$ 都是满秩矩阵，所以都是可逆的，所以有

$$\begin{aligned}\boldsymbol{E}_1\boldsymbol{E}_2\cdots\boldsymbol{E}_n\boldsymbol{A}=\boldsymbol{I}&\overset{\text{两侧乘上}\boldsymbol{E}_1^{-1}}{\Longrightarrow}\boldsymbol{E}_2\cdots\boldsymbol{E}_n\boldsymbol{A}=\boldsymbol{E}_1^{-1}\boldsymbol{I}=\boldsymbol{E}_1^{-1}\\&\Longrightarrow\boldsymbol{E}_3\cdots\boldsymbol{E}_n\boldsymbol{A}=\boldsymbol{E}_2^{-1}\boldsymbol{E}_1^{-1}\Longrightarrow\boldsymbol{A}=\boldsymbol{E}_n^{-1}\cdots\boldsymbol{E}_2^{-1}\boldsymbol{E}_1^{-1}\end{aligned}$$

所以：

$$\boldsymbol{A}\boldsymbol{E}_1\boldsymbol{E}_2\cdots\boldsymbol{E}_n=\boldsymbol{E}_n^{-1}\cdots\boldsymbol{E}_2^{-1}\boldsymbol{E}_1^{-1}\boldsymbol{E}_1\boldsymbol{E}_2\cdots\boldsymbol{E}_n=\boldsymbol{I}$$

也就是说，有 $\boldsymbol{E}_1\boldsymbol{E}_2\cdots\boldsymbol{E}_n\boldsymbol{A}=\boldsymbol{A}\boldsymbol{E}_1\boldsymbol{E}_2\cdots\boldsymbol{E}_n=\boldsymbol{I}$，符合定义 4，因此 $\boldsymbol{A}^{-1}=\boldsymbol{E}_1\boldsymbol{E}_2\cdots\boldsymbol{E}_n$。

□

比如矩阵 $\boldsymbol{A}=\begin{pmatrix}1&1\\3&4\end{pmatrix}$ 就可以通过两个初等行矩阵变换成单位阵[①]：

$$\begin{aligned}\begin{pmatrix}1&1\\3&4\end{pmatrix}&\xrightarrow[\text{将第二行第一列变为 0}]{\boldsymbol{r}_2'=-3\boldsymbol{r}_1+\boldsymbol{r}_2}\begin{pmatrix}1&0\\-3&1\end{pmatrix}\begin{pmatrix}1&1\\3&4\end{pmatrix}=\begin{pmatrix}1&1\\0&1\end{pmatrix}\\&\xrightarrow[\text{将第一行第二列变为 0}]{\boldsymbol{r}_1'=\boldsymbol{r}_1-\boldsymbol{r}_2}\begin{pmatrix}1&-1\\0&1\end{pmatrix}\begin{pmatrix}1&1\\0&1\end{pmatrix}=\begin{pmatrix}1&0\\0&1\end{pmatrix}\end{aligned}$$

那么它的逆矩阵就是（注意矩阵乘法的顺序）：

$$\boldsymbol{A}^{-1}=\begin{pmatrix}1&-1\\0&1\end{pmatrix}\begin{pmatrix}1&0\\-3&1\end{pmatrix}=\begin{pmatrix}4&-1\\-3&1\end{pmatrix}$$

### 4.7.4 高斯若尔当求逆矩阵

初等行矩阵求逆矩阵需要分成如下两步。

- 先通过一系列的初等行变换，将矩阵 $\boldsymbol{A}$ 变换成单位阵 $\boldsymbol{I}$：

$$\boldsymbol{A}\xrightarrow{\boldsymbol{E}_1,\boldsymbol{E}_2,\cdots,\boldsymbol{E}_n}\boldsymbol{I}$$

- 然后将这些初等行矩阵相乘得到逆矩阵：

① 乘上什么初等行矩阵，取决于你想采取什么初等行操作。

$$A^{-1} = E_1E_2\cdots E_n$$

有一种方法可以将这两步合在一起进行。

**定义 5.** 将矩阵 $A$ 和 $I$ 合成一个矩阵 $(A|I)$，然后在新矩阵 $(A|I)$ 上运用一系列初等行变换。这样就可以在得到单位阵 $I$ 的同时，得到逆矩阵 $A^{-1}$：

$$(A|I) \xrightarrow{E_1,E_2,\cdots,E_n} (I|A^{-1})$$

这称为高斯若尔当法[①]。

**例 4.** 请通过高斯若尔当法求 $A=\begin{pmatrix}2&3\\1&2\end{pmatrix}$ 的逆矩阵。

**解：** 首先将矩阵 $A$ 和 $I$ 合成一个矩阵 $(A|I)$：

$$(A|I)=\left(\begin{array}{cc|cc}2&3&1&0\\ \underbrace{1\quad 2}_{A}&&\underbrace{0\quad 1}_{I}\end{array}\right)$$

然后在其上运用一系列初等行变换：

$$\left(\begin{array}{cc|cc}2&3&1&0\\1&2&0&1\end{array}\right)\xrightarrow[\text{将第一行第一列变为 }1]{r_1'=r_1-r_2}\begin{pmatrix}1&-1\\0&1\end{pmatrix}\left(\begin{array}{cc|cc}2&3&1&0\\1&2&0&1\end{array}\right)=\left(\begin{array}{cc|cc}1&1&1&-1\\1&2&0&1\end{array}\right)$$

$$\xrightarrow[\text{将第二行第一列变为 }0]{r_2'=-r_1+r_2}\begin{pmatrix}1&0\\-1&1\end{pmatrix}\left(\begin{array}{cc|cc}1&1&1&-1\\1&2&0&1\end{array}\right)=\left(\begin{array}{cc|cc}1&1&1&-1\\0&1&-1&2\end{array}\right)$$

$$\xrightarrow[\text{将第一行第二列变为 }0]{r_1'=r_1-r_2}\begin{pmatrix}1&-1\\0&1\end{pmatrix}\left(\begin{array}{cc|cc}1&1&1&-1\\0&1&-1&2\end{array}\right)=\left(\begin{array}{cc|cc}1&0&2&-3\\ \underbrace{0\quad 1}_{I}&&\underbrace{-1\quad 2}_{A^{-1}}\end{array}\right)$$

由此得到逆矩阵 $A^{-1}=\begin{pmatrix}2&-3\\-1&2\end{pmatrix}$，验证一下：

$$\begin{pmatrix}2&-3\\-1&2\end{pmatrix}\begin{pmatrix}2&3\\1&2\end{pmatrix}=\begin{pmatrix}2&3\\1&2\end{pmatrix}\begin{pmatrix}2&-3\\-1&2\end{pmatrix}=\begin{pmatrix}1&0\\0&1\end{pmatrix}$$

### 4.7.5 逆矩阵的性质

再介绍一些逆矩阵的性质，之后会用到。

**定理 18.** 若 $A$ 可逆，则 $A^{-1}$ 也可逆，且 $(A^{-1})^{-1}=A$。

① 这个定义的证明因为需要用到后面分块矩阵的知识，这里就不展开了。

**证明：** 根据定理 15，$\boldsymbol{A}$ 和 $\boldsymbol{A}^{-1}$ 互为逆矩阵，自然有 $(\boldsymbol{A}^{-1})^{-1} = \boldsymbol{A}$。 □

**定理 19.** 若 $\boldsymbol{A}$ 可逆，数 $\lambda \neq 0$，则 $\lambda\boldsymbol{A}$ 可逆，且 $(\lambda\boldsymbol{A})^{-1} = \dfrac{1}{\lambda}\boldsymbol{A}^{-1}$。

**证明：** 因为 $\lambda\boldsymbol{A} \cdot \dfrac{1}{\lambda}\boldsymbol{A}^{-1} = \dfrac{1}{\lambda}\boldsymbol{A}^{-1} \cdot \lambda\boldsymbol{A} = \boldsymbol{I}$，所以 $(\lambda\boldsymbol{A})^{-1} = \dfrac{1}{\lambda}\boldsymbol{A}^{-1}$。 □

**定理 20.** 若 $\boldsymbol{A}, \boldsymbol{B}$ 为同阶方阵且均可逆，则 $\boldsymbol{AB}$ 也可逆，且 $(\boldsymbol{AB})^{-1} = \boldsymbol{B}^{-1}\boldsymbol{A}^{-1}$。

**证明：** 因为 $(\boldsymbol{AB})(\boldsymbol{B}^{-1}\boldsymbol{A}^{-1}) = \boldsymbol{A}(\boldsymbol{BB}^{-1})\boldsymbol{A}^{-1} = \boldsymbol{AIA}^{-1} = \boldsymbol{AA}^{-1} = \boldsymbol{I}$，所以 $(\boldsymbol{AB})^{-1} = \boldsymbol{B}^{-1}\boldsymbol{A}^{-1}$。 □

**定理 21.** 若 $\boldsymbol{A}$ 可逆，则 $\boldsymbol{A}^{\mathrm{T}}$ 也可逆，且 $(\boldsymbol{A}^{\mathrm{T}})^{-1} = (\boldsymbol{A}^{-1})^{\mathrm{T}}$。

**证明：** 因为 $\boldsymbol{A}^{\mathrm{T}}(\boldsymbol{A}^{-1})^{\mathrm{T}} = (\boldsymbol{A}^{-1}\boldsymbol{A})^{\mathrm{T}} = \boldsymbol{I}^{\mathrm{T}} = \boldsymbol{I}$，所以 $(\boldsymbol{A}^{\mathrm{T}})^{-1} = (\boldsymbol{A}^{-1})^{\mathrm{T}}$ □

## 4.8 初等变换求秩

前面学习了矩阵函数的秩的各种应用，本节来学习如何求秩。

### 4.8.1 初等行变换求秩

行阶梯形矩阵的秩很好求。比如已知行阶梯形矩阵 $\boldsymbol{A} = \begin{pmatrix} 1 & 0 & 2 \\ 0 & 0 & 5 \\ 0 & 0 & 0 \end{pmatrix}$，其非零行为 $\boldsymbol{r}_1^{\mathrm{T}} = \begin{pmatrix} 1 & 0 & 2 \end{pmatrix}$，$\boldsymbol{r}_2^{\mathrm{T}} = \begin{pmatrix} 0 & 0 & 5 \end{pmatrix}$。容易知道，$\boldsymbol{A}$ 的行空间就是由非零行构成的向量组 $\{\boldsymbol{r}_1^{\mathrm{T}}, \boldsymbol{r}_2^{\mathrm{T}}\}$ 张成的：

$$rowsp(\boldsymbol{A}) = span(\boldsymbol{r}_1^{\mathrm{T}}, \boldsymbol{r}_2^{\mathrm{T}})$$

该向量组 $\{\boldsymbol{r}_1^{\mathrm{T}}, \boldsymbol{r}_2^{\mathrm{T}}\}$ 必然线性无关，所以该向量组就是行空间的基，其非零行的个数就是该矩阵的秩，所以 $rank(\boldsymbol{A}) = 2$。更一般地，有如下定理。

**定理 22.** 行阶梯形矩阵的秩就是非零行的个数。

示例见图 4.61 和图 4.62。

$$\begin{pmatrix} a & * & * & * & * \\ 0 & 0 & b & * & * \\ 0 & 0 & 0 & c & * \end{pmatrix}$$

图 4.61: 秩 = 3

$$\begin{pmatrix} a & * & * & * & * \\ 0 & 0 & b & * & * \\ 0 & 0 & 0 & 0 & 0 \end{pmatrix}$$

图 4.62: 秩 = 2

如果在不改变秩的前提下，可将矩阵转为行阶梯形矩阵，那么就可以求出该矩阵的秩。这是可以做到的。

**定理 23.** 任何非零矩阵 $\boldsymbol{A}$ 总可以经过有限次初等行变换把它变换为行阶梯形矩阵和行最简形矩阵。因为初等行变换可以通过初等行矩阵 $\boldsymbol{E}_i$ 来实现，所以上述过程可以表示为：

$$\boldsymbol{E}_1\boldsymbol{E}_2\cdots\boldsymbol{E}_n\boldsymbol{A}=\text{行阶梯形矩阵（行最简形矩阵）}$$

通过变换得到的行阶梯形矩阵不具有唯一性，但行最简形矩阵是唯一的。且有：

$$rank(\boldsymbol{A})=rank(\boldsymbol{E}_1\boldsymbol{E}_2\cdots\boldsymbol{E}_n\boldsymbol{A})=rank\Big(\text{行阶梯形矩阵（行最简形矩阵）}\Big)$$

**分析：** 下面是证明的思路（具体证明略）。

（1）假如矩阵 $\boldsymbol{A}$ 的第一行第一列为非零元素，那么可以通过倍加变换将除自己之外的一列都变为 0。

（2）假如矩阵 $\boldsymbol{A}$ 的第一行第一列为零元素，那么通过对换变换看能不能把某第一列不为零元素的行换到第一行，然后执行（1）中的操作。

（3）如果无法使得第一行第一列为非零元素，这说明第一列全为 0，那么就跳过该列，看第一行第二列是否可以进行（1）（2）的操作。

（4）假设除了第一行外，其余行的第一列都变为了零元素，那么就看第二行第二列，重复（1）（2）（3）的操作，最终可以得到行阶梯形矩阵。

（5）在行阶梯形矩阵的基础上，对每一列进行倍乘变换，使得主元都为 1，这样就得到了行最简形矩阵。

因为初等行变换可以通过初等行矩阵 $\boldsymbol{E}_i$ 来实现，所以上述过程也可以表示为：

$$\boldsymbol{E}_1\boldsymbol{E}_2\cdots\boldsymbol{E}_n\boldsymbol{A}=\text{行阶梯形矩阵（行最简形矩阵）}$$

由于初等行矩阵 $\boldsymbol{E}_i$ 是满秩矩阵，根据满秩矩阵的复合 $rank(\boldsymbol{PA})=rank(\boldsymbol{A})$，有：

$$rank(\boldsymbol{A})=rank(\boldsymbol{E}_1\boldsymbol{E}_2\cdots\boldsymbol{E}_n\boldsymbol{A})=rank\Big(\text{行阶梯形矩阵（行最简形矩阵）}\Big)$$

行最简形矩阵的唯一性证明较复杂，这里略过。可以将它理解为所有初等行变换的终点，也就是说，不管怎么选择初等行变换的顺序，最后都可以得到相同的行最简形矩阵。

举个简单的例子，比如矩阵 $\begin{pmatrix}1&2&3\\1&2&3\\1&2&5\end{pmatrix}$ 通过一系列的初等行变换（乘上一系列的初等行矩阵）：

$$\begin{pmatrix}1&2&3\\1&2&3\\1&2&5\end{pmatrix}\xrightarrow[\text{倍加}]{\boldsymbol{r}_2'=-\boldsymbol{r}_1+\boldsymbol{r}_2}\begin{pmatrix}1&0&0\\-1&1&0\\0&0&1\end{pmatrix}\begin{pmatrix}1&2&3\\1&2&3\\1&2&5\end{pmatrix}=\begin{pmatrix}1&2&3\\0&0&0\\1&2&5\end{pmatrix}$$

$$\xrightarrow[\text{对换}]{\boldsymbol{r}_2\leftrightarrow\boldsymbol{r}_3}\begin{pmatrix}1&0&0\\0&0&1\\0&1&0\end{pmatrix}\begin{pmatrix}1&2&3\\0&0&0\\1&2&5\end{pmatrix}=\begin{pmatrix}1&2&3\\1&2&5\\0&0&0\end{pmatrix}$$

$$\xrightarrow[\text{倍加}]{\boldsymbol{r}_2'=-\boldsymbol{r}_1+\boldsymbol{r}_2}\begin{pmatrix}1&0&0\\-1&1&0\\0&0&1\end{pmatrix}\begin{pmatrix}1&2&3\\1&2&5\\0&0&0\end{pmatrix}=\begin{pmatrix}1&2&3\\0&0&2\\0&0&0\end{pmatrix}$$

$$\xrightarrow[\text{倍乘}]{\boldsymbol{r}_2'=\frac{1}{2}\boldsymbol{r}_2}\begin{pmatrix}1&0&0\\0&\dfrac{1}{2}&0\\0&0&1\end{pmatrix}\begin{pmatrix}1&2&3\\0&0&2\\0&0&0\end{pmatrix}=\begin{pmatrix}1&2&3\\0&0&1\\0&0&0\end{pmatrix}$$

$$\xrightarrow[\text{倍加}]{\boldsymbol{r}_1'=\boldsymbol{r}_1-3\boldsymbol{r}_2}\begin{pmatrix}1&-3&0\\0&1&0\\0&0&1\end{pmatrix}\begin{pmatrix}1&2&3\\0&0&1\\0&0&0\end{pmatrix}=\begin{pmatrix}1&2&0\\0&0&1\\0&0&0\end{pmatrix}$$

就变换为了行阶梯形矩阵和行最简形矩阵：

行阶梯矩阵　　　　　　　　　行最简形矩阵

$$\begin{pmatrix}1&2&3\\1&2&3\\1&2&5\end{pmatrix}\Longrightarrow\cdots\Longrightarrow\begin{pmatrix}1&2&3\\0&0&2\\0&0&0\end{pmatrix}\Longrightarrow\begin{pmatrix}1&2&0\\0&0&1\\0&0&0\end{pmatrix}$$

且有：

$$rank\begin{pmatrix}1&2&3\\1&2&3\\1&2&5\end{pmatrix}=rank\begin{pmatrix}1&2&3\\0&0&2\\0&0&0\end{pmatrix}=rank\begin{pmatrix}1&2&0\\0&0&1\\0&0&0\end{pmatrix}=2$$

综合定理 22 和定理 23，求矩阵 $\boldsymbol{A}$ 的秩的方法就是：

$$\boldsymbol{A}\xrightarrow{\text{有限次初等行变换}}\text{行阶梯形矩阵 }\boldsymbol{M}\longrightarrow rank(\boldsymbol{A})=\boldsymbol{M}\text{ 的非零行个数}$$

**例 5.** 请求出下列矩阵的秩。

$$\boldsymbol{A}=\begin{pmatrix}1&-2&2&-1&1\\2&-4&8&0&2\\-2&4&-2&3&3\\3&-6&0&-6&4\end{pmatrix}$$

**解：** 通过有限次初等行变换将矩阵 $\boldsymbol{A}$ 变换为行阶梯形矩阵：

$$\begin{pmatrix} 1 & -2 & 2 & -1 & 1 \\ 2 & -4 & 8 & 0 & 2 \\ -2 & 4 & -2 & 3 & 3 \\ 3 & -6 & 0 & -6 & 4 \end{pmatrix} \xrightarrow[\boldsymbol{r}_4'=\boldsymbol{r}_4-3\boldsymbol{r}_1]{\substack{\boldsymbol{r}_2'=\boldsymbol{r}_2-2\boldsymbol{r}_1 \\ \boldsymbol{r}_3'=\boldsymbol{r}_3+2\boldsymbol{r}_1}} \begin{pmatrix} 1 & -2 & 2 & -1 & 1 \\ 0 & 0 & 4 & 2 & 0 \\ 0 & 0 & 2 & 1 & 5 \\ 0 & 0 & -6 & -3 & 1 \end{pmatrix}$$

$$\xrightarrow[\boldsymbol{r}_4'=\boldsymbol{r}_4+\frac{3}{2}\boldsymbol{r}_2]{\boldsymbol{r}_3'=\boldsymbol{r}_3-\frac{1}{2}\boldsymbol{r}_2} \begin{pmatrix} 1 & -2 & 2 & -1 & 1 \\ 0 & 0 & 4 & 2 & 0 \\ 0 & 0 & 0 & 0 & 5 \\ 0 & 0 & 0 & 0 & 1 \end{pmatrix} \xrightarrow[\boldsymbol{r}_4'=\boldsymbol{r}_4-\frac{1}{5}\boldsymbol{r}_3]{\boldsymbol{r}_2'=\frac{1}{2}\boldsymbol{r}_2} \begin{pmatrix} 1 & -2 & 2 & -1 & 1 \\ 0 & 0 & 2 & 1 & 0 \\ 0 & 0 & 0 & 0 & 5 \\ 0 & 0 & 0 & 0 & 0 \end{pmatrix}$$

该行阶梯形矩阵的非零行个数为 3，所以 $rank(\boldsymbol{A}) = 3$。

### 4.8.2　初等列变换与标准形

矩阵除了初等行变换，还有初等列变换，见表 4.10。

表 4.10: 初等列变换

| 初等列变换 | 操作 | 初等列矩阵 |
|---|---|---|
| 倍加变换 | $\boldsymbol{c_1}' = \boldsymbol{c_1} + k\boldsymbol{c_2}$ | $\begin{pmatrix} 1 & 0 & 0 \\ k & 1 & 0 \\ 0 & 0 & 1 \end{pmatrix}$ |
| 倍乘变换 | $\boldsymbol{c_1}' = k\boldsymbol{c_1} (k \neq 0)$ | $\begin{pmatrix} k & 0 & 0 \\ 0 & 1 & 0 \\ 0 & 0 & 1 \end{pmatrix}$ |
| 对换变换 | $\boldsymbol{c_1} \leftrightarrow \boldsymbol{c_2}$ | $\begin{pmatrix} 0 & 1 & 0 \\ 1 & 0 & 0 \\ 0 & 0 & 1 \end{pmatrix}$ |

在行最简形矩阵的基础上，再执行若干次初等列变换，就可以得到形式更简单的矩阵，比如：

$$\begin{pmatrix} 1 & 2 & 0 \\ 0 & 0 & 1 \\ 0 & 0 & 0 \end{pmatrix} \xrightarrow[\text{倍加}]{\boldsymbol{c}_2'=-2\boldsymbol{c}_1+\boldsymbol{c}_2} \begin{pmatrix} 1 & 0 & 0 \\ 0 & 0 & 1 \\ 0 & 0 & 0 \end{pmatrix} \xrightarrow[\text{对换}]{\boldsymbol{c}_2 \leftrightarrow \boldsymbol{c}_3} \begin{pmatrix} 1 & 0 & 0 \\ 0 & 1 & 0 \\ 0 & 0 & 0 \end{pmatrix}$$

该矩阵的特点是左上角是单位阵，其余位置都是 0，这种矩阵被称为标准形矩阵：

$$\begin{pmatrix} \begin{pmatrix} 1 & 0 \\ 0 & 1 \end{pmatrix} & \begin{matrix} 0 \\ 0 \end{matrix} \\ \begin{matrix} 0 & 0 \end{matrix} & 0 \end{pmatrix}$$

上述操作可以总结为（证明略）定理 24。

**定理 24.** 任何行最简形矩阵 $\boldsymbol{A}$ 总可以经过有限次初等列变换把它变换为标准形矩阵。因为初等列变换可以通过初等列变换 $\boldsymbol{E}_i$ 来实现，所以上述过程可以表示为：

$$\boldsymbol{E}_1\boldsymbol{E}_2\cdots\boldsymbol{E}_n\boldsymbol{A} = \text{标准形矩阵}$$

得到的标准形矩阵是唯一的，且有：

$$rank(\boldsymbol{A})rank(\boldsymbol{E}_1\boldsymbol{E}_2\cdots\boldsymbol{E}_n\boldsymbol{A}) = rank(\text{标准形矩阵})$$

## 4.9 分块矩阵

行、列数较多的矩阵运算时常采用分块法，使大矩阵的运算化成小矩阵的运算。这就是本节要学习的内容。

### 4.9.1 分块矩阵的定义

矩阵 $\boldsymbol{A}$ 可以用若干条纵线和横线被分成许多个小矩阵，每一个小矩阵称为 $\boldsymbol{A}$ 的子块：

$$\boldsymbol{A} = \left(\begin{array}{ccc|ccc} \multicolumn{3}{c|}{\overbrace{\quad\quad\quad}^{\text{子块}\boldsymbol{A}_{11}}} & \multicolumn{3}{c}{\overbrace{\quad\quad\quad}^{\text{子块}\boldsymbol{A}_{12}}} \\ a_{11} & \cdots & a_{1r} & a_{1(r+1)} & \cdots & a_{1n} \\ \vdots & \ddots & \vdots & \vdots & \ddots & \vdots \\ a_{s1} & \cdots & a_{sr} & a_{s(r+1)} & \cdots & a_{sn} \\ \hline a_{(s+1)1} & \cdots & a_{(s+1)r} & a_{(s+1)(r+1)} & \cdots & a_{(s+1)n} \\ \vdots & \ddots & \vdots & \vdots & \ddots & \vdots \\ a_{m1} & \cdots & a_{mr} & a_{m(r+1)} & \cdots & a_{mn} \\ \multicolumn{3}{c|}{\underbrace{\quad\quad\quad}_{\text{子块}\boldsymbol{A}_{21}}} & \multicolumn{3}{c}{\underbrace{\quad\quad\quad}_{\text{子块}\boldsymbol{A}_{22}}} \end{array}\right)$$

因此上述矩阵可改写为 $\boldsymbol{A} = \begin{pmatrix} \boldsymbol{A}_{11} & \boldsymbol{A}_{12} \\ \boldsymbol{A}_{21} & \boldsymbol{A}_{22} \end{pmatrix}$，其中每个元素都是子块（矩阵）。改写后，以子块为元素的矩阵称为分块矩阵。

子块的分法有多种，例如，矩阵 $\boldsymbol{A} = \begin{pmatrix} a_{11} & a_{12} & a_{13} & a_{14} \\ a_{21} & a_{22} & a_{23} & a_{24} \\ a_{31} & a_{32} & a_{33} & a_{34} \end{pmatrix}$ 可能的分法有：

$$\left(\begin{array}{cc|cc} a_{11} & a_{12} & a_{13} & a_{14} \\ a_{21} & a_{22} & a_{23} & a_{24} \\ \hline a_{31} & a_{32} & a_{33} & a_{34} \end{array}\right), \quad \left(\begin{array}{c|cc|c} a_{11} & a_{12} & a_{13} & a_{14} \\ a_{21} & a_{22} & a_{23} & a_{24} \\ \hline a_{31} & a_{32} & a_{33} & a_{34} \end{array}\right), \quad \left(\begin{array}{c|c|c|c} a_{11} & a_{12} & a_{13} & a_{14} \\ a_{21} & a_{22} & a_{23} & a_{24} \\ a_{31} & a_{32} & a_{33} & a_{34} \end{array}\right)$$

以分法 1 为例，对应的分块矩阵为 $\boldsymbol{A}=\begin{pmatrix}\boldsymbol{A}_{11} & \boldsymbol{A}_{12}\\ \boldsymbol{A}_{21} & \boldsymbol{A}_{22}\end{pmatrix}$，其中：

$$\boldsymbol{A}_{11}=\begin{pmatrix}a_{11} & a_{12}\\ a_{21} & a_{22}\end{pmatrix},\quad \boldsymbol{A}_{12}=\begin{pmatrix}a_{13} & a_{14}\\ a_{23} & a_{24}\end{pmatrix}$$

$$\boldsymbol{A}_{21}=\begin{pmatrix}a_{31} & a_{32}\end{pmatrix},\quad \boldsymbol{A}_{22}=\begin{pmatrix}a_{33} & a_{34}\end{pmatrix}$$

### 4.9.2　分块矩阵的运算规则

分块矩阵的运算规则与普通矩阵的运算规则几乎一样，下面做一个说明（证明略）。

- **加法**: 设 $\boldsymbol{A}$ 与 $\boldsymbol{B}$ 的行数、列数都相同，并且采用相同的分块法：

$$\boldsymbol{A}=\begin{pmatrix}\boldsymbol{A}_{11} & \cdots & \boldsymbol{A}_{1r}\\ \vdots & \ddots & \vdots\\ \boldsymbol{A}_{s1} & \cdots & \boldsymbol{A}_{sr}\end{pmatrix},\quad \boldsymbol{B}=\begin{pmatrix}\boldsymbol{B}_{11} & \cdots & \boldsymbol{B}_{1r}\\ \vdots & \ddots & \vdots\\ \boldsymbol{B}_{s1} & \cdots & \boldsymbol{B}_{sr}\end{pmatrix}$$

它们相加的结果为：

$$\boldsymbol{A}+\boldsymbol{B}=\begin{pmatrix}\boldsymbol{A}_{11}+\boldsymbol{B}_{11} & \cdots & A_{1r}+\boldsymbol{B}_{1r}\\ \vdots & \ddots & \vdots\\ \boldsymbol{A}_{s1}+\boldsymbol{B}_{s1} & \cdots & \boldsymbol{A}_{sr}+\boldsymbol{B}_{sr}\end{pmatrix}$$

- **数乘**: 设 $\boldsymbol{A}=\begin{pmatrix}\boldsymbol{A}_{11} & \cdots & \boldsymbol{A}_{1r}\\ \vdots & \ddots & \vdots\\ \boldsymbol{A}_{s1} & \cdots & \boldsymbol{A}_{sr}\end{pmatrix}$，那么 $\lambda\boldsymbol{A}=\begin{pmatrix}\lambda\boldsymbol{A}_{11} & \cdots & \lambda\boldsymbol{A}_{1r}\\ \vdots & \ddots & \vdots\\ \lambda\boldsymbol{A}_{s1} & \cdots & \lambda\boldsymbol{A}_{sr}\end{pmatrix},\lambda\in\mathbb{R}$
- **乘法**: 设 $\boldsymbol{A}$ 为 $m\times l$ 矩阵，$\boldsymbol{B}$ 为 $l\times n$ 矩阵，分块成：

$$\boldsymbol{A}=\begin{pmatrix}\boldsymbol{A}_{11} & \cdots & \boldsymbol{A}_{1t}\\ \vdots & \ddots & \vdots\\ \boldsymbol{A}_{s1} & \cdots & \boldsymbol{A}_{st}\end{pmatrix},\quad \boldsymbol{B}=\begin{pmatrix}\boldsymbol{B}_{11} & \cdots & \boldsymbol{B}_{1r}\\ \vdots & \ddots & \vdots\\ \boldsymbol{B}_{t1} & \cdots & \boldsymbol{B}_{tr}\end{pmatrix}$$

其中 $\boldsymbol{A}_{i1},\boldsymbol{A}_{i2},\cdots,\boldsymbol{A}_{it}$ 的列数分别等于 $\boldsymbol{B}_{1j},\boldsymbol{B}_{2j},\cdots,\boldsymbol{B}_{tj}$ 的行数，也就是都符合矩阵乘法的合法性，那么这两个分块矩阵的乘法结果为：

$$\boldsymbol{AB}=\begin{pmatrix}\boldsymbol{C}_{11} & \cdots & \boldsymbol{C}_{1r}\\ \vdots & \ddots & \vdots\\ \boldsymbol{C}_{s1} & \cdots & \boldsymbol{C}_{sr}\end{pmatrix}$$

计算 $\boldsymbol{C}_{ij}$ 的方法和矩阵乘法的点积观点一样：

$$C_{ij}=\sum_{k=1}^{t}A_{ik}\boldsymbol{B}_{kj}\quad(i=1,\cdots,s;j=1,\cdots,r)$$

**例 6.** 已知 $\boldsymbol{A},\boldsymbol{B}$ 如下，请求出 $\boldsymbol{AB}$。

$$\boldsymbol{A}=\begin{pmatrix}1&0&0&0\\0&1&0&0\\-1&2&1&0\\1&1&0&1\end{pmatrix},\quad \boldsymbol{B}=\begin{pmatrix}1&0&1&0\\-1&2&0&1\\1&0&4&1\\-1&-1&2&0\end{pmatrix}$$

**解:** 把 $\boldsymbol{A},\boldsymbol{B}$ 如下分块：

$$\boldsymbol{A}=\left(\begin{array}{cc|cc}1&0&0&0\\0&1&0&0\\\hline -1&2&1&0\\1&1&0&1\end{array}\right)=\begin{pmatrix}\boldsymbol{I}&\boldsymbol{O}\\\boldsymbol{A}_1&\boldsymbol{I}\end{pmatrix},\quad \boldsymbol{B}=\left(\begin{array}{cc|cc}1&0&1&0\\-1&2&0&1\\\hline 1&0&4&1\\-1&-1&2&0\end{array}\right)=\begin{pmatrix}\boldsymbol{B}_{11}&\boldsymbol{I}\\\boldsymbol{B}_{21}&\boldsymbol{B}_{22}\end{pmatrix}$$

根据分块矩阵的乘法计算规则，有：

$$\begin{aligned}\boldsymbol{AB}&=\begin{pmatrix}\boldsymbol{I}&\boldsymbol{O}\\\boldsymbol{A}_1&I\end{pmatrix}\begin{pmatrix}\boldsymbol{B}_{11}&\boldsymbol{I}\\\boldsymbol{B}_{21}&\boldsymbol{B}_{22}\end{pmatrix}=\begin{pmatrix}\boldsymbol{IB}_{11}+\boldsymbol{OB}_{21}&\boldsymbol{II}+\boldsymbol{OB}_{22}\\\boldsymbol{A}_1\boldsymbol{B}_{11}+\boldsymbol{IB}_{21}&\boldsymbol{A}_1I+\boldsymbol{IB}_{22}\end{pmatrix}\\&=\begin{pmatrix}\boldsymbol{B}_{11}&\boldsymbol{I}\\\boldsymbol{A}_1\boldsymbol{B}_{11}+\boldsymbol{B}_{21}&\boldsymbol{A}_1+\boldsymbol{B}_{22}\end{pmatrix}\end{aligned}$$

其中：

$$\boldsymbol{A}_1\boldsymbol{B}_{11}+\boldsymbol{B}_{21}=\begin{pmatrix}-1&2\\1&1\end{pmatrix}\begin{pmatrix}1&0\\-1&2\end{pmatrix}+\begin{pmatrix}1&0\\-1&-1\end{pmatrix}=\begin{pmatrix}-2&4\\-1&1\end{pmatrix}$$

$$\boldsymbol{A}_1+\boldsymbol{B}_{22}=\begin{pmatrix}-1&2\\1&1\end{pmatrix}+\begin{pmatrix}4&1\\2&0\end{pmatrix}=\begin{pmatrix}3&3\\3&1\end{pmatrix}$$

所以 $\boldsymbol{AB}=\left(\begin{array}{cc|cc}1&0&1&0\\-1&2&0&1\\\hline -2&4&3&3\\-1&1&3&1\end{array}\right)$。

**例 7.** 已知如下的分块矩阵可逆，其中 $\boldsymbol{A},\boldsymbol{B}$ 为方阵，请求出该分块矩阵的逆矩阵。

$$\begin{pmatrix}\boldsymbol{A}&\boldsymbol{O}\\\boldsymbol{C}&\boldsymbol{B}\end{pmatrix}$$

**解:** 设它的逆矩阵为分法相同、子块也同型的分块矩阵 $\begin{pmatrix}\boldsymbol{M}&\boldsymbol{N}\\\boldsymbol{P}&\boldsymbol{Q}\end{pmatrix}$，那么有（其中 $\boldsymbol{I}_a,\boldsymbol{I}_b$ 都是单位阵，因为两者不一定同型，所以用下标进行区分）：

$$\begin{pmatrix} \boldsymbol{A} & \boldsymbol{O} \\ \boldsymbol{C} & \boldsymbol{B} \end{pmatrix}\begin{pmatrix} \boldsymbol{M} & \boldsymbol{N} \\ \boldsymbol{P} & \boldsymbol{Q} \end{pmatrix}=\begin{pmatrix} \boldsymbol{I}_a & \boldsymbol{O} \\ \boldsymbol{O} & \boldsymbol{I}_b \end{pmatrix}$$

根据分块矩阵的乘法计算规则，可得 $\begin{cases} \boldsymbol{AM}+\boldsymbol{OP}=\boldsymbol{AM}=\boldsymbol{I}_a \\ \boldsymbol{AN}+\boldsymbol{OQ}=\boldsymbol{AN}=\boldsymbol{O} \\ \boldsymbol{CM}+\boldsymbol{BP}=\boldsymbol{O} \\ \boldsymbol{CN}+\boldsymbol{BQ}=\boldsymbol{I}_b \end{cases}$ ，据此可推出：

（1）$\boldsymbol{AM}=\boldsymbol{I}_a \implies \boldsymbol{M}=\boldsymbol{A}^{-1}$

（2）由（1）可知 $\boldsymbol{A}$ 可逆，因此 $\boldsymbol{A}$ 是满秩矩阵。根据满秩矩阵的复合，结合 $\boldsymbol{AN}=\boldsymbol{O}$，可推出：

$$\left.\begin{aligned} rank(\boldsymbol{AN})=rank(\boldsymbol{N}) \\ \boldsymbol{AN}=\boldsymbol{O} \end{aligned}\right\} \implies \boldsymbol{N}=\boldsymbol{O}$$

（3）上面推出了 $\boldsymbol{M}=\boldsymbol{A}^{-1}$，可得：

$$\boldsymbol{CM}+\boldsymbol{BP}=\boldsymbol{O} \implies \boldsymbol{BP}=\boldsymbol{O}-\boldsymbol{CA}^{-1} \implies \boldsymbol{P}=-\boldsymbol{B}^{-1}\boldsymbol{CA}^{-1}$$

（4）因为 $\boldsymbol{N}=\boldsymbol{O}$，所以：

$$\boldsymbol{CN}+\boldsymbol{BQ}=\boldsymbol{I}_b \implies \boldsymbol{BQ}=\boldsymbol{I}_b \implies \boldsymbol{Q}=\boldsymbol{B}^{-1}$$

综合（1）（2）（3）（4），可得：

$$\begin{cases} \boldsymbol{M}=\boldsymbol{A}^{-1} \\ \boldsymbol{N}=\boldsymbol{O} \\ \boldsymbol{P}=-\boldsymbol{B}^{-1}\boldsymbol{CA}^{-1} \\ \boldsymbol{Q}=\boldsymbol{B}^{-1} \end{cases},$$

因此要求的逆矩阵为 $\begin{pmatrix} \boldsymbol{A}^{-1} & \boldsymbol{O} \\ -\boldsymbol{B}^{-1}\boldsymbol{CA}^{-1} & \boldsymbol{B}^{-1} \end{pmatrix}$。

### 4.9.3　分块对角矩阵

**定理 25.** 设 $\boldsymbol{A}$ 是方阵，若 $\boldsymbol{A}$ 的分块矩阵在对角线上的子块 $\boldsymbol{A}_i(i=1,2,\cdots,s)$ 都是方阵，其余子块都为零矩阵，那么称 $\boldsymbol{A}$ 为分块对角矩阵：

$$\boldsymbol{A}=\begin{pmatrix} \boldsymbol{A}_1 & & & \boldsymbol{O} \\ & \boldsymbol{A}_2 & & \\ & & \ddots & \\ \boldsymbol{O} & & & \boldsymbol{A}_s \end{pmatrix}$$

该分块对角矩阵 $\boldsymbol{A}$ 的秩等于对角线上子块的秩之和，即：

$$rank(\boldsymbol{A})=rank(\boldsymbol{A}_1)+rank(\boldsymbol{A}_2)+\cdots+rank(\boldsymbol{A}_n)$$

并且，当 $\boldsymbol{A}_i(i=1,2,\cdots,s)$ 不是方阵时，上述定理依然有效。[①]

如果有分块方法完全相同，对应的子块也全是同型矩阵的分块对角矩阵：

$$\boldsymbol{B}=\begin{pmatrix}\boldsymbol{B}_1 & & & \boldsymbol{O}\\ & \boldsymbol{B}_2 & & \\ & & \ddots & \\ \boldsymbol{O} & & & \boldsymbol{B}_s\end{pmatrix},$$

和对角阵的乘法类似，这两个分块对角矩阵的乘积为：

$$\boldsymbol{AB}=\begin{pmatrix}\boldsymbol{A}_1\boldsymbol{B}_1 & & & \boldsymbol{O}\\ & \boldsymbol{A}_2\boldsymbol{B}_2 & & \\ & & \ddots & \\ \boldsymbol{O} & & & \boldsymbol{A}_s\boldsymbol{B}_s\end{pmatrix}$$

因此容易推出，$\boldsymbol{A}$ 可逆当且仅当 $\boldsymbol{A}_i(i=1,2,\cdots,s)$ 皆可逆时，有：

$$\boldsymbol{A}^{-1}=\begin{pmatrix}\boldsymbol{A}_1^{-1} & & & \boldsymbol{O}\\ & \boldsymbol{A}_2^{-1} & & \\ & & \ddots & \\ \boldsymbol{O} & & & \boldsymbol{A}_s^{-1}\end{pmatrix}$$

**例 8.** 已知 $\boldsymbol{A}=\begin{pmatrix}5&0&0\\0&3&1\\0&2&1\end{pmatrix}$，请求出 $\boldsymbol{A}^{-1}$。

**解：** 将 $\boldsymbol{A}$ 进行如下划分，得到分块对角矩阵：

$$\boldsymbol{A}=\left(\begin{array}{c|cc}5&0&0\\\hline 0&3&1\\0&2&1\end{array}\right)=\begin{pmatrix}\boldsymbol{A}_1&\boldsymbol{O}\\\boldsymbol{O}&\boldsymbol{A}_2\end{pmatrix}$$

通过高斯若尔当法，分别求出非零子块的逆矩阵：

$$\boldsymbol{A}_1=(5)\implies\boldsymbol{A}_1^{-1}=\left(\frac{1}{5}\right),\quad\boldsymbol{A}_2=\begin{pmatrix}3&1\\2&1\end{pmatrix}\implies\boldsymbol{A}_2^{-1}=\begin{pmatrix}1&-1\\-2&3\end{pmatrix}$$

① 证明略。

根据分块对角矩阵的逆矩阵公式得 $\boldsymbol{A}^{-1}=\begin{pmatrix}\boldsymbol{A}_1^{-1} & \boldsymbol{O}\\ \boldsymbol{O} & \boldsymbol{A}_2^{-1}\end{pmatrix}=\left(\begin{array}{c|cc}\frac{1}{5} & 0 & 0\\ \hline 0 & 1 & -1\\ 0 & -2 & 3\end{array}\right)$，顺便根据分块对角矩阵的求秩方法可得 $rank(\boldsymbol{A})=rank(\boldsymbol{A}_1)+rank(\boldsymbol{A}_2)=1+2=3$。

### 4.9.4　分块矩阵的转置

下面是分块矩阵和它的转置：

$$\boldsymbol{A}=\begin{pmatrix}\boldsymbol{A}_{11} & \cdots & \boldsymbol{A}_{1r}\\ \vdots & & \vdots\\ \boldsymbol{A}_{s1} & \cdots & \boldsymbol{A}_{sr}\end{pmatrix},\quad \boldsymbol{A}^{\mathrm{T}}=\begin{pmatrix}\boldsymbol{A}_{11}^{\mathrm{T}} & \cdots & \boldsymbol{A}_{s1}^{\mathrm{T}}\\ \vdots & & \vdots\\ \boldsymbol{A}_{1r}^{\mathrm{T}} & \cdots & \boldsymbol{A}_{sr}^{\mathrm{T}}\end{pmatrix}$$

来看一个例子吧。

**例 9.** 已知 $\boldsymbol{A}=\begin{pmatrix}1 & 0 & 0 & 0\\ 0 & 1 & 0 & 0\\ -1 & 2 & 1 & 0\\ 1 & 1 & 0 & 1\end{pmatrix}$，请求出 $\boldsymbol{A}^{\mathrm{T}}$。

**解：** 把 $\boldsymbol{A}$ 进行如下分块：

$$\boldsymbol{A}=\left(\begin{array}{cc|cc}1 & 0 & 0 & 0\\ 0 & 1 & 0 & 0\\ \hline -1 & 2 & 1 & 0\\ 1 & 1 & 0 & 1\end{array}\right)=\begin{pmatrix}\boldsymbol{I} & \boldsymbol{O}\\ \boldsymbol{A}_1 & \boldsymbol{I}\end{pmatrix}$$

可知 $\boldsymbol{A}_1$ 及它的转置为 $\boldsymbol{A}_1=\begin{pmatrix}-1 & 2\\ 1 & 1\end{pmatrix},\boldsymbol{A}_1^{\mathrm{T}}=\begin{pmatrix}-1 & 1\\ 2 & 1\end{pmatrix}$，于是：

$$\boldsymbol{A}^{\mathrm{T}}=\begin{pmatrix}\boldsymbol{I}^{\mathrm{T}} & \boldsymbol{A}_1^{\mathrm{T}}\\ \boldsymbol{O}^{\mathrm{T}} & \boldsymbol{I}^{\mathrm{T}}\end{pmatrix}=\left(\begin{array}{cc|cc}1 & 0 & -1 & 1\\ 0 & 1 & 2 & 1\\ \hline 0 & 0 & 1 & 0\\ 0 & 0 & 0 & 1\end{array}\right)$$

和直接用转置运算得到的结果一样。

### 4.9.5　西尔维斯特不等式

分块矩阵的应用之一就是证明了西尔维斯特不等式。

**定理 26.** 如果 $\boldsymbol{A}$ 是一个 $m\times n$ 的矩阵，$\boldsymbol{B}$ 是 $n\times k$ 的，则：

$$r(\boldsymbol{A})+r(\boldsymbol{B})-n\leqslant r(\boldsymbol{AB})$$

**证明：** 根据题目条件，可知如下分块矩阵的乘法成立（其中 $\boldsymbol{I}_n,\boldsymbol{I}_m,\boldsymbol{I}_k$ 分别为 $n$ 阶、$m$ 阶、$k$ 阶单位阵）：

$$\begin{pmatrix}\boldsymbol{I}_n & \boldsymbol{O}\\ -\boldsymbol{A} & \boldsymbol{I}_m\end{pmatrix}\begin{pmatrix}\boldsymbol{I}_n & \boldsymbol{B}\\ \boldsymbol{A} & \boldsymbol{O}\end{pmatrix}\begin{pmatrix}\boldsymbol{I}_n & -\boldsymbol{B}\\ \boldsymbol{O} & \boldsymbol{I}_k\end{pmatrix}=\begin{pmatrix}\boldsymbol{I}_n & \boldsymbol{O}\\ \boldsymbol{O} & -\boldsymbol{AB}\end{pmatrix}$$

容易判断其中的 $\begin{pmatrix}\boldsymbol{I}_n & \boldsymbol{O}\\ -\boldsymbol{A} & \boldsymbol{I}_m\end{pmatrix}$ 和 $\begin{pmatrix}\boldsymbol{I}_n & -\boldsymbol{B}\\ \boldsymbol{O} & \boldsymbol{I}_k\end{pmatrix}$ 是满秩矩阵，所以根据满秩矩阵复合的性质可知：

$$rank\begin{pmatrix}\boldsymbol{I}_n & \boldsymbol{B}\\ \boldsymbol{A} & \boldsymbol{O}\end{pmatrix}=rank\begin{pmatrix}\boldsymbol{I}_n & \boldsymbol{O}\\ \boldsymbol{O} & -\boldsymbol{AB}\end{pmatrix} \tag{4-3}$$

从式 (4-3)的左边可推出：

$$rank\begin{pmatrix}\boldsymbol{I}_n & \boldsymbol{B}\\ \boldsymbol{A} & \boldsymbol{O}\end{pmatrix}\geqslant rank(\boldsymbol{A})+rank(\boldsymbol{B}) \tag{4-4}$$

式 (4-3)的右边类似于分块对角矩阵，根据分块对角矩阵秩的求法，它的秩就是对角线上子块的秩之和：

$$rank\begin{pmatrix}\boldsymbol{I}_n & \boldsymbol{O}\\ \boldsymbol{O} & -\boldsymbol{AB}\end{pmatrix}=n+rank(\boldsymbol{AB}) \tag{4-5}$$

综合 (4-3), (4-4), (4-5) 式可得：

$$n+rank(\boldsymbol{AB})\geqslant rank(\boldsymbol{A})+rank(\boldsymbol{B}) \implies r(\boldsymbol{AB})\geqslant r(\boldsymbol{A})+r(\boldsymbol{B})-n \qquad \square$$

**例 10.** 已知 $r\times 3$ 的非零矩阵 $\boldsymbol{A}$ 和 $3\times k$ 的矩阵 $\boldsymbol{B}$ 满足如下条件，请求出 $rank(\boldsymbol{A})$：

$$\boldsymbol{AB}=\boldsymbol{O},\quad rank(\boldsymbol{B})=2$$

**解：** 根据条件有：

$$rank(\boldsymbol{AB})=0,\quad rank(\boldsymbol{A})\neq 0,\quad rank(\boldsymbol{B})=2,\quad n=3$$

代入西尔维斯特不等式 $rank(\boldsymbol{AB})\geqslant rank(\boldsymbol{A})+rank(\boldsymbol{B})-n$，所以 $rank(\boldsymbol{A})=1$。

# 第 5 章　线性方程组的解

之前我们学习了矩阵函数和矩阵的秩，本章来学习如何通过这些知识更简单地求解线性方程组。

## 5.1　解的存在性

有两个未知数的线性方程组 $\begin{cases} a_{11}x_1 + a_{12}x_2 = b_1 \\ a_{21}x_1 + a_{22}x_2 = b_2 \\ a_{31}x_1 + a_{32}x_2 = b_3 \end{cases}$，从几何上看就是三根直线，求解该方程组就是找到这三根直线的交点，见图 5.1。而三根直线有很多种相交方式，需要分情况讨论，见图 5.2。

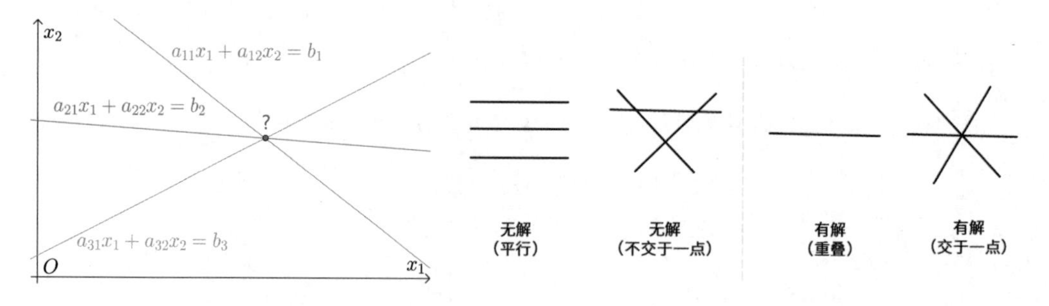


图 5.1: 找到三根直线的交点

图 5.2: 分情况讨论

有三个未知数的线性方程组 $\begin{cases} a_{11}x_1 + a_{12}x_2 + a_{13}x_3 = b_1 \\ a_{21}x_1 + a_{22}x_2 + a_{23}x_3 = b_2 \\ a_{31}x_1 + a_{32}x_2 + a_{33}x_3 = b_3 \end{cases}$，每一个方程都是三维空间中的一个平面，需要讨论的情况更多，见图 5.3。

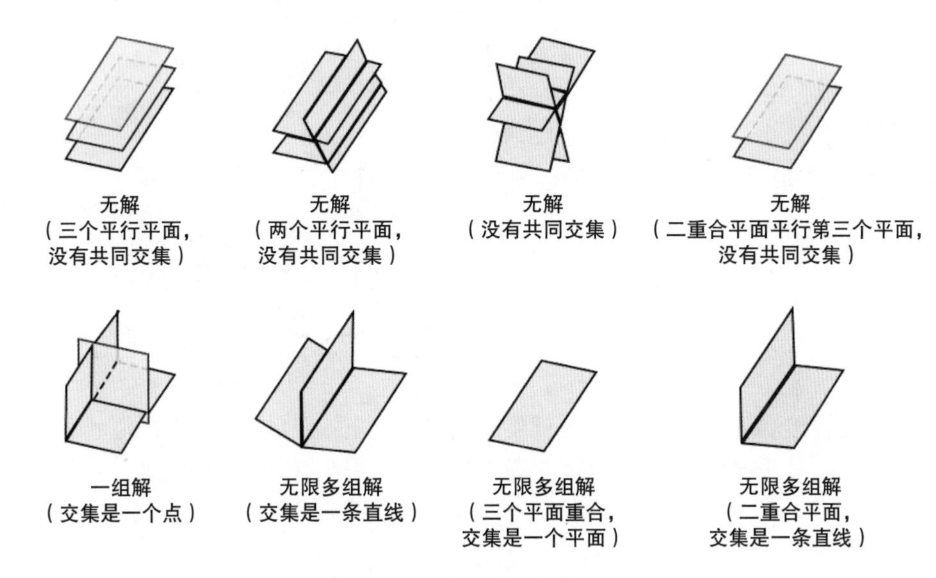


图 5.3: 需要讨论的情况更多

如果有更多的未知数，需要讨论的情况几乎就是天文数字了，所以需要一种更简洁的观点。比如对有两个未知数的线性方程组进行如下改写，这样可将其看作矩阵函数 $\boldsymbol{Ax}=\boldsymbol{y}$ 当 $\boldsymbol{y}=\boldsymbol{b}$ 时的情况：

$$\begin{cases} a_{11}x_1+a_{12}x_2=b_1 \\ a_{21}x_1+a_{22}x_2=b_2 \\ a_{31}x_1+a_{32}x_2=b_3 \end{cases} \Longrightarrow \underbrace{\begin{pmatrix} a_{11} & a_{12} \\ a_{21} & a_{22} \\ a_{31} & a_{32} \end{pmatrix}}_{\boldsymbol{A}} \underbrace{\begin{pmatrix} x_1 \\ x_2 \end{pmatrix}}_{\boldsymbol{x}} = \underbrace{\begin{pmatrix} b_1 \\ b_2 \\ b_3 \end{pmatrix}}_{\boldsymbol{b}} \Longrightarrow \boldsymbol{Ax}=\boldsymbol{b}$$

对于更一般的线性方程组，也可以将其看作矩阵函数 $\boldsymbol{Ax}=\boldsymbol{y}$ 当 $\boldsymbol{y}=\boldsymbol{b}$ 时的情况：

$$\begin{cases} a_{11}x_1+a_{12}x_2+\cdots+a_{1n}x_n=b_1 \\ a_{21}x_1+a_{22}x_2+\cdots+a_{2n}x_n=b_2 \\ \qquad\vdots \qquad\qquad \vdots \\ a_{m1}x_1+a_{m2}x_2+\cdots+a_{mn}x_n=b_m \end{cases} \Longrightarrow \underbrace{\boldsymbol{A}}_{m\times n}\ \underbrace{\boldsymbol{x}}_{n\times 1} = \underbrace{\boldsymbol{b}}_{m\times 1}$$

所以可借助矩阵函数的知识来求解线性方程组，这就是本章的学习重点。接下来会主要讨论以下三点：

- 解的存在性：在 $\boldsymbol{Ax}=\boldsymbol{y}$ 中，是否有 $\boldsymbol{x}$ 与 $\boldsymbol{b}$ 相对应。
- 解的个数：在 $\boldsymbol{Ax}=\boldsymbol{y}$ 中，有多少个 $\boldsymbol{x}$ 与 $\boldsymbol{b}$ 相对应。
- 解集：在 $\boldsymbol{Ax}=\boldsymbol{y}$ 中，具体是哪些 $\boldsymbol{x}$ 与 $\boldsymbol{b}$ 相对应。

本节先回答第一个问题，解的存在性。

**例 1.** 请问线性方程组 $\begin{cases} -x_1+2x_2=0 \\ 2x_2=2 \\ x_1-2x_2=0 \end{cases}$ 是否有解？

**解：**（1）先说思路。将线性方程组改写为矩阵函数：

$$\begin{cases} -x_1+2x_2=0 \\ 2x_2=2 \\ x_1-2x_2=0 \end{cases} \Longrightarrow \underbrace{\begin{pmatrix} -1 & 2 \\ 0 & 2 \\ 1 & -2 \end{pmatrix}}_{\boldsymbol{A}} \underbrace{\begin{pmatrix} x_1 \\ x_2 \end{pmatrix}}_{\boldsymbol{x}} = \underbrace{\begin{pmatrix} 0 \\ 2 \\ 0 \end{pmatrix}}_{\boldsymbol{b}}$$

那么该线性方程组 $\boldsymbol{Ax}=\boldsymbol{b}$ 有没有解，就看 $\boldsymbol{b}$ 是不是在矩阵函数 $\boldsymbol{Ax}=\boldsymbol{y}$ 的值域中。如果在，那么说明定义域中有一个或者多个向量与之对应，因此有解；否则无解，见图 5.4 和图 5.5。

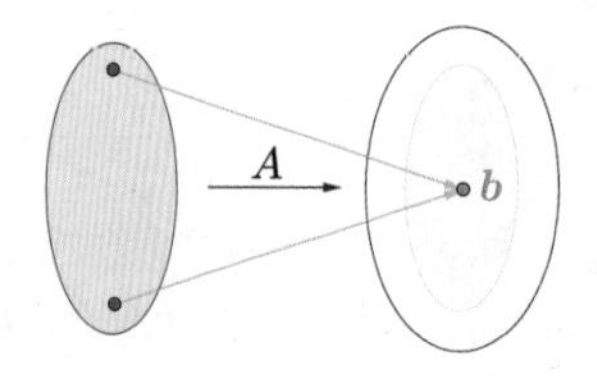


图 5.4: 有解

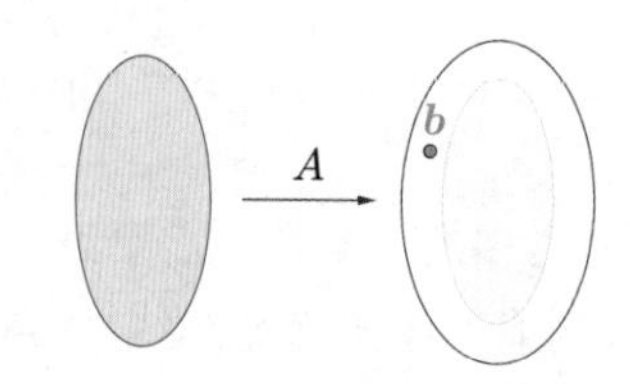


图 5.5: 无解

所以下面要搞清楚两点，矩阵函数 $\boldsymbol{Ax}=\boldsymbol{y}$ 的值域是什么？$\boldsymbol{b}$ 在不在其中？

（2）求出 $\boldsymbol{Ax}=\boldsymbol{y}$ 的值域。之前学过，在自然定义域中，矩阵函数 $\boldsymbol{Ax}=\boldsymbol{y}$ 的值域就是列空间。而 $\boldsymbol{A}$ 的列向量为 $\boldsymbol{c_1}=\begin{pmatrix} -1 \\ 0 \\ 1 \end{pmatrix}, \boldsymbol{c_2}=\begin{pmatrix} 2 \\ 2 \\ -2 \end{pmatrix}$，容易知道，列向量组 $\{\boldsymbol{c_1},\boldsymbol{c_2}\}$ 线性无关，因此列空间为 $\mathbb{R}^3$ 中的平面。在自然定义域下，矩阵函数 $\boldsymbol{Ax}=\boldsymbol{y}$ 的值域为 $\mathbb{R}^3$ 中的平面，见图 5.6。

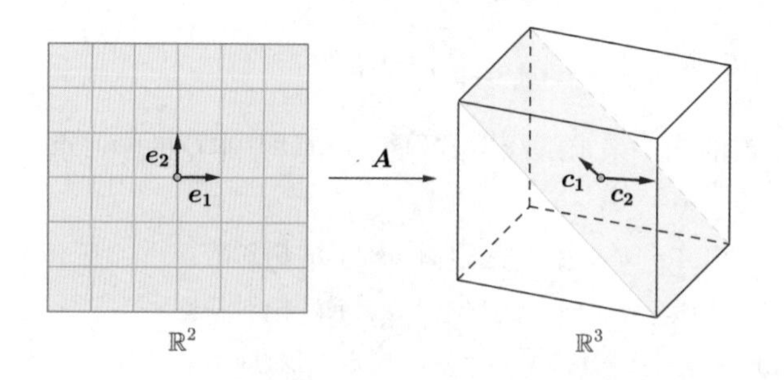


图 5.6: 右图中的蓝色平面即为 $\boldsymbol{Ax}=\boldsymbol{y}$ 的值域

若 $\boldsymbol{b}$ 在值域平面内，则该线性方程组 $\boldsymbol{Ax}=\boldsymbol{b}$ 有解，否则无解，见图 5.7。

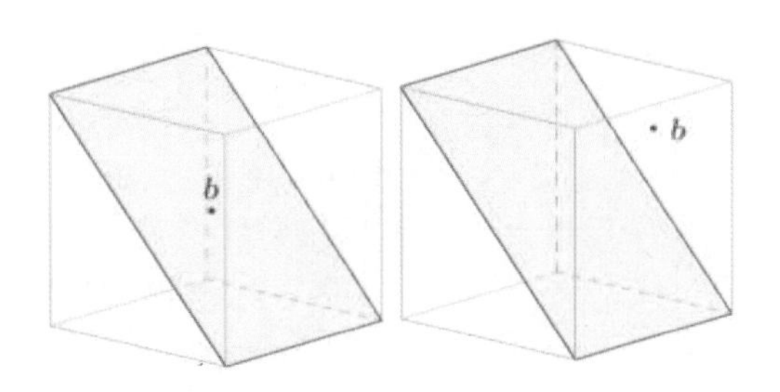


图 5.7: 左边有解，右边无解

（2）$\boldsymbol{b}$ 是否在值域中？因为 $\boldsymbol{b}=\begin{pmatrix}0\\2\\0\end{pmatrix}$，容易观察出 $\boldsymbol{b}$ 是列向量组 $\{\boldsymbol{c_1},\boldsymbol{c_2}\}$ 的线性组合，或者说 $\boldsymbol{b}$ 在 $\boldsymbol{A}$ 的列空间 $colsp(\boldsymbol{A})$ 中：

$$\boldsymbol{b}=2\boldsymbol{c_1}+1\boldsymbol{c_2}\in colsp(\boldsymbol{A})$$

也就是说，$\boldsymbol{b}$ 在值域中，所以本题中的线性方程组有解。

如果构造上面例题的增广矩阵 $\boldsymbol{B}=(\boldsymbol{A}|\boldsymbol{b})$，那么 $colsp(\boldsymbol{A})$ 由向量组 $\{\boldsymbol{c_1},\boldsymbol{c_2}\}$ 张成，$colsp(\boldsymbol{B})$ 由向量组 $\{\boldsymbol{c_1},\boldsymbol{c_2},\boldsymbol{b}\}=\{\boldsymbol{c_1},\boldsymbol{c_2},2\boldsymbol{c}_1+\boldsymbol{c}_2\}$ 张成，这两个向量空间大小必然一样，所以 $rank(\boldsymbol{A})=rank(\boldsymbol{B})$，这实际上就是判断解是否存在的充分必要条件。

**定理 1.** 线性方程组 $\boldsymbol{Ax}=\boldsymbol{b}$ 有解的充分必要条件是，系数矩阵 $\boldsymbol{A}$ 的秩等于增广矩阵 $\boldsymbol{B}$ 的秩，即

$$rank(\boldsymbol{A})=rank(\boldsymbol{A}|\boldsymbol{b})\iff \text{方程有解}$$

**例 2.** 请问当 $a$ 为多少时，下列线性方程组无解？

$$\begin{pmatrix}1&2&1\\2&3&a+2\\1&a&-2\end{pmatrix}\begin{pmatrix}x_1\\x_2\\x_3\end{pmatrix}=\begin{pmatrix}1\\3\\0\end{pmatrix}$$

**解：** 根据条件，可得该线性方程组的系数矩阵 $\boldsymbol{A}$ 和增广矩阵 $\boldsymbol{B}$：

$$\boldsymbol{A}=\begin{pmatrix}1&2&1\\2&3&a+2\\1&a&-2\end{pmatrix},\quad \boldsymbol{B}=\begin{pmatrix}1&2&1&1\\2&3&a+2&3\\1&a&-2&0\end{pmatrix}$$

（1）先求 $rank(\boldsymbol{B})$。通过初等行变换将增广矩阵 $\boldsymbol{B}$ 化为阶梯形矩阵：

$$\begin{pmatrix}1 & 2 & 1 & 1\\ 2 & 3 & a+2 & 3\\ 1 & a & -2 & 0\end{pmatrix} \xrightarrow[\boldsymbol{r}_3'=\boldsymbol{r}_3-\boldsymbol{r}_1]{\boldsymbol{r}_2'=\boldsymbol{r}_2-2\boldsymbol{r}_1} \begin{pmatrix}1 & 2 & 1 & 1\\ 0 & -1 & a & 1\\ 0 & a-2 & -3 & -1\end{pmatrix}$$

$$\xrightarrow{\boldsymbol{r}_3'=\boldsymbol{r}_3+(a-2)\boldsymbol{r}_2} \begin{pmatrix}1 & 2 & 1 & 1\\ 0 & -1 & a & 1\\ 0 & 0 & (a-3)(a+1) & a-3\end{pmatrix}$$

因此 $rank(\boldsymbol{B})=\begin{cases}2, & a=3\\ 3, & a\neq 3\end{cases}$。

（2）再求 $rank(\boldsymbol{A})$。将（1）中得到的阶梯形矩阵去掉最后一列，就可以得到 $\boldsymbol{A}$ 的阶梯形矩阵：

$$\begin{pmatrix}1 & 2 & 1\\ 2 & 3 & a+2\\ 1 & a & -2\end{pmatrix} \rightarrow \begin{pmatrix}1 & 2 & 1\\ 0 & -1 & a\\ 0 & 0 & (a-3)(a+1)\end{pmatrix}$$

因此 $rank(\boldsymbol{A})=\begin{cases}2, & a=3 \text{ 或 } a=-1\\ 3, & \text{其他}\end{cases}$。

（3）综上，当 $a=-1$ 时，有 $rank(\boldsymbol{A})=2<rank(\boldsymbol{B})=3$。根据定理 1，此时该线性方程组无解。

从矩阵函数的观点出发，这里再介绍一种判断线性方程组是否有解的方法。

**定理 2.** 若 $\boldsymbol{A}$ 为行满秩矩阵，则 $\boldsymbol{A}\boldsymbol{x}=\boldsymbol{b}$ 一定有解。

上述定理很好理解，行满秩说明 $\boldsymbol{A}\boldsymbol{x}=\boldsymbol{y}$ 满射，此时 $\boldsymbol{b}$ 必在值域中，所以 $\boldsymbol{A}\boldsymbol{x}=\boldsymbol{b}$ 一定有解，见图 5.8。

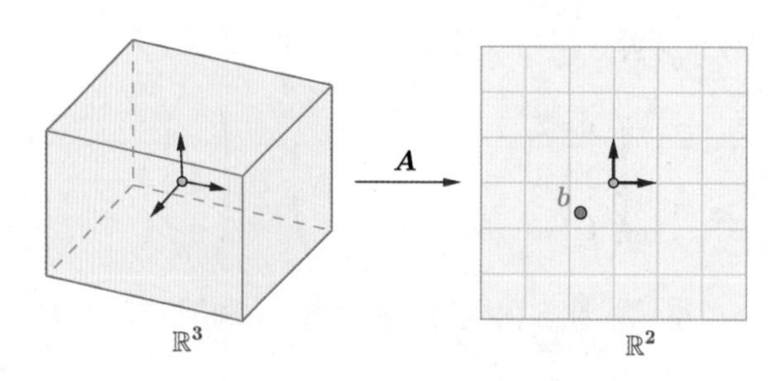


图 5.8: 满射时，$\boldsymbol{b}$ 一定在值域中

## 5.2　解的个数

本节来回答线性方程组求解的第二个问题，解的个数。

让我们从 $\begin{cases} a_{11}x_1 + a_{12}x_2 = b_1 \\ a_{21}x_1 + a_{22}x_2 = b_2 \end{cases}$ 说起，当其有解时，从几何上看有如下两种情况，见图 5.9 和图 5.10。

图 5.9: 交于一点，有唯一解

图 5.10: 两直线重合，有无数解

从矩阵函数的角度，又该如何看待这个问题呢？

### 5.2.1 解的个数的矩阵观点

之前就证明过，在自然定义域下，当矩阵函数 $\boldsymbol{Ax} = \boldsymbol{y}$ 为单射时，值域中的任意向量有且只有一个定义域中的向量与之对应，见图 5.11；而非单射时，值域中的每一个向量都有无数个定义域中的向量与之对应，见图 5.12。

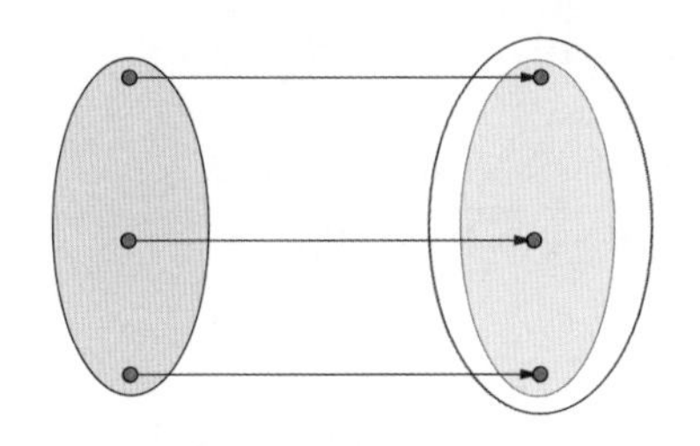

图 5.11: 单射

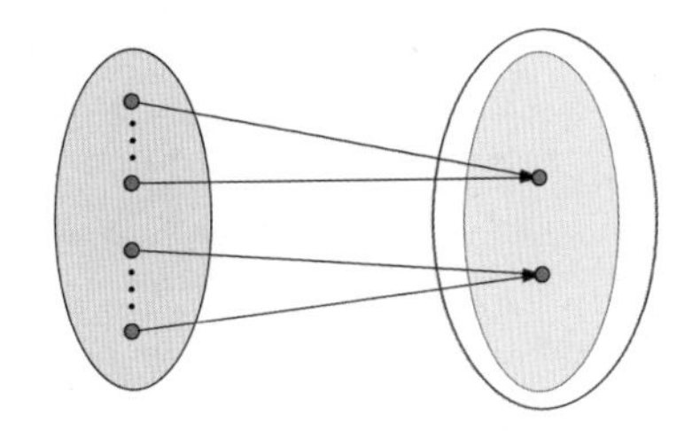

图 5.12: 非单射

所以如果 $\boldsymbol{Ax} = \boldsymbol{b}$ 有解，那么 $\boldsymbol{Ax} = \boldsymbol{y}$ 为单射时有唯一解，否则有无数解，这就是解的个数判别法。也可以表述为如下定理。

**定理 3.** 对于线性方程组 $\boldsymbol{Ax} = \boldsymbol{b}$，它的增广矩阵为 $\boldsymbol{B} = (\boldsymbol{A} \mid \boldsymbol{b})$，如果 $\boldsymbol{A}$ 为 $m \times n$ 的矩阵，那么：

- 有唯一解，当且仅当 $rank(\boldsymbol{A}) = rank(\boldsymbol{B}) = n$。
- 有无数解，当且仅当 $rank(\boldsymbol{A}) = rank(\boldsymbol{B}) < n$。

上述定理可这么理解：（1）根据定理 1，$rank(\boldsymbol{A}) = rank(\boldsymbol{B})$ 说明是有解的。（2）$rank(\boldsymbol{A}) = n$ 说明 $\boldsymbol{A}$ 是列满秩的，根据第 4 章的定理 11，说明矩阵函数是单射，所以如果有解则是唯一解；否则如果有解则是无数解。

**例 3.** 请问线性方程组 $\begin{cases} -x_1+2x_2=0 \\ \qquad\ \ 2x_2=2 \\ \ \ x_1-2x_2=0 \end{cases}$ 是否有解？如果有解，那么有几个解？

**解：** 根据条件，可得该线性方程组的系数矩阵 $\boldsymbol{A}$ 和增广矩阵 $\boldsymbol{B}$：

$$\boldsymbol{A}=\begin{pmatrix} -1 & 2 \\ 0 & 2 \\ 1 & -2 \end{pmatrix}, \quad \boldsymbol{B}=\begin{pmatrix} -1 & 2 & 0 \\ 0 & 2 & 2 \\ 1 & -2 & 0 \end{pmatrix}$$

容易求出 $rank(\boldsymbol{A})=rank(\boldsymbol{B})=2$，所以有唯一解。

### 5.2.2 满秩矩阵有唯一解

如果 $\boldsymbol{A}$ 是满秩矩阵，那么矩阵函数 $\boldsymbol{Ax}=\boldsymbol{y}$ 既是满射又是单射。满射说明一定有解，单射说明如果有解则是唯一解，所以 $\boldsymbol{Ax}=\boldsymbol{b}$ 有唯一解，见图 5.13。

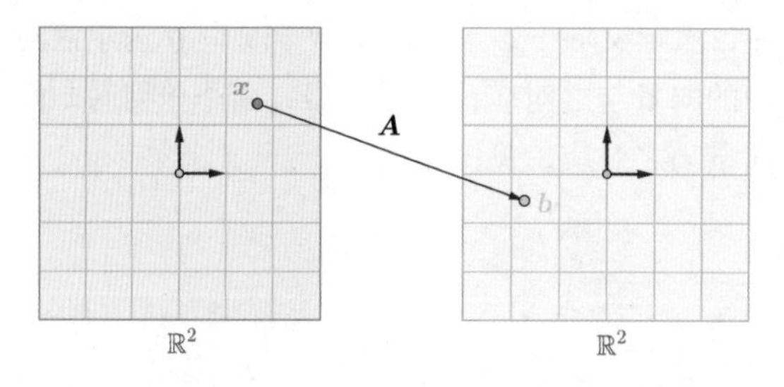


图 5.13: 如果 $\boldsymbol{A}$ 是满秩矩阵，那么 $\boldsymbol{Ax}=\boldsymbol{b}$ 有唯一解

**例 4.** 请问线性方程组 $\begin{cases} x+y+z=2 \\ 2x+y-z=3 \\ -2x+y-z=1 \end{cases}$ 是否有解？如果有解，那么有几个解？

**解：** 将该线性方程组改写为：

$$\underbrace{\begin{pmatrix} 1 & 1 & 1 \\ 2 & 1 & -1 \\ -2 & 1 & -1 \end{pmatrix}}_{\boldsymbol{A}}\underbrace{\begin{pmatrix} x \\ y \\ z \end{pmatrix}}_{\boldsymbol{x}}=\underbrace{\begin{pmatrix} 2 \\ 3 \\ 1 \end{pmatrix}}_{\boldsymbol{b}}$$

对矩阵 $\boldsymbol{A}$ 进行初等行变换：

$$\begin{pmatrix} 1 & 1 & 1 \\ 2 & 1 & -1 \\ -2 & 1 & -1 \end{pmatrix}\xrightarrow{\boldsymbol{r}_2'=\boldsymbol{r}_2-2\boldsymbol{r}_1}\begin{pmatrix} 1 & 1 & 1 \\ 0 & -1 & -3 \\ -2 & 1 & -1 \end{pmatrix}$$

$$\xrightarrow{r_3'=r_3+2r_1}\begin{pmatrix}1 & 1 & 1\\0 & -1 & -3\\0 & 3 & 1\end{pmatrix}\xrightarrow{r_3'=r_3+3r_2}\begin{pmatrix}1 & 1 & 1\\0 & -1 & -3\\0 & 0 & -8\end{pmatrix}$$

从最后得到的阶梯形矩阵可知 $rank(\boldsymbol{A})=3$，所以 $\boldsymbol{A}$ 为满秩矩阵，所以 $\boldsymbol{Ax}=\boldsymbol{b}$ 有唯一解。

## 5.3 解集

本节来回答线性方程组求解的第三个问题，解集。

简单来说，解集就是满足线性方程组 $\boldsymbol{Ax}=\boldsymbol{b}$ 的所有 $\boldsymbol{x}$ 的集合，如果无解的话那么解集就是空集 $\varnothing$，见图 5.14。

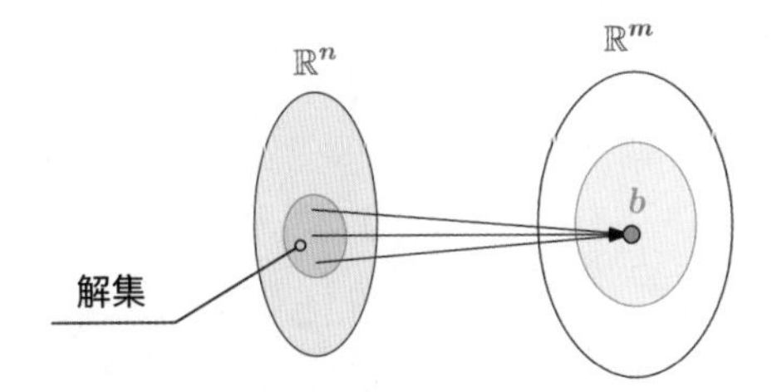


图 5.14: 解集就是满足线性方程组 $\boldsymbol{Ax}=\boldsymbol{b}$ 的所有 $\boldsymbol{x}$ 的集合

知道什么是解集之后，下面来研究怎么求出解集。首先要知道，线性方程组可以分成如下两类。

**定义 1.** 对于线性方程组 $\boldsymbol{Ax}=\boldsymbol{b}$ 而言：

- $\boldsymbol{b}=\boldsymbol{0}$ 时，即 $\boldsymbol{Ax}=\boldsymbol{0}$ 时，称为齐次线性方程组。
- $\boldsymbol{b}\neq\boldsymbol{0}$ 时，称为非齐次线性方程组。

这两类线性方程组在求解上大同小异，只是最终得到的解集会有所不同，下面会用一系列的例子来进一步解释。

### 5.3.1 齐次线性方程组的解集

**例 5.** 请求出齐次线性方程组 $\boldsymbol{Ax}=\begin{pmatrix}1 & 1\\1 & 1\end{pmatrix}\begin{pmatrix}x_1\\x_2\end{pmatrix}=\begin{pmatrix}0\\0\end{pmatrix}$ 的解集。

**解：**（1）求出解集。首先写出该齐次线性方程组的增广矩阵

$$\boldsymbol{B}=(\boldsymbol{A}\mid\boldsymbol{0})=\left(\begin{array}{cc|c}1 & 1 & 0\\1 & 1 & 0\end{array}\right),$$

根据高斯消元法，通过行初等变换将 $\boldsymbol{B}$ 变换为行最简形矩阵：

$$\begin{pmatrix}1 & 1 & | & 0\\1 & 1 & | & 0\end{pmatrix}\xrightarrow{\boldsymbol{r}_2'=\boldsymbol{r}_2-\boldsymbol{r}_1}\begin{pmatrix}1 & 1 & | & 0\\0 & 0 & | & 0\end{pmatrix}$$

将行最简形矩阵写回线性方程组的形式，就得到了题目中齐次线性方程组 $\boldsymbol{Ax}=\boldsymbol{0}$ 的解集：

$$\begin{pmatrix}1 & 1 & | & 0\\0 & 0 & | & 0\end{pmatrix}\Longrightarrow\begin{cases}x_1+x_2=0\\0+0=0\end{cases}$$

该解集的意思为，所有满足 $x_1+x_2=0$ 的点都是 $\boldsymbol{Ax}=\boldsymbol{0}$ 的解。其几何意义是，$x_1+x_2=0$ 是图 5.15 中左侧定义域 $\mathbb{R}^2$ 中的红色直线，其上所有的点都被映射到右侧值域中的 $\begin{pmatrix}0\\0\end{pmatrix}$。

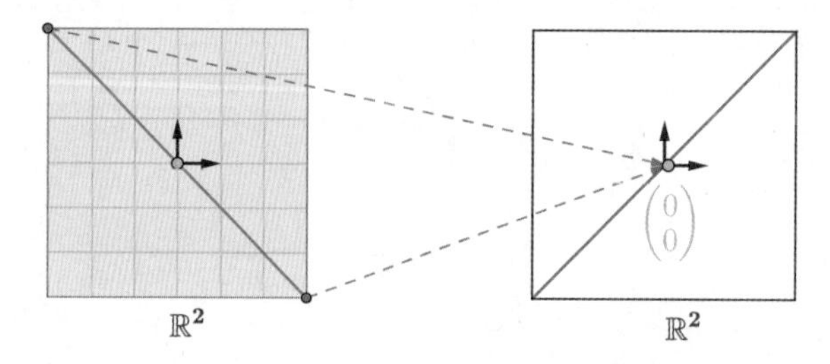


图 5.15: 齐次线性方程组 $\boldsymbol{Ax}=\boldsymbol{0}$ 的解集就是左侧的红色直线

顺便说一下，图 5.15 中右侧蓝色的直线是矩阵函数 $\boldsymbol{Ax}=\boldsymbol{y}$ 的值域，也就是 $\boldsymbol{A}$ 的列空间，即列向量组 $\left\{\begin{pmatrix}1\\1\end{pmatrix},\begin{pmatrix}1\\1\end{pmatrix}\right\}$ 的张成空间。

（2）习惯上还会将解集改写为向量空间。先进行移项，保证行最简形矩阵中的主元在最左边：

$$\begin{cases}x_1+x_2=0\\0+0=0\end{cases}\Longrightarrow\begin{cases}x_1=-x_2\\0+0=0\end{cases}$$

补上缺失的未知数 $x_2$，即增加 $x_2=x_2$ 这个恒等式，并去掉无用的 $0+0=0$；然后写作向量的形式：

$$\begin{cases}x_1=-x_2\\0=0\end{cases}\Longrightarrow\begin{cases}x_1=-x_2\\x_2=x_2\end{cases}\Longrightarrow\begin{pmatrix}x_1\\x_2\end{pmatrix}=\begin{pmatrix}-x_2\\x_2\end{pmatrix}$$

其中 $\begin{pmatrix}x_1\\x_2\end{pmatrix}$ 就是 $\boldsymbol{Ax}=\boldsymbol{0}$ 中的 $\boldsymbol{x}$，所以可进一步改写为：

$$\begin{pmatrix}x_1\\x_2\end{pmatrix}=\begin{pmatrix}-x_2\\x_2\end{pmatrix}\Longrightarrow\boldsymbol{x}=\begin{pmatrix}-x_2\\x_2\end{pmatrix}=x_2\begin{pmatrix}-1\\1\end{pmatrix}$$

一般习惯用 $k$ 来代替 $x_2$：

$$\boldsymbol{x}=x_2\begin{pmatrix}-1\\1\end{pmatrix}\xrightarrow{x_2\to k}\boldsymbol{x}=k\begin{pmatrix}-1\\1\end{pmatrix}$$

其中 $k$ 可为任意实数，所以最终解集被改写为向量组 $\left\{\begin{pmatrix}-1\\1\end{pmatrix}\right\}$ 的张成空间：

$$\boldsymbol{x}=k\begin{pmatrix}-1\\1\end{pmatrix},\quad k\in\mathbb{R}$$

所以解集 $\boldsymbol{x}$ 就是 $\begin{pmatrix}-1\\1\end{pmatrix}$ 所在的直线，也就是图 5.15 左图 $\mathbb{R}^2$ 中的红色直线。

**例 6.** 请求出齐次线性方程组 $\boldsymbol{A}\boldsymbol{x}=\begin{pmatrix}1&1&1\\2&2&2\\3&3&3\end{pmatrix}\begin{pmatrix}x_1\\x_2\\x_3\end{pmatrix}=\begin{pmatrix}0\\0\\0\end{pmatrix}$ 的解集。

**解：**（1）求出解集。首先写出该齐次线性方程组的增广矩阵

$$\boldsymbol{B}=(\boldsymbol{A}\mid\boldsymbol{b})=\left(\begin{array}{ccc|c}1&1&1&0\\2&2&2&0\\3&3&3&0\end{array}\right),$$

根据高斯消元法，通过行初等变换将 $\boldsymbol{B}$ 变换为行最简形矩阵；然后将行最简形矩阵写回线性方程组的形式，就得到了题目中齐次线性方程组 $\boldsymbol{A}\boldsymbol{x}=\boldsymbol{0}$ 的解集：

$$\left(\begin{array}{ccc|c}1&1&1&0\\2&2&2&0\\3&3&3&0\end{array}\right)\xrightarrow[\boldsymbol{r}_3'=\boldsymbol{r}_3-3\boldsymbol{r}_1]{\boldsymbol{r}_2'=\boldsymbol{r}_2-2\boldsymbol{r}_1}\left(\begin{array}{ccc|c}1&1&1&0\\0&0&0&0\\0&0&0&0\end{array}\right)\implies\begin{cases}x_1+x_2+x_3=0\\0+0+0=0\\0+0+0=0\end{cases}$$

该解集的意思为，所有满足 $x_1+x_2+x_3=0$ 的点都是 $\boldsymbol{A}\boldsymbol{x}=\boldsymbol{0}$ 的解。其几何意义是，$x_1+x_2+x_3=0$ 是图 5.16 中左侧定义域 $\mathbb{R}^2$ 中的红色平面，其上所有的点都被映射到右侧值域中的 $\begin{pmatrix}0\\0\\0\end{pmatrix}$。

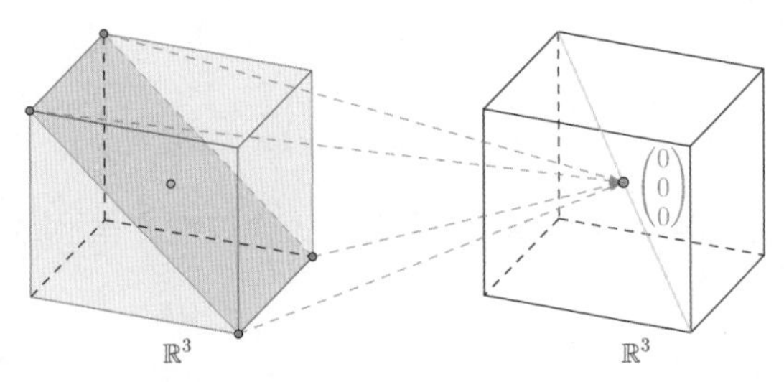


图 5.16: 齐次线性方程组 $\boldsymbol{A}\boldsymbol{x}=\boldsymbol{0}$ 的解集就是左侧的红色平面

顺便说一下，图 5.16 中右侧蓝色的直线是矩阵函数 $\boldsymbol{Ax}=\boldsymbol{y}$ 的值域，也就是 $\boldsymbol{A}$ 的列空间，即列向量组 $\left\{\begin{pmatrix}1\\2\\3\end{pmatrix},\begin{pmatrix}1\\2\\3\end{pmatrix},\begin{pmatrix}1\\2\\3\end{pmatrix}\right\}$ 的张成空间。

（2）将解集改写为向量空间。先进行移项，保证行最简形矩阵中的主元在最左边；再补上缺失的未知数 $x_2,x_3$，去掉无用项：

$$\begin{cases}x_1+x_2+x_3=0\\0+0+0=0\\0+0+0=0\end{cases}\implies\begin{cases}x_1=-x_2-x_3\\0+0+0=0\\0+0+0=0\end{cases}\implies\begin{cases}x_1=-x_2-x_3\\x_2=x_2\\x_3=x_3\end{cases}$$

上式还可以写作向量的形式：

$$\boldsymbol{x}=\begin{pmatrix}x_1\\x_2\\x_3\end{pmatrix}=\begin{pmatrix}-x_2-x_3\\x_2\\x_3\end{pmatrix}=\begin{pmatrix}-x_2\\x_2\\0\end{pmatrix}+\begin{pmatrix}-x_3\\0\\x_3\end{pmatrix}=x_2\begin{pmatrix}-1\\1\\0\end{pmatrix}+x_3\begin{pmatrix}-1\\0\\1\end{pmatrix}$$

用 $k$ 来代替 $x$，可得解集：

$$\boldsymbol{x}=k_1\begin{pmatrix}-1\\1\\0\end{pmatrix}+k_2\begin{pmatrix}-1\\0\\1\end{pmatrix},\quad k_1,k_2\in\mathbb{R}$$

该解集 $\boldsymbol{x}$ 就是 $\begin{pmatrix}-1\\1\\0\end{pmatrix}$ 和 $\begin{pmatrix}-1\\0\\1\end{pmatrix}$ 决定的平面，也就是图 5.16 左侧 $\mathbb{R}^2$ 中的红色平面。

**定义 2.** 齐次线性方程组 $\boldsymbol{Ax}=\boldsymbol{0}$ 的解集也称为 $\boldsymbol{A}$ 的零空间，记为 $null(\boldsymbol{A})$。

$\boldsymbol{A}$ 的零空间这个名字包含了两层意思：（1）零空间是齐次方程 $\boldsymbol{Ax}=\boldsymbol{0}$ 的解集；（2）零空间是一个向量空间。

第一层意思从定义中就能得到，下面我们来着重讲讲第二层意思。

- 首先，$\boldsymbol{x}=\boldsymbol{0}$ 必然是齐次线性方程组 $\boldsymbol{Ax}=\boldsymbol{0}$ 的一个解，即一定有 $\boldsymbol{A0}=\boldsymbol{0}$。
- 其次，假设 $\boldsymbol{x_1},\boldsymbol{x_2},\cdots,\boldsymbol{x_n}$ 是齐次线性方程组 $\boldsymbol{Ax}=\boldsymbol{0}$ 的解，因为矩阵函数是线性函数，那么有：

$$\boldsymbol{A}(k_1\boldsymbol{x_1}+k_2\boldsymbol{x_2}+\cdots+k_n\boldsymbol{x_n})=k_1A(\boldsymbol{x_1})+k_2A(\boldsymbol{x_2})+\cdots+k_nA(\boldsymbol{x_n})=\boldsymbol{0}$$

即向量组 $\{\boldsymbol{x_1},\boldsymbol{x_2},\cdots,\boldsymbol{x_n}\}$ 的张成空间也是齐次线性方程组 $A\boldsymbol{x}=\boldsymbol{0}$ 的解，所以解集一定是向量空间。

零空间的映射图可以如下表示，见图 5.17 和图 5.18。

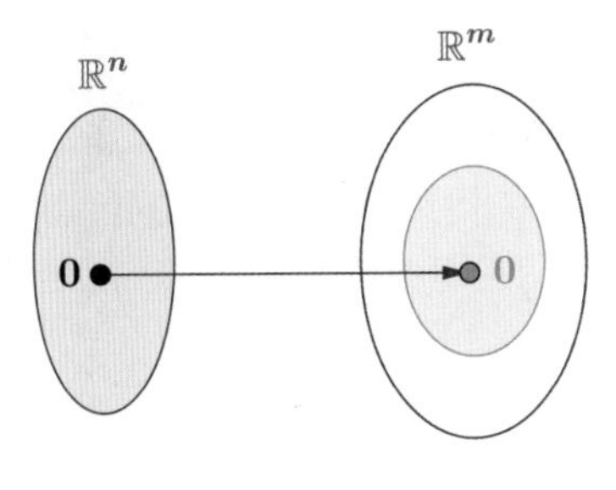


图 5.17: 唯一解

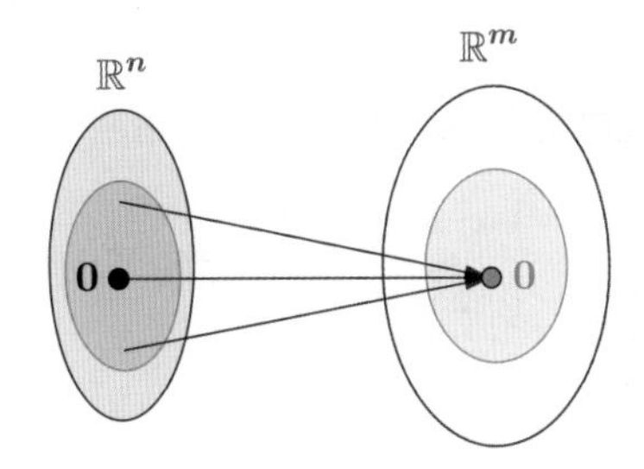


图 5.18: 无数解

### 5.3.2 非齐次线性方程组的解

**例 7.** 请求出非齐次线性方程组 $\boldsymbol{A}\boldsymbol{x}=\begin{pmatrix}1&1\\1&1\end{pmatrix}\begin{pmatrix}x_1\\x_2\end{pmatrix}=\begin{pmatrix}2\\2\end{pmatrix}=\boldsymbol{b}$ 的解集。

**解：** 求解方法和例 5 差不多。首先写出该非齐次线性方程组的增广矩阵 $\boldsymbol{B}=(\boldsymbol{A}\,|\,\boldsymbol{b})=\left(\begin{array}{cc|c}1&1&2\\1&1&2\end{array}\right)$。根据高斯消元法，通过行初等变换将增广矩阵 $\boldsymbol{B}$ 变换为行最简形矩阵。再将行最简形矩阵写回线性方程组的形式，就得到了题目中非齐次线性方程组 $\boldsymbol{A}\boldsymbol{x}=\boldsymbol{b}$ 的解集：

$$\left(\begin{array}{cc|c}1&1&2\\1&1&2\end{array}\right)\xrightarrow{\boldsymbol{r}_2'=\boldsymbol{r}_2-\boldsymbol{r}_1}\left(\begin{array}{cc|c}1&1&2\\0&0&0\end{array}\right)\implies\begin{cases}x_1+x_2=2\\0+0=0\end{cases}$$

该解集的意思为，所有满足 $x_1+x_2=2$ 的点都是 $\boldsymbol{A}\boldsymbol{x}=\boldsymbol{b}$ 的解。其几何意义是，$x_1+x_2=2$ 是图 5.19 中左侧定义域 $\mathbb{R}^2$ 中的红色直线，其上所有的点都被映射到右侧值域中的 $\begin{pmatrix}2\\2\end{pmatrix}$。

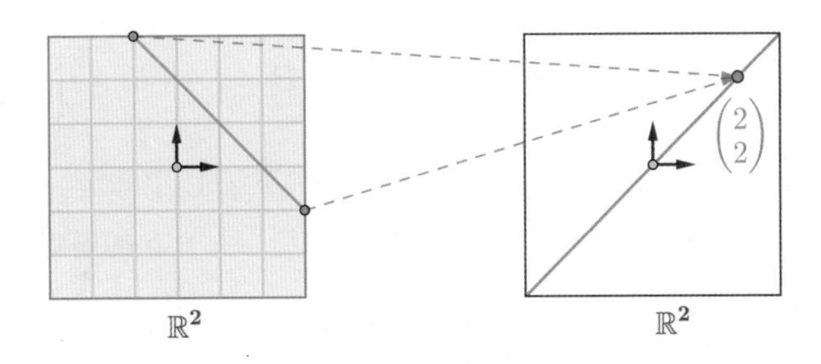


图 5.19: 非齐次线性方程组 $\boldsymbol{A}\boldsymbol{x}=\boldsymbol{b}$ 的解集就是左侧的红色直线

下面将解集改写为向量空间。先进行移项，保证行最简形矩阵中的主元在最左边；再补上缺失的未知数 $x_2$，去掉无用项：

$$\begin{cases} x_1 + x_2 = 2 \\ 0+0=0 \end{cases} \Longrightarrow \begin{cases} x_1 = 2 - x_2 \\ 0+0=0 \end{cases} \Longrightarrow \begin{cases} x_1 = 2 - x_2 \\ x_2 = x_2 \end{cases}$$

再将上式改写为向量的形式，并用 $k$ 来代替 $x_2$，可得解集：

$$\begin{cases} x_1 = 2 - x_2 \\ x_2 = x_2 \end{cases} \Longrightarrow \boldsymbol{x} = \begin{pmatrix} x_1 \\ x_2 \end{pmatrix} = \begin{pmatrix} 2 - x_2 \\ x_2 \end{pmatrix} = \begin{pmatrix} 2 \\ 0 \end{pmatrix} + x_2 \begin{pmatrix} -1 \\ 1 \end{pmatrix}$$

$$\Longrightarrow \boldsymbol{x} = \begin{pmatrix} 2 \\ 0 \end{pmatrix} + k \begin{pmatrix} -1 \\ 1 \end{pmatrix}, \quad k \in \mathbb{R}$$

该解集 $\boldsymbol{x}$ 是过 $\begin{pmatrix} 2 \\ 0 \end{pmatrix}$，且与直线 $k\begin{pmatrix} -1 \\ 1 \end{pmatrix}$（图 5.20 左侧 $\mathbb{R}^2$ 中的红色虚线）平行的直线，即图 5.20 左侧 $\mathbb{R}^2$ 中的红色实线，和图 5.19 中的解集是一致的。

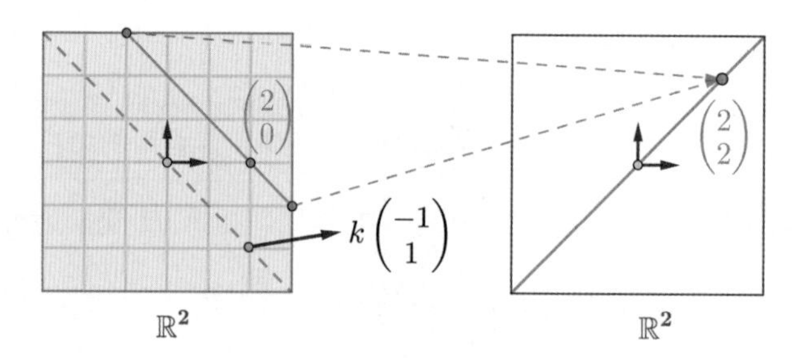


图 5.20: 非齐次线性方程组 $\boldsymbol{Ax} = \boldsymbol{b}$ 的解集是左侧的红色直线，与红色虚线平行

**例 8.** 请求出非齐次线性方程组 $A\boldsymbol{x} = \begin{pmatrix} 1 & 1 & 1 \\ 2 & 2 & 2 \\ 3 & 3 & 3 \end{pmatrix} \begin{pmatrix} x_1 \\ x_2 \\ x_3 \end{pmatrix} = \begin{pmatrix} 3 \\ 6 \\ 9 \end{pmatrix} = \boldsymbol{b}$ 的解集。

**解：** 首先写出该非齐次线性方程组的增广矩阵 $\boldsymbol{B} = (\boldsymbol{A} \mid \boldsymbol{b}) = \left(\begin{array}{ccc|c} 1 & 1 & 1 & 3 \\ 2 & 2 & 2 & 6 \\ 3 & 3 & 3 & 9 \end{array}\right)$。根据高斯消元法，通过行初等变换将增广矩阵 $\boldsymbol{B}$ 变换为行最简形矩阵。再将行最简形矩阵写回线性方程组的形式，得到题目中非齐次线性方程组 $\boldsymbol{Ax} = \boldsymbol{b}$ 的解集：

$$\left(\begin{array}{ccc|c} 1 & 1 & 1 & 3 \\ 2 & 2 & 2 & 6 \\ 3 & 3 & 3 & 9 \end{array}\right) \xrightarrow[\boldsymbol{r}_3' = \boldsymbol{r}_3 - 3\boldsymbol{r}_1]{\boldsymbol{r}_2' = \boldsymbol{r}_2 - 2\boldsymbol{r}_1} \left(\begin{array}{ccc|c} 1 & 1 & 1 & 3 \\ 0 & 0 & 0 & 0 \\ 0 & 0 & 0 & 0 \end{array}\right) \Longrightarrow \begin{cases} x_1 + x_2 + x_3 = 3 \\ 0+0+0=0 \\ 0+0+0=0 \end{cases}$$

该解集的意思为，所有满足 $x_1 + x_2 + x_3 = 3$ 的点都是 $\boldsymbol{Ax} = \boldsymbol{b}$ 的解。其几何意义是，$x_1 + x_2 + x_3 = 3$ 是图 5.21 中左侧定义域 $\mathbb{R}^3$ 中的红色平面，其上所有的点都被映射到右

侧值域中的 $\begin{pmatrix} 3 \\ 6 \\ 9 \end{pmatrix}$。

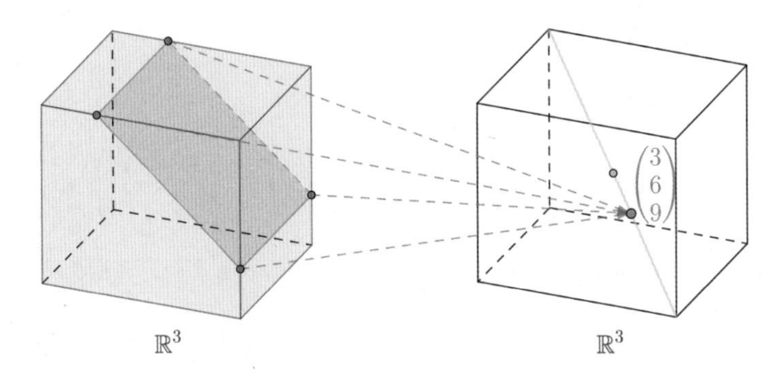


图 5.21: 非齐次线性方程组 $\boldsymbol{Ax} = \boldsymbol{b}$ 的解集就是左侧的红色平面

下面将解集改写为向量空间。先进行移项，保证行最简形矩阵中的主元在最左边；再补上缺失的未知数 $x_2, x_3$，去掉无用项：

$$\begin{cases} x_1 + x_2 + x_3 = 3 \\ 0 + 0 + 0 = 0 \\ 0 + 0 + 0 = 0 \end{cases} \implies \begin{cases} x_1 = 3 - x_2 - x_3 \\ 0 + 0 + 0 = 0 \\ 0 + 0 + 0 = 0 \end{cases} \implies \begin{cases} x_1 = 3 - x_2 - x_3 \\ x_2 = x_2 \\ x_3 = x_3 \end{cases}$$

再将上式改写为向量的形式：

$$\boldsymbol{x} = \begin{pmatrix} x_1 \\ x_2 \\ x_3 \end{pmatrix} = \begin{pmatrix} 3 - x_2 - x_3 \\ x_2 \\ x_3 \end{pmatrix} = \begin{pmatrix} 3 \\ 0 \\ 0 \end{pmatrix} + x_2 \begin{pmatrix} -1 \\ 1 \\ 0 \end{pmatrix} + x_3 \begin{pmatrix} -1 \\ 0 \\ 1 \end{pmatrix}$$

用 $k$ 来代替 $x$，可得解集：

$$\boldsymbol{x} = \begin{pmatrix} 3 \\ 0 \\ 0 \end{pmatrix} + k_1 \begin{pmatrix} -1 \\ 1 \\ 0 \end{pmatrix} + k_2 \begin{pmatrix} -1 \\ 0 \\ 1 \end{pmatrix}, \quad k_1, k_2 \in \mathbb{R}$$

该解集 $\boldsymbol{x}$ 是过 $\begin{pmatrix} 3 \\ 0 \\ 0 \end{pmatrix}$，且与平面 $k_1 \begin{pmatrix} -1 \\ 1 \\ 0 \end{pmatrix} + k_2 \begin{pmatrix} -1 \\ 0 \\ 1 \end{pmatrix}$（图 5.22 左侧 $\mathbb{R}^3$ 中的橙色平面）平行的平面，即图 5.22 左侧 $\mathbb{R}^3$ 中的红色平面，和图 5.21 中的解集是一致的。

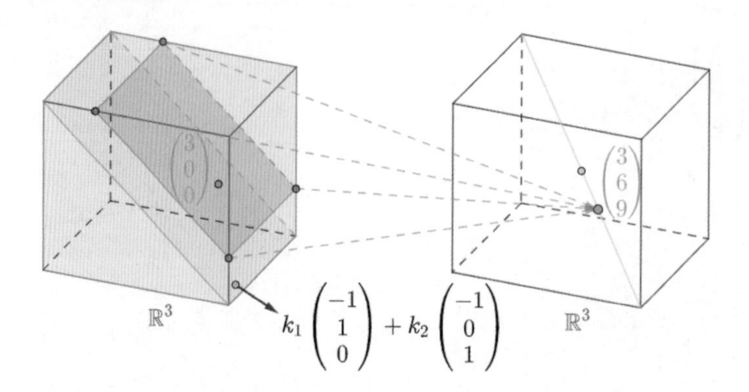


图 5.22: 非齐次线性方程组 $\boldsymbol{Ax}=\boldsymbol{b}$ 的解集是左侧的红色平面，与橙色平面平行

### 5.3.3　解集的结构

通过前面 4 道例题可得出如下结论，该结论也称为非齐次线性方程组解集的结构，简称为解集的结构。

**定理 4.** 已知矩阵 $\boldsymbol{A}$ 以及零空间 $null(\boldsymbol{A})$，那么非齐次线性方程组 $\boldsymbol{Ax}=\boldsymbol{b}$ 的解集为 $\boldsymbol{x}=\boldsymbol{p}+null(\boldsymbol{A})$，其中 $\boldsymbol{p}$ 为 $\boldsymbol{Ax}=\boldsymbol{b}$ 的特解。

**证明：** 需要证明 $\boldsymbol{p}+null(\boldsymbol{A})$ 是 $\boldsymbol{Ax}=\boldsymbol{b}$ 的解，并且是所有解。

（1）容易得到 $\boldsymbol{A}\Big(\boldsymbol{p}+null(\boldsymbol{A})\Big)=\boldsymbol{A}(\boldsymbol{p})+\boldsymbol{A}\Big(null(\boldsymbol{A})\Big)=\boldsymbol{b}+\boldsymbol{0}=\boldsymbol{b}$，所以 $\boldsymbol{p}+null(\boldsymbol{A})$ 是 $\boldsymbol{Ax}=\boldsymbol{b}$ 的解。

（2）设有 $\boldsymbol{Ap}'=\boldsymbol{b}$，那么 $\boldsymbol{A}(\boldsymbol{p}'-\boldsymbol{p})=\boldsymbol{Ap}'-\boldsymbol{Ap}=\boldsymbol{0}\implies\boldsymbol{p}'-\boldsymbol{p}\in null(\boldsymbol{A})\implies\boldsymbol{p}'\in\boldsymbol{p}+null(\boldsymbol{A})$，所以 $\boldsymbol{p}+null(\boldsymbol{A})$ 是 $\boldsymbol{Ax}=\boldsymbol{b}$ 的所有解。 □

比如，例 5 和例 7 有相同的系数矩阵 $\boldsymbol{A}$，可看出例 7 求出的解集由特解和零空间[①]构成，满足解集的结构，见图 5.23。

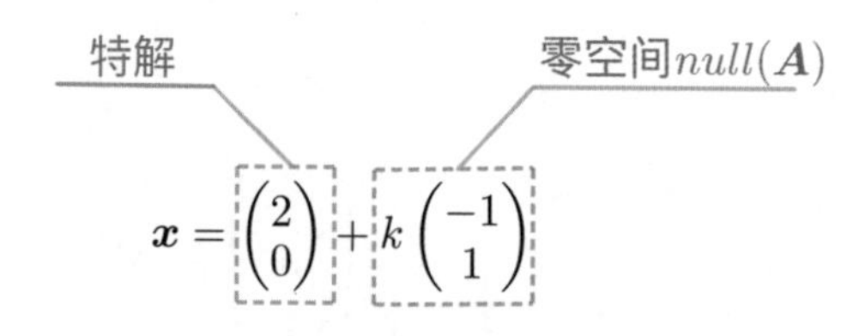


图 5.23: 解集由特解和零空间构成

该解集的结构还说明，解集 $\boldsymbol{x}$ 就是零空间 $null(\boldsymbol{A})$ 的每一个点都加上特解 $\begin{pmatrix}2\\0\end{pmatrix}$，也就是 $null(\boldsymbol{A})$ 平移了 $\begin{pmatrix}2\\0\end{pmatrix}$，所以该解集 $\boldsymbol{x}$ 是过特解 $\begin{pmatrix}2\\0\end{pmatrix}$ 且与 $null(\boldsymbol{A})$ 平行的直线，见图 5.24。

① 也就是例 5 的解集。

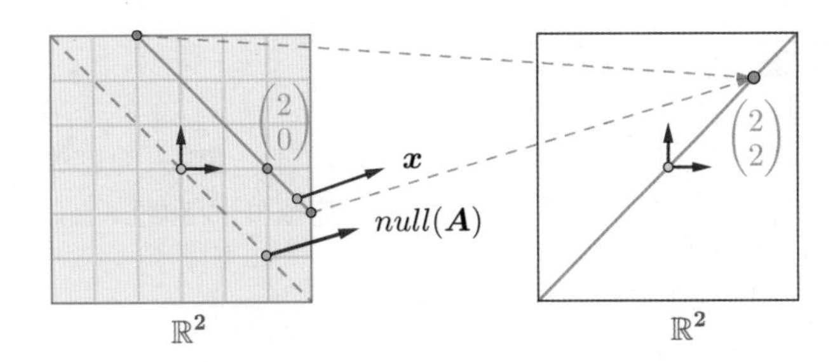


图 5.24: 解集是过特解且与零空间平行的直线

仔细观察例 8，会发现它也满足解集的结构，下面再来看一道例题。

**例 9.** 请求出非齐次线性方程组 $\begin{cases}x_1+2x_2=3\\-x_1-2x_2+x_3=1\end{cases}$ 的解集。

**解：** 写出增广矩阵 $\left(\begin{array}{ccc|c}1&2&0&3\\-1&-2&1&1\end{array}\right)$，通过初等行变换将其化为行最简形矩阵，再写回线性方程组：

$$\left(\begin{array}{ccc|c}1&2&0&3\\-1&-2&1&1\end{array}\right)\xrightarrow{r_2'=r_2+r_1}\left(\begin{array}{ccc|c}1&2&0&3\\0&0&1&4\end{array}\right)\implies\begin{cases}x_1+2x_2=3\\x_3=4\end{cases}$$

进行移项，保证行最简形矩阵中的主元在最左边，补上缺失的未知数 $x_2$，根据未知数下标交换顺序：

$$\begin{cases}x_1+2x_2=3\\x_3=4\end{cases}\implies\begin{cases}x_1=-2x_2+3\\x_3=4\end{cases}\implies\begin{cases}x_1=-2x_2+3\\x_3=4\\x_2=x_2\end{cases}\implies\begin{cases}x_1=-2x_2+3\\x_2=x_2\\x_3=4\end{cases}$$

写成向量的形式：

$$\boldsymbol{x}=\begin{pmatrix}x_1\\x_2\\x_3\end{pmatrix}=\begin{pmatrix}-2x_2+3\\x_2\\4\end{pmatrix}=\begin{pmatrix}3\\0\\4\end{pmatrix}+x_2\begin{pmatrix}-2\\1\\0\end{pmatrix}$$

用 $k$ 来代替 $x$，可得解集为 $\boldsymbol{x}=\begin{pmatrix}3\\0\\4\end{pmatrix}+k\begin{pmatrix}-2\\1\\0\end{pmatrix},k\in\mathbb{R}$。根据解集的结构，可知特解和零空间分别为 $\boldsymbol{p}=\begin{pmatrix}3\\0\\4\end{pmatrix}$ 和 $null(\boldsymbol{A})=k\begin{pmatrix}-2\\1\\0\end{pmatrix},k\in\mathbb{R}$。

## 5.4　秩零定理

通过之前的学习可知，对于矩阵函数 $\boldsymbol{Ax}=\boldsymbol{y}$ 而言，当输入为自然定义域时，值域的维度或等于定义域的维度，或小于定义域的维度，见图 5.25 和图 5.26。

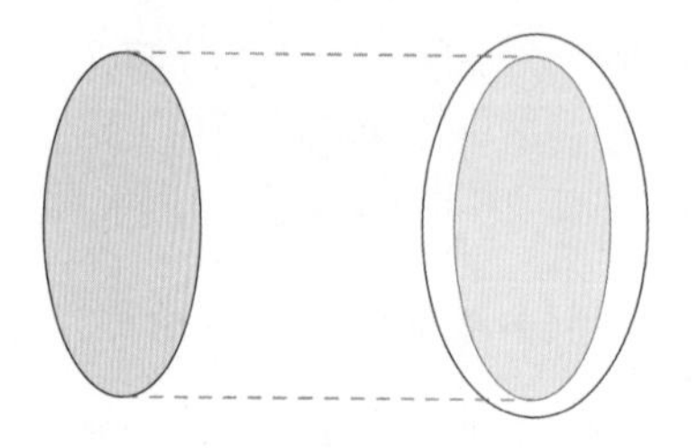

图 5.25: 值域的维度 = 定义域的维度

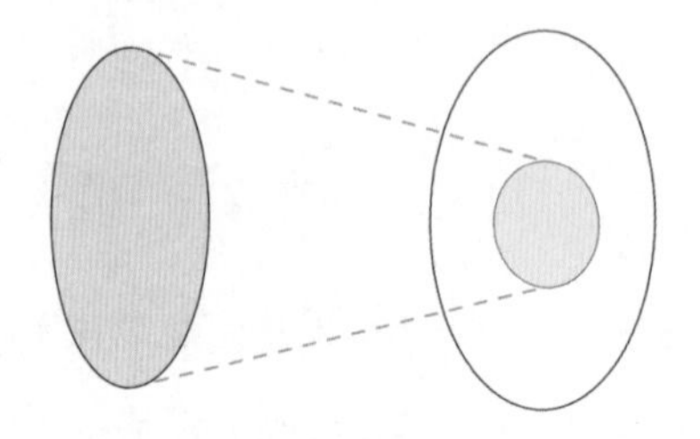

图 5.26: 值域的维度 < 定义域的维度

当“值域的维度 < 定义域的维度”时，意味着映射后有维度消失了。本节就来探讨，消失的维度是怎么发生的。

### 5.4.1　二维中的例子

先来看看二维中的例子，比如对于 $\boldsymbol{A}=\begin{pmatrix}1 & 1\\1 & 1\end{pmatrix}$，其相应的矩阵函数 $\boldsymbol{Ax}=\boldsymbol{y}$ 有如表 5.1 所示的要素。

表 5.1: 矩阵函数 $\boldsymbol{Ax}=\boldsymbol{y}$ 的要素

| 自然定义域 | 映射法则 | 值域维度 | 到达域 |
| --- | --- | --- | --- |
| $\mathbb{R}^2$ | $\boldsymbol{A}$ | $rank(\boldsymbol{A})=1$ | $\mathbb{R}^2$ |

也就是说，矩阵函数 $\boldsymbol{Ax}=\boldsymbol{y}$ 的定义域为 $\mathbb{R}^2$，映射后缩小为了一维的直线，见图 5.27。

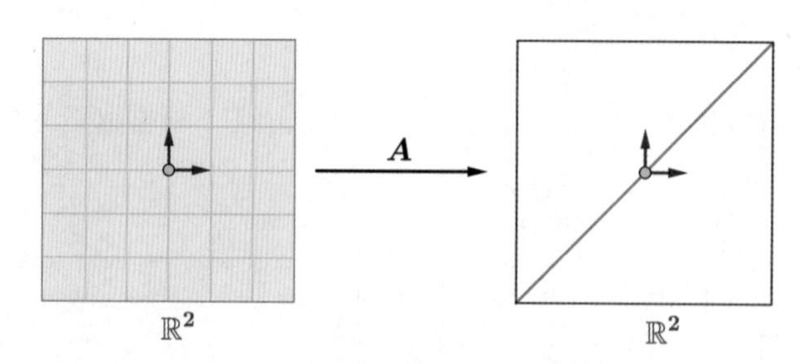


图 5.27: 定义域映射后缩小为一维直线

在例 5 中计算过零空间 $null(\boldsymbol{A})$ 为定义域中的一条直线，该直线被映射为了值域中的 $\boldsymbol{0}$，见图 5.28。

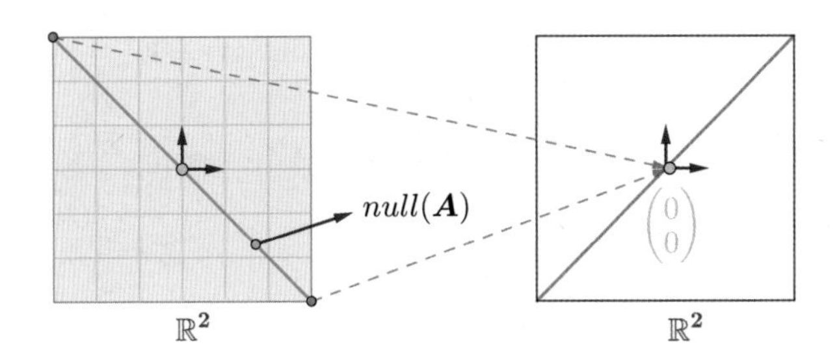


图 5.28: 零空间被映射为一个点

根据解集的结构可知，与该零空间平行的直线都会被映射为值域中的一个点，见图 5.29。

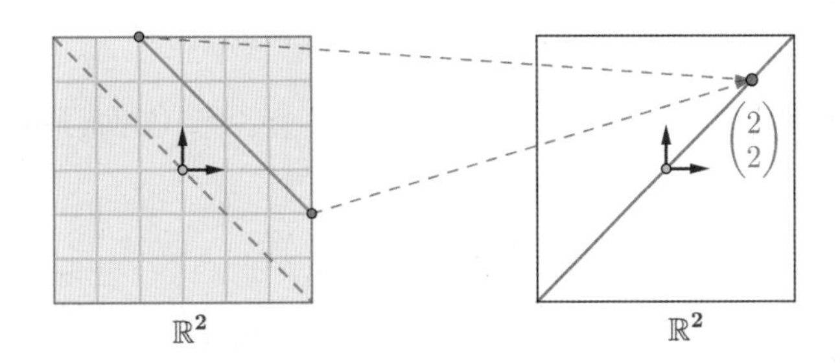


图 5.29: 与该零空间平行的直线都会被映射为值域中的一个点

所有的直线都被缩为了点，所以导致定义域的维度缩小了一维，最终得到值域的维度为 1。用代数式表示就是：

$$\underbrace{rank(\text{定义域})}_{\text{定义域的维度}} - \underbrace{rank\Big(null(\boldsymbol{A})\Big)}_{\text{零空间的维度}} = \underbrace{rank(\boldsymbol{A})}_{\text{值域的维度}} \implies 2-1=1$$

## 5.4.2 三维中的例子

再来看看三维中的例子。对于矩阵 $\boldsymbol{A}=\begin{pmatrix}1&1&1\\2&2&2\\3&3&3\end{pmatrix}$，其相应的矩阵函数 $\boldsymbol{Ax}=\boldsymbol{y}$ 的要素如表 5.2 所示。

表 5.2: 矩阵函数 $\boldsymbol{Ax}=\boldsymbol{y}$ 的要素

| 自然定义域 | 映射法则 | 值域维度 | 到达域 |
| --- | --- | --- | --- |
| $\mathbb{R}^3$ | $\boldsymbol{A}$ | $rank(\boldsymbol{A})=1$ | $\mathbb{R}^3$ |

也就是说，矩阵函数 $\boldsymbol{Ax}=\boldsymbol{y}$ 的定义域为 $\mathbb{R}^3$，映射后缩小为一维的直线，见图 5.30。

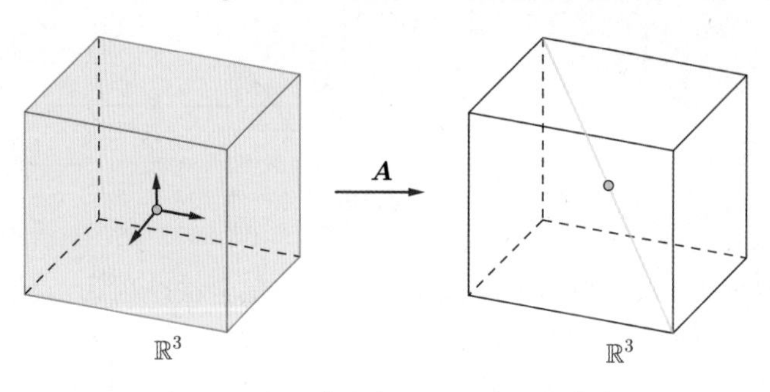


图 5.30: 定义域映射后缩小为一维直线

在例 6 中计算过零空间 $null(\boldsymbol{A})$ 为定义域中的一个平面，该平面被映射为了值域中的 $\boldsymbol{0}$，见图 5.31。

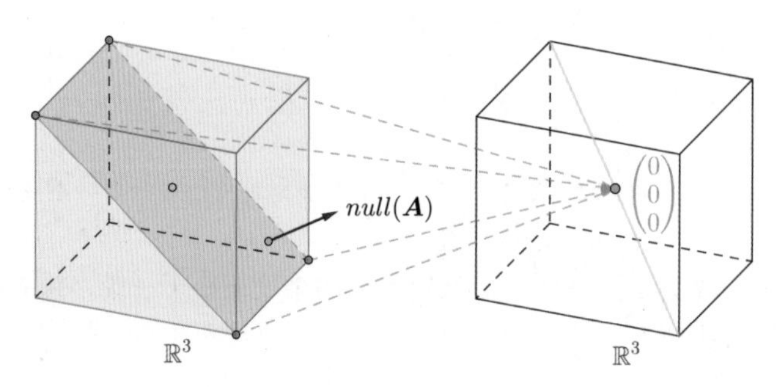


图 5.31: 零空间映射后缩小为一个点

根据解集的结构可知，与该零空间平行的平面都会被映射为值域中的一个点，见图 5.32。

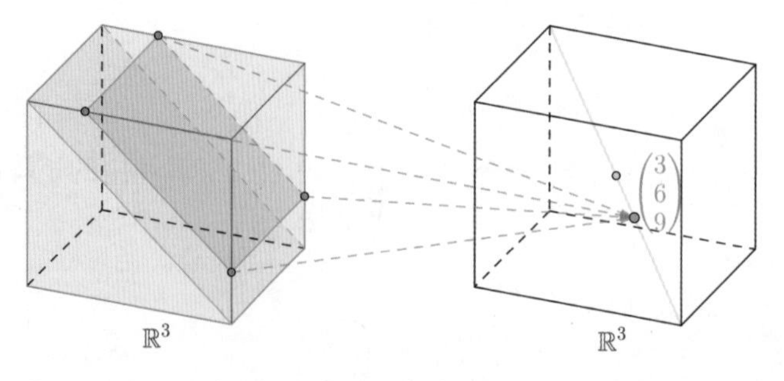


图 5.32: 与该零空间平行的平面都会被映射为值域中的一个点

所有的平面都被缩为了点，所以导致定义域的维度缩小了两维，最终得到值域的维度为 1。用代数式表示就是：

$$\underbrace{rank(\text{定义域})}_{\text{定义域的维度}} - \underbrace{rank\Big(null(\boldsymbol{A})\Big)}_{\text{零空间的维度}} = \underbrace{rank(\boldsymbol{A})}_{\text{值域的维度}} \implies 3-2=1$$

### 5.4.3 秩零定理的严格形式

根据前面的例子，我们可以得到如下定理[①]。

**定理 5.** 对于 $m \times n$ 矩阵 $\boldsymbol{A}$，那么有：

$$rank(\boldsymbol{A}) + rank(null(\boldsymbol{A})) = n$$

该定理说明矩阵的秩加上零空间的秩为定值 $n$，所以该定理称为秩零定理。

$n$ 就是定义域的维度，所以秩零定理移项后会得到前面例子中的结论：

$$\begin{aligned} rank(\boldsymbol{A}) + rank(null(\boldsymbol{A})) = n &\implies rank(\boldsymbol{A}) + rank(null(\boldsymbol{A})) = rank(\text{定义域}) \\ &\implies \underbrace{rank(\text{定义域})}_{\text{定义域的维度}} - \underbrace{rank\Big(null(\boldsymbol{A})\Big)}_{\text{零空间的维度}} = \underbrace{rank(\boldsymbol{A})}_{\text{值域的维度}} \end{aligned}$$

① 证明比较复杂，这里省略。

# 第 6 章　行列式

求解线性方程组并非只有前面学习的矩阵这一条路，本章要学习的行列式就是另外一条路：

$$\text{线性方程组} \xrightarrow{\text{求解}} \begin{cases} \text{矩阵} \\ \text{行列式} \end{cases}$$

虽然在求解线性方程组上分岔了，但矩阵和行列式其实是硬币的两面，最终会走向同样的目标[①]，见图 6.1。

图 6.1: 矩阵和行列式可达到同样的目的

也就是说，通过行列式也可以完成和矩阵类似的工作，比如都可以求逆矩阵，都可以定义矩阵的秩、满秩矩阵等，并且还和矩阵函数有密切的关系。下面就让我们开始行列式的学习。

## 6.1　行列式的来历

最初接触线性方程组的时候老师应该都讲过，有几个未知数就列几个方程，这样才能求出唯一解，就像 $\begin{cases} a_{11}x_1 + a_{12}x_2 = b_1 \\ a_{21}x_1 + a_{22}x_2 = b_2 \end{cases}$ 这样。[②]

① 所以有的线性代数教材是从行列式开始的，比如同济大学编写的《线性代数》。

② 我们知道这样的方程组有可能无解，也有可能不是唯一解，但在中学学习的时候一般是有唯一解的。

这种线性方程组最简单，也很常见，在物理、化学等各个学科中有很多，所以数学家一开始也是研究这种线性方程组的。数学家给出的结论是，这种线性方程组 $\boldsymbol{Ax}=\boldsymbol{b}$ 的特点是系数矩阵 $\boldsymbol{A}$ 为满秩矩阵，求它的唯一解①，不用像之前介绍的求线性方程组的解集那么麻烦，可以直接通过下面要介绍的公式得到。

### 6.1.1 二阶行列式

比如，对于二元一次线性方程组 $\begin{cases}a_{11}x_1+a_{12}x_2=b_1\\a_{21}x_1+a_{22}x_2=b_2\end{cases}$，如果系数矩阵 $\boldsymbol{A}=\begin{pmatrix}a_{11}&a_{12}\\a_{21}&a_{22}\end{pmatrix}$ 是满秩矩阵，那么通过高斯消元法容易得到②：

$$\begin{cases}x_1=\dfrac{b_1a_{22}-a_{12}b_2}{a_{11}a_{22}-a_{12}a_{21}}\\[2ex]x_2=\dfrac{b_2a_{11}-a_{21}b_1}{a_{11}a_{22}-a_{12}a_{21}}\end{cases}$$

上面的答案太复杂，数学家就规定了一种运算规则 $\begin{vmatrix}a_{11}&a_{12}\\a_{21}&a_{22}\end{vmatrix}=a_{11}a_{22}-a_{12}a_{21}$，该规则可通过对角线法则来记忆：

$$\begin{vmatrix}a_{11}&a_{12}\\a_{21}&a_{22}\end{vmatrix}=a_{11}a_{22}-a_{12}a_{21}$$

那刚才的解就可以通过新的运算规则来简化：

$$\begin{cases}x_1=\dfrac{b_1a_{22}-a_{12}b_2}{a_{11}a_{22}-a_{12}a_{21}}\\[2ex]x_2=\dfrac{b_2a_{11}-a_{21}b_1}{a_{11}a_{22}-a_{12}a_{21}}\end{cases}\iff\begin{cases}x_1=\dfrac{\begin{vmatrix}b_1&a_{12}\\b_2&a_{22}\end{vmatrix}}{\begin{vmatrix}a_{11}&a_{12}\\a_{21}&a_{22}\end{vmatrix}}\\[4ex]x_2=\dfrac{\begin{vmatrix}a_{11}&b_1\\a_{21}&b_2\end{vmatrix}}{\begin{vmatrix}a_{11}&a_{12}\\a_{21}&a_{22}\end{vmatrix}}\end{cases}$$

假设有二阶方阵 $\boldsymbol{A}=\begin{pmatrix}a_{11}&a_{12}\\a_{21}&a_{22}\end{pmatrix}$，那么刚才定义的运算规则称为该二阶方阵 $\boldsymbol{A}$ 对

① 根据满秩矩阵有唯一解。

② $\boldsymbol{A}$ 是满秩矩阵，可以保证公式中的分母不为 0，这点在后面会进行证明。

应的行列式 $|\boldsymbol{A}|$，也称为二阶行列式：

$$|\boldsymbol{A}|=\begin{vmatrix}a_{11}&a_{12}\\a_{21}&a_{22}\end{vmatrix}=a_{11}a_{22}-a_{12}a_{21}$$

**例 1.** 已知：

$$|\boldsymbol{A}|=\begin{vmatrix}a_1&a_2\\b_1&b_2\end{vmatrix}=m,\quad|\boldsymbol{B}|=\begin{vmatrix}b_1&b_2\\c_1&c_2\end{vmatrix}=n$$

试求行列式 $\begin{vmatrix}b_1&b_2\\a_1+c_1&a_2+c_2\end{vmatrix}$。

**解：** 根据二阶行列式的定义有 $|\boldsymbol{A}|=a_1b_2-a_2b_1=m,|\boldsymbol{B}|=b_1c_2-b_2c_1=n$，以及

$$\begin{vmatrix}b_1&b_2\\a_1+c_1&a_2+c_2\end{vmatrix}=b_1(a_2+c_2)-b_2(a_1+c_1)=(b_1c_2-b_2c_1)-(a_1b_2-a_2b_1),$$

因此 $\begin{vmatrix}b_1&b_2\\a_1+c_1&a_2+c_2\end{vmatrix}=n-m$。

### 6.1.2 三阶行列式

对于三元一次线性方程组

$$\begin{cases}a_{11}x_1+a_{12}x_2+a_{13}x_3=b_1\\a_{21}x_1+a_{22}x_2+a_{23}x_3=b_2\\a_{31}x_1+a_{32}x_2+a_{33}x_3=b_3\end{cases},$$

如果系数矩阵 $\boldsymbol{A}=\begin{pmatrix}a_{11}&a_{12}&a_{13}\\a_{21}&a_{22}&a_{23}\\a_{31}&a_{32}&a_{33}\end{pmatrix}$ 是满秩矩阵，那么通过高斯消元法可得[①]：

$$\begin{cases}x_1=\dfrac{b_1a_{22}a_{33}-b_1a_{32}a_{23}-b_2a_{12}a_{33}+b_2a_{32}a_{13}+b_3a_{12}a_{23}-b_3a_{22}a_{13}}{a_{11}a_{22}a_{33}-a_{11}a_{32}a_{23}-a_{21}a_{12}a_{33}+a_{21}a_{32}a_{13}+a_{31}a_{12}a_{23}-a_{31}a_{22}a_{13}}\\x_2=\dfrac{a_{11}b_2a_{33}-a_{11}b_3a_{23}-a_{21}b_1a_{33}+a_{21}b_3a_{13}+a_{31}b_1a_{23}-a_{31}b_2a_{13}}{a_{11}a_{22}a_{33}-a_{11}a_{32}a_{23}-a_{21}a_{12}a_{33}+a_{21}a_{32}a_{13}+a_{31}a_{12}a_{23}-a_{31}a_{22}a_{13}}\\x_3=\dfrac{a_{11}a_{22}b_3-a_{11}a_{32}b_2-a_{21}a_{12}b_3+a_{21}a_{32}b_1+a_{31}a_{12}b_2-a_{31}a_{22}b_1}{a_{11}a_{22}a_{33}-a_{11}a_{32}a_{23}-a_{21}a_{12}a_{33}+a_{21}a_{32}a_{13}+a_{31}a_{12}a_{23}-a_{31}a_{22}a_{13}}\end{cases}$$

上面的答案太复杂，数学家也规定了一种运算规则：

---

① 同样地，$\boldsymbol{A}$ 是满秩矩阵可以保证公式中的分母不为 0，这点在后面会进行证明。

$$\begin{vmatrix} a_{11} & a_{12} & a_{13} \\ a_{21} & a_{22} & a_{23} \\ a_{31} & a_{32} & a_{33} \end{vmatrix} = a_{11}a_{22}a_{33} + a_{12}a_{23}a_{31} + a_{13}a_{21}a_{32} - a_{11}a_{23}a_{32} - a_{12}a_{21}a_{33} - a_{13}a_{22}a_{31}$$

也可以通过对角线法则来记忆：

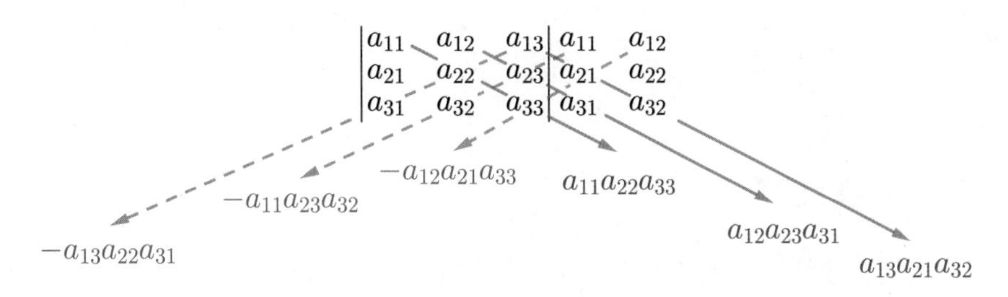


$$a_{11}a_{22}a_{33} + a_{12}a_{23}a_{31} + a_{13}a_{21}a_{32} - a_{11}a_{23}a_{32} - a_{12}a_{21}a_{33} - a_{13}a_{22}a_{31}$$

那刚才的解就可以通过新的运算规则来简化：

$$x_1 = \frac{\begin{vmatrix} b_1 & a_{12} & a_{13} \\ b_2 & a_{22} & a_{23} \\ b_3 & a_{32} & a_{33} \end{vmatrix}}{\begin{vmatrix} a_{11} & a_{12} & a_{13} \\ a_{21} & a_{22} & a_{23} \\ a_{31} & a_{32} & a_{33} \end{vmatrix}}, \quad x_2 = \frac{\begin{vmatrix} a_{11} & b_1 & a_{13} \\ a_{21} & b_2 & a_{23} \\ a_{31} & b_3 & a_{33} \end{vmatrix}}{\begin{vmatrix} a_{11} & a_{12} & a_{13} \\ a_{21} & a_{22} & a_{23} \\ a_{31} & a_{32} & a_{33} \end{vmatrix}}, \quad x_3 = \frac{\begin{vmatrix} a_{11} & a_{12} & b_1 \\ a_{21} & a_{22} & b_2 \\ a_{31} & a_{32} & b_3 \end{vmatrix}}{\begin{vmatrix} a_{11} & a_{12} & a_{13} \\ a_{21} & a_{22} & a_{23} \\ a_{31} & a_{32} & a_{33} \end{vmatrix}}$$

假设有三阶方阵 $\boldsymbol{A} = \begin{pmatrix} a_{11} & a_{12} & a_{13} \\ a_{21} & a_{22} & a_{23} \\ a_{31} & a_{32} & a_{33} \end{pmatrix}$，那么刚才定义的运算规则称为该三阶方阵 $\boldsymbol{A}$ 对应的行列式 $|\boldsymbol{A}|$，也称为三阶行列式：

$$|\boldsymbol{A}| = \begin{vmatrix} a_{11} & a_{12} & a_{13} \\ a_{21} & a_{22} & a_{23} \\ a_{31} & a_{32} & a_{33} \end{vmatrix} = a_{11}a_{22}a_{33}+a_{12}a_{23}a_{31}+a_{13}a_{21}a_{32}-a_{11}a_{23}a_{32}-a_{12}a_{21}a_{33}-a_{13}a_{22}a_{31}$$

**例 2.** 请证明：

$$\begin{vmatrix} a_{11} & a_{12} & a_{13} \\ a_{21} & a_{22} & a_{23} \\ a_{31} & a_{32} & a_{33} \end{vmatrix} = a_{11}\begin{vmatrix} a_{22} & a_{23} \\ a_{32} & a_{33} \end{vmatrix} - a_{21}\begin{vmatrix} a_{12} & a_{13} \\ a_{32} & a_{33} \end{vmatrix} + a_{31}\begin{vmatrix} a_{12} & a_{13} \\ a_{22} & a_{23} \end{vmatrix}$$

**证明：** 根据二阶行列式、三阶行列式的定义，可得：

$$
\begin{vmatrix} a_{11} & a_{12} & a_{13} \\ a_{21} & a_{22} & a_{23} \\ a_{31} & a_{32} & a_{33} \end{vmatrix} = a_{11}a_{22}a_{33} + a_{12}a_{23}a_{31} + a_{13}a_{21}a_{32} - a_{11}a_{23}a_{32} - a_{12}a_{21}a_{33} - a_{13}a_{22}a_{31}
$$

$$
= a_{11}(a_{22}a_{33} - a_{23}a_{32}) + a_{21}(a_{32}a_{13} - a_{12}a_{33}) + a_{31}(a_{12}a_{23} - a_{22}a_{13})
$$

$$
= a_{11}\begin{vmatrix} a_{22} & a_{23} \\ a_{32} & a_{33} \end{vmatrix} - a_{21}\begin{vmatrix} a_{12} & a_{13} \\ a_{32} & a_{33} \end{vmatrix} + a_{31}\begin{vmatrix} a_{12} & a_{13} \\ a_{22} & a_{23} \end{vmatrix} \qquad \square
$$

### 6.1.3　克拉默法则

前面提到的解线性方程组的方法也称为克拉默法则，出自瑞士数学家加百列 · 克拉默之手，见图 6.2。

图 6.2: 瑞士数学家加百列 · 克拉默

他观察了各种线性方程组 $\boldsymbol{Ax} = \boldsymbol{b}$，发现在系数矩阵 $\boldsymbol{A}$ 为满秩矩阵时，二元一次线性方程组的解为：

$$
x_1 = \frac{\begin{vmatrix} b_1 & a_{12} \\ b_2 & a_{22} \end{vmatrix}}{\begin{vmatrix} a_{11} & a_{12} \\ a_{21} & a_{22} \end{vmatrix}}, \quad x_2 = \frac{\begin{vmatrix} a_{11} & b_1 \\ a_{21} & b_2 \end{vmatrix}}{\begin{vmatrix} a_{11} & a_{12} \\ a_{21} & a_{22} \end{vmatrix}}
$$

以及三元一次线性方程组的解为：

$$
x_1 = \frac{\begin{vmatrix} b_1 & a_{12} & a_{13} \\ b_2 & a_{22} & a_{23} \\ b_3 & a_{32} & a_{33} \end{vmatrix}}{\begin{vmatrix} a_{11} & a_{12} & a_{13} \\ a_{21} & a_{22} & a_{23} \\ a_{31} & a_{32} & a_{33} \end{vmatrix}}, \quad x_2 = \frac{\begin{vmatrix} a_{11} & b_1 & a_{13} \\ a_{21} & b_2 & a_{23} \\ a_{31} & b_3 & a_{33} \end{vmatrix}}{\begin{vmatrix} a_{11} & a_{12} & a_{13} \\ a_{21} & a_{22} & a_{23} \\ a_{31} & a_{32} & a_{33} \end{vmatrix}}, \quad x_3 = \frac{\begin{vmatrix} a_{11} & a_{12} & b_1 \\ a_{21} & a_{22} & b_2 \\ a_{31} & a_{32} & b_3 \end{vmatrix}}{\begin{vmatrix} a_{11} & a_{12} & a_{13} \\ a_{21} & a_{22} & a_{23} \\ a_{31} & a_{32} & a_{33} \end{vmatrix}}
$$

这些解的规律为：

- 分母都是系数矩阵 $\boldsymbol{A}$ 的行列式。
- 分子是将系数矩阵 $\boldsymbol{A}$ 进行了一些修改，比如要求 $x_i$，就将第 $i$ 列替换为 $\boldsymbol{b}$，然后求出修改后的矩阵对应的行列式。

进一步地，如果能合理地定义出 $n$ 阶的行列式，那么对于 $n$ 元一次线性方程组 $\boldsymbol{Ax}=\boldsymbol{b}$，在系数矩阵 $\boldsymbol{A}$ 为满秩矩阵时，上述规律依然成立，这就是克拉默法则，也称为克莱姆法则。[①]

比如四元一次线性方程组，在系数矩阵 $\boldsymbol{A}$ 为满秩矩阵时，它的解也符合上面观察出来的规律：

$$x_1=\frac{\begin{vmatrix}b_1 & a_{12} & a_{13} & a_{14}\\ b_2 & a_{22} & a_{23} & a_{24}\\ b_3 & a_{32} & a_{33} & a_{34}\\ b_4 & a_{42} & a_{43} & a_{44}\end{vmatrix}}{\begin{vmatrix}a_{11} & a_{12} & a_{13} & a_{14}\\ a_{21} & a_{22} & a_{23} & a_{24}\\ a_{31} & a_{32} & a_{33} & a_{34}\\ a_{41} & a_{42} & a_{43} & a_{44}\end{vmatrix}},\quad x_2=\frac{\begin{vmatrix}a_{11} & b_1 & a_{13} & a_{14}\\ a_{21} & b_2 & a_{23} & a_{24}\\ a_{31} & b_3 & a_{33} & a_{34}\\ a_{41} & b_4 & a_{43} & a_{44}\end{vmatrix}}{\begin{vmatrix}a_{11} & a_{12} & a_{13} & a_{14}\\ a_{21} & a_{22} & a_{23} & a_{24}\\ a_{31} & a_{32} & a_{33} & a_{34}\\ a_{41} & a_{42} & a_{43} & a_{44}\end{vmatrix}},$$

$$x_3=\frac{\begin{vmatrix}a_{11} & a_{12} & b_1 & a_{14}\\ a_{21} & a_{22} & b_2 & a_{24}\\ a_{31} & a_{32} & b_3 & a_{34}\\ a_{41} & a_{42} & b_4 & a_{44}\end{vmatrix}}{\begin{vmatrix}a_{11} & a_{12} & a_{13} & a_{14}\\ a_{21} & a_{22} & a_{23} & a_{24}\\ a_{31} & a_{32} & a_{33} & a_{34}\\ a_{41} & a_{42} & a_{43} & a_{44}\end{vmatrix}},\quad x_4=\frac{\begin{vmatrix}a_{11} & a_{12} & a_{13} & b_1\\ a_{21} & a_{22} & a_{23} & b_2\\ a_{31} & a_{32} & a_{33} & b_3\\ a_{41} & a_{42} & a_{43} & b_4\end{vmatrix}}{\begin{vmatrix}a_{11} & a_{12} & a_{13} & a_{14}\\ a_{21} & a_{22} & a_{23} & a_{24}\\ a_{31} & a_{32} & a_{33} & a_{34}\\ a_{41} & a_{42} & a_{43} & a_{44}\end{vmatrix}}$$

但要使用克拉默法则，需要用到 $n$ 阶行列式的运算法则，不过 $n$ 阶行列式并不能像之前的二阶、三阶行列式那样用对角线法则来定义。我们以四阶行列式为例，通过观察四元一次方程组的解，可以知道四阶行列式应该展开为 24 项：

$$\begin{vmatrix}a_{11} & a_{12} & a_{13} & a_{14}\\ a_{21} & a_{22} & a_{23} & a_{24}\\ a_{31} & a_{32} & a_{33} & a_{34}\\ a_{41} & a_{42} & a_{43} & a_{44}\end{vmatrix}=a_{11}a_{22}a_{33}a_{44}-a_{11}a_{24}a_{33}a_{42}+a_{12}a_{21}a_{34}a_{43}-a_{12}a_{23}a_{34}a_{41}$$

$$+a_{13}a_{24}a_{31}a_{42}-a_{13}a_{22}a_{31}a_{44}+a_{14}a_{23}a_{32}a_{41}-a_{14}a_{21}a_{32}a_{43}$$

① 后面会有专门的章节来进一步整理和解释该定理，这里就暂时不给出严格定义了。

$$
\begin{aligned}
&+a_{11}a_{23}a_{34}a_{42}-a_{11}a_{22}a_{34}a_{43}+a_{13}a_{21}a_{32}a_{44}-a_{13}a_{24}a_{32}a_{41}\\
&+a_{14}a_{22}a_{31}a_{43}-a_{14}a_{23}a_{31}a_{42}+a_{12}a_{24}a_{33}a_{41}-a_{12}a_{21}a_{33}a_{44}\\
&+a_{11}a_{24}a_{32}a_{43}-a_{11}a_{23}a_{32}a_{44}+a_{14}a_{21}a_{33}a_{42}-a_{14}a_{22}a_{33}a_{41}\\
&+a_{12}a_{23}a_{31}a_{44}-a_{12}a_{24}a_{31}a_{43}+a_{13}a_{22}a_{34}a_{41}-a_{13}a_{21}a_{34}a_{42}
\end{aligned}
$$

而如果用对角线法则，四阶行列式只有 8 项，显然是不对的：

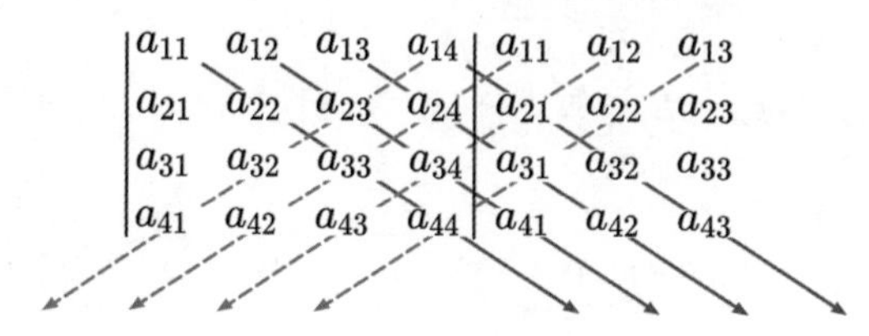

那么应该如何合理地定义出 $n$ 阶的行列式，才能保证这里提到的克拉默法则成立呢?

### 6.1.4 全排列与逆序数

下面就来介绍 $n$ 阶行列式的定义，它的定义相当复杂，需要先引入两个概念。

**定义 1.** 把 $n$ 个不同的元素排成一列，叫作这 $n$ 个元素的全排列。

比如有 1,2,3 这三个数字，总共有以下 6 种不重复的排列方式，这 6 种排列方式就是全排列：

$$1,2,3\quad 1,3,2\quad 2,1,3\quad 2,3,1\quad 3,1,2\quad 3,2,1$$

**定义 2.** 在一个排列（也就是数列）中，如果一对数的前后位置与大小顺序相反，即前面的数大于后面的数，那么它们就称为一个逆序。一个排列中逆序的总数就称为该排列的逆序数。逆序数为奇数的排列称为奇排列，逆序数为偶数的排列称为偶排列。

比如有这么一个排列，3,2,5,4,1，为了计算它的逆序数，先单独算出每个数字的。该排列的第三个数字 5 之前，没有一个数字大于它，也就是没有一个逆序的，那么记作 $t_3=0$（因为它是第 3 个数字）：

$$3<5$$

$$\mathbf{3,\ 2,\ 5,\ 4,\ 1}\Longrightarrow t_3=0$$

$$2<5$$

再比如，第 4 个数字 4 之前，有一个逆序的，记作 $t_4=1$：

$$<$$

$$<$$

$$\mathbf{3,\ 2,\ 5,\ 4,\ 1}\Longrightarrow t_4=1$$

$$>$$

数列内每个数字都可以求出对应的 $t_i$：

$$\mathbf{3，2，5，4，1} \implies t_1 = 0$$

$$\mathbf{3，2，5，4，1} \implies t_2 = 1$$

$$\mathbf{3，2，5，4，1} \implies t_3 = 0$$

$$\mathbf{3，2，5，4，1} \implies t_4 = 1$$

$$\mathbf{3，2，5，4，1} \implies t_5 = 4$$

然后将所有数字的 $t_i$ 加起来就得到了整个数列的逆序数：$t = \sum_{i=1}^{5} t_i = t_1 + t_2 + t_3 + t_4 + t_5 = 6$。所以这是偶排列。

**定理 1.** 一个排列中任意的两个元素对换，排列改变奇偶性。

**证明.** （1）先证相邻对换的情形。假设排列为 $a_1 \cdots a_l a b b_1 \cdots b_m$，对其中的 $a$ 和 $b$ 进行相邻对换：

$$a_1 \cdots a_l a b b_1 \cdots b_m \xrightarrow{\text{相邻对换}} a_1 \cdots a_l b a b_1 \cdots b_m$$

很显然，$a_1 \cdots a_l b_1 \cdots b_m$ 元素的逆序数不会改变，而 $ab$ 的逆序数有如下两种情况。

- $a < b$：对换后，$a$ 的逆序数 $+1$，$b$ 的逆序数不变。
- $a > b$：对换后，$a$ 的逆序数不变，$b$ 的逆序数 $-1$。

总之，对换前后，奇偶性改变。

（2）再证一般对换的情形。设排列为 $a_1 \cdots a_l a b_1 \cdots b_m b c_1 \cdots c_n$，如果要将其中的 $a$ 和 $b$ 进行对换，可以先：

$$a_1 \cdots a_l a b_1 \cdots b_m b c_1 \cdots c_n \xrightarrow{m\ \text{次相邻对换}} a_1 \cdots a_l a b b_1 \cdots b_m c_1 \cdots c_n$$

再：

$$a_1 \cdots a_l a b b_1 \cdots b_m c_1 \cdots c_n \xrightarrow{m+1\ \text{次相邻对换}} a_1 \cdots a_l b b_1 \cdots b_m a c_1 \cdots c_n$$

总共 $2m+1$ 次相邻对换，所以奇偶性改变。 □

比如前面出现过的排列 $3, 5, 2, 4, 1$，如果 5 和 2 对换了，各个数字的 $t_i$ 为：

$$\mathbf{3，5，2，4，1} \implies t_1 = 0$$

$$\mathbf{3，5，2，4，1} \implies t_2 = 0$$

$$\mathbf{3，5，2，4，1} \implies t_3 = 2$$

$$\mathbf{3，5，2，4，1} \implies t_4 = 1$$

$$\mathbf{3，5，2，4，1} \implies t_5 = 4$$

$t = 0 + 0 + 2 + 1 + 4 = 7$，变成了奇排列。

### 6.1.5　行列式的定义

有了全排列和逆序数，可以来定义行列式了。

**定义 3.** 对于 $n$ 阶方阵 $\boldsymbol{A}=(a_{ij})$，其行列式定义为：

$$|\boldsymbol{A}|=|a_{ij}|=\begin{vmatrix} a_{11} & a_{12} & \cdots & a_{1n} \\ a_{21} & a_{22} & \cdots & a_{2n} \\ \vdots & \vdots & \ddots & \vdots \\ a_{n1} & a_{n2} & \cdots & a_{nn} \end{vmatrix}=\sum(-1)^t a_{1p_1}a_{2p_2}\cdots a_{np_n}$$

其中，$t$ 为排列 $p_1p_2\cdots p_n$ 的逆序数，$\sum$ 表示对“$1,2,\cdots,n$”的全排列“$p_1p_2\cdots p_n$”求和。

之前就给出过三阶行列式的定义：

$$\begin{vmatrix} a_{11} & a_{12} & a_{13} \\ a_{21} & a_{22} & a_{23} \\ a_{31} & a_{32} & a_{33} \end{vmatrix}=a_{11}a_{22}a_{33}+a_{12}a_{23}a_{31}+a_{13}a_{21}a_{32}$$

$$-a_{11}a_{23}a_{32}-a_{12}a_{21}a_{33}-a_{13}a_{22}a_{31}$$

下面来验证一下它是否符合此处的行列式定义。首先观察第一项的脚标，都是按照“1,2,3”排列的：

$$a_{11}a_{22}a_{33},\quad a_{12}a_{23}a_{31},\quad a_{13}a_{21}a_{32},\quad -a_{11}a_{23}a_{32},\quad -a_{12}a_{21}a_{33},\quad -a_{13}a_{22}a_{31}$$

而脚标的第二项是“1,2,3”的全排列，正负号也是由这些全排列的逆序数决定的：

$$\begin{aligned} a_{11}a_{22}a_{33} &\quad 1,2,3 \implies t=0 \quad (-1)^t=+1 \\ -a_{11}a_{23}a_{32} &\quad 1,3,2 \implies t=1 \quad (-1)^t=-1 \\ -a_{12}a_{21}a_{33} &\quad 2,1,3 \implies t=1 \quad (-1)^t=-1 \\ a_{12}a_{23}a_{31} &\quad 2,3,1 \implies t=2 \quad (-1)^t=+1 \\ a_{13}a_{21}a_{32} &\quad 3,1,2 \implies t=2 \quad (-1)^t=+1 \\ -a_{13}a_{22}a_{31} &\quad 3,2,1 \implies t=3 \quad (-1)^t=-1 \end{aligned}$$

验证完毕。所以三阶行列式也可以写作：

$$\begin{vmatrix} a_{11} & a_{12} & a_{13} \\ a_{21} & a_{22} & a_{23} \\ a_{31} & a_{32} & a_{33} \end{vmatrix}=\sum(-1)^t a_{1p_1}a_{2p_2}a_{3p_3}$$

其中，$t$ 为排列 $p_1p_2p_3$ 的逆序数，$\sum$ 表示对“1,2,3”的全排列“$p_1p_2p_3$”求和。

**例 3.** 已知 5 阶行列式 $|\boldsymbol{A}|=|a_{ij}|$，展开后 $a_{52}a_{33}a_{41}a_{14}a_{25}$ 的符号是什么？

**解：** 先把脚标的第一项按顺序排列：

$$a_{52}a_{33}a_{41}a_{14}a_{25} \implies a_{14}a_{25}a_{33}a_{41}a_{52}$$

所以，脚标的第二项为排列 $4,5,3,1,2$，其逆序数 $t=0+0+2+3+3=8$。根据行列式的定义，$a_{52}a_{33}a_{41}a_{14}a_{25}$ 的符号为正。

## 6.2 二阶行列式

行列式除了是一种运算法则外，更重要的意义是："对于某方阵 $\boldsymbol{A}$，它的行列式 $|\boldsymbol{A}|$ 是矩阵函数 $\boldsymbol{Ax}=\boldsymbol{y}$ 的伸缩比例"。本节就来学习行列式的这个意义，因为证明比较复杂，所以基本都通过图像来进行讲解。

### 6.2.1 伸缩比例

伸缩比例的意思就是变换后和变换前的面积之比。假设有二阶方阵 $\boldsymbol{A}_2$，以及它的行列式 $|\boldsymbol{A}_2|$：

$$\boldsymbol{A}_2=\begin{pmatrix}a_{11} & a_{12}\\ a_{21} & a_{22}\end{pmatrix},\quad |\boldsymbol{A}_2|=\begin{vmatrix}a_{11} & a_{12}\\ a_{21} & a_{22}\end{vmatrix}$$

假设对应的矩阵函数 $\boldsymbol{A}_2\boldsymbol{x}=\boldsymbol{y}$，可以将左边的正方形映射为右边的长方形（见图 6.3），那么映射后和映射前的面积之比，也就是伸缩比例，就等于对应的行列式 $|\boldsymbol{A}_2|$。

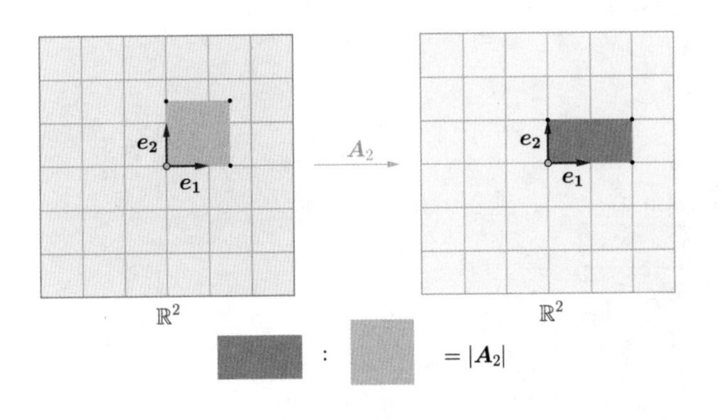


图 6.3: 伸缩比例

下面通过具体的例子来说明。很显然，伸缩比例，也就是行列式 $|\boldsymbol{A}_2|$，有三种情况：

$$（1）|\boldsymbol{A}_2|>0,\qquad（2）|\boldsymbol{A}_2|=0,\qquad（3）|\boldsymbol{A}_2|<0$$

（1）先来看 $|\boldsymbol{A}_2| > 0$ 的情况。比如，旋转矩阵的行列式 $|\boldsymbol{A}_2| = \begin{vmatrix} \cos\theta & -\sin\theta \\ \sin\theta & \cos\theta \end{vmatrix} = \cos^2\theta + \sin^2\theta = 1$，这说明变换前后的面积没有改变，见图 6.4。

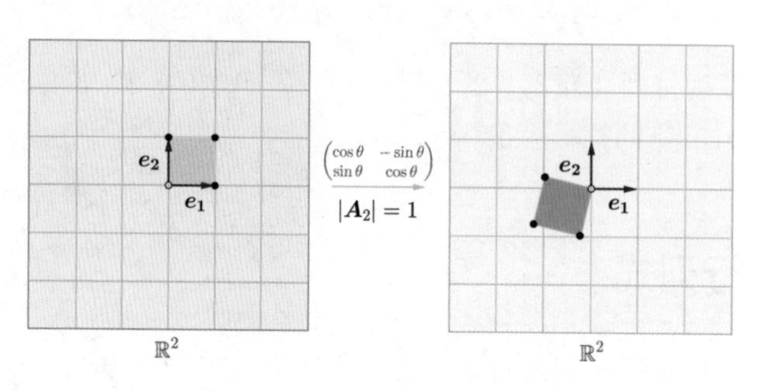


图 6.4: $|\boldsymbol{A}_2| > 0$ 的情况

再比如 $\boldsymbol{A}_2 = \begin{pmatrix} 1 & 0 \\ 0 & 2 \end{pmatrix}$ 会将矩形拉长，从而面积增加一倍，所以行列式 $|\boldsymbol{A}_2| = 2$，见图 6.5。

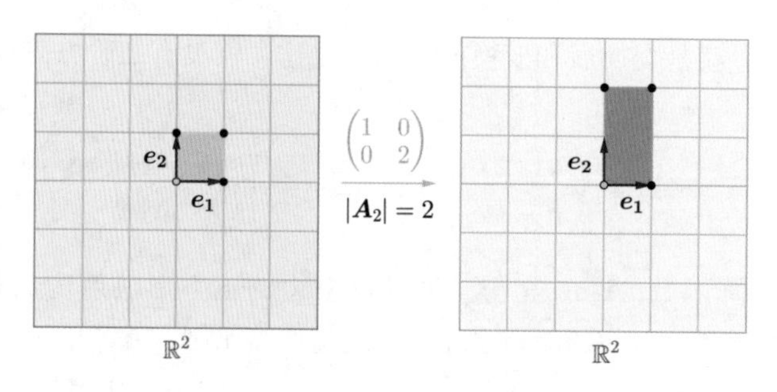


图 6.5: $|\boldsymbol{A}_2| = 0$ 的情况

（2）再来看 $|\boldsymbol{A}_2| = 0$ 的情况。比如，$\boldsymbol{A}_2 = \begin{pmatrix} 1 & 1 \\ 1 & 1 \end{pmatrix}$ 会将矩形变为线段，线段是没有面积的，所以行列式 $|\boldsymbol{A}_2| = 0$，见图 6.6。

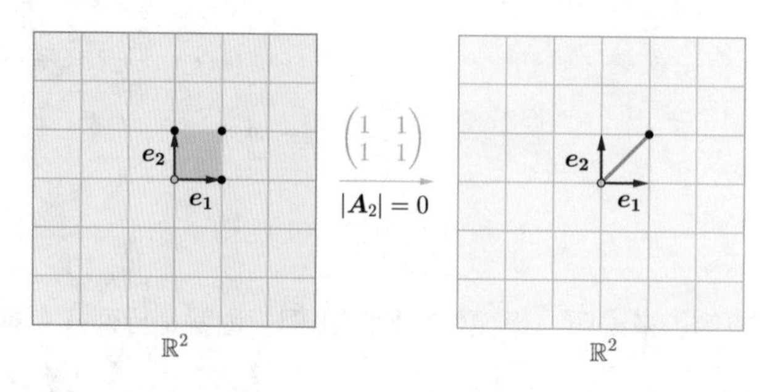


图 6.6: $|\boldsymbol{A}_2| = 0$ 的情况

（3）最后来看 $|\boldsymbol{A}_2|<0$ 的情况。比如 $\boldsymbol{A}_2=\begin{pmatrix}0&1\\1&0\end{pmatrix}$ 的行列式 $|\boldsymbol{A}_2|=-1$。在矩形上贴一张图更容易看出映射前后的区别，可以看到映射后面积没有发现变化，但是笑脸倒过来了，见图 6.7。

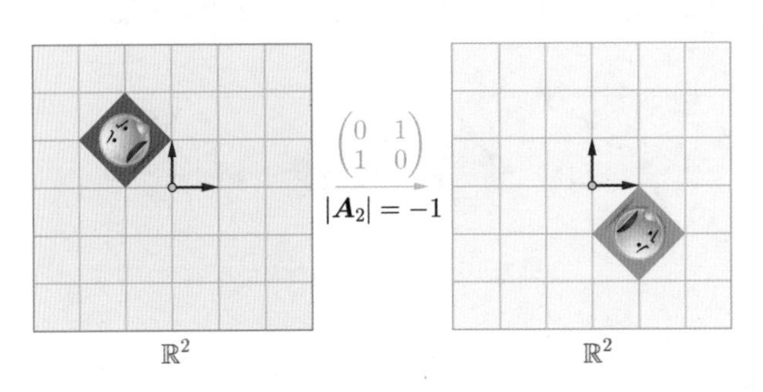


图 6.7: $|\boldsymbol{A}_2|<0$ 的情况

是不是像镜子内外的脸，所以该矩阵也称为镜像矩阵，见图 6.8。

图 6.8: 镜子内外的脸

如果用正号表示面积在镜子外面，用负号表示面积在镜子里面，这样表示出来的面积也称为有向面积，见图 6.9。

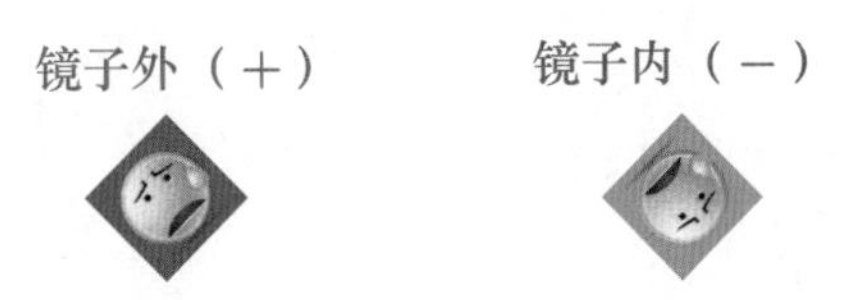


图 6.9: 用正号表示面积在镜子外面，用负号表示面积在镜子里面

那么此处的二阶行列式 $|\boldsymbol{A}_2|$，代表的就是变换后和变换前的有向面积之比，所以是小于 0 的，见图 6.10。

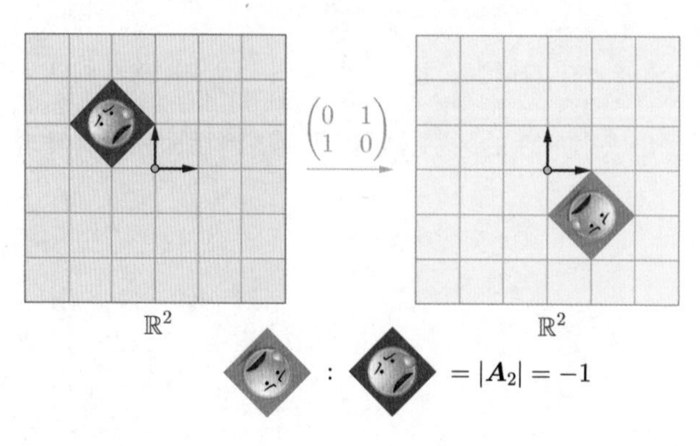


图 6.10: $|\boldsymbol{A}_2|=-1$ 的情况

### 6.2.2 原理

综合前面 $|\boldsymbol{A}_2|>0$, $|\boldsymbol{A}_2|=0$ 和 $|\boldsymbol{A}_2|<0$ 的例子，可知二阶行列式 $|\boldsymbol{A}_2|$ 所代表的伸缩比例，准确来说是变换后和变换前的有向面积之比。下面来回答为什么 $|\boldsymbol{A}_2|$ 有这样的意义。

#### 6.2.2.1 有向面积

二阶方阵 $\boldsymbol{A}_2=\begin{pmatrix}a_{11}&a_{12}\\a_{21}&a_{22}\end{pmatrix}$ 的列向量为 $\boldsymbol{c_1}=\begin{pmatrix}a_{11}\\a_{21}\end{pmatrix}$, $\boldsymbol{c_2}=\begin{pmatrix}a_{12}\\a_{22}\end{pmatrix}$，根据矩阵乘法的列观点可知，$\mathbb{R}^2$ 的自然基 $\boldsymbol{e_1}, \boldsymbol{e_2}$ 被映射为了 $\boldsymbol{c_1}, \boldsymbol{c_2}$，即：

$$\boldsymbol{A}_1\boldsymbol{e}_1=\boldsymbol{c}_1 \quad \boldsymbol{A}_2\boldsymbol{e}_2=\boldsymbol{c}_2$$

也就是说，$\boldsymbol{e}_1,\boldsymbol{e}_2$ 围成的正方形被映射成了 $\boldsymbol{c}_1,\boldsymbol{c}_2$ 围成的平行四边形，见图 6.11。

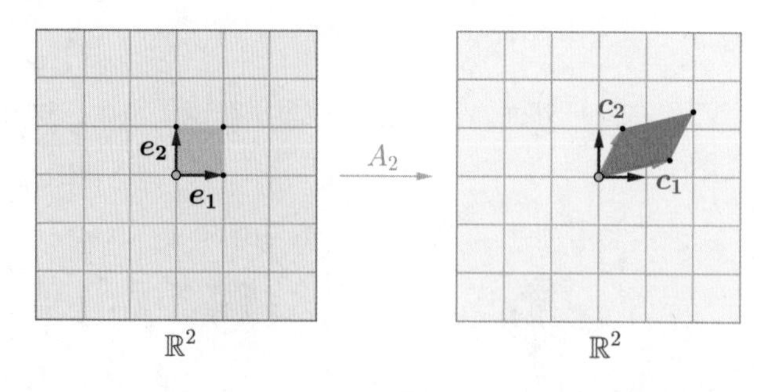


图 6.11: $\boldsymbol{e}_1,\boldsymbol{e}_2$ 围成的正方形被映射成了 $\boldsymbol{c}_1,\boldsymbol{c}_2$ 围成的平行四边形

可以证明 $\boldsymbol{c_1}, \boldsymbol{c_2}$ 围成的平行四边形的有向面积就是二阶行列式：

$$\boldsymbol{c_1},\boldsymbol{c_2}\text{围成的平行四边形的有向面积}=|\boldsymbol{A}_2|$$

**证明：** 需要分情况进行讨论。

（1）$\boldsymbol{c_2}$ 在 $\boldsymbol{c_1}$ 的上方。把 $\boldsymbol{c_1},\boldsymbol{c_2}$ 构成的平行四边形放到直角坐标系中，见图 6.12。

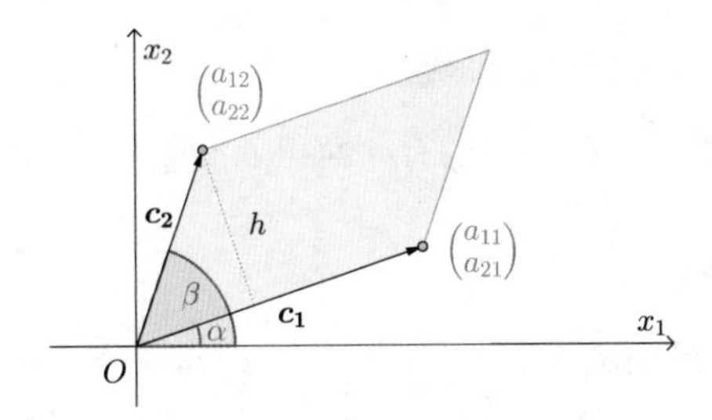


图 6.12: 把 $\boldsymbol{c_1},\boldsymbol{c_2}$ 构成的平行四边形放到直角坐标系中

面积可以用三角公式来求得：

$$S=||\boldsymbol{c_1}||h=||\boldsymbol{c_1}||||\boldsymbol{c_2}||\sin(\beta-\alpha)=||\boldsymbol{c_1}||||\boldsymbol{c_2}||(\sin\beta\cos\alpha-\cos\beta\sin\alpha)$$

$$=(||\boldsymbol{c_1}||\cos\alpha)(||\boldsymbol{c_2}||\sin\beta)-(||\boldsymbol{c_1}||\sin\alpha)(||\boldsymbol{c_2}||\cos\beta)=a_{11}a_{22}-a_{12}a_{21}$$

根据图 6.12，可以观察到：

$$a_{11}>a_{12},\quad a_{22}>a_{21}\implies S=a_{11}a_{22}-a_{12}a_{21}=|\boldsymbol{A}_2|>0$$

（2）$\boldsymbol{c_1}$ 在 $\boldsymbol{c_2}$ 的上方，见图 6.13。

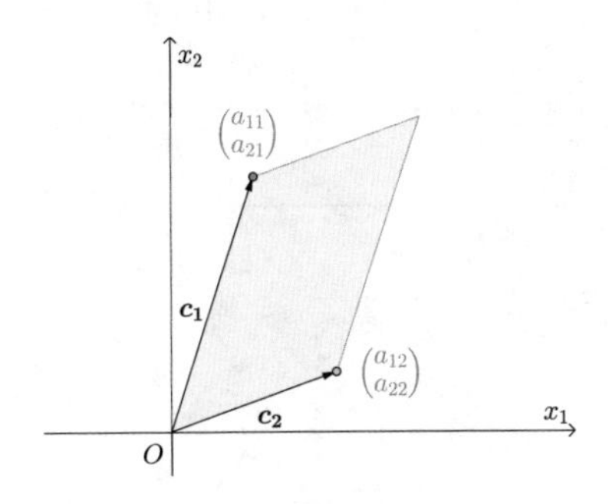


图 6.13: $\boldsymbol{c_1}$ 在 $\boldsymbol{c_2}$ 的上方

面积计算公式是不会改变的，但是翻转后：

$$a_{11}<a_{12},\quad a_{22}<a_{21}\implies S=a_{11}a_{22}-a_{12}a_{21}=|\boldsymbol{A}_2|<0$$

所以可以看出，负号就代表 $\boldsymbol{c_1}$ 与 $\boldsymbol{c_2}$ 的相对关系发生了变化（之前谈到的镜像，本质上也是让两个向量的相对关系发生了变化，就好像镜子内外，左右颠倒了一样）。

（3）$\boldsymbol{c_1}$ 和 $\boldsymbol{c_2}$ 在一条直线上。此时围成的平行四边形的面积为 0，因为两者在一条直线上，因此：

$$\boldsymbol{c_1}=\begin{pmatrix}a_{11}\\a_{21}\end{pmatrix},\quad \boldsymbol{c_2}=k\boldsymbol{c_1}=\begin{pmatrix}ka_{11}\\ka_{21}\end{pmatrix}$$

所以：

$$S = a_{11}ka_{21} - a_{21}ka_{11} = |\boldsymbol{A}_2| = 0$$

（4）综上可知，不论什么情况下都有：

$$\boldsymbol{c_1}, \boldsymbol{c_2}\text{围成的平行四边形的有向面积} = |\boldsymbol{A}_2| = a_{11}a_{22} - a_{12}a_{21} \qquad \square$$

#### 6.2.2.2 有向面积之比

$\boldsymbol{e_1}, \boldsymbol{e_2}$ 围成的正方形的面积为 1，所以此时的伸缩比例（变换前后的有向面积之比）也就是二阶行列式 $|\boldsymbol{A}_2|$：

$$\text{伸缩比例} = \boldsymbol{c_1}, \boldsymbol{c_2}\ \text{围成的平行四边形的有向面积} : 1 = |\boldsymbol{A}_2|$$

如果左侧不是 $\boldsymbol{e_1}, \boldsymbol{e_2}$ 围成的正方形，而是更大的正方形，因为列向量矩阵函数 $\boldsymbol{A}_2\boldsymbol{x} = \boldsymbol{y}$ 是线性函数，所以右侧的平行四边形的面积也会跟着线性变大，最后伸缩比例依然是 $|\boldsymbol{A}_2|$。

实际上，不论左边是否为正方形，该结论都是普遍成立的：对于二阶方阵 $\boldsymbol{A}_2$，伸缩比例始终是二阶行列式 $|\boldsymbol{A}_2|$。下面来看一个例子。

**例 4.** 请求出椭圆 $\dfrac{x^2}{a^2} + \dfrac{y^2}{b^2} = 1, a > b > 0$ 的面积。

**解：**（1）先说一下思路。单位圆是可通过合适的矩阵 $\boldsymbol{A}$ 变换到椭圆的，那么椭圆和单位圆的伸缩比例就是行列式 $|\boldsymbol{A}|$，知道了伸缩比例就可以求出椭圆的面积，见图 6.14。

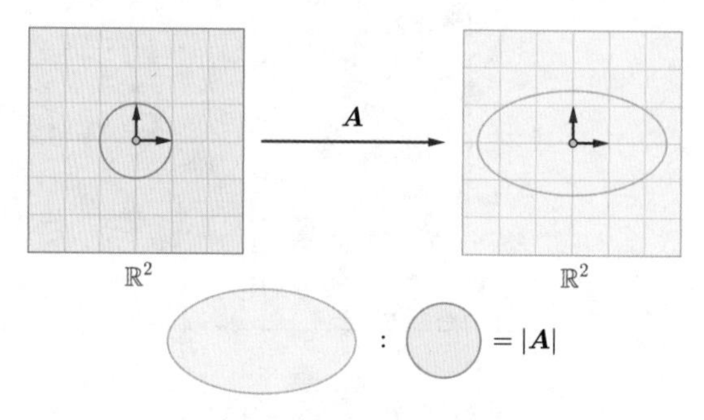


图 6.14: 椭圆和单位圆的伸缩比例就是行列式 $|\boldsymbol{A}|$

（2）首先要将单位圆和椭圆通过向量来表示，这样才能通过矩阵来将单位圆变换到椭圆。根据单位圆的参数方程可以得到表示单位圆的向量：

$$\begin{cases} x = \cos\theta \\ y = \sin\theta \end{cases} \iff \begin{pmatrix} x \\ y \end{pmatrix} = \begin{pmatrix} \cos\theta \\ \sin\theta \end{pmatrix}, \quad 0 \leqslant \theta \leqslant 2\pi$$

再根据椭圆的参数方程可以得到表示椭圆的向量：

$$\begin{cases} x = a\cos\theta \\ y = b\sin\theta \end{cases} \iff \begin{pmatrix} x \\ y \end{pmatrix} = \begin{pmatrix} a\cos\theta \\ b\sin\theta \end{pmatrix}, \quad 0 \leqslant \theta \leqslant 2\pi, a > b > 0$$

这样就将单位圆和椭圆都通过向量来表示了，见图 6.15。

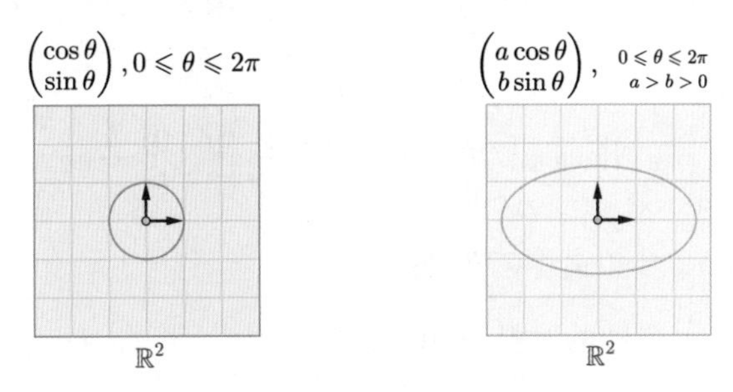


图 6.15: 用向量表示单位圆和椭圆

（3）通过行列式求出椭圆的面积。单位圆沿 $x$ 轴拉伸 $a$ 倍，沿 $y$ 轴拉伸 $b$ 倍就可以得到题目中的椭圆，这两次拉伸可分别通过伸缩矩阵 $\begin{pmatrix}a & 0\\ 0 & 1\end{pmatrix}$ 和伸缩矩阵 $\begin{pmatrix}1 & 0\\ 0 & b\end{pmatrix}$ 来完成，见图 6.16。

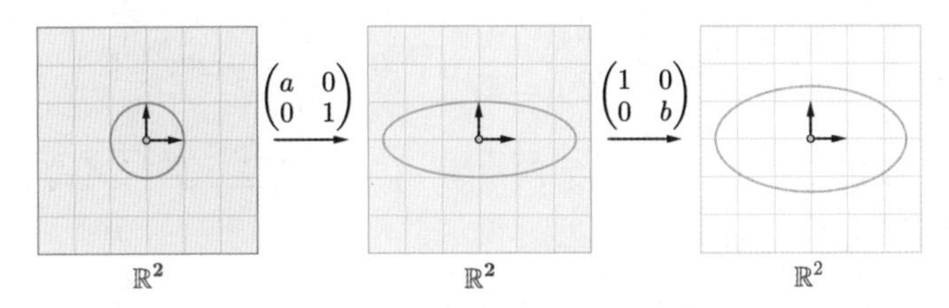


图 6.16: 通过两次伸缩矩阵得到椭圆

所以单位圆到椭圆的变换矩阵为（注意顺序）：

$$\begin{pmatrix}1 & 0\\ 0 & b\end{pmatrix}\begin{pmatrix}a & 0\\ 0 & 1\end{pmatrix} = \begin{pmatrix}a & 0\\ 0 & b\end{pmatrix}$$

也就是说，有：

$$\begin{pmatrix}a & 0\\ 0 & b\end{pmatrix}\begin{pmatrix}\cos\theta\\ \sin\theta\end{pmatrix} = \begin{pmatrix}a\cos\theta\\ b\sin\theta\end{pmatrix}, \quad 0 \leqslant \theta \leqslant 2\pi, a > b > 0$$

如图 6.17 所示。

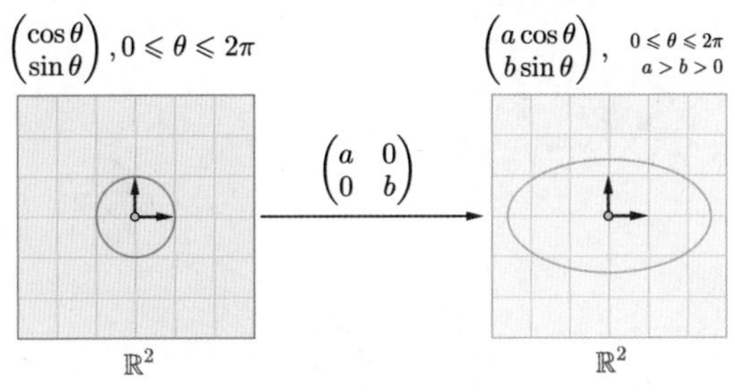


图 6.17: 单位圆通过 $\begin{pmatrix}a & 0\\ 0 & b\end{pmatrix}$ 变换为椭圆

所以椭圆和单位圆的伸缩比例为行列式 $\begin{vmatrix} a & 0 \\ 0 & b \end{vmatrix}$，因为 $a > b > 0$，所以该行列式也就是面积之比：

$$\text{椭圆的面积}:\text{单位圆的面积} = \begin{vmatrix} a & 0 \\ 0 & b \end{vmatrix} = ab$$

因为单位圆的面积为 $\pi$，所以最终可推出：

$$\text{椭圆的面积} = \text{单位圆的面积} \times ab = \pi ab$$

### 6.2.3 总结

综上，二阶行列式有以下三层意义。

- 运算法则。二阶行列式表示的是如下运算规则：

$$|\boldsymbol{A}_2| = \begin{vmatrix} a_{11} & a_{12} \\ a_{21} & a_{22} \end{vmatrix} = a_{11}a_{22} - a_{12}a_{21}$$

- 有向面积。假如二阶方阵 $\boldsymbol{A}_2$ 的列向量为 $\boldsymbol{c_1}, \boldsymbol{c_2}$，那么二阶行列式 $|\boldsymbol{A}_2|$ 就是 $\boldsymbol{c_1}, \boldsymbol{c_2}$ 围成的平行四边形的有向面积，见图 6.18。

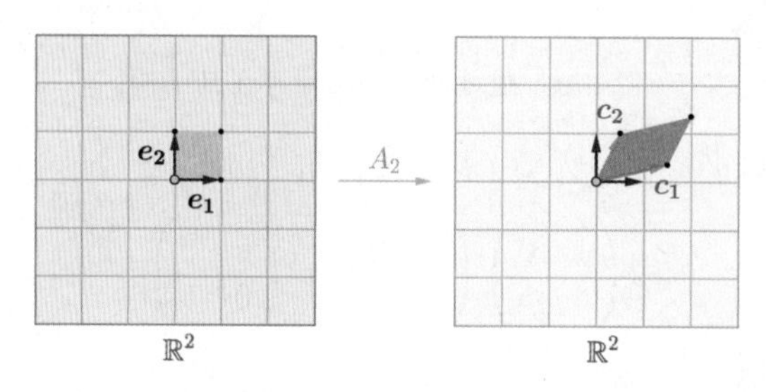


图 6.18: 二阶行列式 $|\boldsymbol{A}_2|$ 就是 $\boldsymbol{c_1}, \boldsymbol{c_2}$ 围成的平行四边形的有向面积

- 伸缩比例。最为重要的意义是，对于二阶方阵 $\boldsymbol{A}_2$，二阶行列式 $|\boldsymbol{A}_2|$ 是对应的矩阵函数的伸缩比例，也就是变换后和变换前的有向面积之比，见图 6.19。

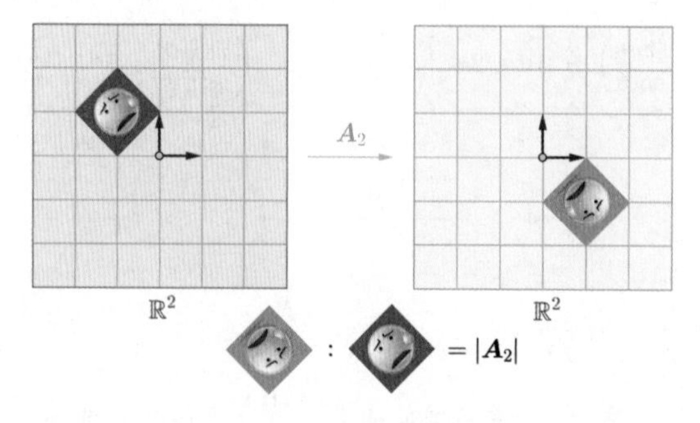


图 6.19: 二阶行列式 $|\boldsymbol{A}_2|$ 是变换后和变换前的有向面积之比

## 6.3 向量积

上一节介绍了二阶行列式 $|\boldsymbol{A}_2|$ 是变换后与变换前的有向面积之比，见图 6.20。

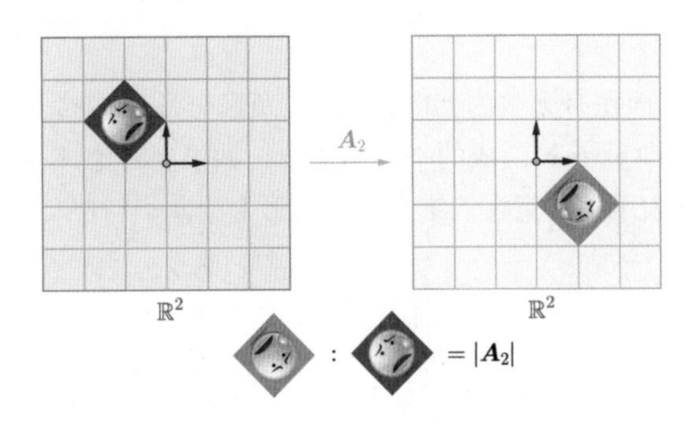


图 6.20: $|\boldsymbol{A}_2|$ 是变换后与变换前的有向面积之比

容易想到，三阶行列式 $|\boldsymbol{A}_3|$ 就是变换后与变换前的有向体积之比，见图 6.21。

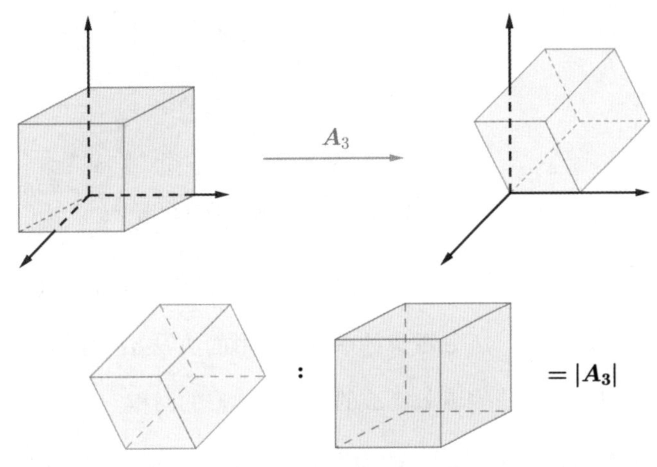


图 6.21: 三阶行列式 $|\boldsymbol{A}_3|$ 是变换后与变换前的有向体积之比

不过要解释清楚什么是有向体积，需要先理解什么是三维空间中的有向面积，这就是本节要讨论的问题。

### 6.3.1 三维空间中的有向面积

之前介绍了，二维中的有向面积可以理解为镜子外和镜子内的面积，其实也可认为有向面积指出了该面积是正面朝上还是反面朝上[①]，见图 6.22。

① 从反面透过去看面积，看到的和镜子内的面积是一样的。

图 6.22: 镜子外和镜子内

但在三维空间中，面积有无数的朝向，只用正负区分是不够的，必须用向量才能表示。比如图 6.23 中由三维向量 $\boldsymbol{b},\boldsymbol{c}$ 围成的平行四边形，如果要考虑该平行四边形的朝向，就得由图中的向量 $\boldsymbol{S}$ 来表示（特意在三维平行四边形上绘制了“F”字母，用以区分该平行四边形的正反面）。

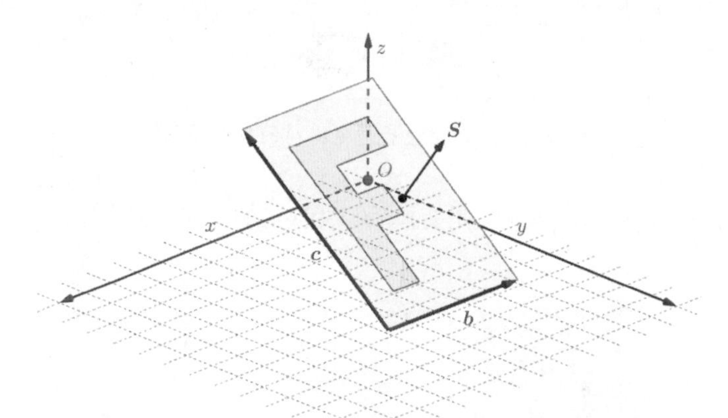


图 6.23: 向量 $\boldsymbol{S}$ 表示三维空间中的有向面积

要表示这个平行四边形，也就是三维空间中的有向面积，$\boldsymbol{S}$ 需要有以下性质：

$$\boldsymbol{S}:\begin{cases}\text{方向：与}\boldsymbol{b},\boldsymbol{c}\text{ 围成的平行四边形的法线方向相同。}\\ \text{模长：等于}\boldsymbol{b},\boldsymbol{c}\text{ 围成的平行四边形的面积。}\end{cases}$$

通过数学家定义的向量积运算[①]，或称为叉积运算，就可以得到符合上述性质的向量 $\boldsymbol{S}$：

$$\boldsymbol{S}=\boldsymbol{b}\times\boldsymbol{c}$$

下面就来解释向量积是如何定义的，先从方向说起。

## 6.3.2 向量积的方向

$\boldsymbol{b},\boldsymbol{c}$ 围成的平行四边形的法线其实有两个方向，见图 6.24，那么哪个方向是向量积 $\boldsymbol{S}$ 的方向呢？

① 该运算借用了乘法符号，且运算结果为向量，所以称之为向量积。

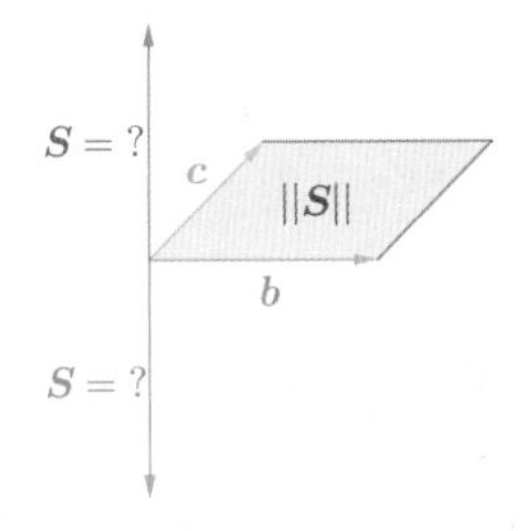


图 6.24: 法线有两个方向

数学上是通过右手定则来规定的，即用右手从 $\boldsymbol{b}$ 抓向 $\boldsymbol{c}$，大拇指的方向就是向量积 $\boldsymbol{S}=\boldsymbol{b}\times\boldsymbol{c}$ 的方向，见图 6.25。

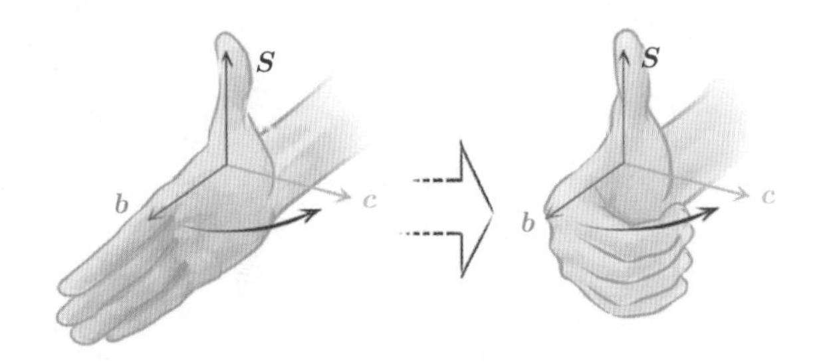


图 6.25: 右手定则

根据该规定可知向量积的方向如下，见图 6.26。

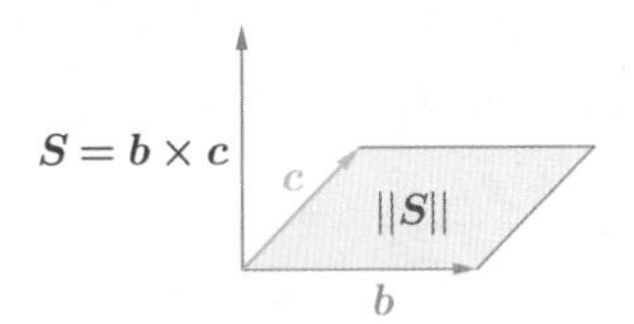


图 6.26: 判断向量积的方向

有了右手定则就可以求出一些简单的向量积，比如，向量空间 $\mathbb{R}^3$ 中的自然基一般是如图 6.27 所示的样子排列的。

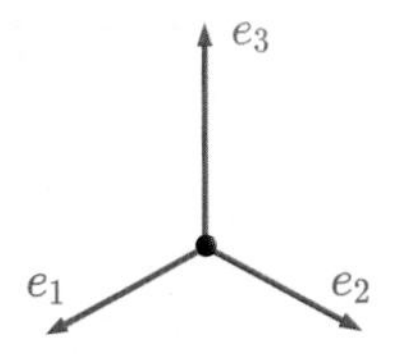


图 6.27: 向量空间 $\mathbb{R}^3$ 中的自然基

自然基两两垂直、长度为 1，那么两两围成的矩形面积都为 1。所以根据右手定则以及前面对向量积的描述，很容易得到下面的结论：

$$\boldsymbol{e_1}\times\boldsymbol{e_2}=\boldsymbol{e_3},\quad \boldsymbol{e_2}\times\boldsymbol{e_1}=-\boldsymbol{e_3},\quad \boldsymbol{e_2}\times\boldsymbol{e_3}=\boldsymbol{e_1}$$

$$\boldsymbol{e_3}\times\boldsymbol{e_2}=-\boldsymbol{e_1},\quad \boldsymbol{e_3}\times\boldsymbol{e_1}=\boldsymbol{e_2},\quad \boldsymbol{e_1}\times\boldsymbol{e_3}=-\boldsymbol{e_2}$$

### 6.3.3　求解三维空间中的有向面积

弄清楚怎么定义向量积的方向后，下面来讨论向量积应该怎么定义，也就是三维空间中的有向面积应该怎么求。原理很简单，有点像初中时学过的力的合成。比如图 6.28 中的钩子受到两个力的作用，这两个力可分别用向量 $\boldsymbol{F}_1$ 和 $\boldsymbol{F}_2$ 来表示，再通过向量加法就可以将这两个力合成，得到合力向量 $\boldsymbol{F}$，即有 $\boldsymbol{F}=\boldsymbol{F}_1+\boldsymbol{F}_2$。

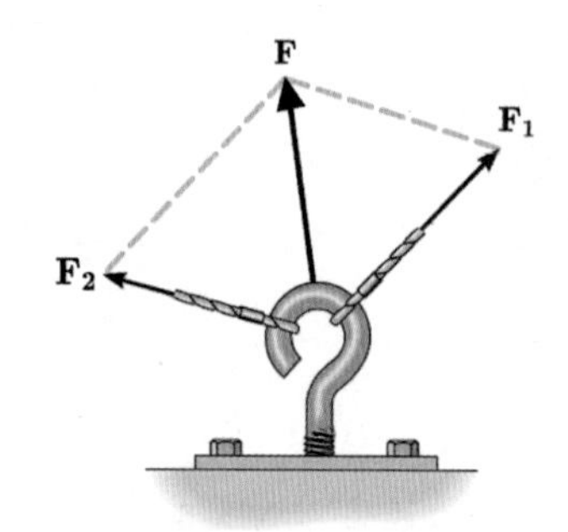


图 6.28: 钩子的合力为 $\boldsymbol{F}=\boldsymbol{F}_1+\boldsymbol{F}_2$

同样的思路[①]，如果可以知道三维空间中的有向面积在各个坐标面上的投影向量，那么就可以合成得到三维空间中的有向面积，也就是向量积，见图 6.29。

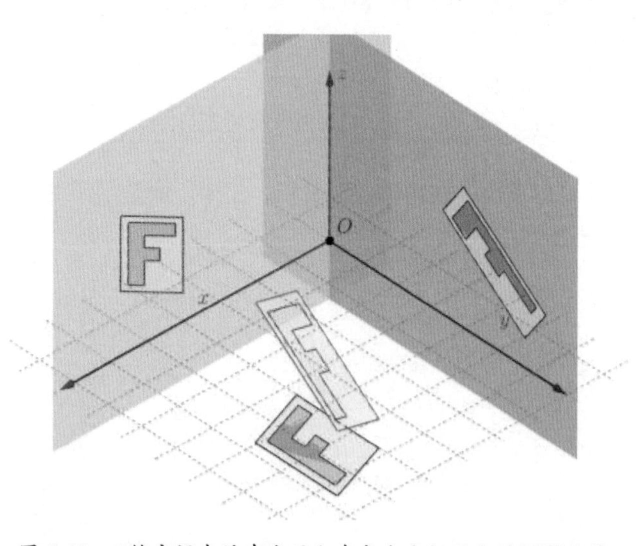


图 6.29: 三维空间中的有向面积在各个坐标面上的投影向量

① 这里就不进行证明了。

下面先看看 $xOy$ 面上的投影向量应该如何计算。假设有三维向量 $\boldsymbol{b}=\begin{pmatrix}b_1\\b_2\\b_3\end{pmatrix},\boldsymbol{c}=\begin{pmatrix}c_1\\c_2\\c_3\end{pmatrix}$，它们所围成的三维空间中的有向面积 $\boldsymbol{S}=\boldsymbol{b}\times\boldsymbol{c}$，以及 $\boldsymbol{S}$ 在 $xOy$ 面上的投影 $\boldsymbol{S_{xOy}}$，见图 6.30。

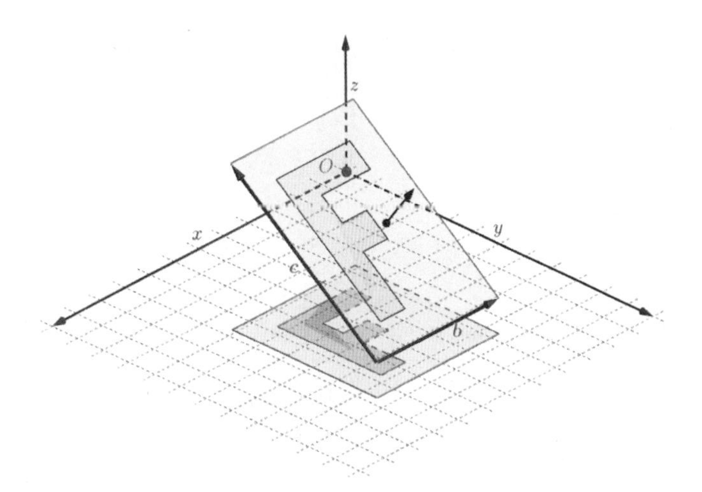


图 6.30: 三维空间中的有向面积 $\boldsymbol{S}$ 在 $xOy$ 面上的投影

$\boldsymbol{S_{xOy}}$ 是二维平面中的有向面积，由 $\boldsymbol{b},\boldsymbol{c}$ 在 $xOy$ 平面上的投影 $\boldsymbol{b_{xOy}}$ 和 $\boldsymbol{c_{xOy}}$ 围成，投影方向由右手法则决定的，模长取决于投影面积，见图 6.31。

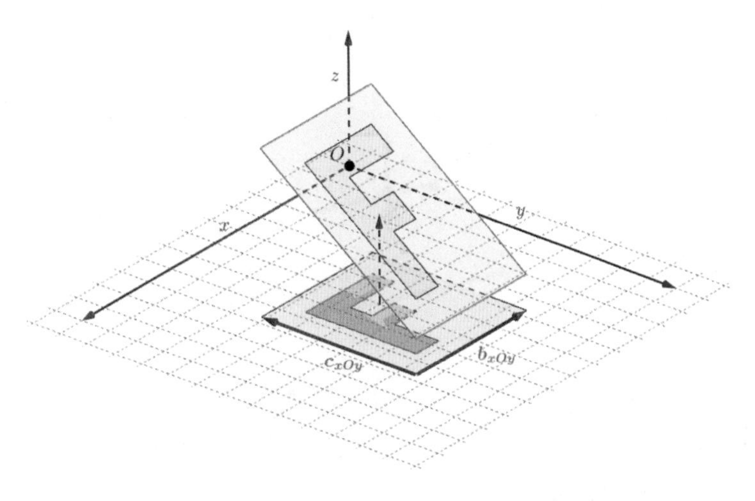


图 6.31: 在 $xOy$ 平面上的投影方向由右手法则决定，模长取决于投影面积

如果 $\boldsymbol{S}$ 不同，那么投影 $\boldsymbol{S_{xOy}}$ 也会不一样，长度和方向都会变化，见图 6.32。

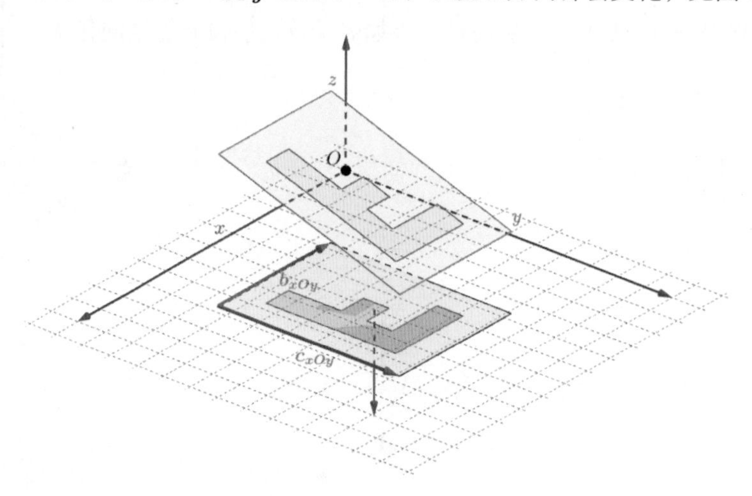


图 6.32: $\boldsymbol{S}$ 不同，投影 $\boldsymbol{S_{xOy}}$ 也会不一样

可以证明，$\boldsymbol{S_{xOy}} = \boldsymbol{b_{xOy}} \times \boldsymbol{c_{xOy}} = \begin{vmatrix} b_1 & c_1 \\ b_2 & c_2 \end{vmatrix} \boldsymbol{e_3}$。

**证明：** 将 $\boldsymbol{b}, \boldsymbol{c}$ 的 $z$ 分量置为 0 就可以得到 $\boldsymbol{b_{xOy}}, \boldsymbol{c_{xOy}}$：

$$\boldsymbol{b_{xOy}} = \begin{pmatrix} b_1 \\ b_2 \\ 0 \end{pmatrix}, \quad \boldsymbol{c_{xOy}} = \begin{pmatrix} c_1 \\ c_2 \\ 0 \end{pmatrix}$$

然后下面分别来求向量积 $\boldsymbol{S_{xOy}} = \boldsymbol{b_{xOy}} \times \boldsymbol{c_{xOy}}$ 的方向和模长。

（1）方向。容易知道 $\boldsymbol{S_{xOy}}$ 与 $\boldsymbol{e_3}$ 平行，只是方向可能与 $\boldsymbol{e_3}$ 相同或相反，这需要看（2）中计算的模长，见图 6.33。

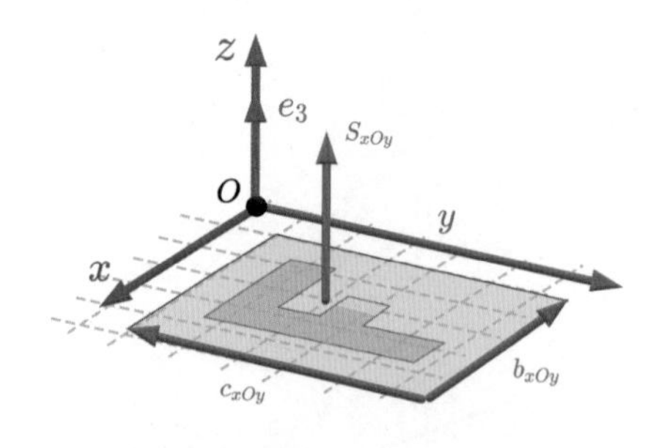


图 6.33: $\boldsymbol{S_{xOy}}$ 与 $\boldsymbol{e_3}$ 平行

（2）模长是 $\boldsymbol{S_{xOy}}$ 的面积。因为 $\boldsymbol{S_{xOy}}$ 由 $\boldsymbol{b_{xOy}}, \boldsymbol{c_{xOy}}$ 围成，所以该面积可以通过二阶行列式 $\begin{vmatrix} b_1 & c_1 \\ b_2 & c_2 \end{vmatrix}$ 来计算。注意，该二阶行列式有正有负，为正时说明 $\boldsymbol{S_{xOy}}$ 与 $\boldsymbol{e_3}$ 方向

相同，为负则说明两者相反。

（3）综上可得 $\boldsymbol{S_{xOy}}=\boldsymbol{b_{xOy}}\times\boldsymbol{c_{xOy}}=\begin{vmatrix}b_1 & c_1\\ b_2 & c_2\end{vmatrix}\boldsymbol{e_3}$。 □

当然，向量积 $\boldsymbol{S}$ 不光投影到 $xOy$ 平面，还可以投影到 $yOz$ 和 $zOx$ 平面。举一反三，投影到各个平面的有向面积分别为：

$$\boldsymbol{S_{xOy}}=\boldsymbol{b_{xOy}}\times\boldsymbol{c_{xOy}}=\begin{vmatrix}b_1 & c_1\\ b_2 & c_2\end{vmatrix}\boldsymbol{e_3},$$

$$\boldsymbol{S_{yOz}}=\boldsymbol{b_{yOz}}\times\boldsymbol{c_{yOz}}=\begin{vmatrix}b_2 & c_2\\ b_3 & c_3\end{vmatrix}\boldsymbol{e_1},$$

$$\boldsymbol{S_{zOx}}=\boldsymbol{b_{zOx}}\times\boldsymbol{c_{zOx}}=\begin{vmatrix}b_3 & c_3\\ b_1 & c_1\end{vmatrix}\boldsymbol{e_2}$$

上面的结果中有一点经常被问到，就是为什么在 $\boldsymbol{S_{zOx}}$ 中，$b_3, c_3$ 在行列式的第一行？下面来说明一下。首先要明白，$zOx$ 平面指的是右手从 $z$ 轴抓向 $x$ 轴，正方向指向 $y$ 轴正方向（正方向即图 6.34 中所示的红色箭头的方向）。

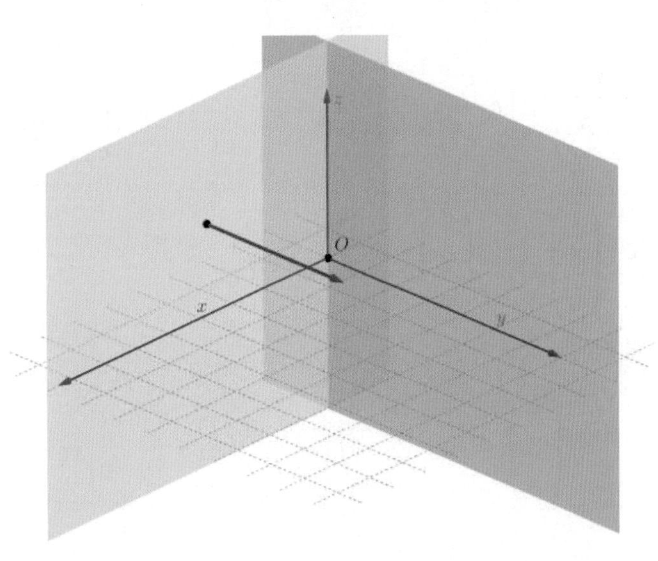


图 6.34: 红色箭头为 $zOx$ 面的正方向

所以 $\boldsymbol{S_{zOx}}$ 是投影在 $zOx$ 这一面，而不是反面 $xOz$，或者说 $\boldsymbol{S_{zOx}}$ 的坐标系是 $zOx$。我们知道 $xOy$ 坐标系下的某坐标 $(1,2)$，代表的是 $x=1, y=2$。同样地，在 $zOx$ 坐标系中的 $\boldsymbol{S_{zOx}}$ 的坐标就应该先 $z$ 后 $x$。所以 $b_3, c_3$ 在行列式的第一行，而正方向是指向 $y$ 轴的正方向，也就是 $\boldsymbol{e_2}$，最终得到 $\boldsymbol{S_{zOx}}=\boldsymbol{b_{zOx}}\times\boldsymbol{c_{zOx}}=\begin{vmatrix}b_3 & c_3\\ b_1 & c_1\end{vmatrix}\boldsymbol{e_2}$。

综上，将这些投影向量加起来就得到了向量积 $\boldsymbol{S}$：

$$\boldsymbol{S}=\boldsymbol{b}\times\boldsymbol{c}=\boldsymbol{S_{xOy}}+\boldsymbol{S_{yOz}}+\boldsymbol{S_{zOx}}=\begin{vmatrix}b_1 & c_1\\ b_2 & c_2\end{vmatrix}\boldsymbol{e_3}+\begin{vmatrix}b_2 & c_2\\ b_3 & c_3\end{vmatrix}\boldsymbol{e_1}+\begin{vmatrix}b_3 & c_3\\ b_1 & c_1\end{vmatrix}\boldsymbol{e_2}$$

$$=\begin{vmatrix}b_2 & c_2\\ b_3 & c_3\end{vmatrix}\boldsymbol{e_1}+\begin{vmatrix}b_3 & c_3\\ b_1 & c_1\end{vmatrix}\boldsymbol{e_2}+\begin{vmatrix}b_1 & c_1\\ b_2 & c_2\end{vmatrix}\boldsymbol{e_3}$$

为了方便记忆，上面的式子一般会如下改写，这就是向量积的定义：

$$\boldsymbol{b}\times\boldsymbol{c}=\begin{vmatrix}b_2 & c_2\\ b_3 & c_3\end{vmatrix}\boldsymbol{e_1}-\begin{vmatrix}b_1 & c_1\\ b_3 & c_3\end{vmatrix}\boldsymbol{e_2}+\begin{vmatrix}b_1 & c_1\\ b_2 & c_2\end{vmatrix}\boldsymbol{e_3}$$

改写的原因是，这么做后形式上和三阶行列式差不多：

$$\begin{vmatrix}a_1 & b_1 & c_1\\ a_2 & b_2 & c_2\\ a_3 & b_3 & c_3\end{vmatrix}=a_1\begin{vmatrix}b_2 & c_2\\ b_3 & c_3\end{vmatrix}-a_2\begin{vmatrix}b_1 & c_1\\ b_3 & c_3\end{vmatrix}+a_3\begin{vmatrix}b_1 & c_1\\ b_2 & c_2\end{vmatrix}$$

所以可利用三阶行列式来帮助记忆①：

$$\boldsymbol{b}\times\boldsymbol{c}=\begin{vmatrix}b_2 & c_2\\ b_3 & c_3\end{vmatrix}\boldsymbol{e_1}-\begin{vmatrix}b_1 & c_1\\ b_3 & c_3\end{vmatrix}\boldsymbol{e_2}+\begin{vmatrix}b_1 & c_1\\ b_2 & c_2\end{vmatrix}\boldsymbol{e_3}=\begin{vmatrix}\boldsymbol{e_1} & b_1 & c_1\\ \boldsymbol{e_2} & b_2 & c_2\\ \boldsymbol{e_3} & b_3 & c_3\end{vmatrix}$$

**例 5.** 已知 $\boldsymbol{b}=\begin{pmatrix}1\\2\\0\end{pmatrix},\boldsymbol{c}=\begin{pmatrix}2\\3\\0\end{pmatrix}$，请求出 $\boldsymbol{b}\times\boldsymbol{c}$。

**解：** 根据向量积的定义，有：

$$\boldsymbol{b}\times\boldsymbol{c}=\begin{pmatrix}1\\2\\0\end{pmatrix}\times\begin{pmatrix}2\\3\\0\end{pmatrix}=\begin{vmatrix}\boldsymbol{e_1} & 1 & 2\\ \boldsymbol{e_2} & 2 & 3\\ \boldsymbol{e_3} & 0 & 0\end{vmatrix}=\begin{vmatrix}2 & 3\\ 0 & 0\end{vmatrix}\boldsymbol{e_1}-\begin{vmatrix}1 & 2\\ 0 & 0\end{vmatrix}\boldsymbol{e_2}+\begin{vmatrix}1 & 2\\ 2 & 3\end{vmatrix}\boldsymbol{e_3}$$

$$=0\boldsymbol{e_1}-0\boldsymbol{e_2}-1\boldsymbol{e_3}=\begin{pmatrix}0\\0\\-1\end{pmatrix}$$

所以，$\boldsymbol{b}$ 和 $\boldsymbol{c}$ 围成的是面积为 1、朝向 $\boldsymbol{e_3}$ 轴（或者说 $z$ 轴）负方向的平行四边形（图 6.35 为示意图）。

① 这里的行列式的第一列是自然基，这种写法是不合法的，所以只是帮助记忆的。

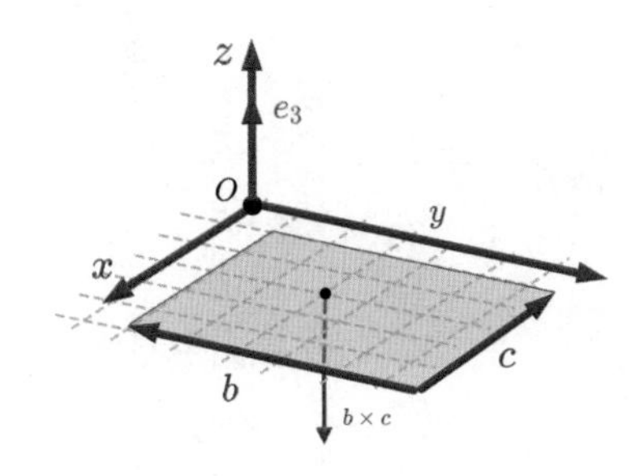


图 6.35: $\boldsymbol{b} \times \boldsymbol{c}$ 指向 $\boldsymbol{e_3}$ 轴的负方向

## 6.4 三阶行列式

与二阶行列式相同，三阶行列式也是矩阵函数 $\boldsymbol{Ax} = \boldsymbol{y}$ 的伸缩比例。比如说某三阶方阵 $\boldsymbol{A}_3$，它可以将左边的正方体变换为右边的平行六面体，变换后的平行六面体与变换前的正方体的有向体积之比就是三阶行列式 $|\boldsymbol{A}_3|$，见图 6.36。

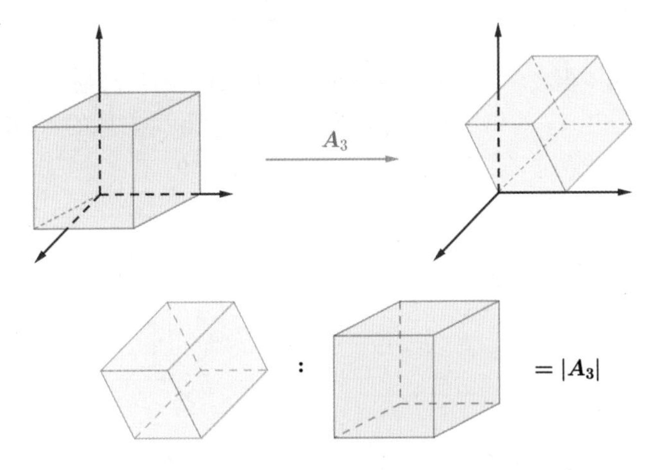


图 6.36: 三阶行列式是有向体积之比

本节就来解释什么是有向体积，以及什么是有向体积之比。

### 6.4.1 有向体积

有向面积的方向其实出现在三维空间中，同样地，有向体积的方向需要四维空间才能解释清楚，这显然是没法图解的，所以下面会采用一些类比进行解释。

之前将有向面积比作镜子内外的面积，类似地，可以将有向体积比作镜子内外的体积，比如镜子内外的手（手是立体的），见图 6.37。

图 6.37: 镜子内外的手

所以下面用手来示意有向体积的正负，左手表示镜子外，右手表示镜子内，见图 6.38。

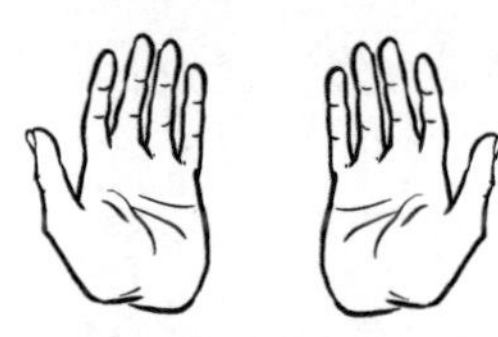

图 6.38: 左手表示镜子外，右手表示镜子内

### 6.4.2　有向体积之比

知道什么是有向体积之后，下面来直观感受一下 $|\boldsymbol{A}_3|$ 的几何意义。

- $|\boldsymbol{A}_3|>0$ 时，在 $\boldsymbol{A}_3$ 的作用下，左侧的六面体会变换为右侧的六面体，不论变换后体积是放大还是缩小，但左手依然是左手，见图 6.39。

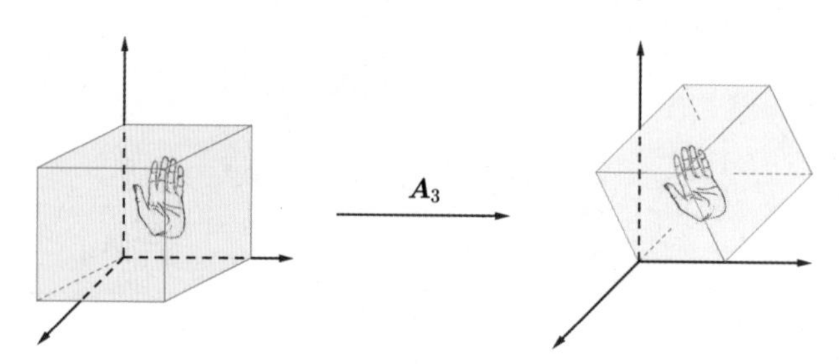


图 6.39: $|\boldsymbol{A}_3|>0$ 时的情况

- $|\boldsymbol{A}_3|=0$ 时，变换后体积消失了，见图 6.40。

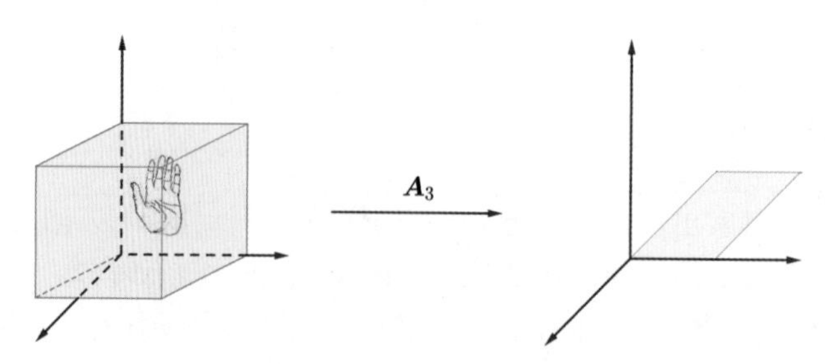


图 6.40: $|\boldsymbol{A}_3|=0$ 时的情况

- $|\boldsymbol{A}_3|<0$ 时，变换后左手变为了右手，见图 6.41。

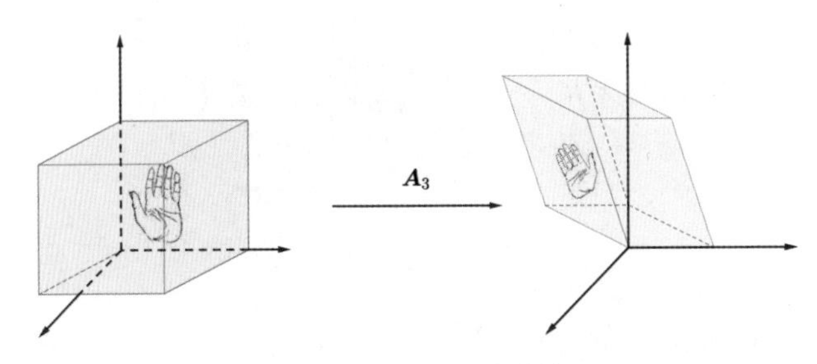


图 6.41: $|\boldsymbol{A}_3|<0$ 时的情况

下面来解释为什么 $|\boldsymbol{A}_3|$ 是变换后和变换前的有向体积之比。三阶方阵

$$\boldsymbol{A}_3=\begin{pmatrix}a_{11}&a_{12}&a_{13}\\a_{21}&a_{22}&a_{23}\\a_{31}&a_{32}&a_{33}\end{pmatrix}$$

的列向量为 $\boldsymbol{c_1}=\begin{pmatrix}a_{11}\\a_{21}\\a_{31}\end{pmatrix}$, $\boldsymbol{c_2}=\begin{pmatrix}a_{12}\\a_{22}\\a_{32}\end{pmatrix}$, $\boldsymbol{c_3}=\begin{pmatrix}a_{13}\\a_{23}\\a_{33}\end{pmatrix}$，根据矩阵乘法的列观点易知，在 $\boldsymbol{A}_3$ 的作用下，$\mathbb{R}^3$ 的自然基 $\boldsymbol{e_1},\boldsymbol{e_2},\boldsymbol{e_3}$ 被映射为了 $\boldsymbol{c_1},\boldsymbol{c_2},\boldsymbol{c_3}$，即：

$$\boldsymbol{A}_3\boldsymbol{e_1}=\boldsymbol{c_1},\quad \boldsymbol{A}_3\boldsymbol{e_2}=\boldsymbol{c_2},\quad \boldsymbol{A}_3\boldsymbol{e_3}=\boldsymbol{c_3}$$

也就是说，$\boldsymbol{e_1},\boldsymbol{e_2},\boldsymbol{e_3}$ 围成的正方体被映射成了 $\boldsymbol{c_1},\boldsymbol{c_2},\boldsymbol{c_3}$ 围成的平行六面体，见图 6.42。

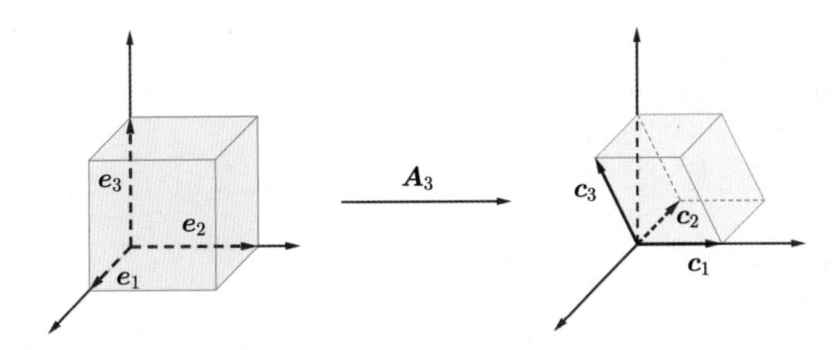


图 6.42: $\boldsymbol{e_1},\boldsymbol{e_2},\boldsymbol{e_3}$ 围成的正方体被映射成了 $\boldsymbol{c_1},\boldsymbol{c_2},\boldsymbol{c_3}$ 围成的平行六面体

可以证明 $\boldsymbol{c_1},\boldsymbol{c_2},\boldsymbol{c_3}$ 围成的平行六面体的有向体积就是三阶行列式：

$$\boldsymbol{c_1},\boldsymbol{c_2},\boldsymbol{c_3}\text{ 围成的平行六面体的有向体积}=|\boldsymbol{A}_3|$$

**证明：**（1）$\boldsymbol{c_1},\boldsymbol{c_2},\boldsymbol{c_3}$ 围成的平行六面体的体积可以通过底 $S$ 乘以高 $h$ 得到，见图 6.43。

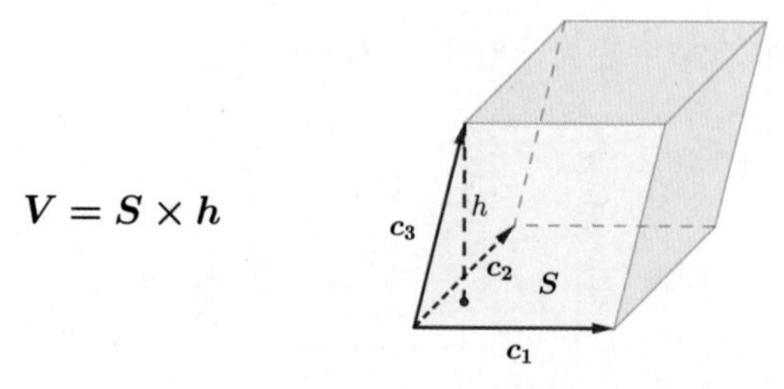


图 6.43: 平行六面体的体积

（2）通过向量积可得底 $S$ 的有向面积 $\boldsymbol{S} = \boldsymbol{c_1} \times \boldsymbol{c_2}$。根据向量积的几何意义可知，该向量 $\boldsymbol{S}$ 的模长和平行六面体的底 $S$（这是标量）的面积相同，方向指向 $h$ 所在直线，见图 6.44。

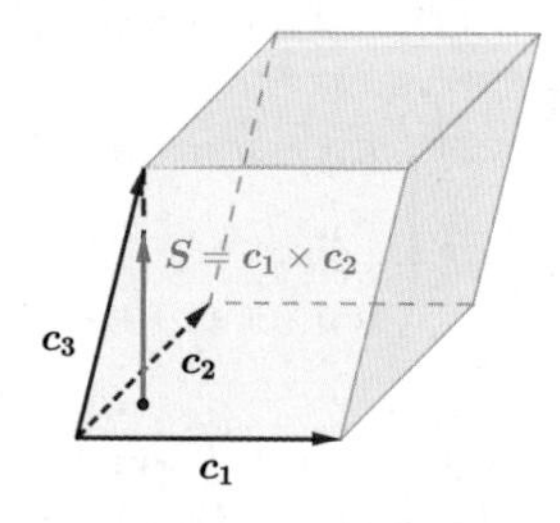


图 6.44: 向量 $\boldsymbol{S}$ 的模长等于底 $S$ 的面积，方向指向 $h$ 所在直线

（3）根据点积的几何意义可知，下列点积运算相当于将 $\boldsymbol{c_3}$ 投影到了 $\boldsymbol{S}$ 所在的直线，也就是得到了高 $h$，因此就可以求得平行六面体的体积（其中 $\theta$ 是 $\boldsymbol{S}$ 与 $\boldsymbol{c_3}$ 的夹角），当然这样求出来的是有向体积，因为结果可能是负数：

$$V = \boldsymbol{S} \cdot \boldsymbol{c_3} = \underbrace{||\boldsymbol{S}||}_{\text{底 } S} \underbrace{||\boldsymbol{c_3}|| \cos\theta}_{\text{高 } h}$$

（4）根据向量积可知：

$$\boldsymbol{c_1} \times \boldsymbol{c_2} = \begin{vmatrix} \boldsymbol{e_1} & a_{11} & a_{12} \\ \boldsymbol{e_2} & a_{21} & a_{22} \\ \boldsymbol{e_3} & a_{31} & a_{32} \end{vmatrix} = \begin{vmatrix} a_{21} & a_{22} \\ a_{31} & a_{32} \end{vmatrix} \boldsymbol{e_1} - \begin{vmatrix} a_{11} & a_{12} \\ a_{31} & a_{32} \end{vmatrix} \boldsymbol{e_2} + \begin{vmatrix} a_{11} & a_{12} \\ a_{21} & a_{22} \end{vmatrix} \boldsymbol{e_3}$$

所以，结合向量积、点积、二阶行列式的运算及三阶行列式的运算，可知有向体积就是三阶行列式 $|\boldsymbol{A}_3|$：

$$\begin{aligned} V = \boldsymbol{c_1} \times \boldsymbol{c_2} \cdot \boldsymbol{c_3} &= \begin{vmatrix} a_{21} & a_{22} \\ a_{31} & a_{32} \end{vmatrix} a_{13} - \begin{vmatrix} a_{11} & a_{12} \\ a_{31} & a_{32} \end{vmatrix} a_{23} + \begin{vmatrix} a_{11} & a_{12} \\ a_{21} & a_{22} \end{vmatrix} a_{33} \\ &= \begin{vmatrix} a_{11} & a_{12} & a_{13} \\ a_{21} & a_{22} & a_{23} \\ a_{31} & a_{32} & a_{33} \end{vmatrix} = |\boldsymbol{A}_3| \end{aligned}$$

□

$\boldsymbol{e_1},\boldsymbol{e_2},\boldsymbol{e_3}$ 围成的正方体的体积为 1，所以此时的伸缩比例，也就是变换后和变换前的有向体积之比就是三阶行列式 $|\boldsymbol{A}_3|$：

$$\text{伸缩比例} = \boldsymbol{c_1},\boldsymbol{c_2},\boldsymbol{c_3}\ \text{围成的平行六面体的有向体积} : 1 = |\boldsymbol{A}_3|$$

实际上不论左边是否为单位正方体，该结论都是普遍成立的：对于三阶方阵 $\boldsymbol{A}_3$，伸缩比例始终是三阶行列式 $|\boldsymbol{A}_3|$。

**例 6.** 已知：

$$\boldsymbol{a}=\begin{pmatrix}2\\2\\1\end{pmatrix},\quad \boldsymbol{b}=\begin{pmatrix}1\\-1\\1\end{pmatrix},\quad \boldsymbol{c}=\begin{pmatrix}1\\1\\3\end{pmatrix}$$

请求出 $\boldsymbol{a},\boldsymbol{b},\boldsymbol{c}$ 围成的平行六面体 $V$，经矩阵 $\boldsymbol{A}=\begin{pmatrix}1&0&1\\0&1&1\\-4&1&2\end{pmatrix}$ 后得到的新平行六面体 $V_1$ 的体积。

**解：** 根据题意可知，$V$ 经由 $\boldsymbol{A}$ 变换为了 $V_1$，见图 6.45。

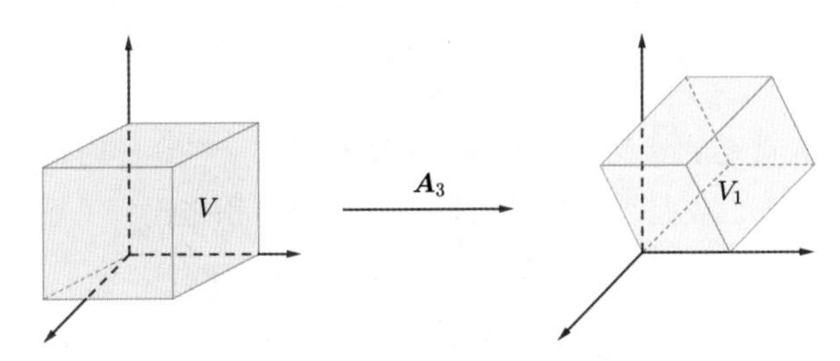


图 6.45: $V$ 经由 $\boldsymbol{A}$ 变换为了 $V_1$

（1）先求 $V$，根据三阶行列式是有向体积，结合三阶行列式的计算方法，可知 $\boldsymbol{a},\boldsymbol{b},\boldsymbol{c}$ 围成的平行六面体 $V$ 的有向体积为：

$$V=|\boldsymbol{a},\boldsymbol{b},\boldsymbol{c}|=\begin{vmatrix}2&1&1\\2&-1&1\\1&1&3\end{vmatrix}=2\begin{vmatrix}-1&1\\1&3\end{vmatrix}-2\begin{vmatrix}1&1\\1&3\end{vmatrix}+1\begin{vmatrix}1&1\\-1&1\end{vmatrix}=-10$$

（2）再根据三阶行列式的计算方法可知：

$$|\boldsymbol{A}|=\begin{vmatrix}1&0&1\\0&1&1\\-4&1&2\end{vmatrix}=1\begin{vmatrix}1&1\\1&2\end{vmatrix}-0\begin{vmatrix}0&1\\1&2\end{vmatrix}-4\begin{vmatrix}0&1\\1&1\end{vmatrix}=5$$

因为三阶行列式是伸缩比例，所以变换后的有向体积为 $V_1=|\boldsymbol{A}|V=-50$，取绝对值后得到的就是新平行六面体的体积 50。 □

### 6.4.3　总结

综上，三阶行列式有如下三层意义。

- 运算法则。三阶行列式表示的是如下运算规则：

$$\begin{vmatrix} a_{11} & a_{12} & a_{13} \\ a_{21} & a_{22} & a_{23} \\ a_{31} & a_{32} & a_{33} \end{vmatrix} = a_{11}a_{22}a_{33}+a_{12}a_{23}a_{31}+a_{13}a_{21}a_{32}-a_{11}a_{23}a_{32}-a_{12}a_{21}a_{33}-a_{13}a_{22}a_{31}$$

- 有向体积。假如三阶方阵 $\boldsymbol{A}_3$ 的列向量为 $\boldsymbol{c_1},\boldsymbol{c_2},\boldsymbol{c_3}$，那么三阶行列式 $|\boldsymbol{A}_3|$ 就是 $\boldsymbol{c_1},\boldsymbol{c_2},\boldsymbol{c_3}$ 围成的平行六面体的有向体积，见图 6.46。

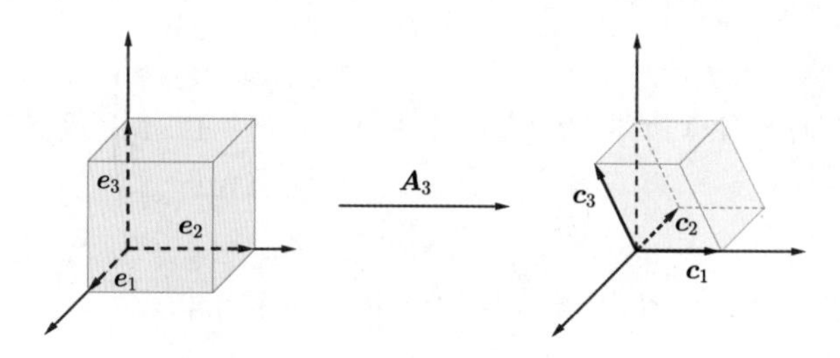


图 6.46: $|\boldsymbol{A}_3|$ 就是 $\boldsymbol{c_1},\boldsymbol{c_2},\boldsymbol{c_3}$ 围成的平行六面体的有向体积

- 伸缩比例。最为重要的意义是，对于三阶方阵 $\boldsymbol{A}_3$，三阶行列式 $|\boldsymbol{A}_3|$ 是对应的矩阵函数的伸缩比例，也就是变换后和变换前的有向体积之比，见图 6.47。

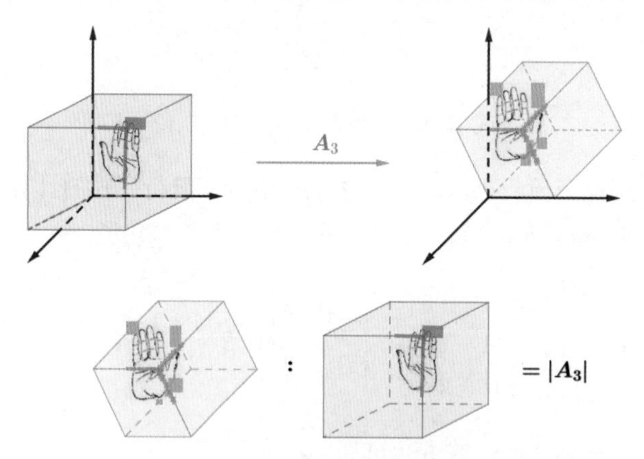


图 6.47: 三阶行列式 $|\boldsymbol{A}_3|$ 是变换后和变换前的有向体积之比

## 6.5　子式和余子式

行列式的定义式和几何意义都介绍完了，下面该介绍行列式的性质了，但在这之前还有几个概念必须要引入。

### 6.5.1 子式

**定义 4.** 在 $m \times n$ 矩阵 $\boldsymbol{A}$ 中，任取 $k$ 行与 $k$ 列 $(k \leqslant m, k \leqslant n)$，位于这些行、列交叉处的 $k^2$ 个元素，不改变它们在 $\boldsymbol{A}$ 中所处的位置次序而得到的 $k$ 阶行列式，称为矩阵 $\boldsymbol{A}$ 的 $k$ 阶子式。

比如 $3 \times 4$ 矩阵 $\boldsymbol{A} = \begin{pmatrix} 1 & 2 & 3 & 4 \\ 5 & 6 & 7 & 8 \\ 9 & 10 & 11 & 12 \end{pmatrix}$，取其中的一、三行和一、四列：

$$\begin{pmatrix} 1 & 2 & 3 & 4 \\ 5 & 6 & 7 & 8 \\ 9 & 10 & 11 & 12 \end{pmatrix}$$

交叉处总共有 4 个元素，保持相对位置不变构成的二阶行列式 $\begin{vmatrix} 1 & 4 \\ 9 & 12 \end{vmatrix}$ 就是该矩阵 $\boldsymbol{A}$ 的一个二阶子式。

**定义 5.** 设 $\boldsymbol{A}$ 是 $m \times n$ 的矩阵，$I$ 是集合 $\{1, \cdots, m\}$ 的一个 $k$ 元子集，$J$ 是集合 $\{1, \cdots, n\}$ 的一个 $k$ 元子集，$|\boldsymbol{A}|_{I,J}$ 是 $\boldsymbol{A}$ 的 $k$ 阶子式，其中抽取的 $k$ 行的行号是 $I$ 中所有元素，$k$ 列的列号是 $J$ 中所有元素。那么：

- 如果 $I = J$，称 $|\boldsymbol{A}|_{I,J}$ 为 $\boldsymbol{A}$ 的 $k$ 阶主子式（Principal minor）。
- 如果 $I = J = \{1, \cdots, k\}$（所取的是左起前 $k$ 列和上起前 $k$ 行），称 $|\boldsymbol{A}|_{I,J}$ 为 $\boldsymbol{A}$ 的 $k$ 阶顺序主子式（Leading principal minor）。

比如 $3 \times 4$ 矩阵 $\boldsymbol{A} = \begin{pmatrix} 1 & 2 & 3 & 4 \\ 5 & 6 & 7 & 8 \\ 9 & 10 & 11 & 12 \end{pmatrix}$，取其中的一、三行和一、三列，所取的行号、列号相同，得到的二阶行列式 $\begin{vmatrix} 1 & 3 \\ 9 & 11 \end{vmatrix}$ 就是该矩阵 $\boldsymbol{A}$ 的一个二阶主子式：

$$\begin{pmatrix} 1 & 2 & 3 & 4 \\ 5 & 6 & 7 & 8 \\ 9 & 10 & 11 & 12 \end{pmatrix}$$

而取前一行一列得到的就是一阶顺序主子式，取前二行二列得到的就是二阶顺序主子式，取前三行三列得到的就是三阶顺序主子式：

$$\begin{pmatrix} 1 & 2 & 3 & 4 \\ 5 & 6 & 7 & 8 \\ 9 & 10 & 11 & 12 \end{pmatrix} \quad \begin{pmatrix} 1 & 2 & 3 & 4 \\ 5 & 6 & 7 & 8 \\ 9 & 10 & 11 & 12 \end{pmatrix} \quad \begin{pmatrix} 1 & 2 & 3 & 4 \\ 5 & 6 & 7 & 8 \\ 9 & 10 & 11 & 12 \end{pmatrix}$$

一阶顺序主子式　　二阶顺序主子式　　三阶顺序主子式

通过子式还可以给出矩阵的秩的另外一个定义（该定义和本书前面那个定义是等价的，证明略）。

**定义 6.** 设在矩阵 $\boldsymbol{A}$ 中有一个不等于 0 的 $r$ 阶子式 $|\boldsymbol{B}_r|$，且所有 $r+1$ 阶子式（如果存在的话）全等于 0，那么 $|\boldsymbol{B}_r|$ 称为矩阵 A 的最高阶非零子式，数 $r$ 称为矩阵 $\boldsymbol{A}$ 的秩。

**例 7.** 求矩阵 $\boldsymbol{A}=\begin{pmatrix} 1 & 0 & 0 \\ 0 & 0 & 1 \\ 0 & 0 & 0 \end{pmatrix}$ 的秩。

**解：**（1）很显然，该矩阵 $\boldsymbol{A}$ 是行最简形矩阵，非零行个数为 2，所以 $rank(\boldsymbol{A})=2$。

（2）也可以根据子式与秩的关系来求。通过三阶行列式的计算方法可算出如下行列式，该行列式也是矩阵 $\boldsymbol{A}$ 唯一的三阶子式：

$$|\boldsymbol{A}|=\begin{vmatrix} 1 & 0 & 0 \\ 0 & 0 & 1 \\ 0 & 0 & 0 \end{vmatrix}=0$$

又根据二阶行列式的计算方法，来计算 $\boldsymbol{A}$ 的两个二阶子式（第一个是取二、三行，一、二列；第二个取一、二行，一、三列）：

$$\begin{vmatrix} 0 & 0 \\ 0 & 0 \end{vmatrix}=0, \quad \begin{vmatrix} 1 & 0 \\ 0 & 1 \end{vmatrix}=1$$

其中有非零子式，所以这是该矩阵 $\boldsymbol{A}$ 的最高阶非零子式，根据子式与秩的关系可知 $rank(\boldsymbol{A})=2$。

### 6.5.2　余子式

**定义 7.** 在 $n$ 阶行列式中，把 $a_{ij}$ 所在的第 $i$ 行和第 $j$ 列划去后，留下来的 $n-1$ 阶行列式叫作 $a_{ij}$ 的余子式，记作 $\boldsymbol{M}_{ij}$，即：

$$\boldsymbol{M}_{ij}=\begin{vmatrix} a_{11} & \cdots & a_{1j} & \cdots & a_{1n} \\ \vdots & \vdots & \ddots & \vdots & \vdots \\ a_{i1} & \cdots & a_{ij} & \cdots & a_{in} \\ \vdots & \vdots & \ddots & \vdots & \vdots \\ a_{n1} & \cdots & a_{nj} & \cdots & a_{nn} \end{vmatrix}$$

之前介绍三阶行列式行的计算方法时，其实就有余子式：

$$\begin{vmatrix} a_{11} & a_{12} & a_{13} \\ a_{21} & a_{22} & a_{23} \\ a_{31} & a_{32} & a_{33} \end{vmatrix} = a_{11}\overbrace{\begin{vmatrix} a_{22} & a_{23} \\ a_{32} & a_{33} \end{vmatrix}}^{a_{11}\text{ 的余子式}} - a_{21}\overbrace{\begin{vmatrix} a_{12} & a_{13} \\ a_{32} & a_{33} \end{vmatrix}}^{a_{21}\text{ 的余子式}} + a_{31}\overbrace{\begin{vmatrix} a_{12} & a_{13} \\ a_{22} & a_{23} \end{vmatrix}}^{a_{31}\text{ 的余子式}}$$

$$= a_{11}\boldsymbol{M}_{11} - a_{21}\boldsymbol{M}_{21} + a_{31}\boldsymbol{M}_{31}$$

其中 $\boldsymbol{M}_{11}$ 和 $\boldsymbol{M}_{21}$ 就是划掉 $a_{11}, a_{21}$ 所在行、列得到的：

$$\boldsymbol{M}_{11} = \begin{vmatrix} a_{11} & a_{12} & a_{13} \\ a_{21} & a_{22} & a_{23} \\ a_{31} & a_{32} & a_{33} \end{vmatrix} = \begin{vmatrix} a_{22} & a_{23} \\ a_{32} & a_{33} \end{vmatrix}, \quad \boldsymbol{M}_{21} = \begin{vmatrix} a_{11} & a_{12} & a_{13} \\ a_{21} & a_{22} & a_{23} \\ a_{31} & a_{32} & a_{33} \end{vmatrix} = \begin{vmatrix} a_{12} & a_{13} \\ a_{32} & a_{33} \end{vmatrix}$$

### 6.5.3 代数余子式

**定义 8.** 在 $a_{ij}$ 的余子式 $\boldsymbol{M}_{ij}$ 的基础上，还可以定义 $\boldsymbol{A}_{ij}$，称其为 $a_{ij}$ 的代数余子式：

$$\boldsymbol{A}_{ij} = (-1)^{i+j}\boldsymbol{M}_{ij}$$

图 6.48 在 $a_{ij}$ 的位置标出对应的代数余子式 $\boldsymbol{A}_{ij}$ 的正负号，可从中看出正负号的规律，方便记忆。

$$\begin{vmatrix} + & - & + & - & \cdots \\ - & + & - & + & \cdots \\ + & - & + & - & \cdots \\ - & + & - & + & \cdots \\ \vdots & \vdots & \vdots & \vdots & \end{vmatrix}$$

图 6.48: 代数余子式的正负号

在三阶行列式行的计算方法中，如果将符号包含进去，那么就从余子式变为了代数余子式：

$$\begin{vmatrix} a_{11} & a_{12} & a_{13} \\ a_{21} & a_{22} & a_{23} \\ a_{31} & a_{32} & a_{33} \end{vmatrix} = a_{11}\overbrace{\begin{vmatrix} a_{22} & a_{23} \\ a_{32} & a_{33} \end{vmatrix}}^{a_{11}\text{ 的代数余子式}} + a_{21}\overbrace{\left(-\begin{vmatrix} a_{12} & a_{13} \\ a_{32} & a_{33} \end{vmatrix}\right)}^{a_{21}\text{ 的代数余子式}} + a_{31}\overbrace{\begin{vmatrix} a_{12} & a_{13} \\ a_{22} & a_{23} \end{vmatrix}}^{a_{31}\text{ 的代数余子式}}$$

$$= a_{11}\boldsymbol{A}_{11} + a_{21}\boldsymbol{A}_{21} + a_{31}\boldsymbol{A}_{31}$$

### 6.5.4　总结

最后用一张表来总结和对比子式、主子式、顺序主子式以及余子式与代数余子式，见表 6.1。

表 6.1: 余子式和代数余子式的总结

| 子式 | 主子式 | 顺序主子式 | 余子式 | 代数余子式 |
| --- | --- | --- | --- | --- |
| $\begin{vmatrix}1 & 2\\7 & 8\end{vmatrix}\begin{pmatrix}1 & 2 & 3\\4 & 5 & 6\\7 & 8 & 9\end{pmatrix}$ | $\begin{vmatrix}1 & 3\\7 & 9\end{vmatrix}\begin{pmatrix}1 & 2 & 3\\4 & 5 & 6\\7 & 8 & 9\end{pmatrix}$ | $\begin{vmatrix}1 & 2\\4 & 5\end{vmatrix}\begin{pmatrix}1 & 2 & 3\\4 & 5 & 6\\7 & 8 & 9\end{pmatrix}$ | $\boldsymbol{M}_{12}=\begin{vmatrix}4 & 6\\7 & 9\end{vmatrix}\begin{pmatrix}1 & 2 & 3\\4 & 5 & 6\\7 & 8 & 9\end{pmatrix}$ | $\boldsymbol{A}_{12}=(-1)^{1+2}\boldsymbol{M}_{12}$ |

## 6.6　行列式的性质

本节开始介绍行列式的几种性质。

### 6.6.1　转置行列式

**定理 2.** 对于 $n$ 阶方阵 $\boldsymbol{A}=(a_{ij})$，有：

$$|\boldsymbol{A}|=\begin{vmatrix}a_{11} & a_{12} & \cdots & a_{1n}\\a_{21} & a_{22} & \cdots & a_{2n}\\\vdots & \vdots & \ddots & \vdots\\a_{n1} & a_{n2} & \cdots & a_{nn}\end{vmatrix},\quad |\boldsymbol{A}^{\mathrm{T}}|=\begin{vmatrix}a_{11} & a_{21} & \cdots & a_{n1}\\a_{12} & a_{22} & \cdots & a_{n2}\\\vdots & \vdots & \ddots & \vdots\\a_{1n} & a_{2n} & \cdots & a_{nn}\end{vmatrix}$$

行列式 $|\boldsymbol{A}^{\mathrm{T}}|$ 称为行列式 $|\boldsymbol{A}|$ 的转置行列式。可以证明 $|\boldsymbol{A}|=|\boldsymbol{A}^{\mathrm{T}}|$。

定理 2 的证明较为复杂，这里就给出一个直观的理解吧，见图 6.49。之前解释过 $\boldsymbol{A}\boldsymbol{x}=\boldsymbol{y}$ 与 $\boldsymbol{x}^{\mathrm{T}}\boldsymbol{A}^{\mathrm{T}}=\boldsymbol{y}^{\mathrm{T}}$ 代表的是同一个映射，只是代数形式不同。

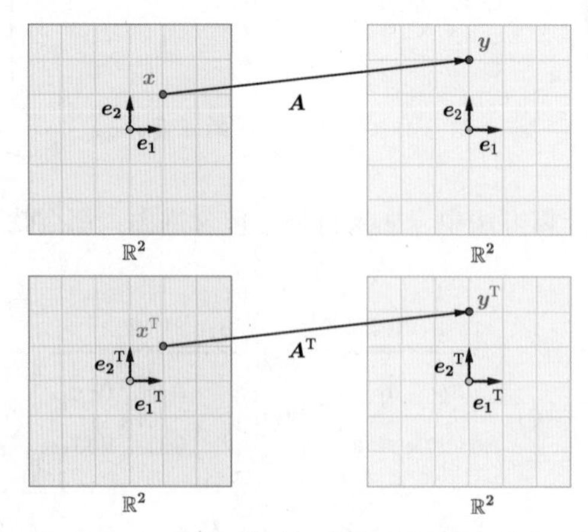


图 6.49: $\boldsymbol{A}\boldsymbol{x}=\boldsymbol{y}$ 与 $\boldsymbol{x}^{\mathrm{T}}\boldsymbol{A}^{\mathrm{T}}=\boldsymbol{y}^{\mathrm{T}}$ 代表的是同一个映射

而行列式 $|\boldsymbol{A}|$ 和 $|\boldsymbol{A}^{\mathrm{T}}|$ 是这两个矩阵函数的伸缩比例，因为代表的是同一个映射，所以自然有 $|\boldsymbol{A}|=|\boldsymbol{A}^{\mathrm{T}}|$。

### 6.6.2 满秩、可逆与行列式

**定理 3.** 对于方阵 $\boldsymbol{A}$，有 $|\boldsymbol{A}|\neq 0 \iff \boldsymbol{A}$ 满秩 $\iff \boldsymbol{A}$ 可逆。

**证明：**（1）根据子式与秩的关系，比如 $n$ 阶满秩矩阵 $\boldsymbol{A}$，也就是说，有 $rank(\boldsymbol{A})=n$，那么 $|\boldsymbol{A}|$ 作为 $\boldsymbol{A}$ 的最高阶非零子式一定是非零的。所以有 $|\boldsymbol{A}|\neq 0 \iff \boldsymbol{A}$ 满秩。

（2）根据逆矩阵的定义可知 $\boldsymbol{A}$ 满秩 $\iff \boldsymbol{A}$ 可逆，所以综合起来就是：

$$|\boldsymbol{A}|\neq 0 \iff \boldsymbol{A}\text{ 满秩} \iff \boldsymbol{A}\text{ 可逆}$$

□

定理 3 可以结合二阶行列式的意义来理解，如下所示。

- $|\boldsymbol{A}|\neq 0$ 时，左边的矩形变为右侧的平行四边形，此时矩阵函数为双射，所以 $\boldsymbol{A}$ 是满秩矩阵，也可逆，见图 6.50。

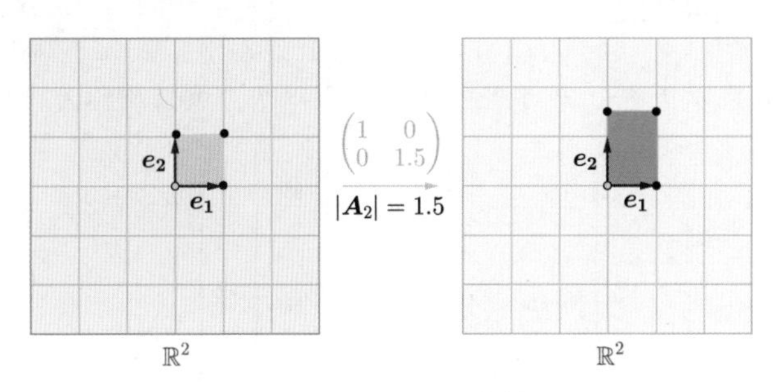


图 6.50: $|\boldsymbol{A}|\neq 0$ 时的情况

- $|\boldsymbol{A}|=0$ 时，左边的矩形变为右侧的线段，此时矩阵函数非单射非满射，所以 $\boldsymbol{A}$ 不是满秩矩阵，也不可逆，见图 6.51。

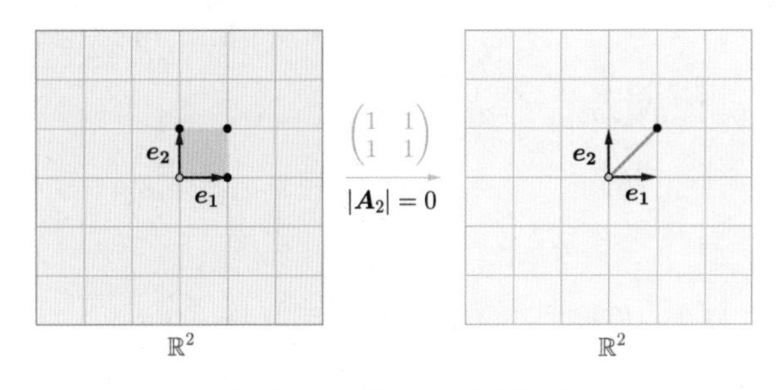


图 6.51: $|\boldsymbol{A}|=0$ 时的情况

根据定理 3 可知，比如某矩阵一行（列）元素全为 0，很显然该矩阵非满秩矩阵，则对应的行列式为 0：

$$\begin{vmatrix} a_{11} & a_{12} & \cdots & a_{1n} \\ \vdots & \vdots & \ddots & \vdots \\ 0 & 0 & \cdots & 0 \\ \vdots & \vdots & \ddots & \vdots \\ a_{n1} & a_{n2} & \cdots & a_{nn} \end{vmatrix} = \begin{vmatrix} a_{11} & \cdots & 0 & \cdots & a_{1n} \\ a_{21} & \cdots & 0 & \cdots & a_{2n} \\ \vdots & \ddots & \vdots & \ddots & \vdots \\ a_{n1} & \cdots & 0 & \cdots & a_{nn} \end{vmatrix} = 0$$

再比如某矩阵有两行（列）对应成比例或相同，很显然该矩阵非满秩矩阵，所以对应的行列式为 0：

$$\begin{vmatrix} 2 & 2 & \cdots & 2 \\ 8 & 8 & \cdots & 8 \\ \vdots & \vdots & \ddots & \vdots \\ a_{n1} & a_{n2} & \cdots & a_{nn} \end{vmatrix} = 0$$

### 6.6.3　行列式的数乘

**定理 4.** 行列式乘以 $k$ 倍，等于某行（列）乘以 $k$，该性质称为行列式的数乘：

$$k\begin{vmatrix} a_{11} & a_{12} & \cdots & a_{1n} \\ \vdots & \vdots & \ddots & \vdots \\ a_{n1} & a_{n2} & \cdots & a_{nn} \end{vmatrix} = \begin{vmatrix} a_{11} & a_{12} & \cdots & a_{1n} \\ \vdots & \vdots & \ddots & \vdots \\ ka_{i1} & ka_{i2} & \cdots & ka_{in} \\ \vdots & \vdots & \ddots & \vdots \\ a_{n1} & a_{n2} & \cdots & a_{nn} \end{vmatrix} = \begin{vmatrix} a_{11} & \cdots & ka_{1j} & \cdots & a_{1n} \\ \vdots & \cdots & ka_{2j} & \cdots & \vdots \\ \vdots & \ddots & \vdots & \ddots & \vdots \\ a_{n1} & \cdots & ka_{nj} & \cdots & a_{nn} \end{vmatrix}$$

**证明：** 可以通过行列式的定义来证明，令 $|\boldsymbol{A}| = \begin{vmatrix} a_{11} & a_{12} & \cdots & a_{1n} \\ \vdots & \vdots & \ddots & \vdots \\ a_{n1} & a_{n2} & \cdots & a_{nn} \end{vmatrix}$，则：

$$k|\boldsymbol{A}| = k\sum(-1)^t a_{1p_1}a_{2p_2}\cdots a_{ip_i}\cdots a_{np_n}$$

$$= \sum(-1)^t a_{1p_1}a_{2p_2}\cdots ka_{ip_i}\cdots a_{np_n} = \begin{vmatrix} a_{11} & a_{12} & \cdots & a_{1n} \\ \vdots & \vdots & \ddots & \vdots \\ ka_{i1} & ka_{i2} & \cdots & ka_{in} \\ \vdots & \vdots & \ddots & \vdots \\ a_{n1} & a_{n2} & \cdots & a_{nn} \end{vmatrix}$$

$$k|\boldsymbol{A}| = k\sum(-1)^s a_{q_1 1}a_{q_2 2}\cdots a_{q_j j}\cdots a_{q_n n}$$

$$
=\sum(-1)^s a_{q_1 1}a_{q_2 2}\cdots ka_{q_j j}\cdots a_{q_n n}=\begin{vmatrix} a_{11} & \cdots & ka_{1j} & \cdots & a_{1n} \\ \vdots & \cdots & ka_{2j} & \cdots & \vdots \\ \vdots & \ddots & \vdots & \ddots & \vdots \\ a_{n1} & \cdots & ka_{nj} & \cdots & a_{nn} \end{vmatrix} \qquad \square
$$

假设有二阶方阵 $\boldsymbol{A}$ 及它的列向量：

$$
\boldsymbol{A}=\begin{pmatrix} a_{11} & a_{12} \\ a_{21} & a_{22} \end{pmatrix},\quad \boldsymbol{c_1}=\begin{pmatrix} a_{11} \\ a_{21} \end{pmatrix},\quad \boldsymbol{c_2}=\begin{pmatrix} a_{12} \\ a_{22} \end{pmatrix}
$$

那么定理 4 说的就是，不论平行四边形的哪一边的长度变为原来的 $k$ 倍，平行四边形的有向面积都会变为原来的 $k$ 倍，见图 6.52。

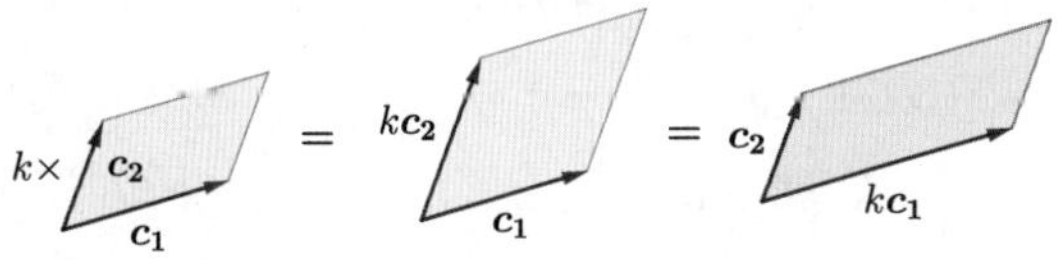

$k\times$ $\boldsymbol{c_2}$ $\boldsymbol{c_1}$ = $k\boldsymbol{c_2}$ $\boldsymbol{c_1}$ = $\boldsymbol{c_2}$ $k\boldsymbol{c_1}$

图 6.52: 平行四边形的某边的长度变为原来的 $k$ 倍，有向面积就也变为原来的 $k$ 倍

对于 $n$ 阶方阵 $\boldsymbol{A}$，反复运用定理 4 可得 $|k\boldsymbol{A}|=\begin{vmatrix} ka_{11} & ka_{12} & \cdots & ka_{1n} \\ \vdots & \vdots & \ddots & \vdots \\ ka_{i1} & ka_{i2} & \cdots & ka_{in} \\ \vdots & \vdots & \ddots & \vdots \\ ka_{n1} & ka_{n2} & \cdots & ka_{nn} \end{vmatrix}=k^n|\boldsymbol{A}|$。

下面来看一道例题来加深对定理 4 的理解。

**例 8.** 已知 3 阶方阵 $\boldsymbol{A}$ 满足 $\boldsymbol{A}^{\mathrm{T}}=-\boldsymbol{A}$，请求出 $|\boldsymbol{A}|$。

**解：** 根据定理 2 和定理 4，再结合题目的条件，有：

$$
\left.\begin{aligned} |\boldsymbol{A}|=|\boldsymbol{A}^{\mathrm{T}}|=|-\boldsymbol{A}| \\ |-\boldsymbol{A}|=(-1)^3|\boldsymbol{A}|=-|\boldsymbol{A}| \end{aligned}\right\} \implies |\boldsymbol{A}|=-|\boldsymbol{A}| \implies |\boldsymbol{A}|=0
$$

### 6.6.4 行（列）互换

**定理 5.** 行列式中的行（列）互换后，行列式正负号发生改变：

$$
\begin{vmatrix} \vdots & \vdots & \vdots & \vdots \\ a_{i1} & a_{i2} & \cdots & a_{in} \\ \vdots & \vdots & \vdots & \vdots \\ a_{j1} & a_{j2} & \cdots & a_{jn} \\ \vdots & \vdots & \vdots & \vdots \end{vmatrix}=-\begin{vmatrix} \vdots & \vdots & \vdots & \vdots \\ a_{j1} & a_{j2} & \cdots & a_{jn} \\ \vdots & \vdots & \vdots & \vdots \\ a_{i1} & a_{i2} & \cdots & a_{in} \\ \vdots & \vdots & \vdots & \vdots \end{vmatrix}
$$

**证明：** 假设：

$$|\boldsymbol{A}|=\begin{vmatrix}\vdots & \vdots & \vdots & \vdots \\ a_{i1} & a_{i2} & \cdots & a_{in} \\ \vdots & \vdots & \vdots & \vdots \\ a_{j1} & a_{j2} & \cdots & a_{jn} \\ \vdots & \vdots & \vdots & \vdots\end{vmatrix},\quad |\boldsymbol{B}|=\begin{vmatrix}\vdots & \vdots & \vdots & \vdots \\ a_{j1} & a_{j2} & \cdots & a_{jn} \\ \vdots & \vdots & \vdots & \vdots \\ a_{i1} & a_{i2} & \cdots & a_{in} \\ \vdots & \vdots & \vdots & \vdots\end{vmatrix}$$

那么：

$$|\boldsymbol{A}|=\sum(-1)^t a_{1p_1}\cdots a_{ip_i}\cdots a_{jp_j}\cdots a_{np_n},\quad |\boldsymbol{B}|=\sum(-1)^s a_{1p_1}\cdots a_{ip_j}\cdots a_{jp_i}\cdots a_{np_n}$$

根据“一个排列中的任意两个元素对换，排列的奇偶性改变”可知，上面 $p_i, p_j$ 发生了对换，所以排列的奇偶性发生改变，所以 $(-1)^t=-(-1)^s$，最终得到结论 $|\boldsymbol{A}|=-|\boldsymbol{B}|$。 □

下面通过例子来解释一下定理 5 的几何意义。假设有二阶方阵 $\boldsymbol{A}$ 及它的列向量：

$$\boldsymbol{A}=\begin{pmatrix}a_{11} & a_{12}\\ a_{21} & a_{22}\end{pmatrix},\quad \boldsymbol{c_1}=\begin{pmatrix}a_{11}\\ a_{21}\end{pmatrix},\quad \boldsymbol{c_2}=\begin{pmatrix}a_{12}\\ a_{22}\end{pmatrix}$$

那么“行（列）互换”导致右手定则确定的有向面积的方向发生了改变，所以正负号会发生改变，见图 6.53。

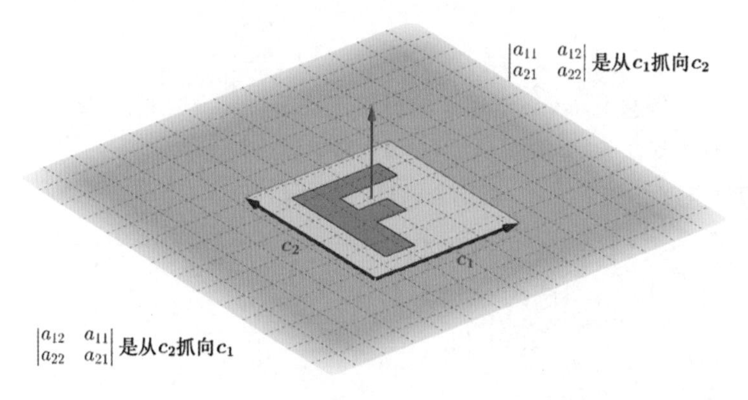


图 6.53: 从 $\boldsymbol{c_1}$ 抓向 $\boldsymbol{c_2}$，与从 $\boldsymbol{c_2}$ 抓向 $\boldsymbol{c_1}$ 确定的方向不同

### 6.6.5 行列式的倍加

**定理 6.** 将一行（列）的 $k$ 倍加进另一行（列）里，行列式的值不变，该性质也可以称为行列式的倍加：

$$\begin{vmatrix} \vdots & \vdots & \vdots & \vdots \\ a_{i1} & a_{i2} & \cdots & a_{in} \\ a_{j1} & a_{j2} & \cdots & a_{jn} \\ \vdots & \vdots & \vdots & \vdots \end{vmatrix} = \begin{vmatrix} \vdots & \vdots & \vdots & \vdots \\ a_{i1} & a_{i2} & \cdots & a_{in} \\ a_{j1}+ka_{i1} & a_{j2}+ka_{i2} & \cdots & a_{jn}+ka_{in} \\ \vdots & \vdots & \vdots & \vdots \end{vmatrix}$$

**证明：** 假设：

$$|\boldsymbol{A}| = \begin{vmatrix} \vdots & \vdots & \vdots & \vdots \\ a_{i1} & a_{i2} & \cdots & a_{in} \\ a_{j1} & a_{j2} & \cdots & a_{jn} \\ \vdots & \vdots & \vdots & \vdots \end{vmatrix}, \quad |\boldsymbol{B}| = \begin{vmatrix} \vdots & \vdots & \vdots & \vdots \\ a_{i1} & a_{i2} & \cdots & a_{in} \\ a_{j1}+ka_{i1} & a_{j2}+ka_{i2} & \cdots & a_{jn}+ka_{in} \\ \vdots & \vdots & \vdots & \vdots \end{vmatrix}$$

根据行列式的定义，以及定理 3 的推论可知：

$$\begin{aligned} |\boldsymbol{B}| &= \sum(-1)^t a_{1p_1}a_{2p_2}\cdots(a_{jp_j}+ka_{ip_j})\cdots a_{np_n} \\ &= \sum(-1)^t a_{1p_1}a_{2p_2}\cdots a_{jp_j}\cdots a_{np_n} + \sum(-1)^t a_{1p_1}a_{2p_2}\cdots ka_{ip_j}\cdots a_{np_n} \\ &= \begin{vmatrix} \vdots & \vdots & \vdots & \vdots \\ a_{i1} & a_{i2} & \cdots & a_{in} \\ a_{j1} & a_{j2} & \cdots & a_{jn} \\ \vdots & \vdots & \vdots & \vdots \end{vmatrix} + \underbrace{\begin{vmatrix} \vdots & \vdots & \vdots & \vdots \\ a_{i1} & a_{i2} & \cdots & a_{in} \\ ka_{i1} & ka_{i2} & \cdots & ka_{in} \\ \vdots & \vdots & \vdots & \vdots \end{vmatrix}}_{0} \\ &= |\boldsymbol{A}| \end{aligned}$$

□

根据定理 6，可知下列等式是成立的：

$$\begin{vmatrix} a_{11} & a_{12} \\ a_{21} & a_{22} \end{vmatrix} = \begin{vmatrix} a_{11}+ka_{12} & a_{12} \\ a_{21}+ka_{22} & a_{22} \end{vmatrix}$$

该等式的几何意义也比较明显，等号两侧的二阶行列式对应的平行四边形同底等高，很显然面积是相等的，见图 6.54。

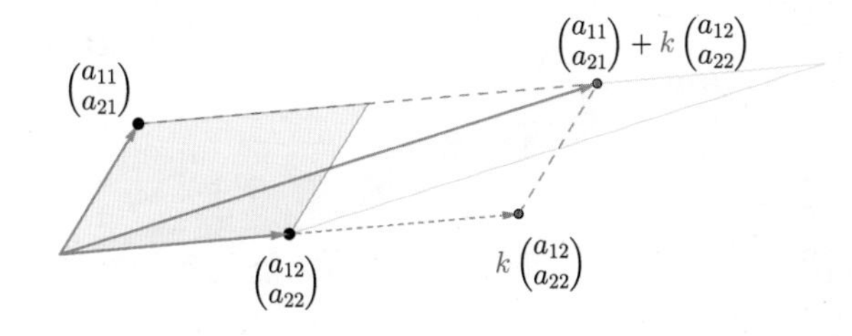


图 6.54: 等号两侧的二阶行列式对应的平行四边形同底等高

### 6.6.6　行列式的加法

**定理 7.** 在行列式中，某一行（列）的每个元素是两数之和，则此行列式可拆分为两个相加的行列式，该性质也可以称为行列式的加法：

$$\begin{vmatrix} a_{11} & a_{12} & \cdots & a_{1n} \\ \vdots & \vdots & \ddots & \vdots \\ a_{i1}+b_{i1} & a_{i2}+b_{i2} & \cdots & a_{in}+b_{in} \\ \vdots & \vdots & \ddots & \vdots \\ a_{n1} & a_{n2} & \cdots & a_{nn} \end{vmatrix} = \begin{vmatrix} a_{11} & a_{12} & \cdots & a_{1n} \\ \vdots & \vdots & \ddots & \vdots \\ a_{i1} & a_{i2} & \cdots & a_{in} \\ \vdots & \vdots & \ddots & \vdots \\ a_{n1} & a_{n2} & \cdots & a_{nn} \end{vmatrix} + \begin{vmatrix} a_{11} & a_{12} & \cdots & a_{1n} \\ \vdots & \vdots & \ddots & \vdots \\ b_{i1} & b_{i2} & \cdots & b_{in} \\ \vdots & \vdots & \ddots & \vdots \\ a_{n1} & a_{n2} & \cdots & a_{nn} \end{vmatrix}$$

**证明：** 设：

$$|\boldsymbol{A}| = \begin{vmatrix} a_{11} & a_{12} & \cdots & a_{1n} \\ \vdots & \vdots & \ddots & \vdots \\ a_{i1}+b_{i1} & a_{i2}+b_{i2} & \cdots & a_{in}+b_{in} \\ \vdots & \vdots & \ddots & \vdots \\ a_{n1} & a_{n2} & \cdots & a_{nn} \end{vmatrix}$$

$$|\boldsymbol{B}| = \begin{vmatrix} a_{11} & a_{12} & \cdots & a_{1n} \\ \vdots & \vdots & \ddots & \vdots \\ a_{i1} & a_{i2} & \cdots & a_{in} \\ \vdots & \vdots & \ddots & \vdots \\ a_{n1} & a_{n2} & \cdots & a_{nn} \end{vmatrix}, \quad |\boldsymbol{C}| = \begin{vmatrix} a_{11} & a_{12} & \cdots & a_{1n} \\ \vdots & \vdots & \ddots & \vdots \\ b_{i1} & b_{i2} & \cdots & b_{in} \\ \vdots & \vdots & \ddots & \vdots \\ a_{n1} & a_{n2} & \cdots & a_{nn} \end{vmatrix}$$

根据行列式的定义有：

$$\begin{aligned} |\boldsymbol{A}| &= \sum(-1)^t a_{1p_1}a_{2p_2}\cdots(a_{ip_i}+b_{ip_i})\cdots a_{np_n} \\ &= \sum(-1)^t a_{1p_1}a_{2p_2}\cdots a_{ip_i}\cdots a_{np_n} + \sum(-1)^t a_{1p_1}a_{2p_2}\cdots b_{ip_i}\cdots a_{np_n} \\ &= \begin{vmatrix} a_{11} & a_{12} & \cdots & a_{1n} \\ \vdots & \vdots & \ddots & \vdots \\ a_{i1} & a_{i2} & \cdots & a_{in} \\ \vdots & \vdots & \ddots & \vdots \\ a_{n1} & a_{n2} & \cdots & a_{nn} \end{vmatrix} + \begin{vmatrix} a_{11} & a_{12} & \cdots & a_{1n} \\ \vdots & \vdots & \ddots & \vdots \\ b_{i1} & b_{i2} & \cdots & b_{in} \\ \vdots & \vdots & \ddots & \vdots \\ a_{n1} & a_{n2} & \cdots & a_{nn} \end{vmatrix} = |\boldsymbol{B}| + |\boldsymbol{C}| \end{aligned}$$ □

根据定理 7，可知下列等式是成立的，该等式可以解读为左边的平行四边形是右边两个平行四边形之和：

$$\begin{vmatrix} a_{11}+b_{11} & a_{12} \\ a_{21}+b_{21} & a_{22} \end{vmatrix} = \begin{vmatrix} a_{11} & a_{12} \\ a_{21} & a_{22} \end{vmatrix} + \begin{vmatrix} b_{11} & a_{12} \\ b_{21} & a_{22} \end{vmatrix}$$

当 $\begin{pmatrix} a_{11} \\ a_{21} \end{pmatrix}$ 和 $\begin{pmatrix} b_{11} \\ b_{21} \end{pmatrix}$ 在一条直线上时，很容易看出，见图 6.55。

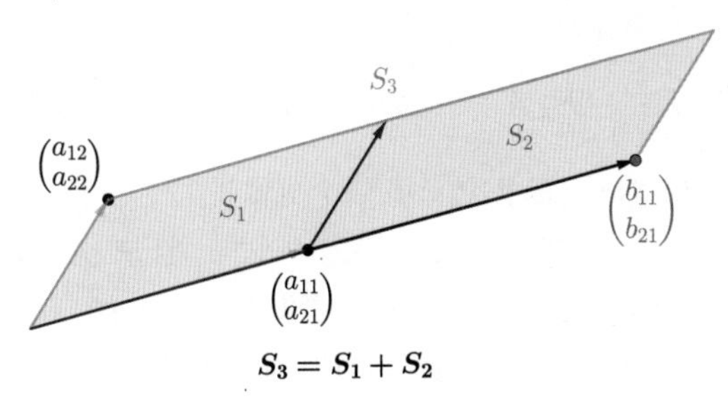


图 6.55: $\boldsymbol{S_3 = S_1 + S_2}$

图 6.56 所示的情况就不太容易看出来，不过可以脑补上面的三角形可以搬下来填充下面的三角形。

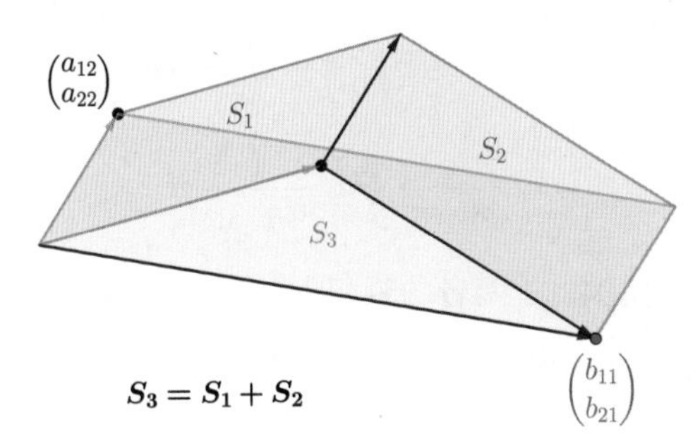


图 6.56: 上面的三角形可以搬下来填充下面的三角形

**例 9.** 计算 $\begin{vmatrix} 2007 & 2008 \\ 2009 & 2010 \end{vmatrix}$。

**解：** 可以运用二阶行列式的运算方法来计算，但是运算量太大。这里可以运用行列式的加法来巧算：

$$\begin{vmatrix} 2007 & 2008 \\ 2009 & 2010 \end{vmatrix} = \begin{vmatrix} 0 & 1 \\ 2009 & 2010 \end{vmatrix} + \begin{vmatrix} 2007 & 2007 \\ 2009 & 2010 \end{vmatrix} = -2009 + 2007 = -2$$

### 6.6.7 行列式的乘法

**定理 8.** 对于同阶方阵 $\boldsymbol{A}, \boldsymbol{B}$，有 $|\boldsymbol{AB}| = |\boldsymbol{A}||\boldsymbol{B}|$，该性质又称为行列式的乘法。

**证明：** 设 $\boldsymbol{A}, \boldsymbol{B}$ 为 $n$ 阶方阵，分为两种情况来讨论。

（1）假设 $\boldsymbol{A}$ 不可逆。此时有 $rank(\boldsymbol{A}) < n$，再结合复合函数的秩的性质，可得：

$$\left.\begin{array}{r} rank(\boldsymbol{AB}) \leqslant min(rank(\boldsymbol{A}), rank(\boldsymbol{B})) \\ rank(\boldsymbol{A}) < n \end{array}\right\} \implies rank(\boldsymbol{AB}) < n$$

所以 $|\boldsymbol{AB}| = 0 = |\boldsymbol{A}||\boldsymbol{B}|$。

（2）假设 $\boldsymbol{A}$ 可逆。根据初等行变换求逆矩阵可知，它的逆矩阵 $\boldsymbol{A}^{-1}$ 可以通过初等行变换变为 $\boldsymbol{I}$（$\boldsymbol{E}_1, \boldsymbol{E}_2, \cdots, \boldsymbol{E}_k$ 都是初等行矩阵）：

$$\boldsymbol{E}_1\boldsymbol{E}_2\cdots\boldsymbol{E}_k\boldsymbol{A}^{-1} = \boldsymbol{I} \implies \boldsymbol{A} = \boldsymbol{E}_1\boldsymbol{E}_2\cdots\boldsymbol{E}_k$$

初等行矩阵有一个特点 $|\boldsymbol{E}_iA| = |\boldsymbol{E}_i||\boldsymbol{A}|$，该结论分情况看一下就知道了：

- $\boldsymbol{E}$ 表示对换变换，那么根据定理 5，有 $|\boldsymbol{EA}| = -|\boldsymbol{A}| = |\boldsymbol{E}||\boldsymbol{A}|$。
- $\boldsymbol{E}$ 表示 $i$ 行乘上 $k$，即为倍乘变换，那么根据定理 4，有 $|\boldsymbol{EA}| = k|\boldsymbol{A}| = |\boldsymbol{E}||\boldsymbol{A}|$。
- $\boldsymbol{E}$ 表示 $i$ 行乘上 $k$ 加到 $k$ 行上，即为倍加变换，那么根据定理 6，有 $|\boldsymbol{EA}| = |\boldsymbol{A}| = |\boldsymbol{E}||\boldsymbol{A}|$。

所以 $|\boldsymbol{A}| = |\boldsymbol{E}_1\boldsymbol{E}_2\cdots\boldsymbol{E}_k| = |\boldsymbol{E}_1||\boldsymbol{E}_2|\cdots|\boldsymbol{E}_k|$，进而有：

$$|\boldsymbol{AB}| = |\boldsymbol{E}_1\boldsymbol{E}_2\cdots\boldsymbol{E}_k\boldsymbol{B}| = |\boldsymbol{E}_1||\boldsymbol{E}_2|\cdots|\boldsymbol{E}_k||\boldsymbol{B}| = |\boldsymbol{A}||\boldsymbol{B}| \qquad \square$$

从矩阵函数的角度来理解定理 8，对于复合函数 $\boldsymbol{ABx} = \boldsymbol{y}$，行列式作为伸缩比例，会依次进行伸缩：

$$\boldsymbol{x} \xrightarrow[\text{伸缩}|\boldsymbol{B}|]{\boldsymbol{B}} \boldsymbol{Bx} \xrightarrow[\text{伸缩}|\boldsymbol{A}|]{\boldsymbol{A}} \boldsymbol{y}$$

所以复合函数 $\boldsymbol{AB}$ 的伸缩比例，是两者的乘积 $|\boldsymbol{AB}| = |\boldsymbol{A}||\boldsymbol{B}|$。

根据定理 8 可以得到一个推论，假设方阵 $\boldsymbol{A}$ 可逆，那么 $|\boldsymbol{AA}^{-1}| = |\boldsymbol{I}| \implies |\boldsymbol{A}^{-1}| = \dfrac{1}{|\boldsymbol{A}|}$。

**例 10.** 已知 $\boldsymbol{A}, \boldsymbol{B}$ 为三阶方阵，有 $|\boldsymbol{A}| = -2, |2\boldsymbol{AB}| = -16$，请求出 $|\boldsymbol{B}|$。

**解：** 因为 $\boldsymbol{A}, \boldsymbol{B}$ 为三阶方阵，根据定理 8 及定理 4 可得：

$$|2\boldsymbol{AB}| = |2\boldsymbol{A}||\boldsymbol{B}| = 2^3|\boldsymbol{A}||\boldsymbol{B}|$$

结合条件 $|\boldsymbol{A}| = -2, \quad |2\boldsymbol{AB}| = -16$，所以可得 $|\boldsymbol{B}| = 1$。

### 6.6.8　三角行列式的计算法

**定理 9.**

$$|\boldsymbol{A}| = \begin{vmatrix} a_{11} & & & \\ a_{21} & a_{22} & & 0 \\ \vdots & \vdots & \ddots & \\ a_{n1} & a_{n2} & \cdots & a_{nn} \end{vmatrix} = a_{11}a_{22}\cdots a_{nn}$$

**证明：** 根据行列式的定义有 $|\boldsymbol{A}| = \sum(-1)^t a_{1p_1}a_{2p_2}\cdots a_{np_n}$。全排列中不为 0 的排列只能为 $(-1)^t a_{11}a_{22}\cdots a_{nn}$，其中 $t=0$，所以 $|\boldsymbol{A}| = a_{11}a_{22}\cdots a_{nn}$。 □

**例 11.** 请算出 $n$ 阶行列式 $|\boldsymbol{A}| = \begin{vmatrix} & & & \lambda_1 \\ & & \lambda_2 & \\ & \cdot^{\cdot^{\cdot}} & & \\ \lambda_n & & & \end{vmatrix}$。

**解：** 将行列式 $|\boldsymbol{A}|$ 的第 $n$ 列和 $n-1$ 列对换，再将 $n-1$ 列和 $n-2$ 列对换，以此类推，经过 $n-1$ 次列对换，可将第 $n$ 列换到第一列，得到如下的行列式：

$$|\boldsymbol{A}_1| = \begin{vmatrix} \lambda_1 & \cdots & 0 & 0 \\ 0 & \cdots & 0 & \lambda_2 \\ 0 & \cdots & \lambda_3 & 0 \\ \vdots & \ddots & \vdots & \vdots \\ 0 & \lambda_n & 0 & \cdots \end{vmatrix}$$

根据定理 5，每对换一次，正负号都会发生改变，这里对换了 $n-1$ 次，所以 $|\boldsymbol{A}_1|=(-1)^{n-1}|\boldsymbol{A}|$。

按上面的方法，将 $|\boldsymbol{A}_1|$ 进行 $n-2$ 次对换，将第 $n$ 列换到第二列；再进行 $n-3$ 次对换，将第 $n$ 列换到第三列，反复进行，最终得到如下行列式，并且根据定理 9 可算出：

$$|\boldsymbol{A}_{n-1}| = \begin{vmatrix} \lambda_1 & & & \\ & \lambda_2 & & \\ & & \ddots & \\ & & & \lambda_n \end{vmatrix} = \lambda_1\lambda_2\cdots\lambda_n$$

$|\boldsymbol{A}_{n-1}|$ 是 $|\boldsymbol{A}|$ 发生 $(n-1)+(n-2)+\cdots+1 = \frac{1}{2}n(n-1)$ 次列对换得到的，所以：

$$|\boldsymbol{A}| = (-1)^{\frac{1}{2}n(n-1)}|\boldsymbol{A}_{n-1}| = (-1)^{\frac{1}{2}n(n-1)}\lambda_1\lambda_2\cdots\lambda_n$$

### 6.6.9 三角分块行列式的计算法

**定理 10.** 设有分块矩阵 $\boldsymbol{A} = \begin{pmatrix} \boldsymbol{B} & \boldsymbol{O} \\ \boldsymbol{C} & \boldsymbol{D} \end{pmatrix}$，则有 $|\boldsymbol{A}| = |\boldsymbol{B}||\boldsymbol{D}|$。

**证明：** 设

$$|\boldsymbol{A}| = \left|\begin{array}{ccc|ccc} a_{11} & \cdots & a_{1k} & & & \\ \vdots & \ddots & \vdots & & 0 & \\ a_{k1} & \cdots & a_{kk} & & & \\ \hline c_{11} & \cdots & c_{1k} & b_{11} & \cdots & b_{1n} \\ \vdots & \ddots & \vdots & \vdots & \ddots & \vdots \\ c_{n1} & \cdots & c_{nk} & b_{n1} & \cdots & b_{nn} \end{array}\right|$$

则：

$$|\boldsymbol{B}|=\begin{vmatrix}a_{11}&\cdots&a_{1k}\\\vdots&\ddots&\vdots\\a_{k1}&\cdots&a_{kk}\end{vmatrix},\quad |\boldsymbol{D}|=\begin{vmatrix}b_{11}&\cdots&b_{1n}\\\vdots&\ddots&\vdots\\b_{n1}&\cdots&b_{nn}\end{vmatrix}$$

通过行列式的倍加，对行进行操作（相当于初等行变换中的倍加变换），可以将 $|\boldsymbol{B}|$ 化作：

$$|\boldsymbol{B}|=\begin{vmatrix}p_{11}&&0\\\vdots&\ddots&\\p_{k1}&\cdots&p_{kk}\end{vmatrix}=p_{11}p_{22}\cdots p_{nn}$$

再通过行列式的倍加，对列进行操作（相当于初等列变换中的倍加变换），可以把 $|\boldsymbol{D}|$ 化作：

$$|\boldsymbol{D}|=\begin{vmatrix}q_{11}&&0\\\vdots&\ddots&\\q_{n1}&\cdots&q_{nn}\end{vmatrix}=q_{11}q_{22}\cdots q_{nn}$$

将上面的行操作运用到 $|\boldsymbol{A}|$ 的前 $k$ 行，列操作运用到 $|\boldsymbol{A}|$ 的后 $n$ 列，可得：

$$|\boldsymbol{A}|=\left|\begin{array}{ccc|ccc}p_{11}&&&&&\\\vdots&\ddots&&&0&\\p_{k1}&\cdots&p_{kk}&&&\\\hline c_{11}&\cdots&c_{1k}&q_{11}&&\\\vdots&\ddots&\vdots&\vdots&\ddots&\\c_{n1}&\cdots&c_{nk}&q_{n1}&\cdots&q_{nn}\end{array}\right|$$

所以根据定理 9，有 $|\boldsymbol{A}|=p_{11}p_{22}\cdots p_{kk}q_{11}q_{22}\cdots q_{nn}=|\boldsymbol{B}||\boldsymbol{D}|$ □

定理 9 和定理 10 类似，只是一个作用在普通行列式上，一个作用在分块矩阵上。

### 6.6.10 拉普拉斯展开

**定理 11.** $n$ 阶方阵 $\boldsymbol{A}=(a_{ij})$ 的行列式，可以表示成关于该方阵 $\boldsymbol{A}$ 的某一行的各元素与其对应的代数余子式乘积之和，即：

$$|\boldsymbol{A}|=a_{i1}A_{i1}+a_{i2}A_{i2}+\cdots+a_{in}A_{in}\quad(i=1,2,\cdots,n)$$

或表示成关于该方阵 $\boldsymbol{A}$ 的某一列的各元素与其对应的代数余子式乘积之和：

$$|\boldsymbol{A}|=a_{1j}A_{1j}+a_{2j}A_{2j}+\cdots+a_{nj}A_{nj}\quad(j=1,2,\cdots,n)$$

这种计算行列式的方法称为拉普拉斯展开。

**证明：**（1）从最简单的情况说起，如果 $|\boldsymbol{A}|$ 如下：

$$|\boldsymbol{A}| = \begin{vmatrix} a_{11} & 0 & \cdots & 0 \\ a_{21} & a_{22} & \cdots & a_{2n} \\ \vdots & \vdots & \ddots & \vdots \\ a_{n1} & a_{n2} & \cdots & a_{nn} \end{vmatrix}$$

根据定理 10，有（用 $M_{ij}$ 表示余子式，$A_{ij}$ 表示代数余子式）$|\boldsymbol{A}| = a_{11}M_{11}$。因为 $A_{11} = (-1)^{1+1}M_{11} = M_{11}$，所以 $|\boldsymbol{A}| = a_{11}A_{11}$。

（2）再来看看下面这种情况，如果 $|\boldsymbol{A}|$ 如下，第 $i$ 行除 $a_{ij}$ 外的元素都为 0：

$$|\boldsymbol{A}| = \begin{vmatrix} a_{11} & \cdots & a_{1j} & \cdots & a_{1n} \\ \vdots & \ddots & \vdots & \ddots & \vdots \\ 0 & \cdots & a_{ij} & \cdots & 0 \\ \vdots & \ddots & \vdots & \ddots & \vdots \\ a_{n1} & \cdots & a_{nj} & \cdots & a_{nn} \end{vmatrix}$$

可以通过把 $|\boldsymbol{A}|$ 的第 $i$ 行依次与 $i-1$ 行、$i-2$ 行、$\cdots$、第 1 行对换，对换次数为 $i-1$，使得 $a_{ij} \to a_{1j}$；再把 $j$ 列依次与 $j-1$ 列、$j-2$ 列、$\cdots$、第 1 列对换，对换次数为 $j-1$，使得 $a_{ij} \to a_{11}$。此时的行列式值为：

$$|\boldsymbol{A}_1| = a_{11}M_{11}$$

根据定理 5，每次对换都会变号，所以总的变号为 $(-1)^{(i-1)+(j-1)} = (-1)^{i+j}$，从而：

$$|\boldsymbol{A}| = (-1)^{i+j}|\boldsymbol{A}_1| = (-1)^{i+j}a_{11}M_{11} = a_{ij}Aij$$

（3）最后来看看一般的情况，根据（1）（2）的结论，以及定理 7 可得：

$$|\boldsymbol{A}| = \begin{vmatrix} a_{11} & \cdots & a_{1j} & \cdots & a_{1n} \\ \vdots & \ddots & \vdots & \ddots & \vdots \\ a_{i1} & \cdots & a_{ij} & \cdots & a_{in} \\ \vdots & \ddots & \vdots & \ddots & \vdots \\ a_{n1} & \cdots & a_{nj} & \cdots & a_{nn} \end{vmatrix}$$

$$= \begin{vmatrix} a_{11} & \cdots & a_{1j} & \cdots & a_{1n} \\ \vdots & \ddots & \vdots & \ddots & \vdots \\ (a_{i1}+0+\cdots+0) & \cdots & (0+\cdots+a_{ij}+\cdots+0) & \cdots & (0+\cdots+0+a_{in}) \\ \vdots & \ddots & \vdots & \ddots & \vdots \\ a_{n1} & \cdots & a_{nj} & \cdots & a_{nn} \end{vmatrix}$$

$$
= \begin{vmatrix} a_{11} & \cdots & a_{1n} \\ \vdots & \ddots & \vdots \\ a_{i1} & \cdots & 0 \\ \vdots & \ddots & \vdots \\ a_{n1} & \cdots & a_{nn} \end{vmatrix} + \cdots + \begin{vmatrix} a_{11} & \cdots & a_{1j} & \cdots & a_{1n} \\ \vdots & \ddots & \vdots & \ddots & \vdots \\ 0 & \cdots & a_{ij} & \cdots & 0 \\ \vdots & \ddots & \vdots & \ddots & \vdots \\ a_{n1} & \cdots & a_{nj} & \cdots & a_{nn} \end{vmatrix} + \cdots + \begin{vmatrix} a_{11} & \cdots & a_{1n} \\ \vdots & \ddots & \vdots \\ 0 & \cdots & a_{in} \\ \vdots & \ddots & \vdots \\ a_{n1} & \cdots & a_{nn} \end{vmatrix}
$$

$$
= a_{i1}A_{i1} + \cdots + a_{ij}A_{ij} + \cdots + a_{in}A_{in}
$$

□

之前介绍过的三阶行列式的运算方法其实就是按照第一列进行了拉普拉斯展开：

$$
\begin{vmatrix} a_{11} & a_{12} & a_{13} \\ a_{21} & a_{22} & a_{23} \\ a_{31} & a_{32} & a_{33} \end{vmatrix} = a_{11} \begin{vmatrix} a_{22} & a_{23} \\ a_{32} & a_{33} \end{vmatrix} - a_{21} \begin{vmatrix} a_{12} & a_{13} \\ a_{32} & a_{33} \end{vmatrix} + a_{31} \begin{vmatrix} a_{12} & a_{13} \\ a_{22} & a_{23} \end{vmatrix}
$$

**例 12.** 已知 $|\boldsymbol{A}| = \begin{vmatrix} a & 0 & b \\ -b & 0 & a \\ 1 & 1 & -1 \end{vmatrix}$，请问 $a, b$ 取何值时 $|\boldsymbol{A}| = 0$?

**解：** 按第二列进行拉普拉斯展开，有：

$$
|\boldsymbol{A}| = (-1)^{3+2} \cdot 1 \cdot \begin{vmatrix} a & b \\ -b & a \end{vmatrix} = -a^2 - b^2
$$

所以当 $-a^2 - b^2 = 0$，即 $a = 0, b = 0$ 时有 $|\boldsymbol{A}| = 0$。 □

**例 13.** 已知 $|\boldsymbol{A}| = \begin{vmatrix} 1 & 2 & -3 & 6 \\ 2 & -2 & 2 & -2 \\ 2 & 1 & 0 & 7 \\ 3 & 4 & 1 & 8 \end{vmatrix}$，请求出 $M_{41} + M_{42} + M_{43} + M_{44}$。

**解：** 根据代数余子式的定义，可以做如下变换：

$$
M_{41} + M_{42} + M_{43} + M_{44} = -A_{41} + A_{42} - A_{43} + A_{44}
$$

将 $|\boldsymbol{A}|$ 按照第四行进行拉普拉斯展开，可得：

$$
|\boldsymbol{A}| = \begin{vmatrix} 1 & 2 & -3 & 6 \\ 2 & -2 & 2 & -2 \\ 2 & 1 & 0 & 7 \\ 3 & 4 & 1 & 8 \end{vmatrix} = 3 \cdot A_{41} + 4 \cdot A_{42} + 1 \cdot A_{43} + 8 \cdot A_{44}
$$

将系数替换后，实际上求的是另外一个行列式的值：

$$-A_{41}+A_{42}-A_{43}+A_{44}=\begin{vmatrix}1 & 2 & -3 & 6\\ 2 & -2 & 2 & -2\\ 2 & 1 & 0 & 7\\ -1 & 1 & -1 & 1\end{vmatrix}$$

可以看出第二行与第四行成比例，所以根据定理 3 的推论可知 $M_{41}+M_{42}+M_{43}+M_{44}=0$。

### 6.6.11 拉普拉斯展开的推论

**定理 12.** 对于 $n$ 阶方阵 $\boldsymbol{A}=(a_{ij})$，有 $a_{j1}A_{i1}+a_{j2}A_{i2}+\cdots+a_{jn}A_{in}=0,(i\neq j)$。

**证明：** 将 $\boldsymbol{A}$ 按照第 $i$ 行进行拉普拉斯展开，得到：

$$|\boldsymbol{A}|=\begin{vmatrix}a_{11} & a_{12} & \cdots & a_{1n}\\ \vdots & \vdots & \ddots & \vdots\\ a_{i1} & a_{i2} & \cdots & a_{in}\\ \vdots & \vdots & \ddots & \vdots\\ a_{j1} & a_{j2} & \cdots & a_{jn}\\ \vdots & \vdots & \ddots & \vdots\\ a_{n1} & a_{n2} & \cdots & a_{nn}\end{vmatrix}=a_{i1}A_{i1}+a_{i2}A_{i2}+\cdots+a_{in}A_{in}$$

如果像下面这样改变展开式的系数，那么相当于将 $|\boldsymbol{A}|$ 中的第 $i$ 行进行了改变，得到新的行列式 $|\boldsymbol{B}|$：

$$a_{j1}A_{i1}+a_{j2}A_{i2}+\cdots+a_{jn}A_{in}=\begin{vmatrix}a_{11} & a_{12} & \cdots & a_{1n}\\ \vdots & \vdots & \ddots & \vdots\\ a_{j1} & a_{j2} & \cdots & a_{jn}\\ \vdots & \vdots & \ddots & \vdots\\ a_{j1} & a_{j2} & \cdots & a_{jn}\\ \vdots & \vdots & \ddots & \vdots\\ a_{n1} & a_{n2} & \cdots & a_{nn}\end{vmatrix}=|\boldsymbol{B}|$$

可看到，$|\boldsymbol{B}|$ 的第 $i$ 行和第 $j$ 行是相同的，所以根据定理 3 的推论可知：

$$|\boldsymbol{B}|=0=a_{j1}A_{i1}+a_{j2}A_{i2}+\cdots+a_{jn}A_{in}$$

□

**例 14.** 已知 $\boldsymbol{A}=\begin{pmatrix}1 & 6 & 2\\ 2 & 0 & 1\\ 2 & 2 & 2\end{pmatrix}$，请求出 $A_{11}+A_{12}+A_{13}$。

**解：** 变形后，有：

$$A_{11}+A_{12}+A_{13}=\frac{1}{2}(2A_{11}+2A_{12}+2A_{13})=\frac{1}{2}(a_{31}A_{11}+a_{32}A_{12}+a_{33}A_{13}),$$

根据定理 12 可知，$(a_{31}A_{11}+a_{32}A_{12}+a_{33}A_{13})=0$，所以 $A_{11}+A_{12}+A_{13}=0$。

## 6.7 克拉默法则

本章一开始就介绍了克拉默法则，本节来详细研究该法则，先给出它的严格形式。

**定理 13.** 有 $n$ 个未知数、$n$ 个方程所组成的线性方程组，它的系数矩阵是 $n$ 阶方阵 $\boldsymbol{A}$。如果对应的行列式 $|\boldsymbol{A}|$ 不等于 0，即：

$$|\boldsymbol{A}|=\begin{vmatrix}a_{11}&\cdots&a_{1n}\\\vdots&\ddots&\vdots\\a_{n1}&\cdots&a_{nn}\end{vmatrix}\neq 0$$

则方程组有唯一解，并且解为：

$$x_1=\frac{|\boldsymbol{A}_1|}{|\boldsymbol{A}|},\quad x_2=\frac{|\boldsymbol{A}_2|}{|\boldsymbol{A}|},\quad\cdots,\quad x_n=\frac{|\boldsymbol{A}_n|}{|\boldsymbol{A}|}$$

其中 $\boldsymbol{A}_j(j=1,2,\cdots,n)$ 是把系数矩阵 $\boldsymbol{A}$ 中第 $j$ 列的元素用方程组右端的常数项代替后所得到的 $n$ 阶矩阵，即：

$$\boldsymbol{A}_j=\begin{pmatrix}a_{11}&\cdots&a_{1,j-1}&b_1&a_{1,j+1}&\cdots&a_{1n}\\\vdots&\ddots&\vdots&\vdots&\vdots&\ddots&\vdots\\a_{n1}&\cdots&a_{n,j-1}&b_n&a_{n,j+1}&\cdots&a_{nn}\end{pmatrix}$$

这就是克拉默法则（Cramer's Rule），也称为克莱姆法则。

**证明：**（1）假设 $n$ 元线性方程组的系数矩阵对应的行列式为：

$$|\boldsymbol{A}|=\begin{vmatrix}a_{11}&a_{12}&\cdots&a_{1n}\\a_{21}&a_{22}&\cdots&a_{2n}\\\vdots&\vdots&\ddots&\vdots\\a_{n1}&a_{n2}&\cdots&a_{nn}\end{vmatrix}$$

根据定理 3 有 $|\boldsymbol{A}|\neq 0\implies\boldsymbol{A}$满秩，因为满秩矩阵有且只有一个解，所以此时该线性方程组有唯一解。

（2）当 $|\boldsymbol{A}|\neq 0$ 时，可推出 $x_1=\dfrac{x_1|\boldsymbol{A}|}{|\boldsymbol{A}|}$。下面来计算 $x_1|\boldsymbol{A}|$，根据定理 4，行列式的数乘有：

$$x_1|\boldsymbol{A}| = \begin{vmatrix} x_1a_{11} & a_{12} & \cdots & a_{1n} \\ x_1a_{21} & a_{22} & \cdots & a_{2n} \\ \vdots & \vdots & \ddots & \vdots \\ x_1a_{n1} & a_{n2} & \cdots & a_{nn} \end{vmatrix}$$

将第二列乘以 $x_2$ 加到第一列，第三列乘以 $x_3$ 加到第一列，总之就是将第 $i$ 列乘以 $x_i$ 加到第一列。根据定理 6，行列式的倍加不会改变行列式的值，所以最后得到：

$$x_1|\boldsymbol{A}| = \begin{vmatrix} x_1a_{11}+x_2a_{12}+\cdots+x_na_{1n} & a_{12} & \cdots & a_{1n} \\ x_1a_{21}+x_2a_{22}+\cdots+x_na_{2n} & a_{22} & \cdots & a_{2n} \\ \vdots & \vdots & \ddots & \vdots \\ x_1a_{n1}+x_2a_{n2}+\cdots+x_na_{nn} & a_{n2} & \cdots & a_{nn} \end{vmatrix} = \begin{vmatrix} b_1 & a_{12} & \cdots & a_{1n} \\ b_2 & a_{22} & \cdots & a_{2n} \\ \vdots & \vdots & \ddots & \vdots \\ b_n & a_{n2} & \cdots & a_{nn} \end{vmatrix} = |\boldsymbol{A}_1|$$

因此可得 $x_1 = \dfrac{x_1|\boldsymbol{A}|}{|\boldsymbol{A}|} = \dfrac{|\boldsymbol{A}_1|}{|\boldsymbol{A}|}$。同理可证 $x_j = \dfrac{|\boldsymbol{A}_j|}{|\boldsymbol{A}|}$。 □

**例 15.** 请求解线性方程组 $\begin{cases} x_1 - x_2 - x_3 = 2 \\ 2x_1 - x_2 - 3x_3 = 1 \\ 3x_1 + 2x_2 - 5x_3 = 0 \end{cases}$。

**解：** 该线性方程组的系数矩阵的行列式 $|\boldsymbol{A}| = \begin{vmatrix} 1 & -1 & -1 \\ 2 & -1 & -3 \\ 3 & 2 & -5 \end{vmatrix} = 3$，不为 0，根据克拉默法则，它有唯一解。分别求出：

$$|\boldsymbol{A}_1| = \begin{vmatrix} 2 & -1 & -1 \\ 1 & -1 & -3 \\ 0 & 2 & -5 \end{vmatrix} = 15, \quad |\boldsymbol{A}_2| = \begin{vmatrix} 1 & 2 & -1 \\ 2 & 1 & -3 \\ 3 & 0 & -5 \end{vmatrix} = 0, \quad |\boldsymbol{A}_3| = \begin{vmatrix} 1 & -1 & 2 \\ 2 & -1 & 1 \\ 3 & 2 & 0 \end{vmatrix} = 9$$

所以唯一解为 $x_1 = \dfrac{|\boldsymbol{A}_1|}{|\boldsymbol{A}|} = 5, x_2 = \dfrac{|\boldsymbol{A}_2|}{|\boldsymbol{A}|} = 0, x_3 = \dfrac{|\boldsymbol{A}_3|}{|\boldsymbol{A}|} = 3$。

还可以通过几何来证明二元一次线性方程组的克拉默法则。比如有 $\begin{cases} a_{11}x_1 + a_{12}x_2 = b_1 \\ a_{21}x_1 + a_{22}x_2 = b_2 \end{cases}$，该线性方程组可以写作向量的形式：

$$x_1\begin{pmatrix} a_{11} \\ a_{21} \end{pmatrix} + x_2\begin{pmatrix} a_{12} \\ a_{22} \end{pmatrix} = \begin{pmatrix} b_1 \\ b_2 \end{pmatrix}$$

这里涉及 5 个向量，分别是：

$$\begin{pmatrix} a_{11} \\ a_{21} \end{pmatrix}, \quad \begin{pmatrix} a_{12} \\ a_{22} \end{pmatrix}, \quad x_1\begin{pmatrix} a_{11} \\ a_{21} \end{pmatrix}, \quad x_2\begin{pmatrix} a_{12} \\ a_{22} \end{pmatrix}, \quad \begin{pmatrix} b_1 \\ b_2 \end{pmatrix}$$

如果 $\begin{pmatrix}a_{11}\\a_{21}\end{pmatrix}$ 和 $\begin{pmatrix}a_{12}\\a_{22}\end{pmatrix}$ 不在一条直线上的话，那么根据向量、向量数乘及向量加法的几何意义，可知这 5 个向量会围成图 6.57 所示的平行四边形。

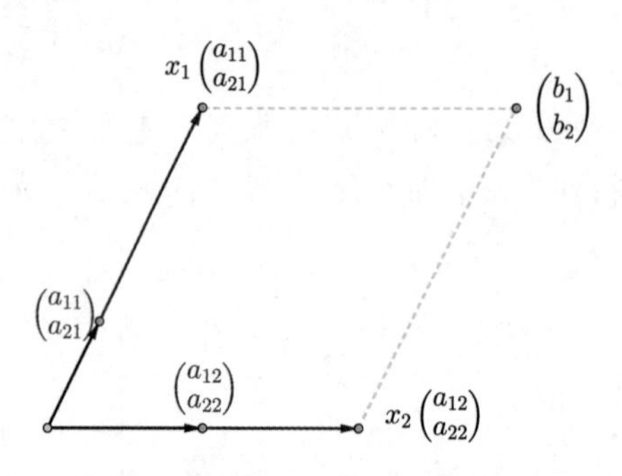


图 6.57: 5 个向量围成的平行四边形

利用这些向量可以构造出两个同底等高的平行四边形，在图 6.58 中用阴影表示。

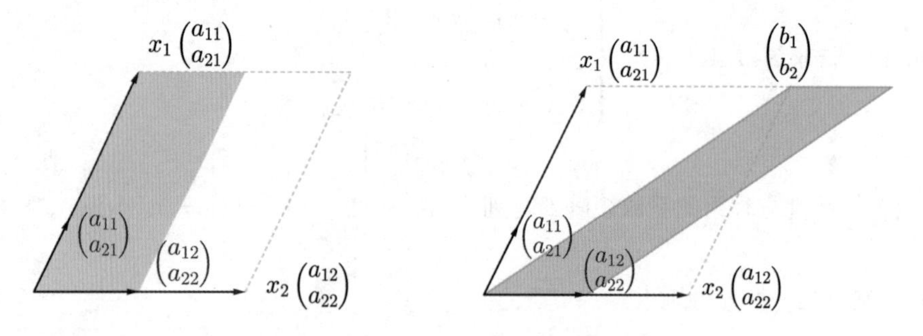


图 6.58: 两个同底等高的平行四边形

图 6.58 中左边的平行四边形由向量 $x_1\begin{pmatrix}a_{11}\\a_{21}\end{pmatrix}$ 和 $\begin{pmatrix}a_{12}\\a_{22}\end{pmatrix}$ 围成，右边的平行四边形由向量 $\begin{pmatrix}b_1\\b_2\end{pmatrix}$ 和 $\begin{pmatrix}a_{12}\\a_{22}\end{pmatrix}$ 围成。因为这两个平行四边形同底等高，所以面积相等。根据二阶行列式的几何意义，也就是下列两个二阶行列式相等：

$$\begin{vmatrix}b_1 & a_{12}\\b_2 & a_{22}\end{vmatrix}=\begin{vmatrix}a_{11}x_1 & a_{12}\\a_{21}x_1 & a_{22}\end{vmatrix}=x_1\begin{vmatrix}a_{11} & a_{12}\\a_{21} & a_{22}\end{vmatrix}$$

所以有（也就是克拉默法则）：

$$x_1=\frac{x_1\begin{vmatrix}a_{11} & a_{12}\\a_{21} & a_{22}\end{vmatrix}}{\begin{vmatrix}a_{11} & a_{12}\\a_{21} & a_{22}\end{vmatrix}}=\frac{\begin{vmatrix}b_1 & a_{12}\\b_2 & a_{22}\end{vmatrix}}{\begin{vmatrix}a_{11} & a_{12}\\a_{21} & a_{22}\end{vmatrix}}$$

# 6.8 行列式的应用

本节来学习几个行列式的应用，比如求解多项式、求解逆矩阵等。

## 6.8.1 范德蒙行列式

通过求解线性方程组还可解决多项式的插值问题。比如已知图 6.59 中所示的 3 个点，想找到一根穿过它们的曲线。

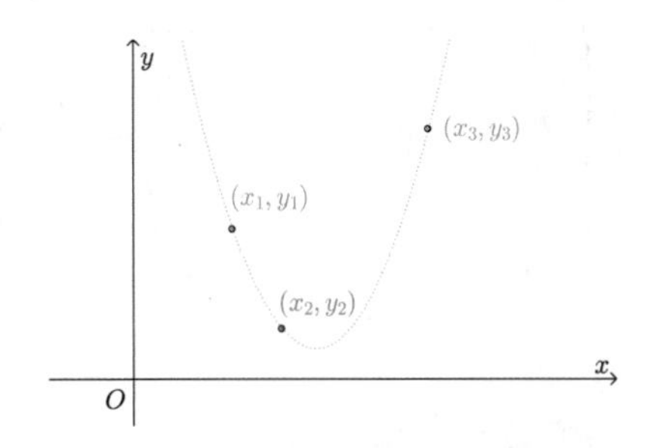


图 6.59: 过 3 个点的曲线

可以合理假设，该曲线为二次多项式 $y = a_0 + a_1x + a_2x^2$，借助已知的 3 个点，就可以通过下列线性方程组来解出其中的 3 个未知数 $a_0, a_1, a_2$：

$$\begin{cases} y_1 = a_0 + a_1x_1 + a_2x_1^2 \\ y_2 = a_0 + a_1x_2 + a_2x_2^2 \\ y_3 = a_0 + a_1x_3 + a_2x_3^2 \end{cases}$$

上述线性方程组的系数矩阵为（注意这里的未知数不是 $x$，是 $a_0, a_1, a_2$）：

$$\boldsymbol{A} = \begin{pmatrix} 1 & x_1 & x_1^2 \\ 1 & x_2 & x_2^2 \\ 1 & x_3 & x_3^2 \end{pmatrix}$$

更一般地，如果知道 $n$ 个点 $(x_1, y_1), (x_2, y_2), \cdots, (x_n, y_n)$，那么可假设曲线为 $n-1$ 次多项式 $y = a_0 + a_1x + \cdots + a_{n-1}x^{n-1}$，然后在这已知的 $n$ 个点的帮助下，通过求解下列线性方程组来得到其中的未知数 $a_0, a_1, \cdots, a_{n-1}$：

$$\begin{cases} y_1 = a_0 + a_1x_1 + \cdots + a_{n-1}x_1^{n-1} \\ y_2 = a_0 + a_1x_2 + \cdots + a_{n-1}x_2^{n-1} \\ \qquad\qquad\vdots \\ y_n = a_0 + a_1x_n + \cdots + a_{n-1}x_n^{n-1} \end{cases}$$

上述线性方程组的系数矩阵为：

$$A=\begin{pmatrix}1 & x_1 & x_1^2 & \cdots & x_1^{n-1}\\ 1 & x_2 & x_2^2 & \cdots & x_2^{n-1}\\ \vdots & \vdots & \vdots & \ddots & \vdots\\ 1 & x_n & x_n^2 & \cdots & x_n^{n-1}\end{pmatrix}$$

该矩阵被称为范德蒙矩阵，国内的教材把它的转置称为范德蒙矩阵，所以本书也按照国内的教材来定义。

**定义 9.** 以下矩阵被称为范德蒙矩阵：

$$A=\begin{pmatrix}1 & 1 & 1 & \cdots & 1\\ x_1 & x_2 & x_3 & \cdots & x_n\\ x_1^2 & x_2^2 & x_3^2 & \cdots & x_n^2\\ \vdots & \vdots & \vdots & \ddots & \vdots\\ x_1^{n-1} & x_2^{n-1} & x_3^{n-1} & \cdots & x_n^{n-1}\end{pmatrix}$$

对应的行列式就是范德蒙行列式：

$$|A|=\begin{vmatrix}1 & 1 & 1 & \cdots & 1\\ x_1 & x_2 & x_3 & \cdots & x_n\\ x_1^2 & x_2^2 & x_3^2 & \cdots & x_n^2\\ \vdots & \vdots & \vdots & \ddots & \vdots\\ x_1^{n-1} & x_2^{n-1} & x_3^{n-1} & \cdots & x_n^{n-1}\end{vmatrix}$$

可以证明范德蒙行列式的值为：

$$|A|=\begin{vmatrix}1 & 1 & 1 & \cdots & 1\\ x_1 & x_2 & x_3 & \cdots & x_n\\ x_1^2 & x_2^2 & x_3^2 & \cdots & x_n^2\\ \vdots & \vdots & \vdots & \ddots & \vdots\\ x_1^{n-1} & x_2^{n-1} & x_3^{n-1} & \cdots & x_n^{n-1}\end{vmatrix}=\prod_{1\leqslant j<i\leqslant n}(x_i-x_j)$$

其中 $\prod\limits_{1\leqslant j<i\leqslant n}(x_i-x_j)$ 代表连乘。

**证明：** 我们用数学归纳法来证明下式：

$$|A_n|=\begin{vmatrix}1 & 1 & 1 & \cdots & 1\\ x_1 & x_2 & x_3 & \cdots & x_n\\ x_1^2 & x_2^2 & x_3^2 & \cdots & x_n^2\\ \vdots & \vdots & \vdots & \ddots & \vdots\\ x_1^{n-2} & x_2^{n-2} & x_3^{n-2} & \cdots & x_n^{n-2}\\ x_1^{n-1} & x_2^{n-1} & x_3^{n-1} & \cdots & x_n^{n-1}\end{vmatrix}=\prod_{1\leqslant j<i\leqslant n}(x_i-x_j) \qquad (1)$$

（1）$n=2$ 时，$|\boldsymbol{A}_2|=\begin{vmatrix}1 & 1\\ x_1 & x_2\end{vmatrix}=x_2-x_1$，所以 (1) 式成立。

（2）现在假设 (1) 式对于 $n-1$ 阶时成立，要证 (1) 式对 $n$ 阶也成立。从最后一行开始，后行减去前行的 $x_1$ 倍，一直算到第二行。根据行列式的倍加，这样得到的行列式的值保持不变，即有：

$$|\boldsymbol{A}_n|=\begin{vmatrix}1 & 1 & \cdots & 1\\ 0 & x_2-x_1 & \cdots & x_n-x_1\\ \cdots & \cdots & \ddots & \cdots\\ 0 & x_2^{n-2}(x_2-x_1) & \cdots & x_n^{n-2}(x_n-x_1)\end{vmatrix}$$

按照第一列展开，并把每列的公因子 $(x_i-x_1)$ 提出来，就有：

$$|\boldsymbol{A}_n|=(x_2-x_1)(x_3-x_1)\cdots(x_n-x_1)\begin{vmatrix}1 & 1 & \cdots & 1\\ x_2 & x_3 & \cdots & x_n\\ \vdots & \vdots & \ddots & \vdots\\ x_2^{n-2} & x_3^{n-2} & \cdots & x_n^{n-2}\end{vmatrix}$$

上式中的行列式是 $n-1$ 阶范德蒙行列式，按归纳法假设，它等于所有 $(x_i-x_j)$ 因子的乘积，因此有：

$$|\boldsymbol{A}_n|=(x_2-x_1)(x_3-x_1)\cdots(x_n-x_1)\prod_{2\leqslant j<i\leqslant n}(x_i-x_j)=\prod_{1\leqslant j<i\leqslant n}(x_i-x_j)$$

也就是证得 (1) 式成立。 □

**例 16.** 已知图 6.60 中所示的这 3 个点，求穿过它们的曲线的多项式函数。

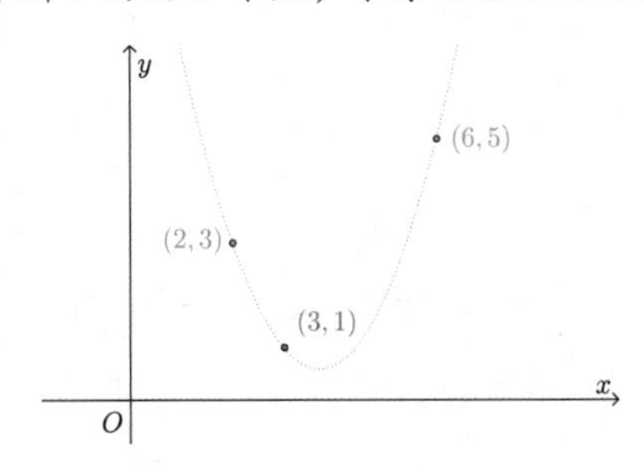


图 6.60: 求过这 3 个点的曲线的多项式函数

**解：** 假设该曲线是一个二次多项式 $y=a_0+a_1x+a_2x^2$，结合 3 个点的坐标，可以列出线性方程组：

$$\begin{cases}3=a_0+2a_1+4a_2\\ 1=a_0+3a_1+9a_2\\ 5=a_0+6a_1+36a_2\end{cases}$$

其系数矩阵的行列式 $|\boldsymbol{A}|=\begin{vmatrix}1&2&4\\1&3&9\\1&6&36\end{vmatrix}$ 的转置行列式为范德蒙行列式，进而可算出值为：

$$|\boldsymbol{A}|=|\boldsymbol{A}^{\mathrm{T}}|=\begin{vmatrix}1&1&1\\2&3&6\\4&9&36\end{vmatrix}=\begin{vmatrix}1&1&1\\2&3&6\\2^2&3^2&6^2\end{vmatrix}=(6-3)(6-2)(3-2)=12$$

根据克拉默法则可知，$|\boldsymbol{A}|\neq 0$，所以有唯一解，分别算出：

$$|\boldsymbol{A}_1|=\begin{vmatrix}3&2&4\\1&3&9\\5&6&36\end{vmatrix}=144,\quad |\boldsymbol{A}_2|=\begin{vmatrix}1&3&4\\1&1&9\\1&5&36\end{vmatrix}=-74,\quad |\boldsymbol{A}_3|=\begin{vmatrix}1&2&3\\1&3&1\\1&6&5\end{vmatrix}=10$$

所以 $a_0=\dfrac{|\boldsymbol{A}_1|}{|\boldsymbol{A}|}=12, a_1=\dfrac{|\boldsymbol{A}_2|}{|\boldsymbol{A}|}=-\dfrac{37}{6}, a_2=\dfrac{|\boldsymbol{A}_3|}{|\boldsymbol{A}|}=\dfrac{5}{6}$，所以该曲线为 $12-\dfrac{37}{6}x+\dfrac{5}{6}x^2=y$。

### 6.8.2 伴随矩阵与逆矩阵

**定义 10.** 由 $|\boldsymbol{A}|$ 的代数余子式 $A_{ij}$ 所构成的矩阵 $\boldsymbol{C}$，称为 $\boldsymbol{A}$ 的代数余子式矩阵；其转置称为 $\boldsymbol{A}$ 的伴随矩阵，记作 $\boldsymbol{A}^*$：

$$\boldsymbol{C}=\begin{pmatrix}A_{11}&A_{12}&\cdots&A_{1n}\\A_{21}&A_{22}&\cdots&A_{2n}\\\vdots&\vdots&\ddots&\vdots\\A_{n1}&A_{n2}&\cdots&A_{nn}\end{pmatrix},\quad \boldsymbol{A}^*=\boldsymbol{C}^{\mathrm{T}}=\begin{pmatrix}A_{11}&A_{21}&\cdots&A_{n1}\\A_{12}&A_{22}&\cdots&A_{n2}\\\vdots&\vdots&\ddots&\vdots\\A_{1n}&A_{2n}&\cdots&A_{nn}\end{pmatrix}$$

根据可逆和行列式的关系可知，若 $|\boldsymbol{A}|\neq 0$，则矩阵 $\boldsymbol{A}$ 可逆。可证明此时有 $\boldsymbol{A}^{-1}=\dfrac{1}{|\boldsymbol{A}|}\boldsymbol{A}^*$。

**证明：** 设 $\boldsymbol{A}=(a_{ij})$，记 $\boldsymbol{A}\boldsymbol{A}^*=(b_{ij})$，根据矩阵乘法的点积观点，可知 $b_{ij}$ 是 $\boldsymbol{A}$ 的 $i$ 行和 $\boldsymbol{A}^*$ 的 $j$ 列点积的结果，其中 $\boldsymbol{A}$ 的 $i$ 行为行向量 $(a_{i1},a_{i2},\cdots,a_{in})$，$\boldsymbol{A}^*$ 的 $j$ 列为列向量 $\begin{pmatrix}A_{j1}\\A_{j2}\\\vdots\\A_{jn}\end{pmatrix}$，所以 $b_{ij}=a_{i1}A_{j1}+a_{i2}A_{j2}+\cdots+a_{in}A_{jn}$。根据拉普拉斯展开以及推论可知：

$$b_{ij}=a_{i1}\boldsymbol{A}_{j1}+\cdots+a_{in}\boldsymbol{A}_{jn}=\begin{cases}|\boldsymbol{A}|, & i=j\\0, & i\neq j\end{cases}$$

所以，结合矩阵数乘可得：

$$\boldsymbol{A}\boldsymbol{A}^* = \begin{pmatrix} |\boldsymbol{A}| & 0 & \cdots & 0 \\ 0 & |\boldsymbol{A}| & \cdots & 0 \\ \vdots & \vdots & \ddots & \vdots \\ 0 & 0 & \cdots & |\boldsymbol{A}| \end{pmatrix} = |\boldsymbol{A}|\boldsymbol{I}$$

因为 $|\boldsymbol{A}| \neq 0$，所以 $\dfrac{1}{|\boldsymbol{A}|}\boldsymbol{A}^*\boldsymbol{A} = \boldsymbol{I}$。根据逆矩阵的定义可得 $\boldsymbol{A}^{-1} = \dfrac{1}{|\boldsymbol{A}|}\boldsymbol{A}^*$。 □

**例 17.** 已知 $\boldsymbol{A} = \begin{pmatrix} 3 & 0 & 2 \\ 2 & 0 & -2 \\ 0 & 1 & 1 \end{pmatrix}$，请求出 $\boldsymbol{A}^{-1}$。

**证明：** 算出代数余子式 $\boldsymbol{A}_{ij}$，得到代数余子式矩阵：

$$\boldsymbol{C} = \begin{pmatrix} A_{11} & A_{12} & A_{13} \\ A_{21} & A_{22} & A_{23} \\ A_{31} & A_{32} & A_{33} \end{pmatrix} = \begin{pmatrix} 2 & -2 & 2 \\ 2 & 3 & -3 \\ 0 & 10 & 0 \end{pmatrix}$$

转置后得到伴随矩阵：

$$\boldsymbol{A}^* = \boldsymbol{C}^{\mathrm{T}} = \begin{pmatrix} A_{11} & A_{21} & A_{31} \\ A_{12} & A_{22} & A_{32} \\ A_{13} & A_{23} & A_{33} \end{pmatrix} = \begin{pmatrix} 2 & 2 & 0 \\ -2 & 3 & 10 \\ 2 & -3 & 0 \end{pmatrix}$$

最后通过伴随矩阵求出逆矩阵：

$$\boldsymbol{A}^{-1} = \frac{1}{|\boldsymbol{A}|}\boldsymbol{A}^* = \frac{1}{10}\begin{pmatrix} 2 & 2 & 0 \\ -2 & 3 & 10 \\ 2 & -3 & 0 \end{pmatrix} = \begin{pmatrix} 0.2 & 0.2 & 0 \\ -0.2 & 0.3 & 1 \\ 0.2 & -0.3 & 0 \end{pmatrix}$$

### 6.8.3 伴随矩阵的秩

**定理 14.** 设 $\boldsymbol{A}$ 为 $n$ 阶方阵，则：

- $rank(\boldsymbol{A}) = n \iff rank(\boldsymbol{A}^*) = n$
- $rank(\boldsymbol{A}) = n-1 \iff rank(\boldsymbol{A}^*) = 1$
- $rank(\boldsymbol{A}) < n-1 \iff rank(\boldsymbol{A}^*) = 0$

**证明：**（1）证明 $rank(\boldsymbol{A}) = n \implies rank(\boldsymbol{A}^*) = n$。当 $rank(\boldsymbol{A}) = n$ 时，根据满秩矩阵与行列式的关系，有：

$$rank(\boldsymbol{A}) = n \implies |\boldsymbol{A}| \neq 0$$

又根据伴随矩阵与逆矩阵的关系，有：

$$\boldsymbol{A}\boldsymbol{A}^* = |\boldsymbol{A}|\boldsymbol{I} \implies rank(\boldsymbol{A}\boldsymbol{A}^*) = rank(|\boldsymbol{A}|\boldsymbol{I}) = n$$

根据复合函数的秩可知：

$$n = rank(\boldsymbol{A}\boldsymbol{A}^*) \leqslant min\{rank(\boldsymbol{A}), rank(\boldsymbol{A}^*)\}$$

再加上 $\boldsymbol{A}^*$ 也是 $n$ 阶方阵，所以 $rank(\boldsymbol{A}^*) = n$。

（2）证明 $rank(\boldsymbol{A}) = n-1 \iff rank(\boldsymbol{A}^*) = 1$。当 $rank(\boldsymbol{A}) = n-1$ 时，根据满秩矩阵与行列式的关系，有：

$$rank(\boldsymbol{A}) = n-1 \implies |\boldsymbol{A}| = 0$$

又根据伴随矩阵与逆矩阵的关系，有：

$$\boldsymbol{A}\boldsymbol{A}^* = |\boldsymbol{A}|\boldsymbol{I} = \boldsymbol{O}$$

再根据西尔维斯特不等式，有：

$$rank(\boldsymbol{A}\boldsymbol{A}^*) \geqslant rank(\boldsymbol{A}) + rank(\boldsymbol{A}^*) - n$$

所以：

$$0 \geqslant n-1+rank(\boldsymbol{A}^*) - n \implies rank(\boldsymbol{A}^*) \leqslant 1$$

又因为 $rank(\boldsymbol{A}) = n-1$，根据子式与秩的关系，$\boldsymbol{A}$ 必然存在非零的 $n-1$ 阶子式，所以：

$$\boldsymbol{A}^* \neq \boldsymbol{O} \implies rank(\boldsymbol{A}^*) = 1$$

（3）证明 $rank(\boldsymbol{A}) < n-1 \iff rank(\boldsymbol{A}^*) = 0$。因为 $rank(\boldsymbol{A}) < n-1$，根据子式与秩的关系，$\boldsymbol{A}$ 的 $n-1$ 阶子式全为零；又因代数余子式 $\boldsymbol{A}_{ij}$ 也就是 $n-1$ 阶子式，所以：

$$\boldsymbol{A}^* = \boldsymbol{O} \implies rank(\boldsymbol{A}^*) = 0$$

（4）因为 $rank(\boldsymbol{A})$ 只有为 $n$、为 $n-1$、小于 $n-1$ 这三种情况，而（1）（2）（3）将三种情况都证明了，所以实际上证明的是充分必要条件。　□

# 第 7 章　相似矩阵

## 7.1　函数的坐标系

前面的章节反复说明了，矩阵 $\boldsymbol{A}\boldsymbol{x}=\boldsymbol{y}$ 是一个函数，它将向量 $\boldsymbol{x}$ 映射到向量 $\boldsymbol{y}$，见图 7.1。

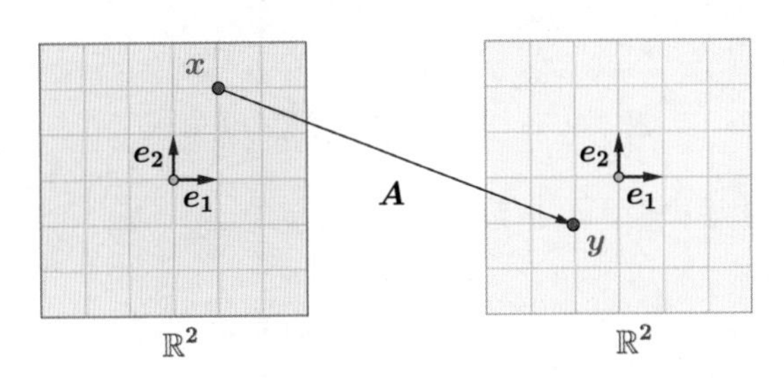


图 7.1：矩阵 $\boldsymbol{A}\boldsymbol{x}=\boldsymbol{y}$ 是一个函数

是函数就一定会涉及坐标系，这就是本章要讨论的话题。下面来看几个例子。

### 7.1.1　日心说与地心说

图 7.2 所示的分别是日心说、地心说对太阳系运动的观察结果。

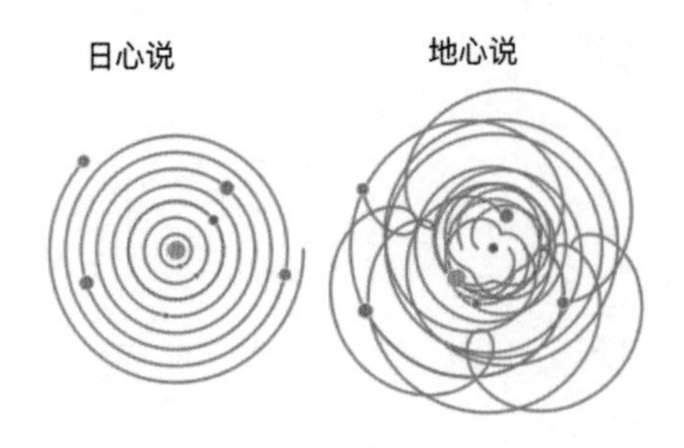


图 7.2：日心说、地心说对太阳系运动的观察结果

两个结果差别很大，区别在于日心说的观察中心在太阳，而地心说的观察中心在地球。从数学上来说，日心说是以太阳为中心建立坐标系，地心说是以地球为中心建立坐标系，不同的坐标系会导致不同的复杂度，所以我们需要挑选坐标系。

### 7.1.2　阿基米德螺线

图 7.3 所示的是阿基米德螺线（Archimedean spiral）在 $xy$ 坐标系，也就直角坐标系中的图像。

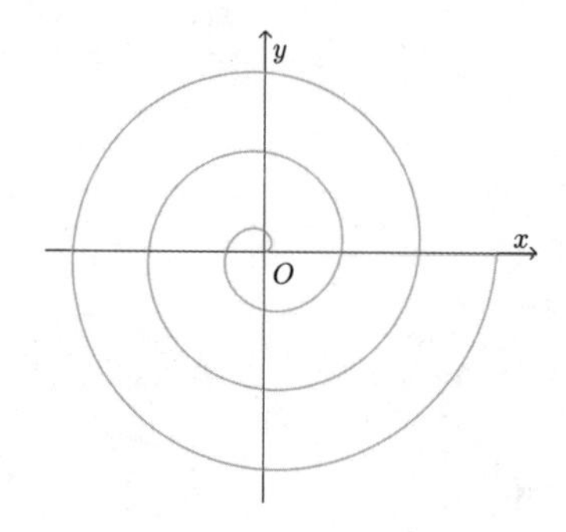


图 7.3: $xy$ 坐标系下的阿基米德螺线

此时它的参数方程为（其中 $a, b$ 为两个常数）：

$$\begin{cases} x = (a + b\theta)\cos\theta \\ y = (a + b\theta)\sin\theta \end{cases}, \quad 0 \leqslant \theta \leqslant 6\pi$$

该函数还是比较复杂的，如果通过 $\begin{cases} x = \rho\cos\theta \\ y = \rho\sin\theta \end{cases}$ 来变换坐标系，可得：

$$\begin{cases} x = (a + b\theta)\cos\theta \\ y = (a + b\theta)\sin\theta \end{cases} \implies \rho = a + b\theta, \quad 0 \leqslant \theta \leqslant 6\pi$$

即将上述参数方程转到 $\rho\theta$ 坐标系，也就是极坐标系中，此时图像为图 7.4 所示的线段。

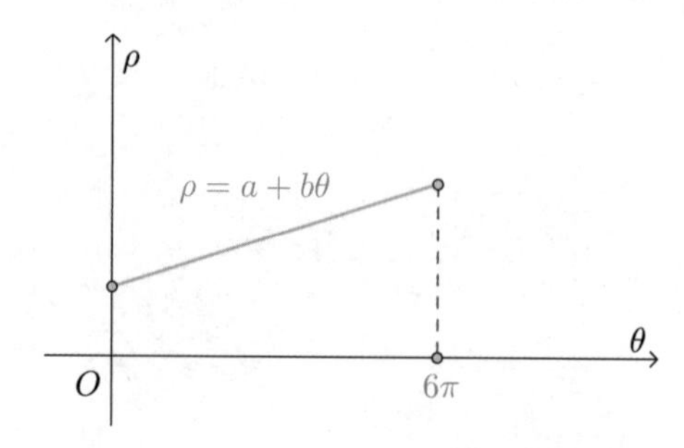


图 7.4: $\rho\theta$ 坐标系中的阿基米德螺线

可见，换了坐标系后，曲线变为非常简单的线段。

### 7.1.3 亮度调整

最后一个例子，如果想通过矩阵函数 $\boldsymbol{A}$ 将某彩色图片调亮，或通过矩阵函数 $\boldsymbol{B}$ 将之调暗，见图 7.5。

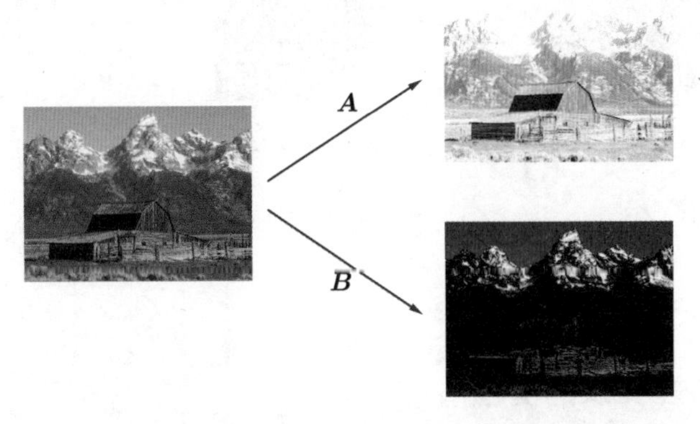


图 7.5: 通过矩阵函数 $\boldsymbol{A}$ 将某彩色图片调亮，或通过矩阵函数 $\boldsymbol{B}$ 将之调暗

上述两个操作在 RGB 基下进行不太方便，见图 7.6。

图 7.6: 操作在 RGB 基下进行不太方便

但将图片转到 $\mathrm{YP_rP_b}$ 基下，因 $Y$ 就是图片的亮度值，所以调整 $Y$ 值就很容易实现“调亮”或者“调暗”，见图 7.7。

图 7.7: 在 $\mathrm{YP_rP_b}$ 基下操作很方便

上面解释了调整亮度的原理，其中的细节会在本章中逐步给出，并借此讲解如何变换矩阵函数的坐标系。下面就让我们开始本章的学习吧。

## 7.2　基变换

上一节解释了，如果想进行亮度调整，首先需要将图片从 RGB 基变换到 $YP_rP_b$ 基，见图 7.8。

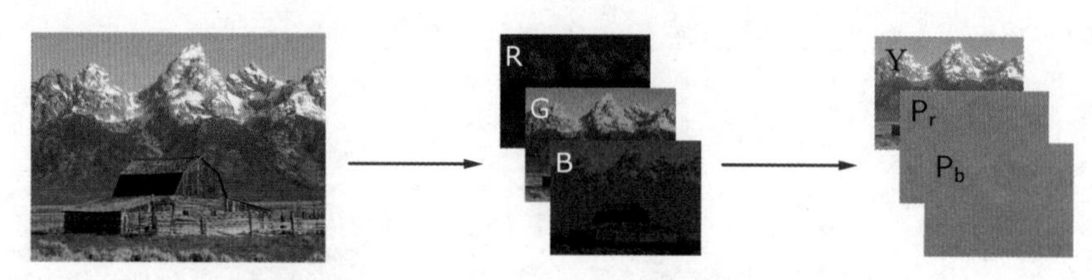


图 7.8: 将图片从 RGB 基变换到 $YP_rP_b$ 基

这需要基变换（Change of basis）和坐标变换（Change of coordinates）两个过程，本节先来介绍前者。

### 7.2.1　各种基变换的例题

**例 1.** 下面是向量空间 $\mathbb{R}^2$ 的自然基 $\mathcal{E}$ 以及某非自然基 $\mathcal{M}$：

$$\mathcal{E}:\boldsymbol{e_1}=\begin{pmatrix}1\\0\end{pmatrix},\boldsymbol{e_2}=\begin{pmatrix}0\\1\end{pmatrix}\quad \mathcal{M}:\boldsymbol{m_1}=\begin{pmatrix}1\\1\end{pmatrix},\boldsymbol{m_2}=\begin{pmatrix}2\\0\end{pmatrix}$$

如果想通过矩阵 $\boldsymbol{M}$ 将自然基 $\boldsymbol{e_1},\boldsymbol{e_2}$ 变换为基 $\boldsymbol{m_1},\boldsymbol{m_2}$（见图 7.9），请问该矩阵 $\boldsymbol{M}$ 应为多少？

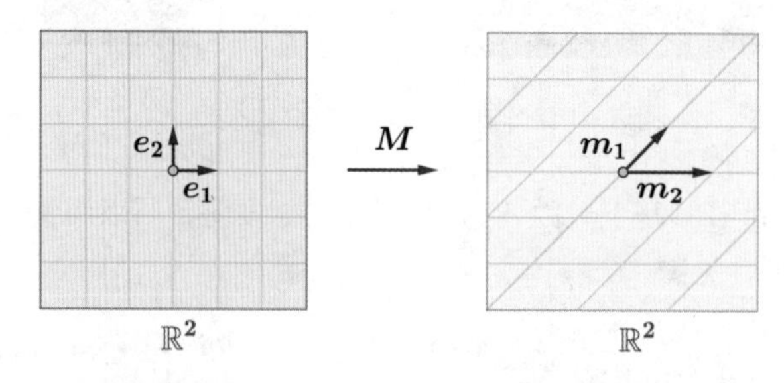


图 7.9: 通过矩阵 $\boldsymbol{M}$ 将自然基 $\boldsymbol{e_1},\boldsymbol{e_2}$ 变换为基 $\boldsymbol{m_1},\boldsymbol{m_2}$

**解：**（1）如果将自然基 $\boldsymbol{e_1},\boldsymbol{e_2}$ 作为列向量来构造矩阵 $(\boldsymbol{e_1},\boldsymbol{e_2})=\begin{pmatrix}1&0\\0&1\end{pmatrix}$，得到的就是单位阵。所以我们考虑用基 $\boldsymbol{m_1},\boldsymbol{m_2}$ 作为列向量来构造矩阵 $\boldsymbol{M}$：

$$\boldsymbol{M}=(\boldsymbol{m_1},\boldsymbol{m_2})=\begin{pmatrix}1&2\\1&0\end{pmatrix}$$

这样就会有[①]：

$$(\boldsymbol{m_1}, \boldsymbol{m_2}) = (\boldsymbol{e_1}, \boldsymbol{e_2})\boldsymbol{M}$$

上式可解读为，通过矩阵 $\boldsymbol{M}$ 将自然基 $\boldsymbol{e_1}, \boldsymbol{e_2}$ 变换为基 $\boldsymbol{m_1}, \boldsymbol{m_2}$，即 $\boldsymbol{M}$ 就是我们要求的矩阵。

（2）如果在上式两侧乘上逆矩阵 $\boldsymbol{M}^{-1}$[②]，那么有：

$$\begin{aligned}(\boldsymbol{m_1}, \boldsymbol{m_2}) = (\boldsymbol{e_1}, \boldsymbol{e_2})\boldsymbol{M} &\implies (\boldsymbol{m_1}, \boldsymbol{m_2})\boldsymbol{M}^{-1} = (\boldsymbol{e_1}, \boldsymbol{e_2})\boldsymbol{M}\boldsymbol{M}^{-1} \\ &\implies (\boldsymbol{m_1}, \boldsymbol{m_2})\boldsymbol{M}^{-1} = (\boldsymbol{e_1}, \boldsymbol{e_2})\end{aligned}$$

所以可认为逆矩阵 $\boldsymbol{M}^{-1}$ 将基 $\boldsymbol{m_1}, \boldsymbol{m_2}$ 变换为自然基 $\boldsymbol{e_1}, \boldsymbol{e_2}$，见图 7.10。

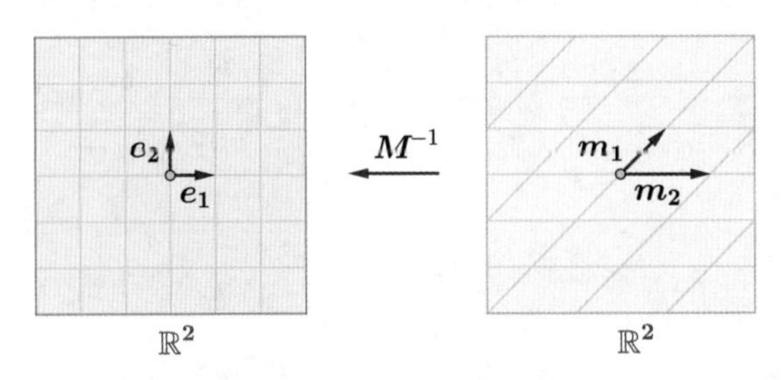


图 7.10: 逆矩阵 $\boldsymbol{M}^{-1}$ 将基 $\boldsymbol{m_1}, \boldsymbol{m_2}$ 变换为自然基 $\boldsymbol{e_1}, \boldsymbol{e_2}$

**例 2.** 下面是向量空间 $\mathbb{R}^2$ 的两个非自然基：

$$\mathcal{M}: \boldsymbol{m_1} = \begin{pmatrix} 1 \\ 1 \end{pmatrix}, \boldsymbol{m_2} = \begin{pmatrix} 2 \\ 0 \end{pmatrix} \qquad \mathcal{N}: \boldsymbol{n_1} = \begin{pmatrix} -1 \\ 1 \end{pmatrix}, \boldsymbol{n_2} = \begin{pmatrix} 1 \\ 1 \end{pmatrix}$$

如果想通过矩阵 $\boldsymbol{P}$ 将基 $\boldsymbol{m_1}, \boldsymbol{m_2}$ 变换为基 $\boldsymbol{n_1}$，$\boldsymbol{n_2}$（见图 7.11），请问该矩阵 $\boldsymbol{P}$ 应为多少？

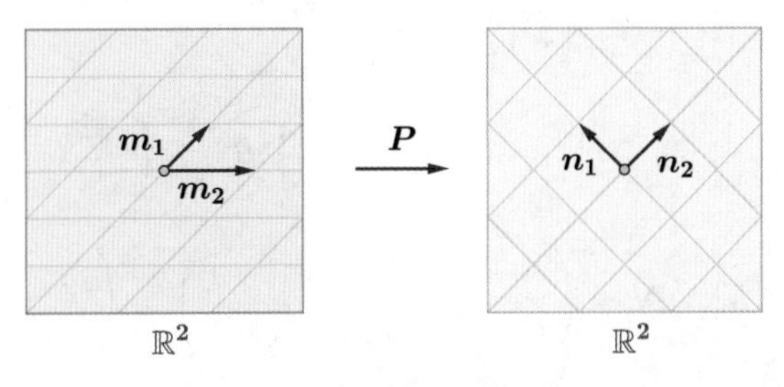


图 7.11: 通过矩阵 $\boldsymbol{P}$ 将基 $\boldsymbol{m_1}, \boldsymbol{m_2}$ 变换为基 $\boldsymbol{n_1}$，$\boldsymbol{n_2}$

**解：**（1）先说思路，由例 1 可知，通过 $\boldsymbol{M}^{-1}$ 可将基 $\boldsymbol{m_1}, \boldsymbol{m_2}$ 变换为自然基 $\boldsymbol{e_1}, \boldsymbol{e_2}$，见图 7.12 中框出部分。

---

① 理论上写作 $(\boldsymbol{m_1}, \boldsymbol{m_2}) = \boldsymbol{M}(\boldsymbol{e_1}, \boldsymbol{e_2})$ 也是可以的，只是不符合数学的习惯。

② 本章后面的定理 1 证明了该逆矩阵一定存在。

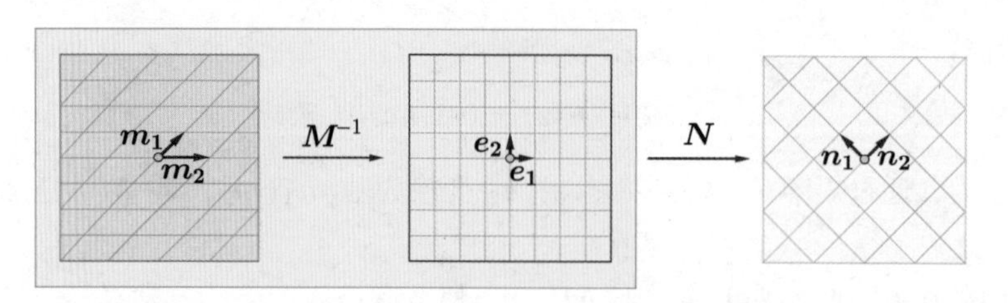


图 7.12: 框出部分将基 $m_1, m_2$ 变换为自然基 $e_1, e_2$

再通过 $N$ 可将自然基 $e_1, e_2$ 变换为基 $n_1, n_2$，见图 7.13 中的框出部分。

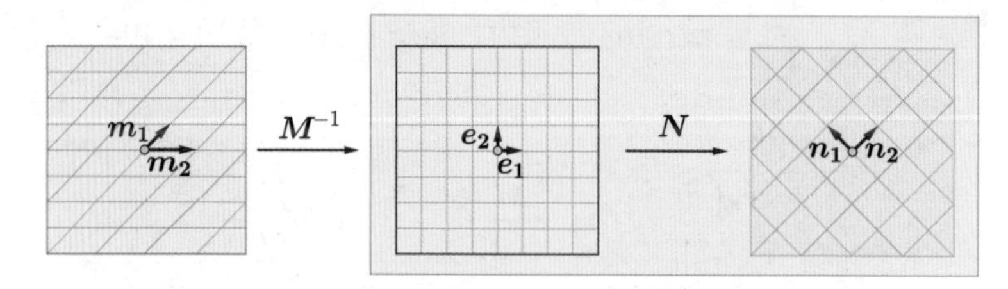


图 7.13: 框出部分将自然基 $e_1, e_2$ 变换为基 $n_1, n_2$

所以知道了 $M^{-1}$ 和 $N$ 即可完成基变换，下面分别来求解。

（2）由例 1 可知，由基 $m_1, m_2$ 可构造矩阵 $M = (m_1, m_2) = \begin{pmatrix} 1 & 2 \\ 1 & 0 \end{pmatrix}$，其逆矩阵为 $M^{-1} = \begin{pmatrix} 0 & 1 \\ 0.5 & -0.5 \end{pmatrix}$；以及由基 $n_1, n_2$ 可构造矩阵 $N = (n_1, n_2) = \begin{pmatrix} -1 & 1 \\ 1 & 1 \end{pmatrix}$。所以有：

$$\left.\begin{aligned} (e_1, e_2) = (m_1, m_2)M^{-1} \\ (n_1, n_2) = (e_1, e_2)N \end{aligned}\right\} \implies (n_1, n_2) = (m_1, m_2)M^{-1}N$$

也就是说，$P = M^{-1}N$，将 $M^{-1} = \begin{pmatrix} 0 & 1 \\ 0.5 & -0.5 \end{pmatrix}$，$N = \begin{pmatrix} -1 & 1 \\ 1 & 1 \end{pmatrix}$ 代入可得：

$$P = M^{-1}N = \begin{pmatrix} 0 & 1 \\ 0.5 & -0.5 \end{pmatrix} \begin{pmatrix} -1 & 1 \\ 1 & 1 \end{pmatrix} = \begin{pmatrix} 1 & 1 \\ -1 & 0 \end{pmatrix}$$

**例 3.** 已知某向量空间 $\mathcal{V}$ 中的两个基：

$$\mathcal{M} : m_1 = \begin{pmatrix} 1 \\ 0 \\ 1 \end{pmatrix}, m_2 = \begin{pmatrix} 0 \\ 1 \\ 1 \end{pmatrix} \qquad \mathcal{N} : n_1 = \begin{pmatrix} 1 \\ 1 \\ 2 \end{pmatrix}, n_2 = \begin{pmatrix} 1 \\ -1 \\ 0 \end{pmatrix}$$

如果想通过矩阵 $P$ 将基 $m_1, m_2$ 变换为基 $n_1$，$n_2$，图 7.14 为示意图，请问该矩阵 $P$ 应为多少？

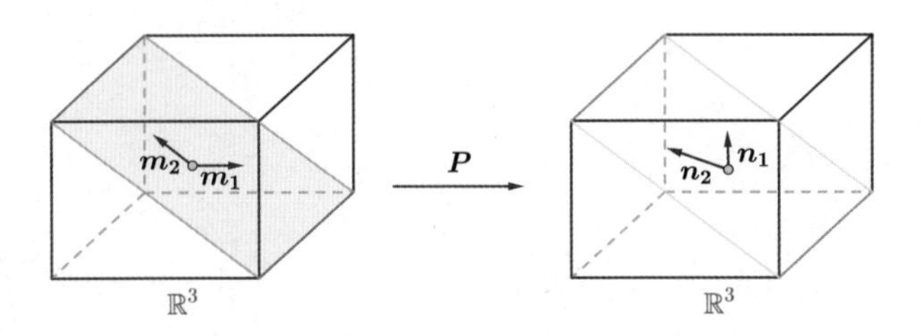


图 7.14: 矩阵 $\boldsymbol{P}$ 将基 $\boldsymbol{m_1},\boldsymbol{m_2}$ 变换为基 $\boldsymbol{n_1},\boldsymbol{n_2}$

**解：** 和例 2 不同，向量空间 $\mathcal{V}$ 并非是 $\mathbb{R}^3$，所以没法先将基 $\boldsymbol{m_1},\boldsymbol{m_2}$ 转为自然基 $\boldsymbol{e_1},\boldsymbol{e_2},\boldsymbol{e_3}$，需另想办法。

要通过 $\boldsymbol{P}$ 将基 $\boldsymbol{m_1},\boldsymbol{m_2}$ 变为基 $\boldsymbol{n_1},\boldsymbol{n_2}$，就是要令 $(\boldsymbol{n_1},\boldsymbol{n_2})=(\boldsymbol{m_1},\boldsymbol{m_2})\boldsymbol{P}$ 成立，由于 $(\boldsymbol{n_1},\boldsymbol{n_2})$ 和 $(\boldsymbol{m_1},\boldsymbol{m_2})$ 均为 $3\times 2$ 的矩阵：

$$(\boldsymbol{m_1},\boldsymbol{m_2})=\begin{pmatrix}1&0\\0&1\\1&1\end{pmatrix},\quad (\boldsymbol{n_1},\boldsymbol{n_2})=\begin{pmatrix}1&1\\1&-1\\2&0\end{pmatrix}$$

所以根据矩阵乘法的合法性，可知 $\boldsymbol{P}$ 是 $2\times 2$ 的方阵，因此设 $\boldsymbol{P}=\begin{pmatrix}p_{11}&p_{12}\\p_{21}&p_{22}\end{pmatrix}$，从而可推出：

$$(\boldsymbol{n_1},\boldsymbol{n_2})=(\boldsymbol{m_1},\boldsymbol{m_2})\boldsymbol{P}\implies\begin{cases}\boldsymbol{n_1}=p_{11}\boldsymbol{m_1}+p_{21}\boldsymbol{m_2}\\\boldsymbol{n_2}=p_{12}\boldsymbol{m_1}+p_{22}\boldsymbol{m_2}\end{cases}$$

代入数值可得：

$$\begin{cases}\begin{pmatrix}1\\1\\2\end{pmatrix}=p_{11}\begin{pmatrix}1\\0\\1\end{pmatrix}+p_{21}\begin{pmatrix}0\\1\\1\end{pmatrix}, & (1)\\[2ex]\begin{pmatrix}1\\-1\\0\end{pmatrix}=p_{12}\begin{pmatrix}1\\0\\1\end{pmatrix}+p_{22}\begin{pmatrix}0\\1\\1\end{pmatrix}, & (2)\end{cases}$$

通过（1）式、（2）式可得：

$$\begin{cases}p_{11}=1\\p_{21}=1\\p_{11}+p_{21}=2\end{cases}\implies\begin{cases}p_{11}=1\\p_{21}=1\end{cases}$$

$$\begin{cases}p_{12}=1\\p_{22}=-1\\p_{12}+p_{22}=0\end{cases}\implies\begin{cases}p_{12}=1\\p_{22}=-1\end{cases}$$

因此 $\boldsymbol{P}=\begin{pmatrix}1 & 1\\ 1 & -1\end{pmatrix}$。

**例 4.** 已知两个基：

$$\mathcal{M}:\boldsymbol{m_1}=\begin{pmatrix}1\\0\\1\end{pmatrix},\boldsymbol{m_2}=\begin{pmatrix}0\\1\\1\end{pmatrix}\qquad \mathcal{N}:\boldsymbol{n_1}=\begin{pmatrix}1\\0\\0\end{pmatrix},\quad \boldsymbol{n_2}=\begin{pmatrix}0\\1\\0\end{pmatrix}$$

如果想通过矩阵 $\boldsymbol{P}$ 将基 $\boldsymbol{m_1},\boldsymbol{m_2}$ 变换为基 $\boldsymbol{n_1},\boldsymbol{n_2}$，请问该矩阵 $\boldsymbol{P}$ 应为多少？

**解：**（1）根据例 3 可知，$\boldsymbol{P}$ 是 $2\times 2$ 的方阵，因此设 $\boldsymbol{P}=\begin{pmatrix}p_{11} & p_{12}\\ p_{21} & p_{22}\end{pmatrix}$，从而可推出：

$$(\boldsymbol{n_1},\boldsymbol{n_2})=(\boldsymbol{m_1},\boldsymbol{m_2})\boldsymbol{P}\implies\begin{cases}\boldsymbol{n_1}=p_{11}\boldsymbol{m_1}+p_{21}\boldsymbol{m_2}\\ \boldsymbol{n_2}=p_{12}\boldsymbol{m_1}+p_{22}\boldsymbol{m_2}\end{cases}$$

代入数值可得：

$$\begin{cases}\begin{pmatrix}1\\0\\0\end{pmatrix}=p_{11}\begin{pmatrix}1\\0\\1\end{pmatrix}+p_{21}\begin{pmatrix}0\\1\\1\end{pmatrix},\quad (1)\\ \begin{pmatrix}0\\1\\0\end{pmatrix}=p_{12}\begin{pmatrix}1\\0\\1\end{pmatrix}+p_{22}\begin{pmatrix}0\\1\\1\end{pmatrix},\quad (2)\end{cases}$$

通过（1）式可得：

$$\begin{cases}p_{11}=1\\ p_{21}=0\\ p_{11}+p_{21}=0\end{cases}$$

上述方程组是矛盾的，所以是无解的，因此 $\boldsymbol{P}$ 是求不出来的。

（2）求不出来是因为本题的两个基不是同一个向量空间的基。进一步解释一下，观察之前所列的方程组：

$$\begin{cases}\boldsymbol{n_1}=p_{11}\boldsymbol{m_1}+p_{21}\boldsymbol{m_2}\\ \boldsymbol{n_2}=p_{12}\boldsymbol{m_1}+p_{22}\boldsymbol{m_2}\end{cases}$$

从中可看出，当 $\boldsymbol{n_1},\boldsymbol{n_2}$ 是基 $\boldsymbol{m_1},\boldsymbol{m_2}$ 的线性组合时，或者说 $\boldsymbol{n_1},\boldsymbol{n_2}$ 在基 $\boldsymbol{m_1},\boldsymbol{m_2}$ 的张成空间中时，上述方程组才有解。换句话说，当这两个基是同一个向量空间的基时，才能求出矩阵 $\boldsymbol{P}$。

### 7.2.2 过渡矩阵和基变换公式

**定义 1.** 已知两个基 $\boldsymbol{m_1},\boldsymbol{m_2},\cdots,\boldsymbol{m_s}$ 和 $\boldsymbol{n_1},\boldsymbol{n_2},\cdots,\boldsymbol{n_s}$，当且仅当它们是同一个向量空间的基时，才存在唯一的矩阵 $\boldsymbol{P}$，使得下式成立：

$$(\boldsymbol{n_1},\boldsymbol{n_2},\cdots,\boldsymbol{n_s})=(\boldsymbol{m_1},\boldsymbol{m_2},\cdots,\boldsymbol{m_s})\boldsymbol{P}$$

该矩阵 $\boldsymbol{P}$ 称为由基 $\boldsymbol{m_1},\boldsymbol{m_2},\cdots,\boldsymbol{m_s}$ 到基 $\boldsymbol{n_1},\boldsymbol{n_2},\cdots,\boldsymbol{n_s}$ 的过渡矩阵（Transition matrix），而上述公式称为基变换公式（Change of basis formula）。

**证明：** 这里证明一下过渡矩阵的唯一性。已知两个基 $\boldsymbol{m_1},\boldsymbol{m_2},\cdots,\boldsymbol{m_s}$ 以及 $\boldsymbol{n_1}$, $\boldsymbol{n_2},\cdots,\boldsymbol{n_s}$，如果下式成立：

$$(\boldsymbol{n_1},\boldsymbol{n_2},\cdots,\boldsymbol{n_s})=(\boldsymbol{m_1},\boldsymbol{m_2},\cdots,\boldsymbol{m_s})\boldsymbol{P}$$

假设 $\boldsymbol{m_1},\boldsymbol{m_2},\cdots,\boldsymbol{m_s}$ 以及 $\boldsymbol{n_1},\boldsymbol{n_2},\cdots,\boldsymbol{n_s}$ 都是 $r$ 维向量，那么 $(\boldsymbol{m_1},\boldsymbol{m_2},\cdots,\boldsymbol{m_s})$, $(\boldsymbol{n_1},\boldsymbol{n_2},\cdots,\boldsymbol{n_s})$ 均为 $r\times s$ 的矩阵，所以根据矩阵乘法的合法性可知，$\boldsymbol{P}$ 是 $s\times s$ 的方阵，因此设：

$$\boldsymbol{P}_{s\times s}=\begin{pmatrix}p_{11}&p_{12}&\cdots&p_{1s}\\p_{21}&p_{22}&\cdots&p_{2s}\\\vdots&\vdots&\ddots&\vdots\\p_{s1}&p_{s2}&\cdots&p_{ss}\end{pmatrix}$$

所以 $(\boldsymbol{n_1},\boldsymbol{n_2},\cdots,\boldsymbol{n_s})=(\boldsymbol{m_1},\boldsymbol{m_2},\cdots,\boldsymbol{m_s})\boldsymbol{P}$ 可改写为方程组：

$$\begin{cases}\boldsymbol{n_1}=p_{11}\boldsymbol{m_1}+p_{21}\boldsymbol{m_2}+\cdots+p_{s1}\boldsymbol{m_s}\\\boldsymbol{n_2}=p_{12}\boldsymbol{m_1}+p_{22}\boldsymbol{m_2}+\cdots+p_{s2}\boldsymbol{m_s}\\\qquad\cdots\\\boldsymbol{n_s}=p_{1s}\boldsymbol{m_1}+p_{2s}\boldsymbol{m_2}+\cdots+p_{ss}\boldsymbol{m_s}\end{cases}$$

所以当且仅当 $\boldsymbol{n_1},\boldsymbol{n_2},\cdots,\boldsymbol{n_s}$ 是基 $\boldsymbol{m_1},\boldsymbol{m_2},\cdots,\boldsymbol{m_s}$ 的线性组合时，或者说 $\boldsymbol{n_1},\boldsymbol{n_2},\cdots,\boldsymbol{n_s}$ 在基 $\boldsymbol{m_1},\boldsymbol{m_2},\cdots,\boldsymbol{m_s}$ 的张成空间中时，上述方程组才有解。换句话说，就是当这两个基是同一个向量空间的基时，才有过渡矩阵 $\boldsymbol{P}$。再来单独看其中一个等式：

$$\boldsymbol{n_1}=p_{11}\boldsymbol{m_1}+p_{21}\boldsymbol{m_2}+\cdots+p_{s1}\boldsymbol{m_s}$$

因为 $\boldsymbol{m_1},\boldsymbol{m_2},\cdots,\boldsymbol{m_s}$ 是基，所以系数 $p_{11},p_{21},\cdots,p_{s1}$ 是 $\boldsymbol{n_1}$ 在基 $\boldsymbol{m_1},\boldsymbol{m_2},\cdots,\boldsymbol{m_s}$ 下的坐标，根据坐标的唯一性可知，$p_{11},p_{21},\cdots,p_{s1}$ 是唯一的。以此类推，可得过渡矩阵 $\boldsymbol{P}$ 是唯一的。 □

**定理 1.** 过渡矩阵是满秩矩阵。

**证明：** 假设矩阵 $\boldsymbol{P}$ 为由基 $\boldsymbol{m_1},\boldsymbol{m_2},\cdots,\boldsymbol{m_s}$ 到基 $\boldsymbol{n_1},\boldsymbol{n_2},\cdots,\boldsymbol{n_s}$ 的过渡矩阵，即有：

$$(\boldsymbol{n_1},\boldsymbol{n_2},\cdots,\boldsymbol{n_s})=(\boldsymbol{m_1},\boldsymbol{m_2},\cdots,\boldsymbol{m_s})\boldsymbol{P}$$

令：

$$\boldsymbol{M}=(\boldsymbol{m_1},\boldsymbol{m_2},\cdots,\boldsymbol{m_s}),\quad \boldsymbol{N}=(\boldsymbol{n_1},\boldsymbol{n_2},\cdots,\boldsymbol{n_s})$$

因为 $\boldsymbol{M},\boldsymbol{N}$ 是由基构成的，所以有：

$$r(\boldsymbol{M})=r(\boldsymbol{N})=s$$

假设 $\boldsymbol{m_1},\boldsymbol{m_2},\cdots,\boldsymbol{m_s}$ 以及 $\boldsymbol{n_1},\boldsymbol{n_2},\cdots,\boldsymbol{n_s}$ 都是 $r$ 维向量，那么 $\boldsymbol{M}$ 和 $\boldsymbol{N}$ 都为 $r\times s$ 的矩阵，那么根据矩阵乘法的合法性可知：

$$\boldsymbol{N}_{r\times s}=\boldsymbol{M}_{r\times s}\boldsymbol{P}\implies \boldsymbol{P}\text{ 是 } s\times s \text{ 的方阵}$$

根据复合函数的秩的性质可知：

$$\left.\begin{aligned}r(\boldsymbol{N})=r(\boldsymbol{MP})=s\\ r(\boldsymbol{MP})\leqslant\min\Big(r(\boldsymbol{M}),r(\boldsymbol{P})\Big)\end{aligned}\right\}\implies s\leqslant r(\boldsymbol{P})$$

结合 $\boldsymbol{P}$ 是 $s\times s$ 的方阵以及秩的取值范围可知：

$$\left.\begin{aligned}r(\boldsymbol{P}_{s\times s})\leqslant s\\ r(\boldsymbol{P})\geqslant s\end{aligned}\right\}\implies r(\boldsymbol{P})=s$$

所以 $\boldsymbol{P}$ 是满秩矩阵。 □

**定理 2.** 假设矩阵 $\boldsymbol{P}$ 为由基 $\boldsymbol{m_1},\boldsymbol{m_2},\cdots,\boldsymbol{m}_s$ 到基 $\boldsymbol{n_1},\boldsymbol{n_2},\cdots,\boldsymbol{n_s}$ 的过渡矩阵，则基 $\boldsymbol{n_1},\boldsymbol{n_2},\cdots,\boldsymbol{n_s}$ 到基 $\boldsymbol{m_1},\boldsymbol{m_2},\cdots,\boldsymbol{m}_s$ 的过渡矩阵为 $\boldsymbol{P}^{-1}$。

**证明：** 矩阵 $\boldsymbol{P}$ 为由基 $\boldsymbol{m_1},\boldsymbol{m_2},\cdots,\boldsymbol{m}_s$ 到基 $\boldsymbol{n_1},\boldsymbol{n_2},\cdots,\boldsymbol{n_s}$ 的过渡矩阵，即有：

$$(\boldsymbol{n_1},\boldsymbol{n_2},\cdots,\boldsymbol{n_s})=(\boldsymbol{m_1},\boldsymbol{m_2},\cdots,\boldsymbol{m_s})P$$

因为过渡矩阵 $\boldsymbol{P}$ 为满秩矩阵，所以可在上式两侧乘上逆矩阵 $\boldsymbol{P}^{-1}$，得：

$$\begin{aligned}&(\boldsymbol{n_1},\boldsymbol{n_2},\cdots,\boldsymbol{n_s})=(\boldsymbol{m_1},\boldsymbol{m_2},\cdots,\boldsymbol{m_s})\boldsymbol{P}\\ \implies&(\boldsymbol{n_1},\boldsymbol{n_2},\cdots,\boldsymbol{n_s})\boldsymbol{P}^{-1}=(\boldsymbol{m_1},\boldsymbol{m_2},\cdots,\boldsymbol{m_s})\boldsymbol{P}\boldsymbol{P}^{-1}\\ \implies&(\boldsymbol{n_1},\boldsymbol{n_2},\cdots,\boldsymbol{n_s})\boldsymbol{P}^{-1}=(\boldsymbol{m_1},\boldsymbol{m_2},\cdots,\boldsymbol{m_s})\end{aligned}$$

所以逆矩阵 $\boldsymbol{P}^{-1}$ 为由基 $\boldsymbol{n_1},\boldsymbol{n_2},\cdots,\boldsymbol{n_s}$ 到基 $\boldsymbol{m_1},\boldsymbol{m_2},\cdots,\boldsymbol{m}_s$ 的过渡矩阵。 □

上面两个定理说明，可借助过渡矩阵 $\boldsymbol{P}$ 及其逆矩阵 $\boldsymbol{P}^{-1}$ 在两个基之间来回变换，见图 7.15。

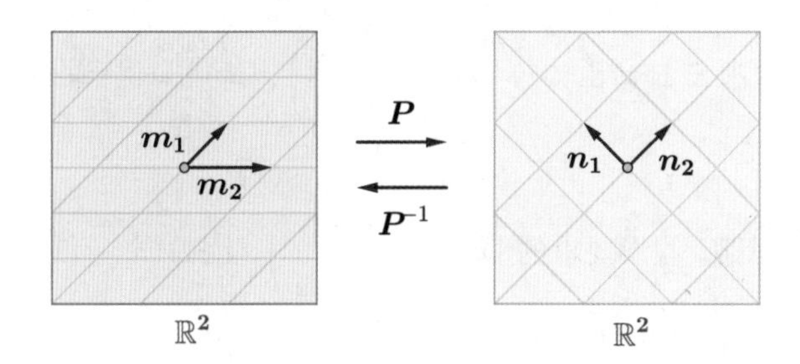


图 7.15: 两个基可借助过渡矩阵及其逆矩阵进行变换

## 7.3 坐标变换

上一节研究了过渡矩阵，它可以进行基变换，比如将图片从 RGB 基变换到 $\mathrm{YP_rP_b}$ 基，见图 7.16。

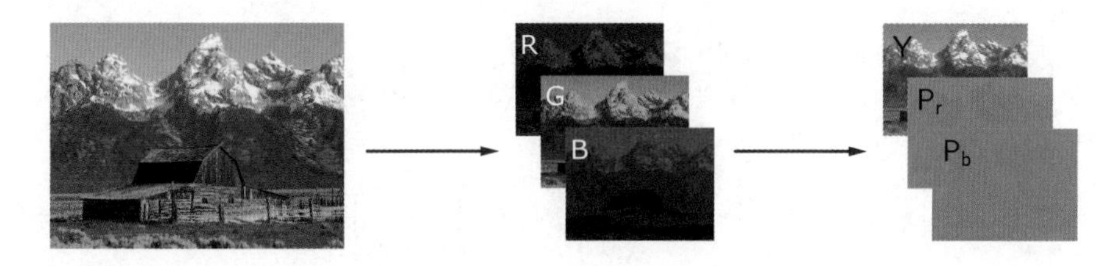


图 7.16: 过渡矩阵可以进行基变换

但要将图片中某点的 RGB 坐标值转为 $\mathrm{YP_rP_b}$ 坐标值，还需要本节将要介绍的坐标变换的知识，见图 7.17。

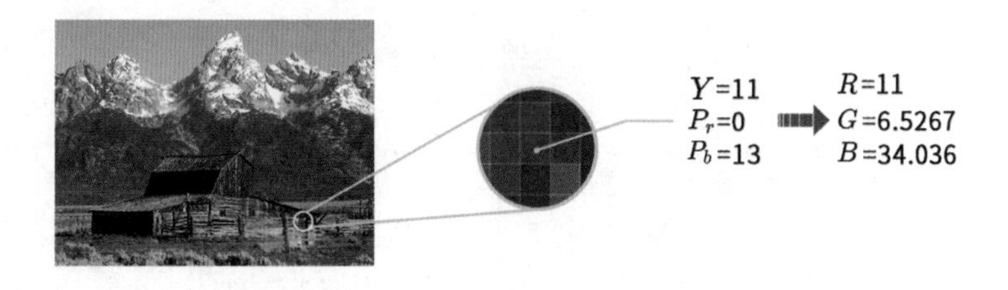


图 7.17: 坐标变换

### 7.3.1 坐标变换公式

**例 5.** 下面是向量空间 $\mathbb{R}^2$ 的自然基 $\mathcal{E}$ 以及某非自然基 $\mathcal{M}$：

$$\mathcal{E}: \boldsymbol{e_1}=\begin{pmatrix}1\\0\end{pmatrix}, \boldsymbol{e_2}=\begin{pmatrix}0\\1\end{pmatrix} \qquad \mathcal{M}: \boldsymbol{m_1}=\begin{pmatrix}1\\1\end{pmatrix}, \quad \boldsymbol{m_2}=\begin{pmatrix}2\\0\end{pmatrix}$$

已知某向量 $\boldsymbol{x}$ 在自然基 $\mathcal{E}$ 下的坐标为 $[\boldsymbol{x}]_{\mathcal{E}}=\begin{pmatrix}-2\\-2\end{pmatrix}$，请问如何求出其在基 $\mathcal{M}$ 下的坐标 $[\boldsymbol{x}]_{\mathcal{M}}$?

**解：**（1）先说思路。假设要求的 $[\boldsymbol{x}]_{\mathcal{M}}=\begin{pmatrix}x_{m1}\\x_{m2}\end{pmatrix}$，因为 $[\boldsymbol{x}]_{\mathcal{E}}$ 和 $[\boldsymbol{x}]_{\mathcal{M}}$ 都是向量 $\boldsymbol{x}$ 的坐标，所以根据坐标的定义，有 $-2\boldsymbol{e_1}-2\boldsymbol{e_2}=\boldsymbol{x}=x_{m1}\boldsymbol{m_1}+x_{m2}\boldsymbol{m_2}$，整理一下可得：

$$\underbrace{\begin{pmatrix}-2\\-2\end{pmatrix}}_{[\boldsymbol{x}]_{\mathcal{E}}}=\underbrace{(\boldsymbol{m_1},\boldsymbol{m_2})}_{M}\underbrace{\begin{pmatrix}x_{m1}\\x_{m2}\end{pmatrix}}_{[\boldsymbol{x}]_{\mathcal{M}}}\implies[\boldsymbol{x}]_{\mathcal{E}}=\boldsymbol{M}[\boldsymbol{x}]_{\mathcal{M}}$$

其中 $\boldsymbol{M}$ 就是由基 $\mathcal{E}$ 到基 $\mathcal{M}$ 的过渡矩阵，两侧同时左乘 $\boldsymbol{M}^{-1}$ 即可完成我们想要的坐标变换：

$$\boldsymbol{M}^{-1}[\boldsymbol{x}]_{\mathcal{E}}=\boldsymbol{M}^{-1}\boldsymbol{M}[\boldsymbol{x}]_{\mathcal{M}}=[\boldsymbol{x}]_{\mathcal{M}}$$

（2）下面将具体的数值算出来。将 $\boldsymbol{M}^{-1}=\begin{pmatrix}0&1\\0.5&-0.5\end{pmatrix}$ 代入上式，可得 $\boldsymbol{x}$ 在基 $\mathcal{M}$ 下的坐标为：

$$[\boldsymbol{x}]_{\mathcal{M}}=\boldsymbol{M}^{-1}[\boldsymbol{x}]_{\mathcal{E}}=\begin{pmatrix}0&1\\0.5&-0.5\end{pmatrix}\begin{pmatrix}-2\\-2\end{pmatrix}=\begin{pmatrix}-2\\0\end{pmatrix}$$

可用图 7.18 来验证该结果，并且从图中可看出，坐标变换就是利用过渡矩阵 $\boldsymbol{M}$ 的逆矩阵 $\boldsymbol{M}^{-1}$ 来完成的。

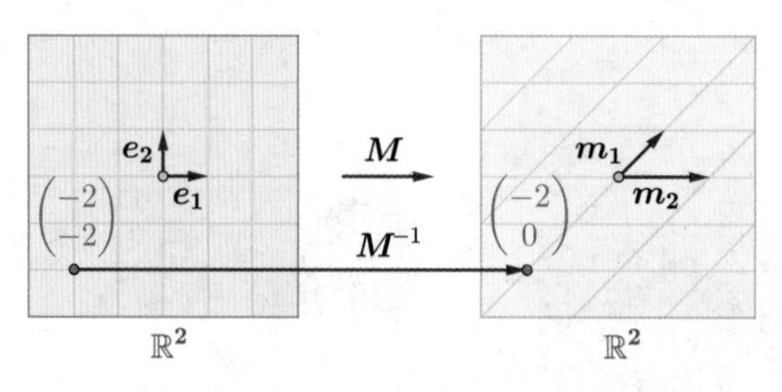


图 7.18: 通过 $\boldsymbol{M}^{-1}$ 将坐标 $[\boldsymbol{x}]_{\mathcal{E}}$ 变换为坐标 $[\boldsymbol{x}]_{\mathcal{M}}$

这里就不再讨论非自然基与非自然基之间的坐标变换了，大同小异，直接给出一般的结论。

**定理 3.** 已知 $\boldsymbol{P}$ 为由基 $\mathcal{M}=\{\boldsymbol{m_1},\boldsymbol{m_2},\cdots,\boldsymbol{m_s}\}$ 到基 $\mathcal{N}=\{\boldsymbol{n_1},\boldsymbol{n_2},\cdots,\boldsymbol{n_s}\}$ 的过渡矩阵：

$$(\boldsymbol{n_1},\boldsymbol{n_2},\cdots,\boldsymbol{n_s})=(\boldsymbol{m_1},\boldsymbol{m_2},\cdots,\boldsymbol{m_s})\boldsymbol{P}$$

又知向量 $\boldsymbol{x}$ 在基 $\mathcal{M}$ 下的坐标为 $[\boldsymbol{x}]_{\mathcal{M}}$ 及在基 $\mathcal{N}$ 下的坐标为 $[\boldsymbol{x}]_{\mathcal{N}}$，则有坐标变换公式

( *Change of coordinates formula* ):

$$[\boldsymbol{x}]_{\mathcal{N}} = \boldsymbol{P}^{-1}[\boldsymbol{x}]_{\mathcal{M}}, \quad [\boldsymbol{x}]_{\mathcal{M}} = \boldsymbol{P}[\boldsymbol{x}]_{\mathcal{N}}$$

**证明:** 假设:

$$[\boldsymbol{x}]_{\mathcal{M}} = \begin{pmatrix} x_{m1} \\ x_{2m} \\ \vdots \\ x_{sm} \end{pmatrix}, \quad [\boldsymbol{x}]_{\mathcal{N}} = \begin{pmatrix} x_{1n} \\ x_{2n} \\ \vdots \\ x_{sn} \end{pmatrix}$$

因为 $[\boldsymbol{x}]_{\mathcal{E}}$ 和 $[\boldsymbol{x}]_{\mathcal{M}}$ 都是向量 $\boldsymbol{x}$ 的坐标，所以根据坐标的定义有:

$$x_{m1}\boldsymbol{m_1} + \cdots + x_{ms}\boldsymbol{m_s} = \boldsymbol{x} = x_{n1}\boldsymbol{n_1} + \cdots + x_{ns}\boldsymbol{n_s}$$

运用矩阵乘法进行改写后，可得:

$$(\boldsymbol{m_1}, \boldsymbol{m_2}, \cdots, \boldsymbol{m}_s) \begin{pmatrix} x_{m1} \\ x_{m2} \\ \vdots \\ x_{ms} \end{pmatrix} = (\boldsymbol{n_1}, \boldsymbol{n_2}, \cdots, \boldsymbol{n}_s) \begin{pmatrix} x_{n1} \\ x_{n2} \\ \vdots \\ x_{ns} \end{pmatrix}$$

因为存在基变换公式 $(\boldsymbol{n_1}, \boldsymbol{n_2}, \cdots, \boldsymbol{n_s}) = (\boldsymbol{m_1}, \boldsymbol{m_2}, \cdots, \boldsymbol{m_s})\boldsymbol{P}$，所以对上式替换可得:

$$(\boldsymbol{m_1}, \boldsymbol{m_2}, \cdots, \boldsymbol{m}_s) \begin{pmatrix} x_{1m} \\ x_{2m} \\ \vdots \\ x_{sm} \end{pmatrix} = (\boldsymbol{n_1}, \boldsymbol{n_2}, \cdots, \boldsymbol{n}_s) \begin{pmatrix} x_{1n} \\ x_{2n} \\ \vdots \\ x_{sn} \end{pmatrix} = (\boldsymbol{m_1}, \boldsymbol{m_2}, \cdots, \boldsymbol{m_s})\boldsymbol{P} \begin{pmatrix} x_{1n} \\ x_{2n} \\ \vdots \\ x_{sn} \end{pmatrix}$$

整理后可推出:

$$(\boldsymbol{m_1}, \boldsymbol{m_2}, \cdots, \boldsymbol{m}_s) \left[ \begin{pmatrix} x_{1m} \\ x_{2m} \\ \vdots \\ x_{sm} \end{pmatrix} - \boldsymbol{P} \begin{pmatrix} x_{1n} \\ x_{2n} \\ \vdots \\ x_{sn} \end{pmatrix} \right] = \boldsymbol{0}$$

又因为基 $\boldsymbol{m_1}, \boldsymbol{m_2}, \cdots, \boldsymbol{m_s}$ 必然线性无关，因此 $(\boldsymbol{m_1}, \boldsymbol{m_2}, \cdots, \boldsymbol{m}_s)$ 为列满秩矩阵，此时矩阵函数为单射，所以上面的线性方程组仅有零解，可得:

$$\begin{pmatrix} x_{1m} \\ x_{2m} \\ \vdots \\ x_{sm} \end{pmatrix} = \boldsymbol{P} \begin{pmatrix} x_{1n} \\ x_{2n} \\ \vdots \\ x_{sn} \end{pmatrix} \implies \begin{pmatrix} x_{1n} \\ x_{2n} \\ \vdots \\ x_{sn} \end{pmatrix} = \boldsymbol{P}^{-1} \begin{pmatrix} x_{1m} \\ x_{2m} \\ \vdots \\ x_{sm} \end{pmatrix}$$

综上，有：

$$[\boldsymbol{x}]_{\mathcal{N}} = \boldsymbol{P}^{-1}[\boldsymbol{x}]_{\mathcal{M}}, \quad [\boldsymbol{x}]_{\mathcal{M}} = \boldsymbol{P}[\boldsymbol{x}]_{\mathcal{N}}$$

□

基变换和坐标变换的区别在于，前者是右乘过渡矩阵 $\boldsymbol{P}$，后者是左乘 $\boldsymbol{P}^{-1}$：

$$(\boldsymbol{n_1}, \boldsymbol{n_2}, \cdots, \boldsymbol{n_s}) = (\boldsymbol{m_1}, \boldsymbol{m_2}, \cdots, \boldsymbol{m_s})\boldsymbol{P}, \quad [\boldsymbol{x}]_{\mathcal{N}} = \boldsymbol{P}^{-1}[\boldsymbol{x}]_{\mathcal{M}}$$

可以用图 7.19 来表示上述区别（左乘、右乘没有办法用图表示）。

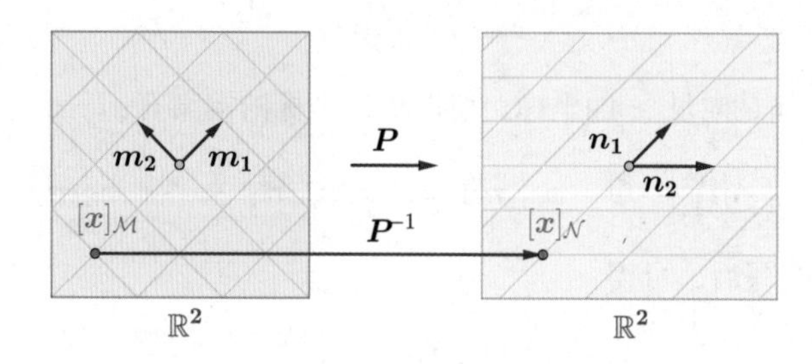


图 7.19: 通过 $\boldsymbol{P}$ 完成基变换，通过 $\boldsymbol{P}^{-1}$ 完成坐标变换

如果变换的方向反过来，那么图示就需要修改一下，见图 7.20。

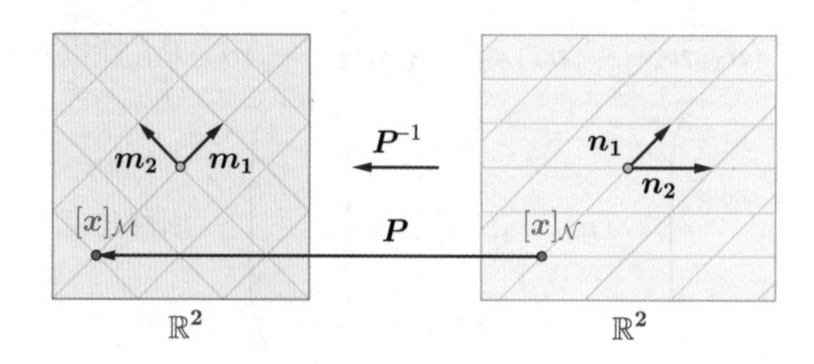


图 7.20: 变换的方向反过来

**例 6.** 下面是某向量空间 $\mathcal{V}$ 中的两个基：

$$\mathcal{M}: \boldsymbol{m_1} = \begin{pmatrix} 1 \\ 0 \\ 1 \end{pmatrix}, \boldsymbol{m_2} = \begin{pmatrix} 0 \\ 1 \\ 1 \end{pmatrix} \qquad \mathcal{N}: \boldsymbol{n_1} = \begin{pmatrix} 1 \\ 1 \\ 2 \end{pmatrix}, \boldsymbol{n_2} = \begin{pmatrix} 1 \\ -1 \\ 0 \end{pmatrix}$$

已知某向量 $\boldsymbol{x}$ 在基 $\mathcal{M}$ 下的坐标为 $[\boldsymbol{x}]_{\mathcal{M}} = \begin{pmatrix} 1 \\ 1 \end{pmatrix}$，请求出其在基 $\mathcal{N}$ 下的坐标 $[\boldsymbol{x}]_{\mathcal{N}}$（图 7.21 为示意图）?

**解：** 之前在例 3 中计算过，由基 $\mathcal{M}$ 到基 $\mathcal{N}$ 的过渡矩阵为 $\boldsymbol{P} = \begin{pmatrix} 1 & 1 \\ 1 & -1 \end{pmatrix}$，可算出

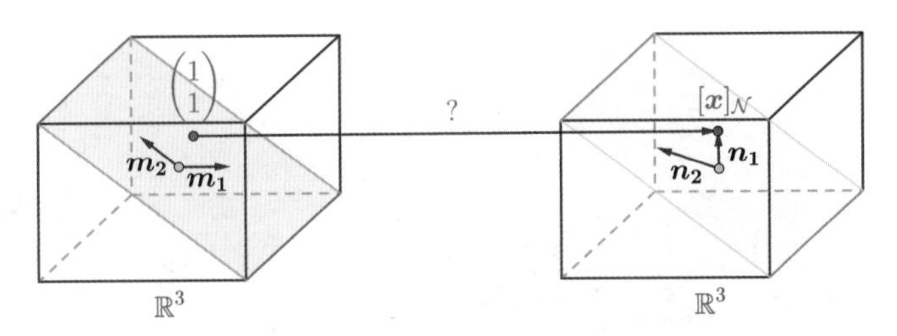


图 7.21: 坐标 $[\boldsymbol{x}]_{\mathcal{M}}$ 变换为坐标 $[\boldsymbol{x}]_{\mathcal{N}}$

其逆矩阵为 $\boldsymbol{P}^{-1}=\begin{pmatrix}0.5 & 0.5\\0.5 & -0.5\end{pmatrix}$，所以根据坐标变换公式，向量 $\boldsymbol{x}$ 在基 $\mathcal{N}$ 下的坐标为：

$$[\boldsymbol{x}]_{\mathcal{N}}=\boldsymbol{P}^{-1}[\boldsymbol{x}]_{\mathcal{M}}=\begin{pmatrix}0.5 & 0.5\\0.5 & -0.5\end{pmatrix}\begin{pmatrix}1\\1\end{pmatrix}=\begin{pmatrix}1\\0\end{pmatrix}$$

### 7.3.2 矩阵函数和坐标变换

比较一下会发现，矩阵函数和坐标变换的公式非常像：

$$\boldsymbol{A}\boldsymbol{x}=\boldsymbol{y},\quad \boldsymbol{P}[\boldsymbol{x}]_{\mathcal{M}}=[\boldsymbol{x}]_{\mathcal{N}}$$

其实这是对同一个代数式的不同解读，就好比我们观察一辆火车时会有不同的解读。如果认为地面是静止的，那么就是火车在飞驰向前；如果认为火车是静止的，那就是地面在飞速倒退，见图 7.22。

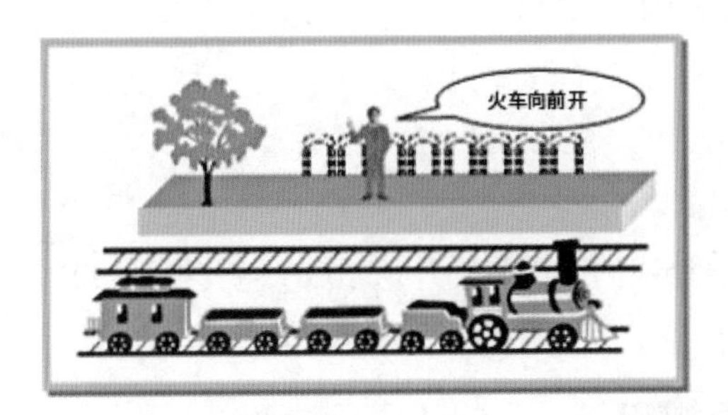

图 7.22: 运动是相对的

同样的道理，对于代数式：

$$\begin{pmatrix}0 & 1\\0.5 & -0.5\end{pmatrix}\begin{pmatrix}-2\\-2\end{pmatrix}=\begin{pmatrix}-2\\0\end{pmatrix}$$

可以认为它是矩阵函数，此时坐标系保持不变，矩阵 $\begin{pmatrix}0 & 1\\0.5 & -0.5\end{pmatrix}$ 将向量 $\begin{pmatrix}-2\\-2\end{pmatrix}$ 映射

到 $\begin{pmatrix}-2\\0\end{pmatrix}$，见图 7.23。

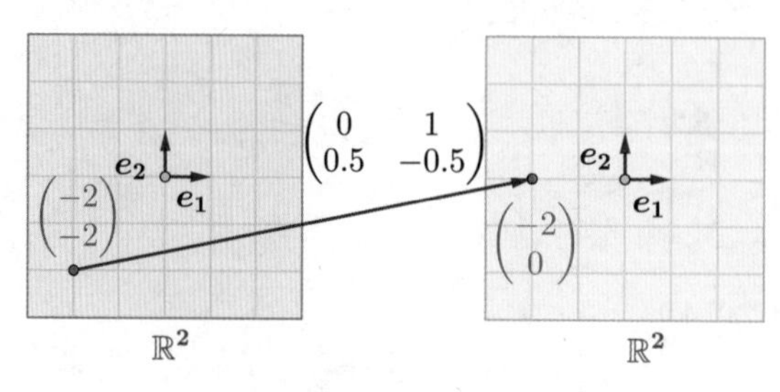


图 7.23: 坐标系保持不变

也可以认为是坐标变换公式，此时向量保持不变，过渡矩阵 $\begin{pmatrix}0 & 1\\0.5 & -0.5\end{pmatrix}$ 将自然基 $\boldsymbol{e}_1,\boldsymbol{e}_2$ 下的坐标 $\begin{pmatrix}-2\\-2\end{pmatrix}$ 变换为了基 $\boldsymbol{m}_1=\begin{pmatrix}1\\1\end{pmatrix},\boldsymbol{m}_2=\begin{pmatrix}2\\0\end{pmatrix}$ 下的坐标 $\begin{pmatrix}-2\\0\end{pmatrix}$，见图 7.24。

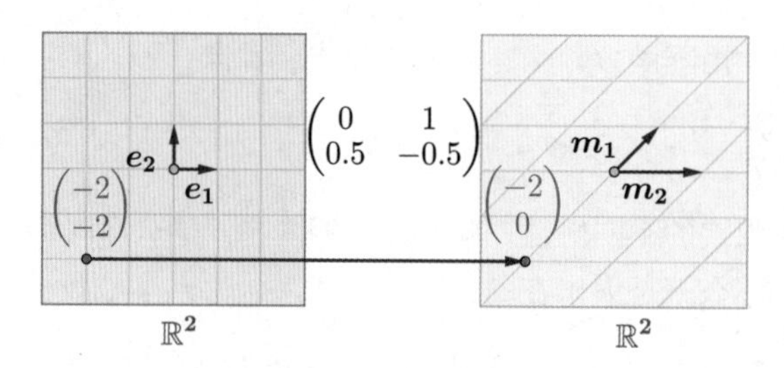


图 7.24: 向量保持不变

## 7.4　相似矩阵的定义和性质

前两节学习了过渡矩阵及坐标变换公式，让我们可以将图片从 RGB 基变换到 $\mathrm{YP_rP_b}$ 基，见图 7.25。

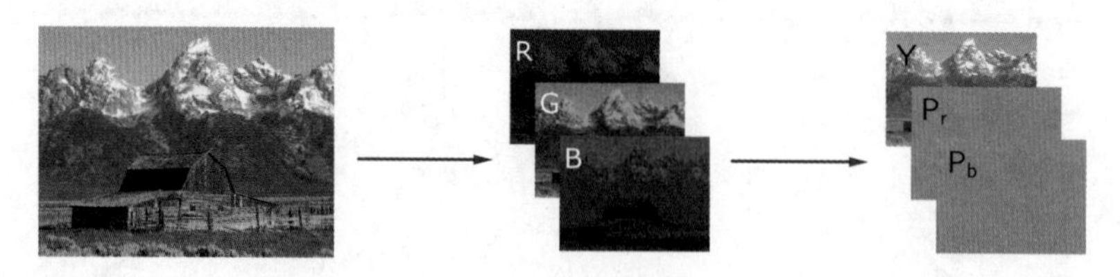


图 7.25: 将图片从 RGB 基变换到 $\mathrm{YP_rP_b}$ 基

最后一步需要实现亮度调整（也就是调整 $Y$ 坐标值）的函数，这就是本节要讲的相似矩阵。

### 7.4.1 相似矩阵的定义

让我们从简单的旋转说起，假设某映射的作用是对向量进行旋转，见图 7.26。

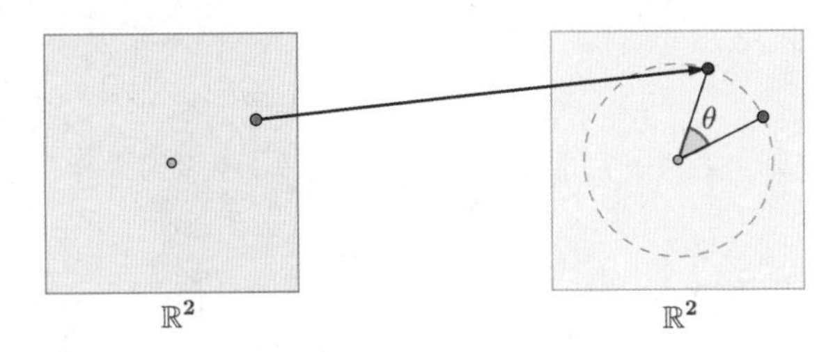


图 7.26: 对向量进行旋转

那么该映射在自然基 $\mathcal{E}$ 下就是之前学习过的旋转矩阵 $\boldsymbol{A}=\begin{pmatrix}\cos\theta & -\sin\theta\\ \sin\theta & \cos\theta\end{pmatrix}$，见图 7.27。

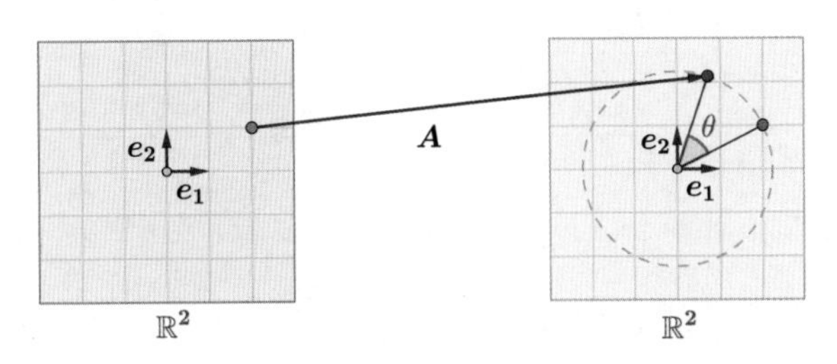


图 7.27: 旋转矩阵

而在基 $\mathcal{P}$ 下是矩阵函数 $\boldsymbol{B}=\begin{pmatrix}\cos\theta+\sin\theta & -\sin\theta\\ 2\sin\theta & -\sin\theta+\cos\theta\end{pmatrix}$，见图 7.28。

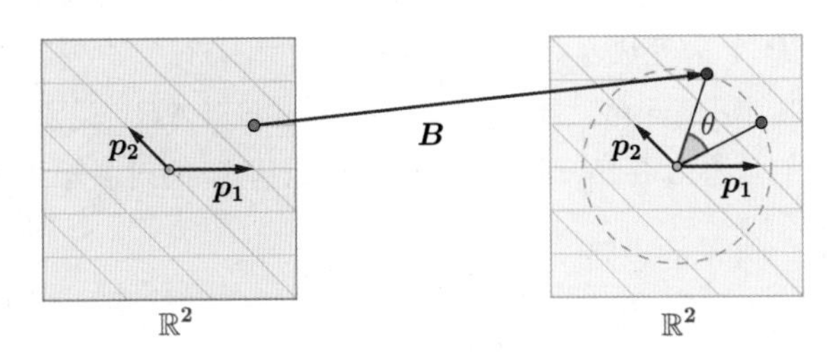


图 7.28: 在基 $\mathcal{P}$ 下的矩阵函数

表示同一个映射的 $\boldsymbol{A},\boldsymbol{B}$ 就是相似矩阵，在给出相似矩阵的定义之前，先看看 $\boldsymbol{B}$ 是如何求出的。

**例 7.** 已知基为 $\mathcal{P}:\boldsymbol{p}_1=\begin{pmatrix}2\\0\end{pmatrix},\boldsymbol{p}_2=\begin{pmatrix}-1\\1\end{pmatrix}$，请求出在该基下完成旋转操作的 $\boldsymbol{B}$。

**解：**（1）先说思路。本题的目标是将坐标 $[\boldsymbol{x}]_{\mathcal{P}}$ 通过某矩阵 $\boldsymbol{B}$ 旋转 $\theta$ 后，变为坐标 $[\boldsymbol{y}]_{\mathcal{P}}$，见图 7.29。

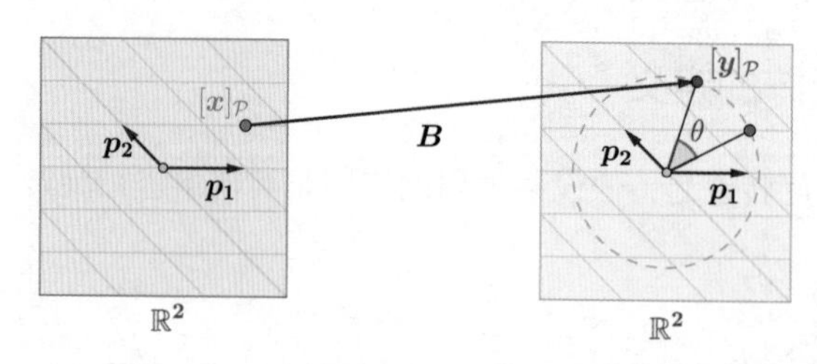


图 7.29: 坐标 $[\boldsymbol{x}]_{\mathcal{P}}$ 通过某矩阵 $\boldsymbol{B}$ 旋转 $\theta$ 后，变为坐标 $[\boldsymbol{y}]_{\mathcal{P}}$

该操作可由旋转矩阵 $\boldsymbol{A}=\begin{pmatrix}\cos\theta & -\sin\theta\\ \sin\theta & \cos\theta\end{pmatrix}$ 完成，但其定义域和值域都在自然基 $\mathcal{E}=\{\boldsymbol{e_1},\boldsymbol{e_2}\}$ 下[①]，见图 7.30。

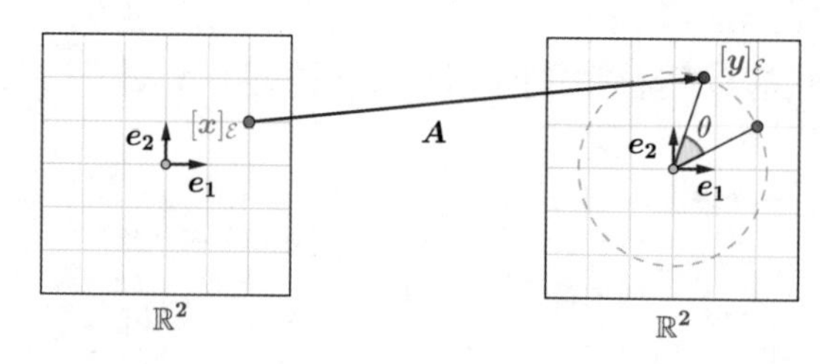


图 7.30: 坐标 $[\boldsymbol{x}]_{\mathcal{E}}$ 通过某矩阵 $\boldsymbol{A}$ 旋转 $\theta$ 后，变为坐标 $[\boldsymbol{y}]_{\mathcal{E}}$

所以，需要通过下面三步来达到本题的目标：

（i）将 $[\boldsymbol{x}]_{\mathcal{P}}$ 变换为自然基 $\mathcal{E}$ 下的坐标 $[\boldsymbol{x}]_{\mathcal{E}}$。

（ii）再将 $[\boldsymbol{x}]_{\mathcal{E}}$ 旋转变为 $[\boldsymbol{y}]_{\mathcal{E}}$。

（iii）最后将 $[\boldsymbol{y}]_{\mathcal{E}}$ 变换为基 $\mathcal{P}$ 下的坐标 $[\boldsymbol{y}]_{\mathcal{P}}$。

假设 $\boldsymbol{P}$ 是由自然基 $\mathcal{E}$ 到基 $\mathcal{P}$ 的过渡矩阵，$\boldsymbol{A}$ 是旋转矩阵，那么上述这三步可分别通过矩阵 $\boldsymbol{P},\boldsymbol{A}$ 以及 $\boldsymbol{P}^{-1}$ 来完成，具体过程可以参见图 7.31[②]。

根据图 7.31 可知，$[\boldsymbol{y}]_{\mathcal{P}}=\boldsymbol{P}^{-1}\boldsymbol{A}\boldsymbol{P}[\boldsymbol{x}]_{\mathcal{P}}$，令 $\boldsymbol{B}=\boldsymbol{P}^{-1}\boldsymbol{A}\boldsymbol{P}$，这就是最终要求的矩阵。

（2）下面是具体的计算。容易知道，自然基 $\mathcal{E}$ 到基 $\mathcal{P}$ 的过渡矩阵为 $\boldsymbol{P}=(\boldsymbol{p_1},\boldsymbol{p_2})=\begin{pmatrix}2 & -1\\ 0 & 1\end{pmatrix}$，那么根据（1）的思路，我们要求的 $\boldsymbol{B}$ 为：

$$
\begin{aligned}
\boldsymbol{B}&=\overbrace{\begin{pmatrix}0.5 & 0.5\\ 0 & 1\end{pmatrix}}^{\boldsymbol{P}^{-1}}\overbrace{\begin{pmatrix}\cos\theta & -\sin\theta\\ \sin\theta & \cos\theta\end{pmatrix}}^{\boldsymbol{A}}\overbrace{\begin{pmatrix}2 & -1\\ 0 & 1\end{pmatrix}}^{\boldsymbol{P}}\\
&=\begin{pmatrix}\cos\theta+\sin\theta & -\sin\theta\\ 2\sin\theta & -\sin\theta+\cos\theta\end{pmatrix}
\end{aligned}
$$

① 这里的向量空间都用白色背景，是为了表明该矩阵函数起到辅助作用。

② 为什么可以像图示一样完成？可以参看本证明的（3）部分。

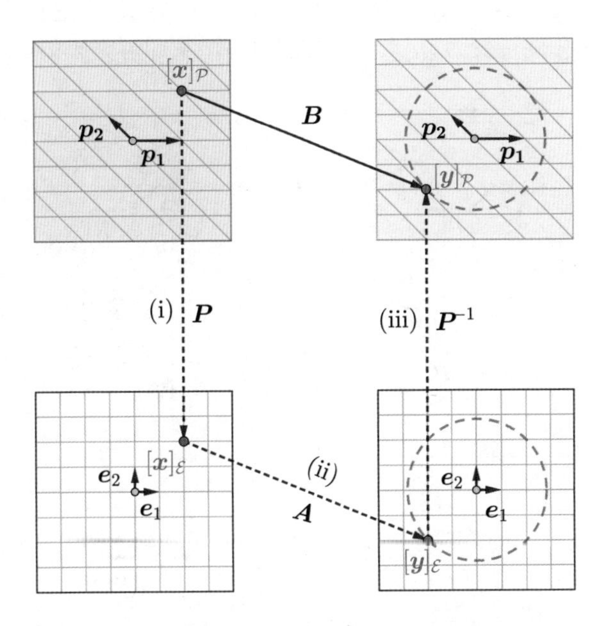


图 7.31: 通过三步，求出基 $\mathcal{P}$ 下的旋转矩阵

（3）这里补充说明一下（1）中的细节。第（i）步将 $[\boldsymbol{x}]_\mathcal{P}$ 变换为自然基 $\mathcal{E}$ 下的坐标 $[\boldsymbol{x}]_\mathcal{E}$，因为 $\boldsymbol{P}$ 为由自然基 $\mathcal{E}$ 到基 $\mathcal{P}$ 的过渡矩阵，所以根据坐标变换公式 $[\boldsymbol{x}]_\mathcal{E}=\boldsymbol{P}[\boldsymbol{x}]_\mathcal{P}$ 即可完成，见图 7.32。

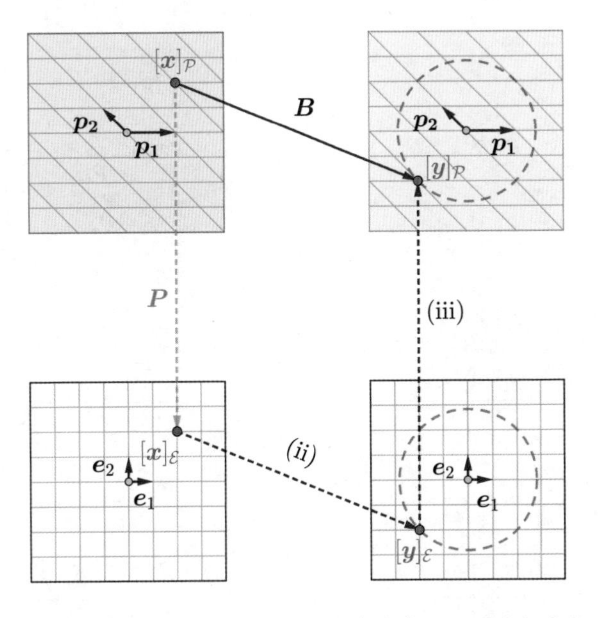


图 7.32: 第（i）步将 $[\boldsymbol{x}]_\mathcal{P}$ 变换为自然基 $\mathcal{E}$ 下的坐标 $[\boldsymbol{x}]_\mathcal{E}$

第（ii）步将 $[\boldsymbol{x}]_{\mathcal{E}}$ 旋转变为 $[\boldsymbol{y}]_{\mathcal{E}}$，通过旋转矩阵 $\boldsymbol{A}$ 即可完成，见图 7.33。

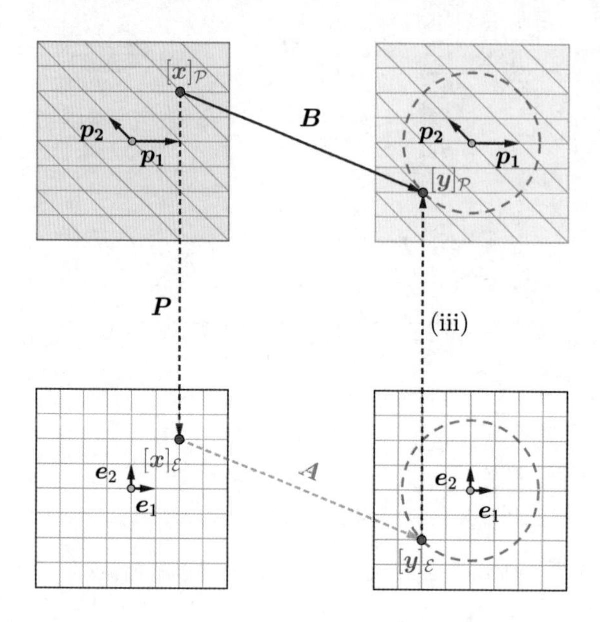


图 7.33: 将 $[\boldsymbol{x}]_{\mathcal{E}}$ 旋转变为 $[\boldsymbol{y}]_{\mathcal{E}}$

第（iii）步将 $[\boldsymbol{y}]_{\mathcal{E}}$ 变换为基 $\mathcal{P}$ 下的坐标 $[\boldsymbol{y}]_{\mathcal{P}}$。根据坐标变换公式 $[\boldsymbol{y}]_{\mathcal{P}} = P^{-1}[\boldsymbol{y}]_{\mathcal{E}}$ 即可完成，见图 7.34。

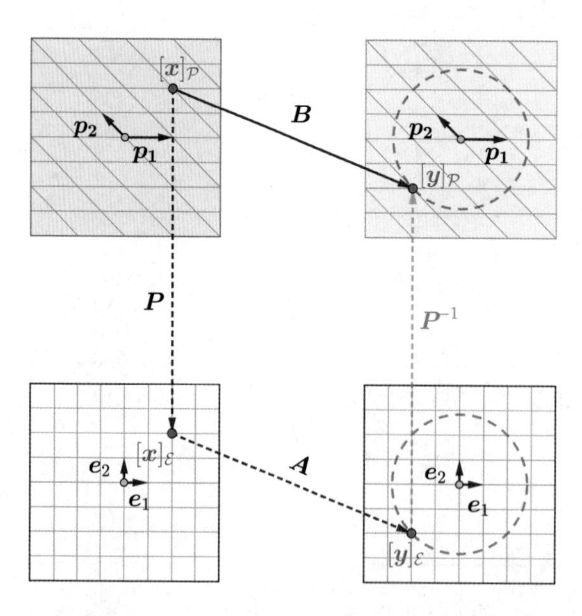


图 7.34: 将 $[\boldsymbol{y}]_{\mathcal{E}}$ 变换为基 $\mathcal{P}$ 下的坐标 $[\boldsymbol{y}]_{\mathcal{P}}$

有了上面的铺垫，就不难理解相似矩阵的定义了。

**定义 2.** 设 $\boldsymbol{A},\boldsymbol{B}$ 都是 $n$ 阶方阵，若有可逆矩阵 $\boldsymbol{P}$，使得 $\boldsymbol{B}=\boldsymbol{P}^{-1}\boldsymbol{A}\boldsymbol{P}$，则称 $\boldsymbol{P}$ 为相似变换矩阵（Similarity transformation matrix），称 $\boldsymbol{B}$ 是 $\boldsymbol{A}$ 的相似矩阵（Similar matrix），记作：

$$\boldsymbol{A}\simeq\boldsymbol{B}$$

### 7.4.2 相似矩阵的性质

**定理 4.** 若 $\boldsymbol{A}\simeq\boldsymbol{B}$，则：

$$(1)\boldsymbol{A}^k\simeq\boldsymbol{B}^k,\quad k\in\mathbb{Z}^+\qquad(2)\boldsymbol{A}^{\mathrm{T}}\simeq\boldsymbol{B}^{\mathrm{T}}$$

若 $\boldsymbol{A}\simeq\boldsymbol{B}$，且 $\boldsymbol{A},\boldsymbol{B}$ 可逆，则：

$$(3)\boldsymbol{A}^{-1}\simeq\boldsymbol{B}^{-1}\qquad(4)\boldsymbol{A}^*\simeq\boldsymbol{B}^*$$

若 $\boldsymbol{A}\simeq\boldsymbol{B},\boldsymbol{B}\simeq\boldsymbol{C}$，那么

$$(5)\boldsymbol{A}\simeq\boldsymbol{C}$$

**证明：** 因为 $\boldsymbol{A}\simeq\boldsymbol{B}$，根据相似矩阵的定义可知，存在可逆矩阵 $\boldsymbol{P}$ 使得 $\boldsymbol{B}=\boldsymbol{P}^{-1}\boldsymbol{A}\boldsymbol{P}$。下面对每个性质进行证明。

（1）证明 $\boldsymbol{A}^k\simeq\boldsymbol{B}^k,\quad k\in\mathbb{Z}^+$。容易知道：

$$\begin{aligned}\boldsymbol{B}^k&=\left(\boldsymbol{P}^{-1}\boldsymbol{A}\boldsymbol{P}\right)^k=\boldsymbol{P}^{-1}\boldsymbol{A}\boldsymbol{P}\boldsymbol{P}^{-1}\boldsymbol{A}\boldsymbol{P}\cdots\boldsymbol{P}^{-1}\boldsymbol{A}\boldsymbol{P}\boldsymbol{P}^{-1}\boldsymbol{A}\boldsymbol{P}\\&=\boldsymbol{P}^{-1}\boldsymbol{A}(\boldsymbol{P}\boldsymbol{P}^{-1})\boldsymbol{A}\boldsymbol{P}\cdots\boldsymbol{P}^{-1}\boldsymbol{A}(\boldsymbol{P}\boldsymbol{P}^{-1})\boldsymbol{A}\boldsymbol{P}=\boldsymbol{P}^{-1}\boldsymbol{A}^k\boldsymbol{P}\end{aligned}$$

所以 $\boldsymbol{A}^k\simeq\boldsymbol{B}^k$。

（2）证明 $\boldsymbol{A}^{\mathrm{T}}\simeq\boldsymbol{B}^{\mathrm{T}}$。对 $\boldsymbol{B}=\boldsymbol{P}^{-1}\boldsymbol{A}\boldsymbol{P}$ 两侧同时转置可得：

$$\boldsymbol{B}^{\mathrm{T}}=(\boldsymbol{P}^{-1}\boldsymbol{A}\boldsymbol{P})^{\mathrm{T}}$$

由转置矩阵的运算规律 $(\boldsymbol{A}\boldsymbol{B})^{\mathrm{T}}=\boldsymbol{B}^{\mathrm{T}}A^{\mathrm{T}}$ 以及逆矩阵的运算规律 $(\boldsymbol{A}^{\mathrm{T}})^{-1}=(\boldsymbol{A}^{-1})^{\mathrm{T}}$，可得：

$$\boldsymbol{B}^{\mathrm{T}}=(\boldsymbol{P}^{-1}\boldsymbol{A}\boldsymbol{P})^{\mathrm{T}}=\boldsymbol{P}^{\mathrm{T}}\boldsymbol{A}^{\mathrm{T}}(\boldsymbol{P}^{-1})^{\mathrm{T}}=\boldsymbol{P}^{\mathrm{T}}\boldsymbol{A}^{\mathrm{T}}(\boldsymbol{P}^{\mathrm{T}})^{-1}$$

令 $(\boldsymbol{P}^{\mathrm{T}})^{-1}=\boldsymbol{Q}$，则上式可以改写为：

$$\boldsymbol{B}^{\mathrm{T}}=\boldsymbol{Q}^{-1}\boldsymbol{A}^{\mathrm{T}}\boldsymbol{Q}$$

因为 $\boldsymbol{Q}$ 必然为可逆矩阵，所以 $\boldsymbol{A}^{\mathrm{T}}\simeq\boldsymbol{B}^{\mathrm{T}}$。

（3）证明 $\boldsymbol{A}^{-1} \simeq \boldsymbol{B}^{-1}$。对 $\boldsymbol{B}=\boldsymbol{P}^{-1}\boldsymbol{A}\boldsymbol{P}$ 两侧同时取逆矩阵，可得：

$$\boldsymbol{B}^{-1}=(\boldsymbol{P}^{-1}\boldsymbol{A}\boldsymbol{P})^{-1}$$

由逆矩阵的运算规律 $(\boldsymbol{A}\boldsymbol{B})^{-1}=\boldsymbol{B}^{-1}\boldsymbol{A}^{-1}$，可得：

$$\boldsymbol{B}^{-1}=(\boldsymbol{P}^{-1}\boldsymbol{A}\boldsymbol{P})^{-1}=\boldsymbol{P}^{-1}\boldsymbol{A}^{-1}\boldsymbol{P}$$

所以 $\boldsymbol{A}^{-1} \simeq \boldsymbol{B}^{-1}$。

（4）证明当 $\boldsymbol{A},\boldsymbol{B}$ 是可逆矩阵时，有 $\boldsymbol{A}^{*} \simeq \boldsymbol{B}^{*}$。首先，在 $\boldsymbol{A},\boldsymbol{B}$ 可逆时，根据伴随矩阵与逆矩阵的关系，可得：

$$\boldsymbol{A}^{-1}=\frac{1}{|\boldsymbol{A}|}\boldsymbol{A}^{*} \implies \left(\boldsymbol{A}^{-1}\right)^{-1}=\left(\frac{1}{|\boldsymbol{A}|}\boldsymbol{A}^{*}\right)^{-1} \implies \boldsymbol{A}=|\boldsymbol{A}|(\boldsymbol{A}^{*})^{-1}$$

然后，对 $\boldsymbol{B}=\boldsymbol{P}^{-1}\boldsymbol{A}\boldsymbol{P}$ 两侧同时取行列式，可得：

$$|\boldsymbol{B}|=|\boldsymbol{P}^{-1}\boldsymbol{A}\boldsymbol{P}|=|\boldsymbol{P}^{-1}||\boldsymbol{A}||\boldsymbol{P}|=|\boldsymbol{A}|$$

综合上面的两个结论，可得：

$$\begin{aligned}\boldsymbol{B}=\boldsymbol{P}^{-1}\boldsymbol{A}\boldsymbol{P} &\implies (\boldsymbol{B}^{*})^{-1}|\boldsymbol{B}|=\boldsymbol{P}^{-1}(\boldsymbol{A}^{*})^{-1}|\boldsymbol{A}|\boldsymbol{P}\\ &\implies (\boldsymbol{B}^{*})^{-1}=\boldsymbol{P}^{-1}(\boldsymbol{A}^{*})^{-1}\boldsymbol{P}\end{aligned}$$

对上式两侧同时取逆矩阵，并结合逆矩阵的运算规律 $(\boldsymbol{A}\boldsymbol{B})^{-1}=\boldsymbol{B}^{-1}\boldsymbol{A}^{-1}$，可得：

$$\boldsymbol{B}^{*}=(\boldsymbol{P}^{-1}(\boldsymbol{A}^{*})^{-1}\boldsymbol{P})^{-1}=\boldsymbol{P}^{-1}\boldsymbol{A}^{*}\boldsymbol{P}$$

因此 $\boldsymbol{A}^{*}$ 相似于 $\boldsymbol{B}^{*}$。

（5）证明 $\boldsymbol{A} \simeq \boldsymbol{C}$。若 $\boldsymbol{A} \simeq \boldsymbol{B}$，$\boldsymbol{B} \simeq \boldsymbol{C}$，根据相似矩阵的定义，则存在可逆矩阵 $\boldsymbol{P}$ 以及可逆矩阵 $\boldsymbol{Q}$，使得：

$$\boldsymbol{B}=\boldsymbol{P}^{-1}\boldsymbol{A}\boldsymbol{P},\quad \boldsymbol{B}=\boldsymbol{Q}^{-1}\boldsymbol{C}\boldsymbol{Q}$$

可以进一步推出：

$$\boldsymbol{P}^{-1}\boldsymbol{A}\boldsymbol{P}=\boldsymbol{Q}^{-1}\boldsymbol{C}\boldsymbol{Q} \implies \boldsymbol{Q}\boldsymbol{P}^{-1}\boldsymbol{A}\boldsymbol{P}\boldsymbol{Q}^{-1}=\boldsymbol{C}$$

令 $\boldsymbol{M}=\boldsymbol{P}\boldsymbol{Q}^{-1}$，很显然这也是可逆矩阵，因此有 $\boldsymbol{M}^{-1}=\boldsymbol{Q}\boldsymbol{P}^{-1}$，所以上式可改写为：

$$\boldsymbol{C}=\boldsymbol{M}^{-1}\boldsymbol{A}\boldsymbol{M}$$

因此根据相似矩阵的定义有 $\boldsymbol{A} \simeq \boldsymbol{C}$。 □

其中的 $\boldsymbol{A}^{-1} \simeq \boldsymbol{B}^{-1}$ 可以通过图 7.35 来帮助理解，就是将之前的映射关系反过来。

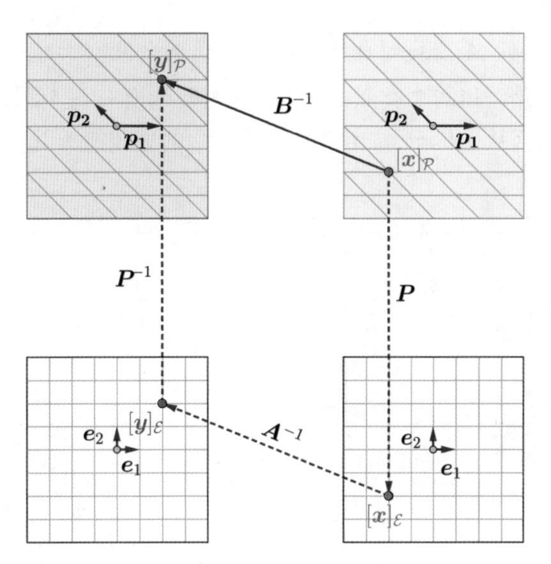


图 7.35: $A^{-1} \simeq B^{-1}$

### 7.4.3 亮度的调整

让我们来完成本章的目标：图片的亮度调整。下面通过两道例题来循序渐进地讲解。

**例 8.** 下面是向量空间 $\mathbb{R}^2$ 的自然基以及某非自然基：

$$\mathcal{E}: \boldsymbol{e_1} = \begin{pmatrix} 1 \\ 0 \end{pmatrix}, \boldsymbol{e_2} = \begin{pmatrix} 0 \\ 1 \end{pmatrix} \qquad \mathcal{P}: p_1 = \begin{pmatrix} 2 \\ 0 \end{pmatrix}, m_2 = \begin{pmatrix} -1 \\ 1 \end{pmatrix}$$

假设有基 $\mathcal{P}$ 下的矩阵函数 $\boldsymbol{A} = \begin{pmatrix} 1 & 0 \\ 0 & 2 \end{pmatrix}$，它可让坐标的第二个值翻倍，比如对于坐标 $[\boldsymbol{x}_{\mathcal{P}}] = \begin{pmatrix} 1 \\ 1 \end{pmatrix}$，有：

$$\underbrace{\begin{pmatrix} 1 \\ 2 \end{pmatrix}}_{\boldsymbol{y}_{\mathcal{P}}} = \underbrace{\begin{pmatrix} 1 & 0 \\ 0 & 2 \end{pmatrix}}_{\boldsymbol{A}} \underbrace{\begin{pmatrix} 1 \\ 1 \end{pmatrix}}_{[\boldsymbol{x}_{\mathcal{P}}]}$$

该映射过程可以见图 7.36。

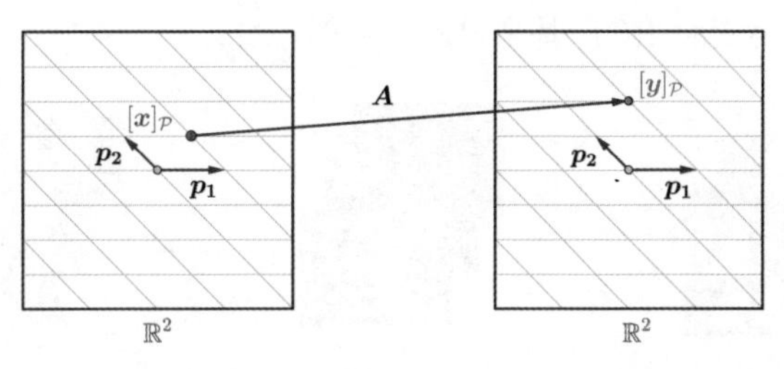


图 7.36: 将基 $\mathcal{P}$ 下的坐标的第二个值翻倍

如果想将该矩阵函数 $\boldsymbol{A}$ 变换到自然基 $\mathcal{E}$ 下应该怎么做？

**解：**（1）先说思路。和例 7 类似，只是方向需要调换一下。假设 $\boldsymbol{P}$ 为由自然基 $\mathcal{E}$ 到基 $\mathcal{P}$ 的过渡矩阵，那么从坐标 $[\boldsymbol{x}]_{\mathcal{E}}$ 出发，沿着图中的虚线箭头就可以到达最终要求的坐标 $[\boldsymbol{y}]_{\mathcal{E}}$，见图 7.37。

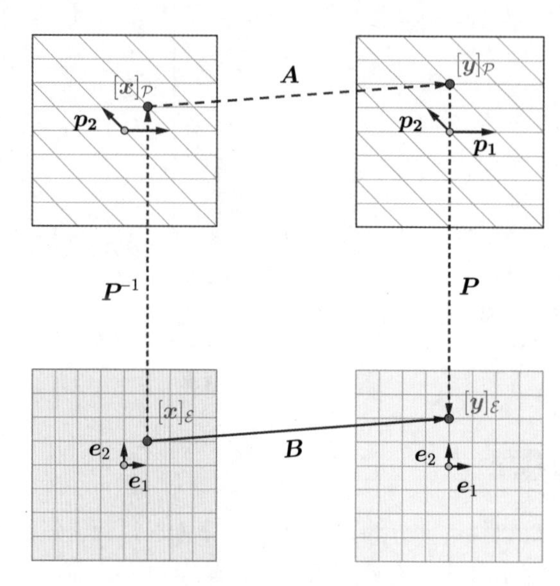


图 7.37: 求解的思路

根据图 7.37 可知，$[\boldsymbol{y}]_{\mathcal{E}} = PAP^{-1}[\boldsymbol{x}]_{\mathcal{E}}$，令 $\boldsymbol{B} = \boldsymbol{PAP}^{-1}$，这就是最终要求的矩阵。

（2）下面是具体的计算。容易知道自然基 $\mathcal{E}$ 到基 $\mathcal{P}$ 的过渡矩阵为 $\boldsymbol{P} = (\boldsymbol{p_1}, \boldsymbol{p_2}) = \begin{pmatrix} 2 & -1 \\ 0 & 1 \end{pmatrix}$，那么根据（1）的思路，我们要求的 $\boldsymbol{B}$ 为：

$$\boldsymbol{B} = \underbrace{\begin{pmatrix} 2 & -1 \\ 0 & 1 \end{pmatrix}}_{\boldsymbol{P}} \underbrace{\begin{pmatrix} 1 & 0 \\ 0 & 2 \end{pmatrix}}_{\boldsymbol{A}} \underbrace{\begin{pmatrix} 0.5 & 0.5 \\ 0 & 1 \end{pmatrix}}_{\boldsymbol{P}^{-1}} = \begin{pmatrix} 1 & -1 \\ 0 & 2 \end{pmatrix}$$

**例 9.** 请问我们应该如何对图片的亮度进行调整？

**解：**（1）思路很简单，将图片从 RGB 基变换到 $\mathrm{YP_rP_b}$ 基，然后调节其中的 $Y$ 值来完成亮度调整，最后再变回 RGB 基来显示，见图 7.38。

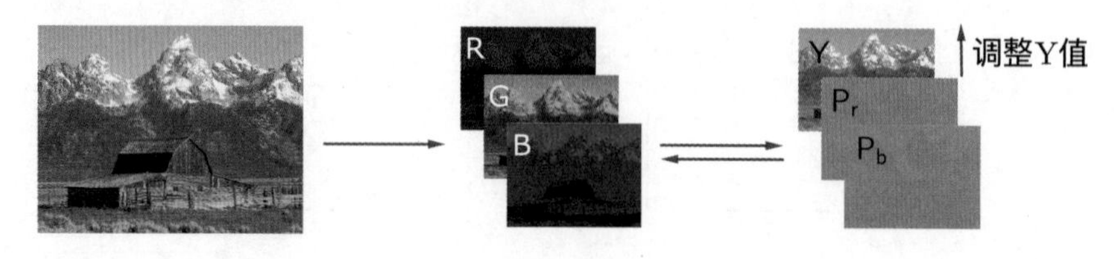


图 7.38: 调整亮度

（2）具体的求解。$\boldsymbol{A}=\begin{pmatrix}2&0&0\\0&1&0\\0&0&1\end{pmatrix}$ 就可以将 $Y$ 值翻倍，不过它是作用在 $\mathrm{YP_rP_b}$ 基下的，所以需要将其变回 RGB 基，这就与例 8 很类似了，可以参考其分析过程来推导一下。

之前就介绍过，可以通过下列线性方程组完成从 RGB 到 $\mathrm{YP_rP_b}$ 的变换（这是一个坐标变换）：

$$\begin{cases}0.299\cdot R & +0.587\cdot G & +0.114\cdot B & =Y\\0.5\cdot R & -0.418688\cdot G & -0.081312\cdot B & =P_r\\-0.168736\cdot R & -0.331264\cdot G & +0.5\cdot B & =P_b\end{cases}$$

上式改写为矩阵形式就得到了坐标变换公式：

$$\begin{pmatrix}0.299&0.587&0.114\\0.5&-0.418688&-0.081312\\-0.168736&-0.331264&0.5\end{pmatrix}\begin{pmatrix}R\\G\\B\end{pmatrix}=\begin{pmatrix}Y\\P_r\\P_b\end{pmatrix}$$

因此，从 RGB 基到 $\mathrm{YP_rP_b}$ 基的过渡矩阵为：

$$\boldsymbol{P}=\begin{pmatrix}0.299&0.587&0.114\\0.5&-0.418688&-0.081312\\-0.168736&-0.331264&0.5\end{pmatrix}^{-1}$$

那么参考例 8，可知下面这个相似矩阵就可以完成亮度调整：

$$\boldsymbol{B}=\boldsymbol{PAP}^{-1}=\boldsymbol{P}\begin{pmatrix}2&0&0\\0&1&0\\0&0&1\end{pmatrix}\boldsymbol{P}^{-1}$$

比如 $\boldsymbol{B}\begin{pmatrix}R_1\\G_1\\B_1\end{pmatrix}=\begin{pmatrix}R_2\\G_2\\B_2\end{pmatrix}$ 的作用就是将输入的 $\begin{pmatrix}R_1\\G_1\\B_1\end{pmatrix}$ 亮度提升后，输出得到 $\begin{pmatrix}R_2\\G_2\\B_2\end{pmatrix}$。

# 第 8 章　特征向量与对角化

## 8.1　特征值与特征向量

在现实生活中有这么一类问题，它们的共同特点是不断重复某种行为。比如原子弹中的链式反应，刚开始是一颗中子撞碎铀 235，然后释放出能量以及更多的中子。释放出的中子又会去撞碎铀 235，释放出更多的能量和中子，这个行为会不断重复，最终爆炸，见图 8.1。

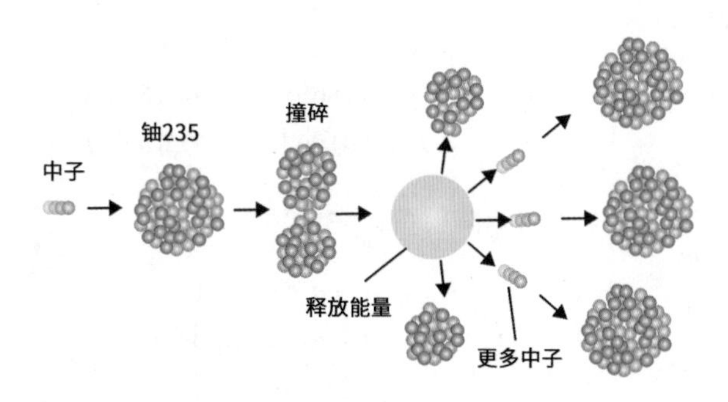


图 8.1: 原子弹中的链式反应

再比如图 8.2 所示的是一个左右摆动的牛顿摆，因为空气阻力的原因，每次摆动的幅度都在缩小。摆动行为不断重复，最终停止。

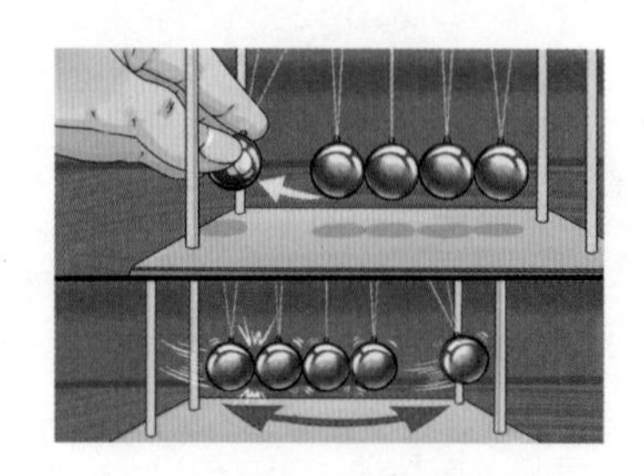

图 8.2: 牛顿摆

还比如人们会在城市、市郊、乡村之间迁移，这种迁移行为会不断重复，最终三地的人口会保持一个基本稳定的比例，见图 8.3。

图 8.3: 人口的迁移

本章就来学习如何解决上述问题，其中的核心就是将“不断重复某种行为”抽象为矩阵的幂 $\boldsymbol{A}^n$，以及完成 $\boldsymbol{A}^n$ 的计算。让我们从学习特征值和特征向量开始。

### 8.1.1 特征值与特征向量的定义

一般来说，向量经过线性映射后，方向会发生改变，见图 8.4。

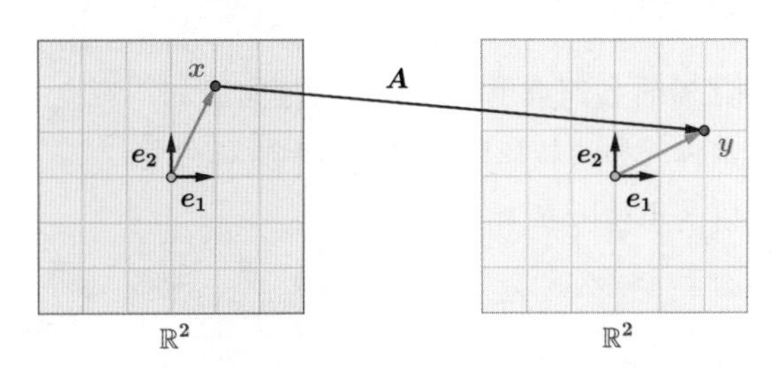


图 8.4: 一般的向量经过线性映射后，方向会发生改变

不过，有可能有部分向量，在线性映射后方向没有改变（还在一条直线上），只是发生了伸缩，见图 8.5。

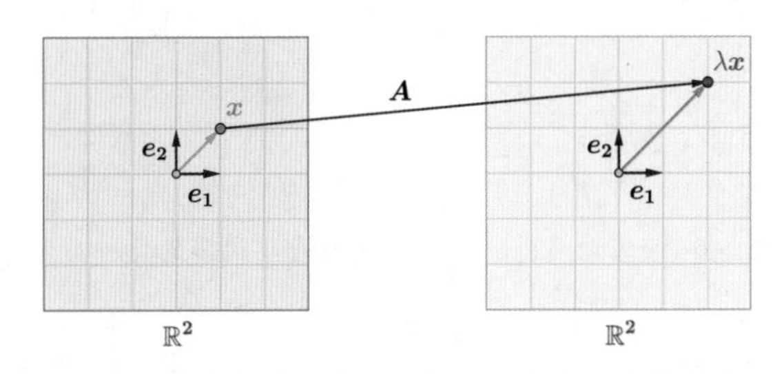


图 8.5: 有些向量经线性映射后，方向不发生改变

这些没有发生方向改变的向量称为特征向量，变换前后的伸缩比称为特征值，其严格定义如下。

**定义 1.** 设 $\boldsymbol{A}$ 是 $n$ 阶方阵，$\boldsymbol{x}$ 为非零向量，若存在数 $\lambda$ 使得下式成立：

$$\boldsymbol{A}\boldsymbol{x}=\lambda\boldsymbol{x}$$

那么数 $\lambda$ 称为 $\boldsymbol{A}$ 的特征值（*Eigenvalue*），非零向量 $\boldsymbol{x}$ 称为 $\boldsymbol{A}$ 的对应于 $\lambda$ 的特征向量（*Eigenvector*）。

这里需要强调一下，上述的数 $\lambda$ 可以是复数，不过在本书中只讨论实数的情况。

**例 1.** 判断下列说法是否正确：

（1）所有满足 $\boldsymbol{A}\boldsymbol{x}=\lambda\boldsymbol{x}$ 的 $\boldsymbol{x}$ 都是特征向量；（2）$\boldsymbol{x}=\begin{pmatrix}1\\2\\3\end{pmatrix}$ 是矩阵 $\boldsymbol{A}=\begin{pmatrix}1&2&3\\4&5&6\end{pmatrix}$ 的特征向量。

**解：**（1）不正确。因为 $\boldsymbol{x}$ 为零向量时也满足 $\boldsymbol{A}\boldsymbol{x}=\lambda\boldsymbol{x}$，根据定义，此时的 $\boldsymbol{x}$ 并非为特征向量。之所以要求 $\boldsymbol{x}$ 为非零向量，是因为零向量的方向是任意的，所以谈它的方向不改变没有任何意义。

（2）不正确。根据定义，$\boldsymbol{A}$ 是 $n$ 阶方阵才有特征值和特征向量。

### 8.1.2 特征空间与特征方程

下面通过几道例题来看看如何求出特征值和特征向量。

**例 2.** 请分析一下单位阵和旋转矩阵的特征值和特征向量。

**解：**（1）对于 $n$ 阶的单位阵 $\boldsymbol{I}$ 始终有：

$$\boldsymbol{I}\boldsymbol{x}=\boldsymbol{x},\quad \boldsymbol{x}\in\mathbb{R}^n$$

根据特征值和特征向量的定义，上式意味着向量空间 $\mathbb{R}^n$ 中的所有向量 $\boldsymbol{x}$ 都是单位阵 $\boldsymbol{I}$ 的特征向量（零向量除外），并且对应的特征值都为 1，见图 8.6。

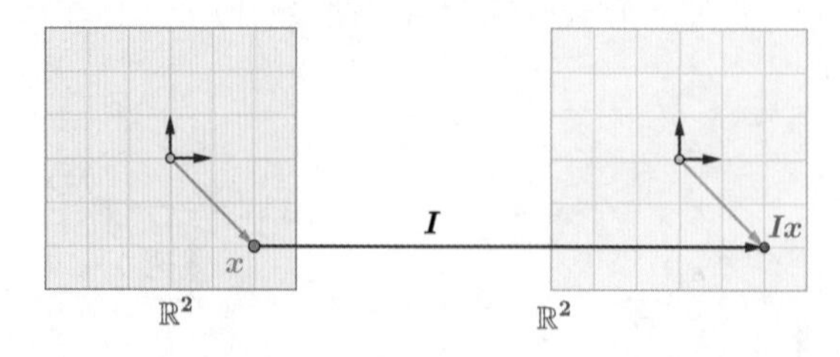


图 8.6: 除零向量外，所有向量都是单位阵的特征向量

（2）对于旋转矩阵 $\boldsymbol{A}=\begin{pmatrix}\cos\theta&-\sin\theta\\\sin\theta&\cos\theta\end{pmatrix}$，不同的 $\theta$ 会有不同的情况，下面来分析

其中的两种。

- 当 $\theta=\dfrac{\pi}{4}$ 时，$\boldsymbol{A}=\begin{pmatrix}\cos\dfrac{\pi}{4} & -\sin\dfrac{\pi}{4}\\ \sin\dfrac{\pi}{4} & \cos\dfrac{\pi}{4}\end{pmatrix}=\begin{pmatrix}\dfrac{\sqrt{2}}{2} & -\dfrac{\sqrt{2}}{2}\\ \dfrac{\sqrt{2}}{2} & \dfrac{\sqrt{2}}{2}\end{pmatrix}$，其几何意义是将每个点都旋转 $\dfrac{\pi}{4}$，见图 8.7。

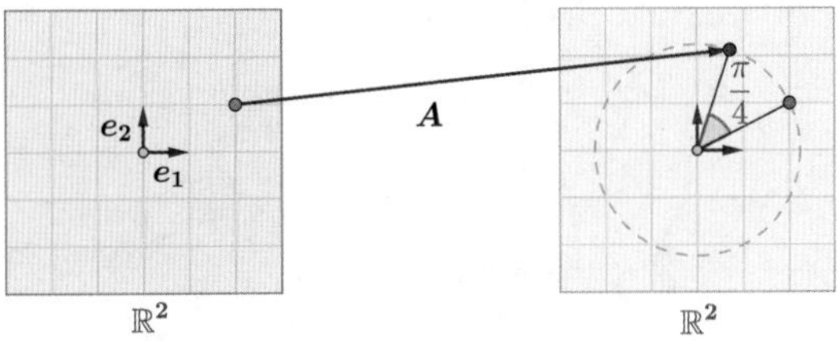

图 8.7: 该旋转矩阵没有特征向量

此时所有向量（零向量除外）在映射后都不在一条直线上。所以矩阵

$$\boldsymbol{A}=\begin{pmatrix}\dfrac{\sqrt{2}}{2} & -\dfrac{\sqrt{2}}{2}\\ \dfrac{\sqrt{2}}{2} & \dfrac{\sqrt{2}}{2}\end{pmatrix}$$

没有特征向量，自然也没有特征值。①

- 当 $\theta=\pi$ 时，$\boldsymbol{A}=\begin{pmatrix}\cos\pi & -\sin\pi\\ \sin\pi & \cos\pi\end{pmatrix}=\begin{pmatrix}-1 & 0\\ 0 & -1\end{pmatrix}$，其几何意义是将每个点都旋转 $\pi$，此时所有向量在映射后都还在一条直线上，只是伸缩了 $-1$ 倍，见图 8.8。

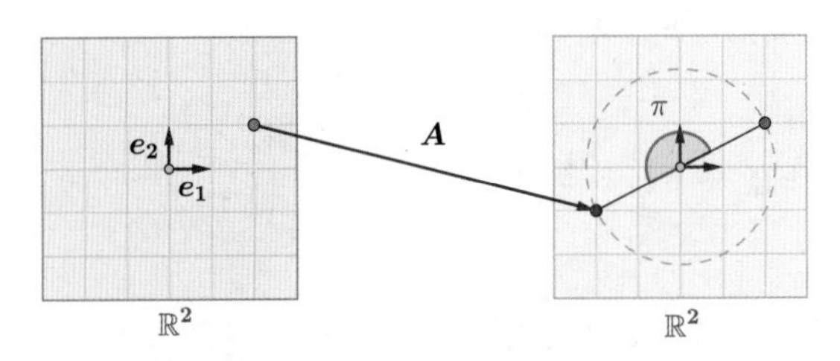


图 8.8: 除零向量外，所有向量都是特征向量

因此所有向量（零向量除外）都是特征向量，且对应的特征值都为 $-1$。

**例 3.** 请求出矩阵 $\boldsymbol{A}=\begin{pmatrix}1 & 1\\ 1 & 1\end{pmatrix}$ 的特征值和特征向量。

**解：** 该矩阵和例 2 不同，不容易通过几何意义看出特征值和特征向量，下面来介绍一下应该怎么做。

① 准确地说，是没有实数特征值。在本书中，没有实数特征值就被认为没有特征值。

（1）先说一下思路，根据特征值和特征向量的定义，可得：

$$\boldsymbol{A}\boldsymbol{x} = \lambda\boldsymbol{x} \Longrightarrow (\boldsymbol{A} - \lambda\boldsymbol{I})\boldsymbol{x} = \boldsymbol{0} \tag{8-1}$$

假设存在特征向量，那么上述方程必然有非零解，因此[1]：

$$|\boldsymbol{A} - \lambda\boldsymbol{I}| = 0 \tag{8-2}$$

联立式 (8-2)、式 (8-1) 可求出特征值和特征向量：

$$\begin{cases} |\boldsymbol{A} - \lambda\boldsymbol{I}| = 0 \\ (\boldsymbol{A} - \lambda\boldsymbol{I})\boldsymbol{x} = \boldsymbol{0} \end{cases} \Longrightarrow \begin{cases} \lambda = ? \\ \boldsymbol{x} = ? \end{cases}$$

（2）求出特征值和特征向量。先求解式 (8-2)：

$$|\boldsymbol{A} - \lambda\boldsymbol{I}| = 0 \Longrightarrow \begin{vmatrix} 1-\lambda & 1 \\ 1 & 1-\lambda \end{vmatrix} = 0 \Longrightarrow (1-\lambda)^2 - 1 = 0 \Longrightarrow \lambda_1 = 0, \lambda_2 = 2$$

求出的 $\lambda_1, \lambda_2$ 就是 $\boldsymbol{A}$ 的全部特征值，下面分别将它们代入式 (8-1) 来求解对应的特征向量。

- $\lambda_1 = 0$ 时，代入式 (8-1)，可得：

  $$(\boldsymbol{A} - 0\boldsymbol{I})\boldsymbol{x} = \boldsymbol{0} \Longrightarrow \begin{pmatrix} 1 & 1 \\ 1 & 1 \end{pmatrix}\boldsymbol{x} = \boldsymbol{0}$$

  根据第 5 章的例 5，可以知道解集为（$\boldsymbol{x}$ 的下标为 $\lambda = 0$，表示这是特征值 0 的解集）：

  $$\boldsymbol{x}_{\lambda=0} = k\begin{pmatrix} -1 \\ 1 \end{pmatrix}, \quad k \in \mathbb{R}$$

  在解集 $\boldsymbol{x}_{\lambda=0}$ 中任选一个非零向量，比如 $\boldsymbol{p}_1 = \begin{pmatrix} -1 \\ 1 \end{pmatrix}$，这就是 $\lambda_1 = 0$ 对应的特征向量。

- $\lambda_2 = 2$ 时，代入式 (8-1)，可得：

  $$(\boldsymbol{A} - 2\boldsymbol{I})\boldsymbol{x} = \boldsymbol{0} \Longrightarrow \begin{pmatrix} -1 & 1 \\ 1 & -1 \end{pmatrix}\boldsymbol{x} = \boldsymbol{0} \Longrightarrow \boldsymbol{x}_{\lambda=2} = k\begin{pmatrix} 1 \\ 1 \end{pmatrix}, \quad k \in \mathbb{R}$$

  在解集 $\boldsymbol{x}_{\lambda=2}$ 中任选一个非零向量，比如 $\boldsymbol{p}_2 = \begin{pmatrix} 1 \\ 1 \end{pmatrix}$，这就是 $\lambda_2 = 2$ 对应的特征向量。

---

① 如果 $|\boldsymbol{A} - \lambda\boldsymbol{I}| \neq 0$，那么 $(\boldsymbol{A} - \lambda\boldsymbol{I})\boldsymbol{x} = \boldsymbol{0}$ 只有唯一解，唯一解就是零向量。根据定义，零向量是不可能为特征向量的。

所以，$\boldsymbol{A}$ 的特征值和特征向量为：

$$\lambda_1 = 0, \lambda_2 = 1 \qquad \boldsymbol{p}_1 = \begin{pmatrix} -1 \\ 1 \end{pmatrix}, \quad \boldsymbol{p}_2 = \begin{pmatrix} 1 \\ 1 \end{pmatrix}$$

在上面的例子中，注意，在解集 $\boldsymbol{x}_{\lambda=0} = k\begin{pmatrix} -1 \\ 1 \end{pmatrix}, k \in \mathbb{R}$ 中都是特征值为 0 对应的特征向量（零向量除外），它对应图 8.9 所示的定义域中的绿线，其上的任意向量都会被映射到零点。

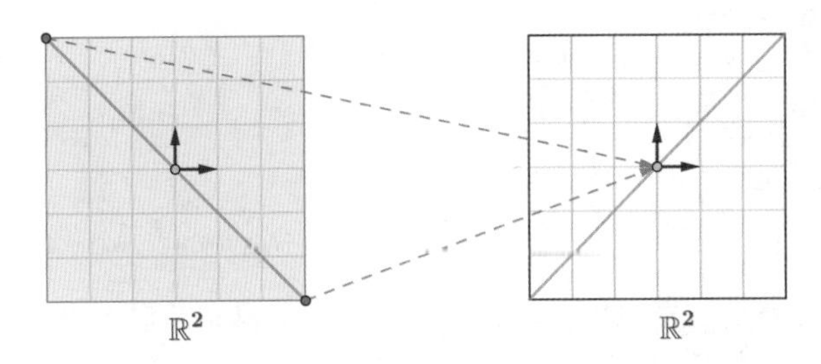


图 8.9: 绿线上的任意向量都会被映射到零点

该绿线是一个向量空间，因其上都是特征值为 0 的特征向量（零向量除外），所以也称为特征值为 0 的特征空间（Eigenspace），见图 8.10。

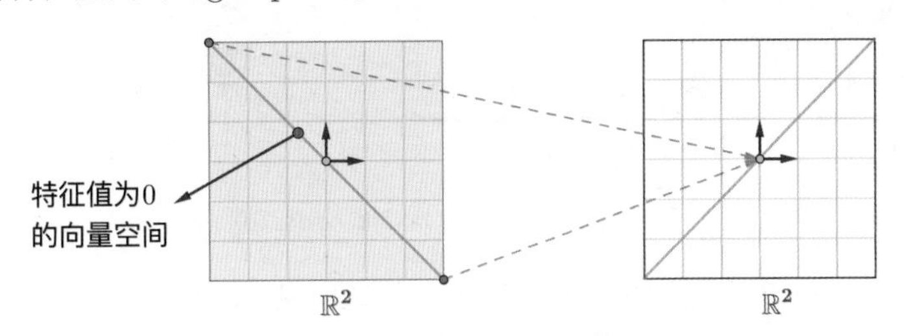


图 8.10: 特征值为 0 的特征空间

同样地，解集 $\boldsymbol{x}_{\lambda=2} = k\begin{pmatrix} 1 \\ 1 \end{pmatrix}, k \in \mathbb{R}$ 中都是特征值为 2 对应的特征向量（零向量除外），它对应图 8.11 所示的定义域中的橙线，其上的任意向量映射后都会变成之前的 2 倍，这是特征值为 2 的特征空间。

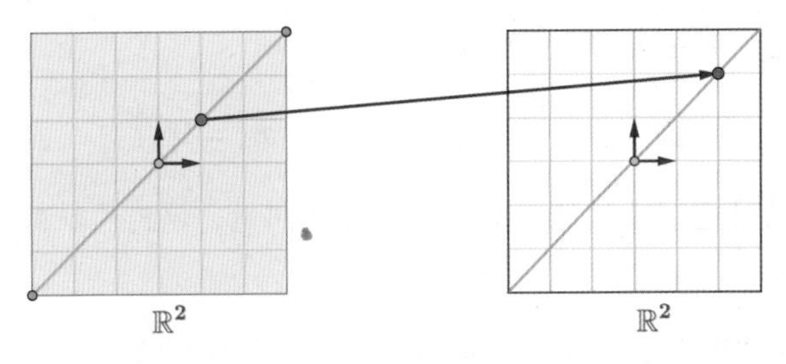


图 8.11: 橙线上的任意向量都会被映射为之前的 2 倍

上面介绍了求解的步骤，下面引入几个概念，总结一下求解过程。

**定义 2.** 假设：

$$\boldsymbol{A}=\begin{pmatrix} a_{11} & a_{12} & \cdots & a_{1n} \\ a_{21} & a_{22} & \cdots & a_{2n} \\ \vdots & \vdots & \ddots & \vdots \\ a_{n1} & a_{n2} & \cdots & a_{nn} \end{pmatrix}$$

那么 $|\boldsymbol{A}-\lambda\boldsymbol{I}|=0$ 可以写作：

$$|\boldsymbol{A}-\lambda\boldsymbol{I}|=\begin{vmatrix} a_{11}-\lambda & a_{12} & \cdots & a_{1n} \\ a_{21} & a_{22}-\lambda & \cdots & a_{2n} \\ \vdots & \vdots & \ddots & \vdots \\ a_{n1} & a_{n2} & \cdots & a_{nn}-\lambda \end{vmatrix}=0$$

其中 $|\boldsymbol{A}-\lambda\boldsymbol{I}|$ 展开后就是关于特征值 $\lambda$ 的多项式，所以称为特征多项式（*Characteristic polynomial*）：

$$\underbrace{\begin{vmatrix} a_{11}-\lambda & a_{12} & \cdots & a_{1n} \\ a_{21} & a_{22}-\lambda & \cdots & a_{2n} \\ \vdots & \vdots & \ddots & \vdots \\ a_{n1} & a_{n2} & \cdots & a_{nn}-\lambda \end{vmatrix}}_{|\boldsymbol{A}-\lambda\boldsymbol{I}|}=c_0\lambda^n+c_1\lambda^{n-1}+\cdots+c_n$$

进而 $|\boldsymbol{A}-\lambda\boldsymbol{I}|=0$ 被称为特征方程（*Characteristic equation*）。

然后通过求解下面的方程组可得到特征值和特征向量：

$$\begin{cases} |\boldsymbol{A}-\lambda\boldsymbol{I}|=0 \\ (\boldsymbol{A}-\lambda\boldsymbol{I})\boldsymbol{x}=\boldsymbol{0} \end{cases} \implies \begin{cases} \lambda=? \\ \boldsymbol{x}=? \end{cases}$$

更具体的步骤是，先求解特征方程得到特征值：

$$|\boldsymbol{A}-\lambda\boldsymbol{I}|=0 \implies \lambda_1,\lambda_2,\cdots,\lambda_i,\cdots\lambda_n$$

接着，求解出每个特征值对应的特征空间：

$$(\boldsymbol{A}-\lambda_i\boldsymbol{I})\boldsymbol{x}=\boldsymbol{0} \implies \boldsymbol{x}_\lambda=?$$

如果有需要，可从特征空间中挑选一组基作为特征向量，这样可较好地代表该特征空间。下面来看几道例题。

**例 4.** 请求出单位阵 $\boldsymbol{I}=\begin{pmatrix} 1 & 0 \\ 0 & 1 \end{pmatrix}$ 的特征值与特征向量。

**解：**（1）首先求解特征方程，得到特征值：

$$|\boldsymbol{I}-\lambda\boldsymbol{I}|=0 \implies \begin{vmatrix} 1-\lambda & 0 \\ 0 & 1-\lambda \end{vmatrix}=0 \implies (1-\lambda)^2=0 \implies \lambda_1=\lambda_2=1$$

（2）接着解方程，求解出特征值为 1 对应的特征空间，该空间其实就是 $\mathbb{R}^2$：

$$(\boldsymbol{I}-\boldsymbol{I})\boldsymbol{x}=\boldsymbol{0} \implies \begin{pmatrix} 0 & 0 \\ 0 & 0 \end{pmatrix}\boldsymbol{x}=\boldsymbol{0} \implies \boldsymbol{x}_{\lambda=1}=k_1\begin{pmatrix} 1 \\ 0 \end{pmatrix}+k_2\begin{pmatrix} 0 \\ 1 \end{pmatrix}, k_1, k_2 \in \mathbb{R}$$

如果有需要，可挑选该特征空间的一组基作为 $\lambda_1, \lambda_2$ 对应的特征向量，比如：

$$\boldsymbol{p}_1=\begin{pmatrix} 1 \\ 0 \end{pmatrix},\quad \boldsymbol{p}_2=\begin{pmatrix} 0 \\ 1 \end{pmatrix}$$

**例 5.** 请求出旋转矩阵 $\boldsymbol{A}=\begin{pmatrix} \cos\frac{\pi}{4} & -\sin\frac{\pi}{4} \\ \sin\frac{\pi}{4} & \cos\frac{\pi}{4} \end{pmatrix}=\begin{pmatrix} \frac{\sqrt{2}}{2} & -\frac{\sqrt{2}}{2} \\ \frac{\sqrt{2}}{2} & \frac{\sqrt{2}}{2} \end{pmatrix}$ 的特征值与特征向量。

**解：** 求解特征方程：

$$|\boldsymbol{A}-\lambda\boldsymbol{I}|=0 \implies \begin{vmatrix} \frac{\sqrt{2}}{2}-\lambda & -\frac{\sqrt{2}}{2} \\ \frac{\sqrt{2}}{2} & \frac{\sqrt{2}}{2}-\lambda \end{vmatrix}=0 \implies \left(\frac{\sqrt{2}}{2}-\lambda\right)^2+\frac{1}{2}=0$$

很显然 $\left(\frac{\sqrt{2}}{2}-\lambda\right)^2+\frac{1}{2}\geqslant\frac{1}{2}$，因此 $\left(\frac{\sqrt{2}}{2}-\lambda\right)^2+\frac{1}{2}=0$ 无解，所以 $\boldsymbol{A}$ 是没有特征值和特征向量的。

**例 6.** 请求出 $\boldsymbol{A}=\begin{pmatrix} -1 & 1 & 0 \\ -4 & 3 & 0 \\ 1 & 0 & 2 \end{pmatrix}$ 的特征值与特征向量。

**解：**（1）先计算 $\boldsymbol{A}$ 的特征方程：

$$|\boldsymbol{A}-\lambda\boldsymbol{I}|=0 \implies \begin{vmatrix} -1-\lambda & 1 & 0 \\ -4 & 3-\lambda & 0 \\ 1 & 0 & 2-\lambda \end{vmatrix}=0 \implies (2-\lambda)\begin{vmatrix} -1-\lambda & 1 \\ -4 & 3-\lambda \end{vmatrix}=0$$

$$\implies (2-\lambda)(1-\lambda)^2=0 \implies \lambda_1=2, \lambda_2=\lambda_3=1$$

（2）$\lambda_1=2$ 时，代入 $(\boldsymbol{A}-\lambda\boldsymbol{I})\boldsymbol{x}=\boldsymbol{0}$，可得：

$$(\boldsymbol{A}-2\boldsymbol{I})\boldsymbol{x}=\boldsymbol{0} \implies \begin{pmatrix} -3 & 1 & 0 \\ -4 & 1 & 0 \\ 1 & 0 & 0 \end{pmatrix}\boldsymbol{x}=\boldsymbol{0}$$

所以特征值为 2 对应的特征空间，以及 $\lambda_1=2$ 对应的特征向量为：

$$\boldsymbol{x}_{\lambda=2}=k\begin{pmatrix} 0 \\ 0 \\ 1 \end{pmatrix}, \quad k\in\mathbb{R} \implies \boldsymbol{p}_1=\begin{pmatrix} 0 \\ 0 \\ 1 \end{pmatrix}$$

（3）$\lambda_2=\lambda_3=1$ 时，代入 $(\boldsymbol{A}-\lambda\boldsymbol{I})\boldsymbol{x}=\boldsymbol{0}$，可得：

$$(\boldsymbol{A}-\boldsymbol{I})\boldsymbol{x}=\boldsymbol{0} \implies \begin{pmatrix} -2 & 1 & 0 \\ -4 & 2 & 0 \\ 1 & 0 & 1 \end{pmatrix}\boldsymbol{x}=\boldsymbol{0}$$

所以特征值为 1 对应的特征空间，以及 $\lambda_2=\lambda_3=1$ 对应的特征向量为：

$$\boldsymbol{x}_{\lambda=1}=k\begin{pmatrix} 1 \\ 2 \\ -1 \end{pmatrix}, \quad k\in\mathbb{R} \implies \boldsymbol{p}_2=\boldsymbol{p}_3=\begin{pmatrix} 1 \\ 2 \\ -1 \end{pmatrix}$$

说明一下，特征空间 $\boldsymbol{x}_{\lambda=1}$ 的基只包含一个向量，所以 $\lambda_2=\lambda_3=1$ 对应的特征向量相等。

### 8.1.3　互异特征值对应的特征向量

**定理 1.** 已知 $\lambda_1,\lambda_2,\cdots,\lambda_m$ 是 $n$ 阶方阵 $\boldsymbol{A}$ 相异的特征值，以及 $\boldsymbol{v}_1,\boldsymbol{v}_2,\cdots,\boldsymbol{v}_m$ 是 $\lambda_1,\lambda_2,\cdots,\lambda_m$ 对应的特征向量，则向量组 $\{\boldsymbol{v}_1,\boldsymbol{v}_2,\cdots,\boldsymbol{v}_m\}$ 线性无关。

**证明：**（1）当 $m=1$ 时，因特征向量 $\boldsymbol{v}_1\neq\boldsymbol{0}$，此时向量组 $\{\boldsymbol{v}_1\}$ 线性无关。

（2）假设 $m=k-1$ 时向量组 $\{\boldsymbol{v}_1,\boldsymbol{v}_2,\cdots,\boldsymbol{v}_{k-1}\}$ 线性无关，按照归纳法，如果再往里面添加新的特征向量 $\boldsymbol{v}_k$ 依然线性无关，那么结论就成立。假设添加特征向量 $\boldsymbol{v}_k$ 后向量组 $\{\boldsymbol{v}_1,\boldsymbol{v}_2,\cdots,\boldsymbol{v}_{k-1},\boldsymbol{v}_k\}$ 线性相关，那么 $\boldsymbol{v}_k$ 可被该向量组中的其他向量给线性表示，即有：

$$c_1\boldsymbol{v}_1+c_2\boldsymbol{v}_2+\cdots+c_{k-1}\boldsymbol{v}_{k-1}=\boldsymbol{v}_k \tag{8-3}$$

上式两侧同时乘上 $\boldsymbol{A}$ 可得：

$$\begin{aligned} &c_1\boldsymbol{A}\boldsymbol{v}_1+c_2\boldsymbol{A}\boldsymbol{v}_2+\cdots+c_{k-1}\boldsymbol{A}\boldsymbol{v}_{k-1}=\boldsymbol{A}\boldsymbol{v}_k \\ \implies &c_1\lambda_1\boldsymbol{v}_1+c_2\lambda_2\boldsymbol{v}_2+\cdots+c_{k-1}\lambda_{k-1}\boldsymbol{v}_{k-1}=\lambda_k\boldsymbol{v}_k \end{aligned} \tag{8-4}$$

式 (8-3) 两侧乘上 $\lambda_k$ 后减去式 (8-4) 式，可得：

$$c_1(\lambda_k-\lambda_1)\boldsymbol{v}_1+c_2(\lambda_k-\lambda_2)\boldsymbol{v}_2+\cdots+c_{k-1}(\lambda_k-\lambda_{k-1})\boldsymbol{v}_{k-1}=\boldsymbol{0}$$

因为向量组 $\{\boldsymbol{v}_1,\boldsymbol{v}_2,\cdots,\boldsymbol{v}_{k-1}\}$ 线性无关，所以上式的系数全为 0；又因为 $\lambda_1,\lambda_2,\cdots,\lambda_k$ 互异，所以 $\lambda_k-\lambda_1,\lambda_k-\lambda_2,\cdots,\lambda_k-\lambda_{k-1}$ 全不为 0，所以必然有 $c_1=c_2=\cdots=c_k=0$，那么根据式 (8-3) 可得 $\boldsymbol{v}_k=\boldsymbol{0}$，这与 $\boldsymbol{v}_k$ 是特征向量的假设矛盾，所以向量组 $\{\boldsymbol{v}_1,\boldsymbol{v}_2,\cdots,\boldsymbol{v}_{k-1},\boldsymbol{v}_k\}$ 必然线性无关。 □

在例 3 中求出，特征值为 0 的特征空间是图 8.12 中所示的绿线，特征值为 2 的特征空间是图 8.12 中所示的橙线，显然，不同特征值对应的特征向量是线性无关的。

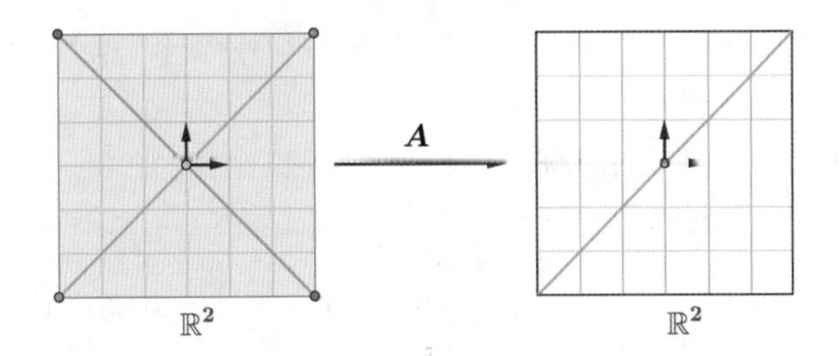


图 8.12: 绿线是特征值为 0 的特征空间，橙线是特征值为 2 的特征空间

## 8.2 对角化

下面开始解决本章提出的“不断重复某种行为”的问题，本节会主要以人口迁移为例来进行讲解，见图 8.13。

图 8.13: 人口迁移

下面我们介绍对角化的定义。

**例 7.** 假设某城市每年有 5% 的人口从市区流动到郊区，又有 3% 的人口会回流，见图 8.14。

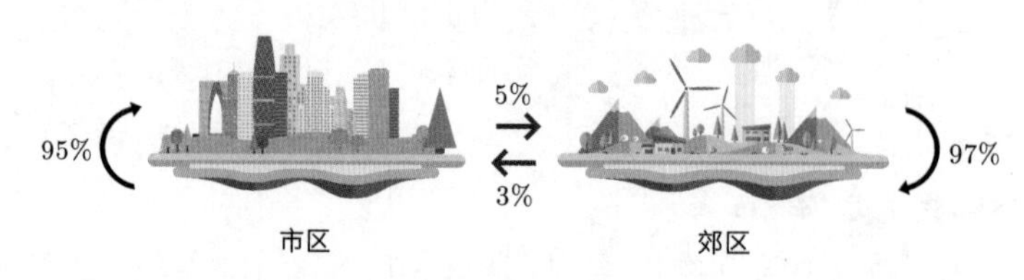


图 8.14: 人口从市区流动到郊区

已知该城市今年有 60% 的市区人口以及 40% 的郊区人口，请问一年后有多少市区人口及郊区人口？

**解：** 至少可以用两种方法来求解，下面分别来演示。

（1）第一种方法，根据题目可知，一年后市区人口为：

$$60\% \times 95\% + 40\% \times 3\% = 0.6 \times 0.95 + 0.40 \times 0.03 = 0.582$$

而一年后郊区人口为：

$$60\% \times 5\% + 40\% \times 97\% = 0.6 \times 0.05 + 0.40 \times 0.97 = 0.418$$

也就是说，一年后市区人口占比 58.2%，郊区人口占比 41.8%。

（2）第二种方法。题目中给出的人口流动，以及人口分布可通过如下表格来描述：

| | 市区 | 郊区 |
|---|---|---|
| 市区 | 95% | 3% |
| 郊区 | 5% | 97% |

人口的流动

| | 今年 |
|---|---|
| 市区 | 60% |
| 郊区 | 40% |

今年的人口分布

这些表格可以转为矩阵 $\boldsymbol{A}$ 以及向量 $\boldsymbol{x}_0$：

$$\boldsymbol{A} = \begin{pmatrix} 95\% & 3\% \\ 5\% & 97\% \end{pmatrix} = \begin{pmatrix} 0.95 & 0.03 \\ 0.05 & 0.97 \end{pmatrix}, \quad \boldsymbol{x}_0 = \begin{pmatrix} 60\% \\ 40\% \end{pmatrix} = \begin{pmatrix} 0.6 \\ 0.4 \end{pmatrix}$$

然后用矩阵乘法就可得到一年后的人口分布，结果和第一种方法一样：

$$\boldsymbol{x}_1 = \boldsymbol{A}\boldsymbol{x}_0 = \begin{pmatrix} 0.95 & 0.03 \\ 0.05 & 0.97 \end{pmatrix} \begin{pmatrix} 0.6 \\ 0.4 \end{pmatrix} = \begin{pmatrix} 0.582 \\ 0.418 \end{pmatrix}$$

该方法的好处是可以不断往后计算，比如两年后的人口分布为：

$$\boldsymbol{x}_2 = \boldsymbol{A}\boldsymbol{x}_1 = \begin{pmatrix} 0.95 & 0.03 \\ 0.05 & 0.97 \end{pmatrix} \begin{pmatrix} 0.582 \\ 0.418 \end{pmatrix} = \begin{pmatrix} 0.565 \\ 0.435 \end{pmatrix}$$

**例 8.** 根据例 7 可知，一年后的人口分布 $\boldsymbol{x}_1$ 以及两年后的人口分布 $\boldsymbol{x}_2$ 分别为：

$$\boldsymbol{x}_1 = \boldsymbol{A}\boldsymbol{x}_0, \quad \boldsymbol{x}_2 = \boldsymbol{A}\boldsymbol{x}_1 = \boldsymbol{A}^2\boldsymbol{x}_0$$

以此类推，可知 $n$ 年后的人口分布为 $\boldsymbol{x}_n = A^n\boldsymbol{x}_0$，请求出 $\boldsymbol{x}_n$。

**解：**（1）先说一下思路，计算 $\boldsymbol{x}_n = A^n\boldsymbol{x}_0$ 时，会发现 $A^n$ 不好计算：

$$\begin{aligned}\boldsymbol{A}^n &= \underbrace{\begin{pmatrix}0.95 & 0.03\\0.05 & 0.97\end{pmatrix}\begin{pmatrix}0.95 & 0.03\\0.05 & 0.97\end{pmatrix}\cdots\begin{pmatrix}0.95 & 0.03\\0.05 & 0.97\end{pmatrix}}_{n}\\&= \underbrace{\begin{pmatrix}0.904 & 0.0576\\0.096 & 0.9424\end{pmatrix}\begin{pmatrix}0.95 & 0.03\\0.05 & 0.97\end{pmatrix}\cdots\begin{pmatrix}0.95 & 0.03\\0.05 & 0.97\end{pmatrix}}_{n-1}\\&= \underbrace{\begin{pmatrix}0.86168 & 0.082992\\0.13832 & 0.917008\end{pmatrix}\begin{pmatrix}0.95 & 0.03\\0.05 & 0.97\end{pmatrix}\cdots\begin{pmatrix}0.95 & 0.03\\0.05 & 0.97\end{pmatrix}}_{n-2} = ?\end{aligned}$$

不过根据对角阵的乘法运算规律可知，对角阵的 $n$ 次方很好运算，比如：

$$\boldsymbol{\Lambda}^n = \begin{pmatrix}a_{11} & 0\\0 & a_{22}\end{pmatrix}^n = \begin{pmatrix}a_{11}^n & 0\\0 & a_{22}^n\end{pmatrix}$$

所以如果能将 $\boldsymbol{A}$ 变换为某对角阵 $\boldsymbol{\Lambda}$，那么难题就迎刃而解了。

（2）转为对角阵。先求出矩阵 $\boldsymbol{A}$ 的特征值和特征向量：

$$\lambda_1 = 1, \lambda_2 = 0.92 \qquad \boldsymbol{p}_1 = \begin{pmatrix}3\\5\end{pmatrix}, \quad \boldsymbol{p}_2 = \begin{pmatrix}1\\-1\end{pmatrix}$$

令 $\boldsymbol{P} = (\boldsymbol{p}_1, \boldsymbol{p}_2)$，那么：

$$\begin{aligned}\boldsymbol{A}\boldsymbol{P} &= \boldsymbol{A}(\boldsymbol{p}_1, \boldsymbol{p}_2) = (\boldsymbol{A}\boldsymbol{p}_1, \boldsymbol{A}\boldsymbol{p}_2)\\&= (\lambda_1\boldsymbol{p}_1, \lambda_2\boldsymbol{p}_2) = (\boldsymbol{p}_1, \boldsymbol{p}_2)\begin{pmatrix}\lambda_1 & 0\\0 & \lambda_2\end{pmatrix}\end{aligned}$$

在这里我们需要的对角阵就出现了。令 $\boldsymbol{\Lambda} = \begin{pmatrix}\lambda_1 & 0\\0 & \lambda_2\end{pmatrix}$，上式可以改写为：

$$\boldsymbol{A}\boldsymbol{P} = \boldsymbol{P}\boldsymbol{\Lambda}$$

根据定理 1 可知，$\boldsymbol{p}_1, \boldsymbol{p}_2$ 必定线性无关，所以它们组成的 $\boldsymbol{P}$ 可逆，因此可在上式两侧同时右乘 $\boldsymbol{P}^{-1}$，得：

$$\boldsymbol{A}=\boldsymbol{P}\boldsymbol{\Lambda}\boldsymbol{P}^{-1}$$

（3）计算 $\boldsymbol{x_n}$：

$$\boldsymbol{x}_n=\boldsymbol{A}^n\boldsymbol{x}_0=\left(\boldsymbol{P}\boldsymbol{\Lambda}\boldsymbol{P}^{-1}\right)^n\boldsymbol{x}_0=\boldsymbol{P}\boldsymbol{\Lambda}\boldsymbol{P}^{-1}\boldsymbol{P}\boldsymbol{\Lambda}\boldsymbol{P}^{-1}\cdots\boldsymbol{P}\boldsymbol{\Lambda}\boldsymbol{P}^{-1}\boldsymbol{x}_0=\boldsymbol{P}\boldsymbol{\Lambda}^n\boldsymbol{P}^{-1}\boldsymbol{x}_0$$

代入 $\boldsymbol{P},\boldsymbol{\Lambda}$ 后可得：

$$\begin{aligned}\boldsymbol{x}_n=\boldsymbol{P}\boldsymbol{\Lambda}^n\boldsymbol{P}^{-1}\boldsymbol{x}_0&=\begin{pmatrix}3&1\\5&-1\end{pmatrix}\begin{pmatrix}1&0\\0&0.92\end{pmatrix}^n\begin{pmatrix}3&1\\5&-1\end{pmatrix}^{-1}\begin{pmatrix}0.6\\0.4\end{pmatrix}\\&=\begin{pmatrix}3&1\\5&-1\end{pmatrix}\begin{pmatrix}1^n&0\\0&0.92^n\end{pmatrix}\begin{pmatrix}\frac{1}{8}&\frac{1}{8}\\\frac{5}{8}&-\frac{3}{8}\end{pmatrix}\begin{pmatrix}0.6\\0.4\end{pmatrix}=\begin{pmatrix}3&1\\5&-1\end{pmatrix}\begin{pmatrix}1^n&0\\0&0.92^n\end{pmatrix}\begin{pmatrix}0.125\\0.225\end{pmatrix}\\&=\begin{pmatrix}3&1\\5&-1\end{pmatrix}\begin{pmatrix}0.125\\0.92^n\cdot0.225\end{pmatrix}=0.125\begin{pmatrix}3\\5\end{pmatrix}+0.92^n\cdot0.225\begin{pmatrix}1\\-1\end{pmatrix}\end{aligned}$$

（4）相似矩阵。上述过程总结下来就是，$\boldsymbol{A}^n\boldsymbol{x}_0=\boldsymbol{P}\boldsymbol{\Lambda}^n\boldsymbol{P}^{-1}$，其中 $\boldsymbol{P}$ 是自然基 $\mathcal{E}$ 到基 $\mathcal{P}$ 的过渡矩阵，所以该过程可解读为 $\boldsymbol{A}^n$ 通过相似变换矩阵 $\boldsymbol{P}$ 变换到比较容易计算的基 $\mathcal{P}$，从而完成计算，计算过程见图 8.15。

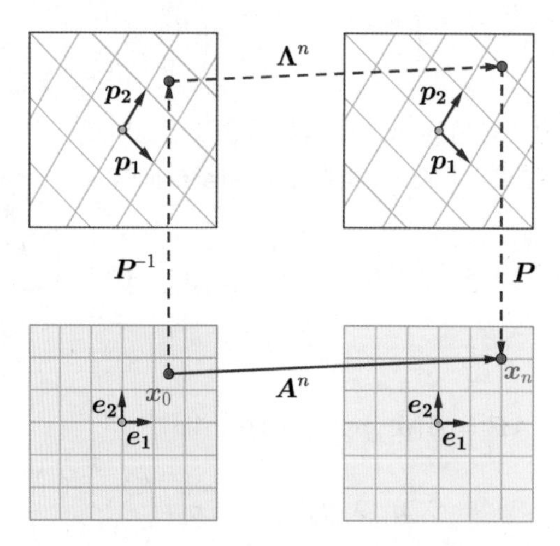


图 8.15: 计算过程

例 8 实际上完成了一个被称为对角化的过程，其严格定义如下。

**定义 3.** 如果 $n$ 阶方阵 $\boldsymbol{A}$ 有 $n$ 个线性无关的特征向量 $\boldsymbol{p_1},\boldsymbol{p_2},\cdots,\boldsymbol{p_n}$，那么构造矩阵 $\boldsymbol{P}=(\boldsymbol{p_1},\boldsymbol{p_2},\cdots,\boldsymbol{p_n})$，可使得：

$$\boldsymbol{A}=\boldsymbol{P}\boldsymbol{\Lambda}\boldsymbol{P}^{-1}$$

其中 $\boldsymbol{\Lambda}$ 为如下对角阵：

$$\boldsymbol{\Lambda} = \begin{pmatrix} \lambda_1 & & & \\ & \lambda_2 & & \\ & & \ddots & \\ & & & \lambda_n \end{pmatrix}$$

其中的 $\lambda_1, \lambda_2, \cdots, \lambda_n$ 为特征向量 $\boldsymbol{p_1}, \boldsymbol{p_2}, \cdots, \boldsymbol{p_n}$ 对应的特征值，该过程称为对角化（*Diagonalizable*）。

**例 9.** 矩阵 $\boldsymbol{A} = \begin{pmatrix} -2 & 1 & 1 \\ 0 & 2 & 0 \\ -4 & 1 & 3 \end{pmatrix}$ 是否可以对角化？若可以，请求出其对角矩阵 $\boldsymbol{\Lambda}$。

**解：**（1）先求出 $\boldsymbol{A}$ 的特征值和特征向量：

$$\lambda_1 = -1, \quad \lambda_2 = \lambda_3 = 2$$

$$\boldsymbol{p}_1 = \begin{pmatrix} 1 \\ 0 \\ 1 \end{pmatrix}, \quad \boldsymbol{p}_2 = \begin{pmatrix} 1 \\ 0 \\ 4 \end{pmatrix}, \quad \boldsymbol{p}_3 = \begin{pmatrix} 1 \\ 4 \\ 0 \end{pmatrix}$$

可以看出 $\boldsymbol{A}$ 有三个线性无关的特征向量，所以 $\boldsymbol{A}$ 可对角化。

（2）用特征向量构造矩阵 $\boldsymbol{P}$：

$$\boldsymbol{P} = (\boldsymbol{p}_1, \boldsymbol{p}_2, \boldsymbol{p}_3) = \begin{pmatrix} 1 & 1 & 1 \\ 0 & 0 & 4 \\ 1 & 4 & 0 \end{pmatrix}$$

就可以完成对角化 $\boldsymbol{A} = \boldsymbol{P}\boldsymbol{\Lambda}\boldsymbol{P}^{-1}$，其中 $\boldsymbol{\Lambda} = \begin{pmatrix} \lambda_1 & 0 & 0 \\ 0 & \lambda_2 & 0 \\ 0 & 0 & \lambda_3 \end{pmatrix} = \begin{pmatrix} -1 & 0 & 0 \\ 0 & 2 & 0 \\ 0 & 0 & 2 \end{pmatrix}$。

## 8.3 再谈特征值与特征向量

在例 8 中，我们算出了 $\boldsymbol{x}_n = 0.125\begin{pmatrix} 3 \\ 5 \end{pmatrix} + 0.92^n \cdot 0.225\begin{pmatrix} 1 \\ -1 \end{pmatrix}$，因 $\boldsymbol{A}$ 的特征值和特征向量为：

$$\lambda_1 = 1, \lambda_2 = 0.92 \qquad \boldsymbol{p}_1 = \begin{pmatrix} 3 \\ 5 \end{pmatrix}, \quad \boldsymbol{p}_2 = \begin{pmatrix} 1 \\ -1 \end{pmatrix}$$

所以 $\boldsymbol{x}_n$ 可改写为：

$$\boldsymbol{x}_n = 0.125\begin{pmatrix}3\\5\end{pmatrix} + 0.92^n \cdot 0.225\begin{pmatrix}1\\-1\end{pmatrix} = 0.125\lambda_1^n\boldsymbol{p}_1 + 0.225\lambda_2^n\boldsymbol{p}_2$$

上式意味着随着 $n$ 增大，$\boldsymbol{x}_n$ 会越来越靠近特征向量 $\boldsymbol{p}_1$。比如图 8.16 所示的是 $n=50$ 时的情况，到达域中的绿线就是 $\boldsymbol{p}_1$ 所在的直线。

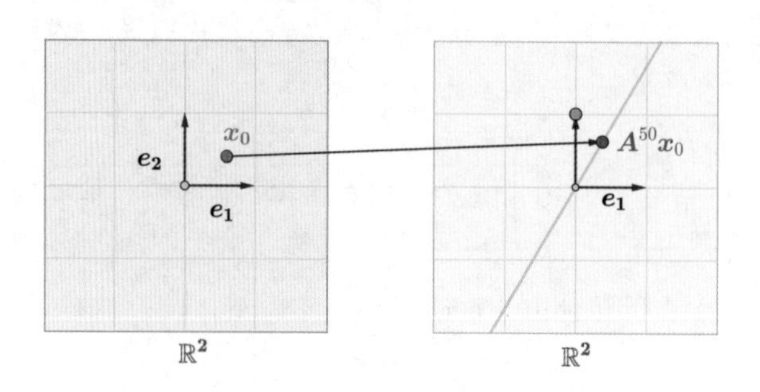


图 8.16: $\boldsymbol{A}^{50}\boldsymbol{x}_0$ 非常接近特征值为 1 的向量空间

该现象说明了，特征值和特征向量确实反映了矩阵 $\boldsymbol{A}$ 的某种特征，并且在 $\boldsymbol{A}^n\boldsymbol{x}$ 的反复作用下，最终凸显了出来。

这有点像（比方不一定恰当），比如有一管不知道颜色的颜料，而且这管颜料有点特殊，我不能直接挤出来看颜色，只能通过调色来观察，见图 8.17。

图 8.17: 通过调色来观察

反复进行混合的话，这管颜料的特征就显现出来了，我们可以合理地判断这管颜料应该是蓝色，见图 8.18。

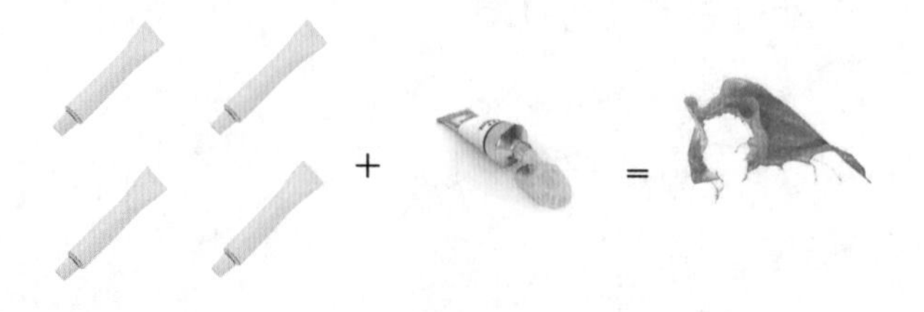


图 8.18: 推断颜色

**例 10.** 假设之前讨论的城市又新建了开发区，此时人口流动情况如图 8.19 所示。

以及此时城区人口占比 60%，郊区人口占比 40%，请问最终的人口分布是怎样的？

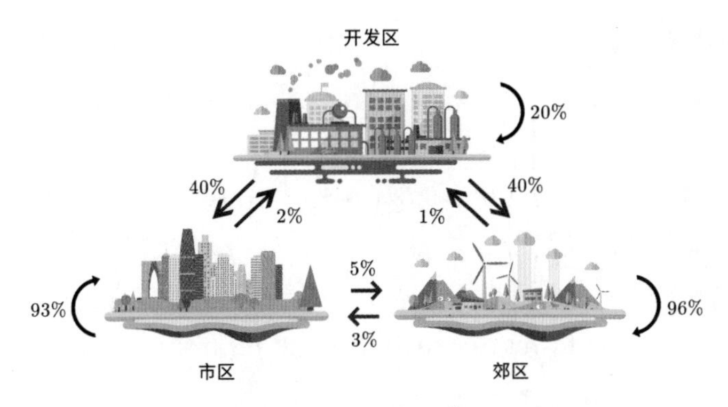


图 8.19: 人口流动情况

**解：**（1）先进行对角化。根据题目，可得描述人口流动的矩阵为：

$$\boldsymbol{A}=\begin{pmatrix}93\% & 3\% & 40\%\\ 5\% & 96\% & 40\%\\ 2\% & 1\% & 20\%\end{pmatrix}=\begin{pmatrix}0.93 & 0.03 & 0.4\\ 0.05 & 0.96 & 0.4\\ 0.02 & 0.01 & 0.2\end{pmatrix}$$

可算出其特征值以及对应的特征向量为：

$$\lambda_1=1,\quad \lambda_2=0.905,\quad \lambda_3=0.185$$

$$\boldsymbol{p}_1=\begin{pmatrix}0.504\\ 0.864\\ 0.023\end{pmatrix},\quad \boldsymbol{p}_2=\begin{pmatrix}0.702\\ -0.712\\ 0.010\end{pmatrix},\quad \boldsymbol{p}_3=\begin{pmatrix}0.422\\ 0.394\\ -0.816\end{pmatrix}$$

因 $\lambda_1\neq\lambda_2\neq\lambda_3$，根据定理 1 可知，$\boldsymbol{p_1},\boldsymbol{p_2},\boldsymbol{p_3}$ 必定线性无关，所以矩阵 $\boldsymbol{A}$ 是可以对角化的，即构造如下矩阵：

$$\boldsymbol{P}=(\boldsymbol{p_1},\boldsymbol{p_2},\boldsymbol{p_3})=\begin{pmatrix}0.504 & 0.702 & 0.422\\ 0.864 & -0.712 & 0.394\\ 0.023 & 0.010 & -0.816\end{pmatrix}$$

可使得 $\boldsymbol{A}=\boldsymbol{P\Lambda P}^{-1}$ 成立，其中 $\boldsymbol{\Lambda}=\begin{pmatrix}1 & 0 & 0\\ 0 & 0.905 & 0\\ 0 & 0 & 0.0185\end{pmatrix}$。

（2）计算最终的人口分布。根据条件，此时城区人口占比 60%，郊区人口占比 40%：

$$\boldsymbol{x}_0=\begin{pmatrix}60\%\\ 40\%\\ 0\%\end{pmatrix}=\begin{pmatrix}0.6\\ 0.4\\ 0\end{pmatrix}$$

所以 $n$ 年后的人口分布为：

$$\begin{aligned}
\boldsymbol{x}_n = & \boldsymbol{A}^n\boldsymbol{x}_0 = \boldsymbol{P}\boldsymbol{\Lambda}^n\boldsymbol{P}^{-1}\boldsymbol{x}_0 \\
= & \begin{pmatrix} 0.504 & 0.702 & 0.422 \\ 0.864 & -0.712 & 0.394 \\ 0.023 & 0.010 & -0.816 \end{pmatrix} \begin{pmatrix} 1 & 0 & 0 \\ 0 & 0.905 & 0 \\ 0 & 0 & 0.0185 \end{pmatrix}^n \begin{pmatrix} 0.504 & 0.702 & 0.422 \\ 0.864 & -0.712 & 0.394 \\ 0.023 & 0.010 & -0.816 \end{pmatrix}^{-1} \begin{pmatrix} 0.6 \\ 0.4 \\ 0 \end{pmatrix} \\
= & \begin{pmatrix} 0.504 & 0.702 & 0.422 \\ 0.864 & -0.712 & 0.394 \\ 0.023 & 0.010 & -0.816 \end{pmatrix} \begin{pmatrix} 1 & 0 & 0 \\ 0 & 0.905^n & 0 \\ 0 & 0 & 0.0185^n \end{pmatrix} \begin{pmatrix} 0.719 & 0.719 & 0.719 \\ 0.890 & -0.524 & 0.207 \\ 0.031 & 0.014 & -1.203 \end{pmatrix} \begin{pmatrix} 0.6 \\ 0.4 \\ 0 \end{pmatrix}
\end{aligned}$$

上式可以改写为：

$$\boldsymbol{x}_n = 0.719 \cdot \boldsymbol{p}_1 + 0.905^n \cdot 0.3244 \cdot \boldsymbol{p}_2 + 0.185^n \cdot 0.0242 \cdot \boldsymbol{p}_3$$

可见随着 $n$ 的增大，$\boldsymbol{x}_n$ 会越来越靠近特征向量 $\boldsymbol{p}_1$。

本章最开始提到的原子弹爆炸、牛顿摆，都可以用本节介绍的类似的思路来进行数学建模，并且在特征值和特征向量的帮助下，可找到最终的答案，在这里就不再赘述了。

## 8.4　正交矩阵

我们注意到，在对角化中总是会出现逆矩阵：

$$\boldsymbol{A} = \boldsymbol{P}\boldsymbol{\Lambda}\boldsymbol{P}^{-1}$$

但逆矩阵的计算往往是比较复杂的。比如 $\boldsymbol{A} = \begin{pmatrix} 0 & -1 & 1 \\ -1 & 0 & 1 \\ 1 & 1 & 0 \end{pmatrix}$ 对应的特征值与特征向量为：

$$\lambda_1 = -2, \lambda_2 = \lambda_3 = 1 \qquad \boldsymbol{p}_1 = \begin{pmatrix} -1 \\ -1 \\ 1 \end{pmatrix}, \boldsymbol{p}_2 = \begin{pmatrix} -1 \\ 1 \\ 0 \end{pmatrix}, \boldsymbol{p}_3 = \begin{pmatrix} 1 \\ 0 \\ 1 \end{pmatrix}$$

所以完成对角化对应的 $\boldsymbol{P}$ 矩阵为：

$$\boldsymbol{P} = (\boldsymbol{p}_1, \boldsymbol{p}_2, \boldsymbol{p}_3) = \begin{pmatrix} -1 & -1 & 1 \\ -1 & 1 & 0 \\ 1 & 0 & 1 \end{pmatrix}$$

其逆矩阵计算就比较麻烦，需要算出 9 个代数余子式 $P_{ij}$，以便得到：

$$\boldsymbol{C}=\begin{pmatrix}P_{11}&P_{12}&P_{13}\\P_{21}&P_{22}&P_{23}\\P_{31}&P_{32}&P_{33}\end{pmatrix}=\begin{pmatrix}-1&1&-1\\1&-1&-1\\-1&-1&-1\end{pmatrix}$$

转置后得到伴随矩阵：

$$\boldsymbol{P}^{*}=\boldsymbol{C}^{\mathrm{T}}=\begin{pmatrix}P_{11}&P_{21}&P_{31}\\P_{12}&P_{22}&P_{32}\\P_{13}&P_{23}&P_{33}\end{pmatrix}=\begin{pmatrix}-1&1&-1\\1&-1&-1\\-1&-1&-1\end{pmatrix}$$

最后通过伴随矩阵求逆矩阵：

$$\boldsymbol{P}^{-1}=\frac{1}{|\boldsymbol{P}|}\boldsymbol{P}^{*}=-\frac{1}{2}\begin{pmatrix}-1&1&-1\\1&-1&-1\\-1&-1&-1\end{pmatrix}=\begin{pmatrix}\frac{1}{2}&\frac{1}{2}&\frac{1}{2}\\-\frac{1}{2}&\frac{1}{2}&\frac{1}{2}\\\frac{1}{2}&\frac{1}{2}&\frac{1}{2}\end{pmatrix}$$

为了简化逆矩阵的求解，下面两节会分别介绍：

- 正交矩阵，这种矩阵的逆矩阵特别好求。
- 正交对角化，即想办法将 $\boldsymbol{P}$ 构造为正交矩阵，从而减小对角化时求解的困难。

本节就先来介绍什么是正交矩阵。

### 8.4.1 正交基

在介绍正交矩阵之前，需要先介绍一个概念。

**定义 4.** 已知 $\boldsymbol{p}_1,\boldsymbol{p}_2,\cdots,\boldsymbol{p}_r$ 是向量空间 $\mathcal{V}$ 的一个基，如果两两正交，即满足：

$$\boldsymbol{p}_i\cdot\boldsymbol{p}_j=0,\quad i\neq j$$

那么称其为正交基（*Orthogonal basis*）。如果还满足长度均为 1，即：

$$\boldsymbol{p}_1\cdot\boldsymbol{p}_1=\boldsymbol{p}_2\cdot\boldsymbol{p}_2=\cdots=\boldsymbol{p}_r\cdot\boldsymbol{p}_r=1$$

那么，就称为标准正交基（*Orthonormal basis*）。

根据上面的定义，自然基就是标准正交基。除此之外，下面还列举了几种不同的基以供比较，见图 8.20。

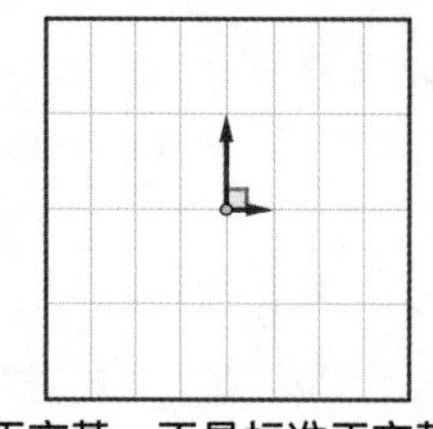


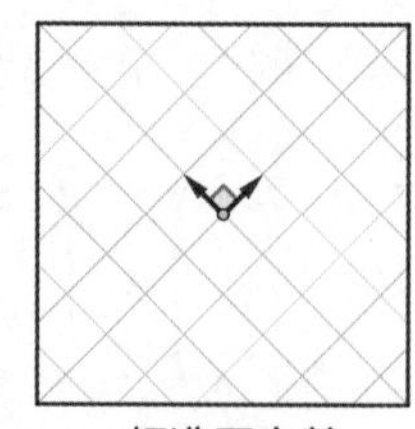


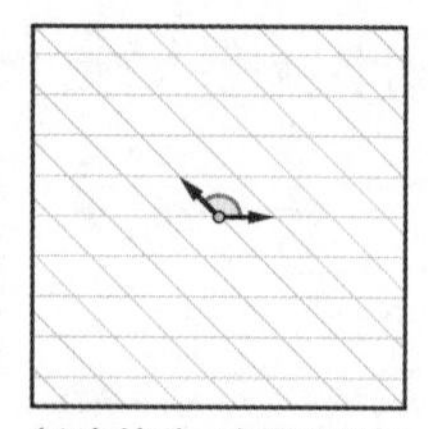


图 8.20: 各种类型的基

**例 11.** 已知 $\boldsymbol{a_1}, \boldsymbol{a_2}$ 是标准正交基，请问

$$\boldsymbol{b_1} = \frac{4}{5}\boldsymbol{a_1} + \frac{3}{5}\boldsymbol{a_2}, \boldsymbol{b_2} = \frac{3}{5}\boldsymbol{a_1} - \frac{4}{5}\boldsymbol{a_2}$$

是标准正交基吗？

**解：** 根据点积的分配律及 $\boldsymbol{a_1}, \boldsymbol{a_2}$ 是标准正交基，有：

$$\begin{aligned}
\boldsymbol{b_1} \cdot \boldsymbol{b_2} &= \left(\frac{3}{5}\boldsymbol{a_1} + \frac{4}{5}\boldsymbol{a_2}\right) \cdot \left(\frac{4}{5}\boldsymbol{a_1} - \frac{3}{5}\boldsymbol{a_2}\right) \\
&= \left(\frac{3}{5}\boldsymbol{a_1} + \frac{4}{5}\boldsymbol{a_2}\right) \cdot \frac{4}{5}\boldsymbol{a_1} - \left(\frac{3}{5}\boldsymbol{a_1} + \frac{4}{5}\boldsymbol{a_2}\right) \cdot \frac{3}{5}\boldsymbol{a_2} \\
&= \frac{3}{5}\boldsymbol{a_1} \cdot \frac{4}{5}\boldsymbol{a_1} + \frac{4}{5}\boldsymbol{a_2} \cdot \frac{4}{5}\boldsymbol{a_1} - \frac{3}{5}\boldsymbol{a_1} \cdot \frac{3}{5}\boldsymbol{a_2} - \frac{4}{5}\boldsymbol{a_2} \cdot \frac{3}{5}\boldsymbol{a_2} \\
&= \frac{3}{5} \cdot \frac{4}{5} \cdot 1 + \frac{4}{5} \cdot \frac{4}{5} \cdot 0 - \frac{3}{5} \cdot \frac{3}{5} \cdot 0 - \frac{4}{5} \cdot \frac{3}{5} \cdot 1 = 0
\end{aligned}$$

因此 $\boldsymbol{b_1}, \boldsymbol{b_2}$ 是正交的。下面再验证一下长度：

$$\begin{aligned}
\boldsymbol{b_1} \cdot \boldsymbol{b_1} &= \left(\frac{3}{5}\boldsymbol{a_1} + \frac{4}{5}\boldsymbol{a_2}\right) \cdot \left(\frac{3}{5}\boldsymbol{a_1} + \frac{4}{5}\boldsymbol{a_2}\right) \\
&= \left(\frac{3}{5}\boldsymbol{a_1} + \frac{4}{5}\boldsymbol{a_2}\right) \cdot \frac{3}{5}\boldsymbol{a_1} + \left(\frac{3}{5}\boldsymbol{a_1} + \frac{4}{5}\boldsymbol{a_2}\right) \cdot \frac{4}{5}\boldsymbol{a_2} \\
&= \frac{3}{5}\boldsymbol{a_1} \cdot \frac{3}{5}\boldsymbol{a_1} + \frac{4}{5}\boldsymbol{a_2} \cdot \frac{3}{5}\boldsymbol{a_1} + \frac{3}{5}\boldsymbol{a_1} \cdot \frac{4}{5}\boldsymbol{a_2} + \frac{4}{5}\boldsymbol{a_2} \cdot \frac{4}{5}\boldsymbol{a_2} \\
&= \frac{3}{5} \cdot \frac{3}{5} \cdot 1 + \frac{4}{5} \cdot \frac{3}{5} \cdot 0 + \frac{3}{5} \cdot \frac{4}{5} \cdot 0 + \frac{4}{5} \cdot \frac{4}{5} \cdot 1 = 1
\end{aligned}$$

同样的方法，可以计算出 $\boldsymbol{b}_2 \cdot \boldsymbol{b}_2 = 1$，所以 $\boldsymbol{b}_1, \boldsymbol{b}_2$ 是标准正交基。

**例 12.** 有 $\mathbb{R}^2$ 中的自然基和某正交基：

$$\mathcal{E}: \boldsymbol{e_1} = \begin{pmatrix} 1 \\ 0 \end{pmatrix}, \quad \boldsymbol{e_2} = \begin{pmatrix} 0 \\ 1 \end{pmatrix} \qquad \mathcal{M}: \boldsymbol{m_1} = \begin{pmatrix} \frac{1}{2} \\ 1 \end{pmatrix}, \quad \boldsymbol{m_2} = \begin{pmatrix} -2 \\ 1 \end{pmatrix}$$

已知向量 $\boldsymbol{a}$ 在自然基 $\mathcal{E}$ 下的坐标为 $[\boldsymbol{a}]_{\mathcal{E}}=\begin{pmatrix} 1 \\ 2 \end{pmatrix}$，请求出其在基 $\mathcal{M}$ 下的坐标，参见图 8.21。

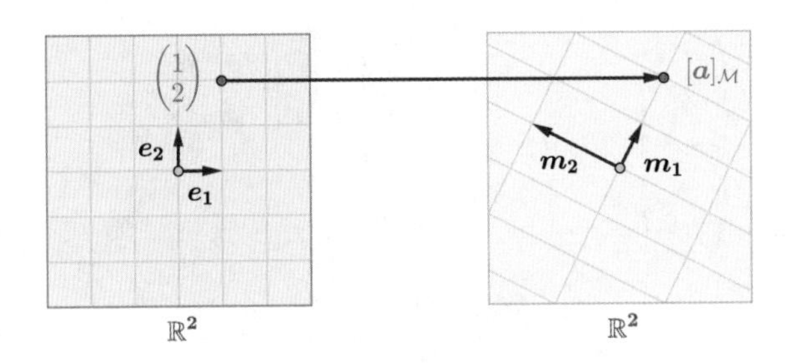


图 8.21: 求向量在其他基下的坐标

**解：** 假设 $[\boldsymbol{a}]_{\mathcal{M}}=\begin{pmatrix}k_1\\k_2\end{pmatrix}$，根据坐标的定义有：

$$\boldsymbol{a}=\begin{pmatrix}1\\2\end{pmatrix}=k_1\boldsymbol{m_1}+k_2\boldsymbol{m_2}$$

因为 $\boldsymbol{m_1},\boldsymbol{m_2}$ 是正交基，有 $\boldsymbol{m_1}\cdot\boldsymbol{m_2}=0$，所以：

$$\boldsymbol{a}\cdot\boldsymbol{m_1}=(k_1\boldsymbol{m_1}+k_2\boldsymbol{m_2})\cdot\boldsymbol{m_1}=k_1\boldsymbol{m_1}\cdot\boldsymbol{m_1}\implies k_1=\frac{\boldsymbol{a}\cdot\boldsymbol{m_1}}{\boldsymbol{m_1}\cdot\boldsymbol{m_1}}=\frac{1\cdot\dfrac{1}{2}+2\cdot 1}{\dfrac{1}{2}\cdot\dfrac{1}{2}+1\cdot 1}=2$$

同样的道理，有：

$$k_2=\frac{\boldsymbol{x}\cdot\boldsymbol{m_2}}{\boldsymbol{m_2}\cdot\boldsymbol{m_2}}=\frac{1\cdot(-2)+2\cdot 1}{(-2)\cdot(-2)+1\cdot 1}=0$$

所以 $[\boldsymbol{a}]_{\mathcal{M}}=\begin{pmatrix}2\\0\end{pmatrix}$。

### 8.4.2 正交矩阵的定义

**定义 5.** 假设 $\boldsymbol{p}_1,\boldsymbol{p}_2,\cdots,\boldsymbol{p}_n$ 是向量空间 $\mathbb{R}^n$ 的一个标准正交基，那么由它们构造的 $n$ 阶方阵 $\boldsymbol{P}$ 也称为正交矩阵（*Orthogonal Matrix*）：

$$\boldsymbol{P}=(\boldsymbol{p}_1,\boldsymbol{p_2},\cdots,\boldsymbol{p}_n)$$

该方阵 $\boldsymbol{P}$ 必然满足：

$$\boldsymbol{P}^{\mathrm{T}}\boldsymbol{P}=\boldsymbol{P}^{-1}\boldsymbol{P}=\boldsymbol{I}$$

即 $\boldsymbol{P}^{\mathrm{T}}$ 就是 $\boldsymbol{P}$ 的逆矩阵。

**证明：** 下面来证明一下 $\boldsymbol{P}^{\mathrm{T}}\boldsymbol{P}=\boldsymbol{P}^{-1}\boldsymbol{P}=\boldsymbol{I}$。根据矩阵乘法的定义有

$$\boldsymbol{P}^{\mathrm{T}}\boldsymbol{P}=\begin{pmatrix}\boldsymbol{p}_1^{\mathrm{T}}\\\boldsymbol{p}_2^{\mathrm{T}}\\\vdots\\\boldsymbol{p}_n^{\mathrm{T}}\end{pmatrix}(\boldsymbol{p}_1,\boldsymbol{p}_2\cdots\boldsymbol{p}_n)=\begin{pmatrix}\boldsymbol{p}_1^{\mathrm{T}}\boldsymbol{p}_1 & \boldsymbol{p}_1^{\mathrm{T}}\boldsymbol{p}_2 & \cdots & \boldsymbol{p}_1^{\mathrm{T}}\boldsymbol{p}_n\\\boldsymbol{p}_2^{\mathrm{T}}\boldsymbol{p}_1 & \boldsymbol{p}_2^{\mathrm{T}}\boldsymbol{p}_2 & \cdots & \boldsymbol{p}_1^{\mathrm{T}}\boldsymbol{p}_n\\\vdots & \vdots & \ddots & \vdots\\\boldsymbol{p}_n^{\mathrm{T}}\boldsymbol{p}_1 & \boldsymbol{p}_n^{\mathrm{T}}\boldsymbol{p}_2 & \cdots & \boldsymbol{p}_n^{\mathrm{T}}\boldsymbol{p}_n\end{pmatrix}$$

其中 $\boldsymbol{p}_i^{\mathrm{T}}\boldsymbol{p}_j=\boldsymbol{p}_i\cdot\boldsymbol{p}_j$，所以上式可以改写为：

$$\boldsymbol{P}^{\mathrm{T}}\boldsymbol{P}=\begin{pmatrix}\boldsymbol{p}_1\cdot\boldsymbol{p}_1 & \boldsymbol{p}_1\cdot\boldsymbol{p}_2 & \cdots & \boldsymbol{p}_1\cdot\boldsymbol{p}_n\\\boldsymbol{p}_2\cdot\boldsymbol{p}_1 & \boldsymbol{p}_2\cdot\boldsymbol{p}_2 & \cdots & \boldsymbol{p}_1\cdot\boldsymbol{p}_n\\\vdots & \vdots & \ddots & \vdots\\\boldsymbol{p}_n\cdot\boldsymbol{p}_1 & \boldsymbol{p}_n\cdot\boldsymbol{p}_2 & \cdots & \boldsymbol{p}_n\cdot\boldsymbol{p}_n\end{pmatrix}$$

因为标准正交基满足 $\boldsymbol{p}_i\cdot\boldsymbol{p}_j=\begin{cases}1 & i=j\\0 & i\neq j\end{cases}$，所以：

$$\boldsymbol{P}^{\mathrm{T}}\boldsymbol{P}=\begin{pmatrix}\boldsymbol{p}_1\cdot\boldsymbol{p}_1 & \boldsymbol{p}_1\cdot\boldsymbol{p}_2 & \cdots & \boldsymbol{p}_1\cdot\boldsymbol{p}_n\\\boldsymbol{p}_2\cdot\boldsymbol{p}_1 & \boldsymbol{p}_2\cdot\boldsymbol{p}_2 & \cdots & \boldsymbol{p}_1\cdot\boldsymbol{p}_n\\\vdots & \vdots & \ddots & \vdots\\\boldsymbol{p}_n\cdot\boldsymbol{p}_1 & \boldsymbol{p}_n\cdot\boldsymbol{p}_2 & \cdots & \boldsymbol{p}_n\cdot\boldsymbol{p}_n\end{pmatrix}=\begin{pmatrix}1 & 0 & \cdots & 0\\0 & 1 & \cdots & 0\\\vdots & \vdots & \ddots & \vdots\\0 & 0 & \cdots & 1\end{pmatrix}=\boldsymbol{I}\qquad\square$$

比如 $\mathbb{R}^2$ 中的自然基和某标准正交基如下：

$$\mathcal{E}:\boldsymbol{e_1}=\begin{pmatrix}1\\0\end{pmatrix},\boldsymbol{e_2}=\begin{pmatrix}0\\1\end{pmatrix}\qquad\mathcal{P}:\boldsymbol{p_1}=\begin{pmatrix}\frac{1}{\sqrt{2}}\\\frac{1}{\sqrt{2}}\end{pmatrix},\quad\boldsymbol{p_2}=\begin{pmatrix}-\frac{1}{\sqrt{2}}\\\frac{1}{\sqrt{2}}\end{pmatrix}$$

由标准正交基 $\mathcal{P}$ 构成的方阵就是正交矩阵：

$$\boldsymbol{P}=(\boldsymbol{p_1},\boldsymbol{p_2})=\begin{pmatrix}\frac{1}{\sqrt{2}} & -\frac{1}{\sqrt{2}}\\\frac{1}{\sqrt{2}} & \frac{1}{\sqrt{2}}\end{pmatrix}$$

同时它也是由自然基 $\mathcal{E}$ 到标准正交基 $\mathcal{P}$ 的过渡矩阵，见图 8.22。

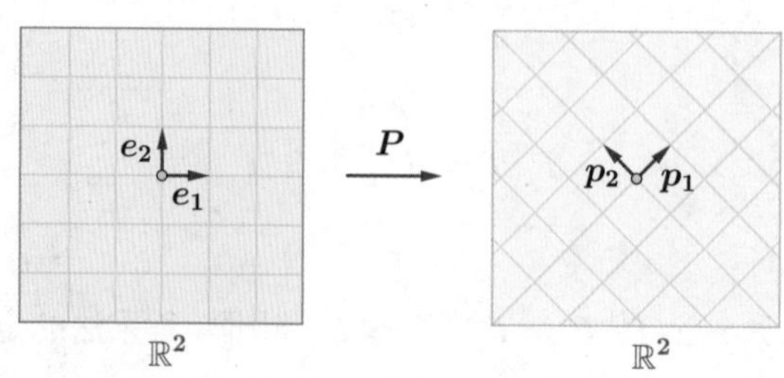


图 8.22: $\boldsymbol{P}$ 是自然基 $\mathcal{E}$ 到标准正交基 $\mathcal{P}$ 的过渡矩阵

**例 13.** 有 $\mathbb{R}^2$ 中的自然基和某标准正交基：

$$\mathcal{E}:\boldsymbol{e_1}=\begin{pmatrix}1\\0\end{pmatrix},\quad \boldsymbol{e_2}=\begin{pmatrix}0\\1\end{pmatrix}\qquad \mathcal{P}:\boldsymbol{p_1}=\begin{pmatrix}\frac{\sqrt{2}}{2}\\-\frac{\sqrt{2}}{2}\end{pmatrix},\quad \boldsymbol{p_2}=\begin{pmatrix}\frac{\sqrt{2}}{2}\\\frac{\sqrt{2}}{2}\end{pmatrix}$$

已知向量 $\boldsymbol{a}$ 在自然基 $\mathcal{E}$ 下的坐标为 $[\boldsymbol{a}]_{\mathcal{E}}=\begin{pmatrix}2\\3\end{pmatrix}$，请求出其在基 $\mathcal{P}$ 下的坐标。

**解：** 首先写出由自然基 $\mathcal{E}$ 到标准正交基 $\mathcal{P}$ 的过渡矩阵：

$$\boldsymbol{P}=(\boldsymbol{p_1},\boldsymbol{p_2})=\begin{pmatrix}\frac{\sqrt{2}}{2}&\frac{\sqrt{2}}{2}\\-\frac{\sqrt{2}}{2}&\frac{\sqrt{2}}{2}\end{pmatrix}$$

该过渡矩阵 $\boldsymbol{P}$ 是由标准正交基构成的，所以也是正交矩阵，因此结合坐标变换公式及矩阵转置运算的性质 $\boldsymbol{x}^{\mathrm{T}}\boldsymbol{y}=(\boldsymbol{x}\cdot\boldsymbol{y})$，有：

$$[\boldsymbol{a}]_{\mathcal{P}}=\boldsymbol{P}^{-1}[\boldsymbol{a}]_{\mathcal{E}}=\boldsymbol{P}^{\mathrm{T}}[\boldsymbol{a}]_{\mathcal{E}}=\begin{pmatrix}\boldsymbol{p_1}^{\mathrm{T}}\\\boldsymbol{p_2}^{\mathrm{T}}\end{pmatrix}[\boldsymbol{a}]_{\mathcal{E}}=\begin{pmatrix}\boldsymbol{p_1}^{\mathrm{T}}[\boldsymbol{a}]_{\mathcal{E}}\\\boldsymbol{p_2}^{\mathrm{T}}[\boldsymbol{a}]_{\mathcal{E}}\end{pmatrix}=\begin{pmatrix}\boldsymbol{p_1}\cdot[\boldsymbol{a}]_{\mathcal{E}}\\\boldsymbol{p_2}\cdot[\boldsymbol{a}]_{\mathcal{E}}\end{pmatrix}=\begin{pmatrix}-\frac{\sqrt{2}}{2}\\\frac{5\sqrt{2}}{2}\end{pmatrix}$$

## 8.5 施密特正交化

上一节学习了，正交矩阵的逆矩阵很容易算出，所以如果对角化中用到的 $\boldsymbol{P}$ 可构造为正交矩阵，即有 $\boldsymbol{P}^{-1}=\boldsymbol{P}^{\mathrm{T}}$，那么就可以大大降低对角化的求解难度：

$$\boldsymbol{A}=\boldsymbol{P}\boldsymbol{\Lambda}\boldsymbol{P}^{-1}=\boldsymbol{P}\boldsymbol{\Lambda}\boldsymbol{P}^{\mathrm{T}}$$

因为正交矩阵的列向量组为标准正交基，所以构造正交矩阵最关键的就是要找到正交基。具体来说情况有很多种，比如 $\mathbb{R}^2$, $\mathbb{R}^3$ 中的平面以及 $\mathbb{R}^3$，见图 8.23。其中 $\mathbb{R}^2$ 和 $\mathbb{R}^3$ 的正交基很好找，就是各自的自然基。

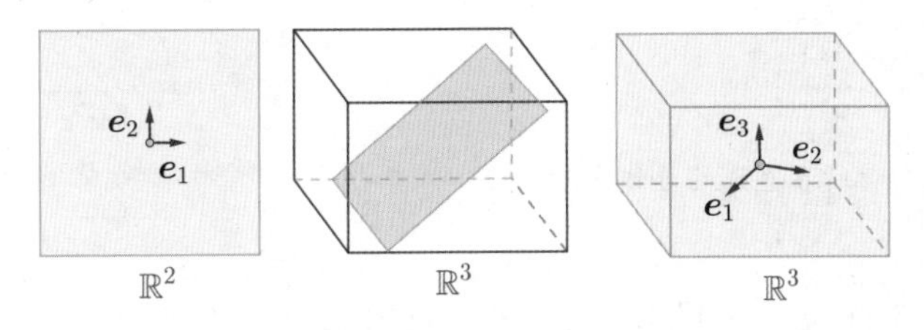


图 8.23: $\mathbb{R}^2$, $\mathbb{R}^3$ 中的平面以及 $\mathbb{R}^3$

但要寻找 $\mathbb{R}^3$ 中的平面的正交基（在下一节就会遇到这种情况），就需要用本节介绍的施密特正交化（Gram-Schmidt process）了。此方法简单来说，就是借助该向量空间的一个基 $\boldsymbol{x}_1,\boldsymbol{x}_2$，找到同一个向量空间的一个正交基 $\boldsymbol{v}_1,\boldsymbol{v}_2$，见图 8.24。

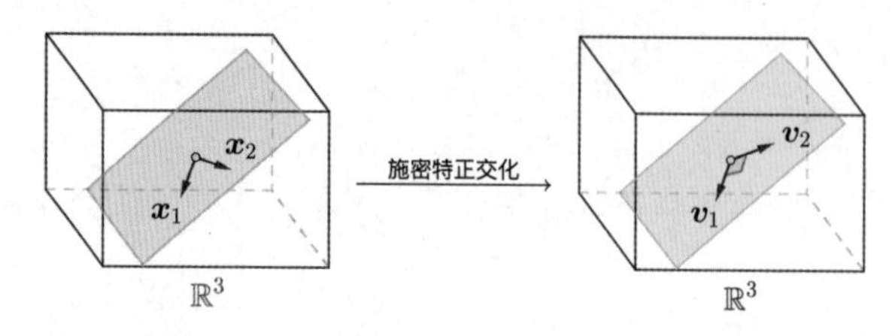


图 8.24: 通过施密特正交化寻找 $\mathbb{R}^3$ 中的平面的正交基

下面开始讲解其中的细节。

### 8.5.1 二维空间的正交基

先来讲解一下如何寻找二维向量空间的正交基，让我们从思路说起。假设已知 $\mathbb{R}^2$ 中的一组基，也就是图 8.25 中所示的两个向量。

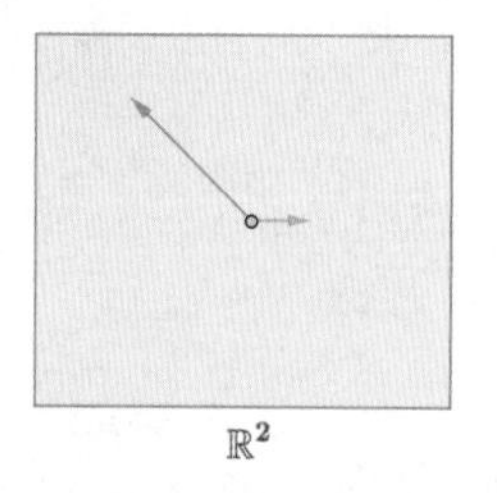


图 8.25: 一组基

过其中一个向量，向另一个向量所在直线作垂线向量，将该垂线向量移动到原点就可得到正交基，参见图 8.26 和图 8.27。

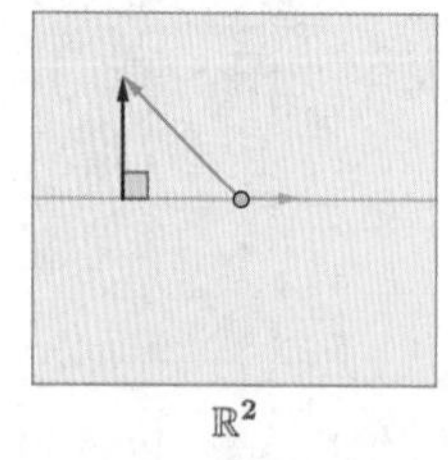


图 8.26: 作某向量所在直线的垂线向量

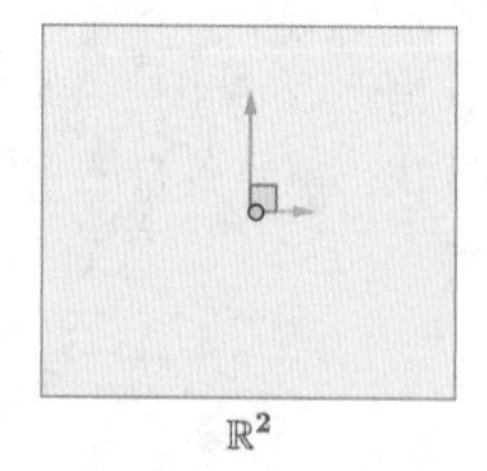


图 8.27: 将该垂线向量移动到原点就可得到正交基

下面来进行代数推导，假设基为 $\boldsymbol{x_1},\boldsymbol{x_2}$（见图 8.28），任选其一作为 $\boldsymbol{v_1}$，比如选 $\boldsymbol{x_1}$（见图 8.29）。

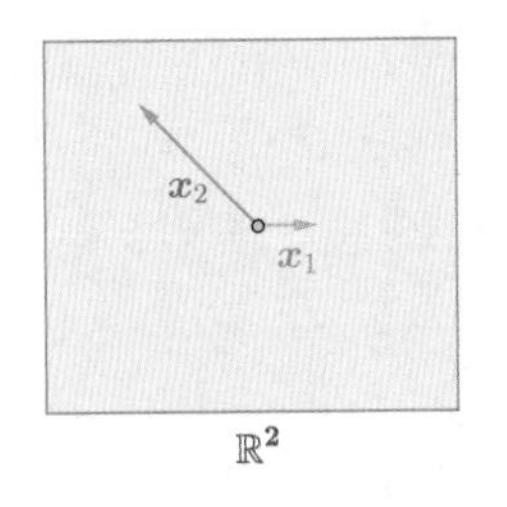


图 8.28: 基 $\boldsymbol{x_1}, \boldsymbol{x_2}$

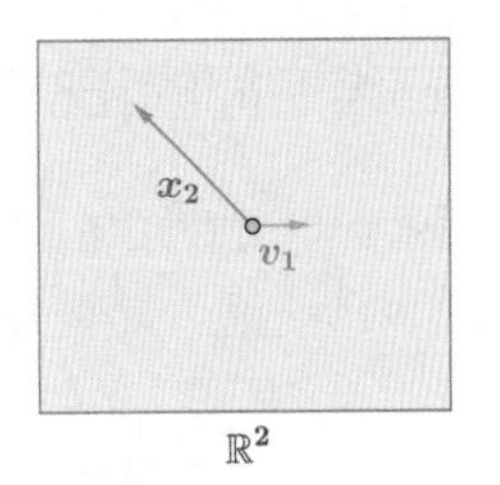


图 8.29: 选择 $\boldsymbol{x_1}$ 作为 $\boldsymbol{v_1}$

做出 $\boldsymbol{x_2}$ 在 $\boldsymbol{v_1}$ 所在直线的投影向量 $\overline{\boldsymbol{x_2}}$，连接 $\boldsymbol{x_2}$ 和 $\overline{\boldsymbol{x_2}}$ 就得到了要求的垂线向量 $\boldsymbol{v_2}$，见图 8.30。

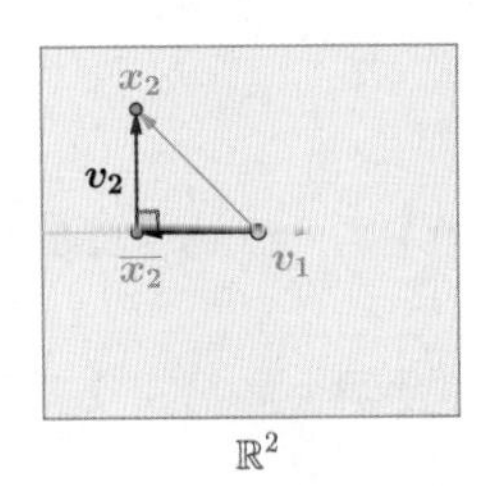


图 8.30: 作垂线向量 $\boldsymbol{v_2}$

因为 $\boldsymbol{x_2}$, $\boldsymbol{v_2}$ 和 $\overline{\boldsymbol{x_2}}$ 构成三角形，所以根据向量减法的几何意义有 $\boldsymbol{v_2} = \boldsymbol{x_2} - \overline{\boldsymbol{x_2}}$。又因投影向量 $\overline{\boldsymbol{x_2}}$ 和 $\boldsymbol{v_1}$ 在一条直线上，两者线性相关，所以可假设 $\overline{\boldsymbol{x_2}} = k_1\boldsymbol{v_1}$。因此：

$$\boldsymbol{v_2} = \boldsymbol{x_2} - \overline{\boldsymbol{x_2}} = \boldsymbol{x_2} - k_1\boldsymbol{v_1}$$

因为 $\boldsymbol{v_2}$ 和 $\boldsymbol{v_1}$ 正交，即有 $\boldsymbol{v_2} \cdot \boldsymbol{v_1} = 0$，所以：

$$\begin{aligned}\boldsymbol{v_2} \cdot \boldsymbol{v_1} = 0 &\implies (\boldsymbol{x_2} - k_1\boldsymbol{v_1}) \cdot \boldsymbol{v_1} = 0 \\ &\implies \boldsymbol{x_2} \cdot \boldsymbol{v_1} - k_1\boldsymbol{v_1} \cdot \boldsymbol{v_1} = 0 \\ &\implies k_1 = \frac{\boldsymbol{x_2} \cdot \boldsymbol{v_1}}{\boldsymbol{v_1} \cdot \boldsymbol{v_1}}\end{aligned}$$

所以：

$$\boldsymbol{v_2} = \boldsymbol{x_2} - k_1\boldsymbol{v_1} = \boldsymbol{x_2} - \frac{\boldsymbol{x_2} \cdot \boldsymbol{v_1}}{\boldsymbol{v_1} \cdot \boldsymbol{v_1}}\boldsymbol{v_1}$$

这样就得到了 $\mathbb{R}^2$ 的一组正交基 $\boldsymbol{v}_1, \boldsymbol{v}_2$，上述方法可总结为：

$$\boldsymbol{x_1}, \boldsymbol{x_2} \implies \begin{cases}\boldsymbol{v_1} = \boldsymbol{x_1} \\ \boldsymbol{v_2} = \boldsymbol{x_2} - \dfrac{\boldsymbol{x_2} \cdot \boldsymbol{v_1}}{\boldsymbol{v_1} \cdot \boldsymbol{v_1}}\boldsymbol{v_1}\end{cases}$$

该方法的推导过程并没有被限制在 $\mathbb{R}^2$ 中，所以它也可以完成寻找 $\mathbb{R}^3$ 中平面的正交基的任务，见图 8.24。

## 8.5.2　三维空间的正交基

下面来看看如何寻找三维向量空间的正交基，还是先说思路。假设已知 $\mathbb{R}^3$ 的一组基，也就是图 8.31 中所示的三个向量。

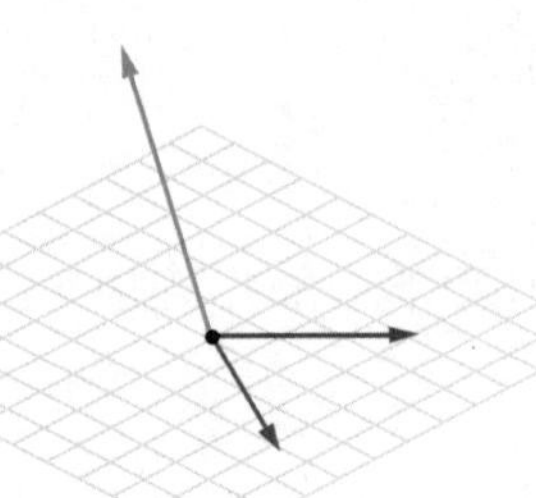

图 8.31: $\mathbb{R}^3$ 的一组基

先按前面所讲的方法，将其中任意两个向量正交化，见图 8.32。

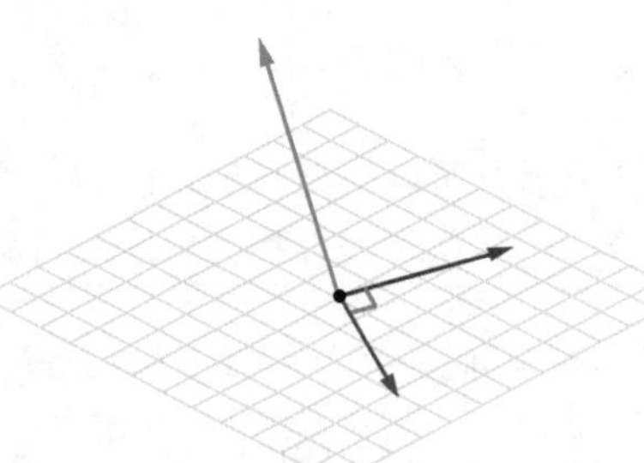

图 8.32: 将其中任意两个向量正交化

然后向这两个正交向量的张成空间作垂线，从而得到三个正交向量，也就是 $\mathbb{R}^3$ 的一组正交基，见图 8.33 和图 8.34。

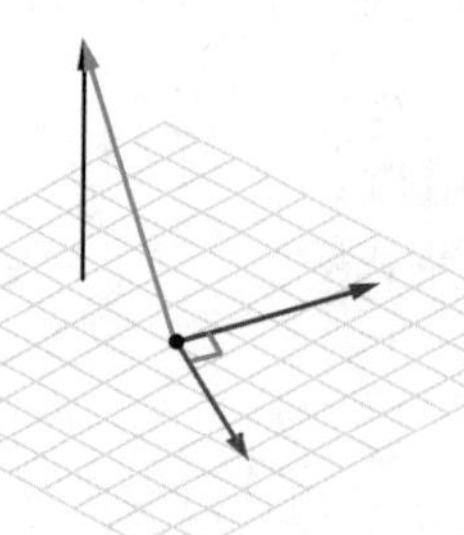

图 8.33: 作投影

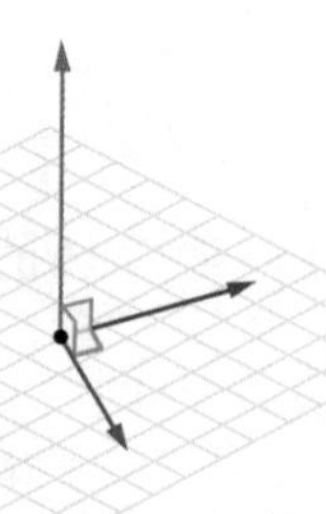

图 8.34: 将投影移到原点得到正交基

下面来进行代数推导，假设基为 $\boldsymbol{x_1}, \boldsymbol{x_2}$ 和 $\boldsymbol{x_3}$，见图 8.35。

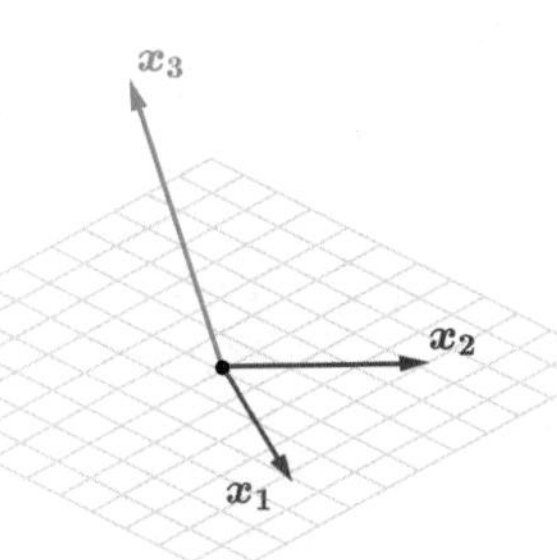


图 8.35: 基为 $\boldsymbol{x_1}, \boldsymbol{x_2}$ 和 $\boldsymbol{x_3}$

任选两个向量，按照前面所讲的方法，将其中任意两个向量正交化，得到 $\boldsymbol{v_1}$ 和 $\boldsymbol{v_2}$，见图 8.36。

$$\boldsymbol{x_1}, \boldsymbol{x_2} \implies \begin{cases} \boldsymbol{v_1} = \boldsymbol{x_1} \\ \boldsymbol{v_2} = \boldsymbol{x_2} - \frac{\boldsymbol{x_2} \cdot \boldsymbol{v_1}}{\boldsymbol{v_1} \cdot \boldsymbol{v_1}} \boldsymbol{v_1} \end{cases}$$

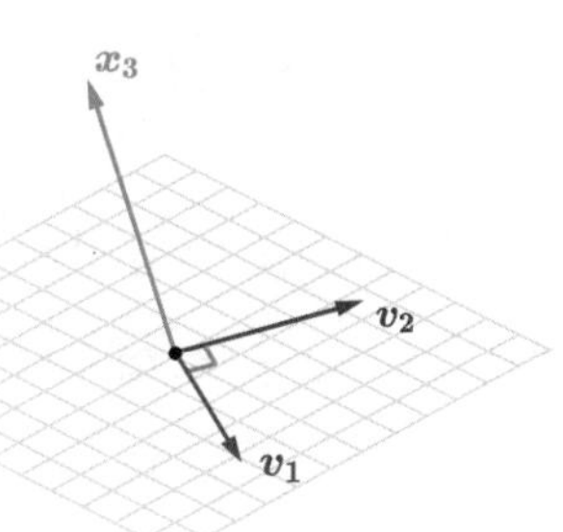


图 8.36: 将其中任意两个向量正交化，得到 $\boldsymbol{v_1}$ 和 $\boldsymbol{v_2}$

绘出 $\boldsymbol{x_3}$ 在 $\boldsymbol{v_1}, \boldsymbol{v_2}$ 张成平面上的投影向量 $\overline{\boldsymbol{x_3}}$，连接 $\boldsymbol{x_3}$ 和 $\overline{\boldsymbol{x_3}}$ 就得到要求的垂线向量 $\boldsymbol{v_3}$，见图 8.37。

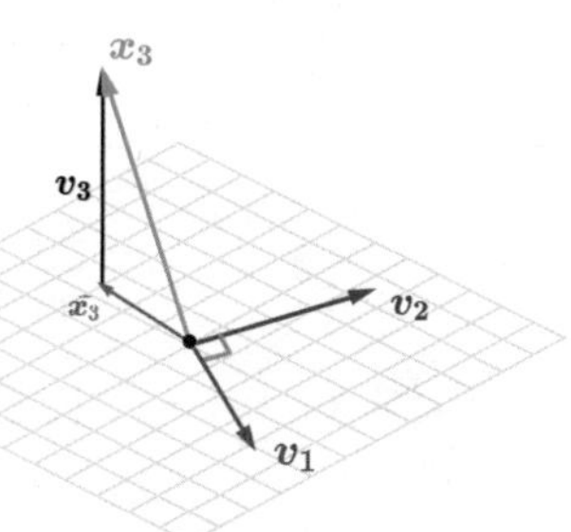


图 8.37: 得到垂线向量 $\boldsymbol{v_3}$

因为 $\boldsymbol{x_3}, \boldsymbol{v_3}$ 和 $\overline{\boldsymbol{x_3}}$ 构成三角形，所以根据向量减法的几何意义，有 $\boldsymbol{v_3} = \boldsymbol{x_3} - \overline{\boldsymbol{x_3}}$。又因投影向量 $\overline{\boldsymbol{x_3}}$ 在 $\boldsymbol{v_1}, \boldsymbol{v_2}$ 的张成平面上，所以 $\overline{\boldsymbol{x_3}}$ 是 $\boldsymbol{v_1}, \boldsymbol{v_2}$ 的线性组合，可假设 $\overline{\boldsymbol{x_3}} = k_1\boldsymbol{v_1} + k_2\boldsymbol{v_2}$，

见图 8.38。

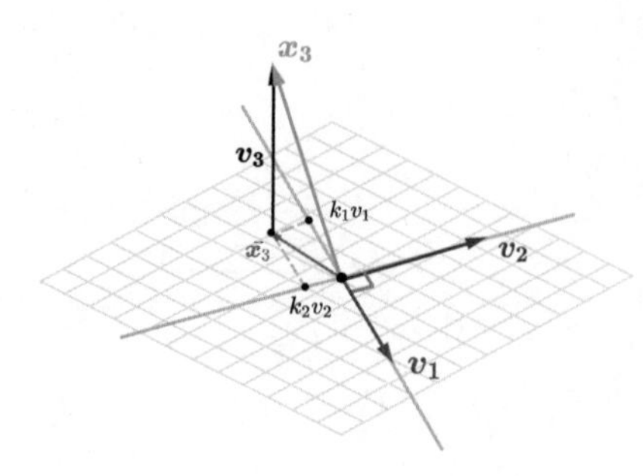


图 8.38: $\overline{\boldsymbol{x_3}} = k_1\boldsymbol{v_1} + k_2\boldsymbol{v_2}$

因此，

$$\boldsymbol{v_3} = \boldsymbol{x_3} - \overline{\boldsymbol{x_3}} = \boldsymbol{x_3} - k_1\boldsymbol{v_1} - k_2\boldsymbol{v_2}$$

因为 $\boldsymbol{v_3}$ 垂直于 $\boldsymbol{v_1}, \boldsymbol{v_2}$ 的张成平面，所以 $\boldsymbol{v_3}$ 必然垂直于 $\boldsymbol{v_1}$ 和 $\boldsymbol{v_2}$，所以有：

$$\begin{cases} \boldsymbol{v_3} \cdot \boldsymbol{v_1} = (\boldsymbol{x_3} - k_1\boldsymbol{v_1} - k_2\boldsymbol{v_2}) \cdot \boldsymbol{v_1} = 0 \\ \boldsymbol{v_3} \cdot \boldsymbol{v_2} = (\boldsymbol{x_3} - k_1\boldsymbol{v_1} - k_2\boldsymbol{v_2}) \cdot \boldsymbol{v_2} = 0 \end{cases}$$

注意到 $\boldsymbol{v_1}$ 和 $\boldsymbol{v_2}$ 正交，即有 $\boldsymbol{v_1} \cdot \boldsymbol{v_2} = 0$，根据上面的方程组可以分别推出：

$$\begin{aligned} (\boldsymbol{x_3} - k_1\boldsymbol{v_1} - k_2\boldsymbol{v_2}) \cdot \boldsymbol{v_1} = 0 &\implies \boldsymbol{x_3} \cdot \boldsymbol{v_1} - k_1\boldsymbol{v_1} \cdot \boldsymbol{v_1} - k_2\boldsymbol{v_2} \cdot \boldsymbol{v_1} = 0 \\ &\implies \boldsymbol{x_3} \cdot \boldsymbol{v_1} - k_1\boldsymbol{v_1} \cdot \boldsymbol{v_1} = 0 \\ &\implies k_1 = \frac{\boldsymbol{x_3} \cdot \boldsymbol{v_1}}{\boldsymbol{v_1} \cdot \boldsymbol{v_1}} \\ (\boldsymbol{x_3} - k_1\boldsymbol{v_1} - k_2\boldsymbol{v_2}) \cdot \boldsymbol{v_2} = 0 &\implies \boldsymbol{x_3} \cdot \boldsymbol{v_2} - k_1\boldsymbol{v_1} \cdot \boldsymbol{v_2} - k_2\boldsymbol{v_2} \cdot \boldsymbol{v_2} = 0 \\ &\implies \boldsymbol{x_3} \cdot \boldsymbol{v_2} - k_2\boldsymbol{v_2} \cdot \boldsymbol{v_2} = 0 \\ &\implies k_2 = \frac{\boldsymbol{x_3} \cdot \boldsymbol{v_2}}{\boldsymbol{v_2} \cdot \boldsymbol{v_2}} \end{aligned}$$

所以：

$$\boldsymbol{v_3} = \boldsymbol{x_3} - k_1\boldsymbol{v_1} - k_2\boldsymbol{v_2} = \boldsymbol{x_3} - \frac{\boldsymbol{x_3} \cdot \boldsymbol{v_1}}{\boldsymbol{v_1} \cdot \boldsymbol{v_1}}\boldsymbol{v_1} - \frac{\boldsymbol{x_3} \cdot \boldsymbol{v_2}}{\boldsymbol{v_2} \cdot \boldsymbol{v_2}}\boldsymbol{v_2}$$

这样就得到了 $\mathbb{R}^3$ 的一组正交基 $\boldsymbol{v}_1, \boldsymbol{v}_2, \boldsymbol{v}_3$，上述方法可总结为：

$$\boldsymbol{x_1}, \boldsymbol{x_2}, \boldsymbol{x_3} \implies \begin{cases} \boldsymbol{v_1} = \boldsymbol{x_1} \\ \boldsymbol{v_2} = \boldsymbol{x_2} - \dfrac{\boldsymbol{x_2} \cdot \boldsymbol{v_1}}{\boldsymbol{v_1} \cdot \boldsymbol{v_1}}\boldsymbol{v_1} \\ \boldsymbol{v_3} = \boldsymbol{x_3} - \dfrac{\boldsymbol{x_3} \cdot \boldsymbol{v_1}}{\boldsymbol{v_1} \cdot \boldsymbol{v_1}}\boldsymbol{v_1} - \dfrac{\boldsymbol{x_3} \cdot \boldsymbol{v_2}}{\boldsymbol{v_2} \cdot \boldsymbol{v_2}}\boldsymbol{v_2} \end{cases}$$

### 8.5.3 施密特正交化的完整形式

更一般地，如果 $\boldsymbol{x}_1,\boldsymbol{x}_2,\cdots\boldsymbol{x}_n$ 是某向量空间的一组基，那么通过下述方法就可以找到该向量空间的一组正交基 $\boldsymbol{v}_1,\boldsymbol{v}_2,\cdots\boldsymbol{v}_n$，该方法被称为施密特正交化（Gram-Schmidt process）：

$$\boldsymbol{x}_1,\cdots,\boldsymbol{x}_n \xrightarrow{\text{施密特正交化}} \begin{cases} \boldsymbol{v}_1=\boldsymbol{x}_1 \\ \boldsymbol{v}_2=\boldsymbol{x}_2-\dfrac{\boldsymbol{x}_2\cdot\boldsymbol{v}_1}{\boldsymbol{v}_1\cdot\boldsymbol{v}_1}\boldsymbol{v}_1 \\ \boldsymbol{v}_3=\boldsymbol{x}_3-\dfrac{\boldsymbol{x}_3\cdot\boldsymbol{v}_1}{\boldsymbol{v}_1\cdot\boldsymbol{v}_1}\boldsymbol{v}_1-\dfrac{\boldsymbol{x}_3\cdot\boldsymbol{v}_2}{\boldsymbol{v}_2\cdot\boldsymbol{v}_2}\boldsymbol{v}_2 \\ \qquad\cdots \\ \boldsymbol{v}_n=\boldsymbol{x}_n-\dfrac{\boldsymbol{x}_n\cdot\boldsymbol{v}_1}{\boldsymbol{v}_1\cdot\boldsymbol{v}_1}\boldsymbol{v}_1-\cdots-\dfrac{\boldsymbol{x}_n\cdot\boldsymbol{v}_{n-1}}{\boldsymbol{v}_{n-1}\cdot\boldsymbol{v}_{n-1}}\boldsymbol{v}_{n-1} \end{cases}$$

## 8.6 正交对角化

之前[①] 就说过，要完成矩阵 $\boldsymbol{A}=\begin{pmatrix}0&-1&1\\-1&0&1\\1&1&0\end{pmatrix}$ 的对角化 $\boldsymbol{A}=\boldsymbol{P\Lambda P}^{-1}$，按照之前介绍的方法算出来的 $\boldsymbol{P}=\begin{pmatrix}-1&-1&1\\-1&1&0\\1&0&1\end{pmatrix}$，其逆矩阵 $\boldsymbol{P}^{-1}$ 是很难求出的。

但其实对于该矩阵 $\boldsymbol{A}$ 而言，是可以找到合适的特征向量，从而构造出正交矩阵 $\boldsymbol{P}=\begin{pmatrix}-\frac{1}{\sqrt{3}}&-\frac{1}{\sqrt{2}}&\frac{1}{\sqrt{6}}\\-\frac{1}{\sqrt{3}}&\frac{1}{\sqrt{2}}&\frac{1}{\sqrt{6}}\\\frac{1}{\sqrt{3}}&0&\frac{2}{\sqrt{6}}\end{pmatrix}$ 来简单地完成对角化的：

$$\boldsymbol{A}=\boldsymbol{P\Lambda P}^{-1}=\boldsymbol{P\Lambda P}^{\mathrm{T}}$$

那要怎么找到合适的特征向量呢？下面让我们从整体的思路开始。

① 可以查看“正交矩阵”一节的开头。

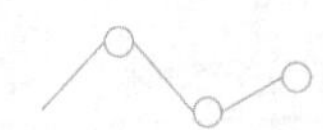

### 8.6.1　整体的思路

根据之前的计算可知，矩阵 $\boldsymbol{A}=\begin{pmatrix}0&-1&1\\-1&0&1\\1&1&0\end{pmatrix}$ 的特征空间如下：

$$\boldsymbol{x}_{\lambda=-2}=k_1\begin{pmatrix}-1\\-1\\1\end{pmatrix},\quad \boldsymbol{x}_{\lambda=1}=k_1\begin{pmatrix}-1\\1\\0\end{pmatrix}+k_2\begin{pmatrix}1\\0\\1\end{pmatrix}$$

显然，$\boldsymbol{x}_{\lambda=-2}$ 是三维空间中的一条直线，$\boldsymbol{x}_{\lambda=1}$ 是三维空间中的一个平面，见图 8.39。

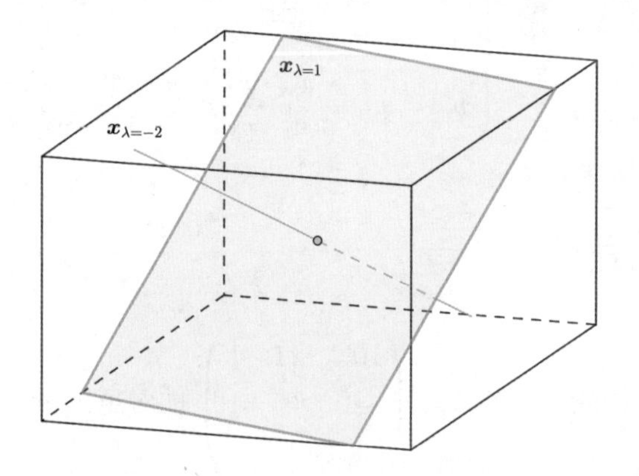


图 8.39: $\boldsymbol{x}_{\lambda=-2}$ 是三维空间中的一条直线，$\boldsymbol{x}_{\lambda=1}$ 是三维空间中的一个平面

如果在直线 $\boldsymbol{x}_{\lambda=-2}$ 上挑选出 $\boldsymbol{p}_1$，在平面 $\boldsymbol{x}_{\lambda=1}$ 上挑选出 $\boldsymbol{p}_2$ 和 $\boldsymbol{p}_3$，那么可以得到三个线性无关的特征向量，从而完成对角化，见图 8.40。

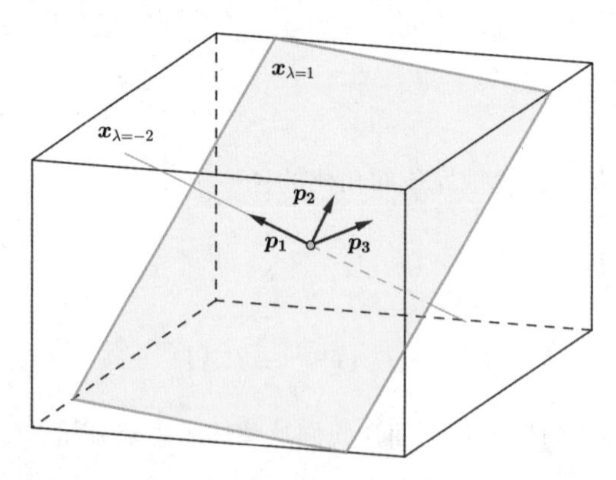


图 8.40: 在直线 $\boldsymbol{x}_{\lambda=-2}$ 上挑选出 $\boldsymbol{p}_1$，在平面 $\boldsymbol{x}_{\lambda=1}$ 上挑选出 $\boldsymbol{p}_2$ 和 $\boldsymbol{p}_3$

那么能否在上述两个特征空间中挑到可构造出标准正交基的 $\boldsymbol{\epsilon}_1,\boldsymbol{\epsilon}_2,\boldsymbol{\epsilon}_3$ 呢？对于这里的矩阵 $\boldsymbol{A}$ 是可以的：

- 可证明在直线 $\boldsymbol{x}_{\lambda=-2}$ 上挑选出 $\boldsymbol{p}_1$ 垂直于平面 $\boldsymbol{x}_{\lambda=1}$，将其单位化即可得到 $\boldsymbol{\epsilon}_1$。
- 在平面 $\boldsymbol{x}_{\lambda=1}$ 上通过施密特正交化找到该平面的标准正交基作为 $\boldsymbol{\epsilon}_2$ 和 $\boldsymbol{\epsilon}_3$，由此得到的 $\boldsymbol{\epsilon}_1,\boldsymbol{\epsilon}_2,\boldsymbol{\epsilon}_3$ 即是标准正交基。下面就以上两点分别进行讲解。

### 8.6.2 实对称阵

**定义 6.** *如果矩阵 $\boldsymbol{A}$ 是对称阵，且其中的每一个元素都是实数，那么称之为实对称阵（Real symmetric matrices）。*

关于实对称阵有一个重要的性质。

**定理 2.** *若 $\lambda_1,\lambda_2$ 是实对称阵 $\boldsymbol{A}$ 相异的特征值，$\boldsymbol{p}_1,\boldsymbol{p}_2$ 是 $\lambda_1,\lambda_2$ 对应的特征向量，则有 $\boldsymbol{p}_1$ 与 $\boldsymbol{p}_2$ 正交，即：*

$$\boldsymbol{p_1}\cdot\boldsymbol{p_2}=0$$

**证明：** 根据特征值和特征向量的定义有：

$$\boldsymbol{Ap_1}=\lambda_1\boldsymbol{p_1},\quad \boldsymbol{Ap_2}=\lambda_2\boldsymbol{p_2}$$

因为 $\boldsymbol{A}$ 为实对称阵，结合矩阵转置运算的性质 $(\boldsymbol{AB})^{\mathrm{T}}=\boldsymbol{B}^{\mathrm{T}}\boldsymbol{A}^{\mathrm{T}}$，有（如果 $\boldsymbol{A}$ 的元素不全为实数，转置运算的定义是不一样的，这里就不展开介绍了）：

$$\lambda_1\boldsymbol{p_1}^{\mathrm{T}}=(\lambda_1\boldsymbol{p_1})^{\mathrm{T}}=(\boldsymbol{Ap_1})^{\mathrm{T}}=\boldsymbol{p_1}^{\mathrm{T}}\boldsymbol{A}^{\mathrm{T}}=\boldsymbol{p_1}^{\mathrm{T}}\boldsymbol{A}$$

因此：

$$\lambda_1\boldsymbol{p_1}^{\mathrm{T}}\boldsymbol{p_2}=\boldsymbol{p_1}^{\mathrm{T}}\boldsymbol{Ap_2}=\boldsymbol{p_1}^{\mathrm{T}}(\lambda_2\boldsymbol{p_2})=\lambda_2\boldsymbol{p_1}^{\mathrm{T}}\boldsymbol{p_2}$$

结合矩阵转置运算的性质 $\boldsymbol{x}^{\mathrm{T}}\boldsymbol{y}=(\boldsymbol{x}\cdot\boldsymbol{y})$，可以推出：

$$(\lambda_2-\lambda_1)\boldsymbol{p_1}^{\mathrm{T}}\boldsymbol{p_2}=(\lambda_2-\lambda_1)\boldsymbol{p_1}\cdot\boldsymbol{p_2}=0$$

又因为 $\lambda_1\neq\lambda_2$，因此 $\boldsymbol{p_1}\cdot\boldsymbol{p_2}=0$，即 $\boldsymbol{p_1}$ 与 $\boldsymbol{p_2}$ 正交。 □

根据上述定理就可以找到标准正交基中的第一个向量 $\boldsymbol{\epsilon_1}$，下面来看看是怎么做到的。很显然，矩阵 $\boldsymbol{A}=\begin{pmatrix}0&-1&1\\-1&0&1\\1&1&0\end{pmatrix}$ 就是实对称阵，它的特征值和特征向量如下：

$$\lambda_1=-2,\quad \lambda_2=\lambda_3=1\qquad \boldsymbol{p}_1=\begin{pmatrix}-1\\-1\\1\end{pmatrix},\quad \boldsymbol{p}_2=\begin{pmatrix}-1\\1\\0\end{pmatrix},\quad \boldsymbol{p}_3=\begin{pmatrix}1\\0\\1\end{pmatrix}$$

根据定理 2，因为 $\lambda_1\neq\lambda_2=\lambda_3$，所以应该有 $\boldsymbol{p_1}\cdot\boldsymbol{p_2}=0,\boldsymbol{p_1}\cdot\boldsymbol{p_3}=0$，验算一下发现确实如此：

$$\boldsymbol{p}_1 \cdot \boldsymbol{p}_2 = \begin{pmatrix} -1 \\ -1 \\ 1 \end{pmatrix} \cdot \begin{pmatrix} -1 \\ 1 \\ 0 \end{pmatrix} = 0, \quad \boldsymbol{p}_1 \cdot \boldsymbol{p}_3 = \begin{pmatrix} -1 \\ -1 \\ 1 \end{pmatrix} \cdot \begin{pmatrix} 1 \\ 0 \\ 1 \end{pmatrix} = 0$$

从而可推出 $\boldsymbol{p}_1$ 正交于 $\boldsymbol{p}_2$ 与 $\boldsymbol{p}_3$ 的线性组合：

$$\boldsymbol{p}_1 \cdot (k_1\boldsymbol{p}_2 + k_2\boldsymbol{p}_3) = k_1\boldsymbol{p}_1 \cdot \boldsymbol{p}_2 + k_2\boldsymbol{p}_1 \cdot \boldsymbol{p}_3 = 0$$

也就是说，$\boldsymbol{p}_1$ 正交于特征空间 $\boldsymbol{x}_{\lambda=1}$ 中的任意特征向量，或者说 $\boldsymbol{p}_1$ 正交于特征空间 $\boldsymbol{x}_{\lambda=1}$，见图 8.41。

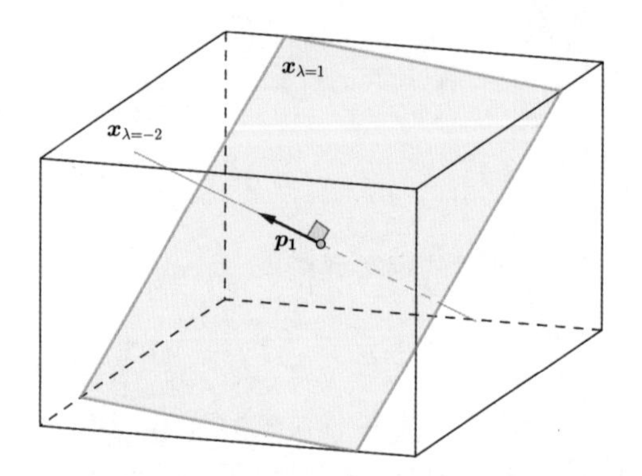


图 8.41: $\boldsymbol{p}_1$ 正交于特征空间 $\boldsymbol{x}_{\lambda=1}$

所以只需要将 $\boldsymbol{p}_1$ 单位化，就找到了标准正交基中的第一个向量 $\boldsymbol{\epsilon_1}$：

$$\boldsymbol{\epsilon_1} = \frac{\boldsymbol{p}_1}{||\boldsymbol{p}_1||} = \frac{1}{\sqrt{3}} \begin{pmatrix} -1 \\ -1 \\ 1 \end{pmatrix}$$

### 8.6.3　完整的解题过程

已经找到 $\boldsymbol{\epsilon_1}$ 了，下面只需在特征空间 $\boldsymbol{x}_{\lambda=1}$ 的基 $\boldsymbol{p_2}, \boldsymbol{p_3}$（见图 8.42）的帮助下借助施密特正交化，找到特征空间 $\boldsymbol{x}_{\lambda=1}$ 的标准正交基 $\boldsymbol{\epsilon_2}, \boldsymbol{\epsilon_3}$ 即可，见图 8.43。

下面是完整的解题过程：

**例 14.** 已知矩阵 $\boldsymbol{A} = \begin{pmatrix} 0 & -1 & 1 \\ -1 & 0 & 1 \\ 1 & 1 & 0 \end{pmatrix}$，请找到某正交矩阵 $\boldsymbol{P}$ 来完成对角化，即使得下式成立：

$$\boldsymbol{A} = \boldsymbol{P\Lambda P}^{-1} = \boldsymbol{P\Lambda P}^{\mathrm{T}}$$

其中 $\boldsymbol{\Lambda}$ 为某对角阵。

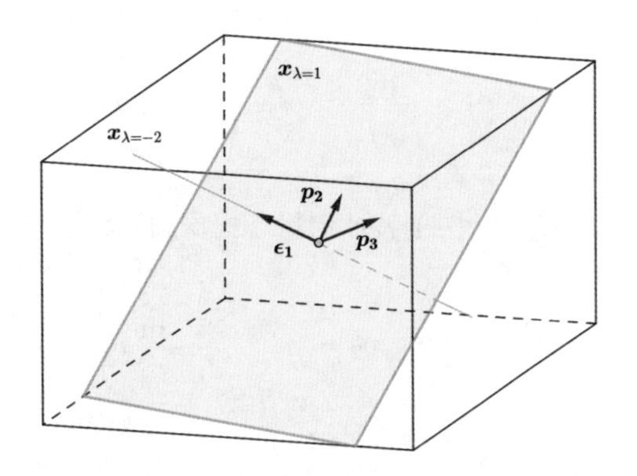


图 8.42: 特征空间 $\boldsymbol{x}_{\lambda=1}$ 的基 $\boldsymbol{p_2}, \boldsymbol{p_3}$

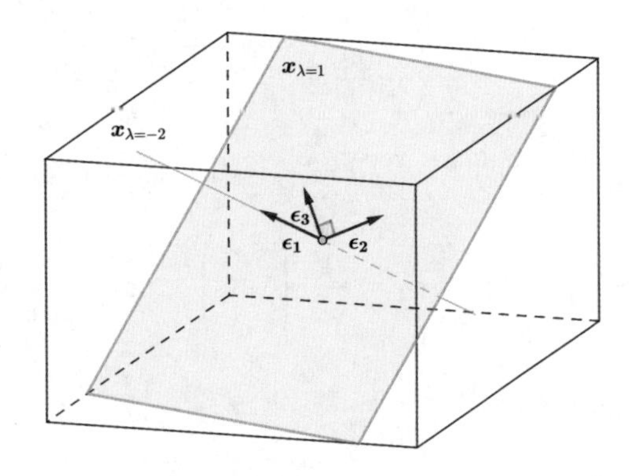


图 8.43: 特征空间 $\boldsymbol{x}_{\lambda=1}$ 的标准正交基 $\boldsymbol{\epsilon_2}, \boldsymbol{\epsilon_3}$

**解：**（1）首先计算出特征值与特征向量：

$$\lambda_1 = -2, \lambda_2 = \lambda_3 = 1 \qquad \boldsymbol{p}_1 = \begin{pmatrix} -1 \\ -1 \\ 1 \end{pmatrix}, \boldsymbol{p}_2 = \begin{pmatrix} -1 \\ 1 \\ 0 \end{pmatrix}, \boldsymbol{p}_3 = \begin{pmatrix} 1 \\ 0 \\ 1 \end{pmatrix}$$

这三个特征向量是线性无关的，所以肯定是可以对角化的，即下式肯定是成立的：

$$\boldsymbol{A} = (\boldsymbol{p}_1, \boldsymbol{p}_2, \boldsymbol{p}_3)\boldsymbol{\Lambda}(\boldsymbol{p}_1, \boldsymbol{p}_2, \boldsymbol{p}_3)^{-1}, \quad \boldsymbol{\Lambda} = \begin{pmatrix} -2 & 0 & 0 \\ 0 & 1 & 0 \\ 0 & 0 & 1 \end{pmatrix}$$

但此处使用的过渡矩阵 $(\boldsymbol{p}_1, \boldsymbol{p}_2, \boldsymbol{p}_3)$ 并非正交矩阵，所以还需要进一步变换。

（2）在特征空间 $\boldsymbol{x}_{\lambda=-2}$ 中找出第一个特征向量。因为 $\boldsymbol{A}$ 是实对称阵，根据定理 2，所以特征空间 $\boldsymbol{x}_{\lambda=-2}$ 中的任意特征向量一定正交于特征空间 $\boldsymbol{x}_{\lambda=1}$ 中的任意特征向量，所以只需将 $\boldsymbol{p}_1$ 单位化，就找出了第一个特征向量：

$$\boldsymbol{\epsilon_1}=\frac{\boldsymbol{p}_1}{||\boldsymbol{p}_1||}=\frac{1}{\sqrt{3}}\begin{pmatrix}-1\\-1\\1\end{pmatrix}$$

然后在特征空间 $\boldsymbol{x}_{\lambda=1}$ 中找出另外两个特征向量。根据施密特正交化，可得：

$$\boldsymbol{v_1}=\boldsymbol{p_2}=\begin{pmatrix}-1\\1\\0\end{pmatrix},\quad \boldsymbol{v_2}=\boldsymbol{p_3}-\frac{\boldsymbol{p_3}\cdot\boldsymbol{v_1}}{\boldsymbol{v_1}\cdot\boldsymbol{v_1}}\boldsymbol{v_1}=\frac{1}{2}\begin{pmatrix}1\\1\\2\end{pmatrix}$$

对它们进行单位化，就找出了另外两个特征向量：

$$\boldsymbol{\epsilon_2}=\frac{\boldsymbol{v}_1}{||\boldsymbol{v}_1||}=\frac{1}{\sqrt{2}}\begin{pmatrix}-1\\1\\0\end{pmatrix},\quad \boldsymbol{\epsilon_3}=\frac{\boldsymbol{v}_2}{||\boldsymbol{v}_2||}=\frac{1}{\sqrt{6}}\begin{pmatrix}1\\1\\2\end{pmatrix}$$

（3）构造正交矩阵，完成对角化。（1）（2）找出了三个两两正交的单位特征向量：

$$\boldsymbol{\epsilon_1}=\frac{1}{\sqrt{3}}\begin{pmatrix}-1\\-1\\1\end{pmatrix},\quad \boldsymbol{\epsilon_2}=\frac{1}{\sqrt{2}}\begin{pmatrix}-1\\1\\0\end{pmatrix},\quad \boldsymbol{\epsilon_3}=\frac{1}{\sqrt{6}}\begin{pmatrix}1\\1\\2\end{pmatrix}$$

三者可以构造出正交矩阵：

$$\boldsymbol{P}=(\boldsymbol{\epsilon_1},\boldsymbol{\epsilon_2},\boldsymbol{\epsilon_3})=\begin{pmatrix}-\frac{1}{\sqrt{3}} & -\frac{1}{\sqrt{2}} & \frac{1}{\sqrt{6}}\\ -\frac{1}{\sqrt{3}} & \frac{1}{\sqrt{2}} & \frac{1}{\sqrt{6}}\\ \frac{1}{\sqrt{3}} & 0 & \frac{2}{\sqrt{6}}\end{pmatrix}$$

来完成对角化：

$$\boldsymbol{A}=\boldsymbol{P\Lambda P}^{-1}=\boldsymbol{P\Lambda P}^{\mathrm{T}},\quad \boldsymbol{\Lambda}=\begin{pmatrix}-2&0&0\\0&1&0\\0&0&1\end{pmatrix}$$

这样做的好处是直接有 $\boldsymbol{P}^{-1}=\boldsymbol{P}^{\mathrm{T}}$，当矩阵 $\boldsymbol{A}$ 较大时，该好处会体现得比较明显。

### 8.6.4　正交对角化的定义

**定义 7.** 对于 $n$ 阶方阵 $\boldsymbol{A}$，如果存在正交矩阵 $\boldsymbol{P}$ 和对角阵 $\boldsymbol{\Lambda}$，使得：

$$\boldsymbol{A}=\boldsymbol{P\Lambda P}^{-1}=\boldsymbol{P\Lambda P}^{\mathrm{T}}$$

那么就称该方阵 $\boldsymbol{A}$ 可正交对角化（*Orthogonal diagonalizable*）。

正交对角化是对角化的一种特殊情况，这里进行一下对比：

- $n$ 阶方阵 $\boldsymbol{A}$ 可对角化，当且仅当有 $n$ 个线性无关的特征向量。
- $n$ 阶方阵 $\boldsymbol{A}$ 可正交对角化，当且仅当有 $n$ 个两两正交的特征向量，此时这 $n$ 个特征向量必然也线性无关。

可以证明 $\boldsymbol{A}$ 可正交对角化的充分必要条件是 $A$ 为实对称阵，即：

$$\boldsymbol{A}\text{可正交对角化} \iff \boldsymbol{A}\text{是实对称阵}$$

该证明过程较为复杂，本书就不深入讨论了。

## 8.7 相似矩阵中的不变量

数学对本质更感兴趣，也就是对各种现象背后不变的部分更感兴趣。比如图 8.44 所示的是几个相似三角形（Similar triangles），其特点是形状相同，而大小、角度发生了变化：

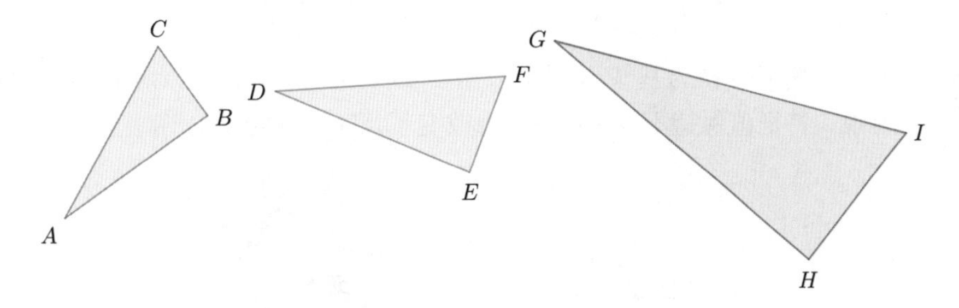


图 8.44: 几个相似三角形

数学研究的就是这些相似三角形不变的部分，比如对应的角不变：

$$\angle A=\angle D=\angle G,\quad \angle B=\angle E=\angle H,\quad \angle C=\angle F=\angle I$$

对应边的比例也保持不变：

$$\frac{AB}{AC}=\frac{DE}{DF}=\frac{GH}{GI},\quad \frac{AB}{BC}=\frac{DE}{EF}=\frac{GH}{HI},\quad \cdots$$

同样的道理，数学也发现相似矩阵中有很多不变量，这就是本节要学习的内容。

### 8.7.1 相似矩阵的特征值相同

**定理 3.** 如果 $\boldsymbol{A}$ 和 $\boldsymbol{B}$ 是相似矩阵，那么两者的特征值相同，即：

$$\boldsymbol{A}\simeq\boldsymbol{B}\implies \boldsymbol{A},\boldsymbol{B}\text{ 的特征值相同}$$

**证明：** 因为 $\boldsymbol{A} \simeq \boldsymbol{B}$，所以有 $\boldsymbol{B} = \boldsymbol{P}^{-1}\boldsymbol{A}\boldsymbol{P}$。那么结合特征值和特征向量的定义，可以推出：

$$\boldsymbol{B}\boldsymbol{x} = \lambda\boldsymbol{x} \implies \boldsymbol{P}^{-1}\boldsymbol{A}\boldsymbol{P}\boldsymbol{x} = \lambda\boldsymbol{x} \implies \boldsymbol{A}\boldsymbol{P}\boldsymbol{x} = \boldsymbol{P}\lambda\boldsymbol{x} \implies \boldsymbol{A}(\boldsymbol{P}\boldsymbol{x}) = \lambda(\boldsymbol{P}\boldsymbol{x})$$

令 $\boldsymbol{P}\boldsymbol{x} = \boldsymbol{x}'$，可得 $\boldsymbol{A}\boldsymbol{x}' = \lambda\boldsymbol{x}'$。对比可知，$\boldsymbol{A}$ 和 $\boldsymbol{B}$ 的特征值相同，但特征向量不同。□

该定理的意思是说，比如自然基 $\mathcal{E}$ 下的矩阵函数 $\boldsymbol{A}$ 将特征向量 $[\boldsymbol{x}]_{\mathcal{E}}$ 拉伸了 $\lambda$ 倍，见图 8.45，

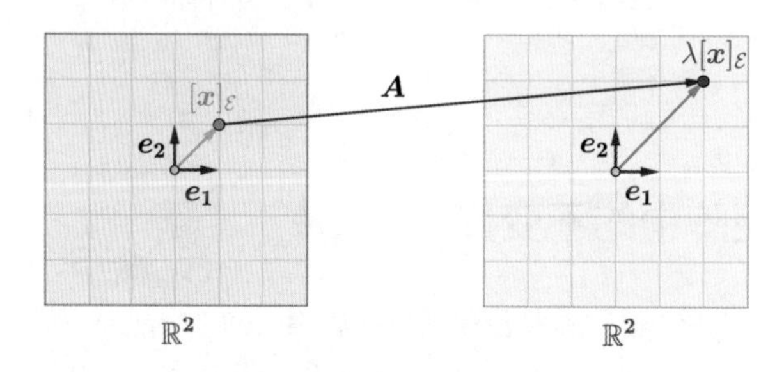


图 8.45: 矩阵函数 $\boldsymbol{A}$ 将特征向量 $[\boldsymbol{x}]_{\mathcal{E}}$ 拉伸了 $\lambda$ 倍

那么通过相似矩阵将其变换为基 $\mathcal{P}$ 下的矩阵函数 $\boldsymbol{B} = \boldsymbol{P}^{-1}\boldsymbol{A}\boldsymbol{P}$，对该向量的拉伸依然是 $\lambda$ 倍，也就是说，特征值保持不变（特征向量改变了，$[\boldsymbol{x}]_{\mathcal{E}}$ 变为了 $[\boldsymbol{x}]_{\mathcal{P}}$），见图 8.46。

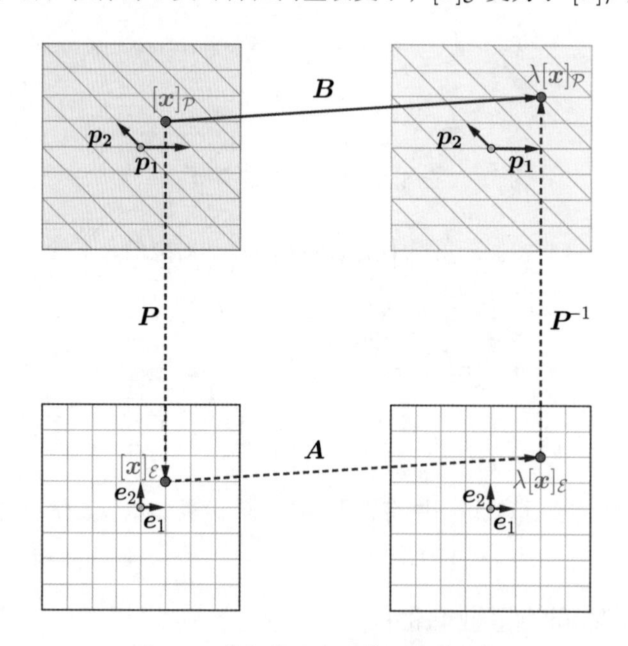


图 8.46: 特征值不变，特征向量改变

还可以这么理解，比如用“米”作为单位时，小姚身高是小明身高的两倍，见图 8.47；换用“厘米”作为单位时，小姚身高依然是小明身高的两倍，见图 8.48。

图 8.47: 身高单位为“米”　　图 8.48: 身高单位为“厘米”

相似矩阵 $\boldsymbol{A}$ 和 $\boldsymbol{B}$ 类似于单位换算，小明的身高为 1 米时，可以看作是自然基 $\mathcal{E}$ 下的 $[\boldsymbol{x}]_{\mathcal{E}}$，小姚身高为 2 米时，可以看作自然基 $\mathcal{E}$ 下的 $\lambda[\boldsymbol{x}]_{\mathcal{E}}$，其中 $\lambda=2$，见图 8.49。

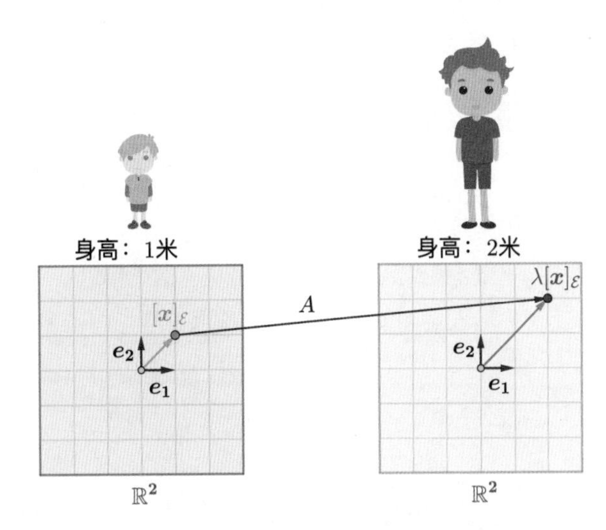


图 8.49: 自然基 $\mathcal{E}$ 下的身高

换用厘米来计算两者的身高时，就相当于换到了基 $\mathcal{P}$ 下，所以特征值 $\lambda$ 保持不变，见图 8.50。

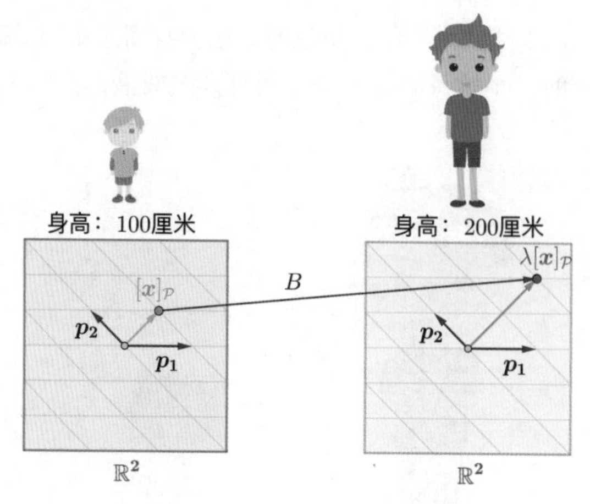


图 8.50: 基 $\mathcal{P}$ 下的身高比较

## 8.7.2 相似矩阵的行列式相同

**定理 4.** 如果 $\boldsymbol{A}$ 和 $\boldsymbol{B}$ 是相似矩阵，那么两者的行列式相同，即：

$$\boldsymbol{A} \simeq \boldsymbol{B} \implies |\boldsymbol{A}| = |\boldsymbol{B}|$$

**证明：** 因为 $\boldsymbol{A} \simeq \boldsymbol{B}$，所以有 $\boldsymbol{B} = \boldsymbol{P}^{-1}\boldsymbol{A}\boldsymbol{P}$。两侧取行列式，结合行列式的运算性质 $|\boldsymbol{A}\boldsymbol{B}| = |\boldsymbol{A}||\boldsymbol{B}|$ 以及 $|\boldsymbol{P}^{-1}| = \dfrac{1}{|\boldsymbol{P}|}$，有：

$$|\boldsymbol{B}| = |\boldsymbol{P}^{-1}\boldsymbol{A}\boldsymbol{P}| = |\boldsymbol{P}^{-1}||\boldsymbol{A}||\boldsymbol{P}| = |\boldsymbol{A}| \qquad \square$$

行列式 $|\boldsymbol{A}|$ 是矩阵函数 $\boldsymbol{A}$ 映射后和映射前的面积之比，所以定理 4 表达的是，不同基下的面积之比相同，见图 8.51。

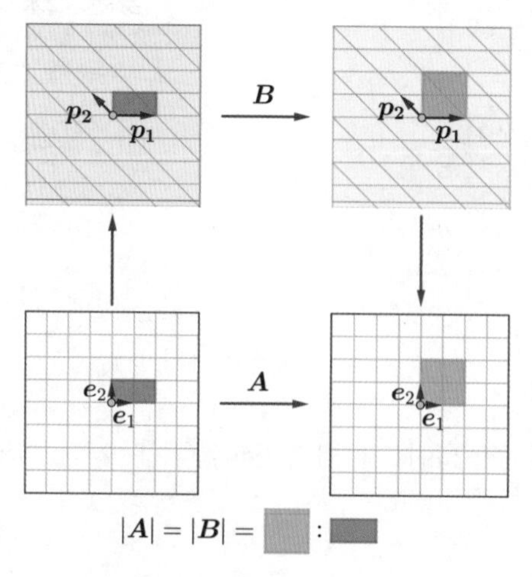


图 8.51: 不同基下的面积之比相同

也可以通过单位换算来理解，也就是说，不论通过“平方厘米”，还是通过“平方米”来计量映射后和映射前的面积，其比值也就是行列式都会保持不变。

**例 15.** 已知 $\boldsymbol{B}=\begin{pmatrix}-2&1&1\\0&2&0\\-4&1&3\end{pmatrix}\begin{pmatrix}1&0&0\\0&1&0\\0&0&1\end{pmatrix}\begin{pmatrix}-2&1&1\\0&2&0\\-4&1&3\end{pmatrix}^{-1}$，请求出 $|\boldsymbol{B}|$?

**解：** 令 $\boldsymbol{P}=\begin{pmatrix}-2&1&1\\0&2&0\\-4&1&3\end{pmatrix}$，则有：

$$\boldsymbol{B}=\begin{pmatrix}-2&1&1\\0&2&0\\-4&1&3\end{pmatrix}\begin{pmatrix}1&0&0\\0&1&0\\0&0&1\end{pmatrix}\begin{pmatrix}-2&1&1\\0&2&0\\-4&1&3\end{pmatrix}^{-1}=\boldsymbol{P}\begin{pmatrix}1&0&0\\0&1&0\\0&0&1\end{pmatrix}\boldsymbol{P}^{-1}$$

所以 $\boldsymbol{B}$ 和 $\begin{pmatrix}1&0&0\\0&1&0\\0&0&1\end{pmatrix}$ 为相似矩阵，根据定理 4，有 $|\boldsymbol{B}|=\begin{vmatrix}1&0&0\\0&1&0\\0&0&1\end{vmatrix}=1$。

**定理 5.** 若 $\lambda_1,\lambda_2,\cdots,\lambda_n$ 为 $n$ 阶方阵 $\boldsymbol{A}$ 的特征值，则：

$$|\boldsymbol{A}|=\lambda_1\lambda_2\cdots\lambda_n$$

**证明：** $\boldsymbol{A}$ 的特征值多项式为：

$$|\boldsymbol{A}-\lambda\boldsymbol{I}|=\begin{vmatrix}a_{11}-\lambda&a_{12}&\cdots&a_{1n}\\a_{21}&a_{22}-\lambda&\cdots&a_{2n}\\\vdots&\vdots&\ddots&\vdots\\a_{n1}&a_{n2}&\cdots&a_{nn}-\lambda\end{vmatrix}$$

容易观察出，它是关于 $\lambda$ 的 $n$ 次多项式，其最高项的次数为 $(-1)^n$，因此：

$$|\boldsymbol{A}-\lambda\boldsymbol{I}|=(-1)^n\lambda^n+k_1\lambda^{n-1}+k_2\lambda^{n-2}+\cdots+k_n$$

由于 $\lambda_1,\lambda_2,\cdots,\lambda_n$ 是该矩阵的特征值，所以上式可改写为：

$$|\boldsymbol{A}-\lambda\boldsymbol{I}|=(-1)^n(\lambda-\lambda_1)(\lambda-\lambda_2)\cdots(\lambda-\lambda_n)=(\lambda_1-\lambda)(\lambda_2-\lambda)\cdots(\lambda_n-\lambda)$$

令 $\lambda=0$ 可得 $|\boldsymbol{A}|=\lambda_1\lambda_2\cdots\lambda_n$。 □

比如 $\boldsymbol{A}=\begin{pmatrix}-2&1&1\\0&2&0\\-4&1&3\end{pmatrix}$ 的特征值为 $\lambda_1=-1,\lambda_2=\lambda_3=2$，那么有：

$$|\boldsymbol{A}| = \lambda_1\lambda_2\lambda_3 = -1 \times 2 \times 2 = -4$$

还可以得到一个推论，根据行列式的基本性质 $|\boldsymbol{A}| \neq 0 \iff \boldsymbol{A}$ 可逆，结合定理 5 可知：

$$\lambda_i \neq 0 \iff |\boldsymbol{A}| \neq 0 \iff \boldsymbol{A} \text{ 可逆}$$

### 8.7.3　相似矩阵的迹相同

对于 $n$ 阶方阵 $\boldsymbol{A}$，其主对角线（从左上方至右下方的对角线）上的元素之和称为迹（Trace），记作 $tr(\boldsymbol{A})$：

$$\begin{pmatrix} a_{11} & a_{12} & \cdots & a_{1n} \\ a_{21} & a_{22} & \cdots & a_{2n} \\ \vdots & \vdots & \ddots & \vdots \\ a_{n1} & a_{n2} & \cdots & a_{nn} \end{pmatrix}$$

$$tr(\boldsymbol{A}) = a_{11} + a_{22} + \cdots + a_{nn}$$

**定理 6.** 若 $\lambda_1, \lambda_2, \cdots, \lambda_n$ 为 $n$ 阶方阵 $\boldsymbol{A}$ 的特征值，则：

$$tr(\boldsymbol{A}) = \lambda_1 + \lambda_2 + \cdots + \lambda_n$$

**解：** 下面分步来证明：

（1）$\boldsymbol{A}$ 的特征值多项式为：

$$|\boldsymbol{A} - \lambda\boldsymbol{I}| = \begin{vmatrix} a_{11}-\lambda & a_{12} & \cdots & a_{1n} \\ a_{21} & a_{22}-\lambda & \cdots & a_{2n} \\ \vdots & \vdots & \ddots & \vdots \\ a_{n1} & a_{n2} & \cdots & a_{nn}-\lambda \end{vmatrix}$$

可以观察出，$\lambda^{n-1}$ 的项只能产生于主对角线的乘积。因为主对角线乘积为：

$$(a_{11}-\lambda)(a_{22}-\lambda)\cdots(a_{nn}-\lambda)$$

根据二项式定理可得 $\lambda^{n-1}$ 的系数为 $(a_{11} + a_{22} + \cdots + a_{nn})$。

（2）由于 $\lambda_1, \lambda_2, \cdots, \lambda_n$ 是该矩阵的特征值，所以

$$|\boldsymbol{A} - \lambda\boldsymbol{I}| = (\lambda_1 - \lambda)(\lambda_2 - \lambda)\cdots(\lambda_n - \lambda)$$

根据二项式定理可得 $\lambda^{n-1}$ 的系数为 $(\lambda_1 + \lambda_2 + \cdots + \lambda_n)$

（3）$\lambda^{n-1}$ 的系数必然是相等的，所以结合（1）（2）的结论，可知：

$$tr(\boldsymbol{A}) = a_{11} + a_{22} + \cdots + a_{nn} = \lambda_1 + \lambda_2 + \cdots + \lambda_n$$ □

比如 $\boldsymbol{A}=\begin{pmatrix}-2&1&1\\0&2&0\\-4&1&3\end{pmatrix}$ 的特征值为 $\lambda_1=-1,\quad \lambda_2=\lambda_3=2$，那么有：

$$tr(\boldsymbol{A})=\underbrace{-2+2+3}_{\text{对角线之和}}=\underbrace{-1+2+2}_{\text{特征值之和}}=3$$

**定理 7.** 若 $\boldsymbol{A}$ 和 $\boldsymbol{B}$ 是相似矩阵，则两者的迹相同，即：

$$\boldsymbol{A}\simeq\boldsymbol{B}\implies tr(\boldsymbol{A})=tr(\boldsymbol{B})$$

**解：** 需要分两步来证明：

（1）假设 $\boldsymbol{A}$ 和 $\boldsymbol{B}$ 为两个 $n$ 阶方阵，以及 $\boldsymbol{C}=\boldsymbol{AB}$ 和 $\boldsymbol{D}=\boldsymbol{BA}$，根据矩阵定义，它们还可表示为：

$$\boldsymbol{A}=(a_{ij}),\quad \boldsymbol{B}=(b_{ij}),\quad \boldsymbol{C}=(c_{ij}),\quad \boldsymbol{D}=(d_{ij})$$

那么根据矩阵乘法的定义，有：

$$tr(\boldsymbol{AB})=\sum_{i=1}^{n}c_{ii}=\sum_{i=1}^{n}\sum_{j=1}^{n}a_{ij}b_{ji}=\sum_{j=1}^{n}\sum_{i=1}^{n}b_{ji}a_{ij}=\sum_{j=1}^{n}d_{jj}=tr(\boldsymbol{BA})$$

（2）若 $\boldsymbol{A}$ 和 $\boldsymbol{B}$ 是相似矩阵，结合（1）的结论，有：

$$tr(\boldsymbol{B})=tr(\boldsymbol{P}^{-1}\boldsymbol{AP})=tr(\boldsymbol{PP}^{-1}\boldsymbol{A})=tr(\boldsymbol{A})$$

□

比如下面两个矩阵都是旋转矩阵，只是在不同的基下：

$$\boldsymbol{A}=\begin{pmatrix}\cos\theta&-\sin\theta\\\sin\theta&\cos\theta\end{pmatrix},\quad \boldsymbol{B}=\begin{pmatrix}\cos\theta+\sin\theta&-\sin\theta\\2\sin\theta&-\sin\theta+\cos\theta\end{pmatrix}$$

所以它们是相似矩阵，可以看到它们的迹是相等的：$tr(\boldsymbol{A})=tr(\boldsymbol{B})=2\cos\theta$。

**例 16.** 请问 $\boldsymbol{A}=\begin{pmatrix}1&2&1\\2&3&-2\\0&0&2\end{pmatrix},\boldsymbol{B}=\begin{pmatrix}2&0&0\\0&3&0\\0&0&-2\end{pmatrix}$ 是否为相似矩阵？

**解：** $\boldsymbol{A},\boldsymbol{B}$ 的迹为：

$$tr(\boldsymbol{A})=1+3+2=6,\quad tr(\boldsymbol{B})=2+3-2=3$$

因为 $tr(\boldsymbol{A})\neq tr(\boldsymbol{B})$，所以 $\boldsymbol{A},\boldsymbol{B}$ 不是相似矩阵。

# 第 9 章　二次型与合同矩阵

## 9.1　二次型

之前学习的矩阵，一直都在处理直线、平面、立方体等线性对象，见图 9.1。

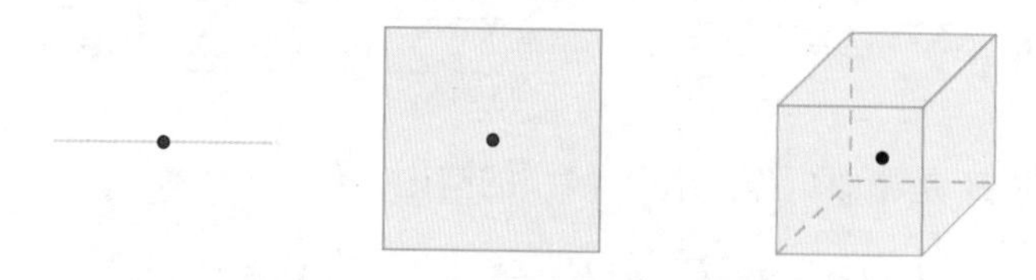

图 9.1: 直线、平面和立方体

那么像图 9.2 所示的曲线、曲面等非线性对象是否也可以通过矩阵来处理呢?

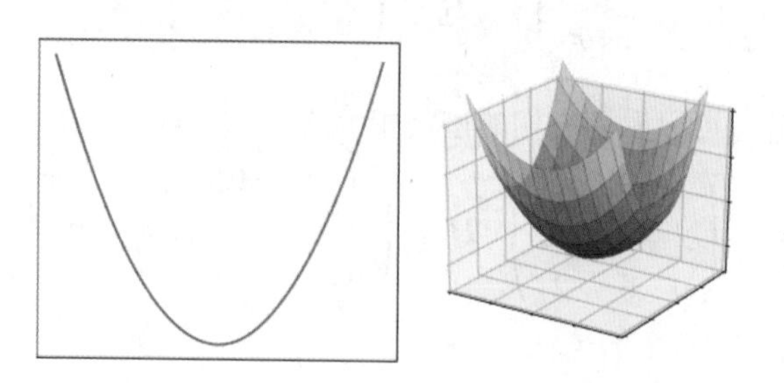

图 9.2: 曲线和曲面

有一些是可以的，比如本节要学习的二次型。

### 9.1.1　二次型的定义

**定义 1.** 关于一些变量的二次齐次多项式被称为二次型（*Quadratic form*）。

例如下面两个式子就是二次型：

$$3x_1^2-7x_2^2,\quad 3x_1^2+2x_2^2+4x_1x_2$$

如果其中包含了非二次项，那就不是二次型了：

$$\underbrace{x_1^3-1}_{\text{非二次项}}+3x_1^2-7x_2^2,\quad 3x_1^2+2x_2^2+4x_1x_2+\underbrace{x_1+x_2}_{\text{非二次项}}$$

某些曲线、曲面等非线性对象可借助二次型来表示，如图 9.3 和图 9.4 所示。

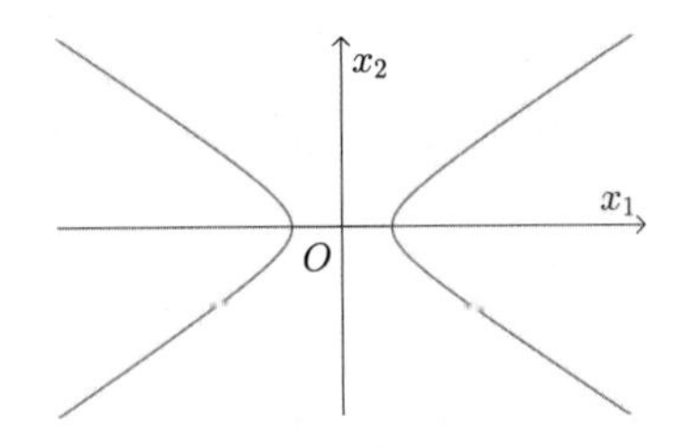


图 9.3: 包含二次型的方程：$1=3x_1^2-7x_2^2$

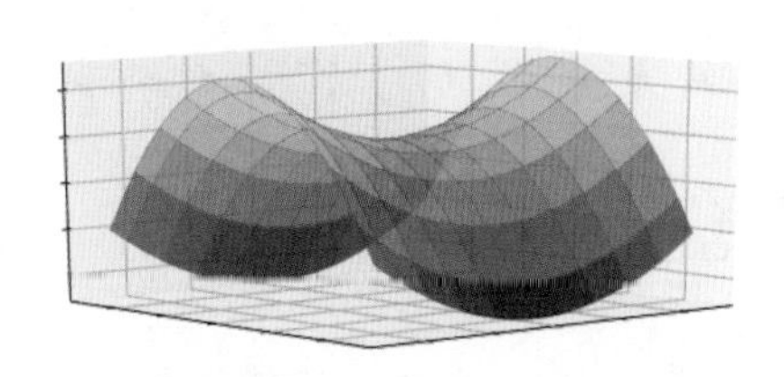

图 9.4: 包含二次型的函数：$z=3x_1^2-7x_2^2$

还有各种常见的二次曲线，比如圆、椭圆、抛物线、双曲线等都可以借助二次型来表示，见图 9.5。

图 9.5: 圆、椭圆、抛物线、双曲线其实都是圆锥的一部分，所以也称为圆锥曲线

### 9.1.2 从二次型到矩阵

对于二次型 $3x_1^2-7x_2^2$，根据矩阵乘法的点积观点，有：

$$3x_1^2-7x_2^2=3x_1\cdot x_1-7x_2\cdot x_2=\begin{pmatrix}3\cdot x_1 & -7\cdot x_2\end{pmatrix}\begin{pmatrix}x_1\\x_2\end{pmatrix}=\begin{pmatrix}x_1 & x_2\end{pmatrix}\begin{pmatrix}3 & 0\\0 & -7\end{pmatrix}\begin{pmatrix}x_1\\x_2\end{pmatrix}\tag{9-1}$$

如果令 $\boldsymbol{x}=\begin{pmatrix}x_1\\x_2\end{pmatrix}$ 以及 $\boldsymbol{A}=\begin{pmatrix}3&0\\0&-7\end{pmatrix}$，那么式 (9-1) 可以改写为：

$$3x_1^2-7x_2^2=\begin{pmatrix}x_1&x_2\end{pmatrix}\begin{pmatrix}3&0\\0&-7\end{pmatrix}\begin{pmatrix}x_1\\x_2\end{pmatrix}=\boldsymbol{x}^{\mathrm{T}}\boldsymbol{A}\boldsymbol{x}$$

更一般地，所有的二次型都可改写为如上类似的样子。

**定理 1.** $f$ 是一个定义在 $\mathbb{R}^n$ 上的二次型，它可改写为：

$$f=\boldsymbol{x}^{\mathrm{T}}\boldsymbol{A}\boldsymbol{x}$$

其中 $\boldsymbol{A}$ 是 $n\times n$ 的对称阵，该矩阵 $\boldsymbol{A}$ 称为 $f$ 的二次型矩阵（*matrix of the quadratic form*）。

通过矩阵乘法的点积观点来求二次型矩阵 $\boldsymbol{A}$ 是很麻烦的，下面来看看简便的方法。以 $x_1^2-3x_3^2-4x_1x_2+x_2x_3$ 为例，该二次型有三个未知数，对应的 $\boldsymbol{x}=\begin{pmatrix}x_1\\x_2\\x_3\end{pmatrix}$，所以二次型矩阵 $\boldsymbol{A}$ 的大小为 $3\times3$：

$$\begin{matrix} & \boldsymbol{x_1} & \boldsymbol{x_2} & \boldsymbol{x_3} \\ \boldsymbol{x_1} & & & \\ \boldsymbol{x_2} & & & \\ \boldsymbol{x_3} & & & \end{matrix}\quad\begin{pmatrix} \quad & \quad & \quad \\ & & \\ & & \end{pmatrix}_{\boldsymbol{3\times3}}$$

然后平分交叉项，将 $x_1^2-3x_3^2-4x_1x_2+x_2x_3$ 改写为如下形式：

$$x_1^2-3x_3^2-4x_1x_2+x_2x_3=x_1^2-3x_3^2-2x_1x_2-2x_1x_2+\frac{1}{2}x_2x_3+\frac{1}{2}x_2x_3$$

将 $x_1^2$ 的系数 1 填入 $x_1$ 和 $x_1$ 相交的位置，$x_3^2$ 的系数 $-3$ 填入 $x_3$ 和 $x_3$ 相交的位置：

$$\boldsymbol{1x_1^2-3x_3^2-2x_1x_2-2x_1x_2+\frac{1}{2}x_2x_3+\frac{1}{2}x_2x_3}$$

$$\begin{matrix} & \boldsymbol{x_1} & \boldsymbol{x_2} & \boldsymbol{x_3} \\ \boldsymbol{x_1} & 1 & & \\ \boldsymbol{x_2} & & & \\ \boldsymbol{x_3} & & & -3 \end{matrix}\quad_{\boldsymbol{3\times3}}$$

平分后的二次型 $x_1^2-3x_3^2-2x_1x_2-2x_1x_2+\frac{1}{2}x_2x_3+\frac{1}{2}x_2x_3$ 有两个 $x_1x_2$ 项，其系数分别填入两个 $x_1$ 和 $x_2$ 相交的位置：

$$\mathbf{1}\boldsymbol{x}_1^2-\mathbf{3}\boldsymbol{x}_3^2-2x_1x_2-2x_1x_2+\frac{\mathbf{1}}{\mathbf{2}}x_2x_3+\frac{\mathbf{1}}{\mathbf{2}}x_2x_3$$

$$\begin{array}{c} \\ x_1 \\ x_2 \\ x_3 \end{array}\begin{array}{c} \begin{array}{ccc} x_1 & x_2 & x_3 \end{array} \\ \begin{pmatrix} 1 & -2 & \\ -2 & & \\ & & -3 \end{pmatrix}_{3\times 3} \end{array}$$

两个 $x_2x_3$ 项的系数可以分别填入两个 $x_2$ 和 $x_3$ 相交的位置：

$$\mathbf{1}\boldsymbol{x}_1^2-\mathbf{3}\boldsymbol{x}_3^2-2x_1x_2-2x_1x_2+\frac{1}{2}x_2x_3+\frac{1}{2}x_2x_3$$

$$\begin{array}{c} \\ x_1 \\ x_2 \\ x_3 \end{array}\begin{array}{c} \begin{array}{ccc} x_1 & x_2 & x_3 \end{array} \\ \begin{pmatrix} 1 & -2 & \\ -2 & & \frac{1}{2} \\ & \frac{1}{2} & -3 \end{pmatrix}_{3\times 3} \end{array}$$

剩下的位置填 0 就可以了：

$$\mathbf{1}\boldsymbol{x}_1^2-\mathbf{3}\boldsymbol{x}_3^2-\mathbf{2}\boldsymbol{x}_1\boldsymbol{x}_2-\mathbf{2}\boldsymbol{x}_1\boldsymbol{x}_2+\frac{\mathbf{1}}{\mathbf{2}}\boldsymbol{x}_2\boldsymbol{x}_3+\frac{\mathbf{1}}{\mathbf{2}}\boldsymbol{x}_2\boldsymbol{x}_3$$

$$\begin{array}{c} \\ x_1 \\ x_2 \\ x_3 \end{array}\begin{array}{c} \begin{array}{ccc} x_1 & x_2 & x_3 \end{array} \\ \begin{pmatrix} 1 & -2 & 0 \\ -2 & 0 & \frac{1}{2} \\ 0 & \frac{1}{2} & -3 \end{pmatrix}_{3\times 3} \end{array}$$

这样就得到了二次型矩阵 $\boldsymbol{A}=\begin{pmatrix} 1 & -2 & 0 \\ -2 & 0 & \dfrac{1}{2} \\ 0 & \dfrac{1}{2} & -3 \end{pmatrix}$，令 $\boldsymbol{x}=\begin{pmatrix} x_1 \\ x_2 \\ x_3 \end{pmatrix}$，那么有：

$$x_1^2-3x_3^2-4x_1x_2+x_2x_3=\begin{pmatrix} x_1 & x_2 & x_3 \end{pmatrix}\begin{pmatrix} 1 & -2 & 0 \\ -2 & 0 & \dfrac{1}{2} \\ 0 & \dfrac{1}{2} & -3 \end{pmatrix}\begin{pmatrix} x_1 \\ x_2 \\ x_3 \end{pmatrix}=\boldsymbol{x}^{\mathrm{T}}\boldsymbol{A}\boldsymbol{x}$$

**例 1.** 假设 $\boldsymbol{x}=\begin{pmatrix} x_1 \\ x_2 \\ x_3 \end{pmatrix}$，请求出二次型矩阵 $\boldsymbol{A}=\begin{pmatrix} 1 & 2 & 1 \\ 2 & 3 & 0 \\ 1 & 0 & 0 \end{pmatrix}$ 对应的二次型 $\boldsymbol{x}^{\mathrm{T}}\boldsymbol{A}\boldsymbol{x}$。

**解：** 根据条件有：

$$\boldsymbol{x}^{\mathrm{T}}\boldsymbol{A}\boldsymbol{x}=\begin{pmatrix}x_1 & x_2 & x_3\end{pmatrix}\begin{pmatrix}1 & 2 & 1\\2 & 3 & 0\\1 & 0 & 0\end{pmatrix}\begin{pmatrix}x_1\\x_2\\x_3\end{pmatrix}=x_1^2+3x_2^2+4x_1x_2+2x_1x_3$$

或者反向使用之前介绍过的简便方法，这里就不再赘述了。

## 9.2　合同矩阵

上一节介绍了二次型和二次型矩阵，为什么会有这两个概念？其实应用很多，来看一个例子。

**例 2.** 如果想把椭圆 $\dfrac{x_1^2}{4}+x_2^2=1$ 旋转 $\theta$（见图 9.6），应该怎么做？

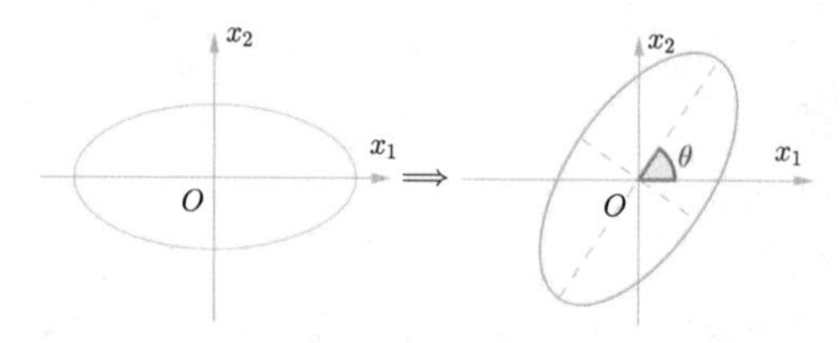


图 9.6: 旋转椭圆

**解：**（1）改写。根据二次型矩阵的构造方法，该椭圆中包含的二次型矩阵为 $\boldsymbol{A}=\begin{pmatrix}\frac{1}{4} & 0\\0 & 1\end{pmatrix}$，令 $\boldsymbol{x}=\begin{pmatrix}x_1\\x_2\end{pmatrix}$，那么该椭圆方程可以改写为：

$$\frac{x_1^2}{4}+x_2^2=\boldsymbol{x}^{\mathrm{T}}\boldsymbol{A}\boldsymbol{x}=1$$

（2）自然基 $\mathcal{E}$ 下的二次型。虽然没有明确说明，不过一般默认椭圆 $\boldsymbol{x}^{\mathrm{T}}\boldsymbol{A}\boldsymbol{x}=1$ 在直角坐标系下。而直角坐标系可以看作自然基，所以也就是默认该椭圆在自然基 $\mathcal{E}=\{\boldsymbol{e_1},\boldsymbol{e_2}\}$ 下，见图 9.7。

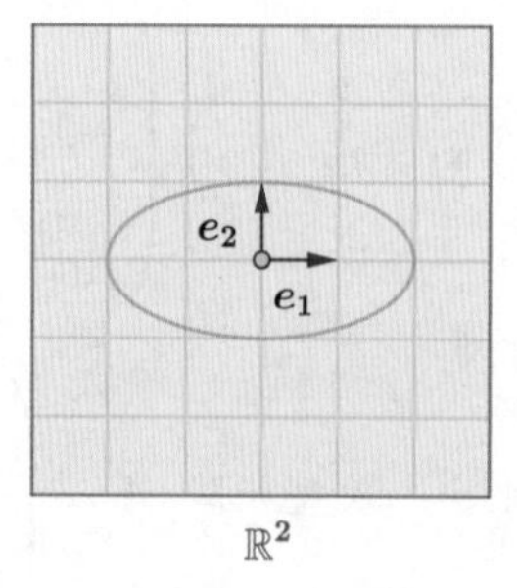


图 9.7: 椭圆 $\boldsymbol{x}^{\mathrm{T}}\boldsymbol{A}\boldsymbol{x}=1$ 在自然基 $\mathcal{E}=\{\boldsymbol{e_1},\boldsymbol{e_2}\}$ 下

为了清楚地表示该椭圆在自然基 $\mathcal{E}$ 下，我们用坐标向量对它进行改写：

$$\boldsymbol{x}^{\mathrm{T}}\boldsymbol{A}\boldsymbol{x}=1 \Longrightarrow [\boldsymbol{x}]_{\mathcal{E}}^{\mathrm{T}}\boldsymbol{A}[\boldsymbol{x}]_{\mathcal{E}}=1$$

（3）基 $\mathcal{P}$ 下的二次型。如果将旋转矩阵 $\boldsymbol{P}=\begin{pmatrix}\cos\theta & -\sin\theta\\ \sin\theta & \cos\theta\end{pmatrix}$ 作为过渡矩阵，那么基变换公式就将自然基 $\mathcal{E}$ 换为了基 $\mathcal{P}=\{\boldsymbol{p_1},\boldsymbol{p_2}\}$：

$$(\boldsymbol{e_1},\boldsymbol{e_2})\boldsymbol{P}=(\boldsymbol{p_1},\boldsymbol{p_2})$$

其中 $\boldsymbol{p_1}=\begin{pmatrix}\cos\theta\\ \sin\theta\end{pmatrix}$，$\boldsymbol{p_2}=\begin{pmatrix}-\sin\theta\\ \cos\theta\end{pmatrix}$，$\boldsymbol{p_1}$ 相对 $\boldsymbol{e_1}$ 旋转了 $\theta$，$\boldsymbol{p_2}$ 相对 $\boldsymbol{e_2}$ 旋转了 $\theta$，见图 9.8。

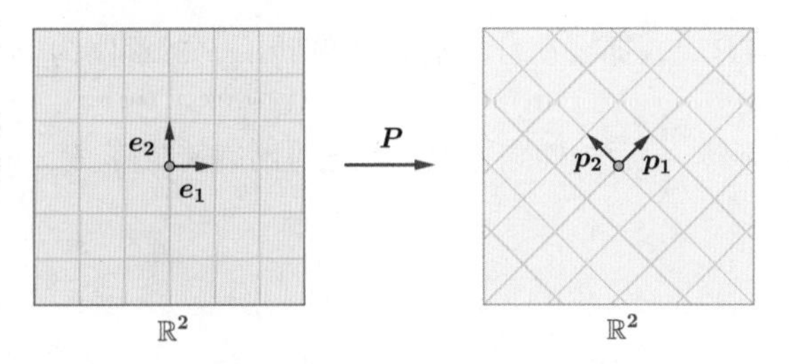


图 9.8: $\boldsymbol{p_1}$ 相对 $\boldsymbol{e_1}$ 旋转了 $\theta$，$\boldsymbol{p_2}$ 相对 $\boldsymbol{e_2}$ 旋转了 $\theta$

当然可以认为椭圆 $\boldsymbol{x}^{\mathrm{T}}\boldsymbol{A}\boldsymbol{x}=1$ 在基 $\mathcal{P}$ 下，此时椭圆的图像见图 9.9。

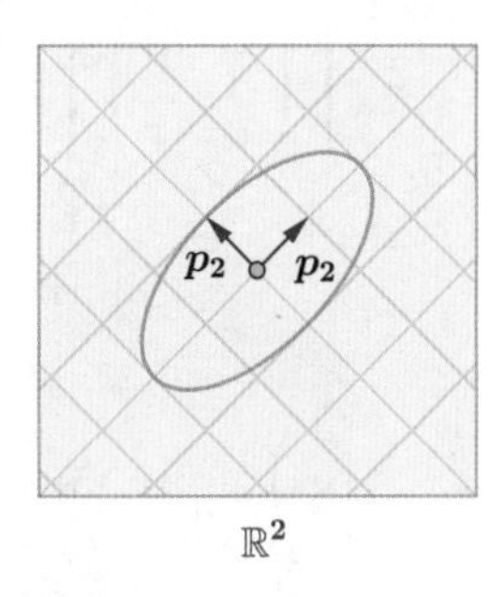


图 9.9: 椭圆 $\boldsymbol{x}^{\mathrm{T}}\boldsymbol{A}\boldsymbol{x}=1$ 在基 $\mathcal{P}=\{\boldsymbol{p_1},\boldsymbol{p_2}\}$ 下

为了清楚地表示该椭圆在基 $\mathcal{P}$ 下，我们用坐标向量对它进行改写：

$$\boldsymbol{x}^{\mathrm{T}}\boldsymbol{A}\boldsymbol{x}=1 \Longrightarrow [\boldsymbol{x}]_{\mathcal{P}}^{\mathrm{T}}\boldsymbol{A}[\boldsymbol{x}]_{\mathcal{P}}=1$$

比较图 9.7 和图 9.9，可以看到椭圆 $[\boldsymbol{x}]_{\mathcal{P}}^{\mathrm{T}}\boldsymbol{A}[\boldsymbol{x}]_{\mathcal{P}}=1$ 相对于椭圆 $[\boldsymbol{x}]_{\mathcal{E}}^{\mathrm{T}}\boldsymbol{A}[\boldsymbol{x}]_{\mathcal{E}}=1$，已经旋转了 $\theta$。

（4）坐标变换。通过坐标变换公式 $[\boldsymbol{x}]_{\mathcal{P}}=\boldsymbol{P}^{-1}[\boldsymbol{x}]_{\mathcal{E}}$，就得到了在自然基 $\mathcal{E}$ 下旋转了 $\theta$ 的椭圆，见图 9.10。

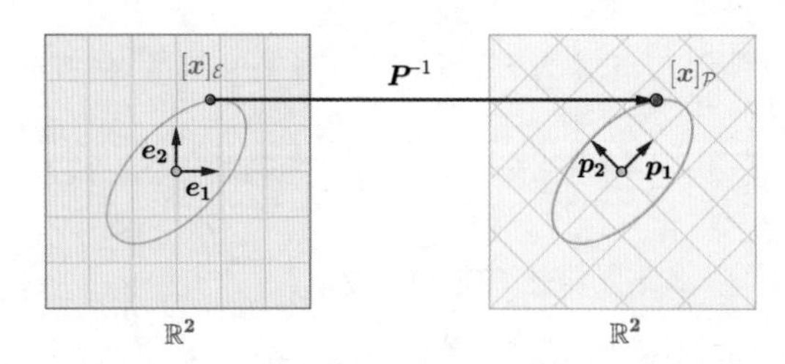


图 9.10: 通过坐标变换公式 $[\boldsymbol{x}]_\mathcal{P}=\boldsymbol{P}^{-1}[\boldsymbol{x}]_\mathcal{E}$，更换椭圆的基

具体代数推导如下：

$$\left.\begin{aligned}[\boldsymbol{x}]_\mathcal{P}^\mathrm{T}\boldsymbol{A}[\boldsymbol{x}]_\mathcal{P}=1\\ [\boldsymbol{x}]_\mathcal{P}=\boldsymbol{P}^{-1}[\boldsymbol{x}]_\mathcal{E}\end{aligned}\right\}\implies(\boldsymbol{P}^{-1}[\boldsymbol{x}]_\mathcal{E})^\mathrm{T}\boldsymbol{A}\boldsymbol{P}^{-1}[\boldsymbol{x}]_\mathcal{E}=1\implies[\boldsymbol{x}]_\mathcal{E}^\mathrm{T}(\boldsymbol{P}^{-1})^\mathrm{T}\boldsymbol{A}\boldsymbol{P}^{-1}[\boldsymbol{x}]_\mathcal{E}=1$$

如果令 $\boldsymbol{B}=(\boldsymbol{P}^{-1})^\mathrm{T}\boldsymbol{A}\boldsymbol{P}^{-1}$，那么在自然基 $\mathcal{E}$ 下旋转了 $\theta$ 的椭圆为 $[\boldsymbol{x}]_\mathcal{E}^\mathrm{T}\boldsymbol{B}[\boldsymbol{x}]_\mathcal{E}=1$。

（5）下面来计算旋转 $\dfrac{\pi}{4}$ 后的椭圆方程。首先写出旋转矩阵 $\boldsymbol{P}=\begin{pmatrix}\cos\dfrac{\pi}{4}&-\sin\dfrac{\pi}{4}\\ \sin\dfrac{\pi}{4}&\cos\dfrac{\pi}{4}\end{pmatrix}$，由此求出：

$$\begin{aligned}\boldsymbol{B}=(\boldsymbol{P}^{-1})^\mathrm{T}\boldsymbol{A}\boldsymbol{P}^{-1}&=\left[\begin{pmatrix}\cos\dfrac{\pi}{4}&-\sin\dfrac{\pi}{4}\\ \sin\dfrac{\pi}{4}&\cos\dfrac{\pi}{4}\end{pmatrix}^{-1}\right]^\mathrm{T}\begin{pmatrix}\dfrac{1}{4}&0\\0&1\end{pmatrix}\begin{pmatrix}\cos\dfrac{\pi}{4}&-\sin\dfrac{\pi}{4}\\ \sin\dfrac{\pi}{4}&\cos\dfrac{\pi}{4}\end{pmatrix}^{-1}\\ &=\begin{pmatrix}\dfrac{\sqrt{2}}{2}&-\dfrac{\sqrt{2}}{2}\\ \dfrac{\sqrt{2}}{2}&\dfrac{\sqrt{2}}{2}\end{pmatrix}\begin{pmatrix}\dfrac{1}{4}&0\\0&1\end{pmatrix}\begin{pmatrix}\dfrac{\sqrt{2}}{2}&\dfrac{\sqrt{2}}{2}\\ -\dfrac{\sqrt{2}}{2}&\dfrac{\sqrt{2}}{2}\end{pmatrix}=\begin{pmatrix}\dfrac{5}{8}&-\dfrac{3}{8}\\ -\dfrac{3}{8}&\dfrac{5}{8}\end{pmatrix}\end{aligned}$$

因此旋转了 $\dfrac{\pi}{4}$ 的椭圆为：

$$[\boldsymbol{x}]_\mathcal{E}^\mathrm{T}\boldsymbol{B}[\boldsymbol{x}]_\mathcal{E}=[\boldsymbol{x}]_\mathcal{E}^\mathrm{T}\begin{pmatrix}\dfrac{5}{8}&-\dfrac{3}{8}\\ -\dfrac{3}{8}&\dfrac{5}{8}\end{pmatrix}[\boldsymbol{x}]_\mathcal{E}=\frac{5}{8}x_1^2-\frac{3}{4}x_1x_2+\frac{5}{8}x_2^2=1$$

借助工具画出上述椭圆的图像来验证一下，见图 9.11。

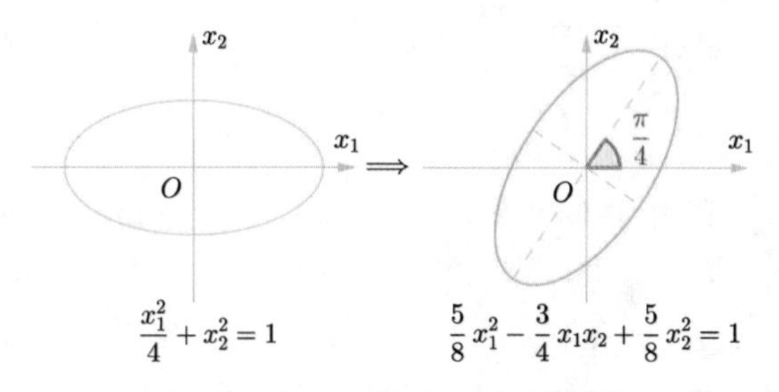


图 9.11: 根据方程画出椭圆的图像

### 9.2.1 合同矩阵的定义

**定义 2.** 设 $\boldsymbol{A}$ 和 $\boldsymbol{B}$ 是 $n$ 阶方阵，若有可逆矩阵 $\boldsymbol{P}$，使 $\boldsymbol{B}=\boldsymbol{P}^{\mathrm{T}}\boldsymbol{A}\boldsymbol{P}$，则称矩阵 $\boldsymbol{A}$ 和 $\boldsymbol{B}$ 合同（Congruence），或者称 $\boldsymbol{B}$ 是 $\boldsymbol{A}$ 的合同矩阵（Matrix congruence）。

**定理 2.** 如果 $\boldsymbol{A}$ 是对称阵，则其合同矩阵 $\boldsymbol{B}$ 也是对称阵。

**证明：** 结合矩阵转置运算的性质 $(\boldsymbol{A}\boldsymbol{B})^{\mathrm{T}}=\boldsymbol{B}^{\mathrm{T}}\boldsymbol{A}^{\mathrm{T}}$ 以及 $(\boldsymbol{A}^{\mathrm{T}})^{\mathrm{T}}=\boldsymbol{A}$：

$$\boldsymbol{B}^{\mathrm{T}}=\left(\boldsymbol{P}^{\mathrm{T}}\boldsymbol{A}\boldsymbol{P}\right)^{\mathrm{T}}=\boldsymbol{P}^{\mathrm{T}}\boldsymbol{A}^{\mathrm{T}}\boldsymbol{P}=\boldsymbol{P}^{\mathrm{T}}\boldsymbol{A}\boldsymbol{P}=\boldsymbol{B}$$ □

上述定义和定理可通过例 2 来理解。在例 2 中，某椭圆在自然基 $\mathcal{E}$ 下的方程为 $[\boldsymbol{x}]_{\mathcal{E}}^{\mathrm{T}}\boldsymbol{B}[\boldsymbol{x}]_{\mathcal{E}}=1$，在基 $\mathcal{P}$ 下的方程为 $[\boldsymbol{x}]_{\mathcal{P}}^{\mathrm{T}}\boldsymbol{A}[\boldsymbol{x}]_{\mathcal{P}}=1$，过渡矩阵为 $\boldsymbol{P}$，见图 9.12。

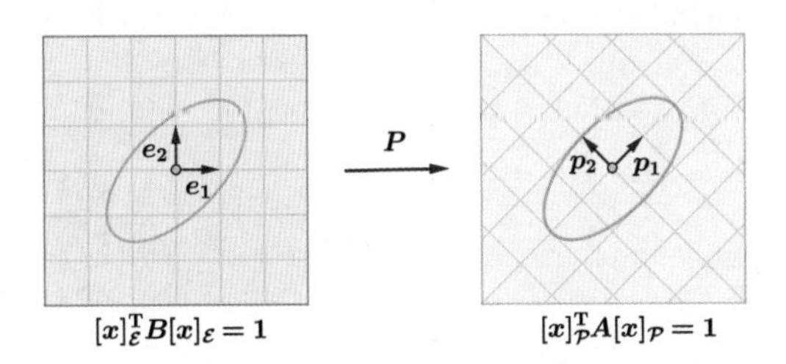


图 9.12: 不同基下的椭圆方程

其中，$\boldsymbol{B}=(\boldsymbol{P}^{-1})^{\mathrm{T}}\boldsymbol{A}\boldsymbol{P}^{-1}$，这说明 $\boldsymbol{A}$ 和 $\boldsymbol{B}$ 合同，并且两者都是二次型矩阵（对称阵）。所以对于二次型而言，合同矩阵的几何意义就是对于二次型进行了坐标变换。

### 9.2.2 一点补充

当然二次曲线还可能包含一次项，比如 $\frac{5}{8}x_1^2-\frac{3}{4}x_1x_2+x_2^2+\frac{1}{2}x_1+2x_2=1$，图形如图 9.13 所示。

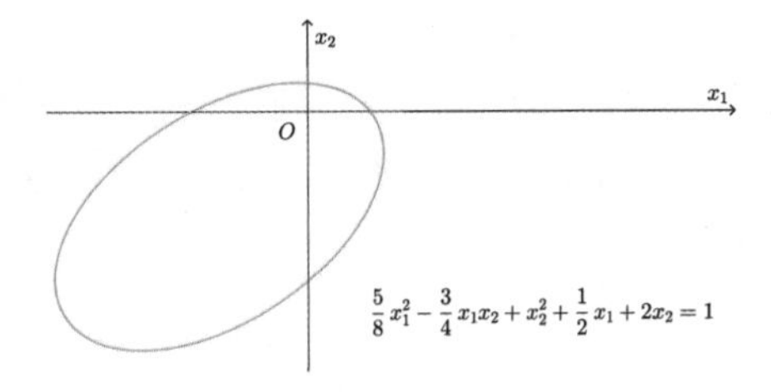


图 9.13: 二次曲线中包含一次项

该二次曲线可借助分块矩阵来表示：

$$\begin{pmatrix}\boldsymbol{x}^{\mathrm{T}} & 1\end{pmatrix}\begin{pmatrix}\boldsymbol{A} & \boldsymbol{\alpha}\\ \boldsymbol{\alpha}^{\mathrm{T}} & 0\end{pmatrix}\begin{pmatrix}\boldsymbol{x}^{\mathrm{T}}\\ 1\end{pmatrix}=1$$

其中：

$$A=\begin{pmatrix}\frac{5}{8} & -\frac{3}{8}\\ -\frac{3}{8} & 1\end{pmatrix},\quad \alpha=\begin{pmatrix}\frac{1}{4}\\ 1\end{pmatrix},\quad x=\begin{pmatrix}x_1\\ x_2\end{pmatrix}$$

这样的话还是可以借助线性代数的知识来处理该二次曲线的，具体细节本书就不再深入讨论了。

## 9.3　合同对角化

在上一节的例 2 中，我们求出了两个椭圆方程，见图 9.14。

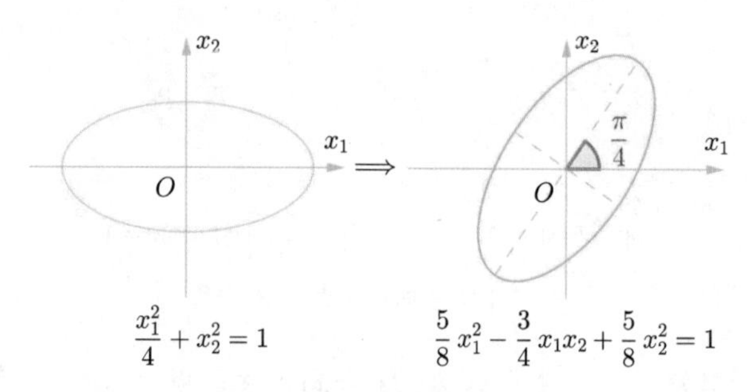


图 9.14: 两个椭圆方程

如果反过来，先知道了方程 $\frac{5}{8}x_1^2-\frac{3}{4}x_1x_2+\frac{5}{8}x_2^2=1$，怎么判断该方程的图像是椭圆呢？可以通过本节要介绍的合同对角化来判断。

### 9.3.1　正交合同对角化

**例 3.** 请判断 $x_1x_2=1$ 的曲线类型。

**解：**（1）读题。二元二次方程的图像其实只有两种，一种是封闭的曲线，也就是椭圆，见图 9.15；另外一种是开放的曲线，也就是双曲线，见图 9.16。

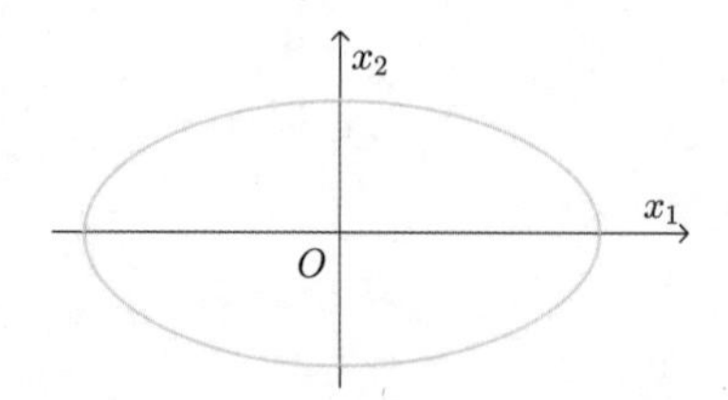


图 9.15: 椭圆：$\frac{x_1^2}{a^2}+\frac{x_2^2}{b^2}=1$

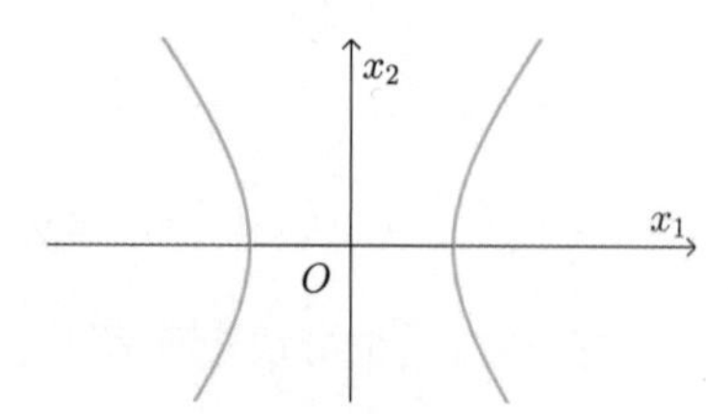


图 9.16: 双曲线：$\frac{x_1^2}{a^2}-\frac{x_2^2}{b^2}=1$

本题就是要判断 $x_1x_2=1$ 属于其中的哪一种。

（2）思路。没有交叉项时，这两种曲线方程的特点是很明显的，总结如表 9.1 所示。

表 9.1: 两种曲线方程的特点

| | 方程 | 特点 |
|---|---|---|
| 椭圆 | $\dfrac{x_1^2}{a^2}+\dfrac{x_2^2}{b^2}=1$ | 系数全是正的 |
| 双曲线 | $\dfrac{x_1^2}{a^2}-\dfrac{x_2^2}{b^2}=1$ | 系数一正一负 |

所以如果能在不改变曲线类型的前提下，去掉 $x_1x_2=1$ 交叉项，就可判断它属于什么类型：

$$x_1x_2=1\xrightarrow[\text{去掉交叉项}]{\text{不改变曲线类型}}\begin{cases}\text{如果为 }\dfrac{x_1^2}{a^2}+\dfrac{x_2^2}{b^2}=1\text{，则是椭圆}\\ \text{如果为 }\dfrac{x_1^2}{a^2}-\dfrac{x_2^2}{b^2}=1\text{，则是双曲线}\end{cases}$$

怎么“在不改变曲线类型的前提下，去掉交叉项”呢？之前学习过的合同矩阵只是对二次型进行坐标变换，并不会改变曲线类型，所以可借助合同矩阵来去掉交叉项。过程如下：

$$x_1x_2=1\xrightarrow{\text{改写}}\boldsymbol{x}^{\mathrm{T}}\boldsymbol{A}\boldsymbol{x}=1\xrightarrow{\text{合同矩阵}}\boldsymbol{A}=\boldsymbol{P}^{\mathrm{T}}\boldsymbol{\Lambda}\boldsymbol{P}\xrightarrow{\text{去除交叉项}}\boldsymbol{y}^{\mathrm{T}}\boldsymbol{\Lambda}\boldsymbol{y}=1$$

下面来详细解释上述过程的每一步。

（3）改写。$x_1x_2$ 对应的二次型矩阵为 $\boldsymbol{A}=\begin{pmatrix}0&\dfrac{1}{2}\\ \dfrac{1}{2}&0\end{pmatrix}$，令 $\boldsymbol{x}=\begin{pmatrix}x_1\\ x_2\end{pmatrix}$，那么方程 $x_1x_2=1$ 可改写为：

$$x_1x_2=\begin{pmatrix}x_1&x_2\end{pmatrix}\begin{pmatrix}0&\dfrac{1}{2}\\ \dfrac{1}{2}&0\end{pmatrix}\begin{pmatrix}x_1\\ x_2\end{pmatrix}=\boldsymbol{x}^{\mathrm{T}}\boldsymbol{A}\boldsymbol{x}=1$$

（4）通过合同矩阵，将 $\boldsymbol{A}$ 化为对角阵 $\boldsymbol{\Lambda}$。这里 $\boldsymbol{A}$ 是实对称阵，所以必可正交对角化，从而得到 $\boldsymbol{A}$ 的合同矩阵 $\boldsymbol{\Lambda}$：

$$\boldsymbol{A}=\begin{pmatrix}0&\dfrac{1}{2}\\ \dfrac{1}{2}&0\end{pmatrix}=\boldsymbol{P}\boldsymbol{\Lambda}\boldsymbol{P}^{-1}=\boldsymbol{P}\boldsymbol{\Lambda}\boldsymbol{P}^{\mathrm{T}}=\begin{pmatrix}\dfrac{\sqrt{2}}{2}&-\dfrac{\sqrt{2}}{2}\\ \dfrac{\sqrt{2}}{2}&\dfrac{\sqrt{2}}{2}\end{pmatrix}\begin{pmatrix}\dfrac{1}{2}&0\\ 0&-\dfrac{1}{2}\end{pmatrix}\begin{pmatrix}\dfrac{\sqrt{2}}{2}&\dfrac{\sqrt{2}}{2}\\ -\dfrac{\sqrt{2}}{2}&\dfrac{\sqrt{2}}{2}\end{pmatrix}$$

其中 $\boldsymbol{P}=\begin{pmatrix}\frac{\sqrt{2}}{2} & -\frac{\sqrt{2}}{2}\\ \frac{\sqrt{2}}{2} & \frac{\sqrt{2}}{2}\end{pmatrix}$ 是正交矩阵，有 $\boldsymbol{P}^{-1}=\boldsymbol{P}^{\mathrm{T}}$。

（5）去除交叉项。因为 $\boldsymbol{A}=\boldsymbol{P\Lambda P}^{\mathrm{T}}$，所以 $\boldsymbol{x}^{\mathrm{T}}\boldsymbol{Ax}=\boldsymbol{x}^{\mathrm{T}}\boldsymbol{P\Lambda P}^{\mathrm{T}}\boldsymbol{x}=(\boldsymbol{P}^{\mathrm{T}}\boldsymbol{x})^{\mathrm{T}}\boldsymbol{\Lambda}(\boldsymbol{P}^{\mathrm{T}}\boldsymbol{x})$。令 $\boldsymbol{y}=\boldsymbol{P}^{\mathrm{T}}\boldsymbol{x}=\begin{pmatrix}y_1\\ y_2\end{pmatrix}$，则：

$$(\boldsymbol{P}^{\mathrm{T}}\boldsymbol{x})^{\mathrm{T}}\boldsymbol{\Lambda}(\boldsymbol{P}^{\mathrm{T}}\boldsymbol{x})=1 \implies \boldsymbol{y}^{\mathrm{T}}\boldsymbol{\Lambda y}=1 \implies \frac{1}{2}y_1^2-\frac{1}{2}y_2^2=1$$

因为是由 $x_1x_2=1$ 通过合同矩阵得到的去除交叉项后的 $\frac{1}{2}y_1^2-\frac{1}{2}y_2^2=1$，所以两者对应的其实是同一个曲线，曲线类型没有发生变化。$\frac{1}{2}y_1^2-\frac{1}{2}y_2^2=1$ 的系数为一正一负，所以是双曲线，从而 $x_1x_2=1$ 是双曲线。

（6）下面画出 $x_1x_2=1$ 和 $\frac{1}{2}y_1^2-\frac{1}{2}y_2^2=1$ 的图像，两者对应的曲线相同，只是在不同的坐标系下。

如果认为 $x_1x_2=\boldsymbol{x}^{\mathrm{T}}\boldsymbol{Ax}=1$ 在自然基 $\mathcal{E}$ 下，那么因为 $\boldsymbol{y}=\boldsymbol{P}^{\mathrm{T}}\boldsymbol{x}=\boldsymbol{P}^{-1}\boldsymbol{x}$，这是一个坐标变换公式，其中的过渡矩阵为 $\boldsymbol{P}$，所以 $\boldsymbol{y}$ 所处的基为：

$$\mathcal{P}:\boldsymbol{p_1}=\begin{pmatrix}\frac{\sqrt{2}}{2}\\ \frac{\sqrt{2}}{2}\end{pmatrix},\quad \boldsymbol{p_2}=\begin{pmatrix}-\frac{\sqrt{2}}{2}\\ \frac{\sqrt{2}}{2}\end{pmatrix}$$

所以 $x_1x_2=1$ 与 $\frac{1}{2}y_1^2-\frac{1}{2}y_2^2=1$ 的图像见图 9.17。

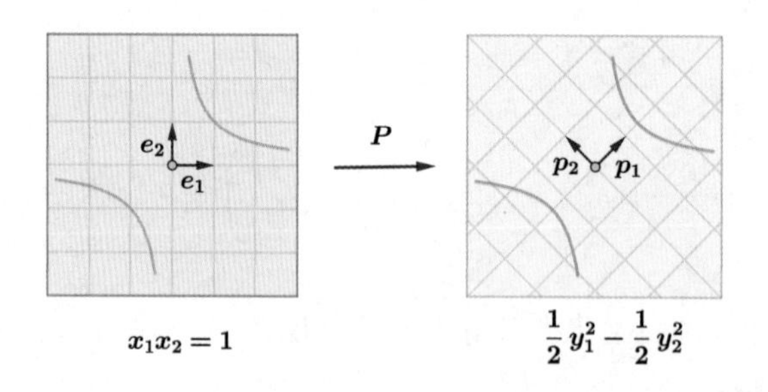


图 9.17: 同一个双曲线，在不同基下的方程不同

借助例 3，可以引入一些相关的概念和性质，如下所示。

**定义 3.** 只含平方项的二次型 $k_1x_1^2+k_2x_2^2+\cdots+k_nx_n^2$ 称为二次型的标准形（*Canonical form of a Quadratic*），或者简称为标准形。其二次型矩阵一定为 $n$ 阶对角阵：

$$
\boldsymbol{\Lambda}=\begin{pmatrix} k_1 & 0 & \cdots & 0 \\ 0 & k_2 & \cdots & 0 \\ \vdots & \vdots & \ddots & \vdots \\ 0 & 0 & \cdots & k_n \end{pmatrix}
$$

比如例 3 中提到的 $\dfrac{x_1^2}{a^2}+\dfrac{x_2^2}{b^2}$ 及 $\dfrac{x_1^2}{a^2}-\dfrac{x_2^2}{b^2}$，都是标准形。并且例 3 中将二次型转换为了标准形，因为标准形对应的二次型矩阵都是对角阵，所以这个过程被称为合同对角化（Diagonalization via congruence martix）：

$$
x_1x_2 \xrightarrow{\text{合同对角化}} \frac{1}{2}y_1^2-\frac{1}{2}y_2^2
$$

在例 3 中用到的合同矩阵还是正交矩阵，所以又被称为正交合同对角化（Diagonalization via congruence and orthogonal martix）：

$$
x_1x_2 \xrightarrow{\text{正交合同对角化}} \frac{y_1^2}{2}-\frac{y_2^2}{2}
$$

## 9.3.2 拉格朗日配方法

合同对角化可以靠正交合同对角化来完成，还可以靠拉格朗日配方法来完成。具体步骤为：

（1）遇到二次型中的平方项 $x_i^2$，就把含有 $x_i$ 的项集中起来，然后配方。

（2）遇到 $x_ix_j$，且没有平方项 $x_i^2$ 或 $x_j^2$，则进行函数换元：

$$
\begin{cases} x_i=y_i+y_j \\ x_j=y_i-y_j \\ x_k=y_k(k=1,2,\cdots,n,k\neq i,j) \end{cases}
$$

上述操作会产生平方项，再回到（1）去尝试配方。

（3）不断重复（1),（2)，直至消去所有的交叉项。

下面来看一道例题，并且借此来解释一下为什么说通过拉格朗日配方法可以完成合同对角化。

**例 4.** 请用拉格朗日配方法来判断 $x_1x_2=1$ 的曲线类型。

**解：**（1）完成拉格朗日配方法。如果对 $x_1x_2$ 进行函数换元 $\begin{cases} x_1=y_1+y_2 \\ x_2=y_1-y_2 \end{cases}$，则：

$$
x_1x_2=(y_1+y_2)(y_1-y_2)=y_1^2-y_2^2
$$

这样就得到了 $x_1x_2$ 的不同的标准形：

$$x_1x_2 \xrightarrow{\text{拉格朗日配方法}} y_1^2 - y_2^2$$

下面的问题是，运用拉格朗日配方法后，$x_1x_2 = 1$ 与 $y_1^2 - y_2^2 = 1$ 对应的曲线类型是否相同？

（2）曲线类型是相同的，因为拉格朗日配方法完成的其实就是合同对角化。下面来证明这一点。

首先，上述换元过程可以改写为：

$$\begin{cases} x_1 = y_1 + y_2 \\ x_2 = y_1 - y_2 \end{cases} \implies \begin{pmatrix} x_1 \\ x_2 \end{pmatrix} = \begin{pmatrix} 1 & 1 \\ 1 & -1 \end{pmatrix} \begin{pmatrix} y_1 \\ y_2 \end{pmatrix}$$

令 $[\boldsymbol{x}]_{\mathcal{E}} = \begin{pmatrix} x_1 \\ x_2 \end{pmatrix}, \boldsymbol{M} = \begin{pmatrix} 1 & 1 \\ 1 & -1 \end{pmatrix}, [\boldsymbol{x}]_{\mathcal{M}} = \begin{pmatrix} y_1 \\ y_2 \end{pmatrix}$。因为 $\boldsymbol{M}$ 是满秩矩阵，所以上述换元实际上就是坐标变换公式：

$$\begin{cases} x_1 = y_1 + y_2 \\ x_2 = y_1 - y_2 \end{cases} \implies [\boldsymbol{x}]_{\mathcal{E}} = \boldsymbol{M}[\boldsymbol{x}]_{\mathcal{M}}$$

所以：

$$\begin{aligned} x_1x_2 &= [\boldsymbol{x}]_{\mathcal{E}}^{\mathrm{T}} \begin{pmatrix} 0 & \frac{1}{2} \\ \frac{1}{2} & 0 \end{pmatrix} [\boldsymbol{x}]_{\mathcal{E}} = (\boldsymbol{M}[\boldsymbol{x}]_{\mathcal{M}})^{\mathrm{T}} \begin{pmatrix} 0 & \frac{1}{2} \\ \frac{1}{2} & 0 \end{pmatrix} (\boldsymbol{M}[\boldsymbol{x}]_{\mathcal{M}}) \\ &= [\boldsymbol{x}]_{\mathcal{M}}^{\mathrm{T}} \boldsymbol{M}^{\mathrm{T}} \begin{pmatrix} 0 & \frac{1}{2} \\ \frac{1}{2} & 0 \end{pmatrix} \boldsymbol{M}[\boldsymbol{x}]_{\mathcal{M}} = [\boldsymbol{x}]_{\mathcal{M}}^{\mathrm{T}} \begin{pmatrix} 1 & 1 \\ 1 & -1 \end{pmatrix} \begin{pmatrix} 0 & \frac{1}{2} \\ \frac{1}{2} & 0 \end{pmatrix} \begin{pmatrix} 1 & 1 \\ 1 & -1 \end{pmatrix} [\boldsymbol{x}]_{\mathcal{M}} \\ &= [\boldsymbol{x}]_{\mathcal{M}}^{\mathrm{T}} \begin{pmatrix} 1 & 0 \\ 0 & -1 \end{pmatrix} [\boldsymbol{x}]_{\mathcal{M}} = y_1^2 - y_2^2 \end{aligned}$$

令 $\boldsymbol{A} = \begin{pmatrix} 0 & \frac{1}{2} \\ \frac{1}{2} & 0 \end{pmatrix}$，$\boldsymbol{\Lambda} = \begin{pmatrix} 1 & 0 \\ 0 & -1 \end{pmatrix}$，那么根据上式可以推出 $\boldsymbol{A}$ 和 $\boldsymbol{\Lambda}$ 是合同矩阵，所以说拉格朗日配方法完成的其实就是合同对角化：

$$\boldsymbol{x}_{\mathcal{M}}^{\mathrm{T}} \overbrace{\begin{pmatrix} 1 & 1 \\ 1 & -1 \end{pmatrix}}^{\boldsymbol{M}^{\mathrm{T}}} \overbrace{\begin{pmatrix} 0 & \frac{1}{2} \\ \frac{1}{2} & 0 \end{pmatrix}}^{\boldsymbol{A}} \overbrace{\begin{pmatrix} 1 & 1 \\ 1 & -1 \end{pmatrix}}^{\boldsymbol{M}} [\boldsymbol{x}]_{\mathcal{M}} = [\boldsymbol{x}]_{\mathcal{M}}^{\mathrm{T}} \overbrace{\begin{pmatrix} 1 & 0 \\ 0 & -1 \end{pmatrix}}^{\boldsymbol{\Lambda}} [\boldsymbol{x}]_{\mathcal{M}} \implies \boldsymbol{\Lambda} = \boldsymbol{M}^{\mathrm{T}}\boldsymbol{A}\boldsymbol{M}$$

$\boldsymbol{A}$ 和 $\boldsymbol{\Lambda}$ 分别是 $x_1x_2$ 以及 $y_1^2 - y_2^2$ 的二次型矩阵，所以 $x_1x_2 = 1$ 与 $y_1^2 - y_2^2 = 1$ 对应的曲

线类型是相同的，从而 $x_1x_2=1$ 是双曲线。

（3）绘出图像。如果认为 $x_1x_2=[\boldsymbol{x}]_{\mathcal{E}}^{\mathrm{T}}\boldsymbol{A}[\boldsymbol{x}]_{\mathcal{E}}=1$ 在自然基 $\mathcal{E}$ 下，那么因为 $[\boldsymbol{x}]_{\mathcal{E}}=\boldsymbol{M}[\boldsymbol{x}]_{\mathcal{M}}$，这是坐标变换公式，所以 $y_1^2-y_2^2=[\boldsymbol{x}]_{\mathcal{M}}^{\mathrm{T}}\boldsymbol{A}[\boldsymbol{x}]_{\mathcal{M}}=1$ 所处的基为：

$$\mathcal{M}:\boldsymbol{m_1}=\begin{pmatrix}1\\1\end{pmatrix},\quad \boldsymbol{m_2}=\begin{pmatrix}1\\-1\end{pmatrix}$$

所以 $x_1x_2=1$ 与 $y_1^2-y_2^2=1$ 的图像见图 9.18。

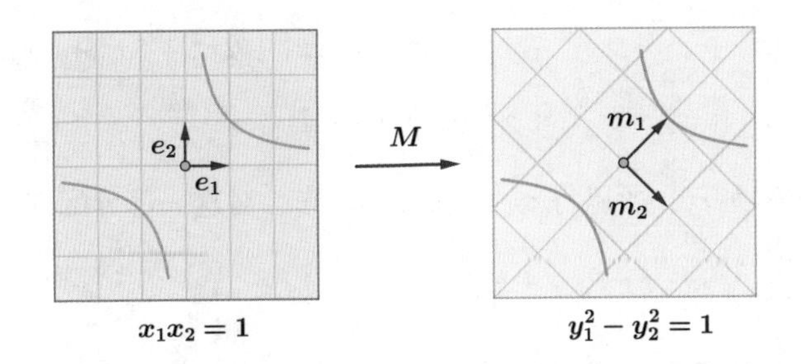


图 9.18: 同一个双曲线，在不同基下的方程不同

比较例 3 和例 4，两者都完成了合同对角化。不同的是，前者运用的方法是正交合同对角化，后者运用的方法是拉格朗日配方法，都可以将二次型方程 $x_1x_2=1$ 变换到不同的基下，也就是基 $\mathcal{P}$ 和基 $\mathcal{M}$，见图 9.19。

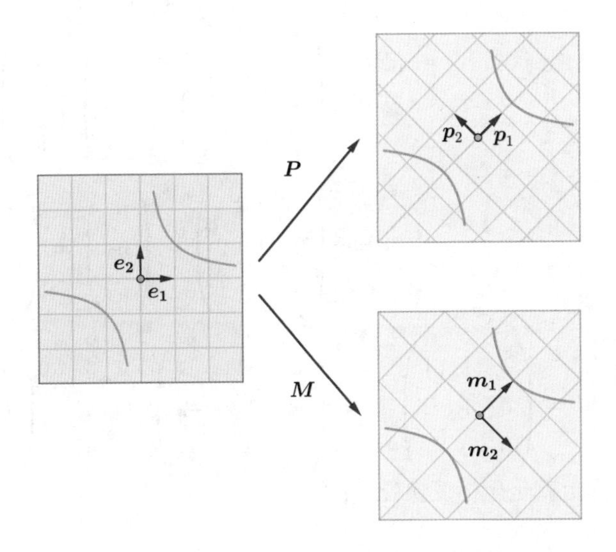


图 9.19: 同一个双曲线，可以变换到不同的基下

下面再来看两个复杂一点的拉格朗日配方法的例子。

**例 5.** 已知二次型：

$$f=x_1^2+2x_2^2+5x_3^2+2x_1x_2+2x_1x_3+6x_2x_3$$

请通过拉格朗日配方法将之化为标准形，并求出其中用到的过渡矩阵 $\boldsymbol{M}$。

**解：**（1）完成拉格朗日配方法。该二次型是有平方项 $x_1^2$ 的，根据拉格朗日配方法，先把包含 $x_1$ 的项集中起来，对这一部分配方可得：

$$\begin{aligned}f&=x_1^2+2x_1x_2+2x_1x_3+2x_2^2+5x_3^2+6x_2x_3\\&=(x_1+x_2+x_3)^2-x_2^2-x_3^2-2x_2x_3+2x_2^2+5x_3^2+6x_2x_3\\&=(x_1+x_2+x_3)^2+x_2^2+4x_2x_3+4x_3^2\end{aligned}$$

可以看到还包含平方项 $x_2^2$，所以将 $x_2$ 的项集中起来，对这一部分配方可得：

$$f=(x_1+x_2+x_3)^2+(x_2+2x_3)^2$$

至此配方完成。令 $\begin{cases}y_1=x_1+x_2+x_3\\y_2=x_2+2x_3\\y_3=x_3\end{cases}$，就得到了 $f$ 的标准形 $f=y_1^2+y_2^2+0y_3^2=y_1^2+y_2^2$。

（2）求出其中用到的过渡矩阵 $\boldsymbol{M}$。首先配方得到的 $\begin{cases}y_1=x_1+x_2+x_3\\y_2=x_2+2x_3\\y_3=x_3\end{cases}$ 可改写为：

$$\begin{cases}y_1=x_1+x_2+x_3\\y_2=x_2+2x_3\\y_3=x_3\end{cases}\implies\begin{pmatrix}y_1\\y_2\\y_3\end{pmatrix}=\begin{pmatrix}1&1&1\\0&1&2\\0&0&1\end{pmatrix}\begin{pmatrix}x_1\\x_2\\x_3\end{pmatrix}$$

$$\implies\begin{pmatrix}1&1&1\\0&1&2\\0&0&1\end{pmatrix}^{-1}\begin{pmatrix}y_1\\y_2\\y_3\end{pmatrix}=\begin{pmatrix}x_1\\x_2\\x_3\end{pmatrix}$$

令 $[\boldsymbol{x}]_{\mathcal{E}}=\begin{pmatrix}x_1\\x_2\\x_3\end{pmatrix}, \boldsymbol{M}=\begin{pmatrix}1&1&1\\0&1&2\\0&0&1\end{pmatrix}^{-1}=\begin{pmatrix}1&-1&1\\0&1&-2\\0&0&1\end{pmatrix}, [\boldsymbol{x}]_{\mathcal{M}}=\begin{pmatrix}y_1\\y_2\\y_3\end{pmatrix}$，这样就容易看出，上述换元实际上就是坐标变换公式：

$$\begin{cases}y_1=x_1+x_2+x_3\\y_2=x_2+2x_3\\y_3=x_3\end{cases}\implies[\boldsymbol{x}]_{\mathcal{E}}=\boldsymbol{M}[\boldsymbol{x}]_{\mathcal{M}}$$

所以：

$$
\begin{aligned}
f &= x_1^2+2x_2^2+5x_3^2+2x_1x_2+2x_1x_3+6x_2x_3\\
&= [\boldsymbol{x}]_{\mathcal{E}}^{\mathrm{T}}\begin{pmatrix}1&1&1\\1&2&3\\1&3&5\end{pmatrix}[\boldsymbol{x}]_{\mathcal{E}} = (\boldsymbol{M}[\boldsymbol{x}]_{\mathcal{M}})^{\mathrm{T}}\begin{pmatrix}1&1&1\\1&2&3\\1&3&5\end{pmatrix}(\boldsymbol{M}[\boldsymbol{x}]_{\mathcal{M}})\\
&= [\boldsymbol{x}]_{\mathcal{M}}^{\mathrm{T}}\boldsymbol{M}^{\mathrm{T}}\begin{pmatrix}1&1&1\\1&2&3\\1&3&5\end{pmatrix}\boldsymbol{M}[\boldsymbol{x}]_{\mathcal{M}}\\
&= [\boldsymbol{x}]_{\mathcal{M}}^{\mathrm{T}}\begin{pmatrix}1&0&0\\-1&1&0\\1&-2&1\end{pmatrix}\begin{pmatrix}1&1&1\\1&2&3\\1&3&5\end{pmatrix}\begin{pmatrix}1&-1&1\\0&1&-2\\0&0&1\end{pmatrix}[\boldsymbol{x}]_{\mathcal{M}}\\
&= [\boldsymbol{x}]_{\mathcal{M}}^{\mathrm{T}}\begin{pmatrix}1&0&0\\0&1&0\\0&0&0\end{pmatrix}[\boldsymbol{x}]_{\mathcal{M}} = y_1^2+y_2^2
\end{aligned}
$$

根据上式可以推出：

$$
\begin{aligned}
&\boldsymbol{x}_{\mathcal{M}}^{\mathrm{T}}\overbrace{\begin{pmatrix}1&0&0\\-1&1&0\\1&-2&1\end{pmatrix}}^{\boldsymbol{M}^{\mathrm{T}}}\overbrace{\begin{pmatrix}1&1&1\\1&2&3\\1&3&5\end{pmatrix}}^{\boldsymbol{A}}\overbrace{\begin{pmatrix}1&-1&1\\0&1&-2\\0&0&1\end{pmatrix}}^{\boldsymbol{M}}[\boldsymbol{x}]_{\mathcal{M}}\\
&= [\boldsymbol{x}]_{\mathcal{M}}^{\mathrm{T}}\overbrace{\begin{pmatrix}1&0&0\\0&1&0\\0&0&0\end{pmatrix}}^{\boldsymbol{\Lambda}}[\boldsymbol{x}]_{\mathcal{M}} \implies \boldsymbol{\Lambda} = \boldsymbol{M}^{\mathrm{T}}\boldsymbol{A}\boldsymbol{M}
\end{aligned}
$$

所以其中用到的过渡矩阵 $\boldsymbol{M}=\begin{pmatrix}1&-1&1\\0&1&-2\\0&0&1\end{pmatrix}$。 □

**例 6.** 已知二次型：

$$f = 2x_1x_2+2x_1x_3-6x_2x_3$$

请通过拉格朗日配方法将之化为标准形，并求出其中用到的过渡矩阵 $\boldsymbol{M}$。

**解：**（1）完成拉格朗日配方法。该二次型没有平方项，根据拉格朗日配方法，先处理 $x_1x_2$，对其中的 $x_1$ 和 $x_2$ 进行换元，其余保持不变：

$$\begin{cases} x_1 = y_1 + y_2 \\ x_2 = y_1 - y_2 \\ x_3 = \qquad\quad y_3 \end{cases}$$

替换后，就会出现平方项 $f = 2y_1^2 - 2y_2^2 - 4y_1y_3 + 8y_2y_3$，然后和例 5 类似，完成配方：

$$f = 2(y_1 - y_3)^2 - 2(y_2 - 2y_3)^2 + 6y_3^2$$

令 $\begin{cases} z_1 = y_1 \qquad - \ y_3 \\ z_2 = \qquad y_2 - 2y_3 \\ z_3 = \qquad\qquad y_3 \end{cases}$，就得到了 $f$ 的标准形 $f = 2z_1^2 - 2z_2^2 + 6z_3^2$。

（2）求出其中用到的过渡矩阵 $\boldsymbol{M}$。第一次函数换元可改写为：

$$\begin{cases} x_1 = y_1 + y_2 \\ x_2 = y_1 - y_2 \\ x_3 = \qquad\quad y_3 \end{cases} \implies \begin{pmatrix} x_1 \\ x_2 \\ x_3 \end{pmatrix} = \begin{pmatrix} 1 & 1 & 0 \\ 1 & -1 & 0 \\ 0 & 0 & 1 \end{pmatrix} \begin{pmatrix} y_1 \\ y_2 \\ y_3 \end{pmatrix}$$

令 $[\boldsymbol{x}]_{\mathcal{E}} = \begin{pmatrix} x_1 \\ x_2 \\ x_3 \end{pmatrix}, \boldsymbol{P} = \begin{pmatrix} 1 & 1 & 0 \\ 1 & -1 & 0 \\ 0 & 0 & 1 \end{pmatrix}, [\boldsymbol{x}]_{\mathcal{P}} = \begin{pmatrix} y_1 \\ y_2 \\ y_3 \end{pmatrix}$，所以得到坐标变换公式：

$$\begin{cases} x_1 = y_1 + y_2 \\ x_2 = y_1 - y_2 \\ x_3 = \qquad\quad y_3 \end{cases} \implies [\boldsymbol{x}]_{\mathcal{E}} = \boldsymbol{P}[\boldsymbol{x}]_{\mathcal{P}}$$

第二次函数换元可改写为：

$$\begin{cases} z_1 = y_1 \qquad - \ y_3 \\ z_2 = \qquad y_2 - 2y_3 \\ z_3 = \qquad\qquad y_3 \end{cases} \implies \begin{pmatrix} z_1 \\ z_2 \\ z_3 \end{pmatrix} = \begin{pmatrix} 1 & 0 & -1 \\ 0 & 1 & -2 \\ 0 & 0 & 1 \end{pmatrix} \begin{pmatrix} y_1 \\ y_2 \\ y_3 \end{pmatrix}$$

$$\implies \begin{pmatrix} 1 & 0 & -1 \\ 0 & 1 & -2 \\ 0 & 0 & 1 \end{pmatrix}^{-1} \begin{pmatrix} z_1 \\ z_2 \\ z_3 \end{pmatrix} = \begin{pmatrix} y_1 \\ y_2 \\ y_3 \end{pmatrix}$$

令 $\boldsymbol{Q} = \begin{pmatrix} 1 & 0 & -1 \\ 0 & 1 & -2 \\ 0 & 0 & 1 \end{pmatrix}^{-1} = \begin{pmatrix} 1 & 0 & 1 \\ 0 & 1 & 2 \\ 0 & 0 & 1 \end{pmatrix}, [\boldsymbol{x}]_{\mathcal{Q}} = \begin{pmatrix} z_1 \\ z_2 \\ z_3 \end{pmatrix}$，所以得到坐标变换公式：

$$\begin{cases} z_1 = y_1 \qquad - \ y_3 \\ z_2 = \qquad y_2 - 2y_3 \\ z_3 = \qquad\qquad y_3 \end{cases} \implies [\boldsymbol{x}]_{\mathcal{P}} = \boldsymbol{Q}[\boldsymbol{x}]_{\mathcal{Q}}$$

结合上面得到的两个坐标变换公式 $[\boldsymbol{x}]_{\mathcal{E}}=\boldsymbol{P}[\boldsymbol{x}]_{\mathcal{P}}$ 和 $[\boldsymbol{x}]_{\mathcal{P}}=\boldsymbol{Q}[\boldsymbol{x}]_{\mathcal{Q}}$，有：

$$
\begin{aligned}
f&=2x_1x_2+2x_1x_3-6x_2x_3\\
&=[\boldsymbol{x}]_{\mathcal{E}}^{\mathrm{T}}\begin{pmatrix}0&1&1\\1&0&-3\\1&-3&0\end{pmatrix}[\boldsymbol{x}]_{\mathcal{E}}=(\boldsymbol{P}[\boldsymbol{x}]_{\mathcal{P}})^{\mathrm{T}}\begin{pmatrix}0&1&1\\1&0&-3\\1&-3&0\end{pmatrix}(\boldsymbol{P}[\boldsymbol{x}]_{\mathcal{P}})\\
&=(\boldsymbol{PQ}[\boldsymbol{x}]_{\mathcal{Q}})^{\mathrm{T}}\begin{pmatrix}0&1&1\\1&0&-3\\1&-3&0\end{pmatrix}(\boldsymbol{PQ}[\boldsymbol{x}]_{\mathcal{Q}})=[\boldsymbol{x}]_{\mathcal{Q}}^{\mathrm{T}}(\boldsymbol{PQ})^{\mathrm{T}}\begin{pmatrix}0&1&1\\1&0&-3\\1&-3&0\end{pmatrix}(\boldsymbol{PQ})[\boldsymbol{x}]_{\mathcal{Q}}\\
&=[\boldsymbol{x}]_{\mathcal{Q}}^{\mathrm{T}}\begin{pmatrix}2&0&0\\0&-2&0\\0&0&6\end{pmatrix}[\boldsymbol{x}]_{\mathcal{Q}}=2z_1^2-2z_2^2+6z_3^2
\end{aligned}
$$

根据上式可以推出：

$$
[\boldsymbol{x}]_{\mathcal{Q}}{}^{\mathrm{T}}\overbrace{(\boldsymbol{PQ})^{\mathrm{T}}}^{\boldsymbol{M}^{\mathrm{T}}}\overbrace{\begin{pmatrix}0&1&1\\1&0&-3\\1&-3&0\end{pmatrix}}^{\boldsymbol{A}}\overbrace{(\boldsymbol{PQ})}^{\boldsymbol{M}}[\boldsymbol{x}]_{\mathcal{Q}}=[\boldsymbol{x}]_{\mathcal{Q}}^{\mathrm{T}}\overbrace{\begin{pmatrix}2&0&0\\0&-2&0\\0&0&6\end{pmatrix}}^{\boldsymbol{\Lambda}}[\boldsymbol{x}]_{\mathcal{Q}}
$$

$$
\implies \boldsymbol{\Lambda}=\boldsymbol{M}^{\mathrm{T}}\boldsymbol{AM}=(\boldsymbol{PQ})^{\mathrm{T}}\boldsymbol{A}(\boldsymbol{PQ})
$$

所以其中用到的过渡矩阵 $\boldsymbol{M}=\boldsymbol{PQ}=\begin{pmatrix}1&1&3\\1&-1&-1\\0&0&1\end{pmatrix}$。

# 9.4 惯性定理与正负定

## 9.4.1 惯性定理

**定理 3.** 对于某二次型 $f$，可化为多个标准形。这些标准形共同的特点为，其正系数的数目（也称为正惯性指数，*Positive index of inertia*）、负系数的数目（也称为负惯性指数，*Negative index of inertia*）以及 0 系数的数目都相同。该定理称为西尔维斯特惯性定理（*Sylvester's law of inertia*），简称惯性定理。

该定理的证明比较复杂，这里只举两个例子来解释惯性定理。

例 3 和例 4 通过不同的方法求出了不同的标准形，这些标准形的正惯性指数都为 1，负惯性系数也都为 1：

$$x_1x_2 \xrightarrow{\text{正交合同对角化}} \frac{y_1^2}{2} - \frac{y_2^2}{2}, \quad x_1x_2 \xrightarrow{\text{拉格朗日配方法}} y_1^2 - y_2^2$$

再比如下面这个二次型，可通过正交合同对角化求出其标准形，该标准形的正惯性系数为 2，负惯性系数为 0，0 系数的数目为 1（相比最初的二次型，标准形少了一个未知数）：

$$2x_1^2 + 2x_2^2 + 2x_3^2 + 2x_1x_2 + 2x_1x_3 - 2x_2x_3 \xrightarrow{\text{正交合同对角化}} 3y_1^2 + 3y_2^2$$

通过惯性定理可以定义二次曲线的类型。比如等号右侧为 1 时，椭圆的正惯性指数为 2，见图 9.20；双曲线的正惯性指数为 1，负惯性指数也为 1，见图 9.21。

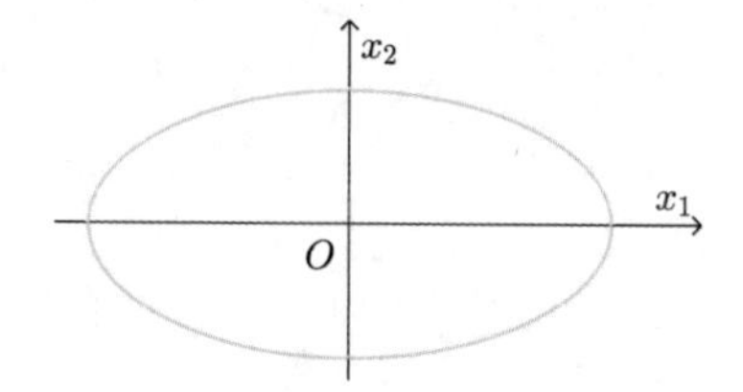


图 9.20: 椭圆：$\dfrac{x_1^2}{a^2} + \dfrac{x_2^2}{b^2} = 1$

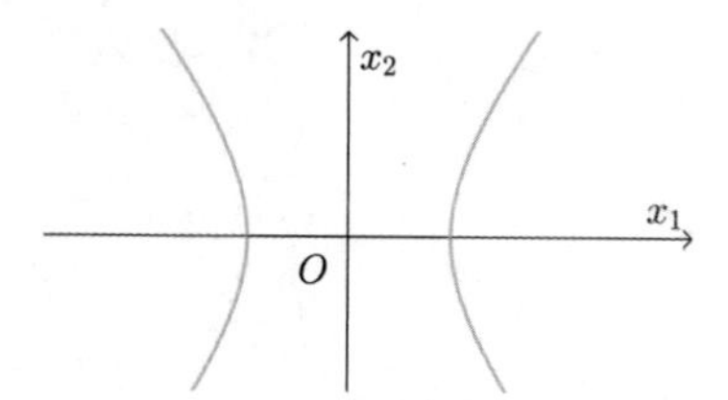


图 9.21: 双曲线：$\dfrac{x_1^2}{a^2} - \dfrac{x_2^2}{b^2} = 1$

三维的二次曲面，也可以通过惯性定理来定义，见图 9.22、图 9.23 和图 9.24。

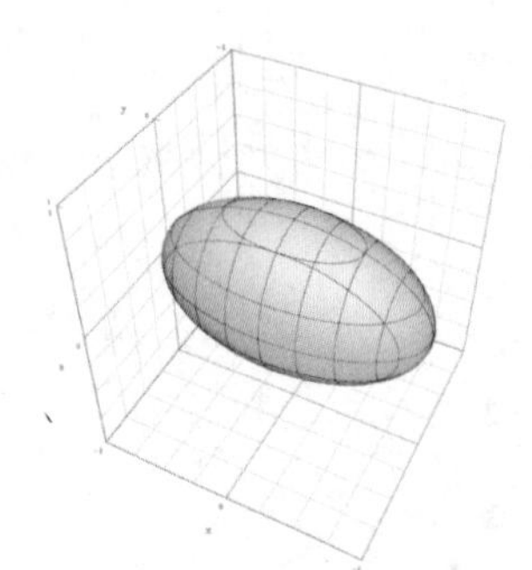

图 9.22: 椭球面：$\dfrac{x^2}{a^2} + \dfrac{y^2}{b^2} + \dfrac{z^2}{c^2} = 1$

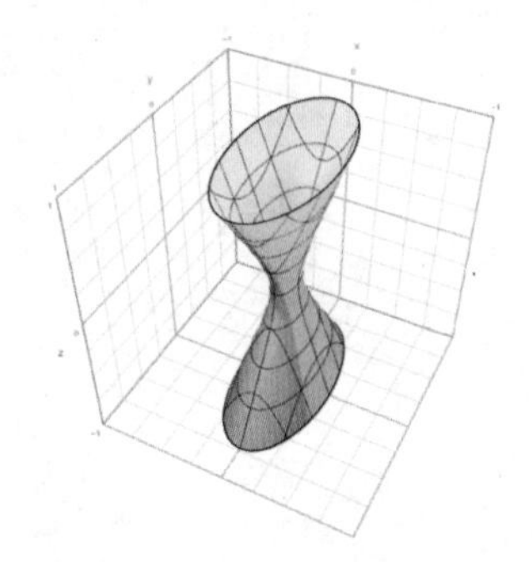

图 9.23: 单叶双曲面：$\dfrac{x^2}{a^2} + \dfrac{y^2}{b^2} - \dfrac{z^2}{c^2} = 1$

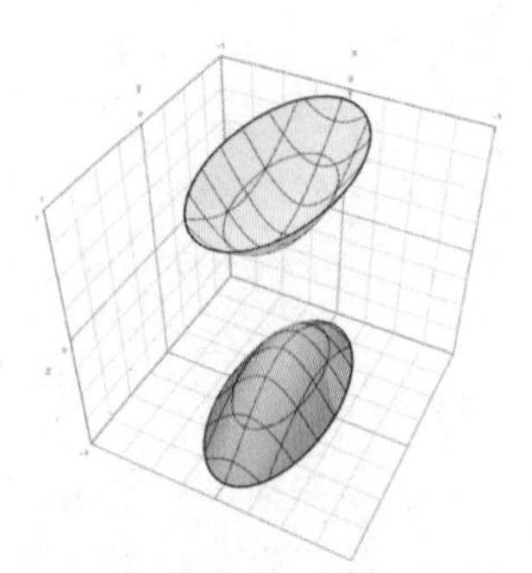

图 9.24: 双叶双曲面：$-\dfrac{x^2}{a^2} - \dfrac{y^2}{b^2} + \dfrac{z^2}{c^2} = 1$

有了曲线、曲面的定义后，各种二次型就可通过转为标准形来判断其类型。例 3 和例 4 就是这么做的。

## 9.4.2 正定与负定

**定义 4.** 设二次型 $f(\boldsymbol{x})=\boldsymbol{x}^{\mathrm{T}}A\boldsymbol{x}$，则它是：

- 正定（*Positive definite*）的，如果对所有 $\boldsymbol{x}\neq\boldsymbol{0}$，有 $f(\boldsymbol{x})>0$。
- 半正定（*Positive semidefinite*）的，如果始终有 $f(\boldsymbol{x})\geqslant 0$。
- 负定（*Negative definite*）的，如果对所有 $\boldsymbol{x}\neq\boldsymbol{0}$，有 $f(\boldsymbol{x})<0$。
- 半负定（*Negative semidefinite*）的，如果始终有 $f(\boldsymbol{x})\leqslant 0$。
- 不定（*Indefinite*）的，如果 $f(\boldsymbol{x})$ 既有正值又有负值。

下面举例来说明正定、负定的几何意义：

- $f(\boldsymbol{x})=x_1^2+x_2^2=\boldsymbol{x}^{\mathrm{T}}\begin{pmatrix}1&0\\0&1\end{pmatrix}\boldsymbol{x}$ 是正定的，同时也是半正定的，其图像如图 9.25 所示。
- $f(\boldsymbol{x})=-x_1^2-x_2^2=\boldsymbol{x}^{\mathrm{T}}\begin{pmatrix}-1&0\\0&-1\end{pmatrix}\boldsymbol{x}$ 是负定的，同时也是半负定的，其图像如图 9.26 所示。
- $f(\boldsymbol{x})=3x_1^2-7x_2^2=\boldsymbol{x}^{\mathrm{T}}\begin{pmatrix}3&0\\0&-7\end{pmatrix}\boldsymbol{x}$ 是不定的，其图像如图 9.27 所示。

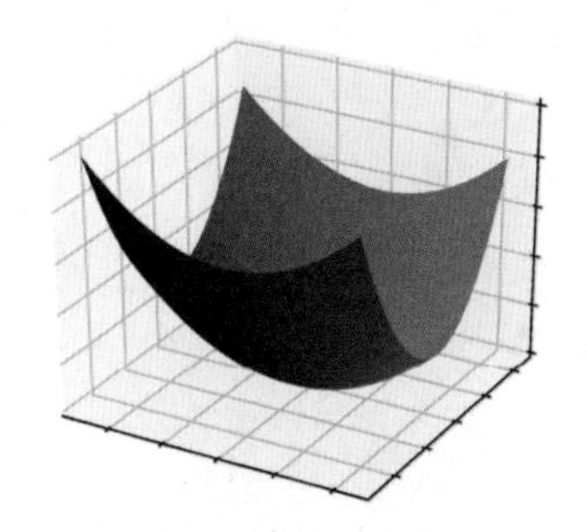

图 9.25: 正定与半正定

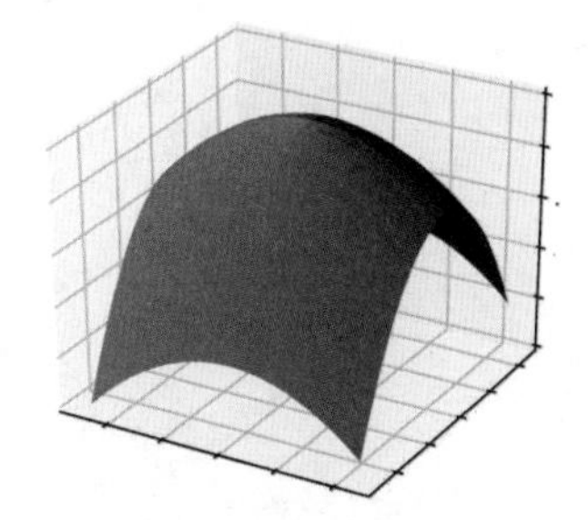

图 9.26: 负定与半负定

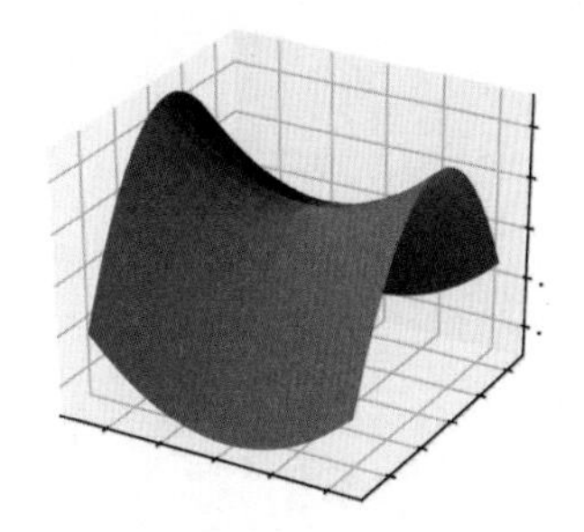

图 9.27: 不定

最后，在这里给出判断正定与负定的方法——赫尔维茨定理（Hurwitz theorem）。

**定理 4.** 已知二次型 $f(\boldsymbol{x})=\boldsymbol{x}^{\mathrm{T}}\boldsymbol{A}\boldsymbol{x}$，其为正定的充分必要条件是，$\boldsymbol{A}$ 的各阶主子式都为正，即：

$$a_{11}>0,\quad \begin{vmatrix}a_{11}&a_{12}\\a_{21}&a_{22}\end{vmatrix}>0,\cdots,\begin{vmatrix}a_{11}&\cdots&a_{1n}\\\vdots&\ddots&\vdots\\a_{n1}&\cdots&a_{nn}\end{vmatrix}>0$$

为负定的充分必要条件是，奇数阶主子式为负，而偶数阶主子式为正，即:

$$(-1)^r \begin{vmatrix} a_{11} & \cdots & a_{1r} \\ \vdots & \ddots & \vdots \\ a_{r1} & \cdots & a_{rr} \end{vmatrix} > 0 \quad (r = 1, 2, \cdots, n)$$

正负定有着广泛的应用，比如在多变量微积分里，二阶导数可用海森矩阵 $\boldsymbol{H}$ 来表示，通过赫尔维茨定理判断其正负定，就可知道极值点为极大值点还是极小值点，见图 9.28 和图 9.29。

图 9.28: $\boldsymbol{H}$ 正定，极值点（红点）为极小值点

图 9.29: $\boldsymbol{H}$ 负定，极值点（红点）为极大值点

其中的细节需要到“多变量微积分”中去了解，这里就不展开了。